高超声速出版工程

高超声速飞行器
结构设计与试验技术

阎　君　著

科学出版社

北　京

内 容 简 介

本书对几十年来美、俄等航天强国高超声速技术发展脉络进行了梳理，对国外各型高超声速飞行器的结构与热防护技术的发展历程进行了总结，结合国内外高超声速飞行器的工程研制经验与教训，分别对高超声速飞行器气动力、热载荷工程设计方法、结构与热防护材料工艺特点与基础性能、结构与热防护系统相关产品的工程设计方法与设计流程、性能评价理论、地面试验设备模拟原理与测量技术进行了详细介绍。

本书可供高等院校在读研究生，科研院所结构与防隔热产品研发和设计人员，以及航天科技爱好者参考与借鉴。

图书在版编目(CIP)数据

高超声速飞行器结构设计与试验技术／阎君著. —
北京：科学出版社，2022.12（2024.11重印）
高超声速出版工程
ISBN 978-7-03-074231-5

Ⅰ.①高… Ⅱ.①阎… Ⅲ.①高超音速飞行器—结构
设计—实验技术 Ⅳ.①V47-33

中国版本图书馆 CIP 数据核字(2022)第 235638 号

责任编辑：徐杨峰／责任校对：谭宏宇
责任印制：黄晓鸣／封面设计：殷 靓

科学出版社 出版
北京东黄城根北街 16 号
邮政编码：100717
http://www.sciencep.com

南京展望文化发展有限公司排版
广东虎彩云印刷有限公司印刷
科学出版社发行 各地新华书店经销

*

2022 年 12 月第 一 版 开本：B5(720×1000)
2024 年 11 月第四次印刷 印张：37
字数：643 000
定价：260.00 元
(如有印装质量问题，我社负责调换)

丛书序

飞得更快一直是人类飞行发展的主旋律。

1903 年 12 月 17 日,莱特兄弟发明的飞机腾空而起,虽然飞得摇摇晃晃,犹如蹒跚学步的婴儿,但拉开了人类翱翔天空的华丽大幕;1949 年 2 月 24 日,Bumper-WAC 从美国新墨西哥州白沙发射场发射升空,上面级飞行马赫数超过5,实现人类历史上第一次高超声速飞行。从学会飞行,到跨入高超声速,人类用了不到五十年,蹒跚学步的婴儿似乎长成了大人,但实际上,迄今人类还没有实现真正意义的商业高超声速飞行,我们还不得不忍受洲际旅行需要十多个小时甚至更长飞行时间的煎熬。试想一下,如果我们将来可以在两小时内抵达全球任意城市,这个世界将会变成什么样? 这并不是遥不可及的梦!

今天,人类进入高超声速领域已经快 70 年了,无数科研人员为之奋斗了终生。从空气动力学、控制、材料、防隔热到动力、测控、系统集成等,在众多与高超声速飞行相关的学术和工程领域内,一代又一代科研和工程技术人员传承创新,为人类的进步努力奋斗,共同致力于达成人类飞得更快这一目标。量变导致质变,仿佛是天亮前的那一瞬,又好像是蝶即将破茧而出,几代人的奋斗把高超声速推到了嬗变前的临界点上,相信高超声速飞行的商业应用已为期不远!

高超声速飞行的应用和普及必将颠覆人类现在的生活方式,极大地拓展人类文明,并有力地促进人类社会、经济、科技和文化的发展。这一伟大的事业,需要更多的同行者和参与者!

书是人类进步的阶梯。

实现可靠的长时间高超声速飞行堪称人类在求知探索的路上最为艰苦卓绝的一次前行,将披荆斩棘走过的路夯实、巩固成阶梯,以便于后来者跟进、攀登,意义深远。

以一套丛书,将高超声速基础研究和工程技术方面取得的阶段性成果和宝贵经验固化下来,建立基础研究与高超声速技术应用之间的桥梁,为广大研究人员和工程技术人员提供一套科学、系统、全面的高超声速技术参考书,可以起到为人类文明探索、前进构建阶梯的作用。

2016 年,科学出版社就精心策划并着手启动了"高超声速出版工程"这一非常符合时宜的事业。我们围绕"高超声速"这一主题,邀请国内优势高校和主要科研院所,组织国内各领域知名专家,结合基础研究的学术成果和工程研究实践,系统梳理和总结,共同编写了"高超声速出版工程"丛书,丛书突出高超声速特色,体现学科交叉融合,确保丛书具有系统性、前瞻性、原创性、专业性、学术性、实用性和创新性。

这套丛书记载和传承了我国半个多世纪尤其是近十几年高超声速技术发展的科技成果,凝结了航天航空领域众多专家学者的智慧,既可供相关专业人员学习和参考,又可作为案头工具书。期望本套丛书能够为高超声速领域的人才培养、工程研制和基础研究提供有益的指导和帮助,更期望本套丛书能够吸引更多的新生力量关注高超声速技术的发展,并投身于这一领域,为我国高超声速事业的蓬勃发展做出力所能及的贡献。

是为序!

2017 年 10 月

前　言

　　近十几年来,随着科学进步和工业化水平的提高,世界各大军事强国均致力于研发飞行速度更快、空域更宽、突防性更好的先进高超声速飞行器,高超声速飞行器利用空气动力在大气层内(或边缘)飞行,与传统航天再入飞行器不同,飞行轨迹不再是传统的大椭圆轨迹模式,而是采用一个高度覆盖 $0 \sim 100$ km、飞行范围覆盖上千乃至上万平方公里的三维立体机动飞行轨迹模式,具有极其重要的政治和军事价值,美国、俄罗斯等投入力量开展研究并取得了显著的进展。

　　高超声速飞行器在临近空间($20 \sim 100$ km)以高超声速长时间飞行,飞行器结构要承受严峻的气动热力学环境,面临诸多难题。例如,为了维持飞行器高升阻比的气动特性,端头驻点在 $2 \sim 8$ MW/m^2 的热流条件长时间保持较低的烧蚀速率(与碳/碳复合材料相比)、在迎风大面积表面温度长时间不低于 $1\,000$ ℃ 的高温氧化环境下,需要保证气动外形不因氧化烧蚀发生显著改变,还需要设计轻质高效的隔热温控产品为舱内设备提供良好的工作环境,结构系统需要在力、热、氧联合作用下具有较强的承载能力等,且包括热防护与结构承载的地面试验方法和有效性评估,这些问题所涉及的飞行器结构设计、热防护系统设计、强度分析理论和试验技术等均是工程单位和学术界关注的前沿技术问题。

　　本书概要梳理国内外高超声速飞行器结构设计与试验技术的发展脉络,基于我国结构材料与热防护技术现状及工程实际研制成果,对结构与热防护材料的设计、分析、试验及测试等技术进行详细论述。本书提出的防热承力一体化热结构设计思想与分析方法,是国内首次对临近空间高超声速飞行器结构与防隔热设计专业领域工程设计的系统梳理与总结,能够为相关专业理论研究及工程型号设计提供一定的参考与借鉴。

本书第 1 章概要介绍高超声速技术发展脉络和结构、热防护与试验技术的发展;第 2 章介绍高超声速飞行器气动力、热载荷环境设计理论;第 3 章介绍先进结构与防隔热材料技术;第 4 章介绍高超声速飞行器结构的功能和分类、设计方法、设计流程和部分工程实例;第 5 章介绍围绕先进金属及复合材料所开展的结构力学研究情况,以及强度设计与评价方法;第 6 章分析热气弹设计面临的主要技术问题,给出系统性的分析解决方案;第 7 章介绍端头等防热部件常用的热防护设计方法及部分工程实例,给出防热、隔热及温控的一般性设计方法、设计程序以及设计流程;第 8 章主要分为三部分内容对防隔热以及热密封材料的热防护机理模型与计算分析方法进行论述;第 9 章分析高超声速飞行器结构地面试验面临的难点与需求,介绍主要试验项目及试验技术、典型试验设备的原理和能力,以及力热参数测量技术。

除作者外,徐晓亮、聂春生、王一凡、张皓、吴曼乔、武小锋、王友利等专家参与了本书资料的搜集、讨论和部分内容编写,以及图表绘制与公式的修订工作,本书的部分内容也参考了这些专家多年来的许多工作成果。另外,荣克林研究员、王俊山研究员、占续军研究员百忙之中审阅了本书,在此一并表示感谢。

由于作者水平有限,书中难免有不足之处,诚恳希望广大读者和同行批评指正。

阎 君

2022 年 12 月

高超声速出版工程

目　录

第3章　先进结构与防隔热材料技术

67

第7章　高超声速飞行器防隔热设计技术

第9章　试验技术

—— 493 ——

第 10 章　结 束 语

573

第 1 章

绪　　论

　　高超声速技术是指在大气层内,以超过 5 的飞行马赫数,进行长时间高速、机动飞行的一类先进飞行器技术,它的核心特征是气动加热在所有物理问题中占据主导地位。区别于传统的航空、航天飞行器,高超声速飞行器的典型特点是能够充分利用传统航天飞行与航空飞行之间的临近空间空域(20~100 km),采用先进的推进方案,具有高升阻比的气动外形,能够适应并承受长时间高速气动飞行带来的复杂力热环境等。高超声速飞行器具有快速响应进出空间、全球快速到达、高速机动突防等卓越的能力,是推进空天领域融合、牵引空天技术革新、颠覆空天攻防体系的先进飞行器方案,已成为主要国家的重点发展对象。

　　自 20 世纪 20~30 年代高超声速技术发展概念被提出以来,迄今已发展了多种技术机理的高超声速飞行器。其中,运载火箭、弹道导弹再入飞行器、载人飞船,以及导弹防御系统动能拦截器等陆续实现了大气层内的短暂高超声速飞行,但在临近空间(20~100 km)进行长时间的高超声速飞行仍面临很多的技术挑战。其中,长时间的耐高温和承力技术,是保证高超声速飞行器设计实现的关键要素,高超声速技术的发展历程也是一部先进结构与防热技术的发展史。

1.1　高超声速技术发展脉络

　　高超声速技术的发展源于航天发射进入太空、利用太空的愿景驱动,它是超越声速进入太空的必要技术路径,并首先出现在火箭、导弹、重复使用天地往返飞行器等航天器的飞行中。总结高超声速技术的发展历程,两条重要的应用主线一直牵引着高超声速技术的发展,并最终形成高超声速滑翔和高超声速巡航两种技术途径。

第一条主线是大气再入过程中的气动和热防护技术研究。这条主线主要是支持升力体航天器的设计、弹道导弹的再入弹头和机动弹头的设计等。在这条主线中,1934 年奥地利科学家桑格尔首次提出"银鸟"助推滑翔飞行器方案。1949年,在美国麻省理工学院任教授的钱学森,又创新提出另一种助推滑翔飞行方案——洲际火箭飞机,这两种方案成为高超声速升力体航天器和滑翔飞行器的"鼻祖",如图 1.1 所示。虽然桑格尔的"银鸟"与钱学森的"洲际火箭飞机"都采用了助推-滑翔轨迹,但两者的轨迹方案并不相同,主要区别在于再入滑翔段,如图1.2 所示。"银鸟"采用跳跃的、具有一定波动幅度的再入跳跃滑翔弹道,而"洲际火箭飞机"采用几乎没有波动的平坦滑翔下降轨迹,称为再入平坦滑翔弹道。在"银鸟"和"洲际火箭飞机"的启发下,美国后续开展了 X-15、X-20A、X-24A/B、气动热力学/弹性结构系统环境试验(aerothermodynamic/elastic structure system environment test, ASSET)等一系列高超声速升力体方案,最终发展形成航天飞机、

(a) "银鸟"轰炸机[1]

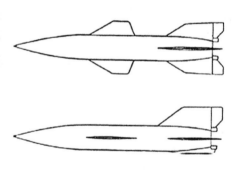

(b) "洲际火箭飞机"示意图[2]

图 1.1 桑格尔与钱学森设计的助推滑翔飞行器方案

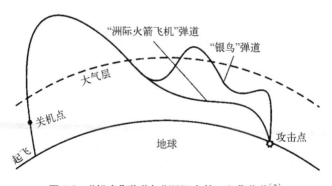

图 1.2 "银鸟"弹道与"洲际火箭飞机"弹道[3]

X-37B 等可重复使用航天器。高速升力体技术的发展直接推动了军方再入机动弹头技术的发展,在高速机动突防、全球快速打击等需求的牵引下,美国军方研究并验证了双锥体外形、升力体外形的机动飞行器方案,最终形成以高超声速技术飞行器(HTV-2)、先进高超声速武器(advanced hypersonic weapon, AHW)、战术助推滑翔飞行器(tactical boost glide, TBG)等为代表的高超声速滑翔飞行器方案。

第二条主线是高速推进技术研究。这条主线的目的是高效地推动航天器飞行,使其达到轨道速度。在这个方面,火箭发动机、吸气式发动机等多种发动机方案得到重点发展。火箭发动机技术已经发展成熟,正在从一次性使用向更加高效地重复使用的方向转型。在吸气式发动机方面,各国重点研究超燃冲压发动机以及在其基础上的组合循环发动机方案。这条技术主线最终发展形成临近空间高超声速巡航飞行器方案。

自高超声速技术问世以来,世界主要航天国家就将其作为一项战略性技术,不遗余力推进探索,力图占领发展先机,赢得战略主动权。美国、俄罗斯等相继实施了多个发展计划,研究最为系统,也最为深入,处于"领跑"地位。

1.1.1　美国高超声速技术的发展

第二次世界大战后,在航天技术快速发展的大背景下,美国高超声速技术研究工作全面展开,大体可分为四个阶段。图 1.3 总结了美国高超声速滑翔和巡航技术的发展历程和典型项目之间的关系。

1) 第一阶段: 基础技术的演示验证阶段(20 世纪 50 年代至 70 年代)

滑翔技术领域: 20 世纪 50 年代开始,随着苏联反导系统的出现,进攻型战略弹头的突防问题日益严峻。为此,美国针对性地启动了 3 个计划: ① 助推滑翔导弹项目(Alpha Draco),1957 年实施,共进行了 3 次飞行试验(2 成 1 败),在世界上首次验证了高超滑翔技术的可行性,最高滑翔马赫数为 5.5;② 助推再入滑翔飞行器项目(Boost Glide Reentry Vehicle, BGRV),1962 年实施,共进行了 4 次飞行试验(2 成 2 败),将最高滑翔马赫数提升至 10;③ 气动热力学/弹性结构系统环境试验,共进行了 6 次飞行试验(5 成 1 败),将最高滑翔马赫数提升至 18。上述计划,①和②采用细长双锥体气动构型,验证了助推滑翔技术的可行性;③采用升力体气动构型,验证了先进防隔热材料应用于助推滑翔飞行器的可行性。但助推滑翔飞行器小型化程度不够,打击精度不高等,导致在与分导多弹头的竞争中处于劣势。

巡航技术领域: 由于对超燃技术的可行性存在疑虑,美国一开始并未制订

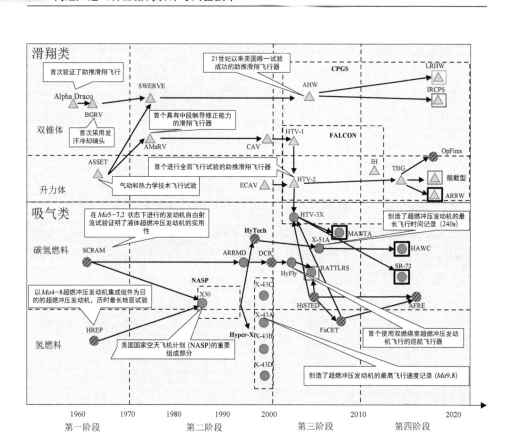

图 1.3   美国高超声速技术的发展历程及典型项目之间的关系

BGRV 为助推再入滑翔飞行器项目; Alpha Draco 为助推滑翔导弹项目; SWERVE 为有翼赋能再入飞行器项目; AMaRV 为先进机动再入飞行器; SCRAM 为超燃发动机导弹计划; LRHW 为陆基助推滑翔导弹; IRCPS 为潜射助推滑翔导弹; ARRW 为空射型战术滑翔导弹; HREP 为高超声速研究用发动机计划; ARRMD 为快速导弹演示器; HyTech 为高超声速技术; Hyper－X 为超－X 计划; HyFly 为高超声速飞行验证计划; HAWC 为高超声速吸气式武器方案; CAV 为通用气动再入飞行器; ECAV 为增强型通用气动再入飞行器; GPGS 为常规快速全球打击; FALCON 为"猎鹰"计划; OpFires 为作战火力导弹项目; IH 为一体化高超声速计划; DCR 为双燃烧室冲压发动机; HiSTED 为高速涡轮喷气发动机验证计划; RATTLRS 为时敏目标远程打击创新方法; FaCET 为猎鹰组合发动机技术; MANTA 为曼塔计划; AFRE 为先进全状态发动机

大规模的发展计划。美国主要实施了两个计划: ① 1964 年实施了高超声速研究用发动机计划(Hypersonic Research Engine Project, HREP),进行了 $Ma7$ 条件下的高温风洞试验,验证了氢燃料超燃动力的可行性; ② 1961 年实施了超燃发动机导弹计划(Supersonic Combustion Ramjet Missile, SCRAM),进行了 $Ma5\sim7.2$ 条件下的自由射流试验,验证了碳氢超燃冲压发动机的实用性。

在这一阶段,高超两条技术途径的原理可行性得到了验证,其中滑翔技术途径还通过了飞行试验验证。

2）第二阶段：发展与突破阶段（20 世纪 70 年代至 20 世纪末）

滑翔技术领域：重点围绕制约从技术验证向装备转化存在的小型化、高精度等问题，实施了两个演示验证计划：① 先进机动再入飞行器（Advanced Maneuverable Reentry Vehicle，AMaRV）项目，1975 年实施，采用双锥体气动构型，共进行了 3 次飞行试验（均成功）；② 有翼赋能再入飞行器项目（Sandia Winged Energetic Reentry Vehicle，SWERVE），与 AMaRV 项目同年启动，采用单锥体气动构型，共开展了 3 次飞行试验（均成功），最高滑翔马赫数均达到 14。通过上述计划的研究，助推滑翔涉及的气动、材料等关键技术基本完成了支撑装备研发的技术储备工作，被后续项目继承和借鉴。

巡航技术领域：在前期超燃动力可行性得到验证后，美国于 1986 年提出了以超燃组合动力单级空天往返为目标的国家空天飞机计划（National Aero-Space Plane，NASP），但由于超燃组合动力技术难度太大、计划拖延、经费超预算等，该计划在历时 9 年、耗资百亿美元后，于 1995 年停止。此后，美国总结经验教训，重新制定了更为稳妥的发展战略，即"先无人再有人、先一次性使用再重复使用"的循序渐进发展策略，以及高超声速巡航导弹、高超声速飞机、空天飞机"三步走"发展思路，并实施了高超声速技术（Hypersonic Technology，HyTech）、超-X（Hyper－X）、快速导弹演示器（Affordable Rapid Response Missile Demonstrator，ARRMD）、高超声速飞行验证（Hypersonic Flight Demonstration，HyFly）等多个计划。其中，HyTech 计划聚焦碳氢燃料超燃动力研究，于 1995 年启动，成功完成了 $Ma4.5$ 和 $Ma6.5$ 条件下的地面验证试验。Hyper－X 计划重点研究氢燃料超燃动力及飞行器总体技术，于 1996 年启动，共规划了 X－43A、X－43B、X－43C、X－43D 等 4 种试飞器，分别验证单模块、多模块超燃动力和组合动力技术，但只有单模块超燃动力的 X－43A 进行了有动力自由飞行试验，共进行了 3 次，后两次取得了成功，先后以 $Ma6.8$、$Ma9.8$ 的速度打破了吸气式飞行的世界纪录。ARRMD、HyFly 均是以导弹为背景的计划，主要开展了方案论证。上述计划有力地推进了吸气式高超声速技术的发展，但各个计划独立运行，整体发展效率不高。

在这一阶段，高超声速技术两条发展主线均进入装备转化阶段，均通过了飞行试验验证，关键技术取得了重大突破。

3）第三阶段：统筹发展阶段（21 世纪初至 2010 年前后）

针对高超声速技术研制局面混乱的问题，美国工业界于 2001 年提出国家航空航天倡议（National Aerospace Initiative，NAI），建议将超声速技术、进入太空和空间技术，与高超声速技术同时统筹推进。2007 年，美国国防部成立了高超声速联合技术办公室(Joint Technology Office on Hypersonics, JTOH),以加强高超声速技术的统筹管理,于2008年发布了2013年前高超声速技术路线图,该路线图对国防部和各军/兵种的发展项目,从技术发展、能力转化两个维度进行了全面统筹。

技术统筹主要是将动力、气动等关键技术统筹到各发展计划中分别安排攻关,避免重复研究。在动力方面,HyTech、X-51A主攻双模态超燃发动机,HyFly主攻双燃烧室超燃发动机,HTV-3X主攻FaCET组合发动机,RATTLRS主攻$Ma4$的高速涡轮发动机,HiSTED主攻$Ma3\sim4$的涡轮发动机等。在气动方面,滑翔类飞行器HTV-1、HTV-2致力于升力体构型,AHW致力于双锥体构型;吸气式巡航类飞行器RATTLRS、HyFly致力于中心锥进气布局等,HTV-3X、X-51A致力于升力体进气布局。

能力统筹主要围绕打击武器、持续交战、高超声速拦截、快速响应进入太空四个方面的能力,差异化安排各发展计划的攻关。在打击武器能力方面,巡航技术途径的RATTLRS、HyFly、X-51A射程为$1\,000\sim1\,100$ km;滑翔技术途径的AHW射程为7 778 km, HTV-2射程为16 668 km。在持续交战方面,HTV-3X主攻$Ma6$的高超飞机。在高超声速拦截能力方面,布局了敏捷杀伤器等项目。在快速响应进入太空能力方面,在组合动力突破前,主要布局了火箭动力的X-37B。

由于技术难度太大等,上述计划虽然没有完全达到预期目标,但仍然取得了巨大成功。虽然HyFly的3发有动力飞行试验均失利,但其超燃动力在地面试验中产生了正推力;虽然FALCON的2发HTV-2飞行试验均失败,但验证了$Ma20$条件下的可控滑翔飞行能力;虽然X-51A的4发飞行试验1成3败,但实现了$Ma5.1$条件下的有动力自由飞行。其他计划主要进行了地面试验。

在这一阶段,高超两条技术途径在统一的技术发展路线图牵引下统筹发展,重点围绕打击武器进行多方案探索、全系统攻关,为装备能力的快速转化奠定了坚实的基础。

4) 第四阶段:装备转化阶段(2010年前后至今)

在这一阶段,立足前期研究成果,美国继续围绕打击武器、持续交战、高超声速拦截、快速响应进入太空能力,密集布局安排了一系列发展计划,并将高超声速武器提升至非核战略武器的高度,大力推进发展。HTV-2两次飞行失利后,在战略重心东移、亚太再平衡战略的影响下,美国暂时放弃了发展全球射程助推滑翔技术,转而采用务实的发展策略,重点推进前沿部署的战役战术打击武器的研发。

高超声速滑翔武器领域,按双锥体、升力体两种气动构型,分别发展中远程先进高超声速武器(AHW)[后更名为通用高超声速滑翔体C-HGB,射程为

4 000 km]、战术助推滑翔飞行器(TBG)(射程为 1 852 km)两个项目,并进一步衍生出 3 型武器装备[AHW 衍生为中程常规快速打击武器(Intermediate Range Conventional Prompt Strike, IRCPS)和陆基高超声速武器(Long-Range Hypersonic Weapon, LRHW),TBG 衍生出空射快速响应武器(Air-Launched Rapid Response Weapon, ARRW)]。

高超声速巡航技术领域,以 X - 51A 为基础,启动吸气式高超声速攻击巡航导弹(Hypersonic Attack Cruise Missile, HACM)(射程为 1 100 km)项目。在 HACM 的基础上,又衍生出空射和舰射两种类型高超声速巡航导弹。

表 1.1 总结了美国目前在研的典型高超声速武器项目,各项目基本都已进入飞行试验验证和转化应用阶段。

表 1.1 美军目前在研的典型高超声速武器项目

类别	项目名称	主管机构	部署方式和射程	项目进展	后续计划
高超声速滑翔导弹	中程常规快速打击武器	海军	在驱逐艇和潜艇上部署,射程 4 000 km	2021 年 5~8 月,助推器一、二子级发动机静态点火试验取得成功,但 10 月的飞行试验失败;2022 年 6 月 29 日,首次整弹飞行试验失败	2025 年首先在 DDG - 1000 驱逐艇上部署,2028 年在弗吉尼亚级潜艇上部署。
	陆基高超声速武器	陆军	车载发射,前沿基地部署,射程 2 000~4 000 km	2021 年 10 月,完成导弹连首批配套设备的交付,用于先期训练	2023 财年部署首支发射连;2025 和 2027 财年部署另外两支发射连
	空射快速响应武器	空军	B - 52H 轰炸机挂载发射,导弹射程 1 850 km	2021 年三次助推飞试验失败;2022 年 5 月和 7 月的助推飞试验取得成功,马赫数超过 5;2022 年 12 月 9 日,整弹样机飞行试验取得成功,马赫数超过 5	2023 财年继续开展飞行试验

类别	项目名称	主管机构	部署方式和射程	项目进展	后续计划
高超声速滑翔导弹	战术助推滑翔	美国国防部高级研究计划局（Defense Advanced Research Projects Agency，DARPA）	技术验证机，技术成果计划转化给 ARRW 和 OpFires	2022 年 3 月开展的飞行试验失败	2023 财年开展第三次飞行试验。
	作战火力（Operational Fires，OpFires）	DARPA	陆射型战术滑翔弹	2022 年 7 月成功执行首次助推飞试验	2022 年完成综合系统关键设计审查
高超声速巡航导弹	高超声速攻击巡航导弹	空军	空射型高超声速巡航导弹	2022 财年启动；2022 年 9 月，雷神/诺·格团队获得价值 9.85 亿美元的 HACM 研发合同	计划 2027 年开始部署
	高超声速空射进攻性反水面作战（Hypersonic Air-Launched Offensive Anti-Surface Warfare，HALO）	海军	舰载机发射的高超声速巡航导弹	2023 财年启动技术开发计划	计划 2028 财年投入使用
	高超声速吸气式武器方案（Hypersonic Airbreathing Weapon Concept，HAWC）	DARPA	高超声巡航导弹技术验证机	2021 年 9 月，雷神公司的 HAWC 样机飞行试验成功；2022 年 3 月，洛克希德·马丁公司的 HAWC 样机飞行试验成功	2023 财年，研究工作转到 MoHAWC 项目，继续开展飞行试验验证工作

1.1.2 俄罗斯高超声速技术的发展

作为航天大国,从 20 世纪 50 年代起,苏联与美国几乎同步开展高超声速技术的研发工作。作为主要竞争对手,两国在冷战时期的高超声速技术研发工作大体一致,很多项目以竞争的方式并行开展,典型案例如航天飞机。1991 年苏联解体后,俄罗斯的综合国力无力与美国竞争,由于在导弹防御、隐身技术等先进军事技术领域显著落后于美国,俄罗斯更加注重在高超声速技术领域的发展布局,更早地进入高超声速技术的应用部署阶段,领先美国形成高超声速作战能力。

1) 第一阶段:基础技术的探索研究阶段

第二次世界大战结束后,苏联开展各种机理的高超声速飞行器的技术探索。在桑格尔"银鸟"方案的影响下,这一时期,苏联与美国一样,重点研究火箭推进升力体高超声速飞行器方案,提出 PKA、VKA-23 等轨道机动飞行器方案和图-130、图-136 等助推滑翔飞行器方案;同时,苏联也开始超燃冲压发动机的技术探索。

滑翔技术领域:1958 年,图波列夫设计局开始研究图-130 飞行器,"图-130"飞行器由运载火箭发射,送入 80~100 km 的高度,然后整个系统旋转 90°,与运载火箭分离后,"图-130"飞行器再入大气层后滑翔飞行 4 000 km,马赫数可达 10。1960 年,"图-130"飞行器完成第一个样机制造后被取消,研究工作转入有人"图-136"飞行器项目。

巡航技术领域:苏联冲压发动机的发展历史悠久。20 世纪 50~60 年代,苏联凯尔迪什研究中心与中央航空发动机制造研究院和中央空气流体动力学研究院合作完成大量研究和试验,并在 1962~1963 年期间与蓬达留克领导的第 670 设计局开展超燃冲压发动机的地面试验,实现超燃冲压发动机的技术储备。

2) 第二阶段:关键技术的全面突破阶段

20 世纪 70~90 年代初,苏联成功研制并试验"暴风雪"航天飞机,标志着苏联在高超声速关键技术领域取得全面突破。在滑翔和巡航技术领域,苏联启动"Yu-70 项目"、"冷"计划、"图-2000"等重点项目,为俄罗斯高超声速技术的全面发展奠定了坚实的基础。

滑翔技术领域;1983 年,为应对美国提出的战略防御倡议(Strategic Defense Initiative, SDI),苏联著名导弹设计局——机械制造科研生产联合体(NPOMash)提出发展一种可以携带"滑翔有翼再入飞行器"的洲际弹道导弹项目,该项目被称为信天翁(Albatross)项目,其滑翔飞行器被称为 Yu-70。Yu-70 采用 SS-19

（"匕首"）导弹作为助推系统,滑翔飞行高度为 70~80 km。档案显示,1990 年苏联开展了两次间隔很短的 Yu-70 飞行试验,一次在 2 月 28 日,另外一次在 3 月 5 日,两次试验中,SS-19 导弹均将 Yu-70 投送向堪察加半岛,试验中滑翔飞行器并未与助推级分离。

巡航技术领域:这一时期,苏联持续进行超燃冲压发动机的研究和地面试验工作。1979 年,苏联启动"冷"计划发展超燃冲压发动机,准备开展飞行试验。1986 年 9 月,在美国 X-30 项目启动后不久,苏联提出"图-2000"空天飞机方案,后由于苏联解体,项目终止。

3) 第三阶段:高超技术的规划调整阶段

20 世纪 90 年代初到 21 世纪初,在苏联解体的大背景下,俄罗斯采取更加务实的高超声速技术发展策略,放弃空天飞机等重大项目,重点发展滑翔机动弹头和超燃冲压发动机技术。

滑翔技术领域:面对美国导弹防御系统的威胁,俄罗斯加快发展滑翔机动弹头,继续研发测试 Yu-70。有报道称,在 2001 年和 2004 年,俄罗斯都开展了 Yu-70 的飞行试验。2007 年之后,NPOMash 出版物和俄罗斯相关政府文件将该高超声速滑翔飞行器相关的活动用"4202 项目"替代,并对滑翔飞行器及其相关系统进行了升级改进,新的滑翔飞行器被称为 Yu-71。

巡航技术领域:20 世纪 90 年代,俄罗斯在"冷"计划下在世界上首次实现超燃冲压发动机的飞行试验,在 1998 年的最后一次试验中实现了 77 s 的有动力飞行,最大马赫数达到 6.49。此外,俄罗斯还启动 GLL-31 与 Kh-90 等高超声速巡航导弹项目。通过上述项目的开展,俄罗斯对高超声速流线型特性、层流到紊流的转捩、不稳定状态流、热交换特性、热防护潜能、非平衡辐射以及低密度反应气流等进行了专题研究,取得了大量的试验数据,成功地研制了吸热型碳氢燃料。

4) 第四阶段:全面部署应用阶段

2010 年之后,俄罗斯加快高超声速武器的研制和部署速度。2018 年 3 月,普京在国情咨文中展示了俄罗斯正在研制的 6 种新型战略武器,其中包括"先锋""匕首""锆石"三型高超声速武器。目前,这三型高超声速武器已经或正在进入装备部署阶段,并逐渐形成初始作战能力,将承担俄罗斯未来战略威慑和远程精打等重要任务,标志着俄罗斯在全球高超声速武器的研发竞赛中处于领先地位。表 1.2 基于公开报道的信息,总结了这三型高超声速武器的基本情况。

表 1.2 俄罗斯高超声速武器的基本信息

项目	类型	最大马赫数	试验最大射程/km	弹头类型	核弹当量	技术难点	部署时间/年
"先锋"	助推滑翔导弹	>20	6 000	常规或核	最有可能为150 kt,但有报道为 2 Mt	承受数十分钟高温的新型复合材料	2019
"匕首"	空射高速、强机动弹道导弹	10	2 000	常规或核	10~50 kt	用米格-31K 载机向高层大气投送改进型中程导弹	2018
"锆石"	高超声速巡航导弹	9	1 000	常规	—	高温金属合金,新型高能燃料,工作约 5 min 的超燃冲压发动机	2022

滑翔技术领域:俄罗斯发展并部署了"先锋"和"匕首"两型武器。"先锋"高超声速滑翔导弹即为俄罗斯"4202"项目下发展的 Yu-71 飞行器,2018 年完成装备定型试验后,2019 年该导弹系统正式列装俄罗斯战略火箭兵,部署在栋巴罗夫斯基洲际弹道导弹基地。俄罗斯计划到 2027 年年底,部署 12 个"先锋"系统。"匕首"导弹是俄罗斯伊斯坎德尔-M 战术弹道导弹(射程为 400~500 km,最大马赫数为 6)的空射改进型,飞行马赫数为 10,具有全程机动能力,可突破现有和未来的防空反导系统,最大攻击距离超过 2 000 km。在 2022 年的俄乌冲突中,"匕首"导弹完成实战首秀,成功摧毁目标,成为世界上首型实战应用的高超声速武器。

巡航技术领域:"锆石"高超声速巡航反舰导弹成为俄罗斯的发展重点。媒体报道,"锆石"导弹弹长 8~10 m,弹头质量为 300~400 kg,打击半径为 500 km,飞行高度为 30~40 km,射程超过 1 000 km。从 2012 年开始,俄罗斯开始"锆石"导弹的空射试验,近年来,俄罗斯多次成功开展"锆石"导弹的舰射试验,该导弹即将列入装备部署。

1.2 结构、热防护与试验技术的发展

高超声速飞行需要承受极端的气动热力学环境,必须依靠先进的结构和有

效的热防护系统来承受载荷,并保持结构处于适当的温度范围之内。高超声速飞行器主要的挑战包括:作用在局部区域的极高热通量(前缘和端头部位的温度可能超过2 000℃);飞行器表面需要承受极高的温度并会出现氧化、催化效应;在飞行过程中,受高温影响材料属性可能发生改变;结构需要轻质化,不仅要采用高强度、低密度的材料,还要能承受可能存在的高热梯度;需要先进的动静热密封技术,以保证结构安全。

以美国为代表的主要国家基于航天科技发展了先进的结构与热防护技术,并且设计建设了先进的试验测量设施,为高超声速飞行器的发展奠定了坚实的基础。

1.2.1 结构与热防护技术

高超声速热防护系统的技术源于航天科技。航天热防护系统的早期发展主要受到军方弹道导弹设计需求的牵引,用于确保弹头的安全再入飞行。自1958年阿波罗计划开始以来,美国国家航空航天局(National Aeronautics and Space Administration, NASA)一直是热防护系统的主要开发单位;通过阿波罗指令舱、航天飞机、国家空天飞机等项目的发展,极大地推动了热防护系统技术的发展。

1992年,凯利和布洛瑟将热防护系统方案分为三大类:被动冷却、半被动冷却(或半主动)和主动冷却,如图1.4所示。其中,被动冷却方案没有工作流质来散热。半被动冷却系统虽然有工作流质来散热,但它们不需要外部系统或循环冷却剂来散热。主动冷却方案有一个外部系统,在飞行过程中提供冷却剂,以消除结构中的热量或防止热量到达结构。

1. 高超声速飞行器的结构与热防护挑战和材料需求

高超声速飞行器的结构和热防护挑战更加严峻,主要可以概括为以下几个方面:

(1) 高超声速飞行器的结构中存在很大的热梯度。例如,在以液态氢为燃料的低温贮箱中,液态氢的温度是-253℃(-423℉[①]),而飞行器热防护系统的外表面温度可能为1 093.3~1 649℃。不同的材料在很宽的温度范围内工作,连接各种部件(油箱、隔热层、结构、TPS等)以不同的幅度热胀冷缩是具有挑战性的。控制面通常是高温受热的,并且通常连接到飞行器内部的制动器上,而该制动器的温度要低得多。

---

① ℉为华氏度,t℃ = $(1.8t+32)$℉。

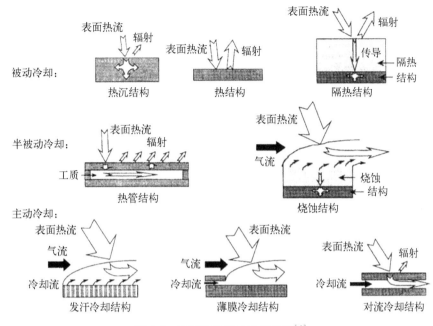

图 1.4 典型的热防护系统方案[4]

（2）高超声速飞行器的局部区域要承受极高的热通量（例如，前缘和端头部位的温度可能超过 2 000℃），并且出于减阻的需要，这些区域的横截面较小，因此气动力热环境十分苛刻。同时，高超声速飞行器的外形稳定性十分重要，因为外形变化会影响性能（例如，尖锐的端头前缘会产生激波，这是确保进入超燃冲压发动机的气流量最大化的必要条件），所以端头和前缘等部位需要设计为零烧蚀或低烧蚀。此外，外形上的台阶和间隙也是需要注意的问题。间隙可能会产生潜流，热等离子体会泄漏到结构中。前向台阶可能导致局部热点，从而增加局部的表面温度。

（3）推进系统的热膨胀还会产生其他问题。在吸气式高超声速飞行器上，推进系统包括飞行器下表面的很大部分，有一定的长度，可以受热膨胀几英寸①。推进系统必须固定在机身上，飞行器在设计上要能够允许推进系统与机身之间的差异膨胀。

（4）飞行器表面需要承受极高的温度，并会出现氧化、催化效应；在飞行过程中，受高温影响材料属性可能发生改变。高超声速飞行器的热防护系统还需

————————————

① 英寸用 in 表示，1 in＝2.54 cm。

要考虑损伤容限、低速撞击、超高速撞击、天气和重复使用的可能性,以及经济可承受性(生产成本、全生命周期成本以及检查和维护成本都很重要)等因素。

上述挑战对高超声速飞行器的热防护系统提出了更高的要求。高超声速飞行器所需的材料属性包括:耐高温能力(1 093.3~2 204.4℃),高温下的高强度、高韧性、重量轻和环境耐久性。

图1.5显示了各种材料的比强度,即强度与密度的比值。目标是材料在高温下要具有高比强度,即高温条件下具有高强度和低密度,目标材料的性能区域显示在图右上角的阴影区域。备选的金属方案包括:金属基复合材料(metal matrix composites,MMCs)、超合金和钛。这些材料都有良好的比强度,但当温度超过2 000℉后,它们的比强度迅速下降。碳/碳化硅(C/SiC)材料、先进碳/碳(ACC)和碳化硅/碳化硅(SiC/SiC)材料组合在一起,本节统称为陶瓷基复合材料(ceramic matrix composite,CMC),在高温下可提供高强度,这对高超声速飞行器至关重要。

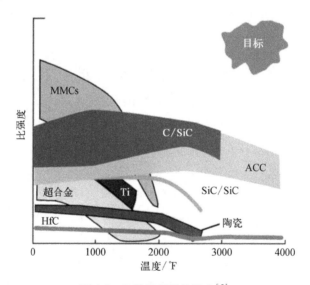

图1.5　各种材料的比强度[5]

2. 高超声速飞行器典型部位的结构设计与热防护

高超声速飞行器的大部分外表面要承受严重的气动加热,以下重点讨论其前缘、控制面和大面积区域的热防护方案。

1)前缘

端头和机翼前缘是高超声速飞行器受热最严重的区域。图1.6给出了吸气式高超声速飞行器的端头和机翼前缘承受的热流。其中,机翼前缘的热通量大约是 600 W/cm²,端头的热通量大约是 6 000 W/cm²,进气口整流罩前缘的最大热通量大约是 60 000 W/cm²(受到激波间相互作用的影响)。相比较而言,航天飞机轨道器机翼前缘的最大热通量大约是 8 000 W/cm²,而载人飞船隔热罩的最大热通量预计为 800 W/cm²[6]。

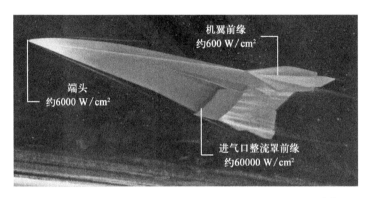

图 1.6 单级入轨高超声速飞行器典型前缘部位的热通量[5]

高超声速飞行器前缘的发展要求包括能够多次使用、重量轻、具有耐久性、能够保持尖锐的外形等。前缘的技术挑战包括制造难题、长寿命工作要求、适应苛刻的热应力条件、承受高热通量/高温条件、环境耐久性等。高超声速飞行器的尖锐前缘,可采用被动、半被动和主动冷却方案来管理强烈的局部加热。被动冷却方案最简单,但对材料的性能要求很高;主动冷却方案会导致成本、复杂性和重量增加,但对于克服高热通量和重复使用是重要的技术途径。

从实际应用情况来看,随着 CMC 的发展,被动冷却方案得到更多应用。高超声速飞行器的 X-43A 采用带有涂层的 C/C 前缘,X-37B 飞行器机翼前缘采用韧化型纤维增强抗氧化复合材料(toughened unipiece fibrous reinforced oxidation-resistant composite, TUFROC)(图 1.7),该材料由一个韧化表面的耐高温端帽和一个低导热率的隔热底座组成。其中,耐高温端帽是一种耐高温抗氧化陶瓷碳隔热材料(ROCCI),通过硅氧烷凝胶浸渍多孔碳基材制备而成,是一种多孔纤维骨架组成的碳质块体材料,其重量轻、耐高温性能好,适合航天器使用,表面制备一种高效钽基复合材料抗氧化涂层,可以提高抗氧化性能并保持较高的抗辐射性能;隔热底座由低导热材料构成,是一种硼-铝-硅纤维隔热材料或纤维难熔复合隔热材料(fibrous refractory composite insulation, FRCI),其表面制备厚度为 1~2.5 mm 的表面抗氧化涂层。最后,TUFROC 通过两部分材料机械连接和高温黏合,胶黏剂是厚度大约为 1.2 mm 的反应固化玻璃,其不仅起胶黏剂的作用,还可以通过梯度过渡形式缓解两种材料之间的不匹配性能,从而提高整体结构的可靠性。

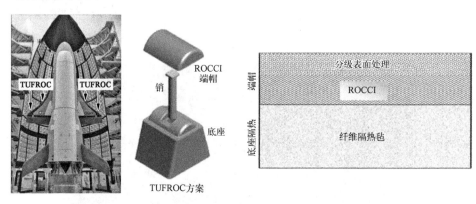

图 1.7　TUFROC 在 X-37B 上的应用[7]

以热管冷却为代表的半被动冷却方案和发汗冷却方案也在研发和试验中,未来在可重复使用高超声速飞行器的需求牵引下,这类方案也将得到足够的重视和发展。相比于金属材料的主动冷却结构,全复合材料的主动冷却结构可提供最小的重量和最高的温度能力。然而,这种方案也存在许多挑战,包括最佳的厚度传导率、冷却密封、歧管、氧化保护、长寿命和材料兼容性等。

2) 控制面

飞行器需要控制面在飞行中提供气动控制能力。对于高超声速飞行器,降低阻力是一个很重要的问题,因此一般采用较薄的控制面。从起飞前的地面操作到着陆后的冷却环节,不同高超声速飞行器的设计和任务,会对控制面提出不同的要求。对于一些隔热结构,控制面恰好是在着陆/接地后达到最高温度。而对于重复使用的高超声速飞行器,其控制面的要求包括氧化涂层的完整性和各种部件的寿命。重要的是要确保单个部件的寿命超过控制面的寿命,或者设计成易于更换的模式。控制面的几何形状还直接受飞行控制(空气动力学)和飞行器接口的影响。质量、刚度和结构完整性对控制面的几何要求有间接影响。机械要求由迎风面和背风面之间的压差产生,而热要求包括最高温度、热应力、氧化(主动和被动)、与“冷”结构(如作动器)的界面以及来自相对面的热辐射等。循环次数和襟翼动作等功能要求也会影响控制面的技术要求。例如,X-38 再入飞行器的控制面偏转范围为 20°,频率为 0.1~0.7 Hz,设计周期为 874次。将控制面连接到飞行器上的方法也会影响设计方案。例如,控制面可以安装在飞行器的后面、下面及后缘。铰链线周围、制动杆周围和支架处需要静态和动态密封,以防止流体流入飞行器。有些需求可以通过分析来验证,有些需求可以通过评审和检查来验证,而有些需求则必须通过测试来验证。

综上,高超声速飞行器控制面的发展要求可以总结为:在高温下具有高强度,要有轻质量;面临的技术挑战包括体积受限,难以制造,面临烧蚀或氧化反应,承受较大的热应力、高热通量/温度、高热载荷,热量传导至飞行器的其他部位等。气动控制面的热防护方案主要包括隔热气动控制面、多种材料气动控制面和热结构气动控制面,如图1.8所示。

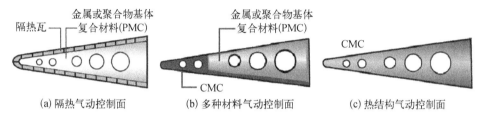

图 1.8 高超声速飞行器控制面的几种方案[5]

隔热气动控制面的优点主要包括适用于大型结构、具有很小的热应力(几乎没有热膨胀问题)等,缺点是质量较大、热裕度极低、横截面很厚等。航天飞机采用的是隔热结构的控制面。

多种材料气动控制面是将CMC与高温性能较差的材料(如钛金属或高温合金)配合使用。对大型结构而言,该方案的优点是加工制造更为经济,并且其上表面不需要TPS,若损坏,则CMC制成的前缘和后缘均可以更换,缺点是冷结构(由金属或聚合物复合材料制成)与CMC之间存在热膨胀不匹配的问题。与完全采用CMC制成的控制面相比,多种材料气动控制面的质量将增加30%~40%。多种材料气动控制面方案在高超声速飞行器上有比较广泛的应用,如X-43A、X-38和X-51A等均采用这一方案。

热结构气动控制面的优点可归纳为质量最轻,横截面最薄,热膨胀不匹配问题最小;适用于较高的温度;具有足够的强度和刚度,无须进行外部隔热。当然,此方案也存在一些缺点:盒形结构和大结构所需的制造和加工成本较高,对于大型结构不建议采用此方案;产品出现故障或损坏,其维修能力有限,制造风险也很大。

3) 大面积区域热防护

高超声速飞行器的大面积区域热防护系统有三种方案:① 隔热结构,用在航天飞机轨道器上;② X‒33 上使用的支架式热防护系统,该方案是在外表面下使用内部隔热材料;③ HTV‒2 使用的承载式气动壳体方案[6]。

隔热结构早已成功地应用于航天飞机,其隔热层主要包括隔热瓦和隔热毡。隔热瓦(毡)直接贴在冷结构上形成气动外形,并将气动热载荷传递到底层金属结构上。由于两种材料的热膨胀系数不同,在隔热瓦和铝结构之间需要设置一层应变隔离垫(strain isolation pad, SIP)。隔热层一般采用分块式结构,每片隔热瓦的尺寸约为 150 mm×150 mm。图 1.9 给出了 STS‒114 飞行器的实拍图,可以清楚地看到其上所覆盖的隔热瓦,图中颜色较淡的翼前缘在飞行前已被替换,还未经历再入飞行。

图 1.9 应用隔热瓦进行热防护的 STS‒114 飞行器[5]

支架式热防护系统方案可用于冷结构或温结构。支架式 TPS 的一个优点是外部气动壳体可以具有与支撑结构不同的轮廓,防热系统面板可以连接到支架上,形成所需的气动壳体。这种方案的关键挑战是将空气载荷而不是热载荷转移到结构上。与隔热瓦相同,面板也是分段的,但要大得多,尺寸大约为45.7 cm×45.7 cm(18 in×18 in)。根据所使用的金属合金,金属 TPS 仅限于使用温度在 982.2℃(1 800℉)以下的区域。对于高超声速飞行器,通常需要使用温度更高的大面积热防护系统,因此产生了对 CMC 防热系统的需求。在美国,金属 TPS 的技术成熟度高于 CMC TPS,而在欧洲,CMC TPS 的技术成熟度高于金属 TPS。

承载式气动外壳可承受飞行时的气动力载荷以及飞行器的轴向载荷。隔热材料既可与结构集成,又可与结构分离(位于气动外壳下部)。采用承载式气动外壳可减轻飞行器的质量。例如,美国 DARPA/空军 FALCON 计划下发展的 HTV - 2 飞行器,其气动外壳就采用 C/C 材料制成。

4)高温动静热密封

高超声速飞行器的部段、口盖、窗口、转轴等部位的连接、动/静密封制品长时间在 400～1 500℃工作,传统的以橡胶、塑料、胶黏剂等有机材料为主体的密封材料及技术无法满足如此严酷的环境条件。针对高超声速飞行器不同部位的高温动静密封需求,国外开展了大量的系统研究,从基础理论到工程技术应用都取得了长足的进步,形成了一系列以无机材料、新型耐高温合金为主体的高温密封材料体系及制品。

美国对热密封材料及结构开展了大量研究,针对不同的应用部位及温度要求,研制了系列的密封材料及密封结构,成功应用在航天飞机、X - 37B 等飞行器上,并通过了多次飞行试验考核。航天飞机、X - 37B 防/隔热阵列瓦间高温静密封主要采用 Ames 缝隙填料和内部填充无机纤维的"枕芯"缝隙填料。隔热瓦与铝合金主结构间则通过两面涂有硅橡胶胶黏剂的 SIP(由玻璃布和硅纤维编织而成)连接在一起。航天飞机鼻锥帽主要由增强 C/C(RCC)材料构成,其密封结构采用多段 RCC 制备的 T 形咬合密封件完成对高温热气流密封。控制舵高温动态密封需要承受 1 400℃的高温,用以保护作动器、机身等温度敏感机构,密封件除了应具有耐高温的能力,还应具有抗磨损的能力,NASA 应用最多的是基线密封结构,基线密封结构主要由三部分材料组成:① X - 750 弹簧钢丝编织网管,用以保证回弹性;② 弹簧钢丝管内填充 Saffi 棉,起密封作用;③ 在钢丝管外面包覆两层 Nextal32 陶瓷纤维编织层,作为防热屏障。

1.2.2 试验技术的发展

高超声速飞行器的结构和热防护系统既要承受极大的热载荷,又要承受极大的气动力载荷和操纵机构的机械载荷,因此需要在先进的地面试验设施模拟这种复杂的热、力环境条件,采用先进的传感器采集试验数据。以下简要介绍高超声速飞行器的结构和热防护系统的耐高温和承载试验,以及高温模态和声振试验。

1. 耐高温和承载试验

开展高超声速飞行器的耐高温和承载的地面试验,必须使用一些大型的热测试设备(图 1.10),其中包括飞行器地面试验设备、大型热-结构载荷试验设备、大型热载荷试验设备、高温测量仪器等。

(a) 飞行器或航天器的地面试验

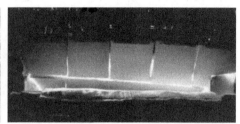

(b) 子部件热-结构测试(空气/惰性气体)

(c) 试验件热测试(空气/惰性气体)

(d) 高温测量仪器(空气/惰性气体)

图 1.10   热测试设备[8]

在地面模拟再入飞行器气动环境的设备有电弧等离子体风洞和地面高温喷射试验设备,利用这些设备提供的高焓高速气流,在试验段中对模型进行气动加热地面试验。

大型热-结构载荷试验设备可用于高温下的模态测量和声激励环境下的动态响应测量。高温模态测量装置如图 1.11 所示,用于研究加热对振型、固有频率和阻尼的影响。该装置由加热系统、振动台和振动台支座构成。

在进行大型热载荷试验时会用到成排的石英灯或石墨加热器。石英灯的使用温度要小于 1 482℃,带有抛光铝质反射器,冷却方式可以是水冷或气冷;石墨加热器的使用温度应大于 1 482℃,试验件的温度可高于 1 649℃,要求无氧的环境。

高温测量仪器包括高温传感器、应变传感器验证系统和热循环加热炉。其中,应变传感器验证系统和热循环加热炉的使用温度是 1 649℃,内部可充填惰性气体或直接使用空气。通过高温传感器的测试,可以开发热结构材料(如碳/碳复合材料、碳/碳化硅复合材料)的贴合技术,利用特性试验来验证贴合技术,并可以在温度、热流、应变传感器的应用温度范围内检验传感器的性能。无损检验技术采用红外脉冲热成像法进行无损检测(设备如图 1.12 所示)。在整个子

图 1.11 高温模态测量装置[8]

图 1.12 红外脉冲热成像无损检测设备[8]

部件试验件的测试期间,都要进行无损检测,用来识别缺陷和追踪潜在的损伤传播。

2. 高温模态和声振试验

控制面等典型部位在高速气流的冲击下,在气动噪声和发动机噪声的激励下,会导致颤振等一系列动态响应,因此控制面的高温模态和声振试验也成为评估和鉴定控制面方案中必不可少的重要部分。

美国航空航天局德莱顿飞行研究中心飞行载荷实验室可以对飞机和飞机零部件进行热试验、结构试验、地面振动试验和结构模态相互作用试验。飞行载荷试验室的大型氮气试验室如图 1.13 所示,该试验室可以进行特有的惰性气体热试验。大型氮气试验室的尺寸为 6.1 m×7.3 m×6.1 m,在该试验室可通过石英灯辐射加热器将试验件加热至 1 371℃,在氮气惰性气体环境中对其进行主动热控制。飞行载荷实验室拥有自己的数据采集和控制系统,称为数据采集系统,可以监控并记录数百个试验测量传感器,供动态和模态数据测量应用。飞行载荷实验室采用的是 VTI 仪器公司(位于加利福尼亚州的欧文市)的数据采集系统,该系统以 20 000 Hz 的频率进行工作,每秒可处理 51 200 个样本。

高温模态试验利用传感器来捕获结构频率和振型,进而采集模态数据。根据传感器要测得的数据不同,如温度、加速度和应变,传感器可分为热电偶传感器、加速度传感器和应变传感器。其中,加速度传感器又可分为室温加速度传感

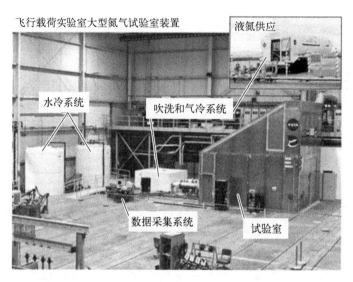

图 1.13　飞行载荷实验室的大型氮气试验室[8]

器和高温加速度传感器。目前市场上可用的应变传感器类型如图 1.14 所示,箔
式应变计的安装难度最低、使用难度也最低,但其适用的温度范围非常有限,不
能满足高超声速环境下的测量需求;而目前在研制中的蓝宝石光学纤维应变传
感器的适用温度最高可达 1 649℃,但由于其安装难度最大,使用难度也最高。

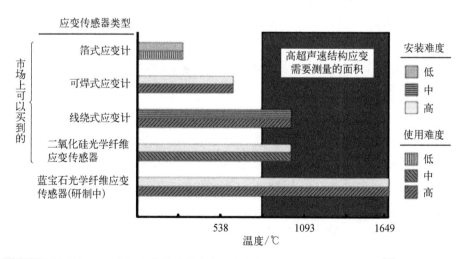

图 1.14　高温应变传感器的类型及各自的安装难度和使用难度[8]

　　高超声速飞行器的结构将采用越来越先进的材料,这些材料的使用温度超
出现有的测量结构性能的能力。在高超声速环境中,能够可靠、准确工作的鲁棒

结构传感器尚不存在,这不仅阻碍了验证分析和建模的能力,还阻碍了优化结构设计的能力。适用温度范围广、便于操纵、工作精准的传感器还有待于进一步研发。

除了应变传感器,应变敏感技术的研究进展也值得关注,如图 1.15 所示。在 1960~1970 年,多采用火焰喷涂电阻式、可焊接电阻式和可焊接电容式的应变敏感技术,但热输出量和测量不确定性都很大;为减小误差,在 1980~1990 年,利用火焰喷涂电阻式应变计来改善测量元器件随温度升高而产生的温度漂移,进行温度补偿;2000 年以后,为提高测量精度,开始使用光学纤维应变传感器。

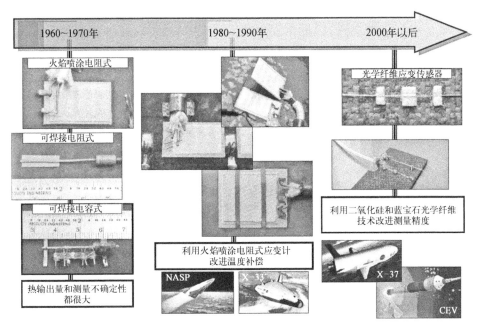

图 1.15　应变敏感技术的研究进展[8]

1.3　小结

高超声速飞行器是当前和未来空天领域的重点发展方向,受到各国的高度关注。先进的结构设计与试验技术是支撑高超声速飞行器设计实现的关键要素。备选的结构材料方案、主动/被动冷却方案、防隔热技术、结构可制造性等因素,直接影响高超声速飞行器的性能。高超声速飞行器的结构设计要求可以总结为以下几点。

(1)飞行器的端头和前缘:需要发展先进的设计分析方法,结合具体的飞行器性能需求,针对主动冷却、热管冷却、辐射冷却或其他冷却方案进行比较分析;需要开展充分的试验测试来验证设计分析方法的有效性。

(2)机身表面和控制面:典型的结构元件(如梁、肋、加强板、面板等)需要具备耐高温的性能;有必要进行充分的测试,以验证不同的结构方案,以及各种冷却方案和连接方案的可行性。

(3)内部结构:需要开发先进的方法来设计内部结构,使其在高温条件下仍然能够承受较大的载荷,此外还需要设计与高温结构相连的低温内部结构;针对内部结构方案,同样需要开展充分的气动力载荷和热载荷的试验验证。

(4)局部气动热载荷:强烈的局部载荷经常推动结构方案的发展。需要开发一个全面的数据库和分析工具,以便在最小的重量下实现耐久和安全的结构方案。

参考文献

[1] 丹书战史.二战德国"银鸟"空天轰炸机,超越时代的产物[OL]. https://baijiahao.baidu.com/s?id=1719041892759907879&wfr=spider&for=p[2021-11-23].

[2] Hallion R P. The hypersonic revolution. Case studies in the history of hypersonic technology. Volume 1: From max valier to project prime (1924-1967)[M]. Washington: Air Force History and Museums Program, 1998.

[3] 大科技杂志社.【"党旗下的科技发展"系列】钱学森:一颗大脑价值五个师[OL]. https://new.qq.com/rain/a/20210625A00X4N00[2022-10-1].

[4] Bertin J J, Cummings R M. Fifty years of hypersonics: Where we've been, where we're going [J]. Progressin Aerospace Sciences, 2003, 39(6-7): 511-536.

[5] Glass D E. Hypersonic materials and structures[R]. Hampton: NF 1676L-21257, 2015.

[6] Glass D E. Ceramic matrix composite (CMC) thermal protection systems (TPS) and hot structures for hypersonic vehicles[R]. Hampton: AIAA-2008-2682, 2008.

[7] Johnson S M. Thermal protection materials and systems: Past and future[C]. 40th International Conference and Exposition on Advanced Ceramics and Composites, 2015.

[8] 王立研,王菁华,李军,等.高超声速飞行器控制面热防护系统地面试验研究[J].宇航材料工艺,2016,46(1): 13-17,26.

第 2 章

高超声速飞行器气动力、
热载荷环境设计理论

2.1 概述

高超声速飞行器长时间在临近空间高超飞行,空气受到强烈的压缩和剧烈的摩擦作用,飞行器大部分动能转化为热能,致使飞行器周围的空气温度急剧升高,此高温气体和飞行器表面之间产生巨大温差,部分热能迅速向物面传递,这种由于物体在大气层中高速飞行产生的加热现象,称为气动加热[1]。

高超声速气动热与气动力不同,气动力是个整体概念,而气动热是一个局部概念。若对飞行器某些局部热环境估计不足,则可能造成局部烧穿或结构破坏,从而导致整个飞行器出现解体破坏。此类事故在国内外类似的飞行试验中多次出现。高超声速飞行器为实现长航时飞行,需要飞行器具有高的升阻比和大的升力载荷[2],这种设计要求反映在气动布局上往往使飞行器具有大的升力面、较小的迎风横截面积、尖锐化的前缘。但一般较小的部件尺度在高超飞行过程中往往经历较大的气动加热,气动加热造成局部烧蚀,进而影响气动特性。另外,飞行航道的设计需要考虑流态转捩的影响,最大限度地降低转捩出现的概率以及湍流的加热时间,以减轻防热设计重量,进而更好地提供飞行器的机动特性能力等。高超声速飞行器为实现可靠、有控飞行,需要在飞行器的典型部位布置固定或活动的部件。固定部件如立尾、腹鳍等,增大侧向控制作用,活动部件如升降控制舵和方向控制舵,其用于飞行器稳定飞行和调整姿态[3]。这些部件分布的位置会造成复杂的流动干扰和激波干扰,从而导致出现较为严重的局部加热,这种加热特征具有强度大(一般兆瓦级以上)、范围窄、位置变动小的特点,如激波边界层干扰、激波缝隙流动干扰等,给防隔热设计带来极大的设计难度,有时需要牺牲飞行距离和通过飞行管道才能解决问题[4]。

临近空间高超声速飞行,空气经过激波压缩和边界层摩擦后,气流的能量将发生很大的变化,同时能量在气体粒子平动、转动、振动、电子技法等微观自由度之间的分配将重新进行调整。空气中主要的组元会发生不同的化学反应,从而致使气体的理化学特性和气体流动规律显现不同。高温组分化学反应流在防热材料壁面上主要的传热有温度梯度引起的能量输运和不同熔值组元质量扩散引起的能量输运两项。不同的化学反应流状态对上述两种传热行为的影响大小不同,且能量在温度梯度输运和组元质量扩散之间可以互换,而不同的材料表面对应化学反应流动具有一定的催化作用。不同的防热材料催化特性不同,会影响本来到达防热表面的化学反应进程,从而影响气动加热。这些问题对长时间在临近空间高超声速飞行的气动加热有较大的影响。传统的再入飞行器很快穿过临近空间,这个时期的加热量不超过总热载的5%,而高超声速飞行器绝大部分时间在此空域长时间飞行,高温非平衡流动及表面催化对气动加热的影响要显著和重要得多。

高超声速飞行器在高速飞行时会导致流场中出现带电粒子,形成一层等离子体层,弹上信号需要经过此等离子体层才能被地面接收,同样地面的信号也要穿越等离子体层才能被飞行器所接收,而信号在穿越等离子体层时会发生衰减,严重时会造成通信中断。高温等离子体精确预测对解决通信中断问题很重要,同时防热材料表面在飞行过程中出现烧蚀,烧蚀产物尤其是防热材料制备过程中的碱金属残留对流场电子密度影响较大。高升阻比飞行器等离子层的厚度和分布十分不均匀,主要分布在大面积的中心区域,靠近翼前缘的等离子较少,同时攻角的影响使得背风等离子体的扩散效应明显,背风的等离子体厚度相对于迎风的等离子体厚度要大。这对飞行器的天线等窗口的透波材料和减小窗口效应的设计也带来了巨大的挑战。

气动热环境研究的主要技术手段有工程方法、数值方法和地面试验[5-8]。以往发展的重点在气动热环境工程预测技术领域,这是由于一方面,工程方法可快速得到飞行器的气动热环境参数,以最大限度满足总体和防隔热系统的设计需求;另一方面,工程预测技术手段是在合理简化计算模型的前提下发展得到的,经过相应的地面试验验证,证明方法的准确性。工程预测方法也是目前热环境预测的主要技术手段,但随着高效精细防热设计的需求,工程预测的手段越来越无法满足热环境精确预测的需求,尤其是复杂气流干扰引起的局部高热流区,缝隙和台阶的局部加热等特征,需要新技术手段的介入,在此期间发展了复杂外形热环境数值计算方法,通过全三维流场数值仿真,对由激波/激波干扰、激波/

边界层干扰及局部缝隙和凸起引起的热环境升高实现了精准模拟,有效地推动了复杂外形热环境精确预测技术的发展。地面试验通过高速脉冲风洞设备来模拟高速来流,通过缩比模型来获得地面来流环境下的气动热环境分布规律,通过流场相似和气动作用相似的理论来指导飞行环境下热环境设计,尤其是为复杂干扰区和复杂分布式热环境设计原则的确定提供充分的地面试验数据。

2.2　高超声速飞行器气动载荷设计方法

2.2.1　高超声速飞行器气动载荷特点

高超声速飞行器载荷具有鲜明的特点,因其在大气层中长时间远距离飞行,其气动外形从传统再入飞行器的轴对称体外形向带有多个升力面、控制面的升力体外形发展,结构形式十分复杂。飞行器外形的变化不仅会导致其飞行过程中面临更为复杂的气动载荷分布,还会导致其具有更为复杂的结构响应特性,这些因素与高速飞行带来的热载荷耦合使得飞行器载荷问题变得更加突出。高超声速飞行器设计须考虑以上因素单一的或综合的影响效应。

高超声速飞行器典型载荷剖面如图 2.1 所示。飞行器在飞行过程中经受静载荷、动载荷(振动、噪声、冲击等)及热载荷。主动段各载荷要素来源于发动机工作及各级飞行过程,其载荷特点是多种瞬态的、随机的动载荷与静载荷叠加;长时间飞行段一般在稀薄大气中飞行,各项载荷量值均较低,但长时间飞行条件下热积累效应明显;下压段基于快速落地及机动性能的要求,往往面临大过载、高动压引起的静载荷、动载荷、热载荷综合作用,对结构承

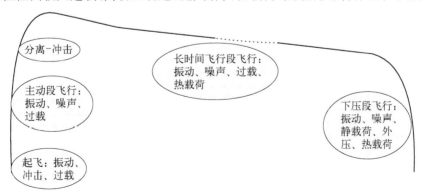

图 2.1　高超声速飞行器典型载荷剖面

载要求非常高。

2.2.2　静载荷

1. 设计准则

静载荷计算时假设所有载荷均为静载荷,飞行器结构为刚体。平衡条件是确定飞行器整体及部件的外载荷时所必须遵守的原则[9]。

高超声速飞行器载荷设计需要沿飞行器使用剖面进行分析,以确定分析工况,分析工况一般包括地面载荷和飞行载荷。地面载荷针对飞行器地面使用状态,如运输、停放、起吊、翻转等。飞行载荷可根据过载、动压、角速度、角加速度等参数确定典型分析状态。考虑到高超声速飞行器快速多变的飞行状态和飞行器复杂的载荷分布特点,应尽量沿飞行剖面包络进行全程的载荷分析,筛选出飞行载荷最严重的工况。载荷设计时应考虑飞行器使用过程中静载荷、动载荷和热载荷的共同作用。一般来说,载荷设计需要重点关注飞行器轴向、法向、横向过载最严重的工况以及飞行动压最大的工况。

2. 计算方法及模型

当高超声速飞行器无动力飞行时,飞行载荷主要为气动力叠加质量力。载荷计算中应综合考虑气动载荷、静态惯性载荷以及随机振动产生的等效准静态惯性载荷的影响。等效准静态惯性载荷可通过有限频段法等峰值加速度估算方法,根据 3σ 准则进行计算。

载荷计算时使用坐标系定义为:飞行器纵轴为 X 轴,向后为正;法向(俯仰方向)为 Y 轴,向上为正;Z 轴由右手准则确定,坐标系原点一般为飞行器顶点,如图 2.2 所示。

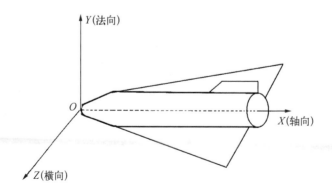

图 2.2　坐标系示意图

　　载荷计算时,需要确定各载荷工况下飞行器质量和气动力的分布。常用的分布方法是将飞行器沿长度划分若干站位,在各站位之间的壳体质量一般采取梯形分布,而将内部装载物质量采取集中质量的形式,且考虑其实际的连接形式(如后固前支、后端悬臂、两端固支等)进行分析。离散化分布的原则是保证各区间和飞行器质心位置不变。分析计算时,将飞行器处理成一维离散模型,从头到尾沿飞行器轴向分成若干段(站),段(站)截面轴向坐标分别为 x_1, x_2, x_3, $\cdots$, x_n,为了合理分布质量和载荷,应按舱段分离面、集中质量点、外载荷的作用点、主要的舱内设备固定点等分设段(站)点。气动力的分布则按照离散化的原则给出各段的六分量气动力。

　　3. 过载系数定义

　　过载系数定义为作用在飞行器上的、除重力以外的所有外力的合力与该物体的瞬时质量 m 在地面上的称重值 mg_0 之比,无动力飞行器飞行过程中受到的外力主要为气动力,其轴向、法向和横向过载系数分别如式(2.1)～式(2.3)所示:

$$n_x = -\frac{qSC_A}{mg_0} \tag{2.1}$$

$$n_y = \frac{qSC_N}{mg_0} \tag{2.2}$$

$$n_z = \frac{qSC_Z}{mg_0} \tag{2.3}$$

式中,q 为飞行动压,Pa;S 为飞行器参考面积,m^2;C_A 为飞行器轴向气动力系数;C_N 为飞行器法向气动力系数;C_Z 为飞行器横侧向气动力系数;g_0 为标准重力加速度,m/s^2。

　　对于横向和法向过载,除了需要考虑平动过载,还需考虑飞行器绕质心的转动过载,以法向为例,如式(2.4)所示:

$$n_y' = \frac{qSC_N(X_T - X_c)}{J_z g_0} \tag{2.4}$$

式中,n_y' 为法向转动过载系数;X_T 为飞行器质心 x 坐标,m;X_c 为飞行器压心 x 坐标,m;J_z 为飞行器绕质心 Z 轴的转动惯量,$kg \cdot m^2$。

4. 轴向载荷

计算飞行器第 i 截面（$i > 1$）的轴向载荷如式（2.5）所示：

$$T_i = T_{i-1} + n_x m_i g_0 + qSC_{Ai} + S_i(p_\infty - p_{\text{inner}}) \qquad (2.5)$$

式中，T_i、T_{i-1} 为第 i、$i-1$ 截面轴向载荷，N；m_i 为第 i 站质量，kg；C_{Ai} 为第 i 站轴向气动力系数；S_i 为第 i 截面的面积，m^2；p_∞ 为当地高度大气压，Pa；p_{inner} 为对应工况的内压，Pa。

式（2.5）中最后一项对应内压修正项，即当飞行器舱内压力与当地高度大气压差异较大时，需要根据内压差异情况对轴向载荷进行修正，修正量为第 i 截面的面积 S_i 乘以当地高度大气压与内压的差值（$p_\infty - p_{\text{inner}}$）。

5. 轴向载荷偏心引起的弯矩

对传统的轴对称外形飞行器而言，其轴向载荷的作用线沿对称轴且通过质心。对于非轴对称外形飞行器，其轴向载荷的作用线可能不通过质心，从而会对截面产生附加弯矩。当轴向载荷较大时，该附加弯矩不可忽略。计算中，可通过移轴的方法计算附加弯矩，轴向质量力引起的法向附加弯矩计算过程如下。

将一段的质心按式（2.6）处理，相当于在质量力产生的俯仰力矩不变的情况下，将质心从（X_{ci}，Y_{ci}）移至（X'_{ci}，Y_{ci}），利用新的质心进行弯矩计算。

$$X'_{ci} = \frac{m_i g_0 n_y X_{ci} + m_i g_0 n_x Y_{ci}}{m_i g_0 n_y} \qquad (2.6)$$

式中，X_{ci}、Y_{ci} 分别为第 $i-1$ 站到第 i 站的质心 x 坐标和 y 坐标，m；X'_{ci} 为新质心位置的 x 坐标，m。

6. 横/法向载荷

计算飞行器第 i 截面（$i > 1$）的横/法向载荷时，横向、法向载荷计算方法一致，因此只给出法向载荷计算公式，如式（2.7）和式（2.8）所示：

$$Q_i = Q_{i-1} - [n_y + n'_y(X_i)]m_i g_0 + qSC_{Ni} \qquad (2.7)$$

$$M_i = M_{i-1} + Q_{i-1}(X_i - X_{i-1}) \qquad (2.8)$$

式中，

$$n'_y(X_i) = \frac{qSC_N(X_T - X_c)(X_T - X_i)}{J_z g_0} \qquad (2.9)$$

式中，Q_i、Q_{i-1} 分别为第 i、$i-1$ 站剪力，N；M_i、M_{i-1} 分别为第 i、$i-1$ 站弯矩，

N・m；$n'_y(X_i)$ 为第 i 站的法向转动过载系数；C_{Ni} 为第 i 站法向气动力系数；X_i、X_{i-1} 分别为第 i、$i-1$ 个计算截面的 x 坐标，m。

通过飞行试验获得飞行实测数据后，须对内压载荷预示模型进行修正。

7. 部件载荷

高超声速飞行器往往带有较大面积的翼、舵等部件，水平翼类的固定部件根据外力平衡原则确定载荷情况，控制舵类活动部件的载荷计算除了需要考虑外力平衡原则，还需考虑自身活动带来的额外载荷。升力面部件如翼面，载荷与飞行攻角有关，载荷计算时应考虑攻角超调；活动部件如舵面，载荷与使用舵偏有关，载荷计算时应考虑舵偏超调。对于质量较小的部件，载荷计算时可忽略质量力，只考虑气动力。

8. 分布载荷

对于飞行器的特定复杂工况，当截面载荷结果不能反映其全部载荷特点时（如承受外压的舱段大面积或薄壁蒙皮结构），需要采用分布载荷进行分析。对于分布外压载荷，作用在飞行器外表面的气动压力按式（2.10）计算。需要注意的是，外压载荷分析时，应考虑对应状态的内压情况，否则可能使得设计偏于保守。

$$p = C_p q + p_\infty \tag{2.10}$$

式中，p 为作用在飞行器外表面的气动压力，Pa；C_p 为作用在飞行器外表面的气动压力系数；p_∞ 为当地大气压力，Pa。

9. 动载荷系数

飞行器在飞行过程中受诱导的噪声/振动激励产生的稳态载荷，可建立有限元模型或弹性振动方程，通过施加外部激励，计算由动力学环境产生的动载荷。未进行动载荷分析时，可将结构静载荷乘以动载荷系数，以综合考虑全部载荷的影响，动载荷系数的取值一般不超过 1.3。

10. 安全系数

不同结构形式、不同载荷形式的安全系数不同。对于成熟金属材料，地面载荷工况出于安全性要求，安全系数一般取 1.5~2，飞行载荷工况的安全系数一般取 1.3~1.5；对于接头、分离机构、螺栓连接件等，因应力难以精确计算，同时要求它们比被连接件有更高的强度，需要另外附加一项安全系数；对于复合材料结构，考虑材料性能的离散性等方面的影响，也需要根据复合材料的特点确定附加安全系数。

设计中也可以采用可靠性安全系数,计算公式如式(2.11)所示:

$$f_R = \frac{1 - 1.65C_{VS}}{1 + 2.33C_{VL}} \cdot \frac{1 + u_0\sqrt{C_{VS}^2 + C_{VL}^2 - u_0^2 C_{VS}^2 C_{VL}^2}}{1 - u_0^2 C_{VS}^2} \tag{2.11}$$

式中,f_R 为结构可靠性安全系数;C_{VL} 为载荷变差系数;C_{VS} 为强度变差系数;u_0 为可靠性概率系数。

2.2.3　冲击载荷

冲击载荷根据其产生来源,按照频率成分划分为低频冲击和高频冲击。

低频冲击往往在飞行器地面操作阶段或发动机点火阶段产生,其能量主要集中在低频段,对结构件影响较大,结构设计时,应注意避免结构频率与低频冲击的主频耦合带来的潜在风险。

高频冲击往往由火工品爆炸产生。其频率范围可达 10 000 Hz,甚至更高,在冲击源附近加速度可达 10 000g 以上,其特点是冲击量级随距离衰减迅速,并且经过连接面迅速衰减。结构设计时应充分利用这一特点,重要设备布局应尽量远离高频冲击源或设置一定数量的分离面,阻断冲击载荷的传递路径。

2.2.4　噪声载荷

高超声速飞行器的噪声载荷主要为气动噪声。不同飞行状态下,气动噪声来源于湍流边界层、分离流、激波振荡或几种因素共同作用产生的压力脉动。高超声速飞行器飞行马赫数范围宽,飞行攻角范围大,气动噪声工况复杂。根据其飞行状态的差异,脉动压力系数一般为 0.002~0.03,甚至更大。对于脉动压力系数的获取,在缺少地面试验数据的情况下,也可以通过理论分析及半经验公式等方法预估。

2.2.5　振动载荷

振动载荷根据其产生来源,同样按照频率成分划分为低频振动和高频振动。

低频振动一般来源于地面运输和发动机工作,其频率范围在 100 Hz 以下。低频振动采用有限元分析方法可以获得较为准确的结果。

高频振动主要为声致振动,即来源于高超声速飞行器飞行过程中的气动噪声。声致振动可通过统计能量方法进行分析。工程上可通过半经验公式进行计算,即气动噪声的总声压级 $S_{P_a}(\omega)$ 和声压谱通过风洞试验和理论分析获得;气动噪声的声传递函数 $H_{ai}(\omega)$ 通过地面系统级声振试验或声传递试验中获得。

已知外声场和声传递特性,可求出各部位的振动响应总均方根 $S_{\ddot{x}_a}(\omega)$,具体如式(2.12)所示[10],必要时可对试验结果进行外推。

$$S_{\ddot{x}_a}(\omega) = |H_{ai}(\omega)|^2 S_{P_a}(\omega) \tag{2.12}$$

式中, $S_{\ddot{x}_a}(\omega)$ 为振动响应总均方根; $H_{ai}(\omega)$ 为气动噪声的声传递函数; $S_{P_a}(\omega)$ 为气动噪声的总声压级,dB。

2.3　高超声速飞行器气动热环境设计方法

2.3.1　工程算法

气动热工程计算方法在高超声速飞行器方案快速论证设计阶段发挥着巨大的作用,根据计算原理主要分为两类:一类是根据轴对称比拟理论建立的跟踪表面无黏流线法计算程序,如 Aeroheat 程序是由 DeJarnette 和 Hamiton 发展起来的利用轴对称比拟原理求解三维边界层方程的方法;另一类是基于等价锥法建立的计算程序,如 NASA Langley 研究中心开发的 MiniVer 程序。在驻点区域,它采用了经典的 Fay‒Riddell 公式,层流则采用了 Blasius 表面摩阻公式和修正的雷诺比拟,并用参考焓方法来考虑高速层流压缩性的影响,湍流采用 Schultz‒Grunow 表面摩阻公式、参考焓方法和雷诺比拟,或用 Spalding‒Chi 表面摩阻公式和雷诺比拟。

气动热工程计算方法对飞行器外形和飞行姿态有很强的依赖性,不同类型的飞行器在不同的飞行姿态下需要采用与之相适应的气动热计算方法[11-13]。目前,高超声速飞行器外形大致可分为三种类型,即轴对称钝头体、非圆截面回转体和升力体。对于轴对称钝头体,在有攻角的情况下,一般采用等价锥法计算热环境;对于非圆截面回转体,可考虑采用流线法;对于升力体,可考虑采用片条法按二维后掠钝楔流动进行计算。每一种类型的热环境计算都需要考虑表面压力分布计算、激波形状计算、边界层外缘流动参数计算和边界层厚度计算;边界层转捩准则;边界层传热计算(层流、转捩、湍流);部件热环境计算、局部干扰区热环境计算;分离区热流计算;粗糙度热增量计算等内容,仅层流和湍流的热流计算公式就有十多种,采用不同的计算公式得到的结果往往有很大的差别,因此要建立一套具有较宽适用范围的计算方法并不容易。

高超声速飞行器存在尺度较大的翼、舵等局部结构,工程设计中需要根据不同部位特征进行简化,简化为球、柱、楔、锥、平面等部件开展计算分析,计算方法参考航天行业标准《弹道式导弹弹头气动热环境工程计算方法》(QJ 1276—87)[14],具体如下。

1. 球头驻点

球头驻点热流计算公式采用考虑压缩性修正的 Fay – Riddell 公式:

$$q_s = 0.763 Pr^{-0.6} (\rho_{sw}\mu_{sw})^{0.1} (\rho_s\mu_s)^{0.4} \sqrt{\left(\frac{dv_e}{ds}\right)_{s=0}} \left[1 + (Le^{0.52} - 1)\frac{h_d}{h_s}\right] h_s \tag{2.13}$$

式中,h_d 为离解焓;Pr 为普朗特数;Le 为刘易斯数。

2. 球面

层流状态下,球面热流与驻点热流存在一定的比值关系,可采用与几何参数有关的简化 Lees 公式:

$$\frac{q_x}{q_s} = \frac{2\theta\sin\theta\left[\left(1 - \dfrac{p_e}{p_s}\right)\cos^2\theta + \dfrac{p_e}{p_s}\right]}{[D(\theta)]^{1/2}} \tag{2.14}$$

式中,p_e 为边界层外缘压力;p_s 为驻点压力;θ 为物面流线与子午线夹角;$D(\theta)$ 为

$$D(\theta) = \left(1 - \frac{p_e}{p_s}\right)\left(\theta^2 - \frac{\theta\sin 4\theta}{2} + \frac{1 - \cos 4\theta}{8}\right) + \frac{1}{\gamma Ma_\infty^2}\left(\theta^2 - \theta\sin 2\theta + \frac{1 - \cos 2\theta}{2}\right) \tag{2.15}$$

式中,γ 为比热比;Ma_∞ 为来流马赫数。

3. 迎/背风大面积气动热环境工程预测方法

迎风大面积气动热环境预测一般采用锥体等效的预测方法,即将迎风大面积等效为锥角较小的锥进行热环境预测。其中,边界层外缘压力的计算采用等价锥法,等价轴对称半锥角为有攻角球锥表面相对于来流的局部倾角,表达式为

$$\theta_T = \arcsin(\cos\eta\sin\theta_N + \sin\eta\cos\theta_N\cos\varphi) \tag{2.16}$$

式中,θ_T 为物面相对来流的倾角,rad;θ_N 为物面相对体轴的倾角,rad;η 为总攻角,(°);φ 为周向方位角,(°)。

壁面热流的计算基于轴对称比拟法的流线法,计算中考虑变熵效应,具体公

式可参见文献[9]。

背风面流动结构复杂,热流量较低,热环境准确预测难度大,工程预估中可用一定锥角的锥体等效背风面,只计算 0° 攻角下锥面的热环境来表征背风面的平均气动加热。

对于类似平板、锥、楔等的外形,由转捩准则判断是否转捩;对于层流边界层,应用布拉休斯解计算表面摩擦系数,应用埃克特参考焓法和科尔伯恩雷诺比拟关系式计算热流;对于湍流边界层,可通过舒尔茨-格鲁诺公式计算表面摩擦系数,应用埃克特参考焓法和科尔伯恩雷诺比拟关系式计算热流。

1)层流边界层

采用埃克特参考焓法计算。埃克特参考焓法是计算高超声速边界层非驻点传热的一种普遍使用的半经验方法,它假设高速边界层与低速边界层结构相同,直接利用低速不可压缩流的公式在某一参考焓(或参考温度)下计算流体特性,将低速不可压缩流的摩擦系数公式推广应用于高速可压缩流中。

参考焓的一般形式为

$$\frac{h^*}{h_e} = a + b \frac{h_w}{h_e} + c \frac{h_{re}}{h_e} \tag{2.17}$$

式中,h 为比焓;下标 w 表示壁面条件;下标 e 表示边界层外缘条件。

埃克特参考焓方程为

$$\frac{h^*}{h_e} = 0.28 + 0.50 \frac{h_w}{h_e} + 0.22 \frac{h_{re}}{h_e} \tag{2.18}$$

层流流动采用布拉休斯平板摩擦系数公式:

$$c_f = \frac{0.664}{\sqrt{Re^*}} \tag{2.19}$$

式中,带"*"的参考值由当地物面压力和参考焓确定;Re 为雷诺数。

锥形流场换热系数需要乘以 1.73。

2)湍流边界层

湍流摩擦系数由舒尔茨-格鲁诺公式计算:

$$c_f = \frac{0.37}{(\lg Re^*)^{2.584}} \tag{2.20}$$

式中,上标"*"表示参考条件下的值。

锥形流场换热系数需要乘以 1.176。

3）转捩区

假设转捩从一个特定的边界层雷诺数开始,定义为 Re_{tr},并且在特定的边界层雷诺数结束,定义为 Re_E。Re_{tr} 由转捩准则确定,一般取 $Re_E = 2Re_{tr}$。

热流密度由层流值和湍流值之间线性插值得到:

$$q = f_T q_T + f_L q_L \tag{2.21}$$

式中,q_T 为湍流热流;q_L 为层流热流;f_T、f_L 的表达式为

$$f_T = \frac{Re - Re_{tr}}{Re_E - Re_{tr}}, \quad f_L = 1 - \frac{Re - Re_{tr}}{Re_E - Re_{tr}}$$

转捩起始点由 Masek 转捩准则进行判断:

$$\frac{Re_\theta / Ma_e}{(Re_x/x)^{0.2}} \geq f(\delta) = 12.686 - 0.3013\delta + 0.00724\delta^2 \tag{2.22}$$

式中,δ 为边界层厚度;θ 为动量厚度。Re_x 为当地雷诺数,Re_θ 为动量厚度雷诺数,表达式分别为

$$Re_x = \frac{\rho_e V_e x}{\mu_e} \tag{2.23}$$

$$Re_\theta = \frac{Re_x}{x}\theta \tag{2.24}$$

式中,e、V、μ 为边界层外缘参数,分别表示密度、速度和动力黏性系数。

4. 底部热环境

底部热环境是利用与肩部流动参数的关联进行预测的方法。本方法适用于无突起物平底。底部先根据肩部边界层外缘马赫数的大小比拟得到压力,然后利用底部压力和热流的关联算法计算底部热流。计算中进行如下假定:肩部外流是平行锥面的均匀流,物面边界层厚度与底部半径相比很薄,可以用二维普朗特-迈耶尔膨胀求解底部外缘参数,底部压力和肩部边界层外缘压力比拟关系如下:

$$\frac{p_b}{p_e} = \begin{cases} -0.49Ma_e + 1.12, & 1 < Ma_e \leq 1.6 \\ 0.9 - 0.44Ma_e + 0.0545Ma_e^2, & 1.6 < Ma_e \leq 3 \\ -0.008Ma_e + 0.094, & 3 < Ma_e \leq 8 \\ 0.03, & Ma_e > 8 \end{cases} \tag{2.25}$$

式中，Ma_e 为肩部边界层外缘马赫数；p_e 为肩部边界层外缘压力，Pa；p_b 为底部压力，Pa。

经化解得到底部热流计算表达式如下：

$$\frac{q_b}{q_e} = 5.25 \left(\frac{p_b}{p_e}\right)^{1.243} \left[\left(\frac{p_b}{p_e}\right)^{-0.285\,7}\left(1+\frac{5}{Ma_e^2}\right)-\frac{5}{Ma_e^2}\right]^{0.8} \left(\frac{R_b}{S}\right)^{0.6} \quad (2.26)$$

式中，q_b 为底部热流，kW/m^2；q_e 为肩部热流，kW/m^2；R_b 为底部半径，m；S 为母线长度，m。

5. 部件前缘

在翼/舵/侧板前缘的气动热计算中，根据后掠圆柱理论，采用下列的简化公式进行计算：

$$q_y = \frac{q_s}{\sqrt{2}} \cos^n \lambda_e, \quad n = 1.0 \sim 1.5$$

式中，$\lambda_e = \arcsin(\sin\lambda\cos\alpha)$；$\lambda$ 为后掠角，α 为攻角；q_y 为翼前缘驻点线热流；q_s 为与翼前缘相同半径的驻点热流；λ_e 为有效后掠角。

现有的气动热快速预测计算方法和软件，在解决以往简单外形防热问题方面发挥了重要的作用，但远不能满足目前和未来高超声速飞行器防热设计的要求，主要表现在以下几个方面[15-17]。

（1）现有气动热工程计算方法的计算精度不能完全满足未来高超声速飞行器研制的需要。精细化的设计及苛刻的技术指标对高超声速飞行器的气动热环境精度、结构传热和热管理技术提出了很高的要求。目前，飞行器防热设计主要还是依据基于边界层理论的气动热工程计算结果，飞行器大面积区域热环境计算误差一般在 20% 左右，局部超过 50%，只能凭借增大防热设计余量来确保飞行安全。但过大的防热设计冗余将严重影响飞行器的飞行作战性能，不足的防热设计则会导致飞行器因局部过热而烧穿或提前毁坏。因此，合理的防热设计必须建立在大幅提高气动热环境预测精度基础之上，这是当前高机动性和高精度飞行器研制中亟待解决的关键技术问题之一。

（2）处理复杂外形和复杂流动现象的能力有待于提高。高超声速飞行器既不同于以往的高超声速导弹，也不同于航天飞机，热环境计算将遇到许多新问题。首先，飞行器采用高升阻比外形，头部半径和机翼前缘半径都很小，与传统高超声速飞行器大钝头体外形有很大差别。其次，飞行器在高空长时间飞行，机体大面积仍属于连续流加热,而这一高度包含层流向湍流、湍流向层流等流态的转换,边界层转捩对热流影响很大,湍流热环境明显高于层流热环境。影响转捩的因素很多,问题非常复杂,至今尚没有明确的说法。此外,大攻角流动分离、高温气体效应、熵层效应、表面催化效应等对热环境都有很大的影响,目前国内对这些问题还缺乏深入研究,各种手段提供的热环境数据精度不能完全满足飞行器的设计要求。

（3）局部热环境计算方法有待完善。飞行器表面有各种突起物（如舵翼面、舵基座、电缆罩、台阶、天线等）和凹坑（如喷流口、螺栓孔、防热瓦之间凹槽等）,它们会与主流产生干扰,导致局部热环境恶化,其热流是当地无干扰情况的十多倍甚至数十倍,机体毁坏大多都是由这些部位局部过热引起的,但目前人们对局部干扰加热机理还没有完全了解,各种手段获得的热环境与实际情况都有较大的出入。

（4）结构传热计算功能需要进一步拓展。多层结构传热计算是选择防热隔热方案、进行防热层厚度设计的依据。防热材料物性参数一般是随着加热率和温度不断变化的,此前国内对该问题不太重视,但有关资料表明,对于长时间防热、隔热设计,仅靠物性平均值会带来很大的设计误差,因此要求软件必须具有可变物性传热计算能力。在强迫对流加热和结构热响应方面,一些工作通常采用冷壁条件结合热壁修正进行,实际上对流加热和结构温度存在强烈耦合,目前的流/固耦合研究工作大多是针对二维问题以及短时间飞行三维问题,对于长时间飞行的三维问题,还需要在计算精度与效率的优化策略问题上进行深入研究。此外,对于各向异性材料和功能梯度材料等特种材料在高速飞行器领域的传热特性与热应力研究,也有待于进一步的开展。

2.3.2　数值模拟技术

传统高超声速飞行器气动加热预测主要依赖于地面试验测试、快速理论评估以及精确数值模拟三类技术手段。而对于新型高超声速飞行器面临的复杂干扰流动条件下气动加热问题,由于涉及复杂的流动干扰以及显著的多尺度特性,地面试验测试和快速理论评估均难以提供完备的解决方案,精确数值模拟技术几乎是解决这一问题的唯一途径。

气动热数值计算比气动力计算要复杂得多,也困难得多。首先,气动热数值计算对网格的要求较高,离开物面第一层网格法向间距要按雷诺数给定,不同雷诺数给定均一网格是不能得到可信的物面热流数据的;其次,无量纲热流值的量

级在 $10^{-6} \sim 10^{-2}$，是非常小的量，因此机器舍入误差的影响会很显著，这使得物面热流分布的光滑性较差；再次，物面热流收敛要比物面压力收敛缓慢得多，特别是雷诺数较大的工况，计算步长本身也很小，这导致热流收敛极其缓慢；最后，气动力计算关注的是积分量，对于一个工况，通过几个数据就可以判断计算结果的收敛性、规律性，但是气动热数值计算关注的是整个物面热流分布，因此收敛性、规律性的研判要对整个物面进行，这在大批量的气动热数值计算中是费时、费力的，难以完成。

本节对气动热环境数值模拟方法进行介绍，重点描述气动热数值计算采用的网格生成方法、控制方程、计算方法和湍流模型，并对高阶格式的适用性和计算精度进行简单介绍和应用分析。

1. 网格生成方法

网格生成问题是计算流体力学应用和发展的瓶颈问题。针对复杂的三维外形流动模拟，网格生成过程往往要花费大量的时间、人力和物力。与气动力数值计算相比，气动热数值计算对网格的要求更高，而且为了得到满意的计算结果，必须在计算过程中适当调整网格分布以及网格间距，这就要求网格生成过程中能对网格进行简单的调整和控制。

本节数值算例采用的是较为简单的几何外形，为了方便研究法向网格尺度对气动热数值计算的影响，采用多种网格生成方法有机结合的方式来生成计算网格。首先，本节采用商用软件生成法向网格尺度均匀的三维计算网格，并采用商用软件内置的网格正交性优化方法，对壁面附近的网格正交性进行优化。

通常采用商用软件生成三维计算网格，并采用商用软件内置的网格正交性优化方法，对壁面附近的网格正交性进行优化。为了正确地模拟边界层，黏性流动的数值计算必须在物面附近加密网格，特别是气动热数值计算，离开物面的法向第一层网格尺度是一个非常重要的指标，对气动热数值计算的精度和可信度起着至关重要的作用。一般来说，随着离开物面第一层网格间距的不断缩小，物面热流能够逐渐收敛，这个渐近收敛值才能够被认为是较为可靠的物面热流数据。这样的热流数值计算网格收敛性研究一般是针对球头驻点热流进行的，对于本节采用的二阶精度格式，在网格雷诺数小于 100 后，驻点热流就可以基本收敛，这里网格雷诺数定义为

$$Re_c = Re \times \Delta n \tag{2.27}$$

式中，Δn 为离开物面第一层网格间距。

为了有效控制物面附近的网格尺度,本节在商业软件得到的优化网格基础上,按照壁面网格雷诺数要求生成每一条法向网格线的网格分布,然后沿着每一条法向网格线,利用样条方法插值出符合数值计算要求的网格。

2. 数学模型及算法

在笛卡儿坐标系下,采用三维非定常理想流可压缩雷诺平均 NS 方程:

$$\frac{\partial Q}{\partial t} + \frac{\partial F}{\partial x} + \frac{\partial G}{\partial y} + \frac{\partial H}{\partial z} = \frac{\partial F_v}{\partial x} + \frac{\partial G_v}{\partial y} + \frac{\partial H_v}{\partial z} \tag{2.28}$$

式中,Q 为守恒变量;F、G、H 分别为三个方向的无黏矢通量;F_v、G_v、H_v 分别为 x、y、z 三个方向的黏性矢通量。

数值格式是计算流体动力学(computational fluid dynamics,CFD)的核心技术,在 CFD 的发展历程中大量的基础性研究工作均是针对数值格式而开展的。根据数值黏性构造方式的不同,目前的数值格式主要可分为迎风格式和中心格式两大类。

迎风格式基于对流波的传播特性构造数值通量,由于格式构造时已考虑了物理过程,因此其数值格式中自动包含必要的数值黏性。迎风格式代表数值格式研究的主要方向,出现包括以精确黎曼解为基础的 Godunov 格式,以近似黎曼解为基础的 Roe 格式、HLL 格式,以通量分裂为基础的 van Leer 格式,以总变差减小为目标的总变差不增 TVD(total variation diminishing)格式,以及将对流波与压力波区别处理的迎风型矢通量分裂格式 AUSM(advection upstream splitting method)类格式等众多优秀的数值格式。

相比较而言,迎风格式具有更低的耗散特性和更强的鲁棒性,因此在高超声速气动热的预测中得到了更为广泛的应用。然而由于高超声速问题的复杂性,不同的数值格式在捕捉强间断及高梯度流动时出现了激波稳定性及网格敏感性的问题,该类问题严重影响了壁面气动加热的准确模拟。为解决这类问题,针对不同数值格式开展了大量的研究工作,研究的重点多集中于压力耗散项的改进以及熵相容性的保证。

下面对 Roe 格式的构造方法进行介绍。按照 Roe 格式的构造方法[18],有

$$F_{ij} = \frac{1}{2} \big[F(Q_R) + F(Q_L) - |\bar{A}|(Q_R - Q_L) \big]$$

定义 $A = \dfrac{\partial F}{\partial Q}$,则 $\bar{A} = A(\bar{Q})$。$\bar{Q}$ 表示对 Q_L、Q_R 采用 Roe 平均方法进行计算得

到的守恒变量。

定义 $R = \sqrt{\rho_R/\rho_L}$，则有

$$\bar{\rho} = \sqrt{\rho_1 \rho_R} \tag{2.29}$$

$$\bar{u} = u_L\left(\frac{1}{1+R}\right) + u_R\left(\frac{R}{1+R}\right) \tag{2.30}$$

$$\bar{v} = v_L\left(\frac{1}{1+R}\right) + v_R\left(\frac{R}{1+R}\right) \tag{2.31}$$

$$\bar{w} = w_L\left(\frac{1}{1+R}\right) + w_R\left(\frac{R}{1+R}\right) \tag{2.32}$$

$$\bar{h} = h_L\left(\frac{1}{1+R}\right) + h_R\left(\frac{R}{1+R}\right) \tag{2.33}$$

$$\bar{c} = \left\{(\gamma - 1)\left[\bar{h} - \frac{1}{2}(\bar{u}^2 + \bar{v}^2 + \bar{w}^2)\right]\right\}^{\frac{1}{2}} \tag{2.34}$$

根据雅可比矩阵 $\bar{A}$ 的三个不同特征值，可以将人工耗散项分裂为三组向量之和，即

$$|\bar{A}|(Q_R - Q_L) = |\Delta F_1| + |\Delta F_2| + |\Delta F_3| \tag{2.35}$$

式中，

$$|\Delta F_1| = S_{ij}|\bar{U} - \bar{c}|\left(\frac{\Delta p - \bar{\rho}\bar{c}\Delta U}{2\bar{c}^2}\right)\begin{bmatrix} 1 \\ \bar{u} - \bar{c}n_x \\ \bar{v} - \bar{c}n_y \\ \bar{w} - \bar{c}n_z \\ \bar{h} - \bar{c}\bar{U} \end{bmatrix} \tag{2.36}$$

$$|\Delta F_2| = S_{ij}|\bar{U}|\left\{\left(\Delta\rho - \frac{\Delta p}{\bar{c}^2}\right)\begin{bmatrix} 1 \\ \bar{u} \\ \bar{v} \\ \bar{w} \\ \dfrac{\bar{u}^2 + \bar{v}^2 + \bar{w}^2}{2} \end{bmatrix} + \bar{\rho}\begin{bmatrix} 0 \\ \Delta u - n_x\Delta U \\ \Delta v - n_y\Delta U \\ \Delta w - n_z\Delta U \\ \bar{u}\Delta u + \bar{v}\Delta v + \bar{w}\Delta w - \bar{U}\Delta U \end{bmatrix}\right\}$$

$$\tag{2.37}$$

$$| \Delta F_3 | = S_{ij} | \bar{U} + \bar{c} | \left(\frac{\Delta p + \bar{\rho} \bar{c} \Delta U}{2\bar{c}^2} \right) \begin{bmatrix} 1 \\ \bar{u} + \bar{c} n_x \\ \bar{v} + \bar{c} n_y \\ \bar{w} + \bar{c} n_z \\ \bar{h} + \bar{c} \bar{U} \end{bmatrix} \qquad (2.38)$$

$$\bar{U} = \bar{u} n_x + \bar{v} n_y + \bar{w} n_z \qquad (2.39)$$

$$\Delta(\cdot) = (\cdot)_R - (\cdot)_L \qquad (2.40)$$

Roe 的.fds 格式是一种近似黎曼求解方法,其对间断问题有天然的高分辨率,因此非常适用于求解边界层内黏性流体的类剪切运动。但由于 Roe 格式本质上是一种将非线性问题转化为对线性黎曼问题的近似拟合,其很难完整而准确地描述出非线性问题的所有特征,有时甚至会产生错误的物理描述。例如,在过声速膨胀时,Roe 格式会计算出膨胀激波。产生这种非物理现象的原因在于缺少熵条件的限制,在特征值趋于零的情况下,Roe 格式难以正确地判断出波的传播方向。因此,本节人为地引入熵修正,将非物理的膨胀激波耗散为膨胀扇区,使其满足熵条件。这里采用各向异性的 Muller 型熵修正格式:

$$\lambda = \begin{cases} \dfrac{\lambda^2 + \delta^2}{2\delta}, & | \lambda | < \delta \\ \delta = \bar{\delta} \cdot \sigma_n \left\{ 1 + \left[\dfrac{\max(\sigma_{\tau_1}, \sigma_{\tau_2})}{\sigma_n} \right]^{2/3} \right\} \end{cases} \qquad (2.41)$$

式中,σ_n 为法向谱半径;σ_{τ_1}、σ_{τ_2} 为切向谱半径;$\bar{\delta}$ 为经验常数,一般取为 $0.1 \sim 0.4$。

对于有限体积半离散格式,无黏通量采用隐式格式处理,黏性通量采用显式格式处理,则可写为

$$\Omega \frac{\Delta Q}{\Delta t} + \left[(E_{i+1} - E_i)_{J, K} + (F_{j+1} - F_j)_{I, K} + (G_{k+1} - G_k)_{I, J} \right]^{n+1}$$

$$= \left[(E_{v, i+1} - E_{v, i})_{J, K} + (F_{v, j+1} - F_{v, j})_{I, K} + (G_{v, k+1} - G_{v, k})_{I, J} \right]^n \qquad (2.42)$$

式中,Ω 为单元体积,定义无黏通量的雅可比矩阵:

$$A = \frac{\partial E}{\partial Q}, \quad B = \frac{\partial F}{\partial Q}, \quad C = \frac{\partial G}{\partial Q} \qquad (2.43)$$

则有

$$E(Q^{n+1}) = E(Q^n) + A\Delta Q^n + O(\parallel \Delta Q^n \parallel^2) = E^n + A\Delta Q^n + O(\Delta t^2)$$
$$(2.44)$$

$$F(Q^{n+1}) = F(Q^n) + B\Delta Q^n + O(\parallel \Delta Q^n \parallel^2) = F^n + B\Delta Q^n + O(\Delta t^2)$$
$$(2.45)$$

$$G(Q^{n+1}) = G(Q^n) + C\Delta Q^n + O(\parallel \Delta Q^n \parallel^2) = G^n + C\Delta Q^n + O(\Delta t^2)$$
$$(2.46)$$

代入方程(2.42)等号左端,整理得

$$\Omega \frac{\Delta Q}{\Delta t} + \big[(A\Delta Q)_{i+1, J, K} - (A\Delta Q)_{i, J, K} + (B\Delta Q)_{I, j+1, K} - (B\Delta Q)_{I, j, K}$$
$$+ (C\Delta Q)_{I, J, k+1} - (C\Delta Q)_{I, J, k} \big] = \text{RHS} \qquad (2.47)$$

其中,

$$\text{RHS} = \big\{ \big[(E_{v, i+1} - E_{v, i})_{J, K} + (F_{v, j+1} - F_{v, j})_{I, K} + (G_{v, k+1} - G_{v, k})_{I, J} \big]^n$$
$$- \big[(E_{i+1} - E_i)_{J, K} + (F_{j+1} - F_j)_{I, K} - (G_{k+1} - G_k)_{I, J} \big]^n \big\} \qquad (2.48)$$

根据迎风原则,将无黏通量雅可比矩阵按其正、负特征值进行分裂:

$$(A\Delta Q)_{i+1, J, K} = (A^+ \Delta Q)_{I, J, K} + (A^- \Delta Q)_{I+1, J, K}$$

$$(A\Delta Q)_{i, J, K} = (A^+ \Delta Q)_{I-1, J, K} + (A^- \Delta Q)_{I, J, K}$$

$$(B\Delta Q)_{I, j+1, K} = (B^+ \Delta Q)_{I, J, K} + (B^- \Delta Q)_{I, J+1, K}$$

$$(B\Delta Q)_{I, j, K} = (B^+ \Delta Q)_{I, J-1, K} + (B^- \Delta Q)_{I, J, K} \qquad (2.49)$$

$$(C\Delta Q)_{I, J, k+1} = (C^+ \Delta Q)_{I, J, K} + (C^- \Delta Q)_{I, J, K+1}$$

$$(C\Delta Q)_{I, J, k} = (C^+ \Delta Q)_{I, J, K-1} + (C^- \Delta Q)_{I, J, K}$$

定义:

$$A^+ = \frac{1}{2}(A + r_A I), \quad A^- = \frac{1}{2}(A - r_A I)$$

$$B^+ = \frac{1}{2}(B + r_B I), \quad B^- = \frac{1}{2}(B - r_B I)$$

$$C^+ = \frac{1}{2}(C + r_C I), \quad C^- = \frac{1}{2}(C - r_C I)$$

式中，$r_A = \chi \lambda^A_{max}$；$r_B = \chi \lambda^B_{max}$；$r_C = \chi \lambda^C_{max}$；$\lambda^A_{max}$、$\lambda^B_{max}$、$\lambda^C_{max}$ 分别为矩阵 A、B、C 的特征值绝对值的最大值，即谱半径，本节取 $\chi = 1.01$，这样方程可以进一步整理为

$$\left[\frac{\Omega}{\Delta t} + (A^+_{I,J,K} - A^-_{I,J,K} + B^+_{I,J,K} - B^-_{I,J,K} + C^+_{I,J,K} - C^-_{I,J,K}) \right] \Delta Q_{I,J,K}$$

$$+ (- A^+_{I-1,J,K} \Delta Q_{I-1,J,K} - B^+_{I,J-1,K} \Delta Q_{I-1,J,K} - C^+_{I,J,K-1} \Delta Q_{I,J,K-1})$$

$$+ (A^-_{I+1,J,K} \Delta Q_{I+1,J,K} + B^-_{I,J+1,K} \Delta Q_{I,J+1,K} + C^-_{I,J,K+1} \Delta Q_{I,J,K+1}) = \text{RHS} \quad (2.50)$$

又有

$$A^+ - A^- = r_A I \quad B^+ - B^- = r_B I \quad C^+ - C^- = r_C I \quad (2.51)$$

记为

$$N = \frac{\Omega}{\Delta t} + (r_A + r_B + r_C)$$

$$L = - (A^+_{I-1,J,K} + B^+_{I,J-1,K} + C^+_{I,J,K-1})$$

$$U = (A^-_{I+1,J,K} + B^-_{I,J+1,K} + C^-_{I,J,K+1})$$

则有

$$(N + U + L) \Delta Q^n = \text{RHS} \quad (2.52)$$

由近似 LU 分解：

$$(N + L) N^{-1} (N + U) \Delta Q^n = \text{RHS} \quad (2.53)$$

这样原方程即可由下述两步格式进行求解：

$$\begin{cases} \Delta Q^* = - N^{-1} L \Delta Q^* + N^{-1} \text{RHS} \\ \Delta Q^n = - N^{-1} U \Delta Q^n + \Delta Q^* \end{cases} \quad (2.54)$$

3. $k - \omega$ SST 二方程湍流模型

无论是气动热计算，还是湍流问题，对计算流体力学来说都是困难的问题，因此两者的结合可以说是难上加难，而且目前的湍流模型都是针对不可压缩流动发展起来的，因此当湍流模型应用于高超声速湍流流动时，必然存在模型适用性的问题。$k - \omega$ SST(shear - stress transport)湍流模型通过混合函数 F_1 将 $k - \varepsilon$ 和 $k - \omega$ 二方程湍流模型结合，并通过混合函数 F_2 改进涡黏性系数 μ_T 在壁面逆压流动区域内的计算结果，充分发挥 $k - \varepsilon$ 模型对自由流和 $k - \omega$ 模型对壁面受

限流的处理特长,因此得到广泛的应用,并取得较好的计算结果。

在直角坐标系下,$k-\omega$ SST 二方程湍流模型的控制方程为

$$\frac{\partial Q}{\partial t}+\frac{\partial E}{\partial x}+\frac{\partial F}{\partial y}+\frac{\partial G}{\partial z}=\frac{\partial E_v}{\partial x}+\frac{\partial F_v}{\partial y}+\frac{\partial G_v}{\partial z}+S \tag{2.55}$$

其中,

$$Q=\begin{bmatrix}\rho k\\\rho\omega\end{bmatrix},\quad E=\begin{bmatrix}\rho ku\\\rho\omega u\end{bmatrix},\quad F=\begin{bmatrix}\rho kv\\\rho\omega v\end{bmatrix},\quad G=\begin{bmatrix}\rho kw\\\rho\omega w\end{bmatrix}$$

$$E_v=\begin{bmatrix}(\mu+\sigma_k\mu_t)\partial k/\partial x\\(\mu+\sigma_\omega\mu_t)\partial\omega/\partial x\end{bmatrix},\quad F_v=\begin{bmatrix}(\mu+\sigma_k\mu_t)\partial k/\partial y\\(\mu+\sigma_\omega\mu_t)\partial\omega/\partial y\end{bmatrix}$$

$$G_v=\begin{bmatrix}(\mu+\sigma_k\mu_t)\partial k/\partial z\\(\mu+\sigma_\omega\mu_t)\partial\omega/\partial z\end{bmatrix},\quad S=\begin{bmatrix}\Phi-\beta^*\rho k\omega\\\dfrac{\rho\varphi}{\mu_t}\Phi-\beta^*\rho\omega^2+2(1-F_1)\Gamma\end{bmatrix}$$

式中,k、ω 分别为湍动能和湍动能的比耗散率;ρ 和 u、v、w 分别为气体的密度和 x、y、z 方向的速度;μ、μ_t 分别为气体的黏性系数和湍流涡黏性系数;σ_k、σ_ω、β^* 及 φ 均为模型方程中相关常数。

湍动能的产生项 Φ 定义为

$$\Phi=\tau_{ij}\frac{\partial u_i}{\partial x_j}=\left[\mu_t\left(\frac{\partial u_i}{\partial x_j}+\frac{\partial u_j}{\partial x_i}-\frac{2}{3}\frac{\partial u_k}{\partial x_k}\delta_{ij}\right)-\frac{2}{3}\rho k\delta_{ij}\right]\frac{\partial u_i}{\partial x_j} \tag{2.56}$$

比耗散的交叉扩散项 Γ 定义为

$$\Gamma=\sigma_{\omega2}\frac{\rho}{\omega}\frac{\partial k}{\partial x_j}\frac{\partial\omega}{\partial x_j}=\sigma_{\omega2}\frac{\rho}{\omega}\left(\frac{\partial k}{\partial x}\frac{\partial\omega}{\partial x}+\frac{\partial k}{\partial y}\frac{\partial\omega}{\partial y}+\frac{\partial k}{\partial z}\frac{\partial\omega}{\partial z}\right) \tag{2.57}$$

混合函数 F_1、F_2 由式(2.58)给出:

$$\begin{aligned}&F_1=\tanh(\mathrm{arg}_1^4)\\&F_2=\tanh(\mathrm{arg}_2^2)\\&\mathrm{arg}_1=\min\left[\max\left(\frac{\sqrt{k}}{0.09\omega y};\frac{500v}{y^2\omega}\right);\frac{4\rho\sigma_{\omega2}k}{CD_{k\omega}y^2}\right]\\&\mathrm{arg}_2=\max\left(\frac{2\sqrt{k}}{0.09\omega y};\frac{500v}{y^2\omega}\right)\\&CD_{k\omega}=\max\left(2\sigma_{\omega2}\frac{\rho}{\omega}\frac{\partial k}{\partial x_j}\frac{\partial\omega}{\partial x_j};10^{-20}\right)\end{aligned} \tag{2.58}$$

设 ϕ_1 代表应用于 $k-\omega$ 模型中的常数，ϕ_2 代表应用于 $k-\varepsilon$ 模型（已将其变换为"$k-\omega$"的表达形式）中的常数，ϕ 代表 SST 模型中的对应常数，则有

$$\phi = F_1 \cdot \phi_1 + (1 - F_1) \cdot \phi_2 \tag{2.59}$$

其中，应用于 $k-\omega$ 模型中的常数 ϕ_1 代表为

$$\begin{aligned} &\sigma_{k1} = 0.85, \quad \sigma_{\omega 1} = 0.50, \quad \beta_1 = 0.075, \quad \alpha_1 = 0.31 \\ &\beta^* = 0.09, \quad \kappa = 0.41, \quad \phi_1 = \beta_1/\beta^* - \sigma_{\omega 1}\kappa^2/\sqrt{\beta^*} \end{aligned} \tag{2.60}$$

应用于 $k-\varepsilon$ 模型中的常数 ϕ_2 代表为

$$\begin{aligned} &\sigma_{k2} = 1.00, \quad \sigma_{\omega 2} = 0.856, \quad \beta_2 = 0.082\,8, \quad \alpha_2 = 0.31 \\ &\beta^* = 0.09, \quad \kappa = 0.41, \quad \phi_2 = \beta_2/\beta^* - \sigma_{\omega 2}\kappa^2/\sqrt{\beta^*} \end{aligned} \tag{2.61}$$

涡黏性系数 μ_t 定义为

$$\mu_t = \alpha_1 \rho k / \max(\alpha_1\omega; \Omega F_2) \tag{2.62}$$

4. 物面热流迭代收敛性研究

从多年的实践经验来看，物面热流收敛是非常缓慢的，一般驻点热流是可以很快收敛的，而后体收敛速度缓慢，不间断输出后体热流的收敛性是费时费力的工作，尤其是工况较多的情况，因此一般都是在考察某一工况的收敛情况后，设定一个预估的迭代收敛步数，在迭代计算超越这一步数后，就认为物面热流是收敛的。至于物面热流的具体收敛程度，一直没有进行过严格细致的考察。

气动力积分关心的是几个量，而物面热流数据是成千上万个量。只有这成千上万个数据都收敛，才能认为物面热流收敛，这就造成一个难题，即怎样合理度量这些数据的收敛性，毕竟物面热流数据散布很大，相差几个数量级是常见的。为此，本节考察数值迭代过程中，每间隔一万步，物面热流数据绝对误差和相对误差的最大值，以此作为物面热流收敛的指标。

5. 典型算例物面热流试验确认

计算流体力学数值模拟的可信度研究包括两个主要环节，即验证过程和确认过程。验证定义为正确地求解问题，强调求解过程是否正确。在计算流体力学领域，验证具体指的是数值模拟中采用的计算模型的精度，它是估计计算模型可信度的过程，也就是估计计算模型准确表达物理模型的程度。本节讨论的迭代收敛性和网格收敛性研究，即是验证方法的典型代表。而确认定义为求解正确的问题，强调求解问题是否正确，也就是和物理模型的适宜程度相关的、要确

定物理模型逼近真实的准确程度,而这一点对本节采用的典型算例来说,就是要考察数值计算结果和试验结果的对比吻合程度。

下面利用钝双锥模型开展气动热数值计算方法验证,模型长度 $L = 122.24\ \mathrm{mm}$,头部曲率半径 $R_n = 3.835\ \mathrm{mm}$,前锥半锥角为 $12.84°$,后锥半锥角为 $7°$。计算状态选择如下:

$$Ma_\infty = 9.86, \quad Re_\infty = 1.896\,3 \times 10^6\ \mathrm{m}^{-1}, \quad \alpha = 0°, \quad T_\infty = 48.88\ \mathrm{K}, \quad T_w = 300\ \mathrm{K}$$

$$Ma_\infty = 9.86, \quad Re_\infty = 1.824\,6 \times 10^6\ \mathrm{m}^{-1}, \quad \alpha = 12°, \quad T_\infty = 49.92\ \mathrm{K}, \quad T_w = 300\ \mathrm{K}$$

图 2.3 和图 2.4 分别给出了 $0°$ 和 $12°$ 攻角计算状态下钝锥的压力和热流分布云图。由计算结果可以看到,压力和热流在驻点区保持了较好的对称特性。

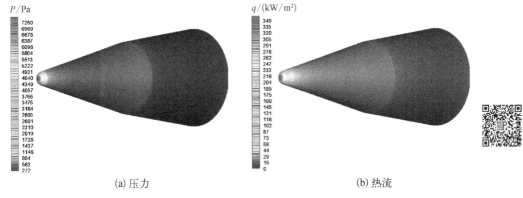

(a) 压力　　　　　　　　　　　　(b) 热流

图 2.3　$0°$ 攻角计算状态下钝锥的压力、热流分布云图

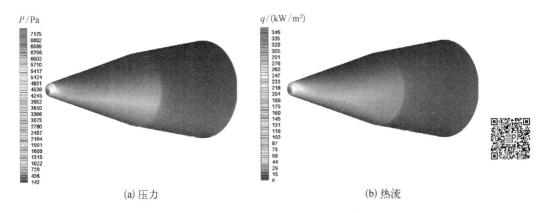

(a) 压力　　　　　　　　　　　　(b) 热流

图 2.4　$12°$ 攻角计算状态下钝锥的压力、热流分布云图

图 2.5 给出了钝双锥背风面、侧面、迎风面的热流分布与试验数据的比较。图中,横坐标为轴向距离与模型长度的比值,纵坐标为热流值。由计算结果可以看到,数值计算与试验数据吻合得较好,计算与试验误差小于 15%。

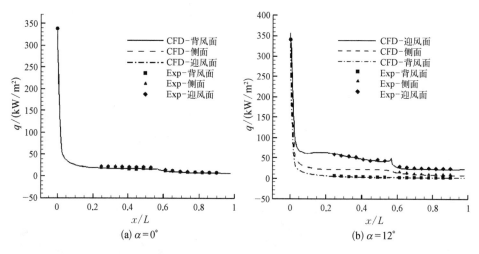

图 2.5　钝锥外形热流计算结果对比

6. 高阶格式介绍

高阶数值模拟技术对于复杂流场的精细模拟具有天然的优势,其也被认为是降低流动模拟网格敏感性的有效途径。对于超声速、高超声速流动,流场中普遍存在激波等间断,在近三十多年中,有关高阶精度、高分辨率的激波捕捉方法已经得到了很大的发展。TVD 格式和 NND 格式在模拟间断问题上可以消除非物理振荡,尤其是对激波的计算,不仅具有高分辨率,还具有较好的鲁棒性。但这类格式难以提高精度;ENO 格式采用自适应模板点,尽可能避免将不连续的单元包含到模板点集中,以便消除或减小在间断附近的振荡。ENO 格式的主要不足是没有充分利用候选的模板点集。WENO 格式是 ENO 格式的进一步发展,通过光滑因子得到各个模板的权重,将所有候选的模板点集进行加权组合来形成重构,使其在光滑区截断误差有较高阶数,在间断附近基本无振荡,并且具有更高的精度和分辨率。

有限差分格式通过坐标变换,将一维格式拓展到三维格式,可以非常方便地达到高阶。尽管高精度激波捕捉格式的研究和应用取得了很大进展,但基于结构网格的高精度格式在复杂外形中仍然存在许多挑战,如鲁棒性和网格依赖性。高精度格式对网格质量要求很高,但实际应用中通常涉及复杂外形,在这类外形

中生成高质量网格往往是非常困难的,网格中通常会出现严重扭曲或网格导数
不连续的奇性点,在这些区域附近,计算过程容易出现数值不稳定现象,导致计
算失败。已有研究发现,几何守恒律(geometric conservation law, GCL)在动态网
格甚至静态网格的计算流体动力学中起着重要作用,网格非均匀性是有限差分
方程误差来源之一,必须满足几何守恒律以保证来流保持性,否则会引起计算中
的数值扰动和数值计算不稳定。在应用高精度计算格式时,几何守恒律的影响
尤为明显。

　　许多研究者已经认识到满足几何守恒律可以在很大程度上缓解有限差分格
式在复杂外形计算中遇到的问题,几何守恒律对计算结果的影响在 20 世纪 70
年代就被发现。Zhang 提出几何守恒律包括体积守恒律(volume conservation
law, VCL)和面积守恒律(surface conservation law, SCL)。体积守恒律的影响已
被发现并广泛研究;对于面积守恒律,Pulliam 和 Steger 以及 Vinokur 分别提出了
适用于二阶精度格式的满足几何守恒律方法。Visbal 和 Gaitonde 研究紧致格式
时发现,结合守恒型网格导数计算方法并采用与计算对流通量相同的格式计算
网格导数能显著减小网格导数计算误差。

　　升降舵舵面缝隙流场计算如图 2.6 所示。邓小刚提出了一种静态网格中守
恒型网格导数计算方法(conservative metric method, CMM),证明了该方法是保

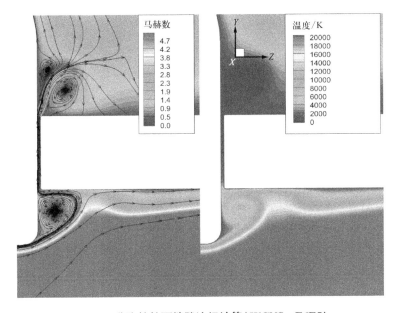

图 2.6　升降舵舵面缝隙流场计算(WCNS‐E6E5)

证几何守恒律的充分条件,并结合该方法发展了高精度的加权紧致非线性格式以及混合型耗散紧致格式,并将其应用于气动噪声、干扰区气动热等问题的精细数值模拟中。

2.3.3　局部热环境设计技术

随着高超声速飞行器相关技术的不断发展,飞行器的外形变得越来越复杂,外壁面出现越来越多的间断区域。这些间断区域往往伴随激波干扰、激波边界层干扰、分离再附等复杂的流动现象,进而使得气动热问题更为严重,特别是各种局部干扰区,热流会陡增十倍甚至几十倍。例如,在机身进气道的压缩面、翼/舵干扰区、舵面缝隙、舵与机身、翼与舵之间存在严重的激波与激波相互作用、激波与边界层相互作用、分离和再附、转捩和湍流、化学反应与组分扩散等复杂气动加热现象,局部干扰可使当地热流陡增十倍以上;对于各种结构连接处的拐角流动、TPS盖板中凹槽/缝隙、各种凸起物或台阶等复杂的局部干扰流动,热环境也十分严酷,有的地方比驻点热流还高几倍。如果没有充分研究这些局部区域的高热流,就可能造成局部结构烧毁,带来难以想象的严重后果。

经过近十年的发展,气动热环境的数值预示方法已取得长足进步,目前已可实现对大面积区域的高精度热流预示。但对于干扰区内的热环境,总体而言,无论是对流动机理的认识,还是计算精度,当前计算方法均存在较大不足。为提高干扰区计算热环境的可信度、消除设计风险,一方面需要开展新型计算方法研究提高计算方法的计算准确度,另一方面也需要开展特征干扰区的流动机理研究,明确关键流动结构与气动加热特征、干扰增量峰值间的关系,为工程复杂干扰区内热环境的分析提供指导。通过对飞行器典型干扰流动分析,可以将形成高热流区域的类型进行分类,分别为以流动滞止为主导、以分离再附为主导、以黏性流动为主导、以泄压和压力梯度为主导、以激波边界层干扰为主导的五类典型高热流区域。

下面介绍常见的干扰流动及热环境。

1) 翼-体连接处激波边界层干扰热环境

机翼、垂尾、空气舵等部件与机身连接处存在严重的局部干扰加热。以高马赫数飞行的飞行器,其部件一般采用钝前缘、有后掠的形式。在超声速情况下,翼、舵等部件的存在将导致激波的产生,该激波与机身边界层发生干扰,有可能导致边界层分离,使得部件根部附近出现马蹄涡结构(图2.7)。分离激波与翼前激波相互作用,进一步诱导激波与激波干扰现象,从而导致结构的其他部位也会受到影响,产生高热流区域。在翼根附近的弹体表面上,由于流动分离和再附,将产生很大的干扰热流,干扰区最大热流位于翼根前方紧靠翼根的机体表面上,通常是当地无干扰情况热流的十倍甚至数十倍,该峰值热流可作为局部防热设计的依据。在激波外还存在一个压力、热流稍微低一点的峰值,称为初始峰值,其位置称为初始峰值线。再向外是干扰区的边缘,称为起始线,压力和热流从该线开始逐渐上升。

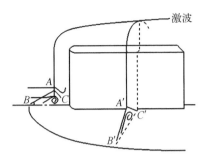

图 2.7　舵-体干扰区流动结构示意

试验研究发现,干扰区内流场主要由分离涡控制,其涡截面内参数分布相似。弹体有攻角飞行和舵的偏转,使得舵面上和舵的干扰区内流场结构异常复杂。国外的做法主要是先靠地面试验获取其热环境数据,然后根据试验结果,分析确定主要参数,整理成关联公式,经天地换算外推到飞行条件。研究结果表明,垂直钝舵干扰区最远可达上游 7 倍前缘直径位置处,并指出同样条件下层流干扰流场要比湍流干扰流场结构复杂得多(图 2.8)。目前,不同研究者给出的干扰区压力和热流关联公式形式上不尽相同,计算结果也差异较大,很难判别哪个更好。热流峰值出现的位置和大小与许多因素有关,特别是受分离涡结构和激波干扰类型的影响较大,还有许多问题亟待研究。

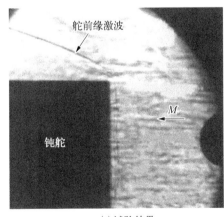

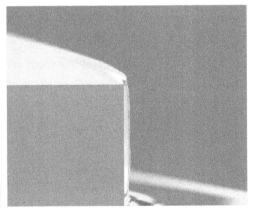

(a) 试验结果　　　　　　　　　　　　(b) 计算结果

图 2.8　舵-体干扰区试验和计算结果

2) 舵面缝隙和舵轴热环境

国外有关试验数据显示,空气舵舵轴前缝隙内的热环境非常恶劣,而且随着缝隙高度发生变化,缝隙内峰值热流也会发生变化。对迎风舵来讲,当舵有偏转时,舵轴迎风侧的加热率普遍较高,且随着弹体攻角和舵偏角的增加而增大。在攻角 $\alpha = 24°$,舵偏角 $\theta = 24°$ 时,舵轴上的峰值热流可达弹体前驻点热流的 2.5 倍。美国"潘兴-Ⅱ"弹头,在舵前弹体上置一整流罩,使舵轴处于背风区,从而大大减缓了舵轴上的热环境。关于舵轴和缝隙热环境的研究目前开展的条件还很不充分,特别是舵轴热环境随缝隙高度的变化规律还没有完全了解。

3)凸起物热环境

凸起物可分为柱状凸起物和楔状凸起物两种类型。楔状凸起物类似于压缩拐角流动(图 2.9),超声速压缩拐角引起的激波与边界层相互干扰流动是流体力学中极为复杂的问题之一,因此学者对此开展了大量研究工作,首先根据来流条件和折转角,判定拐角附近是附着流还是分离流。附着流问题比较简单,而分离流,特别是湍流分离再附流场十分复杂,目前还难以进行精确的理论计算。工程上采用的气动热计算结果,主要是由试验数据拟合的近似工程计算公式提供的。对于柱状凸起物,国外有关研究表明,其干扰流场与舵翼面非常相似。高声速炮风洞试验研究发现,最大峰值热流和来流边界层状态关系不大,流动干扰区表现出较强的三维扰动特性,使得来流层流边界层在干扰区内会转变成过度甚至完全湍流状态。从国外文献中可以看出,虽然给出的工程计算方法很多,但不同方法之间结果差异很大。

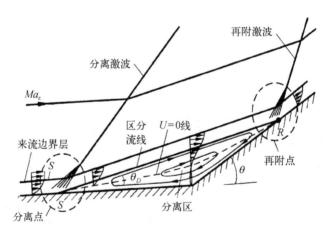

图 2.9 凸起物流动

4)激波/激波干扰流动

激波/激波干扰流动以激波相交、反射为其本质特点,其复杂流动结构出现于边界层外。激波/激波干扰引起的严酷热载荷首次深入研究源于 X-15 超燃冲压发动机项目,在飞行试验中发动机中塔门位置(图 2.10)形成了激波/激波干扰,导致其结构损坏。受这一事故启发,激波/激波干扰逐渐受到研究者的重视,并开展了深入研究。

图 2.10　X – 15 激波/激波干扰

在激波/激波干扰研究中,Edney 最先对两道激波相交或相互干扰时产生的激波系结构进行了分类,给出了 Type Ⅰ~Type Ⅵ六种激波干扰,各种激波干扰的流动结构如图 2.11 所示。激波干扰对表面热流的影响也通过激波干扰后的流动结构作用于边界层上,六类激波干扰类型中 Type Ⅰ、Type Ⅱ、Type Ⅴ为激波-边界层干扰;Type Ⅲ为剪切层-边界层干扰;Type Ⅵ为膨胀扇-边界层干扰。Type Ⅰ~Type Ⅴ激波干扰都会引起局部位置表面压力和换热系数增大,而 Type Ⅳ激波干扰将形成超声速"喷流",冲击翼前缘或进气道唇缘,冲击处形成严重的压力和热流增量,Type Ⅵ激波干扰产生了扩张区域,会引起压力和热流的降低。

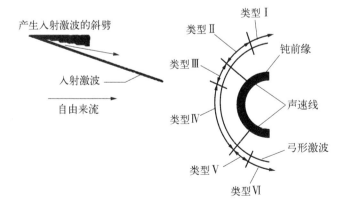

图 2.11　六种激波干扰特征示意图

5) 激波/边界层干扰

与激波/激波干扰流动不同,激波/边界层干扰以激波诱导边界层分离形成多种尺度的涡结构为主要特征。其形成机理是:激波入射到边界层上在边界层流向形成逆压梯度,边界层内流动发生分离形成分离涡并产生分离激波,分离涡在壁面再附形成高热流区(图 2.12)。

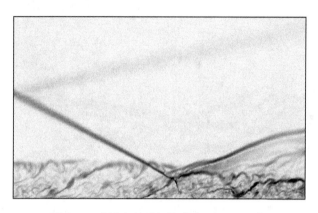

图 2.12 激波入射引起的激波/边界层干扰

飞行器上产生的激波/边界层干扰类型可大致分为 7 种形式(图 2.13),即入射激波干扰、二维压缩拐角、双锥、后掠压缩拐角、单鳍干扰、双鳍干扰、内流道干扰。

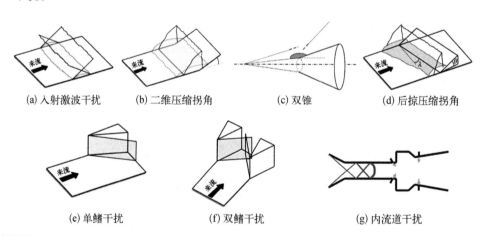

(a) 入射激波干扰   (b) 二维压缩拐角   (c) 双锥   (d) 后掠压缩拐角

(e) 单鳍干扰   (f) 双鳍干扰   (g) 内流道干扰

图 2.13 激波/边界层干扰的类型

6) 缝隙引起多尺度干扰流动问题

前面提到的两类干扰问题是流体力学研究中的经典问题,已经开展了较长时间的研究。随着对飞行器机动性能指标的不断提高,后缘舵、全动舵、Flap 舵、栅格翼等多种操纵舵面逐渐应用于高超声速飞行器。为了使这些部件自由活动,部件与飞行器间以舵轴连接,同时与机体间留有毫米量级的缝隙以防止干涉。虽然缝隙的尺度与舵面的尺度(米量级)相距甚远,但其存在与否直接影响流动结构以及相应的气动加热特性。图 2.14 和图 2.15 给出了后缘舵、Flap 舵有/无缝隙时流动结构的对比,可以看出,缝隙的存在改变了流动的结构及热环境分布的特征。因此,在复杂流动中小尺度的缝隙流动与大尺度的机体扰流形成的多尺度流动如何相互作用是研究中应重点关注的问题。

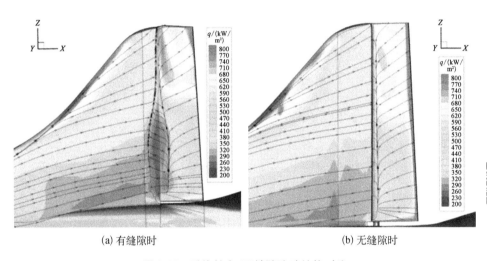

(a) 有缝隙时　　　　　　　　　　　　　　(b) 无缝隙时

图 2.14　后缘舵有/无缝隙流动结构对比

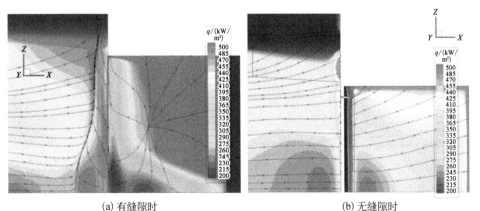

(a) 有缝隙时　　　　　　　　　　　　　　(b) 无缝隙时

图 2.15　Flap 舵有/无缝隙流动结构对比

国外曾针对 X-33 和 X-38 开展了体襟翼缝隙对流动结构和热环境分布的影响试验与计算研究,如图 2.16 所示。Mack 等[10]和 Chen 等[19]利用 DLR - TAU 代码研究了 X-38 飞行器上体襟翼铰链缝隙流动(马赫数为 6,雷诺数为 $3.1×10^6$,攻角为 20°~45°)对热载荷的影响,并首次研究了三维流动结构的缝隙效应。研究发现,当有缝隙存在时,体襟翼和机身之间存在强流动,因此分离区很小,使得襟翼效率提高,但相应地襟翼前端热流较高。气流流经缝隙在体襟翼上下两面造成热流激增,而且铰链线部位由于气流滞止热流相对较高,体襟翼外边缘热流尤其高。

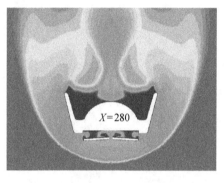 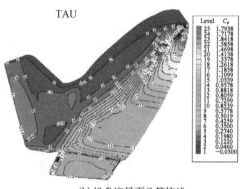

(a) 缝隙周围流动马赫数等值线　　　　　(b) 机身迎风面C_p等值线

图 2.16　缝隙周围流动马赫数等值线和机身迎风面动系数 C_p 等值线

在 $Ma5$ 条件下,针对舵/体缝隙及舵干扰区完成了压力测量及流动显示试验,给出了不同舵面后掠角(0°、60°)、缝隙高度、雷诺数条件下的缝隙压力分布。试验结果表明,当缝隙高度达到当地边界层厚度的 20%(及以上)时,缝隙流动开始显著影响缝隙及舵干扰区流动,并与边界层发生相互作用,舵尖产生的斜激波可能导致缝隙及周边位置流动分离,舵轴对机体的影响可等同于局部圆柱凸起(图 2.17)。

随着缝隙升高,舵轴及舵轴干扰区气动加热显著提升,该研究仅限于对比无后掠舵与后掠舵之间的热流分布,并未对舵轴、缝隙内流动进行详细探究。

7) 干扰区热环境设计

高超声速飞行器气动热环境分布规律复杂,典型区域的热环境差异大,气流干扰造成局部高热流较多,局部干扰区热环境预测问题目前仍未得到彻底的解决,计算的准确度和难度相对传统理论基础完备、预测方法经过多年项目验证的情况有不小的差距。另外,即使在流动简单的非干扰区,热环境也

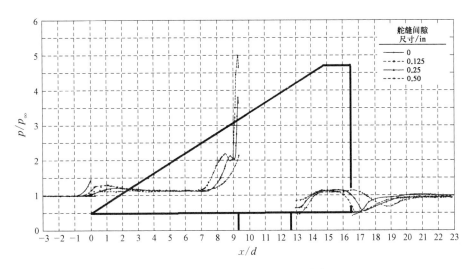

图 2.17　不同缝隙高度下的压力分布

存在较大的分布差异,尤其是大面积中心和靠近边缘的三维流动影响较显著,区域热环境差异更为明显,这些分布的差异随着飞行轨道参数的变化而变化,进而导致热环境预测在空间、时间两个维度无法完全反映飞行器的实际气动加热特征,设计过程中必须要根据飞行器真实的热环境分布及变化规律,在空间和时间上划分一定区域,在一定区域内按照某固定的或依赖单一参数变化规律给出热环境参数,并且在区域和区域间考虑实际参数的过渡。

飞行器热环境不同导致区域划分不同,飞行参数对区域边界、区域内主要影响参数的变化均需要设计人员根据理论、试验、仿真等手段综合确定,从而出现了热环境参数的设计过程,而不单纯是预测的过程,设计过程要考虑飞行器不同部位热环境参数计算的不准确性、热环境参数的空间包络性以及轨道参数的影响等众多因素。高超声速面对称体飞行器气动热环境设计的流程如图 2.18所示。

2.3.4　转捩机制与判据

转捩是指流动从层流转变为湍流的过程。由于高空飞行环境中的背景扰动较小,高超声速边界层转捩一般为小扰动引起的自然转捩。

图 2.19 为平板边界层自然转捩过程示意图。在板的前缘后一般有一段边界层为层流,到某个位置,流动经转捩过程变为湍流。

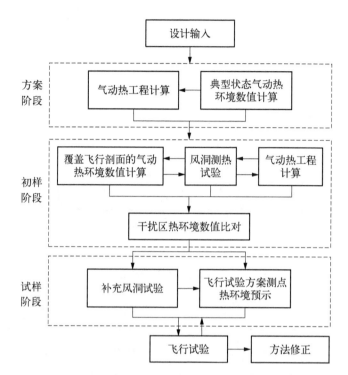

图 2.18   高超声速面对称体飞行器气动热环境设计的流程图

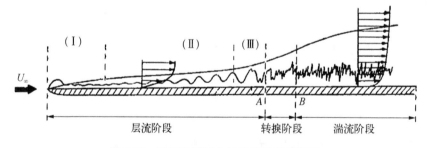

图 2.19   平板边界层自然转捩过程示意图

从转捩的角度来看,边界层自然转捩可以具体分为三个阶段,即层流阶段、转捩阶段和湍流阶段。层流阶段又可以分为三个过程:(Ⅰ)边界层对扰动的感受过程;(Ⅱ)扰动的线性演化过程;(Ⅲ)扰动的非线性演化过程。边界层内的扰动是由边界层外的扰动引起的,研究这一过程的问题就是感受性(receptivity)问题。边界层中有了小扰动后,扰动在向下游的演化过程中会经历一段可用流动稳定性线性理论描述的演化过程。若扰动是增长的,则当扰动增长到一定程度时,其过程就需要用流动稳定性非线性理论来描述。这一过程一般时间较短,随后进入转捩阶段,最终导致湍流。转捩预测就是要预测转捩段开始之处。

图 2.20 给出了转捩过程中壁面摩擦系数及传热系数沿流向的变化。可以看出,层流经过转捩,摩擦力和热流量均增大很多。

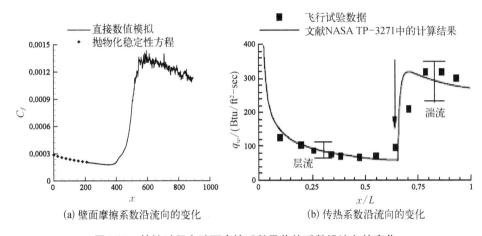

(a) 壁面摩擦系数沿流向的变化　　(b) 传热系数沿流向的变化

图 2.20　转捩过程中壁面摩擦系数及传热系数沿流向的变化

工程方法通过获得风洞试验和飞行实例的数据,将自由流的湍流度、当地的压力梯度、边界层马赫数、壁面温度、边界层总焓、粗糙元高度、边界层厚度、动量厚度等流动参数与转捩位置关联。边界层转捩预测经验方法可以估算转捩发生的时间、位置信息。尽管基于物理机制的预测方法有更高的置信度,但工程方法具有无可比拟的优越性,如运算时间短,具有即时(实时)的飞行处理能力以保障飞行任务的高效性、安全性,克服现有计算机运算条件的限制等。典型的关联如 Abu-Ghannam 和 Shaw 建立的相关关系,Berry 和 Reda 研发的 Re_θ/Ma_e、Re_k 等转捩准则,Reshotko 发展的瞬态增长(transient growth)方法等。目前,通常工程方法更多应用于由表面粗糙度引起的旁路转捩,经验方法克服了现代 CFD 方法对复杂飞行器表面模拟耗时长、计算资源占用大的困难,成为包括航天飞机和飞船等航天器大气层再入飞行时转捩预测的主要手段。

1. 光滑壁面转捩位置评估

1）部标 QJ 1276—87 转捩准则

部标 QJ 1276—87 转捩准则是将飞行器转捩雷诺数与边界层外缘马赫数相关,当当地雷诺数大于此转捩雷诺数时,认为发生了转捩。

$$Re_{tr} = 10^{(5.37+0.232\,5Ma_e-0.004\,015Ma_e^2)} \tag{2.63}$$

式中，Re_{tr} 为转捩雷诺数；Ma_e 为边界层外缘马赫数。在使用部标 QJ 1276—87 转捩准则时需要使用边界层外缘的马赫数，此处使用 Euler(欧拉)方程计算出的壁面马赫数作为边界层外缘马赫数。

2) NASP 转捩判定准则

在发展 NASP 的过程中，NASA 基于飞行试验数据及线性稳定性分析给出了一个 BLT-1A 转捩准则。该准则以尖锥转捩相关为基础，表达式如下：

$$\begin{cases} Re_{\theta tr} = 150Ma_e, & Ma_e \geq 8 \\ Re_{\theta tr} = 1\,200, & 2 \leq Ma_e < 8 \\ Re_{\theta tr} = 1\,200 - 468/\{1 + [Ma_e/(2-Ma_e)]^2/2.8\}, & Ma_e < 2 \end{cases} \tag{2.64}$$

飞行器头部钝度以修正系数的形式引入判据中：

$$\left(\frac{Re_\theta}{Ma_e}\right)_{\text{effective}} = C\frac{Re_{\theta\text{threshold}}}{Ma_e} \tag{2.65}$$

式中，系数 $C = \sqrt{\dfrac{Re_{x_{\text{blunt}}}}{Re_{x_{\text{sharp}}}}}$ 通过头部钝度雷诺数由飞行试验给出的相关曲线确定。例如，假定端头半径为 38.5 mm，在拉起点头部钝度雷诺数为 2.4×10^4。这里取头部钝度修正系数 $C=1.4$。

$$Re_{\infty_m} = \frac{\rho Ur}{\mu} \tag{2.66}$$

经头部钝度修正后得到的转捩判据为

$$\begin{cases} Re_{\theta tr} = 210Ma_e, & Ma_e \geq 8 \\ Re_{\theta tr} = 1\,680, & 2 \leq Ma_e < 8 \\ Re_{\theta tr} = 1\,680 - 655.2/\{1 + [Ma_e/(2-Ma_e)]^2/2.8\}, & Ma_e < 2 \end{cases} \tag{2.67}$$

在使用 NASP 转捩判定准则时，需要使用基于动量厚度 θ 的雷诺数 Re_θ 作为转捩判据。动量厚度 θ 也称为动量损失厚度，其表征了由于黏性作用附面层内损失动量的流体，以边界层外的流体向前流动所需的通道厚度。θ 和 Re_θ 的表达

式分别为

$$\theta = \int_0^\delta \frac{\rho u}{\rho_e u_e}\left(1 - \frac{u}{u_e}\right)\mathrm{d}y \tag{2.68}$$

$$Re_\theta = \frac{\rho_e u_e \theta}{\mu_e} \tag{2.69}$$

式中，u 为速度；θ 为动量厚度；ρ 为密度；下标 e 为边界层外缘。

2. 粗糙壁面转捩位置评估

1）PANT 准则

PANT 准则由风洞试验总结得到

$$\begin{cases} Re_{\theta\mathrm{cr}} = 215\left(\dfrac{K}{\theta}\dfrac{T_e}{T_w}\right)^{-0.7} \\[3mm] Re_{\theta\mathrm{cr}} \geqslant 255\left(\dfrac{K}{\theta}\dfrac{T_e}{T_w}\right)^{-0.7}, \quad Ma = 1 \end{cases} \tag{2.70}$$

式中，K 为壁面粗糙度；θ 为动量厚度；T_e 为边界层外缘温度；T_w 为壁面温度。

2）航天飞机转捩准则

美国针对航天飞机防热瓦的存在孤立粗糙元的情况下转捩问题进行了大量研究，以评估此时的热增量对航天飞机 TPS 的影响问题。Berry 等针对航天飞机、X - 33 和 X - 38 给出了一个转捩准则：

$$Re_{\theta\mathrm{tr}}\left(\frac{k}{\delta}\right)\Big/ Ma_e = 70 \tag{2.71}$$

式中，k 为表面粗糙度；δ 为边界层厚度。

2.3.5　壁面催化特性与非平衡流动

高超声速或高温流动依据流动特征时间与化学反应特征和振动松弛时间的相对大小可分为平衡流、冻结流和非平衡流动。平衡流是指流体微元在流场中滞留的时间足够长，微元的热力学和化学特性有充分的时间自身调节，达到局部热力学和化学平衡值。冻结流是指流体微元在流场中滞留的时间非常短，微元在发生任何化学反应和热力学变化之前已通过流场。非平衡流动介于平衡流和冻结流这两种极限状态之间。

在飞行器以高超声速再入大气层飞行过程中,激波后头部区域空气的化学反应及气体热力特性变化均与飞行速度和飞行高度紧密相关。在高空飞行时,由于空气密度低,分子碰撞频率下降,化学反应松弛时间和振动松弛时间变长,而高速度又使分子运动时间缩短,从而使得化学反应松弛时间和振动松弛时间与高超声速飞行速度具有的流动特征时间变得可比,发生化学非平衡和热力学非平衡流动。

研究已经证实,振动能达到平衡所需的碰撞次数远小于化学反应达到平衡所需的碰撞次数,因此从高空到低空,飞行器依次经历热力学非平衡和化学非平衡流动(简称热化学非平衡流动)、热力学平衡和化学非平衡流动(简称化学非平衡流动)、热力学平衡和化学平衡流动(简称平衡流动)。特征尺度越大,飞行速度越低,需要考虑非平衡效应的高度应增加。

高温非平衡三维流场数值求解的是带组分源相的化学反应流动 N-S 方程,无量纲形式如下:

$$\frac{\partial Q}{\partial t} + \frac{\partial F}{\partial x} + \frac{\partial G}{\partial y} + \frac{\partial H}{\partial z} = \frac{1}{Re}\left(\frac{\partial F_V}{\partial x} + \frac{\partial G_V}{\partial y} + \frac{\partial H_V}{\partial z}\right) + W \tag{2.72}$$

在气体物理模型中,考虑了组分的束缚电子能量的激发效应和分子组分振动能量的激发效应。对于热化学非平衡流动情况,状态方程和能量关系式如下:

$$p = \rho T \sum_{i=1}^{N_s} \frac{c_i}{M_i} E = e + E_V + \frac{1}{2}(u^2 + v^2 + w^2)$$

$$e = \sum_{i=1}^{N_s} c_i e_i, \quad E_V = \sum_M c_j E_{Vj}$$

$$e_i = e_{i,\,tr} + e_{i,\,e} + \Delta h_i^0$$

$$e_{i,\,tr} = \begin{cases} \dfrac{3}{2M_i}T, & i = 原子 \\[2ex] \dfrac{5}{2M_i}T, & i = 分子 \end{cases}$$

$$E_{Vj} = \frac{\theta_{Vj}}{M_j\left[\exp\left(\dfrac{\theta_{Vj}}{T_V}\right) - 1\right]}, \quad e_{i,\,e} = \theta_{ei}\frac{g_{1i}\exp(-\theta_{ei}/T)}{M_i\left[g_{0i} + g_{1i}\exp(\theta_{ei}/T)\right]}$$

式中,$e_{i,\,tr}$、$e_{i,\,e}$ 分别为组分 i 的平动和转动能、束缚电子的激发能;θ_{Vj} 为组分 j 的振动特征温度;g_{0i}、g_{1i} 分别为组分 i 的束缚电子第 0 和第 1 能级的简并因子;θ_{ei} 为第 1 能级的特征温度;Δh_i^0 为组分生成能。壁面热流由式(2.73)计算:

$$q_w = k\frac{\partial T}{\partial n} + k_V\frac{\partial T_V}{\partial n} + \sum_{i=1}^{N_s} \rho D_i h_i \frac{\partial c_i}{\partial n} \qquad (2.73)$$

表面材料特性对近壁面化学反应起催化作用,使得近壁面空气组元成分因催化系数差异而不同,进而影响近壁面法向的组分浓度差,导致组分扩散热流的不同,而完全催化(fully catalytic wall,FCW)和完全非催化(non catalytic wall,NCW)作为两种极限催化条件对表面热流的影响也最大,可以作为热环境设计的包络边界。

利用飞行试验 Electre 模型进行验证,其总长度为 2 m,头部半径为 0.175 m,半锥角为 4.60°,$T_1 \sim T_{10}$ 是飞行试验的测热点(图 2.21)。飞行试验条件: $Ma = 13$,$U = 4\,230$ m/s,$\rho_\infty = 6.995 \times 10^{-4}$ kg/m³,$T_w = 343$ K。

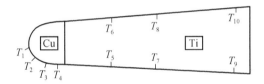

图 2.21　Electre 模型和测热点示意图

在计算中采用七组分空气化学反应模型(N_2、O_2、NO、NO+、N、O、e)、化学非平衡(chemical nonequilibrium,CNeq)模型和热化学非平衡(thermochemical nonequilibrium,TCNeq)模型,考虑 NCW 和 FCW 壁面条件,主要考核热流分布计算结果。图 2.22 给出了计算飞行条件的热流分布,并与飞行试验数据进行了比较。图 2.23 给出了不同热化学模型和催化条件下计算热流云图。飞行试验数据几乎在 NCW 计算热流值和 FCW 计算热流值两者之间,典型部位热流计算误差小于 15%。另外,对于飞行试验数据,尽管 T_5 和 T_6、T_7 和 T_8、T_9 和 T_{10} 有几乎相同的轴线位置,但热流数据相差较大。由图 2.23 可以看到,不同热

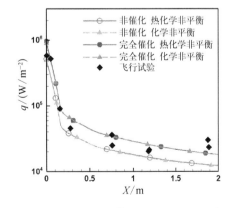

图 2.22　模型热流计算与飞行试验数据比较

化学模型对头部区域计算的热流值有一定的影响,热化学非平衡模型计算的热流值高于化学非平衡模型计算的热流值,但不到10%,对身部区域计算的热流值几乎没有影响;不同壁面催化条件对头部区域计算的热流值有较大影响,FCW热流值高于NCW热流值,组分扩散热流占总热流的40%~50%。

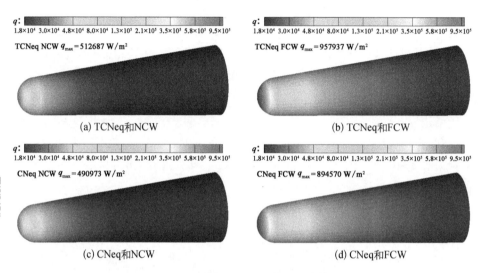

图 2.23　不同热化学模型和催化条件下计算热流云图

图 2.24 给出了计算得到的球锥模型不同壁面温度(T_w 为 300~2 000 K)下驻点总热流和组分扩散热流。由图可以看出: ① 不同表面温度计算的热流分布

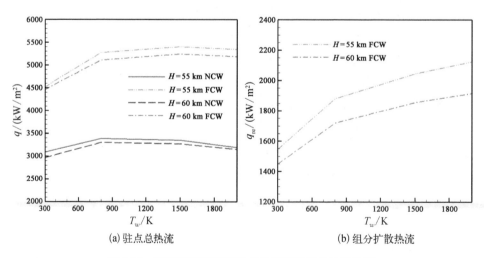

图 2.24　不同壁面温度下驻点总热流和组分扩散热流

有一定的差异,当壁面温度 T_w 为 $300 \sim 800$ K 时,表面温度越高,表面热流越高,当壁面温度 T_w 为 $800 \sim 2\,000$ K 时,表面温度增加,表面热流升高缓慢,当壁面温度 T_w 为 $1\,500$ K 时,有降低的趋势;② 壁面温度增加,组分扩散热流一直增加,表面温度从 300 K 上升至 $2\,000$ K,组分扩散热流在总热流中的百分比从 33% 左右上升至 40% 左右;③ 表面温度变化对球锥头部区域热流值影响大,但对球锥身部区域热流值影响小。

高超声速飞行器外形较为复杂,气动热环境沿时间(弹道)和空间两个维度上都呈现出复杂的变化特征,气动热环境预示准确与否直接决定飞行器防隔热系统能否有效可靠地工作,进而影响整个飞行器的飞行成败,因此气动热设计理论与方法是高超声速飞行器设计的关键技术之一。目前初步构建的高超声速气动热设计理论与方法体系有效支撑了高超声速飞行器的研制,但由于高超声速气动热预示的复杂性,目前的设计理论和体系依然存在复杂干扰和流动机理认识不充分、设计精细化程度不高、若干关键研究方向基础薄弱等问题,未来高超声速气动热设计理论与方法需要在以上方面进一步开展深入研究。

2.4 小结

本章分别介绍了高超声速飞行器气动载荷与热环境设计方法。其中,高超声速飞行器气动载荷设计方法中主要对动载荷、静载荷、冲击、振动、噪声载荷的设计方法,以及安全系数的选取方法进行了介绍;高超声速飞行器气动热环境设计方法主要对典型型号设计中常用的工程方法以及数值模拟技术进行了介绍,并对局部热环境设计、转捩机制与判据、壁面催化特性与非平衡流动中热环境特点和设计方法进行了梳理与总结。

参考文献

[1] 鲁宇,朱广生,蔡巧言,等.航天运输系统及再入飞行器中的高超声速技术[J].导弹与航天运载技术,2007(6): 1-5.

[2] 蔡巧言,杜涛,朱广生.新型高超声速飞行器的气动设计技术探讨[J].宇航学报,2009(6): 2086-2091.

[3] 国义军,曾磊,张昊元,等.HTV2 第二次飞行试验气动热环境及失效模式分析[J].空气动力学学报,2017(4): 496-503.

［4］余平,段毅,尘军.高超声速飞行的若干气动问题[J].航空学报,2015,36(1)：7-23.

［5］丁明松,董维中,高铁锁,等.局部催化特性差异对气动热环境影响的计算分析[J].航空学报,2018(3)：44-54.

［6］丁明松,董维中,高铁锁,等.传感器催化特性差异对气动热影响的计算分析[J].宇航学报,2017(12)：1361-1371.

［7］董维中,高铁锁,丁明松,等.高超声速飞行器表面温度分布与气动热耦合数值研究[J].航空学报,2015,36(1)：311-324.

［8］董维中,丁明松,高铁锁,等.热化学非平衡模型和表面温度对气动热计算影响分析[J].空气动力学学报,2013,31(6)：692-698.

［9］王国雄.弹头技术(上).北京：中国宇航出版社,2009.

［10］Mack A, Hannemann V. Validation of the unstructured DLR－TAU－Code for hypersonic flows. 32nd American Institute of Aeronautics and Astronautics Fluid Dynamics conference, 2002.

［11］钱炜祺,周宇,何开锋,等.考虑烧蚀情况下的表面热流辨识[J].空气动力学学报,2014,32(6)：772-776.

［12］钱炜祺,周宇,何开锋,等.表面热流辨识技术在边界层转捩位置测量中的应用初步研究.实验流体力学,2012,26(1)：74-78.

［13］何开锋,汪清,钱炜祺,等.高超声速飞行器气动力/热参数辨识研究综述.实验流体力学,2011(5)：99-104.

［14］航天工业部.弹道式导弹弹头气动热环境工程计算方法[S].QJ 1276—87, 1987.

［15］孟松鹤,丁小恒,易法军,等.高超声速飞行器表面测热技术综述.航空学报,2014(7)：1759-1775.

［16］孟松鹤,金华,王国林,等.热防护材料表面催化特性研究进展.航空学报,2014(2)：287-302.

［17］孙学文.高超声速气动热预测及热防护材料/结构响应研究.北京：北京科技大学,2020.

［18］李锋.疏导式热防护[M].北京：中国宇航出版社,2017.

［19］Chen J, Mack A. Hypersonic viscous flow computation over X－38 with hybrid meshes. Acta Aerodynamica Sinica, 2002, 5(1)：18.

第3章

先进结构与防隔热材料技术

3.1 概述

　　面对严峻的气动加热环境和长时间飞行的工作特点,研究轻质、耐热、有效防隔热的结构与防热材料,是发展高超声速飞行器的重要基础。对于中程武器、近程武器以及再入飞行器,其飞行时间较短,且在设计上选用性能优异的防隔热材料,在有限的飞行时间内,负责承载的主结构温升普遍不高,因此结构与热防护设计上多采用冷、热分离的设计方案,由最外层的防热层与隔热层承受热载荷,同时将气动力载荷传递给内部冷结构。中/近程武器的防隔热层在设计上通常偏于选用防热与隔热的一体化材料,如树脂基防热材料、表面制备抗烧蚀涂层的陶瓷瓦等。对于热流水平极高的再入飞行器,通常选用防热+隔热+冷结构的设计方案。对于高超声速飞行器,其气动加热主要表现为热流水平不高、总加热量大(飞行时间长)的特点,若采用传统的防隔热层与冷结构分离的设计方案,则需要大幅增加隔热层的设计厚度,以确保冷结构温度满足使用要求,而隔热厚度的大幅增加势必影响高超声速飞行器的气动特性。为了维持高超声速飞行器的气动特性,设计上可考虑将防热与承载功能进行一体化设计,即选用耐高温的结构材料,使其兼具高温承载与防热功能,同时选用热导率极低的轻质隔热材料,辅以相变材料进行综合控温,确保舱内仪器设备满足使用要求。高超声速飞行器结构与防热一体化设计需求,对先进结构与热防护材料提出了较高的要求,我国在国际上率先提出了防热承载一体化的热结构设计思想,并先后开展了多种热结构方案的尝试与探索。例如,采用以碳/碳复合材料表面制备抗氧化涂层的舱段热结构设计方案、采用基体抗氧化的陶瓷基复合材料热结构设计方案等,均取得了良好的应用效果。

与传统轴对称旋成体外形的飞行器相比,为了实现长时间高超声速飞行,高超声速飞行器一般采用更加尖锐、扁平化的升力体或乘波体外形,并通过腹鳍、立尾、空气舵等部件实现飞行器稳定性控制。这些复杂的控制面带来的激波/激波干扰、激波/边界层干扰等复杂流动现象,对飞行器局部高热流区热防护设计带来较大困难。针对高超声速飞行器防热设计需求,国内外材料研究者保持较为一致的研究思路,即基于高超声速飞行器气动加热特点,通过引入难熔、抗烧蚀组元的方式,对防热材料的基材或涂层进行工艺改性与优化,进一步提升现有防隔热材料对温度及氧化性气氛的耐受能力,而不是研发新型的防热材料体系。

高超声速飞行器的飞行时间长、总加热量大等特点,对隔热与温控材料性能水平也提出了极高的要求。一方面,隔热材料需要具有极低的热导率,最大程度上延缓飞行器外部热量向舱内传递;另一方面,隔热材料需要具有轻质、易加工、易成型、易装配等特点,便于其工程化应用。近年来,国内外主要围绕气凝胶隔热材料、陶瓷纤维类隔热材料、多层隔热材料和低烧蚀类隔热材料等几类隔热材料开展了研究与工程化应用,隔热材料的性能和种类不断提高,形成了适用于不同类型航天器的高效隔热材料家族。

此外,随着高超声速飞行器对其速度和性能要求的不断提高,热密封与热连接部件正面临着前所未有的挑战,具体包括长时间严重的气动加热作用、机身表面温升大、压力载荷不均匀、氧化腐蚀环境、机载空间狭小和重量限制等问题。因此,必须采用结构重量轻、性能优异的热密封与热连接部件对飞行器进行保护,使机体温度维持在许可范围内,保证机载设备的正常运行。

3.2 国内外研究情况

3.2.1 先进结构复合材料

树脂基复合材料和金属基复合材料是主要的航天结构复合材料,未来在高超声速飞行技术领域具有很大的发展潜力和应用前景[1]。

树脂基复合材料是复合材料的主要品种,已得到普遍应用。美国 X-33 飞行器的机身箱间段、机翼段和推力结构段等主结构采用了碳纤维复合材料(IM7/BMI);日本试验轨道飞行器 HOPE-X 采用全碳纤维复合材料面板(TR-30 碳纤维/850 环氧树脂),其质量比铝合金结构轻 20%,制造成本只是常规铝合金结构的 20%。

金属基复合材料是 20 世纪 60 年代末才发展起来的,现在已经发展到了先进钛铝(Ti-Al)金属间化合物基复合材料,并取得了相当大的成功。钛铝化合物塑性问题一旦解决,金属基复合材料将成为未来高超声速飞行器的重要结构材料。钛铝金属间化合物的发展趋势是进一步开展高铌(Nb)合金化材料研究,提高高温强度和蠕变性能;同时开展粉末冶金等近净成形技术研究,加强针对性的实用性应用研究,尽快得到实际应用[2]。

3.2.2　防热功能复合材料

在稠密大气层内长时间高超声速机动飞行的飞行器,为保证能对飞行器实施精确控制,要求端头、翼前缘等超高温热防护部位在长时间飞行过程中实现低烧蚀甚至非烧蚀,而传统的再入式飞行器用短时烧蚀型热防护体系无法满足该使用要求,因此热防护系统及材料的开发是高超声速飞行器发展最为关键的技术之一。

国外从 20 世纪 50 年代中期开始研究防热功能复合材料技术,研究主要围绕树脂基和碳/碳防热两种复合材料展开,并成功应用于导弹弹头和航天器,取得了一系列的技术进步。至 20 世纪 80 年代,国外开始发展陶瓷基复合材料,因其具有耐高温、耐磨、抗高温蠕变、热导率低、热膨胀系数低、耐化学腐蚀、强度高、硬度大等特点,可应用于发展热防护系统,是未来设计高超声速飞行器热结构的重要材料之一。

近年来,我国逐步开展了长时、超高温、有氧等极端服役环境下低/非烧蚀热防护材料的研制工作,验证了基体改性工艺在长时间气动加热条件下实现低/非烧蚀设计目标的可行性,开展了大尺寸国产碳纤维立体织物整体成型、抗烧蚀组元在大尺寸材料内部引入与控制、复合工艺与大尺寸适配性以及大尺寸材料综合性能评价与地面试验等技术攻关[3],形成了以低烧蚀碳/碳、非烧蚀碳/碳、超高温陶瓷、碳/碳化硅、抗氧化碳/碳材料为代表的,抗氧化性能优异的先进热防护材料,实现了超高温热防护部件的稳定配套,支撑和推动了我国高超声速飞行器的研制。

1. 树脂基防热材料

针对不同类型导弹武器和航天飞行器的需求,国外发展了适用于不同热环境条件和隔热性能要求的树脂基烧蚀防热复合材料,其主要应用于导弹气动表面的防热层、固体火箭动力系统的喷管扩散段、热发射系统的热防护内衬,以及飞船返回舱或再入舱的防热层等,基本形成了玻璃/酚醛、高硅氧/酚醛、碳/酚醛和低密度烧蚀防热等四大材料系列。

在玻璃钢蜂窝网格内填充混有石英纤维和空心小球等的硅橡胶、环氧酚醛树脂的低密度烧蚀材料,已成功应用于美国"双子星座号"和"阿波罗号"载人飞船。喷管外头帽防热环、收敛段、喉衬、扩散段等部位一般也采用耐烧蚀性能及隔热性能较好的碳布/酚醛和高硅氧布/酚醛的复合结构。树脂基防热材料在飞行器热防护设计中的应用如表 3.1 所示。

表 3.1   树脂基防热材料在飞行器热防护设计中的应用[4]

飞行器名称	热防护材料	功用	国家及执行年份
"水星号"载人飞船	酚醛玻璃	防热层	美国,1962~1963
"双子星座号"载人飞船	酚醛玻璃的蜂窝网格内填充硅橡胶	防热层	美国,1965~1966
"阿波罗号"载人飞船	环氧酚醛树脂浸渍石英纤维	防热层	美国,1969~1972
"神舟五号"载人飞船	低密度碳化材料	返回舱防热层	中国,2003
"星尘号"彗星探测器	PICA 轻质材料	防热罩	美国,1999~2006
X-37B 轨道飞行器	石墨/聚酰胺复合材料三明治结构	机身大面积防热	美国,2010

2. 碳基复合材料

1958 年,美国 Chance-Vought 公司在研究碳/酚醛防热复合材料时,偶然发现碳/碳复合材料,20 世纪 60 年代美国在 Wright-Patterson 空军基地材料实验室的发起下制备出碳/碳复合材料。如图 3.1 所示,碳/碳复合材料拥有高比强度、高比模量、耐高温、耐烧蚀、耐粒子侵蚀等优异性能,是唯一能够在 3 000℃ 以上保持较高力学性能的材料,其已成为固体火箭发动机喉衬、再入飞行器头部的首选防热材料。

碳/碳复合材料以其优异的高温力学和热物理性能,结合基体改性和抗氧化涂层技术,一直是先进国家战略导弹弹头端头、发动机喷管、高超声速飞行器关键热端部件首选的防热、热结构材料。表 3.2、表 3.3 分别为国外碳/碳喉衬材料的性能和国外碳/碳防热、热结构材料的发展历程。

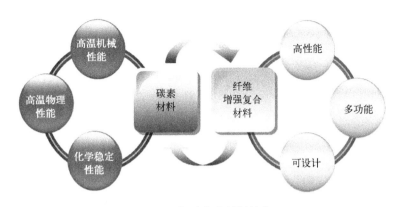

图 3.1　碳/碳复合材料特点

表 3.2　国外碳/碳喉衬材料的性能

国　　别	美　　国		法　　国			俄罗斯
公司	AVCO	GE	SEP			—
类型	3D C/C MX 一级	4D C/C	2D C/C	4D C/C	3D Novoltex C/C	4D C/C
密度/(g/cm³)	1.87~1.92	1.92	1.35~1.60	1.85~1.95	1.75~1.80	1.90~1.95
拉伸强度/MPa //	50.7~76.8	220.9	35~70	115	50	75~105
拉伸强度/MPa ⊥						103~155
拉伸模量/GPa	—	79.9	12.5~16			35~45
断裂应变/%	0.06~0.07	0.35				0.19~0.37
压缩强度/MPa //	89.3~107	—	30~90	70~120		78~89
压缩强度/MPa ⊥			60~130	200	150	115~123.5
剪切强度/MPa	8.12	13.1	7~12	20~40	30	—
导热系数/[W/(m·K)] //	82.76	—	1~20	50~150	120	101.8
导热系数/[W/(m·K)] ⊥			10~70	50~150	50	99.7
线膨胀系数/10⁻⁶℃ //	0.157	—	1.5~2.5	1.0~2.0		0.46
线膨胀系数/10⁻⁶℃ ⊥			3~5	1.0~2.0		1.10

注：//表示平面方向；⊥表示厚度方向。

表 3.3 国外碳/碳防热、热结构材料的发展历程

发展历程	代表型号	考虑因素	构件形状及特征	材 料
第一阶段：20 世纪 80 年代至今	美国航天飞机	部分可重复使用	钝头,尺寸较大	RCC、ACC、ACC-3
第二阶段：20 世纪 80 年代中期至 90 年代中期	X-30 空天飞机	可重复使用	尖锐头锥,尺寸较大	ACC-4
第三阶段：20 世纪 90 年代至今	X-33、X-34、X-37、X-40、OSP 等验证机	高强度、耐热破坏	钝头,尺寸较大	ACC-3, ACC-4
第四阶段：20 世纪 90 年代至今	X-43A、HTV-2 等	高抗冲击、高导热、外形稳定	尖锐前缘,大部件	高强度、高导热碳/碳,ACC-6

C/C 材料密度小、比强度高、比热容大、线膨胀系数小,具有优异的抗热震和抗烧蚀性能,是理想的高温热防护或热结构材料,目前发展形成了以烧蚀型、低烧蚀型、非烧蚀型为代表的先进 C/C 复合材料。其中,烧蚀型 C/C 材料已经在弹头和固体火箭发动机上得到了广泛应用,非烧蚀型和低烧蚀型 C/C 材料则能满足高超声速飞行器长时间飞行的发展需求。美国 HTV-2 飞行器技术采用了低烧蚀后退率的 C/C 端头材料,即在 C/C 材料内部引入钨(W)、镧(La)、二硼化锆(ZrB_2)、碳化硅(SiC)等难熔金属及化合物;HTV-2 的机身大面积区域采用了 C/C 气动外壳,能起到承载和防热的双重功能。

3. 陶瓷基复合材料

C/SiC 复合材料除了具有比强度高、比模量高、导热性好、热膨胀小、高温性能好等一系列优异性能,还具有良好的基体高温抗氧化性能,在高推重比航空发动机、卫星姿控发动机、超高声速冲压发动机、空天往返防热系统、巡航导弹发动机、液体和固体火箭发动机等武器装备领域均具有广阔的应用前景。

C/SiC 复合材料在国外的研究起步较早,法国 SEP 公司、Bordeaux 大学,德国 Karlsruhe 大学,美国 Oak Ridge 国家实验室早在 20 世纪 70 年代中期就开展了关于 C/SiC 复合材料的研究和开发工作。在航空领域,欧洲 Herme 再入飞船的面板、小翼、升降副翼和机身舱门,英国 Hotel 航天飞机和法国 Sanger 航天飞

机的热防护系统都有 C/SiC 复合材料的应用;发射 Ariane 卫星的运载火箭上直径和长度均为 1 000 mm 的排气锥也是采用 C/SiC 复合材料制造。在航空领域,由法国 SEP 公司制造的 C/SiC 复合材料喷嘴、尾气调节片已在狂风战斗机的 M88 发动机和幻影 2000 战斗机的 M53 发动机上成功进行了试飞试验。在热结构方面,材料研究设计公司(Marketing Research & Development, MR&D)、通用电气陶瓷复合材料制品有限责任公司(General Electric Comprehensive Composite Products, GECCP)开发了 C/SiC 材料制成的副翼;MT 航空航天公司采用 C/SiC 材料为 X-38 开发了全尺寸的副翼。

在我国,航天材料及工艺研究所、中国科学院金属研究所、中国人民解放军国防科技大学、中国航天科技集团公司第四研究院第四十三研究所和西北工业大学均开展了相关研究。其中,比较有代表性的是西北工业大学和中国人民解放军国防科技大学分别基于化学气相渗透(chemical vapor infiltration, CVI)法、先驱体浸渗热解(precursor infiltration and pyrolysis, PIP)法建立的 C/SiC 材料工艺体系,它们均可适用于大尺寸薄壁构件及舱段的生产;航天材料及工艺研究所成功开发了能够适应大尺寸、近净尺寸成型的液相工艺 C/SiC 材料工艺体系,能够适用于全尺寸飞行器防热承载一体化热结构产品的生产,且材料性能和整体研究与应用水平均已跻身于国际先进行列。

3.2.3　隔热材料技术

国内外隔热材料的研究[5]主要集中在气凝胶隔热材料、陶瓷纤维类隔热材料、多层隔热材料和低烧蚀类隔热材料。

1. 气凝胶隔热材料

SiO_2 气凝胶具有独特的纳米多孔结构,是目前报道的常压下热导率最低的隔热材料,被称为超级隔热材料,其室温下最低热导率仅为 0.012 W/(m·K)[6,7]。美国的 Aspen Aerogel 公司能够提供商品化的氧化硅气凝胶复合隔热材料产品(图 3.2),使用温度范围为 -270~650℃,常温热导率仅为 0.012 5~0.015 5 W/(m·K)。Aspen Aerogel 公司生产的气凝胶与其他隔热材料热导率对比如图 3.3所示。SiO_2 气凝胶不仅密度小,而且隔热性能优异,是理想的隔热材料。但 SiO_2 气凝胶的耐温能力有限,当温度高于 800℃时严重收缩,使其隔热性能迅速下降,不适用于高温环境。

Al_2O_3 气凝胶也是一种非常重要的气凝胶,其耐温性能可达 1 200℃。但是 Al_2O_3 气凝胶在制备过程中,其前驱体水解速度大于 SiO_2 气凝胶前驱体水解速

1000℃(1832°F)
火焰下的气凝胶
隔热材料

图 3.2 Aspen Aerogel 公司生产的气凝胶复合隔热材料

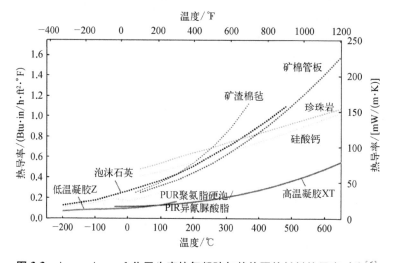

图 3.3 Aspen Aerogel 公司生产的气凝胶与其他隔热材料热导率对比[6]

度,导致其制备过程难以控制,通常要在溶液中加入螯合剂控制铝盐的水解速度。Poco 等[8]首先研究了高孔隙率、块状氧化铝气凝胶的合成。所制备的氧化铝气凝胶在 950℃处理后,其收缩率小于 2%,800℃的热导率为 0.298 W/(m·K)。NASA 格林研究中心正在进行 SiO_2/Al_2O_3 复合气凝胶的研究,研制的块状 SiO_2/Al_2O_3 复合气凝胶耐温可达 1 000℃。

美国劳伦斯利弗莫尔国家实验室(Lawrence Livermore National Laboratory, LLNL)的科学家发明了适用于多种过渡金属氧化物气凝胶的制备方法,即在溶液中加入环氧化物,进而控制过渡金属离子的水解速度,并用这种方法制备了一系列块状的气凝胶,如图 3.4 所示,但是这些气凝胶材料的隔热性能研究未见报道。

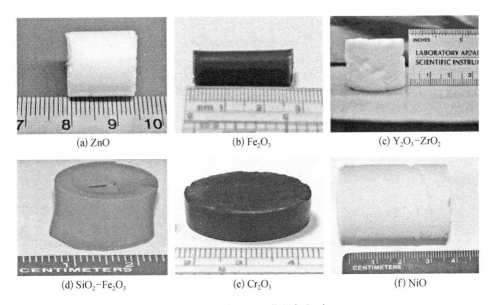

(a) ZnO　　　　　　(b) Fe$_2$O$_3$　　　　　(c) Y$_2$O$_3$-ZrO$_2$

(d) SiO$_2$-Fe$_2$O$_3$　　　　(e) Cr$_2$O$_3$　　　　　(f) NiO

图 3.4　过渡金属氧化物气凝胶

Microtherm 公司发展了一类新型的纳米隔热材料,其产品和主要性能如图 3.5 所示,产品的突出优点是不仅室温热导率极低,而且热导率随温度变化的斜率也非常小。此类隔热材料虽然不是气凝胶,但是其主要成分之一是多孔的气相二氧化硅。Naito 等报道了以二氧化硅、玻璃纤维和碳化硅为原料制备具有良好性能的隔热材料,其孔隙率大于 80%,100℃时的热导率为 0.026 6 W/(m·K)。

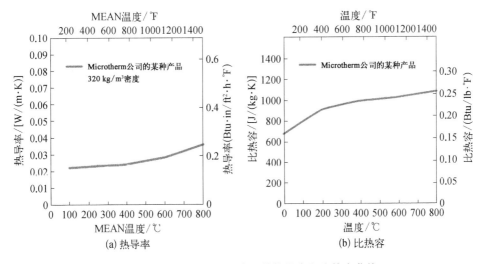

(a) 热导率　　　　　　　　　　(b) 比热容

图 3.5　Microtherm 公司产品的热导率和比热容曲线

2. 陶瓷纤维类隔热材料

陶瓷纤维及其制品是一类重要的轻质隔热材料,如氧化铝纤维、氧化锆纤维以及陶瓷纤维毡等。陶瓷纤维既可以作为隔热材料单独使用,也可以与其他材料组合或复合构成复合隔热材料。陶瓷纤维具有接近空气的热导率,这是因为陶瓷纤维是由固态纤维和空气组成的混合结构气孔率达 90%以上,大量低热导率空气充满于气孔中,破坏了固态分子的连续网络结构,从而获得优良的绝热性能,且气孔直径越小,沿热流方向由固态纤维分割成密闭状态的气孔数量越多,则陶瓷纤维的绝热性能越好。美国 3M 公司(Minnesota‐Minning‐and‐Manufacture)开发的 Nextel 系列长丝连续氧化铝纤维,具有非常好的柔韧性、弹性和抗拉强度,可在 1 300℃条件下长期连续使用,广泛应用于各种航天飞行器的隔热材料部件。Nextel 系列氧化铝纤维制品的实物图和基本参数分别如图 3.6 和表 3.4 所示。

图 3.6　Nextel 系列氧化铝纤维制品的实物图

与氧化铝纤维相比,氧化锆纤维除了具有一般陶瓷纤维的特性,还具有熔点高(2 600℃)、耐高温(2 200℃)、抗氧化、耐腐蚀、热导率低等优良特性,在无机纤维材料中占有特殊的位置,是一种高性能的隔热和耐腐蚀材料。氧化锆具有很好的高温性能,在温度高达 2 480℃时仍可保持其纤维形态,1 400℃左右仍具有可绕性。氧化锆纤维使用温度可达氧化铝的熔点以上,最高可达 2 200℃,不仅适用于氧化气氛,还可在还原气氛和真空下使用。氧化锆纤维在高温下具有很小的蒸气压,1 370℃时蒸气压为 1.064×10^{-9} Pa,也是真空中应用的理想隔热材料。国外主要氧化锆纤维产品基本参数如表 3.5 所示。

高性能隔热毡以高性能陶瓷纤维为基础。欧洲为 X‐38 研制了柔性隔热毡材料(flexible external insulation, FEI),可在 300~1 100℃使用。EADS 不断改进FEI 的性能:使用稳定性更高的新型高发射率涂层改善稳定性,使用毒性更小的防水涂层等,使 FEI‐1000 可重复使用 10 次,防水涂层可重复使用 4 次,如图3.7 所示[6,7]。波音公司最近研制了新型的隔热毡 CRI,其最高使用温度可达1 315℃,重复使用时耐温 1 200℃,通过在表面喷涂涂层来改善其防水性能,如图3.8 所示[8]。

表 3.4 Nextel 系列氧化铝纤维制品的基本参数

性能	单位	3M™ Nextel™ 312	Nextel™ 440	Nextel™ 550	Nextel™ 610	Nextel™ 720
使用温度	°F	2 200	2 500	2 200	2 200	2 200
纤维直径	μm	10~12	10~12	10~12	10~12	10~12
晶体尺寸	nm	<500	<500	<500	<500	<500
晶型	—	$9Al_2O_3:2B_2O_3+$二氧化硅	$\gamma-Al_2O_3+$莫来石$+$二氧化硅	$\gamma/\delta-Al_2O_3+$二氧化硅	$\alpha-Al_2O_3$	$\alpha-Al_2O_3+$莫来石
密度	g/cm³	2.70	3.05	3.03	3.88	3.40
纤维拉伸强度（51 mm 规格）	MPa	1 700	2 000	2 000	2 930	2 100
纤维拉伸模量	GPa	150	190	193	373	260
表面积	m²/g	<0.2	<0.2	<0.2	<0.2	<0.2
成分构成	wt%	$62Al_2O_3$ $24SiO_2$ $14B_2O_3$	$70Al_2O_3$ $28SiO_2$ $2B_2O_3$	$73Al_2O_3$ $27SiO_2$	$>99Al_2O_3$ $0.2-0.3SiO_2$ $0.4-0.7FeO_3$	$85Al_2O_3$ $15SiO_2$
线膨胀系数（100~1 100℃）	ppm①/℃	3（25~500℃）	5.3	5.3	7.9	6.0
介电常数	（测试频点为 9.375 GHz）	5.2	5.7	约 5.8	约 9.0	约 5.8

① 1 ppm=10^{-6}。

表 3.5　国外主要氧化锆纤维产品基本参数

ZrO₂纤维性能	产　品			
	UCC(美)	ZIRCAR(美)	ICI(英)	品川(日)
外观颜色	白色	白色	白色	白色
直径/μm	4~10	4~6	3	5
平均长度/mm	固定长度	2.5	30~50	20~30
密度/(g/cm³)	5.9	5.9	5.5	5.8
体积密度/(g/cm³)	—	0.21	—	0.08~0.10
比表面积/(m²/g)	<1.0	<1.0	2.5	—
组成(ZrO₂+Y₂O₃)/%	99	99	92~100	99
熔点/℃	2 600	2 600	2 600	2 600
晶型	四方	立方	—	四方
稳定剂	Y₂O₃	Y₂O₃	Y₂O₃	Y₂O₃
拉伸强度/MPa	350~1 400	—	689.5	—
弹性模量/GPa	126~154	—	103.4	—
莫氏硬度	>6	>6	—	>6

图 3.7　修复后的 FEI 材料　　　　图 3.8　波音公司开发的隔热毡

　　美国还研制了遮光纤维隔热材料(opacified fibrous insulation, OFI)。OFI 由包在高温织物中的遮光纤维毡缝制而成,组合的氧化硅/氧化铝/氧化锆纤维毡最高可耐温 1 650℃。标准的 OFI 将遮光氧化铝和氧化硅毡包在 Nextel 纤维织物中构成,可耐 1 480℃高温。热导率与温度和压力有关,如图 3.9 所示[7]。

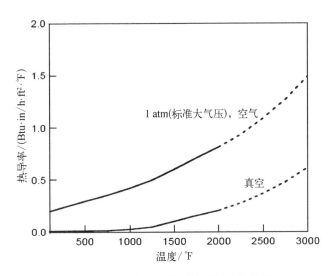

图 3.9　不同温度和压力下 OFI 的热导率

3. 多层隔热材料

多层隔热结构是由反射层和隔热材料交替叠合而成的组合结构,通过发射率低的屏面的层层反射对辐射热流造成热阻,而隔热层采用纤维或多孔材料降低导热效果。卫星上应用了这种多层隔热结构,其反射屏通常为具有低发射率的金属箔,如铝箔、铜箔、金箔、镍箔、钼箔、不锈钢箔等,或者是表面蒸镀金属层的塑料薄膜,如蒸镀有金或铝的聚酯薄膜或聚酰亚胺薄膜等。用于间隔物的材料主要有疏松纤维、纤维布、网状织物、泡沫塑料等。但卫星上应用的多层隔热结构耐温能力有限,不适用于高温环境,必须使用耐温能力更好的材料设计多层隔热结构。

德国的 MT Aerospace 公司设计了可耐 1 000℃ 和 1 600℃ 的多层隔热材料(multi-layer insulation,MLI),分别如图 3.10 和图 3.11 所示。其中,耐 1 000℃ 的 MLI 靠近高温部分是多层金属反射屏与陶瓷纤维间隔结构(IMI),低温部分为 Aspen Aerogel 公司生产的 Pryogel 型气凝胶,包在 Nextel 312 纤维布中,总厚度为 40 mm,重量为 4 kg/m²。耐 1 600℃ 的 MLI 在高温面加一层 Zircar APA-2 氧化锆纤维,其他部分与耐 1 000℃ 的 MLI 基本相同,整个部分使用 Nextel 440 纤维布包裹,厚度为 80 mm,重量为 8.5 kg/m²。

通过查阅文献,美国在高超声速飞行器研制过程中发展了如图 3.12 所示的高温多层隔热结构。通过对难熔纤维和反射屏进行改进,这种重量轻的多层金属箔绝热材料能够承受将来一次或多次循环使用高超声速飞行器 1 650℃ 高温

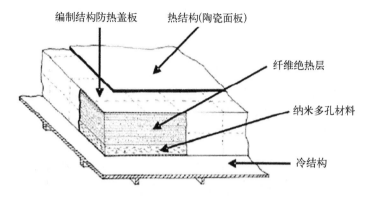

图 3.10   耐温 1 000℃的多层隔热材料

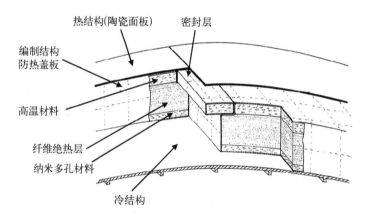

图 3.11   耐温 1 600℃的多层隔热材料

图 3.12   高反射金属箔和平板层

的飞行环境。同时采用三维传热模型分析测试装置和样品,以更好地了解高度各向异性多层隔热结构的性能,使用 Thermal Desktop 和 SINDA/FLUINT 软件建立分析模型,背温的预测值与实测值相符。

4. 低烧蚀类隔热材料

20 世纪 90 年代以来,艾姆斯研究中心研制了酚醛浸渍碳烧蚀体 PICA (phenolic impregnated carbon ablator)和

硅树脂浸渍可重复使用陶瓷烧蚀体 SIRCA（silicone resion impregnated resuable ceramic ablator）两种"轻质陶瓷烧蚀"材料。其中，PICA 被应用于"星尘号"返回舱的热防护材料中，SIRCA 在"火星探路者号"飞行器某些部位上应用，并曾经被选为 X-34 飞行器的翼前缘和鼻锥材料。PICA 使用 FMI 公司的 FiberForm 为基体，经浸渍酚醛树脂制备而成；SIRCA 使用航天飞机陶瓷瓦作为基体，经浸渍硅树脂制备而成。PICA 作为美国 Orion 乘员探索飞行器（crew exploration vehicle，CEV）防热材料方案，已进行试验考核，如图 3.13 所示。

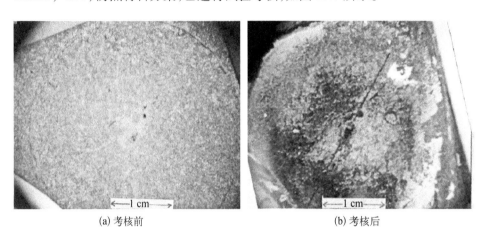

(a) 考核前   (b) 考核后

图 3.13　考核前后的 PICA 热防护材料

3.3　结构与防热材料

3.3.1　树脂基复合材料

树脂基复合材料的防热性能主要由基体与增强体性能共同决定，其中基体的选择尤为重要，基体在烧蚀材料制造过程中作为填料及各种添加剂的胶黏剂，在树脂基体的选择上，通常要选择高分子量、高交联度的基体；同时，为了提高热解后的材料残炭率，避免材料在高温条件下生成 CO 和 CO_2，这就需要氧原子不能以醚键形式存在于主链或者侧链上；此外，从材料制备的角度来看，树脂基体还需要具有适中的黏度，使其易于浸渍且与纤维浸润性好；同时优选具备固化工艺简单、固化过程中产气率低、材料孔隙率小、碳化收缩率小等特点的树脂作为防热材料的基体，常用的基体有酚醛类、聚酰亚胺类、聚芳炔类、有机硅类等。其中,酚醛树脂是最早工业化的合成树脂,具有生产工艺简单、材料性能稳定、易加工、成本低廉、耐腐蚀、耐冲刷等特点,在中/近程武器中得到广泛应用。

传统酚醛树脂具有脆性大、固化收缩率高、吸水性大等缺点,为了克服传统酚醛树脂存在的缺点,需要进一步提高耐热性能和耐烧蚀性能。国内外对酚醛树脂进行了大量的改性工作,通过在酚醛树脂分子结构中引入硼、钡、钼等元素,研发出耐温等级更高、残炭率更高、力学性能更优异的酚醛树脂,并在火箭、导弹及各型航天器中得到广泛应用。常见改性酚醛的性质如表 3.6 所示[9]。

表 3.6　常见改性酚醛的性质

改性酚醛	900℃残炭率/%	起始分解温度/℃	分解峰温度/℃
硼酚醛	70	428	625
钡酚醛	56	424	594
氨酚醛	59	420	613
钼酚醛	58	475	538

树脂基防热材料增强体主要有纤维和颗粒两种形态,当采用纤维作为增强体时,拉伸载荷的承载与传载主要由纤维承担,压缩载荷通常由纤维和基体共同承担;当采用颗粒作为增强体时,拉伸与压缩载荷由酚醛基体和颗粒增强体共同承担。树脂基防热材料中常见的纤维增强体主要有玻璃纤维(含高硅氧玻璃纤维、石英纤维等)、碳纤维、有机纤维及增强纤维织物结构等。

(1)玻璃纤维:玻璃纤维是由 SiO_2 和 Al、Ga、B 等元素的氧化物以及少量的加工助剂 Na_2O、K_2O 等原材料经熔炼制成玻璃球,然后在坩埚内将玻璃球熔融拉丝而成的。玻璃纤维的性能特点是高强度、低模量、高伸长率、低膨胀系数、低热导率、低介电常数。玻璃纤维生产工艺主要包括坩埚法生产工艺和池窑法生产工艺。

(2)碳纤维:碳纤维是一种含碳量在 90%以上不完全石墨结晶化的纤维状碳素材料,其既具有一般碳素材料低密度、耐高温、耐腐蚀、导电、导热等特点,又具有各向异性、轴向拉伸强度高、成丝状柔软可加工等特点。

(3)有机纤维:有机纤维是指纤维材质为有机物的纤维,包括涤纶、腈纶、锦纶、丙纶等;有机纤维是在耐高强度、耐高模量、阻燃、耐热等方面具有一种或多种特殊性能的纤维,被称为高性能有机纤维,包括芳纶、超高分子量聚乙烯纤维、聚对苯撑苯并二噁唑纤维、聚酰亚胺纤维等。

（4）增强纤维织物结构：为了克服单向纤维复合材料横向性能差、层间剪切强度低和不耐冲击等弱点，增强纤维织物结构大量采用二维和三维织物作为增强材料。三维织物制造费用较高，一般应用于树脂传递模塑（resin transfer molding，RTM）等特殊工艺。

对于传统树脂基防热材料，多以玻璃纤维/颗粒、高硅氧纤维、石英纤维等玻璃类材料作为增强体，增强体的主要成分是二氧化硅，材料的防热机理通常是依靠二氧化硅熔融带走热量，熔融的二氧化硅在高温下具有很高的黏度，在材料表面形成的 SiO_2 液态膜能够抗击高速气流冲刷，并能在吸收气动热后熔化和蒸发。当树脂基复合材料用于高超声速飞行器气动加热条件时，其热流主要以中/低热流、高焓、低压为特点，通常材料表面温度不超过 1 300℃，未达到 SiO_2 的熔点，材料的防热机理主要是依靠树脂基体中高分子聚合物断链成为小分子气体产物的吸热过程，热解气体经过多孔的碳化层向边界层引射，对边界层内高温气体进一步降热，即热阻塞效应。

3.3.2　碳基复合材料

1. 碳/碳复合材料

碳/碳复合材料由碳纤维增强骨架和基体碳构成，其中碳纤维增强骨架可选用 1-D、2-D、3-D、n-D 等连续增强体织物结构，以及碳纤维毡、针刺结构织物等非连续纤维增强体结构，基体碳按照引入工艺划分，可分为树脂碳、沥青碳、沉积碳等[10,11]。

常见的碳/碳复合材料制备工艺有液相工艺和化学气相工艺。其中，液相工艺以树脂或沥青为基体前驱体，将其浸渍到织物中，然后将浸渍有树脂或沥青的织物在惰性气氛下热处理，使树脂或沥青转化为基体碳，其工艺简单，原料便宜，但致密化效率较低，需要经过多轮次的循环浸渍-碳化工序，当制品达到一定密度时，需要采用热等静压（hot isostatic pressing，HIP）工序进一步提高材料密度。化学气相工艺以碳氢气体（CH_4、C_2H_6、C_3H_8、C_2H_4）为碳源，在一定温度下热解，直接在织物碳纤维表面沉积成碳，其工艺特点为：材料结构尺寸稳定性好，但单边均匀沉积厚度不大于 50 mm，适用于薄壁、异型织物，不适用于实心预制体，且需要几百甚至上千小时，中间往往需要多次去除材料表层以打开沉积通道，且易形成密度梯度。

2. 低烧蚀碳/碳

碳/碳复合材料在 400℃以上的氧化气氛中极易发生显著的氧化反应，并且随着温度的升高反应更加剧烈,直接采用碳/碳复合材料制备高超声速飞行器鼻锥或尖锐前缘,在大气层内长时间飞行过程中,部件外形将发生明显的变化,影响飞行器的气动外形。因此,若将碳/碳复合材料应用于长时间在大气层内飞行的高超声速飞行器的防热部件,则必须提高其在超高温有氧环境下的抗氧化能力。

碳/碳复合材料的抗氧化措施主要有两种方法:① 内部保护方法,对碳纤维和碳基体进行改性处理或在基体内添加各种抗氧化剂;② 外部涂层保护方法,即通过在材料表面制备各类涂层,以防止含氧气体接触扩散。外部涂层由于其与基材匹配性差等,使用温度受到极大限制,无法适用于2 000℃以上的超高温氧化环境。而内部保护法,在氧化烧蚀过程中形成动态的抗氧化阻挡层,并且抗氧化组元的种类和含量可调节的范围大,使材料可以适应更高的温度范围。目前,国内外有将本体抗氧化碳/碳复合材料应用于高温短时使用环境的相关报道。俄罗斯、法国等针对固体火箭发动机喷管,将难熔金属化合物如 TaC、HfC、WC、ZrC 渗透到碳/碳基体中,提高了碳/碳材料的抗烧蚀性能和抗粒子冲刷性能,通过燃气温度为 3 800℃、压力为 8.0 MPa、工作时间为 60 s 的固体火箭发动机(solid rocket motor, SRM)地面点火试验考核,该类材料表现出较好的抗烧蚀性能,烧蚀速率比碳/碳材料的烧蚀速率明显降低。我国也开展了在碳/碳材料中添加难熔金属碳化物来提高喉衬短时抗烧蚀、抗粒子冲刷性能的探索研究。例如,航天材料及工艺研究所的宋永忠等以碳纤维立体织物为增强骨架,采用化学络合或液相等方法,在碳/碳复合材料内部引入难熔金属化合物,结合中温煤沥青浸渍/碳化、高温石墨化等工艺,制备出超高温本体抗氧化碳/碳复合材料,即低烧蚀碳/碳材料[12]。

低烧蚀碳/碳材料是通过工艺手段在碳/碳复合材料内部引入一定量的难熔金属化合物,而形成的一类在高焓低压、高热流高温(2 000~2 800℃)有氧环境下长时间可实现比碳/碳复合材料烧蚀速率降低一个数量级的超高温热防护材料,主要应用于飞行器端头帽部位;非烧蚀碳/碳的本体材料为低烧蚀碳,通过表面制备抗氧化涂层,以达到其在高温(约 2 000℃)有氧环境下实现零烧蚀的材料研制目标。

低烧蚀碳/碳材料采用大尺寸穿刺织物为增强骨架,通过反复浸渍掺杂抗烧蚀组元的改性前驱体及含难熔金属化合物的前驱体,并经过一系列固化/碳化/高温处理工艺,在制品内部抗烧蚀组元达到目标含量,后期采用高压致密化处理,得到一定密度的低烧蚀碳/碳毛坯材料,根据产品设计图纸进行加工,完成构件制备(图 3.14)。

图 3.14　低烧蚀碳/碳端头实物图

3.3.3　陶瓷基复合材料

1. C/SiC 复合材料

C/SiC 复合材料制造方法有热压烧结(hot pressing sintering, HPS)法、先驱体浸渗热解法、反应熔体浸渗(reaction melt infiltration, RMI)法和化学气相浸渗法等。

热压烧结法是将纤维用陶瓷浆料进行浸渗处理后,缠绕在轮毂上,经烘干制成无纬布,然后将无纬布切割成一定尺寸层叠在一起,最后经热压烧结得到复合材料。该工艺的主要缺点是对纤维有严重的损伤,且对于形状复杂、由三维纤维预制体增强的 C/SiC 复合材料难以成型。

先驱体浸渗热解法是在一定的温度和压力下,先将液态聚碳硅烷浸渗到多孔 C 纤维预制体内,然后经过干燥和热处理(>1 500℃),使聚碳硅烷热解而得到 SiC 基体。该工艺的主要缺点是:先驱体在干燥和热解过程中,基体会产生很大的收缩并出现裂纹,并且先驱体热解所得 SiC 的产率很低,为了获得致密度较高的复合材料,必须经过多次浸渗处理,生产周期长,产品成本高。

反应熔体浸渗法通常采用熔融 Si 对多孔 C/C 复合材料进行浸渗处理,使 Si 与 C 发生反应生成 SiC 基体。在浸渗过程中,熔融硅不可避免地会与 C 纤维发生反应,导致纤维的侵蚀及性能降低,同时复合材料中还会有一定量残留 Si 的存在。

化学气相渗透法起源于 20 世纪 60 年代中期,是在化学气相沉积(chemical vapor deposition, CVD)法的基础上发展起来的一种新方法。这种方法是将纤维预制体置于密闭的反应室内,然后通入反应气体,在高温下气体渗入预制体内发生化学反应,并在碳纤维表面原位沉积形成 SiC 基体。在 CVI 过程中,反应气体和气体产物均在低温和低压下进行,以降低反应速率并提高气体分子在多孔预制体中的平均自由程。CVI 工艺能在低温低压下进行基体的制备,材料内部的残余应力小,纤维损伤小;能够制备形状复杂和纤维体积分数高的近净尺寸成型构件,主要缺点为渗透厚度薄、只能用于薄壁构件的生产、生产周期长、基体致密化速度低以及材料致密度不高等。

2. 超高温陶瓷

常用的材料有碳化物、硼化物和氮化物,它们都具有很高的熔点。在这三种化合物中,碳化物的熔点最高,但它的断裂韧性很低,且容易氧化。硼化物具有良好的综合性能,如高温下抗热冲击性能、抗断裂韧性以及抗蠕变性能都非常好,是目前研究的重点。超高温陶瓷材料具有生产周期短、成本低以及抗氧化性好的特点。近年来,很多学者对过渡金属(如 Zr、Hf、Ta 等)的硼化物和碳化物进行了系统研究,它们的热稳定性和化学稳定性使得它们能够作为极端环境下使用的候选材料,如高超声速飞行、大气再入飞行等;在火箭推进系统中,这些材料的熔点大于 3 000℃,能够长时间保持良好的高温强度和优良的抗热冲击性能[13]。

3.4　高效隔热材料

高超声速飞行器在长时间承受气动加热条件下,为保证飞行器主体结构及内部仪器设备的安全,必须使用高效隔热材料阻止外部热流向内部传递,因此使用轻质、高效的隔热材料是高超声速飞行器研制过程的关键之一,国内外高超声速飞行器研制的过程中也都将隔热材料作为飞行器的关键材料,并将隔热材料列为考核试验的重点验证部分。目前,高超声速飞行器上使用的典型隔热材料主要有纳米气凝胶隔热材料、陶瓷隔热瓦、柔性隔热材料以及热透波材料等。

3.4.1　纳米气凝胶隔热材料

超级隔热材料的典型特征为热导率低于同温度下静止空气的热导率,块体具有气固两相相互贯穿的纳米结构特点,在常压条件下即可表现出"超级隔热"的特性。气凝胶隔热材料内部固体骨架的体积分数较低,球状颗粒堆积具有"弱接触"的特点,因此固体导热对材料表观热导率的贡献极低。气凝胶的典型孔隙尺寸仅为 2~50 nm,显著小于室温下空气分子的平均自由程(70 nm),因此纳米孔隙中的气体分子发生碰撞传递能量受到极大限制,气体导热的贡献也被限定在一个相对较低的水平;通过添加辐射抑制剂等手段,可实现对辐射传热的抑制。纳米隔热材料对热量传递的三种途径均具有良好的抑制效果,因此在常压和低真空条件下,其表现出优异的隔热性能。

　　航天飞行器结构设计对防隔热结构的质量和体积要求非常严格,质量最轻化意味着防热结构的面密度最小,可最大限度地降低结构质量;体积最小化意味着厚度最小,可最大限度地保证有效载荷的装配空间。纳米超级隔热材料具有适中的密度范围和优异的隔热性能,因此它是一种理想的航天飞行器用隔热材料。

　　纳米隔热材料工艺流程图如图 3.15 所示。纳米隔热材料采用溶胶-凝胶制备工艺,将原材料正硅酸乙酯前躯体、溶剂乙醇、去离子水及催化剂等配置成溶胶,在一定条件下凝胶后经老化和溶剂置换,在超临界条件下进行干燥获得纳米 SiO_2 颗粒。纳米 SiO_2 颗粒与遮光剂、增强纤维等共同在高速混合分散机中进行充分混合分散得到复合粉体。复合粉体在专用模具中模压得到纳米隔热材料块体。为提高材料的整体强度和加工性,对材料进行表面强韧化处理,强韧化处理以无机纤维布为增强体,改性磷酸盐为粘接剂,在纳米隔热材料表面形成一层复合材料外壳,最终获得表面强化的纳米隔热材料产品。

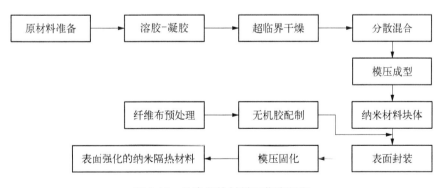

图 3.15　纳米隔热材料工艺流程图

　　纳米隔热材料的主要成分为纳米 SiO_2,是由纳米颗粒和纳米孔隙构成的具有特殊的三维网络结构,这种结构特点决定此类材料具有优异的高温隔热性能,但颗粒含有大量—OH 功能团,很容易吸附空气中的水分,吸附水分后会对纳米材料性能(尤其是介电性能)产生影响,并给材料的储存等带来不确定的因素以及受热释放水汽等问题。

以疏水的烷基取代颗粒表面亲水的羟基是一种有效的防潮措施,但纳米隔热材料的结构特点决定了无法采用液相进行反应。借鉴纳米隔热材料的超临界干燥工艺,创新采用有机硅烷在超临界状态下进行反应接枝,可以有效地实现防潮疏水的目的。防潮处理前后纳米隔热材料防水效果比较如图 3.16 所示。

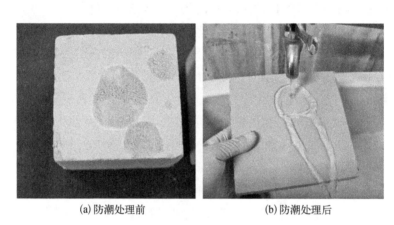

(a) 防潮处理前   (b) 防潮处理后

图 3.16   防潮处理前后纳米隔热材料防水效果比较

3.4.2   陶瓷隔热瓦

陶瓷隔热瓦的主要原材料为石英纤维和莫来石纤维,将两种纤维和烧结剂等在打浆机中制成浆料,浆料在抽滤工装中抽滤成坯体后在热压机中进行致密化处理,致密化的过程中同时进行部分干燥。致密化完成后将坯体放入烘箱中进行完全干燥,该过程一般需要数天时间。干燥后的坯体在马弗炉中高温烧结得到刚性隔热瓦毛坯,毛坯经机加工后得到刚性隔热瓦产品,具体工艺流程如图 3.17 所示。

图 3.17   刚性隔热瓦工艺流程图

3.4.3　柔性隔热材料

柔性隔热材料是一种棉被式防热结构,它与刚性陶瓷材料相比,没有明显的结构热匹配问题,其制造工艺和安装拼接的复杂程度相对较小,能够制成较大尺寸的隔热结构直接胶黏在机体蒙皮上,并且具有质量轻、耐热震性好及价格便宜等优点。柔性隔热材料是将氧化硅纤维棉夹在编织的氧化硅(石英)布中,用氧化硅纤维缝线缝制在一起并使其增强。国内从 20 世纪 80 年代开始研制柔性隔热材料,其中航天材料及工艺研究所研制的柔性隔热材料性能已与国外同类材料的性能相当。

柔性隔热材料采用缝合工艺缝制而成,陶瓷纤维棉和纤维布按顺序铺层后,用陶瓷纤维缝线上下贯穿隔热材料的各层,缝制成类似棉被结构的柔性隔热材料。

3.4.4　热透波材料

透波材料是指保护天线系统在外界环境下正常工作的一种多功能介质材料,其主要性能要求是减小天线罩介质对天线系统接收和反射电磁波信号的影响。常用的透波材料主要有无机非金属透波材料和复合透波材料两大类。其中,无机非金属透波材料一般指耐高温的非金属陶瓷材料,复合透波材料主要包括各种纤维增强树脂基、陶瓷基复合材料。

无机非金属透波材料具有良好的电学性能、力学性能,工作温度高,耐烧蚀,不吸水,热膨胀系数低等特点,是高温天线罩的首选材料。目前,实现工程应用的无机非金属热透波材料包括石英、氧化铝、氮化硼、氮化硅、塞隆(SiAlon)材料等,各类材料的性能比较如表 3.7 所示。

表 3.7　无机非金属热透波材料性能比较

材料类型	主材料	优点	缺点
氧化物系列	氧化铝	耐温 1 400℃、无氧化、成本低	力学性能低、烧蚀速率高
	石英(二氧化硅)	耐温 1 000℃、无氧化、抗烧蚀、线膨胀系数低、热导率低、成本低	力学性能低

续　表

材料类型	主材料	优　点	缺　点
氮化物系列	氮化硼	线膨胀系数低、材料模量低	力学性能差、易氧化、易吸潮
	氮化硅	耐温 1 400℃、线膨胀系数高、力学性能优、抗烧蚀	热导率高、制备工艺复杂
氮氧化物系列	塞隆	耐温 1 400℃、线膨胀系数低、力学性能良、抗烧蚀	成本高、制备工艺复杂

复合热透波材料由增强纤维和基体组成,增强纤维决定材料的力学性能,基体决定材料的电学性能。其中,增强纤维可分为无机纤维和有机纤维两大类,无机纤维主要是指玻璃纤维、玄武岩纤维等,有机纤维主要有芳纶、聚乙烯纤维等。树脂基体主要有不饱和聚酯树脂、环氧树脂、酚醛树脂、氰酸酯、有机硅树脂、双马来酰亚胺、聚四氟乙烯和聚酰亚胺树脂等。陶瓷基体主要有二氧化硅、氮化硅等。不同陶瓷基热透波材料的性能特点如表 3.8 所示。

表 3.8　不同陶瓷基热透波材料的性能特点

纤维种类	基体种类	优　点	缺　点
石英纤维	二氧化硅	抗烧蚀、力学性能良、热导率低、为应用最广的热透波材料	长时耐温不高于 1 200℃
氧化铝纤维	二氧化硅	耐温性和力学性能优于石英-二氧化硅复合材料	烧蚀速率高
氮化硅纤维	二氧化硅	耐温性和力学性能优于石英-二氧化硅复合材料、抗烧蚀	纤维成本高
	氮化硅	耐温性和力学性能优于石英-二氧化硅复合材料、抗烧蚀	纤维成本高、热导率高

3.5　热密封材料微观结构及性能

在选择热密封材料时,500℃以下可以选用耐高温改性橡胶类弹性密封材料,500℃以上必须选用无机类密封材料,如不同种类无机或混有金属丝的纤维绳、柔性石墨等复合密封材料等。常见的热密封材料实物及其工艺特点如表3.9所示。

表 3.9　常见的热密封材料实物及其工艺特点

热密封材料	实物	工艺特点
改性硅橡胶复合陶瓷毡垫		由耐温硅橡胶填充进无机纤维毡垫制备
硅氮橡胶类胶黏剂		由硅氮橡胶和耐温金属填料复合制备
石墨密封条		为层叠式制品,由柔性石墨材料冲切、压制成型

续　表

热密封材料	实　　物	工艺特点
无机纤维织物密封条		由无机纤维织物（如玻璃纤维）编织而成
金属骨架弹性密封条	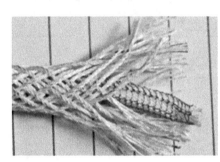	由高温热密封件石英/氧化铝纤维+金属丝网编织组合而成

3.6　温控材料工艺与实现

3.6.1　热屏蔽温控材料

多层热控组件是飞行器舱内常用的典型热屏蔽材料。高超声速飞行条件下,舱内气压极低,且舱体内壁与仪器设备不直接接触,因此热量主要以辐射的方式向仪器设备传递。多层热控组件的目的是通过在柔性隔热毡内部设置多层低发射率的分隔层,逐层抑制热辐射以达到降低舱体内壁向仪器传热的目的,其工艺研制流程如图3.18所示,多层热控组件的研制工艺要求如下:

（1）铺设过程中应注意使反射屏的放气孔错开,并使多层材料互相平行,避免形成"热短路",影响隔热效果;

（2）多层热控组件的缝合应松紧适度,优良的多层隔热体应是相当松散的,同时应具有较大的层密度和良好的缠绕牢固性。

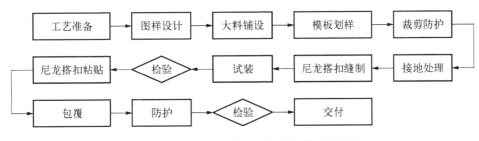

图 3.18　多层热控组件的制作及包覆工艺流程

　　试验证明,多层热控组件与被包覆采用"尼龙搭扣搭接"法最简单、最实用。将尼龙搭扣的"钩"带用高温胶粘贴在仪器表面上,将尼龙搭扣的"圈"带缝制在多层热控材料组件上,并填充适量硅橡胶,在其外表面使用单面镀铝薄膜聚酰亚胺胶带覆盖接缝。

3.6.2　热耗散温控材料

1. 定形相变材料

　　定形相变材料的特点是相变材料由固态变为液态时,液态相变材料不会发生渗漏、外逸,保持固定形状,便于使用。分别使用十八烷、二十烷、二十二烷与三元乙丙橡胶按相同配比混炼制备定形相变材料。不同烷烃会改变定形相变材料的相变温度以及相变焓值,因此可根据不同的环境设计脂肪烃/三元乙丙橡胶体系定形相变材料中脂肪烃的种类。混炼以及交联固化并未使定型材料中脂肪烃的分子结构发生变化,因此定形相变材料中脂肪烃并未发生化学变化,三元乙丙橡胶对脂肪烃进行物理包覆,从而实现定形性。进一步,可以通过泡沫金属作为导热骨架提高定形相变材料热导率。由于泡沫金属具有密度小、孔隙率高、比表面积大的优点,将其作为骨架填充到相变材料中,可以将相变材料的传热系数提高到 2 W/(m·K)。

　　2. 中、低温相变材料

　　中、低温相变材料主要是脂肪烃类、多元醇和脂肪酸类,如二十烷、二十二烷、二十四烷、二十八烷、丁四醇、季戊四醇、聚乙二醇、肉豆蔻酸、癸酸等。碳泡沫的表面改性处理主要是解决脂肪烃类相变材料与碳泡沫的界面相容性问题,采用双氧水对碳泡沫表面改性的方法可以较好地解决碳泡沫与脂肪烃类的相容性,并可以研究双氧水温度对碳泡沫吸附脂肪烃类相变材料吸附能力的影响。除了碳泡沫,还制备了铜泡沫复合相变材料。图 3.19 为孔隙率为 97% 的铜泡沫

图 3.19　孔隙率为 97% 的铜泡沫与丁四醇的致密复合物

与丁四醇的致密复合物。

3. 高温相变材料

高温相变材料主要选用硝酸钠,但硝酸钠的热导率较低,需要将其与铜泡沫复合,以增强其热导率。在扫描量热 DSC 测试中,硝酸钠的用量只有 2~3 mg,因此粉末堆积对硝酸钠的熔化过程影响较小。而当将 500 g 硝酸钠在烧杯内进行加热熔化时,就需要考虑加热过程中硝酸钠粉末内部与外部温度梯度对硝酸钠熔融的影响,需要选择合适的加热温度。先将铜泡沫放入烧杯中,然后用足量的硝酸钠粉末将其覆盖,在 350℃ 马弗炉中进行加热熔融,4 h 后硝酸钠熔融为透明液态,液态硝酸钠进入铜泡沫孔隙中,冷却后正反面形貌如图 3.20 所示。由图可以看到,在空气中复合的硝酸钠-铜泡沫复合物变黑,这是铜在高温空气中氧化造成的。后续需要优化硝酸钠与铜泡沫的复合工艺,在真空或惰性气氛条件下进行两者复合,以避免铜泡沫氧化。铜泡沫氧化会降低两者界面的热传递能力。

(a) 铜泡沫背向烧杯底一面　　　　　(b) 铜泡沫挨着烧杯底一面

图 3.20　硝酸钠与铜泡沫在空气气氛中熔融复合后形貌

4. 微胶囊相变材料

为了解决如石蜡这类固液相变材料熔融流动的问题,采用微胶囊技术将相变材料封装做成微胶囊。微胶囊技术是一种用成膜材料将固体或液体包覆使其形成微小粒子的技术。包封用的壁壳物质称为壁材,被包的囊心物质称为芯材。

囊壁通常是由无缝、坚固的薄膜构成的。芯材可以是单一的,也可以是混合的,可以是固体、溶液、水分散液或油剂,也可以是气体。囊壁可以是单层结构,也可以是多层结构。微胶囊的大小在几微米至几百微米范围内。

针对脂肪醇微胶囊,采用丁四醇为相变芯材,交联聚苯乙烯作为壁材,采用自由基引发聚合的方法得到丁四醇微胶囊。

针对脂肪烃微胶囊,采用二十五度石蜡为芯材,聚二乙烯基苯作为壁材,可得到完整包覆的脂肪烃微胶囊。

5. 热反应性吸热材料

热反应性吸热材料具有吸热量大的优点,其吸热量可达到脂肪烃类相变材料吸热量的 5~10 倍。可根据需要,筛选吸热量大、分解产物对环境及设备无害的材料。研究发现,磷酸氢二钠、十水硫酸钠、十八水合硫酸铝、九水偏硅酸钠、氟硼酸铵、六水硫酸镍、六水氯化镁、碳酸锂均具有较高的热反应吸热能力。

图 3.21 以碳酸锂为例,给出了其 DSC 曲线。由图可以看出,碳酸锂的失水温度范围为 600~870℃,总吸热量为 6 746 J/g,可以用于反应吸热热控领域。

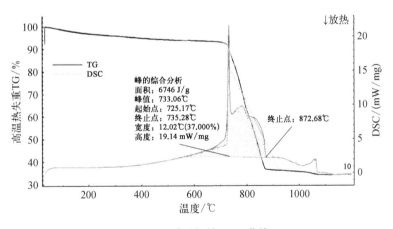

图 3.21　碳酸锂的 DSC 曲线

3.7　小结

本章分别介绍了国内外先进结构与防隔热材料的研制与应用情况,并对高超声速飞行器常用结构与热防护材料的工艺特点及性能进行了分类介绍。其中,防热材料主要围绕树脂基、碳基、陶瓷基三类材料的工艺与力、热性能进行了介绍,高效隔热材料主要针对纳米气凝胶隔热材料、陶瓷隔热瓦、柔性隔热材料以及高温透波隔热材料的工艺特点与性能进行了总结;热密封材料主要针对改性硅橡胶复合陶瓷毡垫、耐高温胶黏剂以及复合热密封材料进行了梳理,温控材料主要对热屏蔽温控材料以及热耗散温控材料的工艺特点进行了介绍。

参考文献

[1] 袁海根,曾金芳,杨杰,等.防热抗烧蚀复合材料研究进展[J].化学推进剂与高分子材料,2006,4(1):21-30.

[2] 江辉.国外航天结构新材料发展简述[J].宇航材料工艺,1998(4):1-8.

[3] 童庆丰,史景利,宋永忠,等.ZrC/C复合材料性能及微观结构的研究[J].宇航材料工艺,2004,2:45-48.

[4] 宋永忠,徐林,许正辉,等.超高温本体抗氧化碳/碳复合材料研究[J].中国材料进展,2012,31(8):15-17.

[5] Komameni S, Roy R, Selvaraj U, et al. Nanocomposite aerogels: The $SiO_2 - Al_2O_3$ system [J]. Journal of Materials Research, 1993, 8 (12): 3163-3167.

[6] 胡子君,李俊宁,孙陈诚,等.纳米超级隔热材料及其最新研究进展[J].中国材料进展,2012,31(8):25-31.

[7] 魏高升,张欣欣,于帆.超级绝热材料气凝胶的纳米孔结构与有效导热系数[J].热科学与技术,2005,4(2):107-112.

[8] Poco J F, Satcher J H, Hrubesh L W. Synthesis of high porosity, monolithic alumina aerogels [J]. Journal of Non-Crystalline Solids, 2001, 285: 57-63.

[9] 高迪.酚醛树脂浸渍碳纤维三维编织体的成型与烧蚀行为研究[D].哈尔滨:哈尔滨工业大学,2011.

[10] 陈盛洪.细编穿刺C/C复合材料热物理性能的模拟研究[D].哈尔滨:哈尔滨工业大学,2008.

[11] 胡侨乐.三维碳纤机织物复合材料力学性能评价及其飞机典型L型加强筋结构应用研究[D].上海:东华大学,2020.

[12] 刘伟,田治坤,楚天舒,等.复合材料在航空航天领域中的应用探究[J].科技风,2017(07):6-12.

[13] 王晓叶,郑斌,冯志海.$ZrB_2 - SiC$超高温陶瓷的定量分析[J].宇航材料工艺,2013,2:95-98.

第4章

高超声速飞行器结构设计

4.1 概述

高超声速飞行器在大气层内长时间高速飞行,需要承受高量级的气动力和气动热,为高超声速飞行器提供有效的、可靠的工作条件是结构设计要解决的核心问题。高超声速飞行器的结构设计,是在气动外形、仪器设备布局、复杂服役环境、强刚度和可靠性、质量特性等多种设计约束条件和设计边界下,实现材料选用、构型设计和产品研制的过程。飞行器结构系统不仅是飞行器的物化实体,也是仪器设备、动力系统、制导控制系统的实现载体,是高超声速飞行器先进总体性能得以实现的物质基础。研究轻质、高强、耐热的结构是发展高超声速飞行器的技术基础,也是结构设计永恒的主题。

与传统飞行器结构设计重点关注承载特性的满足情况不同,高超声速飞行器以高马赫数在大气层内飞行时不仅面临严酷的气动加热问题,机体结构要应对长时间高气动加热环境,还面临气动、控制和热学等多专业的高度耦合难题,飞行器结构在此类使用条件下的设计难度更大。另外,高超声速飞行器对轻质化的需求更加迫切,对高性能轻质材料、轻量化结构方案、多功能结构设计的要求更高。追求载荷传递效率的优化方案,通常导致制造难度和研制成本大幅增加。目前,耐高温材料体系的工业基础相对薄弱,还不能较好地满足耐高温、抗氧化、抗烧蚀、高强度、高刚度、高韧性等综合性能,如何运用力学和热学的基本理论和创新思想,在有限的材料数据、制备工艺和试验考核等约束下,牵引材料和制造技术的进步,寻求方案优化和可制造性的平衡,设计并研制出"速度更快、航程更远、性能更优越"的飞行器,是高超声速飞行器结构设计的关键。为更好地实现结构设计目标,必须对结构功能、结构分类、材料选用、典型结构设计方法和发展趋势有全面的了解。

4.1.1　飞行器结构的功能

面对长航时、强机动的飞行特点和严峻的气动力、气动热综合环境,研究轻质、高强、耐热的结构是发展高超声速飞行器的重要基础。为实现高超声速飞行器的总体性能,飞行器结构系统需要满足的设计需求和功能如下:

(1)具有足够轻的质量,高超声速飞行器具有极为严苛的轻量化需求,结构系统作为飞行器最大的质量组成部分需要满足特定的质量特性需求,以实现高超声速飞行器的航程目标和机动飞行能力。

(2)具有足够的强度和刚度,研制、试验、运输和飞行等全生命周期中,结构系统需要承受气动力、过载、振动、冲击、噪声等载荷和环境作用,为飞行器维持良好的气动外形,保持飞行器的完整性和可靠性。

(3)具有足够的耐温性和匹配性,结构材料体系的选择需要适应热环境,不发生失效;结构构型需要能够抵抗气动加热、热流冲刷和高温氧化,不发生热应力破坏和热变形失调。

(4)具有适宜的动力学性能与动态响应,在动力学环境下,结构局部模态满足仪器设备、控制系统等的设计需求,整体模态满足飞行器的频率管理要求,不发生共振放大和颤振发散。

(5)实现仪器设备的装载并提供良好的安装精度和工作环境,实现狭小空间的仪器设备布局和电缆敷设,满足各系统单机的安装方向、安装精度、减震和散热等需求,为单机的稳定可靠工作提供力学基础。

(6)具有良好的气动型面精度,结构选材和构型设计需要考虑气动型面误差和粗糙度对气动特性的影响。

(7)具有协调的机械接口,满足运输和发射平台需求。

(8)具有良好的可制造性、可操作性和可维修性。

不同结构功能对应不同的结构设计方案和评价方法,在开展飞行器结构设计时,需要根据结构预期的功能进行不同类型的结构方案设计。

4.1.2　飞行器结构的分类

根据结构需要满足的功能,可将飞行器结构划分为设计分离面和工艺分离面。设计分离面是根据使用维护、安全保障等方面的需求设置的分离面,工艺分离面是根据加工、制造、装配等工艺需求设置的分离面。分离面划分后,结构系统能够进一步划分为多个承担不同功能的零件和部(组)件。飞行器结构按功能可分为舱体主承力结构、舵面结构、连接结构和仪器设备安装结构等。

1. 舱体主承力结构

舱体主承力结构(图 4.1)主要承受高超声速飞行器服役状态下的复杂力学载荷,根据高超声速飞行器结构与热防护体系的不同,高超声速飞行器舱体主承力结构主要分为两类,即耐温 20~1 800℃的承载-防热一体化热结构和耐温 20~450℃的中低温冷结构,分布在飞行器身部和升力面/翼面。中低温舱体结构技术发展已比较成熟,而热结构舱体结构技术仍不成熟。但是,随着高超声速飞行器总体性能指标的提升,具备承载-防热一体化的热结构方案因其材料体系的比强度高、比模量高、热膨胀系数小、高温性能保持率好等优良性能而极具发展前景。与传统飞行器不同,高超声速飞行器舱体主承力结构的显著特点为尺寸大、具有异形非圆截面、曲率变化较大等,这对结构承载效率、轻量化制造工艺和设备装填布局提出了更高的要求。

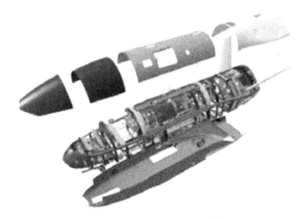

图 4.1　舱体主承力结构[1]

2. 舵面结构

高超声速飞行器依靠升降舵、方向舵、尾舵等气动控制面进行飞行姿态的控制。气动控制面作为局部构件,与主要升力面共同维持高超声速飞行器的稳定性和操纵性。高超声速飞行器通常采用较高升阻比的气动外形,气动控制面为厚度较薄的气动构型(图 4.2),面临严峻的气动加热和力学载荷,因此对气动控制面结构的质量、强度、静刚度和动刚度有着非常高的设计指标,在设计上存在较强的结构-工艺-性能耦合特征。

图 4.2 控制面结构[2]

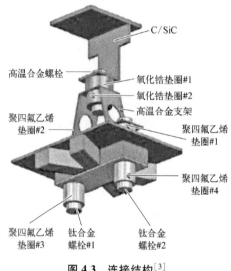

图 4.3 连接结构[3]

3. 连接结构

高超声速飞行器结构系统通常按功能划分为设计分离面和工艺分离面,同时受限于大型、精密、复杂构件的制备工艺,一般需要先制备简单结构形式的零部件,再通过逐级装配形成整体构件,最后构成结构系统,不可避免地采用连接结构(图 4.3)。高超声速飞行器结构系统不仅使用温度高,而且温度梯度大,连接结构在热环境、力学载荷和振动条件耦合作用下的连接可靠性对飞行器结构完整性起着至关重要的作用,连接结构的设计和性能评价是发展高超声速飞行器的关键技术之一。

4. 仪器设备安装结构

高超声速飞行器内部装载物,如控制系统、遥测系统、动力系统的仪器设备等,其有特殊的工作温度范围、安装精度和动态特性要求,高超声速飞行器结构设计需要实现复杂外形包络下和狭小安装空间下的仪器设备布局和安装。一方面,飞行器外表面气动加热通过热传导和热辐射向飞行器内部传递;另一方面,内部装载的仪器设备在工作过程中向外散发不同程度的热量。因此,仪器设备安装部位的结构需要解决隔热、承载和安装精度的综合问题,特别是在承载-防热一体化热结构设计中,高热内壁下仪器设备的安装结构存在热变形匹配、连接松动等问题,如何有效实现热阻断并保障安装刚度,是仪器设备安装需要重点解决的问题。仪器设备安装结构如图 4.4 所示。

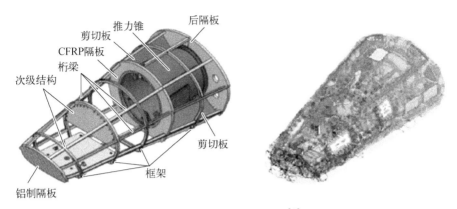

图 4.4　仪器设备安装结构[4]

CFRP 为碳纤维增强复合材料

4.2　结构设计方法和设计流程

4.2.1　设计依据

为实现高超声速飞行器的性能指标,需要对结构系统的功能实现和设计指标进行量化分解。在开展高超声速飞行器的结构设计时,主要设计依据一般包括:

(1) 飞行器工程气动外形;

(2) 飞行器总体指标要求,包括气动型面精度、重量指标、可靠性指标等;

(3) 飞行器与有效载荷系统、动力系统等其他外部系统的机械接口和协调关系等;

(4) 飞行器内部仪器设备、天线、电缆、管路的安装要求、空间布局、使用温度要求等;

(5) 覆盖全生命周期的周转运输、起吊操作、地面和飞行试验、服役等静力学环境条件和振动、冲击、噪声等动力学环境条件等;

(6) 飞行器表面、内部的温度分布和热环境条件等,热变形/热匹配的协调关系、热密封设置要求等;

(7) 测试性、维修性、保障性、安全性等要求;

(8) 标准化、产品化等要求;

（9）贮存条件和自然环境等。

4.2.2　设计准则

根据结构系统的设计依据开展结构设计时，由于面临特殊的外部环境、内部装载、自身响应等多物理场约束条件，需要统筹考虑和综合分析全生命周期的功能、需求，按照设计准则开展详细设计。

首先，高超声速飞行器的工程气动外形设计，是以减少弹体的气动阻力和气动加热为准则，同时考虑发射车、潜艇等载体、平台尺寸的约束，以仪器设备在飞行器的安装空间等为出发点进行设计。结构设计是在工程气动外形的包络下进行实体构造的。此外，先进的结构设计不仅能显著提升高超声速飞行器的总体性能，还可以缩短研制周期并节约研制费用。

高超声速飞行器结构设计的基本准则包括以下几项。

1）结构形式和传力路径设计

应用强度设计、刚度设计等经典设计理论或先进结构优化技术设计承载结构，优选利于生产、装配和检验的主承载结构形式。结构设计应充分考虑部段配置是否得当、结构传力路线是否过短、各系统仪器设备位置是否紧凑、接口位置是否合理等。结构重量对于高超声速飞行器总体性能至关重要，飞行器结构质量每减小 1 kg，射程就可能增加 10 km 以上，因此缩短结构传力路线，可以简化结构形式，减轻结构质量，充分发挥结构效率；设备布局紧凑，有利于充分提高空间利用率。

2）环境适应性设计

高超声速飞行器结构设计应充分考虑全生命周期的服役环境。因高超声速飞行器长时间在临近空间高速飞行，严酷的气动力和气动热环境将导致飞行器结构的静力学、动力学响应叠加高温的因素，结构设计应充分考虑对高温环境的适应性，采取使结构热应力、热变形、热稳定性减缓的设计方案。此外，针对地面运输、发射平台装载、长期贮存等工况，结构应进行表面处理或采用耐腐蚀金属材料，或选用耐腐蚀、防老化、耐潮湿、抗霉菌的非金属材料，以提高环境的适应能力，保证结构在经受各种动、静、热以及疲劳等诱导环境下具有足够的强度、刚度和稳定性。

3）一体化设计

高超声速飞行器结构设计是气动、控制和热学等多专业的高度耦合设计，且随着飞行时间的增长，防热、隔热与结构功能分离的设计方式，需要增加越来越多的设计空间和重量,无法实现优异的性能指标,因此实现结构-防热、结构-隔热等多物理场的一体化设计,是未来高超声速飞行器结构设计的发展趋势。

4）人机工程设计

结构设计应充分考虑结构产品实现过程中的人机协调性,如安装操作空间、扳手活动空间等,充分考虑产品重量对操作的影响,防止操作过程中出现产品坠落伤人和产品损伤等问题。

5）工艺性设计

良好的结构工艺性设计能够使结构产品在满足使用功能的前提下更便于制造,其与所选用的结构零件材料的性能、毛坯成形的方法、加工工艺参数和工艺过程密切相关。随着先进材料和先进制造技术的发展,材料-性能一体化程度显著增加,结构性能的实现依赖于材料工艺过程的优化,材料性能的提升同样依赖于合理的结构方案设计。

6）防差错设计

在防差错设计时应对高超声速飞行器结构中易出现加工及装配差错的项目进行识别,并在结构设计时采用防差错设计理念,减小差错发生的概率。

7）通用化、模块化、标准化设计

采用通用化、模块化、标准化设计,以减少结构零部件的种类和规格。

8）低成本设计

结构设计应进行成本核算,立足于现有的物资和生产条件,在材料的选择上,充分挖掘生产潜力,考虑工艺继承性,降低制造成本。

4.2.3　设计流程

虽然高超声速飞行器结构系统各部分的功能、类别和使命不同,但基本设计流程有共同点,结构系统设计流程如图 4.5 所示。结构系统设计流程主要包括载荷和温度条件初步分析、结构材料选用、结构构型设计、结构详细设计、质量特性分析和强/刚度仿真分析、设计方案评审、地面试验和结果分析、飞行试验和结果分析、定型鉴定等,覆盖结构零部件的设计、分析、试验和交付维护的全过程,这个过程史是一个反复修改和迭代的过程。

4.2.4　设计思想和设计方法

高超声速飞行器结构系统复杂,仅依靠简单的定性分析难以设计出合理且高效的结构,只有通过科学的设计思想和设计方法才能设计出合理的结构方案。

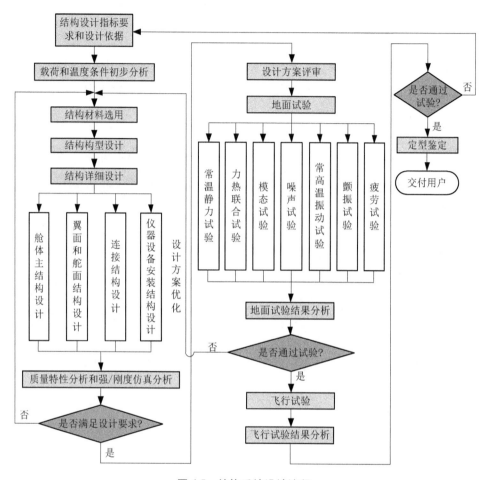

图 4.5 结构系统设计流程

常用的设计方法包括强度和刚度设计方法、可靠性设计方法、优化设计方法等。

1. 强度和刚度设计方法

结构强度是指结构在载荷、温度、振动等工作环境下抵抗破坏和保持功能的能力,结构强度分析包括静强度、热强度、动强度等分析。在结构设计阶段,按承受载荷的情况计算出结构危险剖面或基本剖面尺寸,通过弹性力学、结构力学和材料力学的理论公式或经验、半经验公式进行评估。

对结构响应的精确评估需要通过详细的有限元分析。为使结构设计安全可靠,在设计中引入大于 1 的安全系数,尽可能地避免结构发生故障[5]。结构的强度设计应满足式(4.1)、式(4.2)或式(4.3):

$$[\sigma] \geqslant \sigma_d \qquad (4.1)$$

式中, $[\sigma]$ 为结构极限应力, 包括拉伸强度极限、剪切强度极限、压缩强度极限等; σ_d 为由设计载荷引起的结构应力, 包括静载荷引起的应力、热载荷引起的热应力等。根据结构应力状态的不同, 选择合理的判别原则, 如最大主应力原则、最大剪应力原则和等效应力原则等。

$$[\delta] \geqslant \delta_d \qquad (4.2)$$

式中, $[\delta]$ 为结构允许的变形; δ_d 为设计载荷引起的结构变形, 包括伸长、缩短、转角、相对位移等。

$$[\sigma_c] \geqslant \sigma_u \qquad (4.3)$$

式中, $[\sigma_c]$ 为结构失稳的临界应力; σ_u 为设计载荷下受压或受剪的最大应力, 保证受压或受剪状态下不发生屈曲。

2. 可靠性设计方法

影响结构设计的载荷、环境和材料性能等, 都是非确定性参数, 是服从一定分布规律的随机变量。前述安全系数的选取依赖工程经验, 而结构可靠性设计是以随机变量为基础, 以概率论和数理统计为工具, 将载荷、材料性能、环境等视为服从一定分布规律的统计量, 计算出结构的非破坏概率(可靠度)与设计要求的可靠度进行比较, 定量表达结构的可靠性[6]。随着高超声速飞行器结构与材料的发展, 复合材料的应用更加广泛, 以碳基、陶瓷基复合材料为主的热结构材料性能分散性大, 损伤形式多, 结构可靠性设计方法能够更加真实和客观地反映结构安全。

复合材料结构设计余量(安全系数)需要考虑以下几个方面:

(1) 计算方法(如近似方法、数学模型简化等)的偏差;

(2) 尺寸效应;

(3) 环境效应(如氧化损伤、湿热等);

(4) 载荷偏差;

(5) 结构偏差, 即产品性能离散(如加工公差、工艺稳定性等)。

令上述五个方面的安全系数贡献分别为 f_1、f_2、f_3、f_4 和 f_5, 则安全系数 f 为

$$f = f_1 \times f_2 \times f_3 \times f_4 \times f_5 \qquad (4.4)$$

复合材料结构在安全系数确定时, 需要从外部载荷和材料强度两方面考虑。考虑材料性能偏差, 一般采用许用值 σ_{allow} 作为强度破坏的极限, σ_{allow} 和以往的 $[\sigma]$ 基本概念相同, 为强度许用值。许用值是计算中允许采用的性能值, 由一定

的试验数据确定,分为 A 基准值和 B 基准值的两种许用值基准分类。A 基准值是一个力学性能的限定值,在置信度为 95%时,99%子样高于此值;B 基准值则是在置信度为 95%时,90%子样高于此值[7]。大量的试验及其统计分析表明,碳基、陶瓷基复合材料强度一般服从 Weibull 分布。双参数 Weibull 模型是描述复合材料强度最广泛的模型,且适用于基体为脆性的材料,采用经典的双参数 Weibull 分布函数来描述材料强度的分布规律,如下所示:

$$P_w(x) = 1 - \exp[-(x/\beta)^\alpha], \quad x \geqslant 0 \qquad (4.5)$$

式中,$P_w(x)$ 为强度不大于 x 的概率;x 为给定的一个强度。其概率密度函数 $P(x)$ 如下所示:

$$P(x) = \frac{\alpha}{\beta} \left(\frac{x}{\beta} \right)^{\alpha-1} \exp[-(x/\beta)^\alpha], \quad x \geqslant 0 \qquad (4.6)$$

式中,α 为 Weibull 分布的形状参数;β 为 Weibull 分布的尺度参数。它们的具体物理意义可以描述为 α 表示强度的分散情况,α 越大则强度越分散;β 表示材料的特征强度,β 越大则强度越高。α 和 β 的参数值可以采用极大似然估计法来估计,满足式(4.7)和式(4.8):

$$\frac{1}{\alpha} - \sum_{i=1}^n x_i^\alpha \ln x_i \bigg/ \sum_{i=1}^n x_i^\alpha + \frac{1}{n} \sum_{i=1}^n \ln x_i = 0 \qquad (4.7)$$

$$\beta = \left(\frac{1}{n} \sum_{i=1}^n x_i^\alpha \right)^{1/\alpha} \qquad (4.8)$$

式中,x_1,x_2,x_3,$\cdots$,x_n 为强度试验值;n 为试样总数。

3. 优化设计方法

高超声速飞行器结构设计从本质上来看是复杂的多目标、多约束和多变量的优化设计问题,是一个复杂的动、力、热多物理场的耦合设计,需要采用分层级的优化问题进行解耦。结构优化问题的抽象数学模型可描述为

$$\begin{aligned} &\text{Find } X \\ &\text{Minimize } f(X) \\ &\text{s.t.} \begin{cases} g(X) \geqslant 0 \\ h(X) = 0 \end{cases} \end{aligned} \qquad (4.9)$$

式中,X 为设计变量;$f(X)$ 为目标函数;$g(X)$、$h(X)$ 为需要满足的约束条件,如

重量、空间约束、强度、变形等。

常用的优化设计方法按设计变量的类型可分为尺寸优化、形状优化和拓扑优化等。拓扑优化能够创新结构形式,进一步实现结构轻量化,在结构概念设计阶段,取得了越来越多科研人员的重视。早期的拓扑优化主要针对离散桁架结构,关于连续体结构的拓扑优化,由于优化模型描述和计算困难而发展缓慢。随着计算力学的发展,能够实现连续体的拓扑优化计算。连续体结构的拓扑优化设计,是求解 0-1 离散变量的优化问题,从而获得清晰的结构构型,优化算法主要分为非确定性算法和确定性算法两类。非确定性算法理论上通常具有全局寻优的能力,但收敛速度较慢,计算效率较低,不适用于大规模的计算。例如,遗传算法是一种典型的非确定性算法,通过模拟生物基因遗传规律进行全局优化搜索。确定性算法通常依赖于函数的梯度确定搜索方向,计算效率较高,是目前最常用的拓扑优化方法。然而,根据复杂工程问题建立的数学优化模型,一般都是具有高度非线性的多约束、多目标数学规划问题。随着计算力学的发展,拓扑优化方法已能够处理不同类型、不同目标和不同约束条件的优化问题,从单工况下最大化结构刚度的静力问题,已扩展到了多场耦合、多相材料和多目标的优化设计,包括应力优化、频率设计、动力学优化、热传导等领域,是高超声速飞行器结构设计的有效手段。拓扑优化典型实例如图 4.6 所示。

 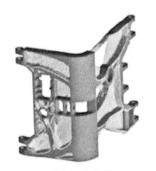 

(a) 拓扑优化前   (b) 拓扑优化后   (c) 零件重构

图 4.6 拓扑优化典型实例[8]

4.3 结构设计内容

高超声速飞行器结构的设计依据、设计准则、设计流程和设计方法是开展结构系统设计的基础,在这些基础上设计和研制出满足各项设计要求的结构方案和产品是结构设计的关键内容。开展结构设计,需要应用系统工程方法,创新设计、逐级分解、合理解耦,整个详细设计过程主要涉及结构材料选用、结构构型设计、力学/热学响应分析、工艺制备和产品研制、测试和试验等内容。本节重点介绍结构材料选用和结构构型设计。

4.3.1 结构材料选用

先进结构材料的制备对减轻结构重量、提高制造工艺性和提升结构承载能力起着至关重要的作用,推动着高超声速飞行器的技术革新。研究轻质、高强、耐高温和高模量的结构材料,是发展高超声速飞行器的重要基础。与传统飞行器相比,高超声速飞行器结构面临的载荷特点是严苛热环境和复杂力学环境,这导致飞行器结构具有特殊的静力学、动力学和热力学响应。

适应高超声速飞行器服役环境的结构材料包括先进金属结构材料和先进结构复合材料,为实现高超声速飞行器结构系统综合性能最优,需要根据飞行器不同部位的温度和载荷条件进行选用。高超声速飞行器结构材料的选用原则如下:

(1)结构材料满足高超声速飞行器结构的环境适应性要求,在特定的温度范围和力学载荷条件下,保持稳定的机械性能和物理性能。高超声速飞行器结构材料除了具有强度极限、模量、硬度等机械性能,还具有线膨胀系数、热导率、隐身、耐腐蚀性和耐磨损性等物理性能。

(2)结构材料在满足强度和刚度的条件下,结构质量最小,主承力结构尽可能选择比强度、比模量较高的材料,非主承力结构尽可能选择密度较小的材料。

(3)结构材料具有良好的工艺性。高超声速飞行器复杂升力体外形,对飞行器结构系统的可制造性提出了更高要求,结构材料的成形性、切削性、可铸造性等工艺性能的提升,对支撑和推动高超声速飞行器的研制至关重要。

(4)结构材料的成本低、供应充足。高超声速飞行器的结构材料温域较宽、品种较多,规格化、标准化和量产化的结构材料可以显著提升高超声速飞行器的生产成本和制备周期。

(5)结构材料在满足强度和刚度的条件下,与防热系统、隔热系统等尽可能实现多功能一体化。

4.3.2 结构构型设计

根据结构的环境和载荷条件,选定结构材料体系后,需要开展结构构型设计。结构构型设计决定飞行器结构系统方案的优劣,广义的结构构型设计是指"面向产品的全生命周期、面向用户的使用需求、面向市场的形势变化"的组织架构,涉及整个工程系统;狭义的结构构型设计是指"面向设计指标要求、面向具体设计细节、面向生产制造过程"的物理架构,使结构系统具备满足指标要求、设计细节完善、生产制造性好等优点,实现结构系统在设计优化和制造之间的平衡,进而实现在效率和成本之间的优化,保证结构系统方案的综合优化水平。

对结构系统而言,狭义的结构构型(简称结构构型)设计就是在方案优化和可制造性之间进行综合平衡的过程。整体式结构构型的载荷传递效率最高,但受材料制备工业水平的限制,只能将整体式结构按照功能或工艺分解为不同的部件,分别设计和制造。此类分体化的构型设计,必然会带来结构连接界面的增多,连接界面的增多会导致结构的承载效率偏低、刚性较差、重量较大。

典型高超声速飞行器结构构型如表 4.1 所示,主要包括舱段、翼面和舵面、连接等典型结构构型示例。

4.4 典型结构设计原理和工程实例

先进的材料体系和结构构型形成高超声速飞行器的主承力结构系统,不同的材料体系和结构构型表征不同的受力和传力特性。根据结构各部位的功能划分的舱体主承力结构、翼面和舵面结构、连接结构的受力特点、结构形式和研制工艺各不相同。本节分别对舱段结构、翼面和舵面结构、连接结构等典型结构设计进行详细介绍。

4.4.1 舱段结构设计

1. 舱段结构功能

舱段结构作为高超声速飞行器的主承力结构,是飞行器结构系统的主要组成部分。为了提高飞行器的声阻比,高超声速飞行器通常采用升力体外形,舱体剖面为复杂异形截面,这对结构承载、设备装填、生产制造等提出更高要求。

表 4.1 典型高超声速飞行器结构构型

国家	型 号	机身外形	机身结构形式和特点	结 构 图
美国	X - 30[9]	升力体	石墨环氧树脂制成的低温氢气贮箱与钛复合材料集成，整体化程度高，连接结构少	
	X - 33[10]	升力体	机身承载结构由整体推力结构、低温罐和罐同结构组成，其刚度高，连接结构少，结构质量小	

续表

国家	型号	机身外形	机身结构形式和特点	结构图
美国	X－43A[11]	升力体	骨架蒙皮结构，梁、隔板和蒙皮通过机械连接装配，主要结构材料为金属	
	X－43B/C/D[12]	升力体	飞行器结构形式与 X－43A 类似	

续　表

国家	型　号	机身外形	机身结构形式和特点	结　构　图
美国	X－37B[1]	乘波体	基本结构为纵梁、隔框和蒙皮，机身主结构是一体化制造的复合材料结构	
	X－51A[13]	乘波体	传统金属铝制纵梁、隔框骨架和增压外壳，骨架蒙皮均为金属，彼此之间采用机械连接	

续　表

国家	型　　号	机身外形	机身结构形式和特点	结　构　图
美国	HTV-2[14]	乘波体	机身大面积区域采用 C/C 壳体,以实现承载和防热双重功能,据文献[14]推测机身为大梁、隔框、蒙皮结构,上下蒙皮采用整体成型	
法国	PROMETHEE[15]	乘波体	整体结构为三个复合材料段	

续表

国家	型号	机身外形	机身结构形式和特点	结构图
法国	LEA[16]	乘波体	纵梁隔框组成骨架,表面覆盖蒙皮,与X-51A类似	
德国	SHEFEX I[17]	旋成体	铝制主框架结构,包括刚性横梁和加强筋。局部骨架采用整体结构,蒙皮通过紧固件安装于机身	

续表

国家	型　号	机身外形	机身结构形式和特点	结　构　图
德国	SHEFEX Ⅱ[18]	旋成体	铝制刚性横梁和加强筋框架，同 SHEFEX Ⅰ	
德国	SpaceLiner[19]	旋成体	机身采用纵梁加筋蒙皮，框架和舱壁由蜂窝夹层制成。翼肋，翼梁和蒙皮完全设计为夹层结构	
日本	HOPE – X[20]	升力体	机身分为前，中，后三段，主结构为碳纤维/聚酰亚胺复合材料纵梁框结构，可承受至少 300℃ 的高温	

续 表

国家	型 号	机身外形	机身结构形式和特点	结 构 图
澳大利亚	HIFiRE-2[21]	椭圆锥	纵梁、隔框骨架加蒙皮结构，纵梁和隔框为一体化制造成型的整体骨架结构。蒙皮通过紧固件与骨架连接	
英国	HOTOL[22]	旋成体	钛合金和镍合金加筋壁板结构，前后布置液氧液氢罐	
	SKYLON[23]	细长旋成体	机身是一个多层结构，由外壳、隔热层、结构层和油箱组成	

舱段结构的主要功能是装载仪器设备,连接翼面、舵面等其他部(组)件,保障自身结构和所装填、连接结构在全生命周期下的完整性。根据舱段内部装填设备的不同,并满足使用、维护和工艺的需求,舱段结构通常划分为遥测舱、设备舱等。高超声速飞行器舱段结构设计除了需要考虑环境适应性、人机工程性等通用结构设计要求,根据舱段特点还需要满足其他基本设计指标。

2. 舱段结构受力特点和结构形式

高超声速飞行器舱段结构大面积的环境温度在 1 400℃左右,局部干扰区温度远超 2 000℃,且面临高压冲刷,大面积舱段结构需要承担热防护功能,即在高温、高压和冲刷条件下保持飞行器的完整性和可靠性,同时保障舱段结构和内部仪器设备工作在适宜的温度范围。舱段结构形式主要包括框梁组合式结构和整体式结构,框梁组合式结构根据受载形式可分为环形隔框、纵梁、桁条和蒙皮等典型受力单元。纵梁、桁条是舱段轴向力、弯矩的主要受力元件;环形隔框根据结构形式可分为连接框和加强框,连接框与蒙皮、纵梁、桁条连接成整体共同维持舱段外形,加强框主要承担横向集中载荷;蒙皮主要为复合承载形式,分担气动压力、剪力和弯矩。整体式结构是将蒙皮和环形隔框、纵梁、桁条等结构一体成型,具备刚度好、装配简单、外形质量高等优势。

典型的高超声速飞行器舱段结构布局和形式可分为以下几种。

1) 中低温冷结构

舱段结构耐温 20~450℃,承载和防热功能分离,热载荷通过陶瓷隔热瓦、防热层、隔热部件承担,在外部防热、隔热部件的作用下,内部承载冷结构能够在安全、可靠的温度条件下工作,因此静载荷、动载荷均通过内部中低温冷结构承担。

与传统飞行器不同,高超声速飞行器面临着更高的减重需求,舱段结构作为飞行器的大面积部件,需要采用比强度、比刚度更高的材料体系和轻量化程度更高的结构形式。以钛合金、铝锂合金、镁合金为代表的先进金属结构材料和以碳/聚酰亚胺、碳/双马复合材料为代表的先进树脂基复合材料,越来越广泛地应用于高超声速飞行器中低温舱段冷结构。

20 世纪 60 年代初,洛克希德·马丁公司在航天飞机外表面附着 30 000 多块可重复使用的刚性陶瓷瓦进行热防护,刚性陶瓷瓦维持航天飞机气动外形并将气动载荷传递到内部舱段冷结构。随着陶瓷瓦性能的不断提升,刚性陶瓷瓦相继在 X-33(图 4.7)、X-37B、X-43A(图 4.8)、X-51 等高超声速飞行器上得到应用。NASA 于 2010 年成功发射并返回的 X37B 大面积采用了兼具防热和隔热功能的刚性陶瓷瓦,耐温 1 700℃[2]。

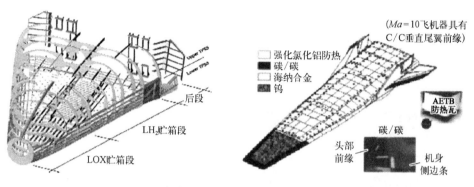

图 4.7   X-33 舱段冷结构[10]   图 4.8   X-43A 舱段冷结构[11]

以 X-37B 为例,舱段按功能划分为前舱(电子仪器舱)、中舱(有效载荷舱)和后舱(燃料动力舱),舱段连接机翼、副翼、V 尾和体襟翼,舱段结构布局如图 4.9 所示。前舱(电子仪器舱)主要承受飞行时的气动载荷、飞行器和仪器设备的惯性载荷、着陆时前起落架的冲击载荷等。前舱有 6 个框,分为下半框和全加强框,并设置有口盖,方便快速安装和更换电子设备。前舱整体为弱承力结构,承受气动载荷,并维持结构刚度。机身侧壁布置 2 根贯通前舱、中舱和后舱的纵梁,用于传递机身轴力和发动机的推力。中舱(有效载荷舱)主要用于携带有效载荷、收放起落架、放置太阳能帆板,是重要的受力区域。中舱主要布置 5 个加强框,背风面处布置大口盖,在起落架、翼根等区域布置局部加强墙或框结构。后舱(燃料动力舱)主要承受航向推力载荷、V 尾载荷、阻力板载荷、体襟翼载荷等,并为发动机和燃料贮箱提供支撑。X-37B 为进一步减轻结构重量,舱体结构采用整体结构,并大量采用复合材料胶接/共固化整体成型结构,在机身侧壁贯通梁处分为上半壳、下半壳结构,各零件之间大量采用胶接,减少零件数量的同时大大减少紧固件的使用,简化装配工作。机身结构主要采用 CYTEC 公司生产的 IM7/5250-4 双马来酰亚胺预浸料体系(使用温度为 59~204℃)和 NASA Langley 研究中心研发的 IM7/PETI-5 聚酰亚胺体系(使用温度为 232~260℃)[1,2]。

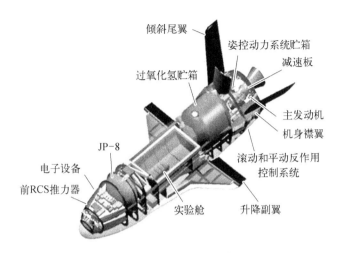

图 4.9　X－37B 舱段结构布局

2）承载-防热一体化热结构

　　随着高超声速飞行器总体性能指标的进一步提升,舱段防热与承载功能分离的设计方案不能充分进行结构轻质化,结构与防隔热系统的设计不断向防热-承力一体化热结构发展。以碳基复合材料、陶瓷基复合材料为代表的先进防热-承载一体化复合材料,大面积耐温 20～1 800℃,且高温下结构材料性能保持率较高。碳基复合材料、陶瓷基复合材料具有显著的结构-工艺-性能强耦合特性,结构形式和材料性能同时呈现,且材料性能的高低与结构形式密切相关。受制于工艺水平,碳基复合材料、陶瓷基复合材料通常制备成简单的构件,通过积木式拼接设计理念实现元件级→组件级→部件级的逐级装配。因此,碳基复合材料、陶瓷基复合材料舱段结构通常分解为环形隔框、纵梁、桁条和蒙皮等组合式布局,舱段的不同部位根据载荷条件和空间进行材料铺层、织物的设计。在设计时,复合材料与金属材料的主要差别为,复合材料主要关心的是应变,而非应力。复合材料由不同的铺层组成,每一铺层的弹性模量由该层的方向控制,因此各铺层上的应力水平不同。对于一个复合材料结构件,是织物结构设计与构件结构设计的共同成果,织物的结构已经决定了材料的性能。因此,先进复合材料结构设计就是在外形、空间、载荷、热环境、重量等多重约束条件下,合理利用织物结构进行设计,以达到满足使用需求的目的。

　　常用的承载-防热一体化热结构材料包括抗氧化 C/C、C/SiC 以及 SiC/SiC 等,各个材料的力学性能和抗氧化性能具体如表 4.2 所示。

表 4.2 热结构材料的力学性能和抗氧化性能

序号	材料名称	力 学 性 能	抗 氧 化 性 能
1	抗氧化 C/C	压缩、弯曲以及层剪性能较低	需要涂有抗氧化涂层,且涂层工艺复杂,修复较难,影响舱段产品的使用维护性
2	CVI C/SiC	拉伸性能与抗氧化 C/C 相当,压缩、弯曲以及层剪性能较高	本体抗氧化,对舱段产品的使用维护影响较小
3	PIP C/SiC	拉伸性能与抗氧化 C/C 相当,压缩、弯曲以及层剪性能较高	本体抗氧化,对舱段产品的使用维护影响较小
4	SiC/SiC	拉伸性能及层剪性能比 C/SiC 略高,压缩、弯曲以及面剪性能比 C/SiC 高	本体抗氧化,对舱段产品的使用维护影响较小

热结构成型工艺复杂,为降低产品在后续碳界面层制备和复合过程的缺陷率,需要提升产品性能和稳定性,结构通常可设计为形式简单的块体类零件和薄壁类零件。

块体类零件的主要织物形式如图 4.10 所示,三向结构碳/碳复合材料主要有碳布穿刺、三向绕纱以及正交三向等结构,材料平面方向主要为碳布或 X、Y 向碳纤维 0°/90°交替铺层,Z 向为纤维置换方向;穿刺类三向织物,即将一定尺寸的钢针按照一定的 Z 向纤维间距(0.9~2.4 mm)形成矩阵,然后将碳布裁剪成一定尺寸进行穿刺,在碳布铺层达到要求的厚度时,用碳纤维置换钢针矩阵形成

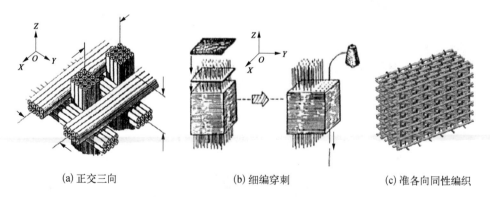

(a) 正交三向   (b) 细编穿刺   (c) 准各向同性编织

图 4.10 块体类零件的织物结构形式

织物;准各向同性织物,是通过调配 0°/45°/-45°/90° 的纤维比例实现均衡性能的。在开展结构设计时,块体类零件需要考虑承载方向,合理布置织物方向。

薄壁类零件的主要织物形式为二维铺层,织物结构如图 4.11 所示。碳布裁剪成一定尺寸,并通过仿形叠加成一定厚度,采用带缝合线的针进行缝合,其缝合间距可调,在整个缝合过程中通过工装来保证织物厚度的均匀性。二维铺层缝合结构可灵活设计碳纤维方向,具有复杂型面净尺寸仿形成型的优点。

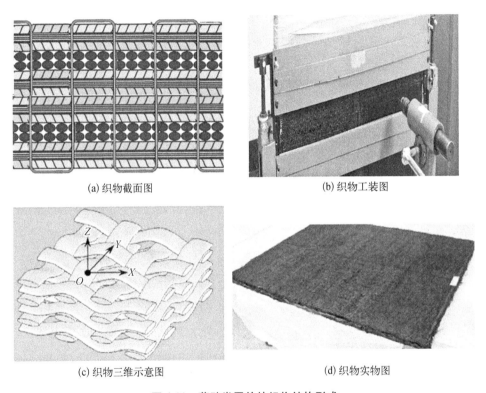

(a) 织物截面图　　　　　　　　　　　　(b) 织物工装图

(c) 织物三维示意图　　　　　　　　　　(d) 织物实物图

图 4.11　薄壁类零件的织物结构形式

碳基复合材料、陶瓷基复合材料舱段主承力薄壁结构的形式主要包括平板、曲面板、L 形梁、U 形梁、T 形梁、多面角盒等,如图 4.12 所示。其采用二维铺层织物方案,根据典型单元的厚度、按照一定的角度依次铺层,典型单元结构形式旨在减少织物铺层过程碳布的裁剪和折弯,同时每层碳布的裁剪位置分布式设计,避免裁剪位置重合,提升织物铺层阶段的连续性。

HTV-2 结构系统采用防热-承载一体化的热结构方案,针对 HTV-2 热结构研发需求,DARPA 成立了材料集成产品组,与洛克希德・马丁公司联合研制

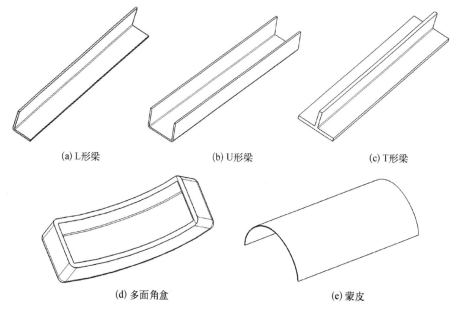

(a) L形梁　　　　　　　(b) U形梁　　　　　　　(c) T形梁

(d) 多面角盒　　　　　　　　(e) 蒙皮

图 4.12　主承力薄壁结构形式

了碳基复合材料承载式舱段结构,外表面温度大于 1 000℃,内部舱段冷结构温度小于 177℃,舱段的结构形式如图 4.13 所示[14]。整体结构为蒙皮-骨架组合式装配结构,外表面蒙皮主要承受气动载荷和热载荷,内部沿飞行器纵向设计多道环形隔框,以承受蒙皮向内传递的气动压力,舱段身部设计贯通梁承受轴向载荷和弯矩,并与环形隔框组成主承力骨架,以维持热结构刚度。环形隔框和贯通梁等横向、纵向结构件均为薄壁结构,热结构零件共计 87 个,装配工作量较大。

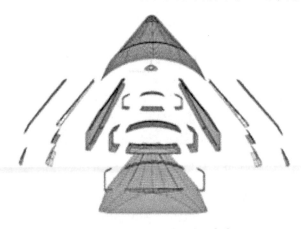

图 4.13　HTV-2 舱段结构[14]

随着碳基复合材料、陶瓷基复合材料先进制备技术的提升,大尺寸、整体式、异形舱段结构零件设计与制备,已逐渐成为高超声速飞行器结构设计的迫切需求和挑战。

4.4.2　翼面和舵面结构设计

1. 翼面和舵面结构功能

高超声速飞行器通常具有较大的升力面,升力面主要包括主翼、尾翼、舵面等。翼面用于产生气动升力,以平衡飞行器质量,与控制面共同保障飞行器的操纵性和稳定性。舵面是飞行器的控制面或操纵面,通过绕轴转动产生附加空气动力,实现飞行器的姿态控制和机动飞行。

高超声速飞行器为了提高升阻比,升力面通常采用厚度较薄的截面设计,强度、刚度、动力学特性和颤振、稳定性等是翼面和舵面结构设计重点关注的问题。因功能需求和外形尺寸的不同,翼面和舵面的结构形式有较大差别,但与舱段结构类似,通常可采用中低温冷结构外加防隔热层或承载-防热一体化的结构布局。

2. 翼面受力特点和结构形式

翼面结构在飞行器服役过程中承受气动力和气动热,外载荷作用在翼面产生剪力、弯矩和扭矩。高超声速飞行器翼面通常采用大后掠角、小展弦比的气动布局,其结构形式除了受气动外形的影响,还与翼面、舱体结构之间的连接形式密切相关。

在翼面截面厚度较大的条件下,采用中低温冷结构外加防隔热层的设计方案,此类结构布局整体热变形小,且连接可靠。例如,X-37B、USV-3翼面内部冷结构(图 4.14)为网格式加筋构型,前梁、中主梁和后梁与舱体结构连接,因 X-37B 再入马赫数高达 25,翼面前缘采用耐热性、抗氧化性优良的 TUFRO 材料[2]。

 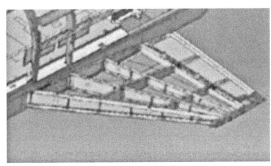

(a) X-37B[2]　　　　　　　　　(b) USV-3[24]

图 4.14　翼面冷结构形式

随着高超声速飞行器性能的提升,气动力、气动热也随之加剧,依靠外部防热的冷结构设计方案整体质量较大,且具有较大的局限性,承载-防热一体化的热结构形式更具有适应性。

3. 舵面受力特点和结构形式

与翼面相比,舵面的外形尺寸较小且具有转轴,是控制飞行器姿态变化的重要执行部件。舵面在飞行过程中持续摆动,面临着比翼面更加剧烈的气动干扰,导致气动力和气动热更加严酷,因此材料的温度适应性、比强度和比模量是舵面结构设计的重要考虑因素。

高超声速飞行器舵面通常是通过舵轴与飞行器舱体进行连接的,在伺服机构的作用下进行旋转运动,作用在舵面的分布式气动力和质量力均通过舵面结构传递到舵轴,转化为舵轴的扭矩、弯矩和剪力,因此舵轴的性能至关重要。特别是在高弯矩、高扭矩的工作状态下,小截面厚度舵面结构易在舵根面和舵轴连接部位发生强度破坏,高温环境更加剧了舵轴处的性能损失和连接松动的风险。此外,因为舵轴直接连接舵面,所以舵轴的弯曲刚度带来的舵面倾斜对飞行器的控制影响相对较小,但是舵轴的扭转刚度带来的舵面扭转角的大小直接影响控制系统需要的舵面偏转角或空气舵的配平舵偏角,进而直接影响飞行器的飞行姿态控制。因此,舵轴扭转刚度的设计是舵结构设计的关键内容。

舵轴的扭转刚度设计,本质上是舵轴承受扭矩的作用下舵轴的扭转角最小化的设计过程,舵轴的扭转角主要与设计扭矩、舵轴支撑支点与载荷作用点的距离、材料的综合剪切模量、舵轴的外径、舵轴的厚度等因素有关。其中,舵轴的扭转角与设计扭矩、舵轴支撑支点与载荷作用点的距离成正比,与材料的综合剪切模量、舵轴的外径成反比。因此,在设计扭矩一定的前提下,要想最小化舵轴的扭转角,就需要尽可能地减小支撑点与载荷作用点的距离,选用综合剪切模量较大的材料。此外,碳基复合材料和陶瓷基复合材料在舵轴处的铺层设计能显著提升结构的承载能力。

此外,高超声速飞行器舵面工作时需要绕轴转动,在总体气动布局时要求舵面的铰链力矩尽量小,全动式舵面气动布局极具优势;但在飞行速度过高时,为减小舵面热环境,舵面气动外形通常采用后缘式构型,如图 4.15 所示。根据气动外形和材料体系的不同,舵面结构分为以下三类。

1)耐高温金属舵面

高温合金等金属材料具有优良的高温性能,且焊接性能、铸造性能和机加性

(a) 全动式舵面(舵轴未连接)

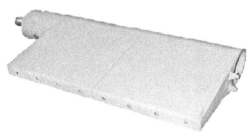

(b) 后缘式舵面

图 4.15　舵面气动外形[2]

能满足复杂薄壁结构设计的制造,外表面制备抗烧蚀防热涂层后能够显著提升高温合金的热环境适应性。辐射加筋式舵面(图 4.16)结构适用于金属舵面的结构设计,舵面载荷能够通过辐射式加强筋以最短的路径传递到舵轴。高超声速飞行器舵面截面厚度较薄,通过蒙皮厚度、加强筋布局的合理设计,整体式舵面结构构型能够充分发挥辐射式加筋构型的优势。

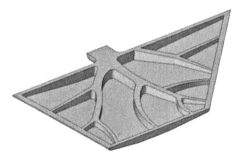

图 4.16　辐射加筋式舵面[25]

2) 防热-承载一体化舵面

碳基复合材料、陶瓷基复合材料在后缘式和全动式舵面结构设计中均极具优势,舵面结构主要由舵轴、舵肋、辅梁和蒙皮组成,气动载荷由蒙皮传递到舵肋和辅梁,再传递到舵轴。X-37B 控制面为典型复合材料热结构,方向舵为全动式布局,舵面由 C/SiC 盒形件组成,并通过 C/SiC 紧固件连接成舵面主体结构,舵轴为高温合金材料,通过高温合金连接件将舵轴、C/SiC 舵面进行连接[2]。体襟翼为后缘式布局,采用陶瓷基复合材料蒙皮-骨架组合式结构,由二维编织预制体增强的 C/SiC 复合材料薄壁盒状、管状、板状构件进行集成。受陶瓷基复合材料制备工艺的限制,舵面主承力结构为舵肋、辅梁组合成的网格加筋构型,如图 4.17 所示。

随着飞行速度的提升,金属舵轴已不能适应舵面传递的热载荷,舵轴可选用碳基复合材料或陶瓷基复合材料进行制备。舵轴区域可根据载荷特点进行一体化设计,如采用 0°/90°交替铺层的织物形式抗弯能力较强,采用±45°交替铺层

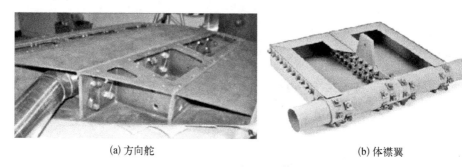

(a) 方向舵   (b) 体襟翼

图 4.17 X－37B 网格加筋式舵面[2]

的织物形式抗扭能力较强,根据舵面传递的弯矩、扭矩比例设计铺层,以实现舵轴在承担弯矩和扭矩时强度剩余系数基本一致。陶瓷基复合材料织物如图 4.18 所示。

图 4.18 陶瓷基复合材料织物

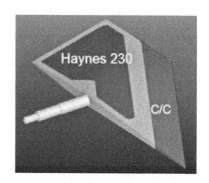

图 4.19 X－43A 混合型舵面结构[26]

3) 混合型舵面

根据舵面温度的变化,在前缘部位采用防热材料、在主承力舵面部位采用金属材料的结构形式为混合型舵面结构。X－43A(图 4.19)、X－51A 均采用混合型舵面结构,舵前缘根据热流条件选择具有足够耐高温、抗氧化和非烧蚀性能的材料,如超高温陶瓷、碳基复合材料、陶瓷基复合材料及难熔金属等。前缘以外嵌式、榫槽式等结构构型与舵面主承力结构进行连接,舵面主承力结构选用高温强度、高温模量优良的金属材料。此类舵面结构构型更适用于具有尖锐前缘的舵面结构。

4.4.3 连接结构设计

1. 连接结构设计一般准则

高超声速飞行器结构系统的实现离不开连接,无论是冷结构、热结构还是冷热结构,它们之间的连接都面临着热载荷带来的诸多力学难点。结构的连接区域通常是整个结构的最薄弱环节,据统计在飞行器结构中有 70% 以上的破坏是发生在结构的连接部位,因此保证飞行器在高温高载环境下的可靠、轻质连接是结构设计的重中之重。

飞行器根据功能、运输、维护、质量、成本等要求需要将结构进行合理划分并设计足够的设计分离面,同时需要考虑设备、技术、人员、周期等工艺约束划分足够的工艺分离面,连接必不可少。为了提高结构效率,整体化设计和制造是进行飞行器结构轻量化和保证高性能的有效途径,也是材料、工艺和设计的发展趋势。随着制造水平的提升,以树脂基复合材料为代表的中低温冷结构,如蒙皮、骨架的机械连接已逐渐被共固化、共胶接和二次胶接代替,以钛合金、高温合金为代表的先进金属材料组合式结构的连接可采用增材制造、激光焊接等先进成型方式,这样能够大幅减少连接。然而,随着中低温冷结构连接部位的减少,必不可少的连接部位面临着更复杂的受力状态,连接的设计更为重要。碳基复合材料、陶瓷基复合材料结构受限于工艺,多采用形式简单的零件,通过胶接、铆接和螺栓连接装配成整体构型,连接部位通常是整个结构的最薄弱环节。特别是采用不同材料组成的冷连接结构和热连接结构,在高超声速热、力载荷的影响下,连接失效模式存在显著不同。针对高超声速飞行器连接结构设计的一般准则如下。

(1) 连接方式的选取应充分利用各自优势,降低应力集中。

机械连接主要在传递集中载荷的部位,或要求可拆卸的部位,螺栓连接的承载能力大于铆钉连接,一般用于主承力结构的连接,但对复合材料而言,制孔易引起被连接结构强度下降,钉孔附近局部应力较大。降低应力集中和钉载的主要途径有:① 结构形式用双剪代替单剪,避免单剪带来的附加弯矩;② 不对称连接形式选用多排紧固件,增大排距以减小偏心导致的附加弯矩;③ 合理设计紧固件的边距和间距等[27]。受剪状态下的机械连接形式如图 4.20 所示。

胶接主要适用于传递均布载荷或承受剪切载荷,胶黏剂的塑性能够降低应力峰值,连接效率较高,抗疲劳、减震和防松效果好,但胶接强度分散性较大,剥离强度较低,不适用于大载荷的传递和较厚零件的连接,对温度、湿度等环境较敏感,无法拆卸。

胶螺(胶铆)连接结合机械连接和胶接的优势,是缓解陶瓷基复合材料结构与碳基复合材料结构间连接的载荷分配不均匀的有效途径,这种连接方式不仅能够阻止和延缓胶层损伤的扩展,还能够提高连接结构的安全性和完整性。

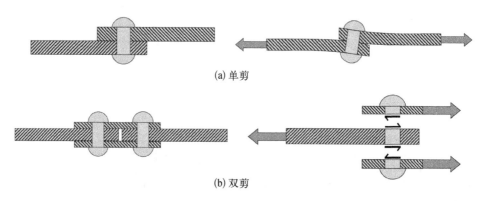

(a) 单剪

(b) 双剪

图 4.20   受剪状态下的机械连接形式

共固化 Z-pins 连接采用细小直径(0.2~0.6 mm)钉进行结构之间的连接,能够提高层间剪切强度,与 RTM、RFI、VARI 等预成型工艺共同使用能够提高连接可靠性。

(2)连接设计应使连接件和被连接件的刚度匹配。

高超声速飞行器连接结构的刚度匹配主要包括静刚度匹配、热变形匹配和连接刚度匹配,在设计时根据连接形式的不同各有侧重。

高超声速飞行器胶接结构使用的胶黏剂与传统胶接结构不同,胶黏剂应选用耐高温、高强度、高耐久性的胶黏剂,且与被连接件的热膨胀系数接近,最高使用温度低于胶黏剂玻璃化转变温度。高超声速飞行器结构件通常为薄壁特征,当胶接结构中的连接胶层厚度较小时,沿被连接件和胶层厚度的变形变化较缓和;而当胶层厚度较大时,变形差异较大,胶接模型更复杂,等刚度设计尤为重要。此外,根据应力-应变特征,胶黏剂分为韧性胶黏剂和脆性胶黏剂,脆性胶黏剂的剪切强度高于韧性胶黏剂,但从剪切应变能的角度来看,韧性胶黏剂性能更好、疲劳寿命更长,但仅适用于低温环境。对于高超声速飞行器的结构连接,脆性胶黏剂更具优势,两种常用胶黏剂的性能如表 4.3 所示。

表 4.3   两种常用胶黏剂的性能

胶 黏 剂	项 目	性 能
Dq 643J—111 耐高温酚醛胶黏剂	拉剪强度	室温: ≥2.5 MPa
		800℃保温 5 min 后: ≥0.5 MPa

续　表

胶　黏　剂	项　目	性　　　能
DqJT 1514—2014 室温固化耐高温酚醛胶黏剂	压剪强度	室温：≥1.0 MPa
		1 000℃无氧环境保温 5 min 后：≥0.5 MPa

　　高超声速飞行器机械连接部位多位于温度梯度较大的区域,易在连接结构内部和连接件之间产生热变形不匹配的现象,特别是金属与复合材料连接的部位,易发生由显著的热变形不匹配而导致的破坏,连接设计应通过合理设计连接界面热阻系数、采用分块式连接、采用补偿垫片等方式协调热变形,降低热应力,提高连接可靠性。实现热变形匹配的机械连接形式如图 4.21 所示。

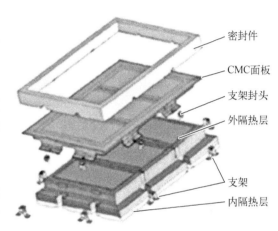

　　连接结构因界面复杂还存在连接刚度的问题,对于高超声速飞行器,螺纹紧固件一般需要施加一定的预紧力保证连接的

图 4.21　实现热变形匹配的机械连接形式[28]

可靠性。然而,螺栓的安装和预紧力施加都是在常温状态下完成的,实际使用中,由于热膨胀和温度梯度的作用,螺栓的预紧力会发生变化,预紧力明显减小将影响结构的连接刚度,预紧力显著增加又会降低承受外载荷的能力,因此需要根据环境合理设置预紧力,确保高温连接可靠性,并保证在高量级振动、噪声环境下的动强度。

　　(3)连接设计应关注连接件和被连接件的强度匹配。

　　连接结构包括被连接件和连接件,任何一部分发生破坏均会导致整个连接结构发生破坏,被连接件的破坏包括拉伸、剪切、挤压、屈服等单一形式或组合形式,连接件的破坏包括拉伸、剪切、弯矩等单一或组合形式的破坏,需要根据紧固件受轴向载荷或剪切载荷的形式选择适宜的紧固件,避免使螺栓承受弯曲载荷。

　　以树脂基复合材料为主的结构件一般采用金属连接件,连接件的强度高于被连接件,且因金属具有塑性,出现局部应力集中可以重新分配载荷,连接结构的失效模式一般为被连接件损伤。碳基复合材料、陶瓷基复合材料连接结构,同种材料连接件的强度低于被连接件,且由于碳基、陶瓷基复合材料的各向异性和脆性,多钉连接时易在连接件发生破坏,连接结构中的多钉布局更应关注载荷分配的均匀性。连接结构强度破坏形式如图 4.22 所示。

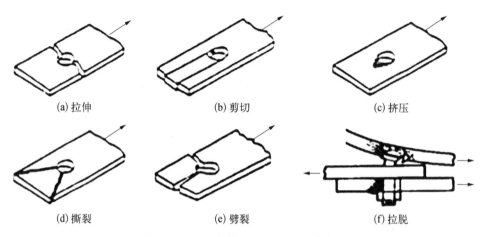

(a) 拉伸   (b) 剪切   (c) 挤压

(d) 撕裂   (e) 劈裂   (f) 拉脱

图 4.22　连接结构强度破坏形式[1]

(4) 可拆卸连接结构设计应避免咬死、松动等失效。

不合理的螺纹连接设计或不正确的安装操作过程会导致咬死,轻则引起螺栓拆卸困难,重则造成螺栓无法拆卸,应避免使用同种材料或硬度近似的连接件,或在螺纹连接界面涂抹抗咬合剂。此外,减小预紧力、降低安装/拆卸速度、避免多余物、进行表面处理等措施能够减轻黏着磨损,降低螺纹连接咬死的概率。

2. 典型耐高温紧固件

受现有大型复杂零件制备工艺的限制,以及严苛的使用环境和载荷需求,对高超声速飞行器的结构连接技术提出了较高的要求。目前解决高温连接需求的研究方向主要集中在紧固件选材上,考虑到各种连接方式中,螺栓连接具有易于装配、拆卸、维修以及对环境不敏感等特点,因此螺栓连接是高超声速飞行器结构连接中应用较广的机械连接方式。当前在高温使用环境下使用的螺栓多为耐高温合金材料、陶瓷基复合材料。SHEFEX 2 耐高温紧固件连接如图 4.23 所示。

1) 耐高温金属紧固件

GH2132 是 Fe－25Ni－15Cr 基高温合金,在 650℃以下具有较高的屈服强度和持久、蠕变强度,适合制造 650℃以下长期工作的航空发动机高温承力部件及

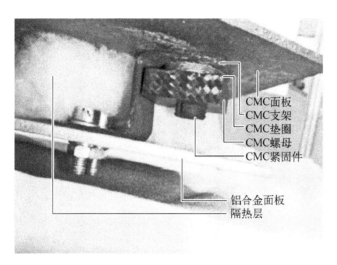

图 4.23　SHEFEX 2 耐高温紧固件连接[29]

紧固件等。GH2132 棒材在标准热处理状态下的不同温度拉伸性能如表 4.4 所示,热膨胀系数如表 4.5 所示。

表 4.4　GH2132 高温力学性能

$\theta/℃$	σ_b/MPa	$\sigma_{p0.2}/MPa$	$\delta/\%$	$\Phi/\%$
20	892	677	28	43.7
400	912	—	22.4	45.7
550	853	628	22.4	50.7
650	765	598	36.2	51.8
750	510	—	54.6	64.8

表 4.5　GH2132 热膨胀系数

温度/℃	20~100	20~200	20~300	20~400	20~500	20~600	20~700	20~800	20~850
线膨胀系数/($10^{-6}/℃$)	15.7	16.0	16.5	16.8	17.3	17.5	17.9	19.1	19.7

GH4169 合金是以体心四方的 γ 相和面心立方的 γ 相沉淀强化的镍基高温合金,性质与镍基高温合金 Inconel 718 相似,在温度为 $-253 \sim 700℃$ 时具有良好

的综合性能,且具有良好的抗疲劳、抗氧化及耐腐蚀性能。GH4169 棒材在标准热处理状态下的不同温度拉伸性能如表 4.6 所示,热膨胀系数如表 4.7 所示。

表 4.6　GH4169 高温力学性能

$\theta/℃$	σ_b/MPa	$\sigma_{p0.2}/MPa$	$\delta/\%$	$\Phi/\%$
20	1 440	1 200	22	44
300	1 300	1 070	18	41
400	1 300	1 080	20	45
500	1 310	1 080	19	40
600	1 280	1 040	26	49
750	730	705	48	85

表 4.7　GH4169 热膨胀系数

温度/℃	20~100	20~200	20~300	20~400	20~500	20~600	20~700	20~800	20~900	20~1 000
线膨胀系数/($10^{-6}/℃$)	11.8	13.0	13.5	14.1	14.4	14.8	15.4	17.0	18.4	18.7

铌钨合金(Nb521)是以铌为基体加入一定量的钨和其他元素而形成的合金,1961 年由美国首先研制成功并应用于航天飞机的蒙皮,该合金在 1 000℃仍具有一定的承载能力。铌钨合金的高温力学性能和热膨胀系数分别如表 4.8 和表 4.9 所示。

表 4.8　Nb521 高温力学性能

$\theta/℃$	σ_b/MPa	$\sigma_{p0.2}/MPa$	$\delta/\%$
室温	470	340	36
1 000	240	208	24.7
1 200	175	168	29.6
1 400	112	103	30.4
1 600	94.6	80.9	33.1
1 700	79.9	75.0	33.4
1 800	60.4	59.4	43.0

表 4.9　**Nb521 热膨胀系数**

温度/℃	25~100	25~200	25~300	25~400	25~500	25~600	25~700
线膨胀系数/ (10^{-6}/℃)	7.02	7.59	7.47	7.59	7.65	7.67	7.76
温度/℃	25~800	25~900	25~1 000	25~1 100	25~1 200	25~1 300	—
线膨胀系数/ (10^{-6}/℃)	7.79	7.82	7.86	7.95	7.99	7.98	—

金属基复合材料,如钛基复合材料、铝基复合材料在高温使用环境下具有一定的应用潜力。其中,钛基复合材料已在国内外的航空发动机热端部件上有多项应用。例如,钛基复合材料螺栓(图 4.24)利用 SiCf 复合材料纤维对 Ti3Al (TD3)材料增强,有利于实现耐高温和低膨胀性能。

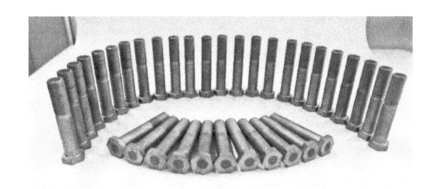

图 4.24　**钛基复合材料螺栓**

紧固件采用金属材料,在高超声速飞行器复合材料结构连接中,其与被连接结构之间存在严重的热匹配问题。在设计时,需要根据飞行器不同区域的力载荷、热载荷等条件,选用适用于中低温环境的高温合金、钛合金或金属基复合材料,除了需要重点关注紧固件的低热膨胀系数和高温性能,还需要合理设计连接形式和紧固件结构。

为解决与复合材料热结构高温连接的热匹配问题,美国研制了无热应力的紧固件,其通过锥形沉头螺栓与对应复材板开锥形沉孔配合,使得金属连接件与复材板的热膨胀变形都发生在配合面上,配合面曲线外形保持不变,从而使金属连接件与复材板始终无缝接触,两者同时自由膨胀,无附加热应力产生[30],如图4.25 所示。

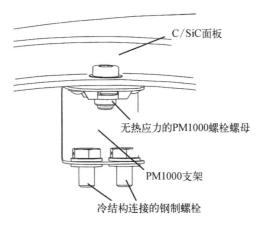

图 4.25　无热应力金属紧固件连接[30]

2）耐高温复合材料紧固件

高超声速飞行器 1 000℃ 以上的高温环境超过了大部分金属材料的温度承受极限,同时高温气流的冲刷还带来了烧蚀、氧化等问题,一些常用的高温金属螺栓已不再完全满足新环境下的使用需求。陶瓷基复合材料将高强度纤维引入陶瓷基体中,使陶瓷基复合材料不仅继承了传统陶瓷耐高温、高硬度、高耐磨等优点,还改善了单质陶瓷的本征脆性,避免了材料突发性破坏的发生。

陶瓷基复合材料紧固件形式包括螺栓、铆钉等,织物形式包括 3D 针刺、碳布叠层穿刺、细编穿刺等,不同织物方案连接件的性能如表 4.10 所示。

表 4.10　不同织物方案连接件的性能

项　　目	碳布穿刺 （含 45°纤维）	碳布穿刺 （0°/90°）	正交三向	展宽布穿刺
拉伸强度/MPa	88	83.93	70.26	150
剪切强度/MPa	64.8	85.59	74.31	150

复合材料紧固件制备过程中,结构尺寸、材料密度、螺纹尺寸、螺牙形貌（图4.26）、铺层方向等均对紧固件性能有较大的影响。陶瓷基复合材料的剪切强度通常较低,因此当复合材料螺栓承受拉伸载荷时,其螺牙很容易被拉脱,螺牙拉

脱失效模式会导致螺杆的抗拉性能不能充分发挥,连接结构设计需要避免此类失效模式的发生。螺栓头的结构很大程度上决定了螺栓的破坏模式,细化螺栓头结构设计,能最大程度地发挥复合材料的力学性能极限。螺纹设计能提升承载能力,当啮合螺牙数大于 6 时,再增加啮合螺牙数已不能有效地提高螺牙的初始拉脱载荷;增大螺距会降低螺牙初始拉脱强度,因此也不能提高螺牙的初始拉脱载荷;在螺距与螺栓直径之比保持常数的情况下,螺牙的初始拉脱载荷与螺栓直径的平方成正比;螺牙的极限拉脱载荷近似正比于啮合螺牙数、螺距及螺栓直径。螺牙的各类轴向变形如图 4.27 所示。

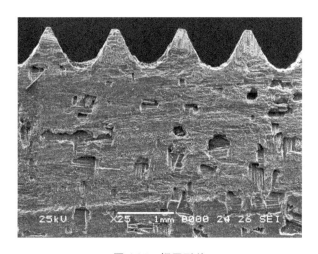

图 4.26　螺牙形貌

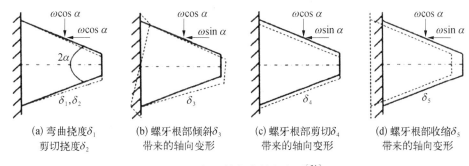

(a) 弯曲挠度δ_1　　(b) 螺牙根部倾斜δ_3　　(c) 螺牙根部剪切δ_4　　(d) 螺牙根部收缩δ_5
　剪切挠度δ_2　　　　带来的轴向变形　　　带来的轴向变形　　　带来的轴向变形

图 4.27　螺牙的各类轴向变形[31]

C/SiC 在线铆钉连接是一种连接强度较高的形式,当材料沉积到中间密度状态时(约 1.5 g/cm³)时进行连接加工:首先,在拼接组合处加工锥形孔;其次,放入加工完成的 C/SiC 铆钉;再次,继续进行 CVI 沉积,缝隙处由 CVI‐SiC 基体进行填充;最后,在沉积至最终密度后机加切除铆钉的多余部分,如图 4.28 所示。这种形式可实现复杂形状构件的净尺寸成型,但难以制备大厚度样件[32]。

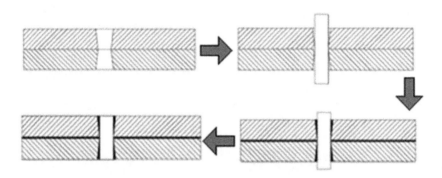

图 4.28　C/SiC 在线铆钉连接过程

3. 拧紧力矩及防松

作为可重复使用、可拆卸的螺纹紧固件,螺纹松动失效是其特点。金属螺栓在受热的情况下会轴向伸长,从而导致连接松弛并产生间隙,温度上升也会导致紧固件连接强度和连接刚度下降,高超声速飞行器的连接松动问题是结构可靠性的关键问题。

高超声速飞行器紧固件不仅需要在结构连接部位承受各种应力载荷,还需要减少向内部结构的热传导、自身的热变形。螺纹紧固件防松技术和防松结构主要包括摩擦防松、锁紧连接、胶接等方式。

1) 摩擦防松

控制预紧力是防止螺纹紧固件松动最经济有效的措施之一,这种方法利用螺纹的自锁条件,不需要对螺栓、螺母结构进行任何改动,通过保证合适的预紧力来防松。拧紧力矩用于克服螺纹副的螺纹阻力矩及螺母与被连接件支撑面的端面摩擦力矩,预紧力的大小需要根据螺栓组受力的大小和连接的工作要求确定,既要保证所需的预紧力,又不能使结构尺寸过大。

金属自锁螺母利用金属的弹性变形,装配时自锁螺母发生弹性变形,产生防松效果,耐温 650℃。非金属自锁螺母的有效力矩部分为无螺纹的尼龙环,装配时靠外螺纹在尼龙环上攻出螺纹,靠嵌件的弹性变形产生有效力矩,防松性能优良,可用于冲击、振动较恶劣的工况条件,可重复使用,使用温度在 100℃以内。

垫片防松也是利用摩擦进行防松的途径,目前广泛使用的垫圈主要有平垫圈、弹簧垫圈、弹性垫圈。平垫圈主要应用于改善支承面的接触状态,保证支承面的摩擦系数稳定,对防松有一定的作用;弹簧垫圈利用其弹性产生轴向力,提高连接的弹性,但在横向振动试验条件下防松效果较差;弹性垫圈安装时,被拧紧的螺母压平,使螺纹副轴向压紧,同时局部嵌入支承面,弹性均匀,防松效果较好,但可能会划伤零件表面。

2）锁紧连接

在拧紧螺母后使用锁紧(止动)元件将螺母和螺栓锁住,防止它们相对转动,最常使用的是开口销、串联钢丝和止动垫圈等。开口销与末端带孔螺栓及开槽螺母配套使用,防松可靠,一般螺母开槽夹角为 60°,安装时必须保证槽孔对正,装配不便;用低碳钢丝穿入螺栓头部或螺母的金属丝孔内,使几个螺栓或螺母串联相互制约,防松可靠;止动垫圈靠垫圈塑性变形卡住螺母,拆卸时要先将垫圈压平复原再拧松螺母,常应用于不经常拆卸的重型、动载荷连接。

3）胶接

胶接是将螺栓和螺母或与被连接件黏结在一起,达到防松的目的,难以拆卸或需要破坏式拆卸。

4.5　小结

高超声速飞行器结构是飞行器先进指标实现的载体,先进的结构设计对于推动高超声速飞行器向更快、更轻、更高效的方向发展具有重要的科学意义和工程价值,不同的服役环境对结构设计提出了不同的需求。

目前,我国在高超声速飞行器的结构设计、研制和制备等方面均取得了显著进展。如何在气动外形、仪器设备布局、复杂服役环境、强刚度和可靠性、质量特性等严苛的设计约束条件下实现最轻质的结构是工程人员不断追求的主题。如何进一步提升复杂整体式构件的一体化设计与制备能力,如何提升多尺度、多功能、多物理场耦合结构的优化设计,以及如何提升材料更高温度下的力学性能和抗氧化性能,缩短研制周期,降低制造成本,也将是未来结构设计研究和发展的重点。

参考文献

[1] 宋博,李高峰.美国 X－37B 轨道试验飞行器的发展及分析[J].飞航导弹,2012(12)：3－9.

［2］ 孙宗祥,唐志共,陈喜兰,等.X37－B 的发展现状及空气动力技术综述［M］.实验流体力学,2015,29(1)：1－14,24.

［3］ Belardo M, Gardi R.Conceptual design of the junction between C/SiC thermal protection system and anisogrid fuselage cold structure［J］.Procedia Engineering, 2015, 114：46－53.

［4］ 康开华,才满瑞.欧洲过渡性实验飞行器项目［J］.导弹与航天运载技术,2012(4)：58－62.

［5］ 余旭东,徐超,郑晓亚.飞行器结构设计［J］.西安：西北工业大学出版社,2010.

［6］ 冯志高,关成启,张红文.高超声速飞行器概论［M］.北京：北京理工大学出版社,2016.

［7］ 邓忠民.飞行器复合材料结构设计基础［M］.北京：北京航空航天大学出版社,2014.

［8］ Zhu J, Zhang W, Beckers P, et al. Simultaneous design of components layout and supporting structures using coupled shape and topology optimization technique ［J］. Structural & Multidisciplinary Optimization, 2008, 36(1)：29－41.

［9］ Sullivan W. Conducting the NASP ground test program［R］. AIAA 91－5029, 1991.

［10］ Cook S. X－33 reusable launch vehicle structural technologies［C］. Norfolk：Space Plane and Hypersonic Systems and Technology Conference, 2013.

［11］ Corpening G. X－43A：The first flight of a scramjet powered airplane［C］. San Diego：AIAA Space 2004 Conference, 2004.

［12］ Moses P L, Rausch V L, Nguyen L, et al. NASA hypersonic flight demonstrators－overview, status, and future plans［J］. Acta Astronautica, 2004, 55(3－9)：619－630.

［13］ Hank J M, Murphy J S, Mutzman R C. The X－51A scramjet engine flight demonstration program［C］. Dayton：15th American Institute of Aeronautics and Astronautics International Space Planes and Hypersonic System and Technologies Conference, 2008.

［14］ Walker S, Sherk J, Shell D. The DARPA/AF falcon program：The hypersonic technology vehicle #2 (HTV－2) flight demonstration phase［C］. Dayton：15th American Institute of Aeronautics and Astronautics International Space Planes and Hypersonic Systems and Technologies Conference, 2008.

［15］ Falemftn F, Serre L. The French PROMETHEE program-main goals and status in 1999［C］. Norfolk：International Space Planes and Hypersonic Systems and Technologies Conference, 2006.

［16］ Falempin F, Serre L. LEA flight test program-status in 2004 ［C］. Vancouver：55th International Astronautical Congress, 2004.

［17］ Eggers T, Longo J M A, Hörschgen M, et al. The hypersonic flight experiment SHEFEX ［C］. Capua：American Institute of Aeronautics and Astronautics 13st Space Planes and Hypersonic Systems and Technologies Conference, 2005.

［18］ Preci A, Herdrich G, Fasoulas S, et al. Assembly, integration and test of the sensor system COMPARE for SHEFEX Ⅱ［C］. Honolulu：42nd American Institute of Aeronautics and Astronautics Thermophysics Conference, 2013.

［19］ Sippel M, Schwanekamp T, Bauer C, et al. Technical maturation of the space liner concept ［C］. AIAA International Space Planes and Hypersonic Systems and Technologies Conference, 2012.

[20] Shirouzu M, Inouye Y, Watanabe S, et al. Overview of the aero and aerothermodynamic research in HOPE－X and related activities in Japan[C]. Portland: 34th AIAA Fluid Dynamics Conference and Exhibit, 2004.

[21] Jackson K R, Gruber M R, Buccellato S. Mach 6－8＋hydrocarbon-fueled scramjet flight experiment: The HIFiRE flight 2 project[J]. Journal of Propulsion & Power, 2015, 31(1): 36－53.

[22] Parkinson R C. The An－225/interim hotol launch vehicle[C]. Orlando: 3rd International Aerospace Planes Conference, 1991.

[23] Mehta U, Aftosmis M, Bowles J, et al. Skylon aerospace plane and its aerodynamics and plumes[J]. Journal of Spacecraft & Rockets, 2016, 53(2): 340－353.

[24] Fumo M D S, Guidotti G, PalettaN, et al. USV3: An autonomous space vehicle with Re-entry and landing capability[C]. New York: Society of Automotive Engineers 2013 AeroTech Congress & Exhibition, 2013.

[25] Wang C, Zhu J, Wu M, et al. Multi-scale design and optimization for solid-lattice hybrid structures and their application to aerospace vehicle components[J]. Chinese Journal of Aeronautics, 2021, 34(5): 386－398.

[26] Glass D E. Ceramic matrix composite (CMC) thermal protection systems (TPS) and hot structures for hypersonic vehicles[C]. Dayton: 15th American Institute of Aeronautics and Astronautics International Space Planes and Hypersonic Systems and Technologies Conference, 2008.

[27] 刘庆楣, 符辛业. 飞航导弹结构设计[M]. 北京: 中国宇航出版社, 1995.

[28] Viladegut A, Panerai F, Chazot O, et al. Design, integration and preliminary results of the IXV catalysis experiment[J]. CEAS Space Journal, 2017(9): 141－151.

[29] Boehrk H, Beyermann U. Secure tightening of a CMC fastener for the heat shield of re-entry vehicles[J]. Composite Structures, 2010, 92(1): 107－112.

[30] Hans G W. Joining, fastening and sealing of hot CMC structures[C]. Norfolk: 33rd Thermophysics Conference, 2012.

[31] Nelson W D, Bunin B L, Hart－Smith L J. Critical joints in large composite aircraft structure [R]. NASA CR－3710, 1983.

[32] 柯晴青, 成来飞, 童巧英, 等. 二维 C/SiC 复合材料的铆接显微结构与性能研究[J]. 稀有金属材料与工程, 2006, 35(9): 1497－1500.

第5章

高超声速飞行器先进材料体系力学分析理论

5.1 概述

高超声速飞行器多采用防热/承力一体化的热结构设计方案,因此以耐高温金属、碳基复合材料和陶瓷基复合材料为典型代表的先进材料体系得到广泛应用。在以往传统型号的设计工作中,高温金属及复合材料等新型材料结构主要作为构件级的结构/防热功能材料使用,因此在先进材料的结构、强度与可靠性领域,迫切需要获得相关的力学知识、方法和能力的积累,以突破技术瓶颈、实现跨越,达到掌握机理、凝练规律、提出方法、支持工程的目的。

高超声速飞行器需要具有承受苛刻服役环境的耐久性结构。服役环境带来了显著且相互耦合的气动热、噪声和机械载荷;飞行器结构响应具有温度/应力的大空间/时间梯度分布,且具有与环境强非线性耦合作用的特征。兼具防热/承载功能一体化的热结构方案成为提供良好气动特性和结构效率最有希望的技术途径,因此其成为相关领域研究的焦点,并且带来了最艰难的科学挑战。从结构强度的角度来看,其包括极限环境/载荷与结构响应间的非线性耦合、材料性能的演变、复杂的失效模式及失效机理、基于材料性能的工程尺度结构级模拟试验和数值预报方法等。这些科学问题若得不到解决,则会导致飞行器设计、关键技术攻关和研制中存在很大的盲目性,或引起较大的结构风险,对安全、可靠飞行产生致命性的影响;或由于过于保守引起结构效率的下降,导致预定军事任务难以完成。

5.2　金属材料强度评价方法

　　金属材料的力学性能是指在载荷与环境因素(温度、介质和加载速率)的联合作用下,针对金属材料的变形、损伤、断裂行为及其物理本质进行评估的学科。金属材料的力学特性采用一系列的力学特性指标来量化描述,针对材料的变形和断裂两种典型行为,力学性能指标通常需要反映材料在外载荷与环境作用下抵抗变形与断裂的能力。对飞行器的结构设计而言,其关注的金属材料力学性能主要包括弹性、强度、塑性、韧性、硬度、缺口敏感性、裂纹扩展速率和寿命等。在工程实际中,金属材料的力学性能优劣是通过上述力学性能指标的具体数值来表征的[1]。

　　随着高超声速飞行器的快速发展,飞行器关键构件(如舵轴、连接件等)的服役环境更加恶劣,这对金属材料的力学性能提出了更为苛刻的要求。从本质上讲,金属材料的力学性能取决于其化学组分、微观组织结构、残余应力、表面和内部缺陷等因素。然而,外加载荷及环境因素也会显著地影响金属材料的力学特性。例如,当低碳钢承受单轴拉伸载荷时,首先产生弹性变形,达到屈服点后产生塑性变形,当载荷达到最大值时发生颈缩后断裂,呈现出良好的塑性特征;当低碳钢承受交变载荷作用时,在应力低于屈服极限的条件下同样可能发生断裂,并且在试样上观察不到明显的塑性变形痕迹;当低碳钢在很低的温度下工作时,同样会产生脆性断裂。因此,综合分析内外因素对金属材料力学性能的影响,进而掌握各种因素对金属材料力学性能的影响规律,这对于飞行器构件的选材、改善构件力学性能、提高构件服役寿命具有重要的意义。

　　20 世纪初期,工程结构设计首先考虑结构的静强度要求。在设计中采用设计载荷法,设计载荷为使用载荷乘以安全系数。静强度设计准则为结构的破坏载荷大于或等于设计载荷,或者是元件的极限应力大于或等于设计应力。设计时为了补偿由外载荷计算、分析方法、材料特性等一系列不确定因素引起的误差,采用大于 1 的安全系数以保证结构的安全。静强度设计方法是结构设计的基本设计方法,一直沿用至今。然而,建立在材料力学、结构力学和弹性力学基础上的静强度设计方法,不能反映结构含有裂纹等缺陷时的强度特点,因此必须发展一门研究含裂纹体力学特性的学科——断裂力学。20 世纪 20 年代,在 Griffith 理论中,若构件中存在裂纹,则当裂纹扩展力大于阻力时裂纹会发生扩

展,因此得到含裂纹构件发生断裂时的应力为

$$\sigma_f = \sqrt{\frac{2E\gamma}{a}} \tag{5.1}$$

式中,γ 为材料的表面能;a 为裂纹长度;E 为材料的弹性模量。该理论将宏观缺陷在几何上进行理想化处理,并将其作为连续介质力学中的一种边界条件,使得连续介质力学方法在分析含缺陷材料的强度和韧性问题上仍然有效。但是,Griffith 理论适用于脆性材料,而在金属材料上的应用误差较大。

根据研究,裂纹扩展时消耗的能量除了用于表面能,还有相当大一部分转化为裂纹附近的塑性变形功。加入塑性变形功之后,得到的断裂应力为

$$\sigma_i = \sqrt{\frac{E(2\gamma + \gamma_p)}{\pi a}} \tag{5.2}$$

式中,γ_p 为裂纹尖端向前扩展单位长度时的塑性变形功。对于塑性较好的材料,表面能可以略去不计。对于金属材料,裂纹附近的塑性变形功是阻止裂纹扩展的实际抗力。通过引入参量 G,表征能量释放率或者裂纹扩展力,它是断裂力学的另一个重要物理参量。在此基础上,裂纹临界平衡状态的判据被提出:

$$G = G_c \tag{5.3}$$

式中,对于金属材料,常数 G_c 是 G 的临界值,可以通过试验测定。G_c 不仅可以表征材料的表面能,也适用于金属材料的准脆性破坏。研究学者分析了这种渐进性质,并提出了一个与裂纹尖端局部相关的参量 K,即应力强度因子。在材料脆断的情况下,存在一个临界应力强度因子,称为材料的断裂韧度,其表征的是材料抵抗裂纹扩展的能力。脆性断裂的判据为

$$K_1 \geqslant K_{1c} \tag{5.4}$$

式中,K_1 为应力强度因子(裂纹扩展的推动力);K_{1c} 为材料的断裂韧度。

线弹性断裂力学从应力强度因子和能量释放率两方面描述含裂纹体的力学行为,基于此的断裂准则是对传统强度理论的补充和更新。线弹性断裂力学不仅可以预测含裂纹体的承载能力,还可以推广到对含裂纹体在疲劳载荷下扩展行为的预测,进而实现金属材料结构的疲劳寿命预测。随着生产技术的发展,工程结构中使用的材料具有足够大的韧性。在较大的外载荷下,伴随裂纹扩展的塑性区域尺寸已经达到裂纹尺寸、试件尺寸的数量级,此时小范围塑性变形条件

已不能满足,线弹性的假设已不成立,需要发展弹塑性断裂力学。

　　裂纹张开位移(crack opening displacement, COD)作为控制裂纹扩展的参量,不仅可以应用于线弹性情况,也可应用于弹塑性情况。裂纹尖端的张开位移是裂纹尖端塑性变形的一种度量,对不同材料存在不同的临界值,从而可以定义一个新的断裂判据。研究人员基于全量塑性理论得到一个与裂纹顶端路径无关的积分,称为 J 积分。可以采用 J 积分综合度量裂纹尖端应力和应变状态。随后,J 积分理论及其应用成为弹塑性断裂力学中最为活跃的研究领域。许多学者通过开展试验研究证明,J 积分的临界值是一个材料常数,当 J 值超过该临界值时,裂纹开始扩展,由此确定金属等韧性材料裂纹起始扩展的判据。

　　针对 DH.106 "彗星"系列事故等重大断裂事件的分析表明,材料在疲劳载荷下裂纹扩展的分析对确定其服役寿命至关重要。基于应力强度因子控制裂纹扩展速率的公式,学者先后考虑了不同因素的影响,改进了该公式,并且研究了谱载荷下的疲劳断裂行为。后期在断裂力学基础上发展起来的损伤容限设计原理是近几十年在结构设计方面取得的重大进展,为飞行器结构设计所广泛采用。

　　研究学者以 J 积分为控制参量,分析裂纹的扩展,并提出 J_R 阻力曲线的概念。在 J 积分作为单参数断裂准则时,裂纹尖端应力-应变场的描述较为困难,而 J_c 的测定依赖于试样的几何尺寸和加载方式。国内学者建立了裂纹尖端弹塑性高阶场的基本方程,为弹塑性断裂双参数准则的建立奠定了理论基础,并且针对裂纹起始扩展又提出了 $J-Q$ 和 $J-K$ 双参数准则。

　　对于动态载荷下的断裂强度分析,动态断裂力学的解被提出,随后又围绕裂纹扩展、动态裂纹止裂、裂纹分叉和动态断裂韧性等开展了大量的理论分析和试验研究工作。

　　近年来,将概率论、统计学与断裂力学结合,形成了概率断裂力学分支,应用概率断裂力学进行材料和结构的耐久性、可靠性设计已经成为构件设计的重要方法之一。此外,基于对材料组织结构的深入认识,细观断裂力学也呈现出蓬勃发展之势。

5.3　高温复合材料的细观结构特征及力学性能

5.3.1　高温复合材料力学特征

复合材料是由两种或两种以上具有不同化学、物理性质的单相组分复合而成的、具有原各组分所不具备的新性能的材料,其广泛存在和应用于自然界和工业生产中,如生物体的骨骼、牙齿(由韧性有机骨胶材料与高硬度磷酸钙结晶材料复合而成)、玻璃钢(由韧性树脂材料和高模量玻璃纤维复合而成)等。一般来讲,复合材料由基体和增强相组成。增强相为复合材料内的连续相,在材料中起主要作用,提供复合材料的强度和刚度。基体在复合材料中起配合作用,用于支持和固定增强相材料、保护增强相等[2]。

复合材料主要具有以下特点。

(1)材料内部非均质性:材料各组分经复合过程后仍保留或基本保留各自的物理、化学性能,组分之间分界明显。

(2)存在界面(作用):材料组分之间有明显分界,但各组分之间可依靠界面(作用)相互连续传递力学、热学等载荷,且界面可影响材料整体性能。

(3)各向异性:材料具有的多组分和微细观结构使得材料整体在不同方向上对载荷表现出不同的响应特性。

(4)性能可调节、可设计性:复合材料内部结构周期性、规律性明显,可通过人为设计其组分材料种类、含量和内部结构等实现预期性能。

除此之外,部分复合材料还会因为组分之间的理化性能差异明显而出现湿热效应,受环境因素影响较显著。

近些年,航天飞行器的快速发展给力学和材料科学带来了新的挑战。高空、高速飞行过程中产生的大量热使飞行器服役于极端环境下,显著影响材料性能,降低飞行器相关结构的承载能力。因此,耐高温且力学性能稳定可靠的防热材料、热结构材料对高超声速飞行器的发展至关重要。当前,根据增强体的不同,相关材料大致可分为纤维增强型和蜂窝增强型两类。以 C/C、C/SiC 和 SiC/SiC 为代表的连续纤维增强碳基或陶瓷基复合材料(这类材料简称为高温复合材料)具有耐高温、低密度、高比强、高比模、抗烧蚀等优异性能,并且具有类似金属的断裂行为、对裂纹不敏感和不发生灾难性损毁等特点,目前广泛应用于飞行器鼻锥、翼前缘、发动机热端部件等高温结构和零部件的加工制备中,是飞行器高速域、宽空域、长航时条件下的理想被动热防护材料之一。

除了纤维增强型材料,玻璃纤维增强型树脂基复合材料也是常用于飞行器防隔热层、飞船返回舱防热大底等部位的被动热防护材料。该材料往往以尼龙/酚醛、石英/酚醛、碳/酚醛等作为蜂窝增强体,起到固定基体,抵抗气流剪切力的作用,并以硅橡胶、硅树脂、酚醛树脂等作为基体相,辅之以短切石英纤维、玻璃微球、酚醛微球等,进一步降低材料密度,提高材料强度和隔热性能。

5.3.2　编织型复合材料的力学特征

1. 拉伸特征

图 5.1 为编织高温复合材料拉伸载荷-位移曲线。由图可以看出,除了加载的初始阶段,载荷-位移曲线基本呈线性,未见非线性转变,随着变形的增加,载荷持续线性增加,表明材料的拉伸行为表现为线弹性、脆性断裂,未见材料出现明显屈服及损伤发展过程。

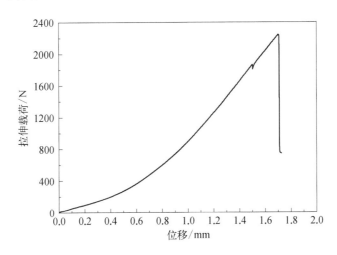

图 5.1　编织高温复合材料拉伸载荷-位移曲线

图 5.2 为编织高温复合材料拉伸试样破坏形貌。由图可以看出,材料试样尺寸稍小,在标距区的横向仅能保证两根完整的纤维束,试样加工偏差极易损伤承载纤维,这也是试验结果离散度较大的重要原因之一。编织高温复合材料的

(a) 高倍图

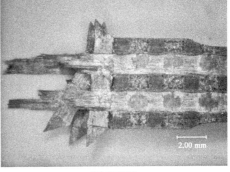

(b) 低倍图

图 5.2　编织高温复合材料拉伸试样破坏形貌

拉伸破坏断口多出现在试样截面过渡区内,接近平直断裂,断口参差不齐,有少量纤维拔出。分析认为,编织高温复合材料的拉伸载荷主要由平行于载荷作用方向的纤维承担,基体几乎不承载;截面过渡区的应力集中作用引起基体及横向纤维束界面层内的裂纹萌生、扩展,并最终导致增强纤维断裂,材料整体脆性断裂。

2. 压缩特征

图 5.3 为编织高温复合材料压缩载荷-位移曲线。由图可知,从开始加载到试件的最终破坏,整条载荷-位移曲线基本上是线性的;仅当载荷增加到接近峰值时,载荷-位移曲线出现一定的非线性转化,由此表明材料的压缩行为整体呈现线弹性、脆性破坏特征,没有明显的损伤发展演化过程。

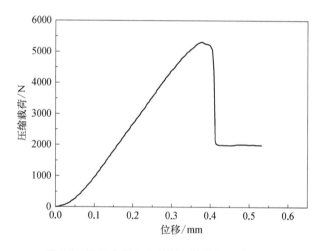

图 5.3   编织高温复合材料压缩载荷-位移曲线

图 5.4 为编织高温复合材料压缩试样破坏形貌。由图可以看出,试样在靠近端部的位置断裂,没有明显的断口,断面形貌基本属于压溃,且存在纤维断裂;断面上有微小错切,试样侧面凸起,略有分层。试件的破坏为碳布界面剪切、纤维失稳型破坏。分析认为,载荷-位移曲线末段的非线性主要是由端部纤维布层间剪切破坏引起界面分层导致的。

3. 弯曲特征

图 5.5 为编织高温复合材料弯曲载荷-位移曲线。由图可以发现,材料弯曲载荷-位移曲线具有较明显的非线性特征,外载荷较低时表现为线性,随着载荷的增加逐渐向抛物线形式转变,载荷达到最高点后,呈台阶下降趋势,纤维分层断裂,出现损伤演化过程,最终表现为纤维渐进断裂破坏。

(a) 原图　　　　　　　　　　　　　　　(b) 放大图

图 5.4　编织高温复合材料压缩试样破坏形貌

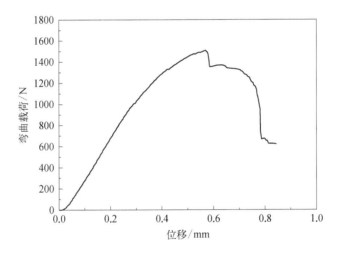

图 5.5　编织高温复合材料弯曲载荷-位移曲线

　　图 5.6 为编织高温复合材料弯曲试样破坏形貌。通过对弯曲破坏试样形貌观察可得,试样的上下表面均有纤维断裂,呈现出与传统层合复合材料类似的分层破坏现象。受压部位所承受的载荷超过了纤维束的压缩强度,纤维发生失稳,试样出现了部分的分层;受拉部位承受的载荷超过了纤维束的拉伸强度,轴向纤维束发生拉伸断裂破坏。材料的弯曲破坏表现为增强纤维拉伸断裂,渐进断裂失效。

　　4. 剪切特征

　　1) 面外剪切强度

　　图 5.7 为编织高温复合材料面外剪切载荷-位移曲线。由图可以发现,剪切

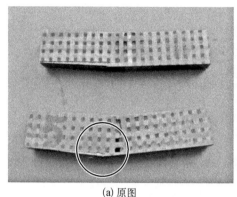

(a) 原图   (b) 放大图

图 5.6 编织高温复合材料弯曲试样破坏形貌

载荷-位移曲线表现近似为线性,表明材料的面外剪切行为呈现为线弹性;载荷达到最高点后,曲线变为近似的平直线,呈准塑性屈服失效,试样发生界面剪切分层破坏。

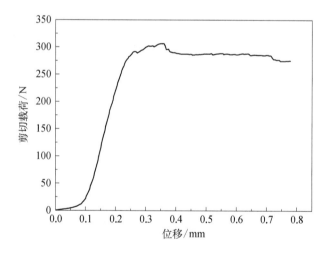

图 5.7 编织高温复合材料面外剪切载荷-位移曲线

短梁剪切试样承载时,试样承受 3 点弯曲载荷,试样中线以上承受压应力,中线以下承受拉应力,上表面承受最大压应力,下表面承受最大拉应力,内部承受剪应力,失效模式主要由这三种应力主导。当试样为拉/压型破坏时,失效由拉/压应力主导,此时所测得的强度并不能真实体现材料的剪切强度。图 5.8 为编织高温复合材料面外剪切破坏形貌。由图可以看出,在试样的上/下表面均未出现纤维断裂现象,材料的破坏过程表现为剪应力作用下裂纹在试样的中性面区域增强纤维布的界面处形成,在剪应力作用下沿界面扩展,最终引起材料的剪切分层破坏失效。

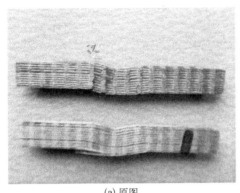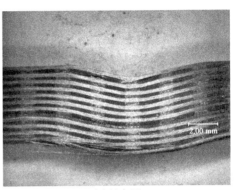

(a) 原图　　　　　　　　　　　　　(b) 放大图

图 5.8　编织高温复合材料面外剪切破坏形貌

2) 面内剪切强度

图 5.9 为编织高温复合材料面内剪切载荷-位移曲线。由图可以发现,剪切载荷-位移曲线表现为线性,表明材料的面内剪切行为呈现为线弹性;在载荷达到最高点后,近似呈台阶式下降趋势,出现损伤发展演化过程。

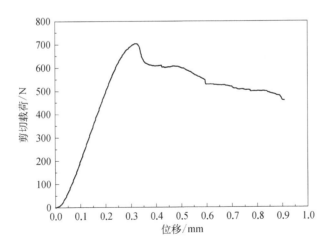

图 5.9　编织高温复合材料面内剪切载荷-位移曲线

图 5.10 为编织高温复合材料面内剪切破坏形貌。由图可以看出,试样断裂位置发生在支点区域的最大剪应力位置,剪应力作用下裂纹在增强纤维界面区域形成并扩展,横向增强纤维被剪断,最终引起材料的纤维渐进断裂破坏失效。

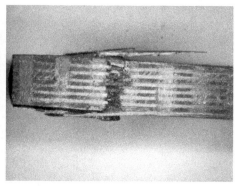

图 5.10 编织高温复合材料面内剪切破坏形貌

5.4 高温复合材料强度性能与评价准则

5.4.1 复合材料非线性本构关系

复合材料的非线性一方面缘于材料基体相的非线性和增强相形态引起的非线性;另一方面缘于材料或结构所受的载荷状态的不同,以及加载历程的不同,所造成的材料内部损伤而引起的非线性。这是一个复合材料本构关系的问题,是通过应力-应变的非线性响应表现出来的。

从 20 世纪 60 年代末至今,有很多学者致力于复合材料非线性理论的研究,提出了各种非线性理论,但是由于现有试验条件和理论的欠缺,还很难从微/细观层次上系统性地描述整个材料的力学行为,无法形成统一模式[3]。因此,能否通过简单试验来预报复杂应力状态下复合材料的非线性本构关系,是工程设计部门所关注的问题。运用连续介质力学方法所建立的本构关系理论可归结为四类:① 非线性弹性理论;② 弹性损伤理论;③ 经典增量塑性理论;④ 内时塑性理论。后三类理论带有比较强的针对性,且多采用微/细观力学方法或有限元方法,计算繁杂,不便于工程应用。在宏观非线性本构关系的研究中,较常用的理论模型主要有 Richard - Blacklock 非线性模型、Hahn - Tsai 剪切非线性模型、Hahn - Tsai 横向非线性修正模型和 Jones - Nelson 非线性模型等,其中基于能量理论的 Jones - Nelson 非线性理论具有明确的物理意义、计算简洁,是解决这类问题的优先选择。

建立一个有效的复合材料本构关系通常需要三个步骤:① 用材料主轴方向

的应力-应变试验结果确立本构关系的基本方程;② 用上述确定的基本方程预测偏轴拉伸应力-应变测量结果;③ 用双轴试验结果验证上述方程。

　　碳基复合材料或陶瓷基复合材料中任何一种损伤形式的发生(包括基体开裂、界面脱黏、层间分层及纤维断裂)都将伴随着应变能的变化和刚度的衰减,从而引起材料本构关系的非线性。根据弹性性能与应变能之间一一对应的关系,Jones – Nelson 非线性模型可表达为

$$Y_i = A_i \big[1 - B_i \, (U/U_0)^{C_i} \big] \tag{5.5}$$

$$U = \frac{1}{2}(\sigma_x \varepsilon_x + \sigma_y \varepsilon_y + \sigma_z \varepsilon_z + \tau_{yz} \gamma_{yz} + \tau_{zx} \gamma_{zx} + \tau_{xy} \gamma_{xy}) \tag{5.6}$$

式中,Y_i 为材料的非线性力学性能参数,通常是弹性模量或泊松比;A_i、B_i、C_i 分别为第 i 条应力-应变曲线的初始斜率、初始曲率和曲率变化率;U 为应变能密度;U_0 为使 U/U_0 成为无量纲参数的一个常量;σ_i 和 ε_i 为正应力、正应变分量 τ、γ 分别为切应力和切应变。该模型没有限定非线性力学性能参数的个数,每一个非线性性能都可以用多轴应力状态所积累的应变能来表征,且与坐标系无关。割线性能作为即时的等价弹性性能用于矩阵运算。

　　采用简单试验的三个点求解方程组,以确定式(5.5)中的 A_i、B_i、C_i;A_i 代表弹性力学性能,B_i 和 C_i 由 Y_i - U 曲线上最后一点(破坏点)及 $U_{max}/2$ 所对应的点确定。相对于所有试验点,破坏点和 $U_{max}/2$ 点无法准确地描述出 B_i 和 C_i,其受试验的偶然误差及人为选点的随机因素影响较大,不同的选点方式会产生不同的 B_i 和 C_i。因此,设计采用最小二乘极值原理,对所有试验点进行回归拟合来确定 B_i 和 C_i。

　　式(5.5)整理为

$$1 - \frac{Y_i}{A_i} = B_i \, (U/U_0)^{C_i} \tag{5.7}$$

方程式两边取对数,得

$$\ln\left(1 - \frac{Y_i}{A_i}\right) = \ln B_i + C_i(\ln U - \ln U_0) \tag{5.8}$$

　　为了方便,令 $U_0 = 0$, $x = \ln U$、$y = \ln(1 - Y_i/A_i)$,利用最小二乘法,由 n 个试验点得到相应的曲线 B_i 和 C_i 为

$$B_i = \ln^{-1} \frac{\sum y \sum x^2 - \sum x \sum xy}{n \sum x^2 - \left(\sum x \right)^2} \qquad (5.9)$$

$$C_i = \frac{n \sum xy - \sum x \sum y}{n \sum x^2 - \left(\sum x \right)^2} \qquad (5.10)$$

　　模型参数 A_i、B_i、C_i 取值确定得正确与否,对于后续进行迭代运算或通过有限元方法预测复合材料结构的非线性行为是非常重要的,在 A_i 的选取上,若考虑缺陷的影响,则很可能会引起迭代运算发散,导致计算精度下降。

　　Jones - Nelson 非线性模型中所用到的材料破坏点,即应变能 $U < U_{i\max}$,往往是在简单试验下得到的。实际上,对于一般各向异性复合材料,特别是在复杂载荷条件下,材料的 U 必定会大大高于简单的应变能极限 $U_{i\max}$,这种材料强化的现象已被许多试验所证实。为此,该模型的扩充理论(图 5.11)被提出,将主轴方向的 $\sigma_i - \varepsilon_i$ 曲线在破坏点处沿切线加以扩充。

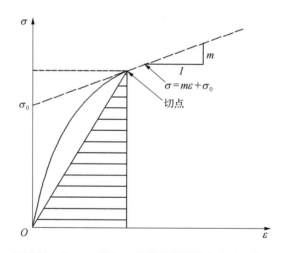

图 5.11　Jones - Nelson 非线性模型扩充理论示意图

　　设 $\sigma_i^c (i = x, y, z)$ 应力状态时刻,应变能 U 达到 i 方向的极值 $U_{i\max}$,随着应力继续增加,即 $\sigma_i^c \leqslant \sigma_i$ 时,所对应的弹性常数为

$$Y_i = \frac{m_i \sigma_i}{\sigma_i - \sigma_{i0}} \qquad (5.11)$$

式中,σ_{i0} 为材料常量,是在破坏点处沿切线对纵坐标投影得到的应力。

在方程式(5.11)中引入温度修正函数,建立碳/碳复合材料温度相关的非线性应力-应变关系:

$$Y_i = A_i \left[1 - B_i \left(U/U_0 \right)^{c_i} \right] f_i(T) \tag{5.12}$$

$f_i(T)$ 反映材料高温非线性行为,通过材料的高温力学试验结果线性回归确定,T 为温度。

5.4.2　纤维增强复合材料强度准则

复合材料的力学性能描述其服役过程中应力与应变之间的对应关系。作为一种具有显著非均质性的各向异性材料,在复杂载荷作用下,复合材料的力学响应与简单载荷作用下的响应差异很大。各向异性复合材料的载荷形式与应力空间的关系如图 5.12 所示。

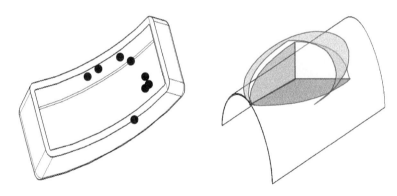

图 5.12　各向异性复合材料的载荷形式与应力空间的关系

纤维的拉伸强度普遍远大于基体,但材料整体的破坏模式除了受组分各自性能影响,还与载荷形式有关。连续纤维增强复合材料的破坏模式可分为以下两种。

(1)纤维控制破坏模式:纤维破坏则判定材料整体破坏;典型载荷形式为面内简单拉伸、四点弯曲、开孔拉伸、含孔或含缺口试件拉伸、螺栓拉伸。

(2)基体控制破坏模式:基体破坏则判定材料整体破坏;典型载荷形式为面内压缩和剪切、层间剪切、开孔压缩、钉孔挤压、冲击后压缩、螺栓剪切和扭转。

强度理论是判断材料在复杂应力状态下是否发生破坏的理论。合理进行复合材料结构设计及准确评估复合材料强度是复合材料得到合理且充分应用的基础。宏观唯象强度理论是指在不涉及材料内部细观结构形式和结构参数的情况下,描述材料变形及失效行为的表象理论。随着复合材料的广泛应用,众多学者将各向同性材料的强度准则以新的表现形式应用于复合材料,这些强度准则有最大应力(应变)准则、Tsai - Hill 准则、Hoffman 准则、Tsai - Wu 多项式准则和比应变能密度准则等。纤维增强复合材料强度准则可概括地分为三类,即极限准则、相互关系准则和分离式准则[4]。

1. 极限准则

极限准则通过比较某一方向外载荷与材料相应极限强度的关系预报结构失效,如最大应力准则、最大应变准则等。

最大应力准则:材料某一方向的应力分量达到一个临界值时,材料就发生与之相应的破坏模式,而与其他方向应力分量的存在与否无关,其表达式如下。

对于拉伸应力:

$$
\begin{cases}
\sigma_{11} < X_t \\
\sigma_{22} < Y_t \\
\sigma_{33} < Z_t \\
|\tau_{12}| < S_{xy} \\
|\tau_{23}| < S_{yz} \\
|\tau_{31}| < S_{zx}
\end{cases}
\tag{5.13}
$$

对于压缩应力:

$$
\begin{cases}
\sigma_{11} > X_c \\
\sigma_{22} > Y_c \\
\sigma_{33} > Z_c
\end{cases}
\tag{5.14}
$$

最大应变准则:最大应变理论相似于最大应力理论,该理论中的破坏判据是应变而不是应力。最大应变准则的表达式中有一个或几个不满足,即可认为材料发生了破坏,表达式为

$$
\begin{cases}
\varepsilon_{11} < X_\varepsilon \\
\varepsilon_{22} < Y_\varepsilon \\
\varepsilon_{33} < Z_\varepsilon \\
|\gamma_{12}| < S_{\gamma xy} \\
|\gamma_{23}| < S_{\gamma yz} \\
|\gamma_{31}| < S_{\gamma zx}
\end{cases}
\tag{5.15}
$$

绘制纤维增强复合材料的最大应力强度包络如图 5.13 所示。由图可知,最大应力准则在预测纤维增强复合材料复杂载荷条件下的强度出现了较大程度的偏差,在复杂载荷条件下,理论预报值均大于实际值,因此采用最大应力准则是不安全的。最大应力准则未考虑材料在双向拉伸、双向拉压和压剪等组合载荷条件下出现的双向弱化现象,因此最大应力强度理论对纤维增强复合材料的强度预报精度较低,应避免使用。

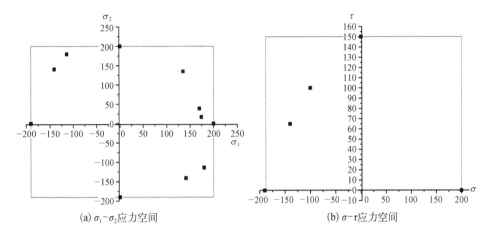

(a) σ_1-σ_2应力空间　　　　　　　(b) σ-τ应力空间

图 5.13　最大应力准则的应力空间

2. 相互关系准则

强度准则为张量多项式形式,对于任意材料,在应力空间中的破坏条件应是所有应力分量的函数,可用一般形式的函数表示:

$$f = K_i \sigma_i + K_{ij} \sigma_i \sigma_j + K_{ijk} \sigma_i \sigma_j \sigma_k + \cdots = 1 \tag{5.16}$$

式中,σ_i 为一点的应力分量;K_i、K_{ij} 分别为表征材料性能的一阶张量和二阶张量,即强度张量,其中以 Tsai-Wu 张量准则、Tsai-Hill 张量准则及 Hoffman 张量准则应用较为普遍。

Tsai-Wu 张量准则:假设在应力空间下的破坏包络面,近似地只取式(5.16)的一次项和二次项来建立强度的曲面方程,即

$$F_i \sigma_i + F_{ij} \sigma_{ij} = 1 \tag{5.17}$$

对于平面应力状态下的正交各向异性材料,由于在材料主方向坐标系内剪应力的正负号改变对破坏状态无影响,准则形式如下:

$$F_1\sigma_1 + F_2\sigma_2 + F_{11}\sigma_1^2 + F_{22}\sigma_2^2 + F_{66}\sigma_{12}^2 + F_{12}\sigma_1\sigma_2 \geqslant 1 \qquad (5.18)$$

式中,

$$F_1 = \frac{1}{X_T} - \frac{1}{X_C}, \quad F_2 = \frac{1}{Y_T} - \frac{1}{Y_C}, \quad F_{11} = \frac{1}{X_T X_C}$$

$$F_{22} = \frac{1}{Y_T Y_C}, \quad F_{66} = \frac{1}{S^2}$$

系数 F_{12} 的确定方法有数学力学方法、几何法和试验法,其中以试验法最为有效。Tsai 和 Wu 通过大量对比研究发现,选取 $F_{12} = \sqrt{F_{11}F_{22}}$,所得结果可与试验吻合良好。

考虑正应力与剪应力之间的耦合效应,则修正的 Tsai-Wu 准则为

$$F_1\sigma_1 + F_2\sigma_2 + F_{11}\sigma_1^2 + F_{22}\sigma_2^2 + F_{66}\sigma_{12}^2 + F_{12}\sigma_1\sigma_2 \qquad (5.19)$$
$$+ F_{16}\sigma_1 \mid \sigma_6 \mid + F_{26}\sigma_2 \mid \sigma_6 \mid \geqslant 1$$

三维应力状态下的准则形式需修正如下:

$$F_1\sigma_1 + F_2\sigma_2 + F_3\sigma_3 + F_{11}\sigma_1^2 + F_{22}\sigma_2^2 + F_{33}\sigma_3^2 + F_{44}\sigma_{23}^2 + F_{55}\sigma_{31}^2$$
$$+ F_{66}\sigma_{12}^2 + F_{12}\sigma_1\sigma_2 + F_{23}\sigma_2\sigma_3 + F_{31}\sigma_3\sigma_1 \geqslant 1$$

$$(5.20)$$

式中,

$$F_1 = \frac{1}{X_T} - \frac{1}{X_C}, \quad F_2 = \frac{1}{Y_T} - \frac{1}{Y_C}, \quad F_3 = \frac{1}{Z_T} - \frac{1}{Z_C}$$

$$F_{11} = \frac{1}{X_T X_C}, \quad F_{22} = \frac{1}{Y_T Y_C}, \quad F_{33} = \frac{1}{Z_T Z_C}$$

$$F_{44} = \frac{1}{S_{23}^2}, \quad F_{55} = \frac{1}{S_{31}^2}, \quad F_{66} = \frac{1}{S_{12}^2}$$

$$F_{12} = -\sqrt{F_{11}F_{22}}, \quad F_{13} = -\sqrt{F_{11}F_{33}}, \quad F_{23} = \sqrt{F_{22}F_{33}}$$

绘制 C/C 复合材料的 Tsai-Wu 强度包络线,如图 5.14 所示。

由图 5.14 可得,两条强度预报曲线仅在部分区域有差别,其余部分几乎重合,并且与试验所测得的实际材料强度吻合度非常高,这说明 Tsai-Wu 强度包

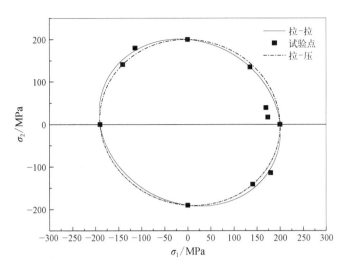

图 5.14　Tsai－Wu 准则的 σ_1-σ_2 应力空间

络线具有较高的精度。

　　设计分象限拟合绘制 C/C 复合材料 Tsai－Wu 强度包络线,如图 5.15 所示,预报精度与图 5.14 所示的精度类似。

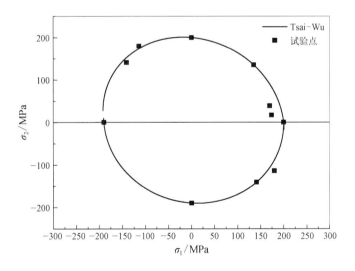

图 5.15　Tsai－Wu 准则分象限应力空间图

　　绘制 C/C 复合材料正应力-剪应力空间的 Tsai－Wu 和 Hoffman 强度包络线,如图 5.16 所示。

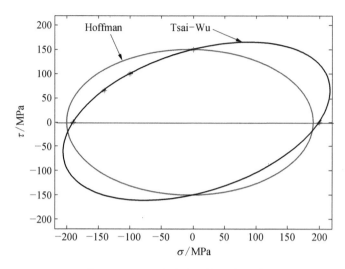

图 5.16 $\sigma-\tau$ 应力空间的强度准则

图 5.16 表明两种理论预报结果差异较大,Hoffman 强度准则与实际值差距较大,而 Tsai – Wu 强度准则十分吻合,满足工程应用的要求。

综上所述,Tsai – Wu 强度准则考虑了材料拉、压不同性的实际情况,同时增加了理论方程中的项数,提高了理论预报的精度,且使用了双轴试验的数据来确定 F_{12},而该种方法对于不同载荷形式的试验,当 F_{12} 差别较大时,还可以采用分象限拟合来进一步减小误差,以此来提高预报的精度,可以推荐作为工程应用的宏观失效判据准则。

Hill 将针对各向同性材料的 von Mises 屈服准则推广到各向异性材料的情况。同时,Tsai 认为对于纤维增强树脂基复合材料的“破坏”与塑性材料进入“塑性”状态相似,并以此制定了复合材料强度的 Tsai – Hill 准则:

$$F(\sigma_2 - \sigma_3)^2 + G(\sigma_1 - \sigma_2)^2 + H(\sigma_1 - \sigma_2)^2 + 2L\sigma_{23}^2 + 2M\sigma_{31}^2 + 2N\sigma_{12}^2 = 1$$
$$(5.21)$$

式中,参数 F、G、H、L、M、N 可由三个主轴方向的拉伸以及三个材料对称面内的纯剪切试验确定。

对于横观各向同性复合材料,Tsai – Hill 准则退化为

$$\left(\frac{\sigma_1}{X}\right)^2 - \frac{\sigma_1\sigma_2}{X^2} + \left(\frac{\sigma_2}{Y}\right)^2 + \left(\frac{\sigma_{12}}{S}\right)^2 = 1 \qquad (5.22)$$

　　Tsai - Hill 理论是建立在材料主轴坐标系内的,因此 Tsai - Hill 准则只适用于正交各向异性材料。表达式中只含应力分量的二次项,不包含应力分量的线性项,因此无法考虑材料拉伸和压缩强度性能的不同。其次,它是应力分量的一般二次形式(所有二次项系数均是独立的),也是在材料塑性不可压缩的假设下导出的。而塑性不可压缩假设是指三向等压应力不会引起屈服和强度破坏。

　　Tsai - Hill 理论未考虑拉压性能不同的复合材料,这点刚好是 C/C 复合材料较为重要的特性,因此对于 C/C 复合材料强度的预报,Tsai - Hill 准则已逐渐被 Hoffman 准则所替代。

　　Hoffman 准则是在 Tsai - Hill 准则的基础上提出的,它针对 Tsai - Hill 准则的缺陷做出了改进,该准则在 Tsai - Hill 准则基础上增加了一次应力项,用于预测脆性正交各向异性材料的破坏,并且考虑到复合材料拉压强度的不等,其数学形式为

$$
\begin{aligned}
& C_1(\sigma_2 - \sigma_3)^2 + C_2(\sigma_3 - \sigma_1)^2 + C_3(\sigma_1 - \sigma_2)^2 + C_4\sigma_1 \\
& + C_5\sigma_2 + C_6\sigma_3 + C_7\sigma_{23}^2 + C_8\sigma_{31}^2 + C_9\sigma_{12}^2 = 1
\end{aligned} \tag{5.23}
$$

其中,

$$
C_1 = \frac{1}{2}\left(\frac{1}{Y_T Y_C} + \frac{1}{Z_T Z_C} - \frac{1}{X_T X_C}\right)
$$

$$
C_2 = \frac{1}{2}\left(\frac{1}{Z_T Z_C} + \frac{1}{X_T X_C} - \frac{1}{Y_T Y_C}\right)
$$

$$
C_3 = \frac{1}{2}\left(\frac{1}{X_T X_C} + \frac{1}{Y_T Y_C} - \frac{1}{Z_T Z_C}\right)
$$

$$
C_4 = \frac{1}{X_T} - \frac{1}{X_C}, \quad C_5 = \frac{1}{Y_T} - \frac{1}{Y_C}, \quad C_6 = \frac{1}{Z_T} - \frac{1}{Z_C}
$$

$$
C_7 = \frac{1}{T^2}, \quad C_8 = \frac{1}{R^2}, \quad C_9 = \frac{1}{S^2}
$$

式中,X_T、X_C、Y_T、Y_C、Z_T、Z_C 分别为材料三个方向的拉伸、压缩强度;T、R、S 分别为材料三个方向上的剪切强度。

　　考虑横观各向同性复合材料(单向复合材料)处于平面应力状态,$Y_T = Z_T$,$Y_C = Z_C$,则 Hoffman 准则退化为如下二维形式:

$$\frac{\sigma_1^2}{X_T X_C} + \frac{\sigma_2^2}{Y_T Y_C} - \frac{\sigma_1 \sigma_2}{X_T X_C} + \frac{X_C - X_T}{X_T X_C}\sigma_1 + \frac{Y_C - Y_T}{Y_T Y_C}\sigma_2 + \frac{\sigma_{12}^2}{S^2} = 1 \qquad (5.24)$$

绘制 C/C 复合材料 Hoffman 准则强度包络线如图 5.17 所示。由图中结果可以看到,在正应力空间的第一象限内,预报的强度显著大于实际值,这是不安全的,由于 Hoffman 准则在预报双向拉伸 1∶1 强度时,其强度比单轴强度要高,这显然与双向拉伸弱化现象矛盾,因此在拉-拉组合载荷作用下应避免使用该理论。在第二象限(第四象限)内预报值小于实际值,有一定的安全余量,偏于安全。综合来看,Hoffman 准则未能全面、有效地反映复合材料的强度性能。

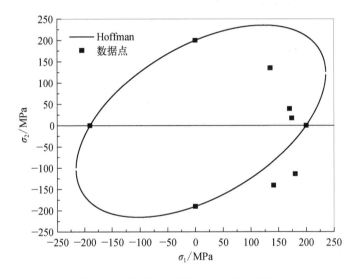

图 5.17   Hoffman 准则 σ_1-σ_2 应力空间

3. 分离式准则

从构成复合材料的组分入手,将纤维和基体的破坏分离,根据纤维与基体的力学行为特点,通过定义组分材料的失效来判断材料的整体失效,如 Linde 准则和 Hashin 准则,此外还有 LaRC02 准则、LaRC03 准则、LaRC04 准则等。

Linde 准则:该准则基于失效应变并假定材料是连续损伤失效的,其损伤演化则是通过纤维、基体中各自的应变能来控制的。需要注意的是,在材料发生损伤后,该准则不明确区分材料是受拉破坏还是受压破坏,因此只需要两个损伤变量就可以判断是基体还是纤维发生损伤失效,具体表达式如下。

纤维的损伤失效:

$$f_f = \sqrt{\frac{\varepsilon_{11}^{f,t}}{\varepsilon_{11}^{f,c}}(\varepsilon_{11})^2 + \left[\varepsilon_{11}^{f,t} - \frac{(\varepsilon_{11}^{f,t})^2}{\varepsilon_{11}^{f,c}}\right]\varepsilon_{11}} > \varepsilon_{11}^{f,t} \quad (5.25)$$

式中，$\varepsilon_{11}^{f,t} = \sigma_L^t / C_{11}$；$\varepsilon_{11}^{f,c} = \sigma_L^c / C_{11}$；$\varepsilon_{11}^{f,t}$ 和 $\varepsilon_{11}^{f,c}$ 分别为纱线纤维束中沿纤维方向的拉伸失效应变和压缩失效应变；C_{11} 为纤维束未损伤状态的刚度系数。当 f_f 达到失效应变 $\varepsilon_{11}^{f,t}$ 时，纤维开始发生损伤。

基体的损伤失效：

$$f_m = \sqrt{\frac{\varepsilon_{22}^{f,t}}{\varepsilon_{22}^{f,c}}(\varepsilon_{22})^2 + \left[\varepsilon_{22}^{f,t} - \frac{(\varepsilon_{22}^{f,t})^2}{\varepsilon_{22}^{f,c}}\right]\varepsilon_{22} + \frac{\varepsilon_{22}^{f,t}}{\varepsilon_{12}^{f}}(\varepsilon_{12})^2} > \varepsilon_{22}^{f,t} \quad (5.26)$$

式中，$\varepsilon_{22}^{f,t} = \sigma_T^t / C_{22}$；$\varepsilon_{22}^{f,c} = \sigma_T^c / C_{22}$；$\varepsilon_{12}^{f} = \tau_{LT}^f / C_{44}$；$\varepsilon_{22}^{f,t}$ 和 $\varepsilon_{22}^{f,c}$ 分别为垂直于纱线纤维方向的拉伸失效应变和压缩失效应变；ε_{12}^{f} 为剪切失效应变。当 f_m 达到失效应变 $\varepsilon_{22}^{f,t}$ 时，纤维开始发生损伤。

Hashin 准则：该准则于 1980 年由学者 Hashin 提出，从细观层面出发描述了复合材料的损伤，应用宏观应力表征细观损伤。复合材料在三个方向上的损伤可分别描述为纤维拉伸断裂和压缩损伤、基体拉伸开裂和压缩损伤、面内纤维-基体的剪切失效。其中，每个方向和每种类型的失效都可以用一个等效应力 e_i 作为基准，下标 i 表示失效模式，当等效应力 $e_i > 1$ 时，则可判定该处的复合材料单元失效发生损伤，具体表达式如下。

1 方向纤维拉伸断裂与纤维-基体剪切：

$$\varphi_{1T} = \left(\frac{\sigma_{11}}{X_{1T}}\right)^2 + \alpha_{1T}\left[\frac{(\tau_{12})^2}{(S_{12})^2}\right]^2 + \alpha_{1T}\left[\frac{(\tau_{13})^2}{(S_{13})^2}\right]^2 \geq 1, \quad \sigma_{11} \geq 0 \quad (5.27)$$

1 方向纤维压缩损伤与纤维-基体剪切：

$$\varphi_{1C} = \left(\frac{\sigma_{11}}{X_{1C}}\right)^2 + \alpha_{1C}\left[\frac{(\tau_{12})^2}{(S_{12})^2}\right]^2 + \alpha_{1C}\left[\frac{(\tau_{13})^2}{(S_{13})^2}\right]^2 \geq 1, \quad \sigma_{11} \leq 0 \quad (5.28)$$

2 方向基体拉伸开裂：

$$\varphi_{2T} = \left(\frac{\sigma_{22}}{X_{2T}}\right)^2 + \alpha_{2T}\left[\frac{(\tau_{12})^2}{(S_{12})^2}\right]^2 + \alpha_{2T}\left[\frac{(\tau_{23})^2}{(S_{23})^2}\right]^2 \geq 1, \quad \sigma_{22} \geq 0 \quad (5.29)$$

2 方向基体压缩损伤：

$$\varphi_{2T} = \left(\frac{\sigma_{22}}{X_{2C}}\right)^2 + \alpha_{2C}\left[\frac{(\tau_{12})^2}{(S_{12})^2}\right]^2 + \alpha_{2C}\left[\frac{(\tau_{23})^2}{(S_{23})^2}\right]^2 \geqslant 1, \quad \sigma_{22} \leqslant 0 \quad (5.30)$$

3 方向基体拉伸开裂：

$$\varphi_{3T} = \left(\frac{\sigma_{33}}{X_{3T}}\right)^2 + \alpha_{3T}\left[\frac{(\tau_{13})^2}{(S_{13})^2}\right]^2 + \alpha_{3T}\left[\frac{(\tau_{23})^2}{(S_{23})^2}\right]^2 \geqslant 1, \quad \sigma_{33} \geqslant 0 \quad (5.31)$$

3 方向基体压缩损伤：

$$\varphi_{3C} = \left(\frac{\sigma_{33}}{X_{3C}}\right)^2 + \alpha_{3C}\left[\frac{(\tau_{13})^2}{(S_{13})^2}\right]^2 + \alpha_{3C}\left[\frac{(\tau_{23})^2}{(S_{23})^2}\right]^2 \geqslant 1, \quad \sigma_{33} \leqslant 0 \quad (5.32)$$

式中，$\sigma_{ij}(i, j = 1, 2, 3)$ 为复合材料坐标系下的应力分量；X_{1T}、X_{2T}、X_{3T}、X_{1C}、X_{2C}、X_{3C}、S_{12}、S_{13}、S_{23} 分别为三个方向上的拉伸、压缩与剪切强度；α_{1T}、α_{1C}、α_{2C}、α_{3T}、α_{3C} 分别为相应失效模式下的剪切贡献因子。

4. 界面层与胶层失效准则

1）双线性张力位移法则

由于复合材料大量采用胶接形式连接，通常采用基于双线性张力位移法则（bilinear traction separate law）的有限元方法对胶层进行模拟，该理论最初由 Mi 等提出，是一种简单有效的内聚力法则。

图 5.18 为双线性张力位移关系。内聚力区域内应力在外载荷的作用下，最初随着位移的增加呈线性增长，张力达到最大值后，该处材料点的损伤开始萌生

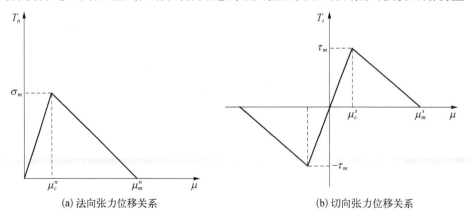

(a) 法向张力位移关系   (b) 切向张力位移关系

图 5.18　双线性张力位移关系

并扩展;此后随着位移的增加张力下降,该处承受载荷能力减小,裂纹逐步成形并扩展;当应力减小至零时,该处裂纹完全扩展,开裂界面在该处失效。

典型双线性内聚力模型的张力位移关系的控制方程为

$$T_n = \begin{cases} \dfrac{\sigma_m}{\mu_c^n}\mu, & \mu < \mu_c^n \\[3mm] \sigma_m \dfrac{\mu_m^n - \mu}{\mu_m^n - \mu_c^n}, & \mu \geqslant \mu_c^n \end{cases} \tag{5.33}$$

$$T_t = \begin{cases} \dfrac{\tau_m}{\mu_c^s}\mu & \mu \leqslant \mu_c^s \\[3mm] \tau_m \dfrac{\mu_m^s - \mu}{\mu_m^s - \mu_c^s}, & \mu > \mu_c^s \end{cases} \tag{5.34}$$

式中,T_n 为法向应力;T_t 为切向应力;σ_m、τ_m 分别为法向和切向的最大应力,此时对应的裂纹界面张开位移分别为 μ_c^n、μ_c^s,即开裂过程的特征位移,在达到其最大值后,应力开始减小,直至减小为零时裂纹开裂完成,其对应的位移为最终开裂位移 μ_m^n、μ_m^s。 各向的断裂能临界值 φ_n^c、φ_t^c 为

$$\varphi_n^c = \frac{1}{2}\sigma_m \cdot \mu_m^n \tag{5.35}$$

$$\varphi_t^c = \frac{1}{2}\tau_m \cdot \mu_m^s \tag{5.36}$$

在双线性张力位移关系中,除了最大应力与断裂能临界值必须作为参数给出,还需要给出 μ_c^n、μ_c^s 或应力上升阶段的斜率 K 作为模型参数。双线性内聚力模型简单有效,能较好地在有限元方法中计算而不会出现计算困难。

2) 胶层失效准则

胶接的失效准则与破坏模式密切相关,根据不同的失效模式采用相应的失效准则。如图 5.19 所示,胶接破坏模式包含被胶接件拉伸破坏、被胶接件剥离破坏、胶层剪切破坏、胶层剥离破坏、胶层黏附剪切和剥离破坏等。其中,图 5.19(a)和(b)属于被胶接件破坏模式,图 5.19(c)~(f)属于胶层破坏模式。

胶层破坏是指内聚和胶层/被胶接件界面破坏。在实际胶层破坏中,两者交叉,破坏机理十分复杂。每种形式的破坏机理下,胶层强度是不同的,很难测量,

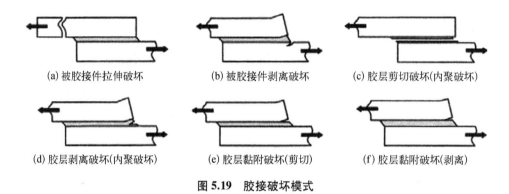

(a) 被胶接件拉伸破坏　　　(b) 被胶接件剥离破坏　　　(c) 胶层剪切破坏(内聚破坏)

(d) 胶层剥离破坏(内聚破坏)　(e) 胶层黏附破坏(剪切)　　(f) 胶层黏附破坏(剥离)

图 5.19　胶接破坏模式

特别是胶层/被胶接件界面的强度,两种破坏机理的强度无法区分。下面对几种失效准则进行说明。

（1）最大应变准则。

胶黏剂对拉伸引起的破坏比对纯剪切和压缩更为敏感。对于韧性胶黏剂,非线性行为占主要地位,破坏时的应变可超过100%。因此,对于韧性胶黏剂的内聚破坏模式,通常采用最大应变准则,其形式为

$$\frac{\varepsilon_{\text{eqqv}}}{S_{\text{eqv}}} \geqslant 1 \tag{5.37}$$

式中, $\varepsilon_{\text{eqqv}}$ 为 von Mises 当量应变; S_{eqv} 为破坏应变。

（2）胶瘤破坏准则。

胶瘤破坏是胶接破坏的一种特殊情况,其初始损伤主要由拉伸应力引起,因此采用最大主应力准则。其形式为

$$\frac{\sigma_{p\text{max}}}{X_T} \geqslant 1 \tag{5.38}$$

式中, $\sigma_{p\text{max}}$ 为最大主应力; X_T 为块胶胶黏剂的拉伸强度。

（3）胶层破坏准则。

胶层破坏准则表达式为

$$\left(\frac{\sigma_{33}}{\sigma_{\text{peel}}}\right)^2 + \left(\frac{\sigma_{13}}{\sigma_{\text{shear}}}\right)^2 + \left(\frac{\sigma_{23}}{\sigma_{\text{shear}}}\right)^2 \geqslant 1, \quad \sigma_{33} \geqslant 0 \tag{5.39}$$

$$\left(\frac{\sigma_{13}}{\sigma_{\text{shear}}}\right)^2 + \left(\frac{\sigma_{23}}{\sigma_{\text{shear}}}\right)^2 \geqslant 1, \quad \sigma_{33} < 0 \tag{5.40}$$

式中，σ_{peel} 和 σ_{shear} 分别为胶层的剥离和剪切强度。

对于剪切支配的胶层破坏，式（5.39）和式（5.40）中排除剥离应力对破坏的贡献，因此失效准则为

$$\frac{\sqrt{\sigma_{13}^2 + \sigma_{23}^2}}{\sigma_{shear}} \geqslant 1 \tag{5.41}$$

同样，若剥离支配胶层破坏，式（5.39）和式（5.40）中排除剪应力对破坏的贡献，因此失效准则为

$$\frac{\sigma_{33}}{\sigma_{peel}} \geqslant 1 \tag{5.42}$$

5.4.3　编织复合材料内部缺陷的力学特性表征

平纹编织 C/SiC 陶瓷基复合材料由 0° 经纱和 90° 纬纱相互交错堆叠，Z 向用缝线加强，理想的结构如图 5.20 所示，图中 X 向为经纱，Y 向为纬纱，经向和纬向纤维之间为缝线，为了将材料的内部结构描述清楚，基体部分未在图中显示。

由于复合材料的多组分性和非均匀性，在复合材料及其结构的制备、加工和使用过程中容易出现缺陷和损伤。纤维褶皱是复合材料结构制造过程中常见的制造缺陷之一，复合材料纤维褶皱严重降低了结构质量和力学性能，以平纹编织

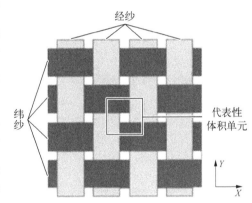

图 5.20　平纹编织 C/SiC 陶瓷基复合材料内部结构

C/SiC 陶瓷基复合材料层合板制造过程中产生的纤维凸起和纤维凹陷两种形式的褶皱缺陷为典型代表，通常发生在纤维缠绕工艺中。例如，大尺寸的复合材料机身部件对接时易出现纤维褶皱，以及在部件的圆弧过渡区域容易出现纤维褶皱。

纤维褶皱产生的原因主要有两种：① 非均匀的固结压力；② 层间相互作用。纤维褶皱分为面内和面外，面内褶皱在外观上不易观察，仅在界面处可以发

现纤维褶皱现象,面外褶皱在复合材料结构表面能够清楚地看到纤维凸起或纤维凹陷的存在。在一个叠层结构中,纤维褶皱可能会影响部分铺层或全部铺层,使得整个结构的刚度和强度显著下降。在叠层结构承载时,纤维褶皱容易造成结构内部的纤维断裂、基体开裂及层间分层等损伤。这些损伤将导致结构的承载能力及使用寿命大幅度下降,给结构的安全服役带来严重的威胁。因此,对含纤维褶皱复合材料的力学性能进行分析,能为复合材料结构的安全使用及寿命预测提供理论指导,具有显著的工程应用价值[5]。

由于纤维褶皱是在复合材料制造过程中产生的,其没有固定的形貌,为了便于定性分析,国内外学者提出多个特征参数来描述纤维褶皱,其中应用最为广泛的特征参数包括纤维褶皱的高宽比及错位角。

纤维褶皱的高宽比,也称为波纹比,为纤维褶皱的高度 A 和宽度 L 之比。纤维褶皱的错位角 θ 指的是加载方向与纤维褶皱区域的纤维形成的夹角,错位角的正切函数通常用褶皱曲线的一阶导数来表示,因此错位角的表达式随着褶皱曲线函数的变化而变化,通常使用高斯函数、正弦函数以及余弦函数来描述褶皱区域的波形。对于面外褶皱区域,其在厚度方向一般保持同样的波形,分为纤维凸起和纤维凹陷。

1. 纤维凸起的数学表征

纤维褶皱在厚度方向定义为余弦函数,如图 5.21 所示,波长为 λ,振幅为 $2a$。

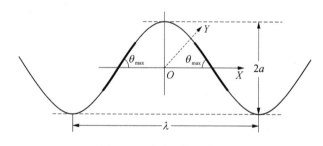

图 5.21　余弦函数示意图

通过前处理将无缺陷模型的节点坐标进行修改,得到含褶皱缺陷的模型。含纤维凸起复合材料层合板在厚度方向的节点坐标表示为

$$z_w = z_0 + \Delta z \tag{5.43}$$

式中,z_w 为褶皱模型厚度方向的节点坐标;z_0 为无缺陷模型在厚度方向的节点坐标。Δz 表示为

$$\Delta z = \begin{cases} \left[\, \mathrm{sgn}(z-2)+1 \,\right] \dfrac{BT}{2} \dfrac{t_{\mathrm{mo}}}{t_{\mathrm{nom}}} \cos\left[\dfrac{2\pi(x-50)}{\lambda}\right], & -\dfrac{\lambda}{4} < x < \dfrac{\lambda}{4} \\ 0, & \text{其他} \end{cases}$$

(5.44)

式中,x 为模型长度方向坐标;在本模型中 λ 为褶皱的 2 倍长度;$\dfrac{t_{\mathrm{mo}}}{t_{\mathrm{nom}}}$ 为褶皱程度;B 为厚度方向的幅值,在厚度方向上线性衰减;T 为层合板的厚度;$\mathrm{sgn}(x)$ 为符号函数:

$$\mathrm{sgn}(x) = \begin{cases} 1, & x > 0 \\ 0, & x = 0 \\ -1, & x < 0 \end{cases}$$

2. 纤维凹陷的数学表征

含纤维凹陷复合材料层合板在厚度方向的节点坐标表示为

$$z_w = z_0 - \Delta z \tag{5.45}$$

式中,z_w 为褶皱模型厚度方向的节点坐标;z_0 为无缺陷模型在厚度方向的节点坐标;Δz 表示为

$$\Delta z = \begin{cases} BT \dfrac{t_{\mathrm{mo}}}{t_{\mathrm{nom}}} \cos\left[\dfrac{2\pi(x-50)}{\lambda}\right], & -\dfrac{\lambda}{4} < x < \dfrac{\lambda}{4} \\ 0, & \text{其他} \end{cases} \tag{5.46}$$

式中,x 为模型长度方向的坐标;λ 为褶皱的 2 倍长度;$\dfrac{t_{\mathrm{mo}}}{t_{\mathrm{nom}}}$ 为褶皱程度;B 为厚度方向的幅值,在厚度方向上线性衰减;T 为层合板的厚度。

3. 面内褶皱的数学表征

对面内褶皱而言,将褶皱区域的厚度定义为 $H_W(H_W \leqslant H)$,并且假设在褶皱区域,从层合板中面到 $Z = \pm H_W/2$ 面,褶皱的幅度由峰值线性地衰减至零。用式(5.47)描述面内褶皱区域的波形:

$$\psi = \begin{cases} A\left(\dfrac{H_W/2 - |z|}{H_W/2}\right)\cos\left(\dfrac{2\pi}{L}x\right), & |x| \leqslant \dfrac{L}{2}, \quad |z| \leqslant \dfrac{H_W}{2} \\ 0, & |x| > \dfrac{L}{2}, \quad |z| > \dfrac{H_W}{2} \end{cases} \tag{5.47}$$

式中, A、L 分别为纤维褶皱的高度和宽度。用式(5.47)描述褶皱区域厚度方向的坐标:

$$z_w = z_0 + \psi \tag{5.48}$$

式中, z_0 为无纤维褶皱时的厚度方向坐标。用式(5.49)描述纤维褶皱的错位角 ϕ:

$$\phi = \arctan\left\{\frac{\partial \psi}{\partial x}\right\}$$

$$= \begin{cases} \arctan\left[-\dfrac{2\pi A}{L}\left(\dfrac{H_W/2 - |z|}{H_W/2}\right)\sin\left(\dfrac{2\pi}{L}x\right)\right], & |x| \leqslant \dfrac{L}{2}, \quad |z| \leqslant \dfrac{H_W}{2} \\ 0, & |x| \leqslant \dfrac{L}{2}, \quad |z| > \dfrac{H_W}{2} \end{cases}$$

$$\tag{5.49}$$

对于褶皱区域,使用余弦函数和正弦函数描述本质上是相同的,只是具体坐标位置不同。在进行褶皱仿真时,除了需要考虑褶皱区域形状的变化,还需考虑褶皱区域力学性能的变化。国内外已有众多学者从理论分析、试验研究和数值模拟三方面对褶皱区域力学性能进行研究。研究发现,含纤维褶皱的复合材料层合板,褶皱区域对其等效杨氏模量、剪切模量以及泊松比都有影响,其中纤维褶皱对等效杨氏模量 E_1 影响显著,而对其他的有效弹性系数影响有限。此外,一般含纤维区域的层合板在加载方向上的破坏主要发生在最大褶皱角处。这是因为纤维褶皱容易引起局部应力集中,造成强度下降。

所以在研究含纤维褶皱板的性能时,需要考虑褶皱区域的等效模量,将等效模量代入有限元模型中进行计算。在计算等效模量时,将褶皱区域进行均质化处理。采用特征体积单元,即 RVE(图 5.22),进行均质化处理和等效模量的计算,通过一种分为两步的均质化计算方法计算等效模量。

在使用特征体积单元时,考虑连续的应力和应变条件,为了准确描述三维褶

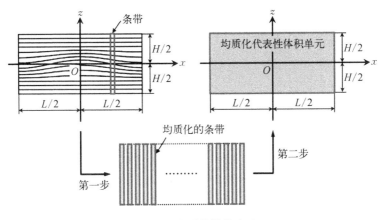

图 5.22　均质化等效方法

皱区域的复合材料板属性,使用均质化计算方法时,每一步都考虑了不同的混合边界条件。

在进行均质化过程的第一步时,考虑每一条带区域的面外应力和面内应变保持连续,如 $\sigma_z = \sigma_z^*$,$\sigma_{yz} = \sigma_{yz}^*$,$\sigma_{zx} = \sigma_{zx}^*$,$\varepsilon_x = \varepsilon_x^*$,$\varepsilon_y = \varepsilon_y^*$,$\varepsilon_{xy} = \varepsilon_{xy}^*$。其中,上标 $*$ 用来定义每一条带区域。第一步中,使用的应力和应变状态假设已经广泛应用于含褶皱区域等效性能的计算。特征体积单元内任意一点的本构关系可以写成式(5.50):

$$\left\{ \begin{array}{c} \{\sigma_a^*\} \\ \{\sigma_b\} \end{array} \right\} = \begin{bmatrix} [C_{aa}] & [C_{ab}] \\ [C_{ab}]^{\mathrm{T}} & [C_{bb}] \end{bmatrix} \left\{ \begin{array}{c} \{\varepsilon_a\} \\ \{\varepsilon_b^*\} \end{array} \right\} \tag{5.50}$$

式 中,$\{\sigma_a^*\} = \{\sigma_z^*, \sigma_{yz}^*, \sigma_{zx}^*\}^{\mathrm{T}}$;$\{\sigma_b\} = \{\sigma_x, \sigma_y, \sigma_{xy}\}^{\mathrm{T}}$;$\{\varepsilon_a\} = \{\varepsilon_z, 2\varepsilon_{yz}, 2\varepsilon_{zx}\}^{\mathrm{T}}$;

$\{\varepsilon_b^*\} = \{\varepsilon_x^*, \varepsilon_y^*, \varepsilon_{xy}^*\}^{\mathrm{T}}$;$[C_{aa}] = \begin{bmatrix} C_{33} & C_{34} & C_{35} \\ C_{34} & C_{44} & C_{45} \\ C_{35} & C_{45} & C_{55} \end{bmatrix}$;$[C_{ab}] = \begin{bmatrix} C_{13} & C_{23} & C_{36} \\ C_{14} & C_{24} & C_{46} \\ C_{15} & C_{25} & C_{56} \end{bmatrix}$;

$[C_{bb}] = \begin{bmatrix} C_{11} & C_{12} & C_{16} \\ C_{12} & C_{22} & C_{26} \\ C_{16} & C_{26} & C_{66} \end{bmatrix}$。

根据式(5.50)中 $\{\varepsilon_a\}$ 的表达式,可以得到

$$\left\{ \begin{matrix} \{\varepsilon_a\} \\ \{\sigma_b\} \end{matrix} \right\} = \begin{bmatrix} [C_{aa}]^{-1} & -[C_{aa}]^{-1}[C_{ab}] \\ [C_{ab}]^{\mathrm{T}}[C_{aa}]^{-1} & -[C_{ab}]^{\mathrm{T}}[C_{aa}]^{-1}[C_{ab}] + [C_{bb}] \end{bmatrix} \left\{ \begin{matrix} \{\sigma_a^*\} \\ \{\varepsilon_b^*\} \end{matrix} \right\}$$

$$(5.51)$$

根据式(5.51),可以计算得到平均的$\{\varepsilon_a^*\}$和$\{\sigma_b^*\}$,如式(5.52)所示:

$$\left\{ \begin{matrix} \{\varepsilon_a^*\} \\ \{\sigma_b^*\} \end{matrix} \right\} = \begin{bmatrix} [C_A^*] & -[C_B^*] \\ [C_B^*]^{\mathrm{T}} & [C_D^*] \end{bmatrix} \left\{ \begin{matrix} \{\sigma_a^*\} \\ \{\varepsilon_b^*\} \end{matrix} \right\} \tag{5.52}$$

式中,$[C_A^*] = \dfrac{1}{H}\sum\limits_{i=1}^{n}\int_{z_w^{i-1}}^{z_w^i}[C_{aa}]^{-1}\mathrm{d}z$;$[C_B^*] = \dfrac{1}{H}\sum\limits_{i=1}^{n}\int_{z_w^{i-1}}^{z_w^i}[C_{aa}]^{-1}[C_{ab}]\mathrm{d}z$;$[C_B^*] =$

$\dfrac{1}{H}\sum\limits_{i=1}^{n}\int_{z_w^{i-1}}^{z_w^i}(-[C_{ab}]^{\mathrm{T}}[C_{aa}]^{-1}[C_{ab}] + [C_{bb}])\mathrm{d}z$。

因此,经过第一步均质化处理后,每一条带的应力-应变关系可以用式(5.53)表达:

$$\left\{ \begin{matrix} \{\sigma_a^*\} \\ \{\sigma_b^*\} \end{matrix} \right\} = \begin{bmatrix} [C_A^*]^{-1} & [C_A^*]^{-1}[C_B^*] \\ [C_B^*]^{\mathrm{T}}[C_A^*]^{-1} & [C_B^*]^{\mathrm{T}}[C_A^*]^{-1}[C_B^*] + [C_D] \end{bmatrix} \left\{ \begin{matrix} \{\varepsilon_a^*\} \\ \{\varepsilon_b^*\} \end{matrix} \right\}$$

$$(5.53)$$

式(5.53)还可以如下表达:

$$\left\{ \begin{matrix} \sigma_x^* \\ \sigma_y^* \\ \sigma_z^* \\ \sigma_{yz}^* \\ \sigma_{zx}^* \\ \sigma_{xy}^* \end{matrix} \right\} = \begin{bmatrix} C_{11}^* & C_{12}^* & C_{13}^* & C_{14}^* & C_{15}^* & C_{16}^* \\ C_{21}^* & C_{22}^* & C_{23}^* & C_{24}^* & C_{25}^* & C_{26}^* \\ C_{31}^* & C_{32}^* & C_{33}^* & C_{34}^* & C_{35}^* & C_{36}^* \\ C_{41}^* & C_{42}^* & C_{43}^* & C_{44}^* & C_{45}^* & C_{46}^* \\ C_{51}^* & C_{52}^* & C_{53}^* & C_{54}^* & C_{55}^* & C_{56}^* \\ C_{61}^* & C_{62}^* & C_{63}^* & C_{64}^* & C_{65}^* & C_{66}^* \end{bmatrix} \left\{ \begin{matrix} \varepsilon_x^* \\ \varepsilon_y^* \\ \varepsilon_z^* \\ 2\varepsilon_{yz}^* \\ 2\varepsilon_{zx}^* \\ 2\varepsilon_{xy}^* \end{matrix} \right\} \tag{5.54}$$

在第二步中,假设在条带界面处的应力和应变状态也保持连续,如$\sigma_x^* = \sigma_x^{**}$,$\sigma_{zx}^* = \sigma_{zx}^{**}$,$\sigma_{xy}^* = \sigma_{xy}^{**}$,$\varepsilon_y^* = \varepsilon_y^{**}$,$\varepsilon_z^* = \varepsilon_z^{**}$,$\varepsilon_{yz}^* = \varepsilon_{yz}^{**}$。上标 $**$ 代表特征体积单元的属性。类似于第一步,均质化后的应力-应变本构关系可以写成式(5.55):

$$\left\{\begin{array}{c} \{\sigma_e^{**}\} \\ \{\sigma_f^*\} \end{array}\right\} = \left[\begin{array}{cc} [C_{ee}^*] & [C_{ef}^*] \\ [C_{ef}^*]^{\mathrm{T}} & [C_{ff}^*] \end{array}\right] \left\{\begin{array}{c} \{\varepsilon_e^*\} \\ \{\varepsilon_f^{**}\} \end{array}\right\} \tag{5.55}$$

式中，$\{\sigma_e^{**}\} = \{\sigma_x^{**}, \sigma_{zx}^{**}, \sigma_{xy}^{**}\}^{\mathrm{T}}$；$\{\sigma_f^*\} = \{\sigma_y^*, \sigma_z^*, \sigma_{yz}^*\}^{\mathrm{T}}$；$\{\varepsilon_e^*\} = \{\varepsilon_x^*, 2\varepsilon_{zx}^*, 2\varepsilon_{xy}^*\}^{\mathrm{T}}$；$\{\varepsilon_f^{**}\} = \{\varepsilon_y^{**}, \varepsilon_z^{**}, \varepsilon_{yz}^{**}\}^{\mathrm{T}}$；$[C_{ee}^*] = \begin{bmatrix} C_{11}^* & C_{15}^* & C_{16}^* \\ C_{15}^* & C_{55}^* & C_{56}^* \\ C_{16}^* & C_{56}^* & C_{66}^* \end{bmatrix}$；

$[C_{ef}^*] = \begin{bmatrix} C_{12}^* & C_{13}^* & C_{14}^* \\ C_{25}^* & C_{35}^* & C_{45}^* \\ C_{26}^* & C_{36}^* & C_{46}^* \end{bmatrix}$；$[C_{ff}^*] = \begin{bmatrix} C_{22}^* & C_{23}^* & C_{24}^* \\ C_{23}^* & C_{33}^* & C_{34}^* \\ C_{24}^* & C_{34}^* & C_{44}^* \end{bmatrix}$。

根据式(5.55)，可以计算得到平均的 $\{\varepsilon_e^{**}\}$ 和 $\{\sigma_f^{**}\}$，如式(5.56)所示：

$$\left\{\begin{array}{c} \{\varepsilon_e^{**}\} \\ \{\sigma_f^{**}\} \end{array}\right\} = \left[\begin{array}{cc} [C_E^{**}] & -[C_F^{**}] \\ [C_F^{**}]^{\mathrm{T}} & [C_H^{**}] \end{array}\right] \left\{\begin{array}{c} \{\sigma_e^{**}\} \\ \{\varepsilon_f^{**}\} \end{array}\right\} \tag{5.56}$$

式中，$[C_E^{**}] = \dfrac{1}{L}\displaystyle\int_{-L/2}^{L/2} [C_{ee}^{**}]^{-1}\mathrm{d}x$；$[C_F^{**}] = \dfrac{1}{L}\displaystyle\int_{-L/2}^{L/2} [C_{ee}^*]^{-1}[C_{ef}^*]\mathrm{d}x$；

$[C_H^{**}] = \dfrac{1}{L}\displaystyle\int_{-L/2}^{L/2} (-[C_{ef}^*]^{\mathrm{T}}[C_{ee}^*]^{-1}[C_{ef}^*] + [C_{ff}^*])\mathrm{d}x$。

式(5.56)还可以如下表达：

$$\left\{\begin{array}{c} \sigma_x^{**} \\ \sigma_y^{**} \\ \sigma_z^{**} \\ \sigma_{yz}^{**} \\ \sigma_{zx}^{**} \\ \sigma_{xy}^{**} \end{array}\right\} = \begin{bmatrix} C_{11}^{**} & C_{12}^{**} & C_{13}^{**} & C_{14}^{**} & C_{15}^{**} & C_{16}^{**} \\ C_{21}^{**} & C_{22}^{**} & C_{23}^{**} & C_{24}^{**} & C_{25}^{**} & C_{26}^{**} \\ C_{31}^{**} & C_{32}^{**} & C_{33}^{**} & C_{34}^{**} & C_{35}^{**} & C_{36}^{**} \\ C_{41}^{**} & C_{42}^{**} & C_{43}^{**} & C_{44}^{**} & C_{45}^{**} & C_{46}^{**} \\ C_{51}^{**} & C_{52}^{**} & C_{53}^{**} & C_{54}^{**} & C_{55}^{**} & C_{56}^{**} \\ C_{61}^{**} & C_{62}^{**} & C_{63}^{**} & C_{64}^{**} & C_{65}^{**} & C_{66}^{**} \end{bmatrix} \left\{\begin{array}{c} \varepsilon_x^{**} \\ \varepsilon_y^{**} \\ \varepsilon_z^{**} \\ 2\varepsilon_{yz}^{**} \\ 2\varepsilon_{zx}^{**} \\ 2\varepsilon_{xy}^{**} \end{array}\right\} \tag{5.57}$$

根据式(5.57)求得的刚度矩阵即所需的含纤维褶皱区域的等效刚度矩阵。若复合材料为正交各向异性材料，则可根据刚度矩阵换算成柔度矩阵，并根据柔度矩阵计算得出有限元模型中所需的弹性模量属性，如式(5.58)所示：

$$E_x^{**} = \frac{1}{S_{11}^{**}}, \quad E_y^{**} = \frac{1}{S_{22}^{**}}, \quad E_z^{**} = \frac{1}{S_{33}^{**}}$$

$$\nu_{xy}^{**} = -\frac{S_{12}^{**}}{S_{11}^{**}}, \quad \nu_{yz}^{**} = -\frac{S_{23}^{**}}{S_{22}^{**}}, \quad \nu_{zx}^{**} = -\frac{S_{13}^{**}}{S_{33}^{**}} \tag{5.58}$$

$$G_{xy}^{**} = -\frac{1}{S_{66}^{**}}, \quad G_{yz}^{**} = -\frac{1}{S_{44}^{**}}, \quad G_{zx}^{**} = -\frac{1}{S_{55}^{**}}$$

5.5 结构动强度设计与评价方法

结构动强度设计与评价的基础是结构动力学设计技术,该技术的发展轨迹是由被动的结构动力学设计逐步发展为主动的结构动力学设计。传统方法中,飞行器结构按静强度概念进行结构设计,因此在设计阶段一般不对飞行器可能出现的振动问题进行预估分析,也不采取相应的抗振、减振措施,在进行振动地面试验后,才对振动量过大或振动故障进行排振处理。另外,由于不考虑振动、噪声环境下的动强度问题,至今还缺乏对动强度破坏机理、判断准则和分析方法的积累,往往只能是在静强度的基础上进一步增加余量[6]。

由上述分析可知,被动的结构动力学设计,既会降低结构效率、延误飞行器的研制周期,又会造成人力、物力的浪费。为了提高飞行器结构的设计水平,必须在新一代高超声速飞行器的设计阶段开展主动的结构动力学设计。

先进复合材料比常规的金属材料具有更高的比强度和比刚度,而采用防热/承载一体化设计的热结构不再具有单独的防热层,且一般是大跨度薄蒙皮的结构形式,这些特点对结构的动力学问题,尤其是噪声激励下的动响应和动强度提出了更高的设计要求。复合材料的可设计性带来了结构频率优化设计和响应优化设计的复杂性。

复合材料的结构动力学设计与传统金属结构动力学设计的技术基本相同,但需要从纤维结构特征等材料设计点入手,同时满足整体结构的动强度水平和局部细节的动应力水平[7]。结构动力学设计的流程如图5.23所示。

下面对复合材料热结构设计中主要的结构动力学设计问题进行总结,提出在热结构动强度设计过程中对动力特性、动力响应与动强度分析设计的基本原则和方法。

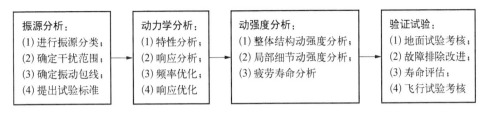

图 5.23　结构动力学设计的流程

5.5.1　结构动力学设计原则

1. 频率优化设计原则

复合材料结构的总体布局是其结构动态特性方面最重要的设计要点。基本设计原则是通过合理的结构布局以及有关材料、纤维和阻尼的参数设计,使结构本身的低阶固有频率及其倍频避开作用在该结构上外载荷的基本频率及其倍频,保证结构在动载荷作用下不产生过大的动力放大,满足结构动强度要求。

1)结构固有频率储备的设计原则

结构固有频率储备的设计原则要求结构本身的低阶固有频率及其倍频避开干扰频率的共振区域,这就要求根据外载荷的频率特性进行复合材料结构设计,以保证结构有足够的频率储备。

在对外载荷进行频率特性分析时,考虑作用在结构上的载荷可分为确定型载荷和非确定型载荷。对于确定型稳态振源,通过理论分析、载荷识别和实际测量等方法,确定该振源的干扰圆频率 ω_f。

在固有频率分析时,首先应进行飞行器整体结构的频率特性分析,获得固有频率 ω_0。对于相对独立的部件结构如舵、翼等,以及框、梁跨距之间的薄壳蒙皮,还需要采用工程方法或数值模型进行局部分析,以获得局部固有频率 ω_0。由此即可实现避开共振区的设计,由干扰圆频率 ω_f 和固有频率 ω_0 确定其频率比为

$$\beta = \omega_f / \omega_0 \tag{5.59}$$

按照图 5.24 所示的曲线避开共振区,即要使结构有足够的频率储备。按照设计规范应保证动力放大系数 DAC ≤ 1,这样就需要满足 $\beta \geq 2.0$。若不满足此要求,则应首先考虑增加结构刚度等改变结构固有频率的措施。

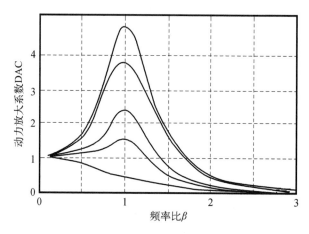

图 5.24　结构共振区响应

2）结构钟乳频带区的设计原则

复合材料结构对振动、噪声载荷以及瞬态冲击载荷的动响应是与其结构的动特性密切相关的。

为减小结构对稳态随机载荷及瞬态冲击载荷的动响应,材料结构设计时应注意采用合理的纤维设计方案,避开结构具有动响应的钟乳区。首先按照材料的正交各向异性构造来计算结构的固有频率,然后进行冲击响应分析、随机振动激励的动响应分析和噪声激励的动响应分析,进而获得结构的固有频率与动响应的关系曲线。在选取材料及结构的设计方案时,不一定要追求稳态激励下动响应的谷值区,因为这可能正好是瞬态激励下动响应的峰值区。综合考虑各条关系曲线,应将各种动响应控制在相当的水平以下,即得到结构动响应的钟乳形曲线,形成结构钟乳频带区。改变结构设计的宏观参数及材料设计的细观参数,均可以改变钟乳频带曲线的分布形态。

复合材料在设计选取时,应综合考虑各条曲线的谷值和峰值效应,如图 5.25 所示,应选取固有频率为 60 Hz 或 80 Hz 的设计方案。

2. 动力学响应优化设计原则

动力学响应优化设计是复合材料结构的总体布局在结构动响应方面最重要的设计要求。动力学响应优化设计原则是通过合理的宏观结构设计和细观材料设计,使结构总体在动载荷作用下不产生明显的动力放大,满足其动强度要求。

因此,在结构设计时同样需要按照匹配曲线的设计原则,对结构进行严格的参数设计,计算结构在各种动载荷激励下的动响应谱,使响应发生在较低的谷值

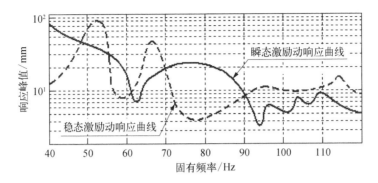

图 5.25　结构分析获得的钟乳频带区

响应区,主要的步骤为:① 结构系统建模;② 确定动力学环境条件;③ 振动/噪声响应分析;④ 冲击响应分析;⑤ 根据分析数据获得匹配曲线。匹配曲线是指结构响应随激励频率/固有频率的比值曲线,如图 5.26 所示,谷值的 A 区和 B 区分别为柔性结构和刚性结构的最佳匹配区域。

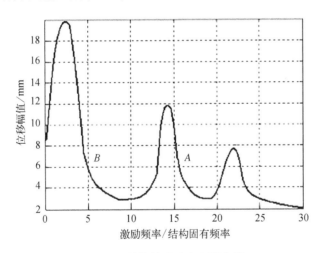

图 5.26　结构的动响应匹配曲线

对于先进复合材料,其脆性特性和许用应变相对较小,因此对于结构响应除了需要关注加速度数据,还需要关注位移和应变数据。动力学响应优化设计原则是依托结构的动态特性进行动响应控制的一般原则,也是采用动力响应中的残余谱图来控制动响应量值的优化设计准则,并未涉及材料的动应力水平。

结构在瞬态外载荷的作用下,将产生瞬时激励的响应谱值;在外载荷作用结束后,结构还将继续产生残余的响应谱值。对于固有圆频率为 ω_0 的结构,有载荷峰值为 P,半带宽为 D 的正弦载荷 $F(t)$ 为

$$F(t) = P\sin(\pi t/D) \tag{5.60}$$

在正弦载荷作用下,结构残余响应 ν 为

$$\nu = \left[\frac{1}{FD} \frac{1}{(1/2\omega_0 D)^2 - 1} \sin(2\pi\omega_0 D) \right] \cdot P \tag{5.61}$$

按照式(5.61),即可绘制出残余响应谱图曲线。

由此即可采用动力响应中的残余谱图来控制动响应量值。实际使用时应考虑响应的叠加值问题,即要求严格控制结构的固有频率,应用残余响应谱的低值控制响应叠加值,使其残余谱处于低值的状态,以实现控制响应的目的。为此,设计过程中应优化结构固有频率,使其变化到能控制响应的最佳设计状态。在优化结构固有频率时最初考虑单值优化,即首先满足一阶固有频率的低残余谱值的优化设计,再进一步推广到高阶固有频率的低残余谱值的优化设计。

3. 动强度及疲劳寿命设计原则

动强度设计基本原则分为以下两种。

(1)一次性破坏原则:对于动载荷与静载荷的叠加情况,在设计载荷工况下不发生一次性破坏,即(静载荷 + 动载荷)$_{设计} \leqslant \sigma_b$;在使用载荷工况下不发生有害性屈曲,即(静载荷 + 动载荷)$_{使用} \leqslant \sigma_{0.2}$。

(2)振动、噪声作用下的疲劳破坏设计原则:利用预计振动、噪声环境 1.5 倍的水平,叠加使用条件下的静载荷、热载荷进行疲劳寿命预估,当预计的疲劳寿命小于飞行器的规定要求时,则应进行结构件相应的研制试验,以验证结构具有分散系数为 2 的使用寿命。然后,可持续试验到分散系数为 4 的使用寿命,或直至发生不可恢复的破坏。

关于能量判别原则,一方面是瞬态动载荷问题,此时由于应变率比静态应变率高数个量级,已不能采用准静态弹塑性力学或断裂力学的基础进行分析,而必须考虑动态屈服准则,即考虑在高频载荷如冲击条件下存在的弹性变形和屈服极限增加的现象;另一方面是强随机/循环动载荷问题,即低周期动载荷问题。对此类问题,较有前途的研究途径是采用结构能量判断或应变能密度判断的方法。可供借鉴的分析思路为:动强度破坏与外界输入功 $\tilde{W}$ 和材料耗散功 W_0 的比例分配有关,即存在一个阈值,当 $\tilde{W} - W_0 \leqslant 0$ 时,结构一般不出现低周破坏;当 $\tilde{W} - W_0 > 0$ 时,虽然结构受到的应力可能远小于拉伸、剪切受载下的材料静强度,但由于能量积累将迅速发生破坏,而这过程中的每一次时间历程迭代还伴随着相应的材料力学性能损伤和衰减。当损伤和衰减到一定程度时,则发生宏

观的结构动强度破坏。材料耗散功 W_0 应是与静强度或 $\sigma - \varepsilon$ 面积有关的量值。

当其他条件相同时,整体成型等结构形式刚度大,连接部位和间隙相对较少,孔缝类的应力集中因素相应也少,故此类结构形式的抗振动性能好,噪声强度高,但缺点是对结构的要求太高,不适用于复合材料的成型工艺。目前常用的蒙皮与筋条的螺接与铆接方法,会带有孔边的应力集中,螺钉和铆钉连接件本身性能也相对较低,因此结构的抗振动性能好,噪声疲劳寿命大。随着蒙皮厚度的增加、曲率半径的减小和筋条间距的减小,振动、噪声疲劳寿命相应增大,在设计时应综合考虑这些因素。

在加工和连接过程中,应尽量避免加工应力和装配应力。壁板边缘与其他结构的连接,它们的安装松紧程度和连接方式对振动、噪声环境下的疲劳性能影响很大。此外,在连接处还要尽量避免发生刚度突变,以避免引起较大的局部应力。

在蒙皮上进行加筋处理时,采用双排对称放置的 L 形筋条,或采用 T 形筋条以消除偏心距的影响,其动力学效果要比有偏心距的 L 形或 Z 形加筋效果好得多。对于螺栓与螺钉,螺栓不仅拉脱静强度要大一些,还具有更好的抗振动性能,以及更高的噪声强度;一般而言,沉头孔越深,抗振动性能越差,噪声强度越低。

5.5.2　动态载荷对材料属性的影响规律

复合材料凭借其优良的性能,得到各行各业的青睐,电力电子、机械制造、交通运输、航空航天等领域都会出现复合材料的身影。目前,关于复合材料的性能研究主要集中在常温下的静态力学性能及损伤分析,而关于动态载荷条件下连接结构力学性能及微观结构损伤演变的研究相对较少。结构在实际工况中,经常处于冲击、振动等动力学环境。不少研究表明,纤维增强复合材料具有率相关特性。

1. 应变率对弹性模量的影响规律

对碳纤维环氧树脂基复合材料进行不同应变率下的动态压缩冲击试验表明,不同应变率下材料的应力-应变曲线不同:高应变率条件下,材料横向压缩时弹性模量有所提高;纵向压缩条件下,当应变率为 606 s^{-1} 时,弹性模量达到最大,横向压缩和纵向压缩的应力-应变曲线如图 5.27 所示。但是在纵向压缩试验结果中,弹性模量随频率的变化无明显规律,结果的差异可能来源于材料本身分散性的影响;高频弹性模量平均值与低频基本相同。

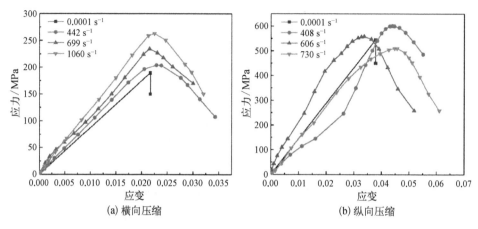

图 5.27 横向压缩和纵向压缩应力-应变曲线

2. 应变率对强度的影响规律

复合材料强度有明显的应变率增强效应,对三维混杂编织复合材料进行不同速度下的冲击作用,通过试验进一步得到材料的面外剪切性能,当应变率随着冲击速度的增加而增大时,发现其面外剪切强度也会不断增加。

对 C/C 复合材料销钉进行冲击试验发现,销钉的抗剪切强度比(动载强度和静载强度的比值)随加载速率的增大而增大,抗剪强度比 $A(v)$ 与加载速率 v 呈二次曲线关系。

3. 加载频率对疲劳寿命的影响规律

美国试验与材料协会对疲劳的定义为:材料承受交变循环应力或应变作用引起的局部结构变化和内部缺陷的发展过程,造成材料力学性能的劣化并最终使材料破坏和断裂。工程实际中最为关心的指标是疲劳寿命,疲劳寿命指的是材料承载直至破坏所经受的循环载荷的次数或时间。

加载频率是可能影响结构零部件疲劳寿命的重要因素之一。Steahler 等开展了室温条件下化学气相渗透 C/SiC 高周疲劳试验,载荷频率分别为 4 Hz、40 Hz 和 375 Hz。试验结果表明,375 Hz 条件下的疲劳寿命较其余两种频率低,而 4 Hz 与 40 Hz 条件下的疲劳寿命差异不大。认为造成高频条件下疲劳性能下降的原因是材料内部滑动摩擦导致局部温升。

利用 MTS 疲劳试验机对 AS4/PEEK 型复合热塑性材料进行 1 Hz、5 Hz 和 10 Hz 三种加载频率的拉压疲劳试验,对比获得的 S - N 曲线可知,提高加载频率,材料的疲劳寿命下降,且疲劳寿命下降的幅度在较低应力水平下更为显著。

随着机械零部件服役条件日趋复杂,其承受的交变载荷频率也会有所改变,从而可能导致材料疲劳性能随频率变化而减弱。在这种情况下,若以某一加载频率下获得的材料疲劳性能数据作为另一加载频率下构件疲劳可靠性分析或安全性评价的依据,则容易给出偏离实际情况的结果。两者加载频率差异越大,给出危险或是保守结论的可能性越大,偏离合理的趋势越显著。

4. 加载频率、加载速率与应变率的关系

经过公式推导,加载频率、加载速率和应力幅值之间存在转换关系。以直杆拉伸为例,假设直杆左端为固定端,右端受简谐周期性载荷,直杆截面应力可表示为

$$\sigma = \sigma_0 \sin(wt + \varphi) \tag{5.62}$$

推导可得

$$v = \frac{w\sigma_0 l}{E}\cos(wt + \varphi) \tag{5.63}$$

应变率随时间变化公式可写为

$$\dot{\varepsilon} = \frac{\sigma_0 w}{E}\cos(wt + \varphi) \tag{5.64}$$

式中,w 为加载圆频率;l 为杆长;E 为弹性模量;σ_0 为应力幅值。

5.5.3　热噪声激励下典型结构的低频动响应分析

以飞行器典型复合材料加筋结构为研究对象,建立考虑热效应的、基于有限元-边界元的声-固耦合方程,开展同时考虑高温材料力学性能改变以及附加热应力的声-固耦合分析,并分析声-固耦合下热效应对结构响应及声辐射的影响。

1. 温度对材料力学性能的影响

温度对材料力学性能的影响主要表现为:随着温度的升高,材料的弹性模量降低,刚度下降。本节暂不考虑温度对声场介质材料性能的影响。

根据若干温度下给定的弹性模量,对于某一温度区间 $[t_{k-1}, t_k]$ 的材料,其任意温度 t 下的弹性模量可线性插值得

$$E_e(t) = E_e(t_{k-1}) + \frac{E_e(t_k) - E_e(t_{k-1})}{t_k - t_{k-1}} \cdot (t - t_{k-1}), \quad t_{k-1} \leqslant t \leqslant t_k \tag{5.65}$$

式中，$E_e(t_{k-1})$、$E_e(t_k)$ 分别为温度 t_{k-1}、t_k 对应的弹性模量。

对每一个温度区间线性插值，可得温度 t 下的弹性模量 $E_e(t)$ 为

$$E_e(t) = E_e(t_0) + \Delta E_e \tag{5.66}$$

式中，$E_e(t_0)$ 为室温环境下材料的弹性模量；ΔE_e 为由温度变化引起的弹性模量的改变量。

对于线弹性材料，单元弹性矩阵 $[D_e]$ 由弹性模量 E 及泊松比 μ 决定，因此温度 t 下单元弹性矩阵 $[D_e(t)]$ 可以表示为初始温度下弹性矩阵 $[D_e(t_0)]$ 与温差 $[\Delta D_e]$ 引起的附加矩阵之和，即

$$[D_e(t)] = [D_e(t_0)] + [\Delta D_e] \tag{5.67}$$

单元刚度矩阵 $[K_e]$ 为

$$[K_e] = \int_{O_e} [B_e]^T [D_e] [B_e] \mathrm{d}O_e \tag{5.68}$$

式中，$[B_e]$ 为单元几何矩阵。

将式(5.67)代入式(5.68)中，可得温度 t 下单元刚度矩阵为

$$\begin{aligned}
[K_e(t)] &= \int_{O_e} [B_e]^T \{ [D_e(t_0)] + [\Delta D_e] \} [B_e] \mathrm{d}O_e \\
&= \int_{O_e} [B_e]^T [D_e(t_0)] [B_e] \mathrm{d}O_e \\
&\quad + \int_{O_e} [B_e]^T [\Delta D_e] [B_e] \mathrm{d}O_e
\end{aligned} \tag{5.69}$$

记 $[K_e(t_0)] = \int_{O_e} [B_e]^T [D_e(t_0)] [B_e] \mathrm{d}O_e$、$[K_T] = \int_{O_e} [B_e]^T [\Delta D_e] [B_e] \mathrm{d}O_e$ 分别为室温下单元刚度矩阵与温度变化引起的刚度矩阵改变量，则式(5.69)可表示为

$$[K_e(t)] = [K_e(t_0)] + [K_T] \tag{5.70}$$

2. 热应力对结构刚度的影响

板壳类结构在面内力作用下，其弯曲刚度会发生变化。而热应力属于面内力，因此板壳类结构在热应力作用下将会产生附加应力刚度矩阵。

在板单元中，与平板横向挠曲函数 $u = u(x, y)$ 相关的薄膜应变为

$$\varepsilon_x = \frac{1}{2}(u_{,x})^2, \quad \varepsilon_y = \frac{1}{2}(u_{,y})^2, \quad \gamma_{xy} = u_{,x}u_{,y} \tag{5.71}$$

当面内力不随挠度变化时,薄板的应变能为

$$
\begin{aligned}
U_m &= \iint\left(\frac{1}{2}u_{,x}^2 N_x + \frac{1}{2}u_{,y}^2 N_y + u_{,x}u_{,y}N_{xy}\right)\mathrm{d}x\mathrm{d}y \\
&= \frac{1}{2}\iint\begin{Bmatrix} u_{,x} \\ u_{,y} \end{Bmatrix}^{\mathrm{T}} \begin{bmatrix} N_x & N_{xy} \\ N_{xy} & N_y \end{bmatrix} \begin{Bmatrix} u_{,x} \\ u_{,y} \end{Bmatrix}\mathrm{d}x\mathrm{d}y = \frac{1}{2}\{d\}^{\mathrm{T}}[K_\sigma]\{d\}
\end{aligned} \tag{5.72}
$$

式中,N_x、N_y、N_{xy}分别为各方向上由热荷载引起的面内力。

用形函数$[N]$及板单元节点弯曲位移$\{d\}$表示板的挠度 $\{u\} = [N]\{d\}$,则有

$$\begin{Bmatrix} u_{,x} \\ u_{,y} \end{Bmatrix} = \begin{bmatrix} N_{,x} \\ N_{,y} \end{bmatrix}\{d\} = [G]\{d\} \tag{5.73}$$

由式(5.72)与式(5.73)可知,单元应力刚度矩阵$[K_\sigma^e]$为

$$[K_\sigma^e] = \iint G^{\mathrm{T}}\begin{bmatrix} N_x & N_{xy} \\ N_{xy} & N_y \end{bmatrix}G\mathrm{d}x\mathrm{d}y \tag{5.74}$$

由各单元的应力矩阵可得系统的总体应力刚度矩阵:

$$[K_\sigma] = \sum[K_\sigma^e] \tag{5.75}$$

3. 计及热效应的声-固耦合方程

基于有限元-边界元法,涉及热效应的结构有限元动力学方程为

$$([K_S + K_T + K_\sigma] + \mathrm{j}\omega[C_S] - \omega^2 M_S) \cdot \{u_i\} = \{F_s\} \tag{5.76}$$

式中,K_S、C_S、M_S分别为常温下结构的刚度、阻尼和质量矩阵;$\{u_i\}$为节点位移;$\{F_s\}$为外荷载激励向量;ω为角频率。

将空气作为理想气体考虑,则 Helmholtz 方程为

$$\nabla^2 p(x,y,z) + k^2 \cdot p(x,y,z) = -\mathrm{j}\rho_0\omega \cdot q(x,y,z) \tag{5.77}$$

式中,p为声压;ρ_0为空气密度;q为单位体积;k为波数。

利用三维 Green 核函数公式改写式(5.77)可得

$$\nabla^2 G(r, r_a) + k^2 G(r, r_a) = -\delta(r, r_a) \tag{5.78}$$

式中,三维 Green 核函数的表达式为 $G(r, r_a) = \dfrac{\exp(-jk|r - r_a|)}{4\pi|r - r_a|}$; $|r - r_a|$ 表示空间中任一点与声场耦合边界上 a 点间的距离,Green 函数自动满足无限远处的声辐射边界条件。

利用声压的边界元积分和数值近似方法,可得波动方程的离散表达式为

$$[A]\{p_i\} = j\rho_0\omega[B]\{v_{ni}\} \tag{5.79}$$

式中,$[A]$ 和 $[B]$ 为边界元影响矩阵;v_{ni} 为声场声压与结构振动速度。

由结构与声场在耦合面上的速度连续性条件可得,在封闭声场下考虑声-固耦合的声波波动方程为

$$[A]\{P_i\} = -\rho_0\omega[B]([T_s]\{u_i\} + [T_w]\{\bar{u}_i\}) \tag{5.80}$$

式中,$\{u_i\}$ 和 $\{\bar{u}_i\}$ 分别为平动和转动位移;$[T_s]$ 和 $[T_w]$ 分别为结构法线平动和转动位移形函数。

由于声压作用在结构上,其作为一个荷载,同样可以引起结构的振动,考虑声-固耦合时的结构有限元动力学方程为

$$([K_S + K_T + K_\sigma] + j\omega[C_S] - \omega^2 M_S) \cdot \{u_i\} + [L_c] \cdot \{\hat{p}_i\} = \{F_s\} \tag{5.81}$$

式中,$[L_c] = -\sum\limits_{e=1}^{n_{se}}\left(\int_{\Omega_{se}}([N_s]^T \cdot \{n^e\} \cdot [N_a]) \cdot d\Omega\right)$,为耦合矩阵,与温度无关;$n_{se}$ 为耦合结构网格的单元数量;Ω_{se} 为耦合结构单元的面积;n^e 为结构单元的法向方向;$[N_a]$ 和 $[N_s]$ 分别为声场和结构的形函数。

当边界元的整个网格都与结构网格耦合时,联立式(5.80)和式(5.81),可得基于有限元-边界元计及热效应的声-固耦合动力学方程为

$$\begin{bmatrix} K_S + K_T + K_\sigma + j\omega M_s & L_c \\ \rho_0\omega^2 BT_s & A \end{bmatrix}\begin{Bmatrix} u_i \\ p_i \end{Bmatrix} = \begin{Bmatrix} F_s \\ F_a \end{Bmatrix} \tag{5.82}$$

式中,$\{F_a\} = -\rho_0\omega^2[B][T_w]\{\bar{u}_i\}$。

由式(5.82)可知,与常温下基于有限元-边界元的声-固耦合动力学方程相比,考虑热效应的声-固耦合动力学方程在结构刚度项增加了由材料力学性能改变所引起的刚度变化 K_T 和由热应力所引起的附加刚度矩阵 K_σ。

5.5.4　高频热噪声作用下的典型结构统计能量分析

建立精确统计能量分析(statistical energy analysis, SEA)模型的前提是准确获取各统计能量分析参数(模态密度、内损耗因子、耦合损耗因子、载荷输入功率),为建立考虑温度的统计能量分析模型,有必要先研究温度对统计能量分析参数的影响。例如,针对 C/SiC 耐高温复合材料 L 形折板结构,基于能量流模型分析得到不同温度下在频域内平均的载荷输入功率及各子系统的平均振动能量,再基于稳态能量法(power injection method, PIM)理论分析得到由内损耗因子、耦合损耗因子与频带中心频率的乘积定义的参数,即内损耗系数和耦合损耗系数,进而研究温度对各统计能量分析参数的影响。在以上研究的基础上,开展高频热噪声作用下的典型结构的统计能量分析。

1. PIM 理论

具有 N 个子系统的 SEA 模型动力学方程为

$$\omega[\eta]\begin{bmatrix} E_1 \\ E_2 \\ \vdots \\ E_N \end{bmatrix} = \begin{bmatrix} p_1 \\ p_2 \\ \vdots \\ P_N \end{bmatrix} \tag{5.83}$$

式中,

$$[\eta] = \begin{bmatrix} \eta_1 + \sum\limits_{j\neq 1}^{N} \eta_{1j} & -\eta_{21} & \cdots & -\eta_{N1} \\ -\eta_{12} & \eta_2 + \sum\limits_{j\neq 2}^{N} \eta_{2j} & \cdots & -\eta_{N2} \\ \vdots & \vdots & & \vdots \\ -\eta_{1N} & -\eta_{2N} & \cdots & \eta_N + \sum\limits_{j\neq N}^{N} \eta_{Nj} \end{bmatrix}$$

式中,ω 为频带中心频率;η_i 为子系统 i 的内损耗因子(damping loss factor, DLF);η_{ij} 为子系统 i 到子系统 j 的耦合损耗因子(coupling loss factor, CLF);E_i 为子系统 i 在空间和频域的平均能量;p_i 为子系统 i 在空间和频域内平均输入功率。

当只在子系统 i 上施加输入功率为 p_i 的载荷时,有

$$\omega[\eta]\begin{bmatrix} E_1^i & E_2^i & \cdots & E_N^i \end{bmatrix}^{\mathrm{T}} = \begin{bmatrix} 0 & \cdots & p^i & \cdots & 0 \end{bmatrix}^{\mathrm{T}} \tag{5.84}$$

式中,E_j^i 表示只有子系统 i 受到载荷作用时子系统 j 在空间和频域的平均能量。对于具有 N 个子系统的 SEA 模型,逐一在各子系统上施加载荷,并将所得到的如式(5.84)所示的 N 个方程放到一起写成矩阵形式,有

$$\omega [\eta] [E] = [p] \tag{5.85}$$

式中,$[E] = \begin{bmatrix} E_1^1 & E_1^2 & \cdots & E_1^N \\ E_2^1 & E_2^2 & \cdots & E_2^N \\ \vdots & \vdots & & \vdots \\ E_N^1 & E_N^2 & \cdots & E_N^N \end{bmatrix}$;$[p] = \mathrm{diag}(p_i)$。

若式(5.85)中 $[E]$ 和 $[P]$ 为已知,可求得系数矩阵 $[\eta]$:

$$[\eta] = \frac{1}{\omega} [p] [E]^{-1} \tag{5.86}$$

进而可求得各子系统的 DLF 和各子系统间的 CLF。

2. 能量流模型

由结点响应表示的系统振动的势能 T 和动能 V 以及子系统 b 的势能 T_b 和动能 V_b 如下:

$$T = \frac{1}{2} u^{\mathrm{T}} K u, \quad V = \frac{1}{2} \dot{u}^{\mathrm{T}} M \dot{u}, \quad T_b = \frac{1}{2} u_b^{\mathrm{T}} K_b u_b, \quad V_b = \frac{1}{2} \dot{u}_b^{\mathrm{T}} M_b \dot{u}_b \quad (5.87)$$

式中,K 为总体刚度矩阵;M 为质量矩阵;u 为节点位移响应向量;下标 b 表示只包含子系统 b 内的自由度;u_b 是 u 的子集,可表示为 $u_b = S_b u$,S_b 可称为转换矩阵。

通过模态分析可获得基于质量矩阵标准化的第 j 阶模态振型向量 ϕ_j 和其对应的固有频率 ω_j。在模态坐标系下的 j 阶模态受到的载荷 F_j^y 和对应的响应 Y_j 为

$$F_j^y = \phi_j^{\mathrm{T}} F^u, \quad Y_j = \alpha_j F_j^y \tag{5.88}$$

式中,$\alpha_j = 1 / [\omega_j^2 (1 + i\eta) - \omega^2]$;$F^u$ 为节点坐标系下载荷向量。

在模态坐标系下,子系统 b 的振动势能和动能可表示为

$$T_b = \frac{1}{4} Y^{\mathrm{H}} \kappa_b Y, \quad V_b = \frac{1}{4} \omega^2 Y^{\mathrm{H}} \mu_b Y \tag{5.89}$$

式中, $\kappa_b = P^T S_b^T K_b S_b P$; $\mu_b = P^T S_b^T M_b S_b P$ 。

子系统 a 和子系统 b 均为结构任一子系统。当只在子系统 a 上施加载荷 F_u 时,将式(5.88)代入式(5.89)并展开得子系统 b 的振动势能和动能:

$$T_b = \frac{1}{4} \sum_{m, p} \Psi_{a, mp} \kappa_{b, mp} \alpha_m^* \alpha_p, \quad V_b = \frac{1}{4} \sum_{m, p} \Psi_{a, mp} \mu_{b, mp} \omega^2 \alpha_m^* \alpha_p \quad (5.90)$$

式中, $\Psi_a = P^T S_a^T A_{jk} S_a P$; $A_{jk} = F_j^{u*} F_k^u$ 。

载荷的输入功率为力与速度的乘积,在频域内作用于子系统 a 上的载荷的输入功率为

$$P_{in} = \frac{1}{2} Re\{i\omega F^H U\} = \frac{1}{2} Re\{i\omega \sum_m \Psi_{a, mm} \alpha_m\} \quad (5.91)$$

3. 雨流(rain-on-the-roof)载荷

统计能量理论假设分析频带内各模态的振动能量相等,在后续分析过程中为满足这一假设,应选取对各模态输入功率相近的载荷;雨流载荷可以均等、充分地激起子系统的局部模态(对各模态的输入功率相等),下面在结构上施加该载荷进行分析。雨流载荷的定义为:空间各点不相关的宽带激励,任一点处载荷的幅值与该点的材料密度成正比。在结构被有限元离散后,雨流载荷对应的上述 A 矩阵与对应子系统的质量矩阵 M_a 成正比,即 $A = R^2 M_a$, R 表征该载荷的强度。在下面的分析过程中,对系统施加单位雨流载荷。

5.5.5 陶瓷基复合材料冲击阻抗及损伤容限

1. 陶瓷基复合材料冲击性能及评价方法概述

复合材料对冲击作用非常敏感,内部容易出现基体裂纹、纤维断裂和分层等形式的损伤,导致其承载能力,尤其是压缩性能急剧下降。复合材料的这一弱点使得复合材料结构的压缩设计许用值只能维持在比较低的水平,从而影响复合材料的结构效率。因此,如何表征材料的冲击性能对于其应用非常关键。

复合材料抗冲击和损伤性能的表征在很长时间里并没有得到应有的重视,NASA 提出了一系列的试验标准将冲击后压缩强度(compression strength after impect, CAI)性能用复合材料抗冲击和损伤性能统一表征,但是该试验标准不能同时表征损伤阻抗和损伤容限,它更多的是考察材料的损伤阻抗而没有考察损伤容限。

复合材料体系的损伤阻抗(抗冲击损伤的能力)和损伤容限是两个不同的物理概念。损伤阻抗的定义为:在结构和结构材料中,与某一事件或一系列事件相关的力、能量或其他参数和所产生损伤尺寸及类型之间关系的度量。对损伤尺寸的度量通常有三种方法,即损伤面积、损伤宽度和试样表面的凹坑尺寸。

损伤容限的定义为:① 在结构和结构材料中,损伤尺寸和类型(对特定的载荷条件、结构和结构材料能够工作的)与性能参数(如强度、刚度)水平关系之间的度量;② 在结构体系中,存在特定或规定损伤水平时,这样的体系在指定的性能参数(如幅值、时间长度和载荷类型)下运行而不破坏的能力。

因此,对于材料性能的分析应该既研究损伤阻抗,又研究损伤容限。美国最新的军用手册中也明确指出:损伤表征包括两个内容,即材料对冲击引起的损伤的阻抗(损伤阻抗)和材料或结构在受到损伤后保证安全性的能力(损伤容限)。

2. 平纹编织 C/SiC 陶瓷基复合材料的冲击性能

目前对树脂基复合材料的损伤阻抗和损伤容限研究较多,而对平纹编织 C/SiC 陶瓷基复合材料的研究较少。为了能更清晰了解平纹编织 C/SiC 陶瓷基复合材料的冲击性能,比对性地进行了典型树脂基复合材料冲击及冲击后压缩试验,树脂基复合材料试件为 T300/QY8911 层合板[8],铺层方式为 [(0/90/±45/90/0)2]s,尺寸为 78 mm×65 mm×3 mm。冲击过程中,锤杆质量为 1.667 kg,冲头直径为 20 mm,冲击能量分别为 3 J/mm、9 J/mm、13.5 J/mm、18 J/mm 和 20 J/mm。考虑到两种试样的厚度不同,这里采用单位厚度冲击能量(冲击能量/试样厚度)作为能量单位。用超声 C 检测的冲击损伤面积进行对比。

试验结果显示:在冲击能量为 3 J/mm 时,C/SiC 试样表面的凹坑深度达到 3.307 mm,几乎被完全侵彻,内部的损伤面积达 934.3 mm^2,损伤非常严重;而 T300/QY8911 试样在同样冲击能量水平下,正表面只出现了非常小的凹坑,凹坑深度为 0.11 mm,试样背面只出现可以用手触摸到的轻微鼓起,内部损伤面积仅有 166.41 mm^2。从两种材料的冲击损伤面积对比可以发现,在相同冲击条件下,C/SiC 复合材料的损伤面积要远大于 T300/QY8911 复合材料的内部损伤面积,表明平纹编织 C/SiC 复合材料的损伤阻抗要低于 T300/QY8911 复合材料,其抗冲击能力相对较弱,主要原因是平纹编织 C/SiC 复合材料内部的孔隙率较高(15%左右)和基体较脆。C/SiC 与 T300/QY8911 的损伤阻抗对比和损伤容限对比分别如图 5.28 和图 5.29 所示。

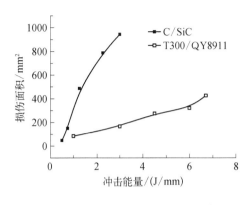

图 5.28　C/SiC 与 T300/QY8911 的
冲击阻抗对比

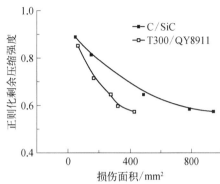

图 5.29　C/SiC 与 T300/QY8911 的
损伤容限对比

图 5.29 表明,在相同的损伤面积情况下,平纹编织 C/SiC 复合材料试样的正则化剩余压缩强度(受损试样与完好试样的强度比值)要高于 T300/QY8911 复合材料试样。C/SiC 复合材料试样冲击能量为 0.75 J/mm 时,损伤面积为 150.6 mm²,正则化剩余压缩强度降为原值的 81.33%。而 T300/QY8911 复合材料试样在相近水平损伤面积(166.41 mm²)时,正则化剩余压缩强度下降至原值的 71.47%。上述说明平纹编织 C/SiC 复合材料的损伤容限要高于 T300/QY8911 复合材料。

平纹编织 C/SiC 复合材料损伤容限较高的原因:一方面,纤维编织所形成的网络结构将基体划分为多个部分,有效地提高了基体的韧性,抑制基体内部裂纹的扩展,使得在压缩载荷作用下,分层损伤扩展较慢,从而有效地提高材料的抗压强度;另一方面,由于 C/SiC 复合材料内部孔隙率较高,当裂纹扩展至这些孔洞时,由裂纹引起的应力集中能有效地释放,从而抑制裂纹扩展。同时,C/SiC 复合材料的刚度较大,因此在同等程度的分层损伤情况下,平纹编织 C/SiC 复合材料的稳定性更好,不易导致材料的失稳破坏,试验中也观察到发生局部失稳破坏的 C/SiC 复合材料试样较 T300/QY8911 复合材料试样少。

3. 陶瓷基复合材料冲击损伤评估

C/SiC 复合材料的损伤阻抗较低,在较低的能量下,试样的内部就会产生比较严重的损伤。因此,在材料的服役过程中,及时地检测到材料的冲击损伤并对损伤进行准确的评估,能够有效地降低材料的冲击威胁。

对于 C/SiC 复合材料,损伤的检测方法有多种,常用的方法有目视法、敲击法、超声法、红外检测法和 X 射线法等。其中,目视法和敲击法是比较粗糙的检测方法,常作为其他无损检测手段的一种补充,具有一定的实用价值。根据第 2 章的讨论分析,超声检测法能有效地检测出 C/SiC 复合材料内部的冲击损伤,因此可采用目视法和超声法相结合来对材料损伤进行检测。

图 5.30 为采用目视法和超声法所得的一些损伤参数随冲击能量的变化趋势。由图可以看出,这几类损伤参数对冲击能量的变化都比较敏感,都可以作为描述损伤状态的损伤参数。值得注意的是,在较低的能量下,材料表面的凹坑深度和凹坑直径均比较大,通常采用肉眼观察即能发现,这也给材料的损伤检测带来便利,从而采取相应的对策进行处理,有效地降低冲击损伤导致事故发生的风险。

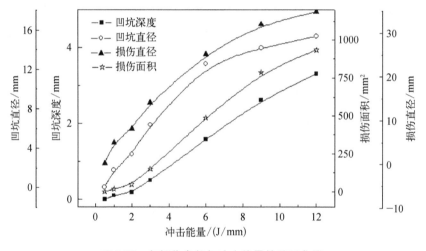

图 5.30 各损伤参数与冲击能量的关系曲线

目视损伤:凹坑深度和凹坑直径;超声法:损伤直径和损伤面积

材料损伤的严重程度,主要是指各类损伤在外载和环境等联合作用下的剩余性能,即损伤的含义。损伤对结构的影响可以简单地分为两类:一类是损伤对结构的强度和刚度影响很大,已经降低到设计不能允许的水平,必须进行修理或更换;另一类是损伤较小,其存在对结构的整体强度和刚度影响较小,但在使用条件下,这类损伤可能扩展,从而使结构的剩余强度达到不能接受的水平。

图 5.31 给出了损伤直径、损伤面积、凹坑深度和凹坑直径对材料剩余强度的影响。

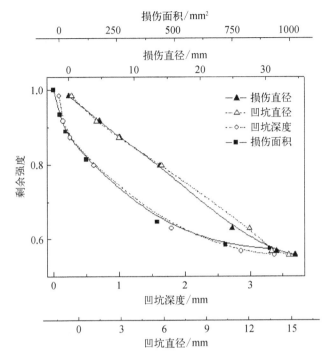

图 5.31　不同损伤参数与材料剩余强度的关系曲线

由图 5.31 可以看出,材料的剩余强度(受损试样与完好试样的强度比值)与这四个损伤参数的关系总体趋势相似,均随其增加而减小,但呈不同的数学关系:剩余强度随损伤直径和凹坑直径的关系近似为线性,而与凹坑深度和损伤面积呈类幂函数。

上述结果表明,对材料冲击损伤评估时,若在修理厂或试验室,则材料内部损伤的尺寸一般可精确确定,因此可采用损伤直径评估。但在外场时,可通过目视法对损伤进行粗略的评估,图 5.32 给出了目视损伤(凹坑深度和凹坑直径)与超声检测所得内部损伤直径的关系。由图可知,损伤直径与凹坑深度的比值波动较大,前后相差近五倍,反观损伤直径与凹坑直径的比值,其值在 1.9~2.7,波动相对较小;当冲击能量较大时,材料容易被击穿,当出现击穿时,凹坑深度则失去了作为评价参数的意义。因此,可采用凹坑直径来粗略地估计材料内部的损伤直径,它能明显地反映复合材料体系损伤阻抗的变化,同时凹坑直径也是最容易测量的目视可见损伤参数。

4. 陶瓷基复合材料表面涂层的冲击损伤评估

除了针对陶瓷基复合材料本身开展冲击损伤评估,涂层的冲击损伤评估也

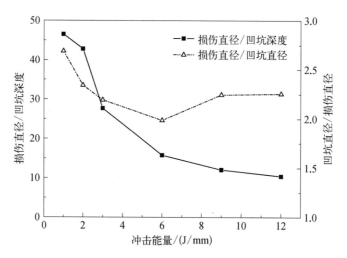

图 5.32 凹坑深度和凹坑直径与损伤直径的关系曲线

十分重要。本节从冲击损伤分析和涂层损伤评估两个方面进行介绍。

1) 冲击损伤分析

涂层损伤面积的大小可反映损伤的严重程度。图 5.33 给出了冲击不同能量所导致的带涂层 C/SiC 复合材料试样的涂层损伤总面积及其内部冲击损伤面积。由图可知,涂层损伤总面积随冲击能量的增加呈近似直线上升,这是因为材料的涂层很脆且厚度很小(50~100 μm),容易产生损伤。

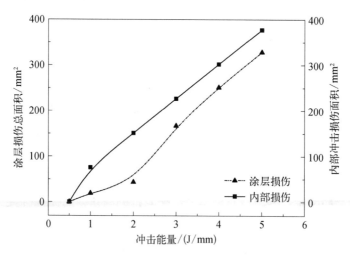

图 5.33 涂层损伤和内部损伤与冲击能量的关系曲线

涂层的损伤使得材料的防氧化屏障受损,同时图 5.33 还表明,冲击同时会导致其内部出现损伤,扩大了氧化性气体的扩散通道。两种损伤中,涂层损伤相对更为关键,因为原本材料内部的孔隙率较高,即使材料内冲击诱导损伤比较小,孔隙也会给氧化性气氛提供较为顺畅的通道。因此,涂层是决定材料抗氧化性能的关键,只要涂层存在损伤,氧化性介质就能轻易地进入材料的内部,与 C 纤维发生氧化反应,造成材料承载能力下降。因此,在高温服役环境下,涂层的冲击损伤评估至关重要。

2）涂层损伤评估

试样的氧化程度直接反映涂层的损伤程度,而试样氧化程度主要由其中 C 相的氧化程度决定。为了能更直接地分析 C 相的氧化程度,将试样氧化过程中的质量损失率转化为 C 相的氧化比例。

通过对试样扫描电镜的观察可知,在氧化过程中,C 相的氧化占绝对主导地位,SiC 的氧化很少,因此忽略 SiC 氧化所带来的质量变化,认为试样的失重均是由内部 C 相的氧化造成的。C 相在试样内所占的质量百分比可由式（5.92）求出:

$$M_C = \frac{\rho_C V_C}{\rho_C V_C + \rho_{SiC} V_{SiC}} \times 100\% \tag{5.92}$$

式中,M_C 为试样内 C 相的质量百分比;ρ_C、ρ_{SiC} 分别为 C 相的密度和 SiC 的密度;V_C、V_{SiC} 分别为 C 相和 SiC 基体的体积含量,各约为 40% 和 45%（孔隙率为 15%）。

完好试样中 C 相（主要是 C 纤维）的初始质量百分比为 32.84%,根据试样的质量损失百分比与 C 相的初始质量百分比的比值可得到被氧化 C 相的比例。

图 5.34 给出了经过 10 h 氧化后,涂层总损伤面积对 C 相氧化比例的影响规律。由图可知,涂层的损伤面积对 C 相的氧化具有很大的影响,当涂层未受损伤时,10 h 内被氧化的 C 相仅为 7.58%;当涂层总损伤面积为 18.82 mm² 时,10 h 内被氧化的 C 相则迅速上升为 23.68%,因此涂层损伤（即使是比较小的损伤）对材料的抗氧化性能的影响非常显著,这是因为平纹编织 C/SiC 复合材料内部的孔隙率非常高（孔隙率为 15% 左右）,这些孔隙非常利于氧化性气体的通过,所以一旦涂层受到损伤,就会严重削弱材料的抗氧化性,使得材料内部在局部出现增韧 C 纤维的氧化,破坏材料内纤维预制体网格的完整性,进而使得材料局部承

载能力降低。根据最弱环理论,复合材料的强度更多取决于局部的氧化性,局部性氧化性能的降低将会影响材料的总体性能。

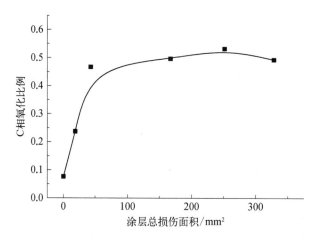

图 5.34　C 相氧化比例与涂层总损伤面积的关系曲线

综上所述,涂层损伤的程度主要可由涂层损伤面积的大小进行评估,一旦发现涂层出现损伤,最好能进行适当的处理,防止材料的抗氧化性能严重下降。对于涂层损伤的检测,当其损伤很小时,可借助显微镜和放大镜等设备进行损伤检测;当损伤较大时,则可以用肉眼进行检查确认。

平纹编织 C/SiC 复合材料由于材料内孔隙率较高和基体具有脆性,对冲击非常敏感,其冲击阻抗远低于树脂基复合材料,而冲击后压缩结果显示,在相似的损伤程度下,C/SiC 复合材料纤维的编织结构及材料的刚度较高,使得其损伤容限高于 T300/QY8911 复合材料。

C/SiC 构件在冲击能量超过 0.5 J 时,内部和表面涂层均会出现不同程度的损伤。3 J 能量即会导致内部损伤,力学性能下降约 20%,6 J 能量损伤加剧,力学性能下降约 40%;涂层在能量高于 0.5 J 时即出现一定程度的损伤,有些肉眼不可见,但抗氧化性能出现明显的下降;当冲击能量高于 2 J 时,材料表面涂层的损伤面积宏观可见,局部抗氧化性能几乎丧失。

不同的参数可用于评估内部及表面涂层的损伤。内部损伤在损伤检测手段允许的情况下,可采用损伤尺寸来评估,在外场时,可采用凹坑深度进行评估;可用涂层损伤面积评估其抗氧化性能的下降程度,当出现肉眼可见的涂层损伤时,需要采取措施进行处理。

5.6　高温复合材料力/热/氧耦合环境强度设计与分析技术

5.6.1　高温复合材料应力氧化机理及数学建模

1. 应力氧化模型

平纹编织 C/SiC 复合材料在服役中,氧化性气体通过涂层裂纹进入材料内部。沿厚度方向的截面面积相对较小,对整体氧化进程的影响不大,因此对该方向的气相扩散不予考虑。图 5.35 为平纹编织 C/SiC 复合材料的高温应力氧化模型示意图。在一定的载荷水平下,涂层裂纹被拉开,氧化性气体 O_2 和 H_2O 通过气相扩散进入材料内部,并与 C 相表面发生氧化反应,反应后的氧化产物 CO、CO_2、H_2 等通过气相扩散通道逸出。高温应力氧化模型建立在宏观材料尺度上,而 C 相的氧化反应发生在纤维束尺度上,因此要想精确地模拟平纹编织 C/SiC 复合材料的高温应力氧化需要建立 C 相的氧化损伤与纤维束力学性能退化之间的对应关系。

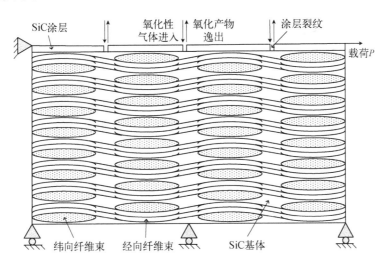

图 5.35　平纹编织 C/SiC 复合材料的高温应力氧化模型示意图

高温应力氧化有限元模型在有限元软件 Abaqus 中建立。将含制备缺陷的宏观材料 RVE 有限元模型按照图 5.35 进行叠层,并依据涂层几何结构参数和涂层裂纹参数建立涂层有限元模型。材料整体氧化进程取决于主氧化通道,因此仅在模型中置入一条涂层裂纹。

涂层裂纹宽度决定气相扩散和氧化反应的相对速率。根据涂层裂纹的产生机制,在制备温度为1000℃时,涂层裂纹初始宽度设置为0。涂层裂纹的置入采用将相邻单元公共面分开的办法。最后将宏观材料RVE叠层模型和涂层模型合并得到高温应力氧化有限元模型[9,10]。

2. 气相扩散机制及其建模

氧化性气体在平纹编织C/SiC复合材料中的气相扩散按照扩散通道尺度的不同可以分为在纤维束间的气相扩散和在单丝纤维间的气相扩散。氧化性气体在不同尺度的气相扩散通道中扩散对应不同的气相扩散机制,扩散机制由材料内部孔洞的直径d与气体分子的平均自由程λ的相对关系来确定。根据分子运动论,对于单一气体,其分子平均自由程为

$$\lambda = \frac{kT}{\sqrt{2}\,\pi\sigma^2 P} \tag{5.93}$$

对于n种混合气体,第i种气体的自由程为

$$\lambda = \left[\sum_{j=1}^{j=N} \sqrt{1 + \frac{m_i}{m_j}}\,\pi\left(\frac{\sigma_i + \sigma_j}{2}\right)^2 \frac{P_i}{kT}\right]^{-1} \tag{5.94}$$

式中,$k = 1.38 \times 10^{-23}$ J/K;T为温度,K;σ_i、σ_j分别为第i、j种分子的有效直径,m;P为气体分压,Pa;m为相对分子质量。

当$d \geq 100\lambda$时,气体通过孔洞时碰撞主要发生在气体分子之间,气体分子与孔洞的碰撞机会较少,此类扩散称为Fick型扩散,其有效扩散系数用D_F来表示。二元扩散系的Fick型扩散系数可由Chapman-Enskog理论得到其表达式为

$$D_F = \frac{5.954\,3 \times 10^{-24} \times \left[(1/M_A) + (1/M_B)\right]^{1/2} T^{3/2}}{P\sigma_{AB}^2 \Omega_{AB}} \tag{5.95}$$

式中,M为气体的摩尔质量,kg/mol;P为气体总压,Pa;σ_A、σ_B为碰撞直径,m;Ω为碰撞积分。可以看出,Fick型扩散系数与$T^{3/2}$成正比。对于二元扩散系,有效碰撞直径为

$$\sigma_{AB} = \frac{\sigma_A + \sigma_B}{2} \tag{5.96}$$

当$d \leq 0.1\lambda$时,气体通过孔洞时气体分子之间的碰撞居于次要位置,占主导地位

的是气体分子与孔洞的碰撞,称为 Knudsen 型扩散,其有效扩散系数用 D_K 来表示。对于面积为 S,截面周长为 P_e 的孔洞,气体的 Knudsen 型扩散系数表示为

$$D_K = \frac{4}{3} v_A \frac{S}{P_e} \tag{5.97}$$

式中,v_A 为分子的平均速率。在平纹编织 C/SiC 复合材料的氧化过程中,O_2 通过微裂纹的扩散主要与裂纹壁碰撞。假设微裂纹的宽度为 e,长度为 l,则 $S = el$,$P_e = 2(e + l)$,考虑到 $1 \gg e$,有

$$D_K = \frac{2}{3} \left(\frac{8RT}{\pi M} \right)^{1/2} e \tag{5.98}$$

式中,R 为理想气体常数,J/(mol·K);M 为气体的摩尔质量,kg/mol。

可见,D_K 与 $T^{1/2}$ 成正比,而与气体压强无关。当微裂纹是 O_2 的扩散通道时,D_K 与裂纹宽度 e 成正比。

介于 Fick 型扩散和 Knudsen 型扩散之间的情况称为混合型扩散,混合型扩散的有效扩散系数 $\bar{D}$ 与 Fick 型扩散和 Knudsen 型扩散的扩散系数关系为

$$\bar{D}^{-1} = D_F^{-1} + D_K^{-1} \tag{5.99}$$

在温度范围内,O_2 的分子平均自由程约为 0.1 m 量级。在拉应力作用下,纤维束间孔洞的尺度为大于 100 μm 量级,单丝纤维之间的孔洞和微裂纹约为 1 μm 量级。因此,O_2 在纤维束间孔洞的扩散为 Fick 型,在单丝纤维间的扩散为混合型。

3. 应力氧化过程中的化学反应机制

等效模拟环境中含有 16% 的氧气(O_2)、5% 的水蒸气(H_2O)和 79% 的氩气(Ar),其中,氧气和水蒸气是氧化性气体。在一定温度下,氧化性气体会与平纹编织 C/SiC 复合材料发生氧化反应,从而造成材料的氧化损伤。在外加载荷的作用下,平纹编织 C/SiC 复合材料的裂纹宽度会发生变化,但只能改变材料氧化机制转变的温度点,并不能改变材料内部存在的氧化反应类型。

平纹编织 C/SiC 复合材料在水氧耦合环境中的氧化反应机制可以建立在单一氧分压和单一水分压的氧化机制分析基础上,综合考虑不同氧化反应在不同温度区间内对整体氧化进程的影响。

通过分析可知,平纹编织 C/SiC 复合材料在高温水氧耦合环境中发生如下化学反应:

$$2C(s) + O_2(g) \longrightarrow 2CO(g) \tag{5.100}$$

$$SiC(s) + 3/2O_2(g) \longrightarrow SiO_2(g) + CO(g) \tag{5.101}$$

$$C(s) + H_2O(g) \longrightarrow CO(g) + H_2(g) \tag{5.102}$$

$$SiC(s) + 3H_2O(g) \longrightarrow SiO_2(s) + CO(g) + 3H_2(g) \tag{5.103}$$

其中,$C-O_2$ 反应始于 400℃,而 $C-H_2O$、$SiC-O_2$ 和 $SiC-H_2O$ 反应始于 900℃。水蒸气对 C/SiC 复合材料中 SiC 相的氧化有加速作用,而对 C 相的氧化有抑制作用。特别是在外加拉伸载荷的作用下,C/SiC 复合材料中的微裂纹被拉开,SiC 对 C 相的保护作用更加减弱,对材料的宏观性能变化起决定作用的是 $C-O_2$ 反应。基于以上分析,在利用高温应力氧化模型预测 C/SiC 复合材料的应力氧化性能时应重点考虑 $C-O_2$ 反应。

4. 宏观材料的应力氧化损伤规律及建模

平纹编织 C/SiC 复合材料的细观结构非常复杂,使得氧化性气体扩散到 C 相表面所经过的气相扩散路径也非常复杂。在进行应力氧化损伤规律的推导时,对于某一特定氧化微观区域的氧化过程,可以描述成氧气经过一定长度的扩散通道后,到达 $C-O_2$ 反应界面并发生氧化反应。

图 5.36 为推导应力氧化损伤规律所建的数学模型。图中,e 为裂纹宽度,ζ_0 为 SiC 涂层厚度,ζ 为氧化性气体扩散到内部 C 相反应界面所经过的距离。在推导应力氧化损伤规律时进行如下假设:① 平纹编织 C/SiC 复合材料由外部 SiC 涂层和内部 C/SiC 组成,且内部 SiC 基体和 C 纤维(包括 PyC 界面层)均匀混合;② 氧化过程为准稳态;③ 反应气体仅靠气相扩散向内部反应界面传质;

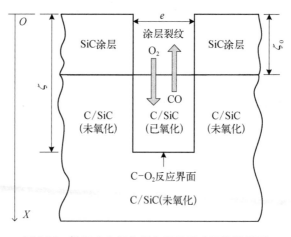

图 5.36　推导应力氧化损伤规律所建的数学模型

④ 边界层对气体扩散的影响不考虑;⑤ C - O₂反应为一级反应,CO 是主要的氧化反应产物;⑥ SiC 与 O₂的反应对 O₂的浓度梯度不产生影响。

在 X 轴方向上取一微元 dx,根据质量守恒定律,流入与流出微元体的质量差应等于微元体的质量变化量。由于不考虑 SiC 的氧化对氧气浓度的影响,在微元体内组元的产生率为 0,可建立质量平衡方程:

$$\frac{dN_{O_2}}{dx} = 0 \tag{5.104}$$

在 CO - O₂的二元扩散系中,O₂相对于静止坐标的摩尔通量 N_{O_2} 可表示为

$$N_{O_2} = -\bar{D}\frac{c\partial \mathcal{X}_{O_2}(x)}{\partial x} + (N_{O_2} + N_{CO})\mathcal{X}_{O_2} \tag{5.105}$$

式中, N_{O_2} 为向内扩散的 O₂摩尔通量,mol/(m² · s); $\bar{D}$ 为有效扩散系数,m²/s; N_{CO} 为向外扩散的 CO 摩尔通量,mol/(m² · s); c 为环境中气体总的摩尔浓度,mol/m³; $\mathcal{X}_{O_2}$ 为氧气的摩尔分数,%。

由 C - O₂反应方程式可知, $N_{CO} = -2N_{O_2}$,将其代入式(5.105)并整理可得

$$N_{O_2} = -\frac{\bar{D}c}{1 + \mathcal{X}_{O_2}}\frac{\partial \mathcal{X}_{O_2}}{\partial x} \tag{5.106}$$

将式(5.106)代入式(5.104)中,可以得到一个关于 O₂的摩尔分数 $\mathcal{X}_{O_2}$ 和 x 的二阶微分方程:

$$\frac{d}{dx}\left(\frac{\bar{D}c}{1 + \mathcal{X}_{O_2}}\frac{\partial \mathcal{X}_{O_2}}{\partial x}\right) = 0 \tag{5.107}$$

上述微分方程的边界条件如下。

(1) 在 $x = 0$ 处:

$$\mathcal{X}_{O_2} = \mathcal{X}_0 \tag{5.108}$$

式中, $\mathcal{X}_0$ 为初始值。

(2) 在 $x = \zeta$ 处,扩散到 C 相表面的 O₂被 C 相消耗,单位时间内 O₂的变化量与 C 相消耗的 O₂速率相等,即

$$N_{O_2} - cK\mathcal{X}_{O_2} \tag{5.109}$$

反应速率常数 K 可以表示为 Arrhenius 形式:

$$K = k_0 \exp\left(\frac{-E_r}{RT}\right) \tag{5.110}$$

式中，k_0 为常数，m/s；E_r 为反应活化能，J/mol。环境中气体总的摩尔浓度 c 可用理想气体状态方程表示：

$$c = \frac{P}{RT} \tag{5.111}$$

式中，P 为环境气体总压，Pa；R 为气体常数，J/(mol·K)；T 为热力学温度，K。

微分方程(5.105)两端对 x 积分，并进行泰勒级数展开，保留第一项，可得

$$N_{O_2} = \frac{\bar{D}c/\zeta}{1 + \bar{D}/K\zeta}\ln(1 + \chi_0) \tag{5.112}$$

式(5.112)即为氧化反应和气相扩散联合过程的速率，无量纲数 $\bar{D}/K\zeta$ 描述了碳氧反应速率对总的氧化过程(扩散-反应)的影响，其中 $\bar{D}$ 为扩散控制机制有效的扩散系数，K 为反应速率常数。

对扩散控制过程来说，由于扩散速率相对于化学反应速率非常小，可认为 C 相的氧化反应是瞬时完成的，反应界面处氧气的浓度为 0，则氧气的扩散通量(单位反应界面上氧气的反应速率)可表示为

$$N_{O_2} = \frac{\bar{D}c}{\zeta}\ln(1 + \chi_0) \tag{5.113}$$

根据氧气反应速度与 C 相的消耗速度的关系可得 C 相的消耗速度为

$$N_C = \frac{2\bar{D}c}{\zeta}\ln(1 + \chi_0) \tag{5.114}$$

可以看出，N_C 不但与温度有关(体现在 $\bar{D}$ 上)，还与氧气气相扩散通道的长度 ζ 有关。在 dt 时间内，设氧化进程向纤维束内部推进的距离为 dζ，则 C 相消耗后复合材料的质量变化为

$$\Delta W = S\rho_C d\zeta \tag{5.115}$$

式中，ρ_C 为碳纤维的密度，g/m³；S 为面积，m²。

复合材料的质量变化还可以表示为

$$\Delta W = N_C S M dt \tag{5.116}$$

式中,M 为 C 的摩尔质量,g/mol。

联立式(5.115)和(5.116)并积分,可得氧气气相扩散通道的长度 ζ 与时间 t 之间的关系:

$$\zeta = \left[\frac{4\bar{D}PM}{\rho_C RT} \ln(1 + \chi_0)t + \zeta_0^2 \right]^{\frac{1}{2}} \tag{5.117}$$

式中,有效扩散系数 $\bar{D}$ 的具体表达式取决于扩散机制,而扩散机制由涂层裂纹宽度 e 与 O_2 的气体分子平均自由程 λ 的相对关系来决定。

材料的氧化损伤需要引入有限元分析模型,以分析其对材料力学性能的影响。在有限元模型中,C 相的氧化损伤在有限元分析中只能以纤维束单元力学性能退化的形式来反映。在有限元分析过程中,假设纤维束单元可以像 C 相一样被氧化,其氧化损伤以单元力学性能的退化来代替。在材料氧化损伤规律模型中,初始气相扩散通道长度 ζ_0 和 C 相的密度 ρ_C 需要特别确定。

图 5.37 为高温应力氧化数学模型和有限元模型比图。由图 5.37(a)可以看出,高温应力氧化数学模型将平纹编织 C/SiC 复合材料分成两部分,即 SiC 涂层和内部均匀混合的 C/SiC。在进行应力氧化损伤规律推导时,定义初始气相扩散通道长度 ζ_0 为涂层厚度,C 相的密度 ρ_C 由其在内部均匀混合的 C/SiC 中所

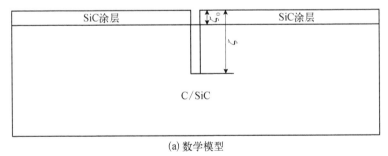

图 5.37　高温应力氧化数学模型和有限元模型对比

占的比例决定。

由图5.37(b)可以看出,高温应力氧化有限元模型将平纹编织C/SiC复合材料分为三部分,即SiC涂层、C纤维束和SiC基体。C纤维束由大量六面体单元组成,C相的氧化损伤只能基于纤维束单元进行操作。当氧化性气体扩散到单元表面时,构成纤维束的单元性能开始退化,退化规律由式(5.117)决定,而单元沿应力氧化方向上的深度设定为特征单元长度L^e。将涂层表面到任一单元表面的距离等效为数学模型中的ζ_0,当氧化从单元表面向前推进的距离等于特征单元长度L^e时,单元完全失效。在进行高温应力氧化有限元分析时,构成纤维束的每个单元具有不同的特征单元长度L^e和初始气相扩散通道长度ζ_0,当判定某个单元开始被氧化时,对其应用式(5.117)进行力学性能退化。此时,C相的密度ρ_C由其在纤维束中所占的比例决定。

5. 宏观材料应力氧化的总体失效判据

平纹编织C/SiC复合材料高温应力氧化有限元模型由SiC涂层、SiC基体和C纤维束组成。其中,SiC涂层和SiC基体为各向同性材料,C纤维束为正交各向异性材料。当有限元模型中单元应力水平达到一定值时,单元会发生失效,可以采用有限元软件中提供的失效准则判断单元的失效。而应力氧化模型的总体失效问题并没有合适的失效准则可以使用,因此需要对此问题进行讨论。

高温应力氧化模型总体失效判据示意图如图5.38所示。假设:① 高温应力氧化模型在等效模拟环境中沿面内方向承受大小为P的拉伸载荷且其大小和方向不随时间发生变化;② 拉伸载荷P由垂直于加载方向的截面均匀承担;③ 应力氧化过程沿厚度方向由外向内进行,模型宽度为W且在应力氧化过程中不发生改变,模型厚度为H,t时刻氧化深度为ζ;④ 高温应力氧化模型在等效模

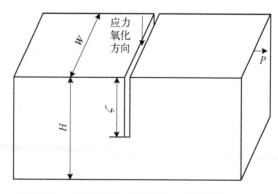

图5.38 高温应力氧化模型总体失效判据示意图

拟环境中当前温度下的拉伸强度为 σ_0，且在初始时刻 $\dfrac{P}{WH} < \sigma_0$。

在应力氧化进行过程中，承受拉伸载荷 P 的截面逐渐变小，t 时刻剩余截面面积上承受的平均拉应力为

$$\sigma(t) = \frac{P}{W(H - \zeta)} \qquad (5.118)$$

若 $\sigma(t) \geqslant \sigma_0$，则判定此时材料总体失效，即

$$\frac{P}{W(H - \zeta)} \geqslant \sigma_0 \qquad (5.119)$$

整理不等式(5.119)可得

$$\zeta \geqslant H - \frac{P}{W\sigma_0} \qquad (5.120)$$

若定义

$$\zeta_c = H - \frac{P}{W\sigma_0} \qquad (5.121)$$

则称 ζ_c 为临界深度，t_c 为应力氧化寿命。即在 t_c 时刻氧化进程达到临界深度，认定此时材料发生总体失效。

6. C/C 复合材料涂层的氧化损伤机制及建模

C/SiC 材料理论上在一定温度下($<1\,650$℃)可以保护碳纤维不被氧气等氧化剂氧化，但是由于制备工艺、编织方法以及 C/C 编织复合材料和 SiC 涂层热膨胀系数的不匹配，C/SiC 涂层表面及内部在冷却过程中会产生缺陷及微裂纹，这为氧气提供了额外的传输通道。而碳纤维在大约 500℃ 就会发生氧化，这会导致材料性能急剧退化。因此，在高温有氧的环境中，需要考虑含 SiC 涂层的 C/C 编织复合材料的抗氧化性能。

对 C/C 复合材料而言，材料的失重主要来源于 C 相与氧气等氧化性气体的反应。氧化性气体必须先经过一定的途径扩散到材料的 C 相的反应界面上，不同的温度下其扩散通道会有所改变。温度在 1\,100℃ 以下时，可以认为 SiC 涂层的微裂纹是其扩散的主要通道；但在更高的温度时，微裂纹的宽度会减少直至愈合(材料未受力学载荷)，此时 SiC 涂层的微裂纹就会消失，涂层上的沉积缺陷将

会是氧化性气体的主要传输通道;材料在发生氧化时会产生 CO 等气泡,它们会成为新的氧化性气体传输通道,加速 C/C 编织复合材料的氧化。C/C 复合材料在不同温度区间的氧化规律,对应不同的机理,具体如下:

(1) 在低温(<500℃)时,C/C 复合材料不会发生氧化反应;

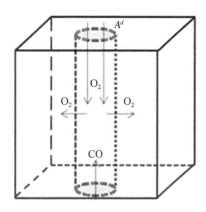

图 5.39 SiC 涂层中裂纹内的
O_2 扩散示意图

(2) 在 500~1 100℃ 时,SiC 涂层的微裂纹将是氧化性气体的主要传输通道,其中 O_2 在基体中的扩散速率控制材料的反应速率,如图 5.39 所示;

(3) 在 1 100℃ 以上时,微裂纹的宽度会随着二氧化硅层的生长逐渐减少直至愈合,此时涂层的沉积缺陷将会是 O_2 的主要通道。

因此,主要考虑将 SiC 涂层上的微裂纹及沉积缺陷作为氧化性气体主要的传输通道,引入损伤变量表征材料的损伤状态,建立适用于温度为 500~1 400℃ 的氧化动力学模型。碳纤维的氧化本构关系是碳在 500℃ 左右就会发生氧化反应,包含以下两个方程:

$$C(s) + O_2(g) \longrightarrow CO_2(g) \tag{5.122}$$

$$C(s) + 1/2O_2(g) \longrightarrow CO(g) \tag{5.123}$$

在温度为 700~1 500℃ 时,CO 是主要的反应气体,因此建议只考虑第(2)种反应情形。在高温下是很容易被氧气等氧化剂氧化,且在一定的温度范围内可以认为反应速率是线性的,当前假设氧化速率与氧浓度存在一阶的关系。在含 SiC 涂层的 C/C 复合材料高温氧化行为的模拟中,需要将碳的氧化规律引入。

损伤变量的定义:

$$D = \frac{A^d}{A} \tag{5.124}$$

依据 Fick 第一定律,氧扩散方程为

$$J_c = D_{ci} \frac{\Delta C}{\delta} \tag{5.125}$$

式中,J_c 为氧扩散速率;ΔC 为 SiC 涂层中裂纹上下的氧浓度差;δ 为涂层裂纹的深度;D_{ci} 为氧扩散系数。

其中,

$$\frac{1}{D_{ci}} = \frac{1}{D_b} + \frac{1}{D_{ki}} \qquad (5.126)$$

式中,D_b 为分子扩散系数,表达式为

$$D_b = 5.952\,9 \times 10^{-24} \frac{\sqrt{T^3 \left(\dfrac{1}{M_{\text{air or O}_2}} + \dfrac{1}{M_{\text{co}}} \right)}}{p\sigma^2_{\text{air or O}_2} \Omega_{\text{air or O}_2}} \qquad (5.127)$$

D_{ki} 为 Knudsen 扩散系数

$$D_{ki} = \frac{2}{3} \left(\frac{8RT}{\pi M_{O_2}} \right)^{0.5} W_i(T) \qquad (5.128)$$

式中,$W_i(T)$ 为温度为 T 时第 i 条裂纹的宽度。

当 SiC 涂层中的裂纹总面积密度为 f_c 时,单位时间内氧总扩散量为

$$J_{\text{total}} = f_c \times \sum \left(\lambda_i \frac{D_{ci}}{\delta} \frac{PM_{O_2}}{RT} \right) \qquad (5.129)$$

式中,

$$f_c = \frac{\sum W_i(T)}{l} \qquad (5.130)$$

则 SiC 涂层内部 C/C 复合材料的氧化速率为

$$\frac{\mathrm{d}W}{\mathrm{d}t} = \frac{24}{32} \frac{f_c \ln(1 + \chi_{\text{top}})}{-\chi_{\text{top}}} \times \sum \left(\lambda_i \frac{D_{ci}}{\delta} \frac{PM_{O_2}}{RT} \right) \qquad (5.131)$$

式中,χ_{top} 为 SiC 涂层表面氧的摩尔分数。

C/C 热结构复合材料在承受高温氧化荷载的同时还承受机械载荷,在机械载荷增大到材料损伤起始阈值后,材料内部将产生机械损伤,机械损伤的存在通过影响式(5.131)中的裂纹面积而影响氧在涂层内的扩散速率,进而影响材料的氧化速率,体现了热-力-氧之间的耦合作用。

5.6.2 热-力-氧耦合作用下高温复合材料力学特性

1. 大气环境下的高温氧化对复合材料拉伸强度的影响

C/C 复合材料(表面施加防护涂层的 C/C)在大气环境中的高温拉伸性能是在自行设计的热-力-氧耦合环境测试装置上进行的。测试时,首先将 C/C 复合材料拉伸样品固定在高温合金水冷夹具内,在空气中以 30℃/s 的升温速率将样品快速加热至试验温度(800℃、1 200℃、1 500℃),保温一定时间(600 s、1 200 s、1 800 s)后,在高温下原位以 1 mm/min 的加载速率将样品拉断。同一条件下测试 3 个平行样品,最后结果取 3 个试样测试数据的平均值。试验前后,用千分尺分别测量拉伸试样标距段及标距段内断裂处的平均尺寸。

C/C 复合材料在温度为 800℃、1 200℃和 1 500℃下大气环境中暴露不同时间(600 s、1 200 s、1 800 s)后的高温拉伸强度如图 5.40 所示。

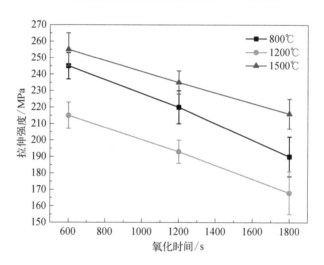

图 5.40 不同温度下拉伸强度随氧化时间的变化曲线

可以看出,C/C 在 800℃、1 200℃和 1 500℃下拉伸强度随着氧化时间的延长几乎呈线性降低,在该温度范围内降低速率($\mathrm{d}\sigma_b/\mathrm{d}t$)分别为 4.5%、3.8%、3.2%。而在相同氧化时间后,C/C 在 1 500℃下的强度最高,在 1 200℃下的强度最低,在 800℃下的强度介于两者之间。

2. 预应力对复合材料高温拉伸强度的影响

在热-力-氧耦合环境测试装置上测试 C/C 复合材料在 1 500℃下真空中的拉伸强度。先将样品固定在高温合金的夹具内,然后通过机械泵将真空室气压抽至 1 Pa 左右,调节电源功率使得样品以 30℃/s 的升温速率加热到指定温度,再利用材料试验机以 1 mm/min 的加载速率将样品拉断。测试时,针对 3 个平行样品,最后结果取平均值。测量结果表明,C/C 复合材料在 1 500℃ 的拉伸强度 σ_b 为 278±15 MPa。

进行 C/C 复合材料在 30% σ_b 预应力作用下高温空气中暴露一定时间后的高温拉伸强度测试时,首先将 C/C 复合材料拉伸样品固定在高温合金水冷夹具内,在空气中以 30℃/s 的升温速率将样品快速加热至试验温度(800℃、1 200℃、1 500℃);然后对样品施加预应力,预应力选取的是纯 C/C 复合材料在 1 500℃ 下的拉伸强度(278±15 MPa)的 30%,即 83.4 MPa。施加 30% σ_b 预应力后,保温一定时间(600 s、1 200 s、1 800 s);最后在高温下原位以 1 mm/min 的加载速率将样品拉断。同一条件下测试 3 个平行样品,最后结果取 3 个试样测试数据的平均值。试验前后用千分尺分别测量拉伸试样标距段及标距段内断裂处的平均尺寸。

图 5.41 为 C/C 复合材料在空气中 800℃、1 200℃ 和 1 500℃ 下加载 30% σ_b 预应力条件下氧化不同时间后的高温拉伸强度曲线。

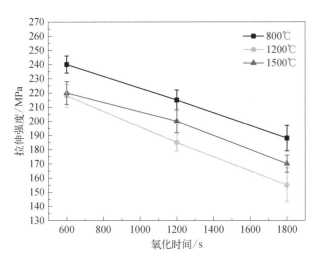

图 5.41　C/C 复合材料在施加 30% σ_b 预应力条件下不同温度氧化时的拉伸强度随氧化时间的变化曲线

由曲线可以看出,加载 30% σ_b 预应力后,拉伸强度也随着氧化时间的增长而近似呈线性降低。在相同氧化时间后,C/C 复合材料在 800℃ 下的强度最高,在 1 200℃ 下的强度最低,在 1 500℃ 下的强度介于两者之间。这与未加预应力条件下的结果不同。为了方便比较,图 5.42 给出了氧化条件相同的情况下未加载和加载

30% σ_b 预应力时 C/C 复合材料的拉伸强度变化曲线。由曲线可以看出,在氧化时间为 600~1 800 s 时,施加 30% σ_b 预应力对复合材料在 800℃和 1 200℃下氧化后的高温拉伸强度影响不显著,而明显地降低了 C/C 复合材料在 1 500℃下氧化后的拉伸强度。例如,在 1 500℃下氧化 600 s 后,未加载预应力时拉伸强度为 252 MPa,而在加载 30% σ_b 预应力时拉伸强度为 210 MPa,降低了约 17%。

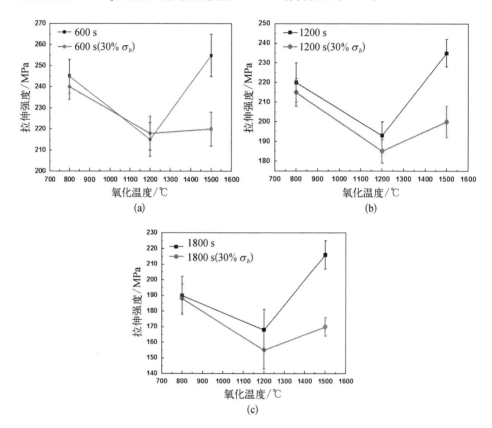

图 5.42 C/C 复合材料在相同氧化条件下未施加和施加 30% σ_b 预应力时拉伸强度随氧化温度的变化曲线

3. 复合材料在不同条件下的氧化动力学机理

1)无外加载荷作用条件下的氧化动力学

试验结果表明,C/C 复合材料在高温下大气环境中暴露对其拉伸强度有明显的影响,暴露温度不同,影响也不同。其次,在 1 500℃的氧化过程中施加 30% σ_b 预应力时,C/C 复合材料的高温拉伸强度显著降低。施加 30% σ_b 预应力主要影响 C/C 复合材料表面涂层的显微结构,从而影响涂层对基体材料的保护作用,最终反映在预应力对 C/C 复合材料的氧化动力学的影响上。因此,为了明确氧化以及施加 30% σ_b 预应力对材料高温拉伸强度的作用机理,首先需要了解复合材料在高温下的氧化动力学(增重或失重速率)以及氧通过涂层向基体内扩散的情况。为此,首先进行 C/C 复合材料在 800℃、1 200℃和 1 500℃下空气中的氧化动力学测试,结果如图 5.43(a)所示。C/C 氧化后表面涂层呈不完整壳状,而涂层下 C/C 基体发生氧化烧蚀,样品氧化后的线度难以准确测量,因此氧化动力学主要采用失重百分比来表征,即 $(w_0-w)/w_0 \times 100\%$,w_0 和 w 分别为氧化前和氧化后样品的重量。

由图 5.43(a)可以看出,抗氧化 C/C 复合材料在 800℃和 1 200℃下失重随氧化时间近似呈线性增加,即 $\Delta w/w_0 = k \cdot t$,式中 k 为线性氧化速率常数;而在 1 500℃下初始时(300 s)氧化失重较高,600 s 以后氧化失重随时间也呈线性增加。比较不同温度下的失重,1 200℃下的失重高于 800℃下的失重,但 1 500℃下氧化 600 s 后的失重明显要更低,甚至低于 800℃下的失重水平。

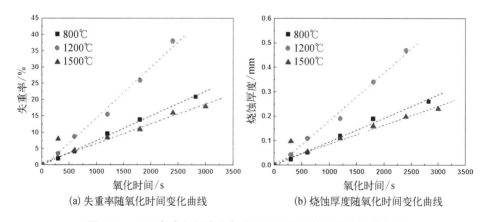

(a) 失重率随氧化时间变化曲线　　　(b) 烧蚀厚度随氧化时间变化曲线

图 5.43　C/C 复合材料在空气中不同温度下的氧化动力学曲线

拟合得到不同温度下的线性氧化速率常数,列于表 5.1 中。

表 5.1　拟合得到不同温度下的线性氧化速率常数

氧化温度/℃	线性速度常数/s^{-1}	线烧蚀率/($\mu m/s$)	时间范围/s
800	0.007 6	0.096	300~3 000
1 200	0.016 0	0.20	300~3 000
1 500	0.006 1	0.078	600~3 000

将上述氧化失重通过计算转变为样品表面厚度损失,考虑到表面涂层为烧结的氧化物陶瓷层,氧化过程中涂层的质量损失占比很小,因此认为氧化过程中样品质量损失均来自 C/C 复合材料。通过质量损失可以计算出样品表面单方向厚度损失,即 $\Delta l = \Delta w / (S\rho)$,$S$ 为氧化样品的原始表面积,ρ 为基体 C/C 复合材料密度,取值 1.98 g/cm³。计算结果如图 5.43(b)所示。由图 5.43(b)可以看出,C/C 复合材料在 800℃、1 200℃、1 500℃下空气中氧化较为严重,氧化 1 800 s 后烧蚀厚度达到 0.1 ~ 0.3 mm。纯 C/C 复合材料在空气中 800℃、1 200℃、1 500℃下的线烧蚀速率分别为 0.19 μm/s、0.45 μm/s、0.78 μm/s,比较可知,表面施加涂层后,C/C 复合材料的抗氧化性能明显获得提高。

2) 施加外加载荷作用条件下的氧化动力学

采用拉伸样品进行施加载荷作用条件下的氧化动力学测试,拉伸样品不粘贴拉伸加强片。具体测试方法为: 测试前称量拉伸样品质量(m_0)及尺寸,氧化过程中主要将标距段(40 mm)置于感应线圈内,标距段外的部分以石墨卡套封住,尽量不让标距段外样品氧化。在空气中设定温度下氧化一定时间后快速冷却,后用切片机将标距段切下,称量其质量(m_1),同时称量切下的未氧化的两个端头质量(m_2),以式(5.132)计算质量损失百分数:

$$\frac{\Delta w}{w} = \frac{m_0 - m_2 - m_1}{m_0 - m_2} \times 100\% \tag{5.132}$$

图 5.44 出了 C/C 复合材料在不同温度下加载 30% σ_b 应力和未加载应力的氧化动力学对比曲线。由曲线可以明显看出,C/C 复合材料在加载 30% σ_b 应力下的氧化动力学也服从线性规律。在 800℃ 和 1 200℃ 加载 30% σ_b 应力和未加载应力的氧化动力学基本没有明显的区别,而 1 500℃ 下加载 30% σ_b 应力的氧

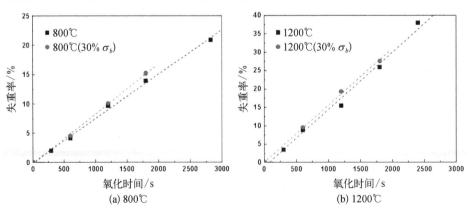

(a) 800℃   (b) 1200℃

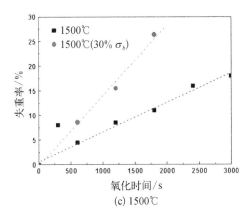

(c) 1500℃

图 5.44　不同温度下加载 30% σ_b 应力与未加载应力状态下氧化动力学曲线

化失重明显比未加载应力高很多。

通过质量损失可以计算出样品表面单方向厚度损失,计算结果如图 5.45 所示。

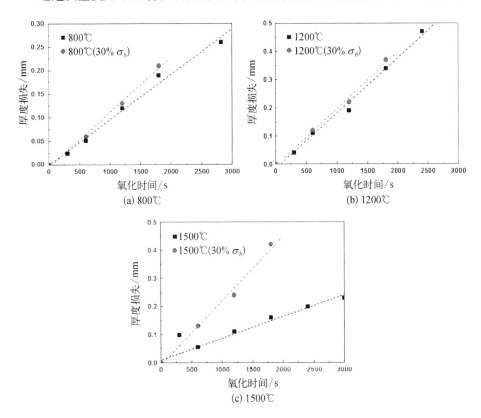

(a) 800℃　　　　　　　(b) 1200℃

(c) 1500℃

图 5.45　C/C 复合材料在不同温度下加载 30% σ_b 应力下氧化时的厚度损失随氧化时间的变化曲线

4. 复合材料氧化后表面涂层的显微结构变化

1) 未施加预应力的氧化条件下

C/C复合材料的抗高温氧化性能及高温拉伸性能主要取决于其表面抗氧化涂层在高温下对空气中氧穿过涂层向内渗透的阻挡作用。阻挡效果越好,氧化性气体向内渗透越少,从而对基体C/C的保护作用越强,材料的拉伸强度变化就越小。涂层的阻挡作用可以通过氧化动力学关系直接反映。

由未加载及加载30% σ_b 预应力的氧化动力学可以看出,抗氧化C/C在800℃、1 200℃和1 500℃下空气中的氧化动力学均符合线性规律,表明氧化反应的控制步骤是氧通过涂层内的短途扩散通道向内的传输。涂层内的短途扩散通道主要是指涂层内的微裂纹、孔洞等缺陷,这与涂层的制备工艺及涂层的微观结构密切相关。图5.46为涂层未氧化前的扫描电镜照片。

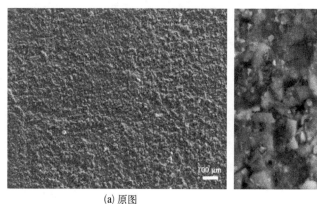 

(a) 原图　　　　　　　　　　　　　　　　(b) 放大图

图5.46　C/C复合材料的表面涂层的显微形貌

由图5.46可以看出,涂层整体比较平整,较低倍数下观察不到大的裂纹或剥脱区存在。但是,从涂层的放大图中(图5.46(b))可以看出涂层表面存在大量微裂纹,涂层中同时存在玻璃相和氧化物晶相。这些微裂纹可能是在涂层涂刷后的热处理过程中产生的。图5.47为抗氧化碳复合材料的截面形貌照片,从照片中可以看出涂层较薄(约40 μm),在某些位置可以清楚地观察到贯穿整个涂层厚度的裂纹,从而在氧化过程中成为氧向内扩散传输的快速通道,加剧内部材料的氧化。

图5.48为抗氧化C/C复合材料在800℃下氧化1 800 s后的表面形貌照片。

由图5.48可以看出,氧化后的样品表面依然比较平整。从放大的显微照片中仍可以观察到微裂纹的存在,但与涂层原始形貌没有明显的区别。结合

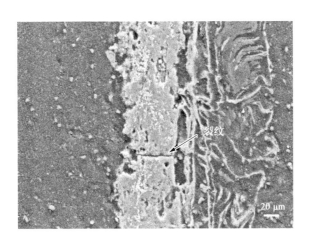

图 5.47　C/C 复合材料的涂层的截面显微形貌

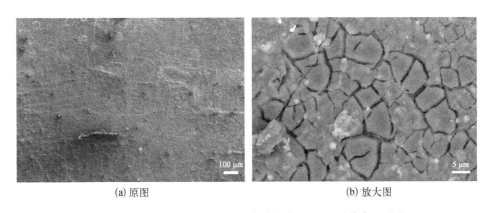

(a) 原图　　　　　　　　　　　　　　　　(b) 放大图

图 5.48　C/C 样品在 800℃下空气中氧化 1 800 s 后的表面形貌

800℃下的氧化动力学关系大致可以推断出,在此温度下氧气主要是通过这些微裂纹扩散至涂层底部,并造成基体材料表面的 C 基体和 C 纤维发生氧化,即发生如下反应:

$$2C(s) + O_2(g) \longrightarrow 2CO(g) \tag{5.133}$$

$$2CO(g) + O_2(g) \longrightarrow 2CO_2(g) \tag{5.134}$$

反应生成的挥发性气体又通过涂层内的微裂纹向外释放掉。试验结果表明,氧化对材料的高温强度有影响,说明抗氧化 C/C 的氧化并不是均匀进行的,很容易沿 Z 向纤维束内以及纤维束与基体的界面快速向内渗透,氧化损伤与加载方向平行的纤维束,从而引起材料拉伸强度的降低。

图 5.49 和图 5.50 分别为 C/C 样品在 1 200℃ 和 1 500℃ 下空气中氧化 1 800 s 后的表面形貌照片。

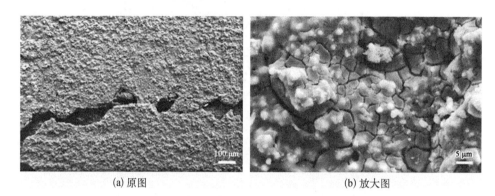

(a) 原图   (b) 放大图

图 5.49　C/C 样品在 1 200℃ 下空气中氧化 1 800 s 后的表面形貌

(a) 原图   (b) 放大图

图 5.50　C/C 样品在 1 500℃ 下空气中氧化 1 800 s 后的表面形貌

由结果可知,1 200℃ 空气中氧化后涂层表面出现了更大的裂纹,同时涂层也发生了大量的剥落。从放大的照片中观察到,涂层形成了大量的相互连接成网络状的微裂纹。图 5.50 可以看出,1 500℃ 下氧化后涂层表面虽然也存在大的裂纹,但是这种裂纹的形成是由氧化后样品的迅速降温过程中涂层与基体热膨胀系数失配引起的,而不是在氧化过程中形成的。从放大的照片中观察到表面形成玻璃相的致密层,不存在大量的相互连接成网络状的微裂纹。

由图 5.51 可以看出,复合材料在 1 500℃ 下初始氧化时(300 s 时),氧化失重率很高;在氧化 600 s 以后,氧化失重率反而变得较低。由照片可以看出,与氧化

1 800 s 的情况不同,涂层中仍然存在大量的微裂纹,没有观察到涂层熔融形成的致密玻璃相的存在。这表明,在 1 500℃下较短时间内氧化,空气中的氧依然能够通过微裂纹扩散至 C/C 复合材料表面,氧化速度较高;而随着氧化时间增加,涂层中的氧化物发生熔融形成了大量的玻璃相,能够很好地愈合涂层表面的微裂纹,因此在 600 s 后的氧化速率出现了大幅度的降低。

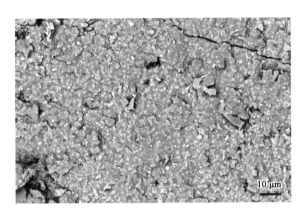

图 5.51　C/C 复合材料在 1 500℃下氧化 300 s 后的表面形貌

从拉伸样品的高温断裂后的宏观形貌上也可以看出不同温度下材料的氧化状况。由图 5.49 可以看出,1 200℃下拉伸测试后的样品断口周围的涂层发生了大量的剥落,这主要是基体 C/C 复合材料在 1 200℃下氧化比较严重,使得涂层与基体之间形成大量缝隙,从而导致涂层与基体的结合力大幅度降低,在外力作用下很容易剥离。而 1 500℃下氧化的拉伸样品的断口表明,涂层得到了较完整的保留。这说明抗氧化 C/C 复合材料在 1 500℃下的抗氧化性能要优于 1 200℃。

2) 施加 30% σ_b 预应力的氧化条件下

图 5.52 是空气中 800℃ 和 1 200℃时,在预加载 30% σ_b 应力状态下氧化 1 800 s 后的表面形貌照片。由图可以看出,氧化后的表面依然存在大量的裂纹,与未施加预应力状态下氧化后的涂层表面形貌没有明显的区别。图 5.53 为空气中 1 500℃时在预加载 30% σ_b 应力状态下氧化 1 800 s 后的表面形貌照片。由图可以看到,涂层表面存在大量的微裂纹和孔洞,这与未施加预应力状态下的情况完全不同,表明在 1 500℃下氧化时涂层中玻璃相发生熔融,熔融相完整地覆盖了涂层表面,从而可以愈合涂层中的裂纹,进而可以有效地阻挡氧向内扩散;但在有外加载荷作用时,受拉伸应力的影响,熔融相不能完整地覆盖表面,出现了大量的孔洞和裂隙。新裂纹的形成和玻璃相的愈合是一个动态过程,在这

个过程中氧会通过新形成的裂纹和孔洞向内快速扩散,从而导致基体材料氧化的加剧。

(a) 800℃   (b) 1200℃

图 5.52 在预加载 30% σ_b 应力状态下氧化 1 800 s 后的表面形貌照片

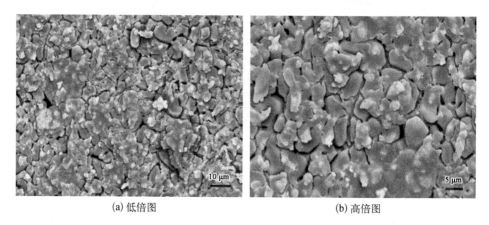

(a) 低倍图   (b) 高倍图

图 5.53 在 1 500℃时预加载 30% σ_b 应力状态下氧化 1 800 s 后的表面形貌照片

5. 热-力-氧耦合作用下的复合材料损伤机理

1) 不同温度下氧化对材料高温拉伸强度的影响机理

首先,C/C 复合材料在不同条件下氧化后的高温拉伸强度的变化与氧化速率存在对应关系,即氧化失重大,材料的高温拉伸强度较低。这表明,氧化会造成复合材料力学性能损伤。其原因是,氧化时氧通过增强纤维束间或纤维束与基体 C 的界面向内渗透,并使得 C 纤维发生氧化,C 纤维变得不完整,或者界面结合降低,最终使得复合材料的拉伸强度降低。在同一温度下,随着氧化时间的延长,氧化损伤积累,拉伸强度变得越来越低。复合材料的氧化动力学遵循线性规律,表明氧化反应的控制步骤是氧通过涂层内的微裂纹、孔洞等短途扩散通道向内的传输。与氧化失重线性增大相对应,复合材料的拉伸强度呈线性降低。

复合材料在 800℃、1 200℃和 1 500℃三种温度下,并非呈现出常规的温度越高,氧化速率越大的规律,这与不同温度下复合材料表面的涂层内的缺陷状态有关。在 800℃和 1 200℃下氧化时,涂层未出现熔融相,原始存在的微裂纹成为氧向内扩散的快速通道,因此氧化速率较高,且在 1 200℃下的氧化速率高于在 800℃下的氧化速率。相应地,在氧化相同时间后,在 1 200℃下氧化对复合材料的微结构损伤大于在 800℃下的微结构损伤,即在 1 200℃下氧化后的拉伸强度低于在 800℃下的拉伸强度。反常的情况出现在 1 200℃以上。在 1 500℃空气中氧化时,涂层表面形成完整覆盖的熔融相层,可以有效地愈合涂层内微裂纹,抑制高温下氧气的向内扩散,从而降低氧化速率,因此氧化损伤相应地减小。相应地,相同时间氧化后,复合材料在 1 500℃下的拉伸强度反而高于在 800℃下的拉伸强度。上述结果也表明,C/C 复合材料表面涂层的熔融点超过 1 200℃或者在 1 200℃达到了玻璃相的软化点,但流动性较差。因此,在 800℃和 1 200℃下氧化时,涂层没有发生熔融相愈合微裂纹的情况。事实上,在 1 500℃空气中氧化初始的 300 s 内,复合材料的氧化速率明显高于在 1 200℃下的氧化速率,约提高 2 倍,这说明在短时间内形成的玻璃相还没有完全愈合涂层表面的微裂纹。针对抗氧化 C/C 复合材料,只有在高于 1 200℃且经过一定时间后,涂层表面才会出现熔融相且能够完整覆盖表面,起到愈合微裂纹的作用。

有外加载荷存在时,在 800℃和 1 200℃下氧化过程中,由于涂层表面一直存在大量的微裂纹,外应力可能会导致微裂纹扩展,但是从本质上对氧通过涂层的扩散没有明显的影响,因此对复合材料的氧化速率影响不明显。相应地,外加载荷对复合材料的高温拉伸强度也影响不大。但是,在 1 500℃下氧化时情况发生了变化。无外加载荷条件下,在 1 500℃下氧化时涂层中玻璃相发生熔融,起到了愈合涂层中裂纹的作用,进而可以有效地阻挡氧向内扩散。但在有外加载荷作用时,受拉伸应力的影响,熔融相不能完整地覆盖表面,出现了大量的孔洞和裂隙。这些孔洞和裂隙成为氧向内快速扩散的通道,从而导致材料氧化的加剧。相应地,在 1 500℃下氧化相同时间后,有外加载荷条件下的氧化损伤大,高温拉伸强度就会变得较低。

2) 热-力-氧耦合作用下 C/C 复合材料损伤模型

从上述 C/C 复合材料的氧化动力学结果可以看出,施加涂层后的复合材料在高温下的氧化符合直线规律,说明涂层对基体的保护作用有限;从涂层表面形貌上也可以看出,在原始的涂层表面存在大量的裂纹,而这种裂纹是均匀分布于涂层表面的,因此本节假设对 C/C 复合材料的氧化是均匀的。

对 C/C 复合材料的拉伸强度起主要决定性作用的是拉伸方向碳纤维的强度,因此针对热-力-氧耦合作用下复合材料的拉伸强度给出如图 5.54 所示的模型。热-力-氧耦合作用后的材料可以简单地分为三个区域:① 近表面氧化区域,这一区域纤维和基体石墨氧化相对严重;② 氧化过渡区域;③ 未氧化区域。在实际样品测试的氧化过程中,可能各个区域的界限区分不是很明显,这主要取决于外施加涂层的抗氧化能力和其微观形貌,若涂层较致密,无贯穿性的裂纹,则涂层下方的 C/C 基体氧化区域较小;反之,若涂层不致密,存在大量贯穿性的裂纹,则涂层下方的基体氧化区域较大。氧化导致承载纤维体积分数减小,同时氧化也导致纤维形成更多的缺陷,从而使其本征强度降低。按照热-力-氧耦合作用下 C/C 复合材料损伤模型,若不考虑由氧化导致的纤维本征强度的变化,而只考虑由氧化导致的纤维体积分数的降低,则可以给出主承载纤维上承载力 P_f^I 如下:

$$P_f^I = (1 - c_1)\sigma_{f1}A_{f1} + (1 - c_2)\sigma_{f2}A_{f2} + (1 - c_3)\sigma_{f3}A_{f3} \qquad (5.135)$$

式中,c_1、c_2、c_3 分别为近表面氧化区域、氧化过渡区域和未氧化区域纤维的氧化系数;σ_{f1}、σ_{f2}、σ_{f3} 分别为近表面氧化区域、氧化过渡区域和未氧化区域纤维的强度;A_{f1}、A_{f2}、A_{f3} 分别为近表面氧化区域、氧化过渡区域和未氧化区域纤维的有效承载面积。

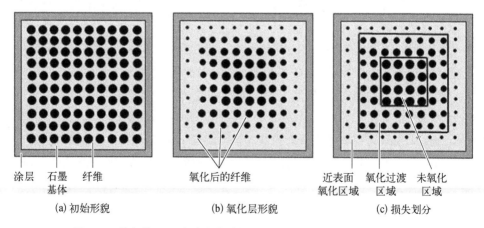

涂层　石墨　纤维　　　　氧化后的纤维　　　　近表面　　氧化过渡　未氧化
　　　基体　　　　　　　　　　　　　　　　　　　　氧化区域　区域　　区域

(a) 初始形貌　　　　　　(b) 氧化层形貌　　　　　　(c) 损失划分

图 5.54　抗氧化 C/C 复合材料在热-力-氧耦合作用下氧化损伤模型

由式(5.135)可以看出,随着氧化的进行,公式中的 c_1、c_2 将增大,而 A_{f1}、A_{f2} 将减小,从而整体来看 P_f' 必定会随着氧化的进行而减小。目前有关这个模型还只是定性地给了材料高温有氧条件下对承载纤维氧化损伤的解释,后续还要结合氧化动力学及复合材料中纤维、基体等本征的参量进行定量或半定量分析。

热结构编织复合材料的高温热-力-氧耦合仿真分析需要组元材料的力学参数和热学参数作为支撑,组元材料参数的完整性和准确性将直接影响材料力学性能计算的准确性,以 C/C 编织复合材料为例,涉及的组元材料参数如表 5.2 所示。

表 5.2　C/C 编织复合材料热-力-氧耦合计算涉及的组元材料参数

项目/组元材料	碳纤维	碳基体
力学参数	E_{11}, E_{22}, E_{33}, G_{12}, G_{13}, G_{23}, μ_{21}	E, μ
热学参数	α_{11}, α_{22}, α_{33}, λ_{11}, λ_{22}, λ_{33}, C_p	α, λ, C_p

注：碳纤维视为横观各向同性材料,11 方向为纤维长度方向,碳基体视为各向同性材料。

在对热结构复合材料或典型热结构件的高温热力耦合性能评价时,需要该复合材料的宏观力学性能参数和热学参数。通常以编织复合材料的细观胞元为研究对象计算材料的性能参数,此时涉及细观胞元中的碳纤维束的热力学参数,而碳纤维束可视为单向碳纤维增强的横观各向同性复合材料。

在对三向正交 C/C 编织复合材料进行多尺度建模的热力学参数计算时,首先通过对编织体中的单向纤维束的微观结构进行表征,建立能够反映单向纤维束微观结构的微观胞元几何模型,然后基于该微观胞元几何模型计算得到单向纤维束的热力学参数,并将该计算结构作为材料参数输入后续的细观胞元几何模型中,最终计算得出编织复合材料的宏观热力学参数。

基于对单向纤维束微观结构的认识,建立能够体现单向纤维束复合材料热力学特性的代表性体积单元(RVE)模型,基于该 RVE 模型开展热力耦合计算,研究单向纤维复合材料在沿纤维长度方向和沿纤维径向的热膨胀及热传导特性,通过对计算结构的处理计算出纤维束的热膨胀系数、热导率、比热、模量、泊松比等材料参数。

通单向 C/C 复合材料纤维束的力学参数由式(5.136)计算:

$$\begin{cases} E_{11} = V_c E_{f11} + (1 - V_c) E_m \\[2mm] E_{22} = E_{33} = \dfrac{E_m}{1 - \sqrt{V_c}\,(1 - E_m/E_{f22})} \\[4mm] G_{12} = G_{13} = \dfrac{G_m}{1 - \sqrt{V_c}\,(1 - G_m/G_{f12})} \\[4mm] G_{23} = \dfrac{G_m}{1 - \sqrt{V_c}\,(1 - G_m/G_{f23})} \\[4mm] \mu_{12} = \mu_{13} = V_c \mu_{f12} + (1 - V_c)\mu_m \\[2mm] \mu_{23} = \dfrac{E_{22}}{2 G_{23}} - 1 \end{cases} \tag{5.136}$$

式中,V_c 为单向纤维束中纤维体积比;E_{f11}、E_{f22} 分别为碳纤维长度方向和横向的弹性模量;G_{f12}、G_{f23} 分别为碳纤维在 1-2 和 2-3 面内的剪切弹性模量;μ_{f12} 为碳纤维在 1-2 面内的泊松比;E_m、μ_m 和 G_m 分别为碳基体的弹性模量、泊松比以及剪切弹性模量。

如 Hashin 准则等往往针对的是平面铺层的复合材料板,且认为材料处于平面应力状态,故该损伤准则与失效判据尚不能直接应用于对三向正交编织复合材料的渐进损伤与失效计算。因此,在对三向正交编织复合材料进行高温渐进损伤与失效分析之前,首先给出了三维应力状态下单向复合材料的渐进损伤与失效准则。目前,对 C/C 与 C/SiC 的力学性能有了较多的试验研究,无论是常温还是高温环境下,均认为材料为脆性破坏占主导因素,即若材料内出现微观裂纹,则其裂纹会非常迅速地扩展,最后导致材料失效。据此,本节在对 C/C 与 C/SiC 材料进行损伤分析时,即认为材料点达到损伤破坏判据时,材料立即失效,忽略其裂纹扩展的过程对整个材料力学分析的影响。

在具体数值分析时,当应力状态 $D_{ij}(i = 1, 2; j = 1, 2)$ 达到损伤状态,即 $D_{ij} \geq 1$ 时,即认为该点材料完全失效。而对应于多应力状态,取一个整体材料损伤变量 $D_{ij} \geq 1$,则该点的材料完全破坏。

5.7 小结

本章的工作就是在总结国内外已取得研究成果的基础上,开展了先进金属及高温复合材料结构力学理论研究,结合高超声速飞行器特点,从结构方案和使用环境中提炼力学基础性难点和科学问题,形成对理论研究的深化认识,明确对基础问题的定位。本章充分借鉴已有研究成果和先进的技术手段,减少对经验和试验的依赖性,发现和验证现象、模型和模拟方法,通过多学科交叉的手段形成了高超声速飞行器力学分析理论体系。以上针对先进金属及高温复合材料力学方面的研究工作,为高超声速飞行器在结构、强度与可靠性技术等方面积累了宝贵的知识经验,起到了非常重要的作用,且为新一代飞行器的结构、强度与可靠性技术发展提供了支撑。

参考文献

[1] Rabbe D,项金钟.计算材料学[M].吴兴惠,译.北京: 化学工业出版社,2002: 3 - 7.
[2] 张立同,成来飞.连续纤维增韧陶瓷基复合材料可持续发展战略探讨[J].复合材料学报,2007,24(2): 1 - 6.
[3] Hill R, Rice J R. Constitutive analysis of elastic-plastic crystals at arbitrary strain[J]. Journal of the Mechanics and Physics of Solids, 1972, 20(6): 401 - 413.
[4] Ma C L, Yang J M, Chou T W. Elastic stiffness of three dimensional braided textile structural composites[C]. Philadelphia: Composite Materials: Testing and Design, 1986.
[5] 王立朋,燕瑛.编织复合材料弹性性能的细观分析及试验研究[J].复合材料学报,2004(04): 152 - 156.
[6] 徐道揆.碳纤维复合材料在导弹再入防热和宇航结构上的应用[J].宇航材料工艺,1976(2): 13 - 32.
[7] 孙慧玉.三维编织复合材料力学行为研究进展[J].材料科学与工程学报,2010,28(01): 140 - 144.
[8] 周瑞发,韩雅芳,李树素.高温结构材料[M].北京: 国防出版社,2006.
[9] 梁军,方国东.三维编织复合材料力学性能分析方法[M].哈尔滨: 哈尔滨工业大学出版社,2014.
[10] 李嘉荣,熊继春,唐定中.先进高温结构材料与技术[M].北京: 国防出版社,2012.

第6章

高超声速环境结构气动弹性设计及分析技术

6.1 概述

作用在结构上的气动力取决于结构相对气流的运动状态,气流载荷影响结

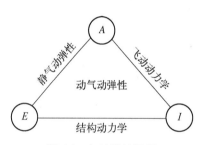

图 6.1 气动弹性问题

A 为气动力;*E* 为弹性力;*I* 为惯性力

构的运动,结构和气流相互影响,由此出现耦合,形成气动弹性问题。气动弹性是一门力学学科,主要研究弹性物体在气流中的力学行为。气动弹性现象本质上起因于气动力、弹性力和惯性力之间的相互作用[1](图 6.1)。

高超声速飞行器追求严苛的升阻比和重量指标,承受严酷的力热环境,面对显著的气动(伺服)弹性问题。保证气动、热、结构和控制多物理场耦合条件下的静/动稳定性,为气动、载荷、控制等飞行器系统级性能评价提供依据,实现多场地面模拟验证等热气动(伺服)弹性设计工作,是高超声速飞行器研制无法回避的关键性内容之一。气动热(伺服)弹性技术处于多学科交叉领域,设计和试验技术难度大、规模大,是支撑临近空间领域长远发展重要的基础性技术。

传统的亚声速、跨声速和超声速飞行器的"冷"气弹分析和试验技术具有较坚实的基础,但高超声速气动热弹性设计面临着耦合维度增加、高马赫数复杂流场难以精确预测、热试验条件不具备以及模拟不准确等困难,相关分析和试验技术仍处于发展阶段。

6.2　高超声速气动弹性发展

6.2.1　高超声速气动弹性试验研究

大多数高超声速气动弹性试验数据是在 1950 年代末~1960 年代初在 NASA Langley 高超声速风洞中获得的,相关试验情况简要列于表 6.1。这一时期的工作针对翼型、翼面和翼身组合体,研究指出高超声速升力面应尽可能减小厚度和攻角,选择恰当的钝度和后掠角,同时指出气动力近似方法的结果可能是不保守的[2]。

表 6.1　1950 年代末~1960 年代初高超声速气动弹性试验情况

模　　型	Ma	研究内容	计算方法	理论偏差	理论和试验比较
X-15 全动平尾	6.86	—	活塞理论、修正牛顿理论、激波膨胀法	>400%	理论>试验
单/双尖楔翼型	0.7~6.86	厚度、钝度		<20%	理论>试验
圆锥体	6.83~15.4	—		—	—
双尖楔翼型 1	10.0	攻角、厚度		<6%	—
双尖楔翼型 2	15.4	钝度		约 20%	理论>试验
三角翼 1	15.4	后掠角等		25% 或 50%	理论<试验
三角翼 2	16.7~18.1	钝度		—	理论>试验
翼身组合体	15.4	—		3%~80%	(模型破坏)

6.2.2　高超声速气动弹性理论研究

Spain 采用二阶 Van Dyke 准定常气动力进行了 NASP 验证机模型的超声速和高超声速气动弹性分析,在 $Ma1.6~8.0$ 范围内发现了短周期模态与全动翼面旋转模态相耦合的体自由度颤振(body-freedom flutter)。Blades 采用 MSC Nastran 软件提供的活塞方法分析了 X-34 在自由飞行中的气动弹性特性,研究发现在超过 $Ma5.0$ 时,控制系统导致了基本弯曲模态失稳。Gupta 基于系统辨识方法的 CFD 降阶方法对 X－43 进行了颤振分析,结果显示在 $Ma7.0$ 时 Euler 方法和活塞理论的颤振分析结果相近。Nydick 研究了类 X－33 RLV 通用高超声速飞行器的全机自由飞行颤振特性,结果显示采用一阶活塞理论的计算结果与实际情况具有一定的差距[3]。

以类 X－33 RLV 和小展弦比机翼为例研究指出: ① 在较低的高超声速马赫数下,颤振边界对网格的分辨率并不太敏感,而对于较高的马赫数范围,网格分辨率变得重要;② 对于机翼模型,Euler 方法与三阶活塞理论所得颤振马赫数结果仅相差 5%~8%,而对于全机模型该差异增长到超过 25%;③ 黏性对高超声速气动弹性特性的影响取决于飞行条件,其影响仍需深入探讨[3]。

6.3 高超声速非定常气动力建模

高超声速非定常气动力模型包括气动力近似模型(工程模型)、半数值半工程模型和 CFD 模型(数值模型)。

6.3.1 气动力近似方法

气动力近似方法均进行无黏、忽略真实气体效应的假设。这类方法计算效率高、易于应用,在特定情况下,计算精度能够满足工程研制的要求。这类方法包括活塞理论、Van Dyke 二阶理论、牛顿冲击流理论等。

1. 活塞理论

活塞理论最早由 Lighthill 提出。活塞理论基本假设: ① 薄翼型;② 高飞行马赫数($Ma \gg 1.0$)。 若翼面保持等熵、不出现激波、自由来流马赫数足够大且来流速度法向分量大小不超过未扰动流体中的声速,则可以认为物面上某一点所受到的压力只与该点处的下洗速度有关[3]。

在此假设条件的基础上,活塞理论略去了这种机翼表面上各点间的相互影响,而假定机翼表面各点的扰动沿该点的法线方向传播,则这种传播就如同汽缸中的活塞所产生扰动的传播。活塞理论就可以认为机翼表面上某一点所受到的压力只与该点处的下洗速度有关。图 6.2 给出了假想的活塞在无限长汽缸中运动的情况和活塞理论研究模型示例,图中 p_∞ 表示未受扰动处的气体压力,ρ_∞ 表示未受扰动处的密度,a_∞ 表示未受扰动处的声速,V_n 表示活塞前进的速度(对机翼而言,则表示机翼上一点的方向下洗速度),且有 $V_n \ll a_\infty$。

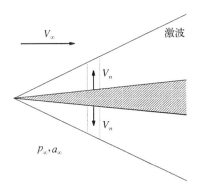

图 6.2　无限长的气缸与活塞理论分析模型

　　活塞运动过程可视为等熵过程。设在 $\mathrm{d}t$ 时间内，活塞运动速度变化了 $\mathrm{d}V_n$，此时扰动传播的距离为 $a\mathrm{d}t$，而受扰动的气体质量为 $\rho a F \mathrm{d}t$（F 表示活塞面积），故总的动量变化为 $\rho a F \mathrm{d}t \cdot \mathrm{d}V_n$；压力变化为 $\mathrm{d}P$，活塞产生的冲量为 $\mathrm{d}P F \mathrm{d}t$，由牛顿定律有

$$\mathrm{d}PF\mathrm{d}t = \rho a F \mathrm{d}t \cdot \mathrm{d}V_n \tag{6.1}$$

　　利用等熵公式，可以推导出：

$$P = P_\infty \left(1 + \frac{\gamma - 1}{2} \cdot \frac{V_n}{a_\infty}\right)^{\frac{2\gamma}{\gamma - 1}} \tag{6.2}$$

式中，

$$V_n = \frac{\partial v(x,\ t)}{\partial t} + V_\infty \frac{\partial v(x,\ t)}{\partial x} \tag{6.3}$$

　　$v(x,\ t)$ 表示 Z 方向位移，若考虑翼面的厚度变化，则式（6.3）变为

$$V_n = \frac{\partial v(x,\ t)}{\partial t} + V_\infty \frac{\partial v(x,\ t)}{\partial x} + V_\infty \frac{\partial}{\partial x}H(x,\ y) \tag{6.4}$$

式中，$H(x,\ y)$ 为由翼剖面中线量起的厚度函数。

　　式（6.2）可按照二项式展开，根据精度不同将活塞理论分为一阶活塞理论、二阶活塞理论，如式（6.5）和式（6.6）所示：

$$P(x, t) = P_\infty \left(1 + \frac{2\gamma}{\gamma - 1} \frac{\gamma - 1}{2} \frac{V_n}{a_\infty} \right) = P_\infty + \rho_\infty a_\infty V_n \tag{6.5}$$

$$P(x, y) = P_\infty + \rho_\infty a_\infty^2 \left\{ \frac{V_n}{a_\infty} + \frac{\gamma + 1}{4} \left(\frac{V_n}{a_\infty} \right)^2 \right\} \tag{6.6}$$

在活塞理论的基础上,利用流场当地的气动参数作为计算参数,发展了基于当地流的活塞理论,这种计算方法能够求解大攻角状态或钝头气动形式等情况非定常气动力。具体的表示方法如下,根据活塞理论,有

$$dP = \rho a dV_n \tag{6.7}$$

则在考虑流场当地参数的情况下,方程变为

$$dP_l = \rho_l a_l dV_n \tag{6.8}$$

取活塞理论的一阶近似,则当地流活塞理论的非定常气动压力可表示为

$$P = P_l + \rho_l a_l V_n \tag{6.9}$$

式中,V_n 表示物面变形引起的当地速度分量与结构物面振动速度的矢量和。

经典活塞理论存在以下局限性:

(1)仅适用于小迎角尖前缘翼面的气动力计算,马赫数不能太大或太小,一般在 2~5。活塞理论不适用于低马赫数、钝头和大迎角等情况。

(2)未考虑膨胀、绕流、翼身干扰等三维效应。例如,经典活塞理论给出尖锥的压力分布与同角度的切楔结果是相同的,不能反映三维膨胀效应。其未考虑大后掠角、有迎角机翼的绕流效应,也未考虑机身、机翼之间的干扰效应。

(3)虽然二阶和二阶以上的活塞理论可以计及一定迎角和翼面厚度的非线性效应,但是其在状态空间复杂的非线性表达式给系统的分析和设计带来了很大的不便。

陈劲松、杨炳渊于 20 世纪 90 年代初期发展了当地流活塞理论,他们基于激波膨胀波法计算了定常流,每一时间步内计算一次,再运用活塞理论计及翼型振动速度,进而计算大迎角尖前缘翼型的非定常气动力。首先,该方法中的激波膨胀波法仍然是一种工程方法,不能精确计算复杂外形的气动力。此外,由于该方法每一步都需要计算定常流,若运用 CFD 计算每一步定常流,则花费太大。CFD 当地流活塞方法借鉴其思路,只需要计算一次定常流场,再用活塞理论计算非定常气动力,并将这种新的气动力计算方法推广应用于超声速、高超声速气动弹性仿真和分析。

2. Van Dyke 二阶理论

Van Dyke 二阶理论是一种广泛应用于超声速和高超声速气动弹性研究的近似理论,Van Dyke 二阶准定长压力系数表达式为

$$C_p(x, t) = \frac{2}{Ma_\infty^2}\left[\frac{Ma_\infty}{\beta}\frac{v_n}{a_\infty} + \frac{Ma_\infty^4(\gamma + 1) - 4\beta^2}{4\beta^2}\left(\frac{v_n}{a_\infty}\right)^2\right] \tag{6.10}$$

式中,系数 $\beta = \sqrt{Ma_\infty^2 - 1}$。由于表达式包含 β,Van Dyke 理论比 Lighthill 活塞理论更适用于较低的马赫数范围。

3. 牛顿冲击流理论

牛顿冲击流理论适用于计算飞行器在高马赫数和大攻角飞行情况下的气动力,可适用于大攻角和高马赫数 $(Ma \geq 7)$ 情况,是一种高超声速气动力计算的工程近似算法。牛顿冲击理论的基本假设条件为:

(1)流动介质是由一系列均匀分布的、彼此无关的运动质点组成的;

(2)质点与物面碰撞后相对于物面的法向动量损失转换为对物体的作用,而切向动量不变。

基于上述假设条件,可以推导出牛顿压力公式,压力系数表示为

$$C_p = \frac{p - p_\infty}{\frac{1}{2}\rho_\infty V_\infty^2} = 2\sin^2\theta \tag{6.11}$$

式中,θ 为物面与自由流的夹角。

Lees 提出了牛顿压力公式的修正式。其考虑了 Ma_∞ 和 γ 的综合影响,修正了牛顿压力公式右端的系数,称为牛顿冲击理论,如下:

$$C_p = C_{p\max}\sin^2\theta \tag{6.12}$$

式中,$C_{p\max}$ 是压力系数的最大值,它可由以下表达式计算得到

$$C_{p\max} = \frac{2}{\gamma Ma_\infty^2}\left\{\left[\frac{(\gamma + 1)^2 Ma_\infty^2}{4\gamma Ma_\infty^2 - 2(\gamma - 1)}\right]^{\frac{\gamma}{\gamma-1}}\left(\frac{1 - \gamma + 2\gamma Ma_\infty^2}{\gamma + 1}\right) - 1\right\} \tag{6.13}$$

式中,γ 为膨胀比;Ma_∞ 为来流马赫数。

θ 由攻角 α 和弹性变形角 β 两部分组成,可以写成如下形式:

$$\theta = \alpha + \beta = \alpha - \left[\frac{\partial Z(x, y, t)}{\partial x} + \frac{1}{V_\infty}\frac{\partial Z(x, y, t)}{\partial t}\right] \tag{6.14}$$

结构的弹性变形一般可以表示为若干阶固有振型的叠加形式:

$$Z(x, y, t) = \sum_{i=1}^{n} f_j(x, y) q_j(t) \tag{6.15}$$

式中,q_j 为广义坐标;$f_j(x, y)$ 为固有振型。根据广义力的定义,可以求得广义非定常气动力为

$$Q = \frac{1}{2} \rho V_\infty^2 A q \tag{6.16}$$

此处气动力影响系数矩阵 $A = B + i(k/b)C$,系数矩阵表达式为

$$B_{ij} = \xi \iint_S \frac{\partial f_j(x, y)}{\partial x} f_i(x, y) \,\mathrm{d}x \mathrm{d}y, \quad C_{ij} = \xi \iint_S f_j(x, y) f_i(x, y) \,\mathrm{d}x \mathrm{d}y \tag{6.17}$$

$$\xi = \frac{2\sin 2\alpha}{\gamma Ma_\infty^2} \left\{ \left[\frac{(\gamma + 1)^2 Ma_\infty^2}{4\gamma Ma_\infty^2 - 2(\gamma - 1)} \right]^{\frac{\gamma}{\gamma-1}} \left(\frac{1 - \gamma + 2\gamma Ma_\infty^2}{\gamma + 1} \right) - 1 \right\} \tag{6.18}$$

4. 高超声速统一升力面理论

将升力面分成若干个两侧边平行于来流的梯形块,并认为每小块上的空气动力作用在分块的压力点上,边界条件则在下洗控制点处得到满足。

由非定常气动力理论可知,对于每个网格的下洗控制点应满足下列积分方程:

$$w_j = \sum_{j=1}^{n} a_j c_{pj} \int K(x_i, y_i, x_j, y_j) \,\mathrm{d}\mu \tag{6.19}$$

式中,w_j 为第 j 个网格下洗控制点处的下洗速度;$K(x_i, y_i, x_j, y_j)$ 为由非定常超声速气动力理论得到的核函数;a_j 为常量;n 为升力面的气动网格分块数;c_{pj} 为压力系数;μ 为网格尺寸。

式(6.16)可化为矩阵形式,基本方程写为

$$\Delta p = \frac{1}{2} \rho V^2 D^{-1} w \tag{6.20}$$

式中,$w = \begin{bmatrix} w_1 & w_2 & \cdots & w_n \end{bmatrix}^{\mathrm{T}}$ 为气动网格控制点的下洗速度;$\Delta p = \begin{bmatrix} \Delta p_1 & \Delta p_2 & \cdots & \Delta p_n \end{bmatrix}^{\mathrm{T}}$ 为气动网格的压力分布;D 为非定常气动力影响系数矩阵。

对于薄翼面,各气动网格 H 点的下洗速度与振动模态有下列关系:

$$w = \left(\frac{\partial F_H}{\partial x} + \mathrm{i}\,\frac{k}{b}F_H \right) q \tag{6.21}$$

式中, $q = \begin{bmatrix} q_1 & q_2 & \cdots & q_m \end{bmatrix}^{\mathrm{T}}$ 为模态坐标向量; F_H 为控制点的模态矩阵; k 为减缩频率; b 为参考长度。

将式(6.21)代入式(6.20),可以得到

$$\Delta p = \frac{1}{2}\rho V^2 P q \tag{6.22}$$

式中, P 为非定常压力系数矩阵,其表达式为

$$P = D^{-1}\left(\frac{\partial F_H}{\partial x} + \mathrm{i}\,\frac{k}{b}F_H \right) \tag{6.23}$$

根据广义气动力的定义,其矩阵表达形式为

$$Q = F_P^{\mathrm{T}} S \Delta p \tag{6.24}$$

式中, F_P 为网格气动作用点处的模态矩阵; $S = \mathrm{diag}(\Delta S_1, \Delta S_2, \cdots, \Delta S_n)$ 为面积加权阵,对角项为各气动网格的面积。

将式(6.22)代入式(6.24),可得广义非定常气动力的表达式为

$$Q = \frac{1}{2}\rho V^2 A q \tag{6.25}$$

式中, A 为广义气动力系数矩阵,表达式为

$$A = F_P^{\mathrm{T}} S D^{-1}\left(\frac{\partial F_H}{\partial x} + \mathrm{i}\,\frac{k}{b}F_H \right) \tag{6.26}$$

6.3.2　基于 CFD 的高超声速非定常气动力计算方法

基于 CFD 的高超声速非定常气动力计算涉及以下问题需要解决。

（1）空间离散精度:网格质量对基于 CFD 的气动载荷精确计算至关重要,但其对精度和效率的影响是相互矛盾的。研究指出,在物面附近集中绝大多数网格能最精确地捕获机翼周围的流场特征;升力和力矩系数对网格分辨率不敏感,但阻力系数对网格分辨率较敏感。

（2）时间离散精度:研究结果显示,阻力系数对时间步长最敏感,其误差体

现为相位误差,应使用阻力系数相位差不变作为收敛标准。

(3) 流固耦合计算方法: 流固耦合仿真中,结构和流体需要实时求解并交互边界和载荷等信息,而且结构有限元和流体动力学分别基于拉格朗日坐标系和欧拉坐标系两种不同坐标系进行空间离散,因此精确耦合结构和流体两种动力学系统是非常复杂的。在每一个时间步上直接重新生成网格的方法,计算量巨大。目前的解决方法包括时空方法、任意/混合欧拉-拉格朗日法、多场耦合法、逸流法和指数衰减法等。

采用计算流体动力学/计算结构动力学(computational structural dynamics, CSD)耦合时,域气动弹性分析是目前气动弹性数值仿真的主流方法,其基本原理是: 通过求解 N-S/欧拉方程计算弹性体在任意运动下的非定常气动载荷,在时域内推进结构动力学方程,计算弹性结构详细的时间响应历程,通过响应形态分析飞行器的气动弹性问题,即静气动弹性变形、颤振边界、极限环振荡以及阵风响应等。

由于结构和气动是两个不同性质的物理场,其采用的计算网格往往不一致,需要通过一定的界面数据插值技术和耦合策略确定流体求解器和结构求解器之间的数据传递方法及迭代推进方式;分析过程中需要使用动网格技术依据飞行器外形的变化对网格不断地进行相应的调整。

1. 计算流体力学控制方程

流体运动所遵循的规律是由物理学三大守恒定律,即质量守恒、动量守恒和能量守恒定律所决定的。这三大定律对流体力学的数学描述构成了流体力学的基本方程组——Navier-Stokes 方程组。

当不考虑外加热和体积力的影响时,直角坐标系下的三维可压非定常 N-S 方程组的守恒积分形式为

$$\frac{\partial}{\partial t}\iiint_V Q\mathrm{d}V + \oiint_{\partial V}F \cdot n\mathrm{d}S = 0 \tag{6.27}$$

式中, $Q = (\rho, \rho u, \rho v, \rho w, \rho e)^\mathrm{T}$ 为守恒向量; ρ、(u, v, w)、e 分别为密度、直角坐标下的速度分量和单位质量气体的总能量; ∂V 为某一固定区域 V 的边界; n 为该区域边界的外法向向量; F 为矢通量,可分解为对流矢通量 F_c 和黏性矢通量 F_v 两个部分,其分解形式如下:

$$F = F_c - F_v \tag{6.28}$$

其中,

$$F_c = \begin{bmatrix} \rho u i + \rho v j + \rho w k \\ (\rho u^2 + p) i + \rho u v j + \rho u w k \\ \rho u v i + (\rho v^2 + p) j + \rho v w k \\ \rho u w i + \rho v w j + (\rho w^2 + p) k \\ (\rho u e + u p) i + (\rho v e + v p) j + (\rho w e + w p) k \end{bmatrix} \tag{6.29}$$

$$F_v = \begin{bmatrix} 0 \\ \tau_{xx} i + \tau_{xy} j + \tau_{xz} k \\ \tau_{yx} i + \tau_{yy} j + \tau_{yz} k \\ \tau_{zx} i + \tau_{zy} j + \tau_{zz} k \\ \Pi_x i + \Pi_y j + \Pi_z k \end{bmatrix} \tag{6.30}$$

$$\begin{aligned} \Pi_x &= u\tau_{xx} + v\tau_{xy} + w\tau_{xz} - q_x \\ \Pi_y &= u\tau_{yx} + v\tau_{yy} + w\tau_{yz} - q_y \\ \Pi_z &= u\tau_{zx} + v\tau_{zy} + w\tau_{zz} - q_z \end{aligned} \tag{6.31}$$

黏性应力项分别为

$$\begin{aligned} \tau_{xx} &= 2\mu u_x - \frac{2}{3}\mu(u_x + v_y + w_z) \\ \tau_{yy} &= 2\mu v_y - \frac{2}{3}\mu(u_x + v_y + w_z) \\ \tau_{zz} &= 2\mu w_z - \frac{2}{3}\mu(u_x + v_y + w_z) \\ \tau_{xy} &= \tau_{yx} = \mu(u_y + v_x) \\ \tau_{xz} &= \tau_{zx} = \mu(u_z + w_x) \\ \tau_{yz} &= \tau_{zy} = \mu(v_z + w_y) \end{aligned} \tag{6.32}$$

式中,热流量与温度梯度的关系遵循傅里叶定律:

$$\begin{aligned} q_x &= -k\frac{\partial T}{\partial x} \\ q_y &= -k\frac{\partial T}{\partial y} \\ q_z &= -k\frac{\partial T}{\partial z} \end{aligned} \tag{6.33}$$

上述方程组是不封闭的,为了使 N-S 方程组封闭,还需要补充其他的物理关系式,对于完全气体,其状态方程如下:

$$\begin{cases} p = \rho R T \\ h = c_p T \end{cases} \tag{6.34}$$

在上述方程组中,单位质量气体的总能量表达式如下:

$$e = \frac{p}{(\gamma - 1)\rho} + \frac{u^2 + v^2 + w^2}{2} \tag{6.35}$$

2. 有限体积法

对于 N-S 方程的有限体积法,根据高斯散度定理,假设取定一个不随时间变化的控制体 Ω——有限体积单元或网格单元,其边界为 $\partial\Omega$,n 表示单元边界 $\partial\Omega$ 的外法线矢量,这样得到积分形式的控制方程为

$$\frac{\partial}{\partial t} \int_{\Omega_{i,j,k}} Q \mathrm{d}\Omega + \int_{\partial\Omega_{i,j,k}} F_c \cdot n \mathrm{d}s + \int_{\partial\Omega_{i,j,k}} F_v \cdot n \mathrm{d}s = 0 \tag{6.36}$$

积分形式方程固有的守恒性允许存在间断解,所以能捕捉流动中存在的激波,可应用于各种马赫数范围的流场计算。若用贴体曲线网格代替绕流物体周围的连续流动区域,则方程(6.36)适用于任意的控制体,边界 $\partial\Omega_{i,j,k}$ 按式(6.37)构成:

$$\partial\Omega_{i,j,k} = \mathrm{d}s_{i-\frac{1}{2},j,k} + \mathrm{d}s_{i+\frac{1}{2},j,k} + \mathrm{d}s_{i,j-\frac{1}{2},k} + \mathrm{d}s_{i,j+\frac{1}{2},k} + \mathrm{d}s_{i,j,k-\frac{1}{2}} + \mathrm{d}s_{i,j,k+\frac{1}{2}}$$

$$\tag{6.37}$$

在 CFD 中一般采用半离散形式,也就是将空间近似与时间分开,流动量 $Q_{i,j,k}$ 取单元中心的平均体积,即

$$Q_{i,j,k} = \frac{1}{h_{i,j,k}} \int_{\Omega_{i,j,k}} Q \mathrm{d}\Omega \tag{6.38}$$

式中,单元体积 $h_{i,j,k}$ 与时间无关,它可以用三个面矢量 $s_{i-\frac{1}{2},j,k}$、$s_{i,j-\frac{1}{2},k}$ 和 $s_{i,j,k-\frac{1}{2}}$ 及其主对角线矢量 $r_{i,j,k}$ 进行计算,即

$$r_{i,j,k} = (x_{i+1,j+1,k+1} - x_{i,j,k})i_x + (y_{i+1,j+1,k+1} - y_{i,j,k})i_y + (z_{i+1,j+1,k+1} - z_{i,j,k})i_z$$

$$h_{i,j,k} = \frac{1}{3}r_{i,j,k} \cdot (\mathrm{d}s_{i-\frac{1}{2},j,k} + \mathrm{d}s_{i,j-\frac{1}{2},k} + \mathrm{d}s_{i,j,k-\frac{1}{2}})$$

$$\tag{6.39}$$

式中，ds 为单元的面积矢量，$ds_{i-\frac{1}{2},j,k}$ 可表示为

$$ds_{i-\frac{1}{2},j,k} = \frac{1}{2}(a_{i-\frac{1}{2},j,k} \times b_{i-\frac{1}{2},j,k}) \tag{6.40}$$

式中，a 和 b 分别为有向面 ds 的两个对角线矢量，可表示为

$$a_{i-\frac{1}{2},j,k} = (x_{i,j+1,k+1} - x_{i,j,k})i_x + (y_{i,j+1,k+1} - y_{i,j,k})i_y + (z_{i,j+1,k+1} - z_{i,j,k})i_z$$

$$b_{i-\frac{1}{2},j,k} = (x_{i,j,k+1} - x_{i,j+1,k})i_x + (y_{i,j,k+1} - y_{i,j+1,k})i_y + (z_{i,j,k+1} - z_{i,j+1,k})i_z$$

$$\tag{6.41}$$

假定网格不随时间变化，则半离散形式可写为

$$h_{i,j,k}\frac{\mathrm{d}}{\mathrm{d}t}Q_{i,j,k} + W^c_{i,j,k} - W^v_{i,j,k} = 0 \tag{6.42}$$

式中，$W^c_{i,j,k}$ 和 $W^v_{i,j,k}$ 分别为该单元的无黏通量和黏性通量。为与 $Q_{i,j,k}$ 相平衡，以无黏通量为例进行离散，$W^c_{i,j,k}$ 可表示为

$$W^c_{i,j,k} = F_c \cdot ds\,|_{i+\frac{1}{2},j,k} - F_c \cdot ds\,|_{i-\frac{1}{2},j,k} + F_c \cdot ds\,|_{i,j+\frac{1}{2},k}$$
$$- F_c \cdot ds\,|_{i,j-\frac{1}{2},k} + F_c \cdot ds\,|_{i,j,k+\frac{1}{2}} + F_c \cdot ds\,|_{i,j,k-\frac{1}{2}} \tag{6.43}$$

在变换后的空间里取一个计算单元，单元中心点表示为 (i,j,k)。其表面是 ξ、η、ζ 分别为常数的界面，在此计算单元上对以积分形式表示的 N−S 方程取微分，可得半离散形式方程为

$$\left(\frac{\partial Q}{\partial t}\right)_{i,j,k} + (F - F_v)_{i+\frac{1}{2},j,k} - (F - F_v)_{i-\frac{1}{2},j,k} + (G - G_v)_{i,j+\frac{1}{2},k} \tag{6.44}$$
$$- (G - G_v)_{i,j-\frac{1}{2},k} + (H - H_v)_{i,j,k+\frac{1}{2}} - (F - F_v)_{i,j,k-\frac{1}{2}} = 0$$

3. 动网格方法

在气动弹性计算中，结构会随时间的变化而变形，因此气动网格也要跟随结构一起变形。动网格的质量会对非定常气动力的计算产生较大的影响，同时气动网格变形所花费的时间也对整个气动弹性求解的效率有重大影响。动网格方法有很多，大致分为三类，即网格重构法、重叠网格法、网格变形法。网格重构法随着物面运动不断重新生成计算网格，包括全局网格再生成和局部网格再生成，如自适应笛卡儿网格法；重叠网格法单独生成每个物体的子网格，然后建立子网格间的插值关系，子网格随物体一起运动，该方法在处理多体问题时具有明显的

优势,但子网格间的插值问题较难处理,特别是遇到子网格交界处有激波的情况;网格变形法根据物面运动调整原始网格节点位置,如(traditional transfinite interpolation,TFI)方法、弹簧类比法等,弹簧类比法对非结构网格较适用。

1) 弹簧网络平衡法

弹簧网络平衡法适用于非结构网格,核心思想是假设在边界处的网格受到外力作用或者发生一定的位移变化时,所作用外力或网格的位移量随着计算域的弹簧网络在整个计算域里进行传递,以保证计算域内网格的有效性。

弹簧网络平衡法的发展经历了二维线性弹簧模型、二维扭转弹簧模型以及三维扭转弹簧模型四个过程。

(1) 二维线性弹簧模型。

在二维线性弹簧模型中,假设每一个节点都是一个质点,每条边都是弹簧系数为 k_{ij} 的弹簧,弹簧系数 k_{ij} 表达式为

$$k_{ij} = \frac{1}{\left[(x_i - x_j)^2 + (y_i - y_j)^2 \right]^{\frac{p}{2}}} = \frac{1}{l_{ij}^p}, \quad p = 2 \tag{6.45}$$

将整个系统分别以 x 和 y 方向独立考虑,则根据各节点受力平衡方程得到

$$\Delta x_i = \frac{\sum_{j=1}^N k_{ij}(x_j + \Delta x_j - x_i)}{\sum_{j=1}^N k_{ij}}, \quad \Delta y_i = \frac{\sum_{j=1}^N k_{ij}(y_j + \Delta y_j - y_i)}{\sum_{j=1}^N k_{ij}}, \tag{6.46}$$

对于三维问题,每一个空间的四面体单元结构,设 i 点为计算点,坐标为 (x_i, y_i, z_i),坐标变化量为 $(\Delta x_i, \Delta y_i, \Delta z_i)$;设 i 点的相邻点为 j 点,j 点坐标为 (x_j, y_j, z_j),坐标变化量为 $(\Delta x_j, \Delta y_j, \Delta z_j)$;设 i 和 j 两点间线段的弹性系数为 k_{ij}。根据独立考虑一维方向的力平衡原则得到 i 点的坐标变化量:

$$\Delta x_i = \frac{\sum_{j=1}^N k_{ij}(x_j + \Delta x_j - x_i)}{\sum_{j=1}^N k_{ij}}, \quad \Delta y_i = \frac{\sum_{j=1}^N k_{ij}(y_j + \Delta y_j - y_i)}{\sum_{j=1}^N k_{ij}},$$

$$\Delta z_i = \frac{\sum_{j=1}^N k_{ij}(z_j + \Delta z_j - z_i)}{\sum_{j=1}^N k_{ij}} \tag{6.47}$$

（2）二维扭转弹簧模型。

除二维线性弹簧模型，假设角 i、j、k 处存在一个扭转弹簧，扭转弹簧的弹性系数影响角度 θ_i^{ijk}。为了使每一个单元不出现负体积构造如式（6.48）所示的弹性系数 C_{ijk}，当角度 Q_i^{ijk} 趋近于 0°或 180°时，弹性系数 C_{ijk} 趋于无穷大，相当于产生一个很大的力来抵抗单元的角度变化，保证变形后的单元体积不为负。

$$C_{ijk} = \frac{1}{\sin^2 \theta_i^{ijk}} \qquad (6.48)$$

二维扭转弹簧模型不同于线性弹簧模型，扭转角度 θ_i^{ijk} 的变化 $\Delta\theta_i^{ijk}$ 依赖于单元的三个顶点 i、j、k 的位置关系和相对位移变化。通过分析可知，扭转角度变化 $\Delta\theta_i^{ijk}$ 与三个顶点的位移变化 q^{ijk} 有如下关系：

$$\Delta\theta_i^{ijk} = R^{ijk\mathrm{T}} q^{ijk} \qquad (6.49)$$

$$q^{ijk\mathrm{T}} = \begin{bmatrix} \Delta x_i & \Delta y_i & \Delta x_j & \Delta y_j & \Delta x_k & \Delta y_k \end{bmatrix} \qquad (6.50)$$

$$R^{ijk\mathrm{T}} = \begin{bmatrix} \dfrac{\partial \theta_i}{\partial x_i} & \dfrac{\partial \theta_i}{\partial y_i} & \dfrac{\partial \theta_i}{\partial x_j} & \dfrac{\partial \theta_i}{\partial y_j} & \dfrac{\partial \theta_i}{\partial x_k} & \dfrac{\partial \theta_i}{\partial y_k} \end{bmatrix} \qquad (6.51)$$

将二维线性弹簧模型的弹簧力和二维扭转弹簧模型的弹簧力叠加，节点外力平衡方程为式（6.52）。这样就可以由周围点的变形量迭代得到计算域所有点的变形量，使用不同的迭代方式收敛效果不同，但是结果是一致的。

$$F^{ijk} = F_{\mathrm{linear}}^{ijk} + F_{\mathrm{torsion}}^{ijk} = F_{\mathrm{linear}}^{ijk} + \begin{bmatrix} R^{ijk} C^{ijk} R^{ijk\mathrm{T}} \end{bmatrix} q^{ijk} = 0 \qquad (6.52)$$

（3）三维扭转弹簧模型。

对于三维问题，基本方程不变。但三维扭转控制角是线-面夹角，式（6.52）中的 q^{ijk} 和转换矩阵 R^{ijk} 需要改写成三维形式，q^{ijk} 由[6×1]变为[12×1]，而转换矩阵也由[6×1]变为[12×1]，如式（6.53）和式（6.54）所示：

$$F_{\mathrm{linear}}^{ij} = \begin{bmatrix} R_{\mathrm{linear}}^{ij} C_{\mathrm{linear}}^{ij} R_{\mathrm{linear}}^{ij\ \mathrm{T}} \end{bmatrix} q^{ij} \qquad (6.53)$$

$$F_{\mathrm{torsion}}^{ijkl} = \begin{bmatrix} R_{\mathrm{torsion}}^{ijkl} C_{\mathrm{torsion}}^{ijkl} R_{\mathrm{torsion}}^{ijkl\ \mathrm{T}} \end{bmatrix} q^{ijkl} \qquad (6.54)$$

2）径向基函数方法

径向基函数（radial basis function，RBF）方法是一种非线性的变形插值方法，该方法对于结构网格和非结构网格都适用，而且变形后网格的光顺性特别好，近年来得到了广泛应用。

径向基函数插值的基本形式为

$$F(r) = \sum_{i=1}^{N} w_i \varphi(\parallel r - r_i \parallel) \qquad (6.55)$$

式中,$F(r)$ 为插值函数;N 为插值问题所使用的径向基函数的总数目;$\varphi(\parallel r-r_i \parallel)$ 为采用的径向基函数的通用形式;$\parallel r-r_i \parallel$ 为未知矢量 r 到 r_i 的距离;r_i 为第 i 号径向基函数支撑点的位置;w_i 为与第 i 号径向基函数相对应的权重系数。径向基函数的类型很多,本节选择的是较适用于网格变形插值使用的 Wendland's C^2 函数,其具体形式如下:

$$\varphi(\eta) = (1 - \eta)^4 (4\eta + 1) \qquad (6.56)$$

式中,$\eta = \parallel r - r_i \parallel /d$;$d$ 为径向基函数的作用半径。当 $\eta > 1$ 时,强制设定 $\varphi(\eta)$ 的值为零。径向基函数插值问题的插值条件可用以下矩阵形式描述为

$$\begin{aligned}
\Delta X_S &= \Phi W_X \\
\Delta Y_S &= \Phi W_Y \\
\Delta Z_S &= \Phi W_Z
\end{aligned} \qquad (6.57)$$

式中,下标 S 表示物面属性;ΔX_S、ΔY_S 和 ΔZ_S 分别表示 N 个物面边界点在 x、y 和 z 方向上的位移分量,其表达式如下:

$$\begin{aligned}
\Delta X_S &= \{ \Delta x_{S_1}, \cdots, \Delta x_{S_N} \}^T \\
\Delta Y_S &= \{ \Delta y_{S_1}, \cdots, \Delta y_{S_N} \}^T \\
\Delta Z_S &= \{ \Delta z_{S_1}, \cdots, \Delta z_{S_N} \}^T
\end{aligned} \qquad (6.58)$$

W_X、W_Y 和 W_Z 均为待定的权重系数序列,矩阵 Φ 的具体形式为

$$\Phi = \begin{bmatrix}
\varphi(\parallel r_{S_1} - r_{S_1} \parallel) & \cdots & \varphi(\parallel r_{S_1} - r_{S_i} \parallel) & \cdots & \varphi(\parallel r_{S_1} - r_{S_N} \parallel) \\
\vdots & & \vdots & & \vdots \\
\varphi(\parallel r_{S_j} - r_{S_1} \parallel) & \cdots & \varphi(\parallel r_{S_j} - r_{S_i} \parallel) & \cdots & \varphi(\parallel r_{S_j} - r_{S_N} \parallel) \\
\vdots & & \vdots & & \vdots \\
\varphi(\parallel r_{S_N} - r_{S_1} \parallel) & \cdots & \varphi(\parallel r_{S_N} - r_{S_i} \parallel) & \cdots & \varphi(\parallel r_{S_N} - r_{S_N} \parallel)
\end{bmatrix}$$

$$(6.59)$$

通过方程(6.57)求出待定权重系数 W_X、W_Y 和 W_Z 后就可以获得物面位移的径向基函数插值。这样,计算域内任意网格节点 j 的位移就可以通过式 (6.55)确定,即

$$\begin{cases} \Delta x_j = \displaystyle\sum_{i=S_1}^{S_N} w_i^x \varphi(\parallel r_j - r_i \parallel) \\[2mm] \Delta y_j = \displaystyle\sum_{i=S_1}^{S_N} w_i^y \varphi(\parallel r_j - r_i \parallel) \\[2mm] \Delta z_j = \displaystyle\sum_{i=S_1}^{S_N} w_i^z \varphi(\parallel r_j - r_i \parallel) \end{cases} \tag{6.60}$$

径向基函数网格变形方法的关键环节是将物面变形通过径向基函数插值近似代替的过程,其插值过程可统一表述为以下形式:

$$\Delta S = \Phi W \tag{6.61}$$

径向基函数方法实施的一个难点在于如何选取支撑点,当物面结构节点较多,且结构较复杂时,直接选用所有的物面节点作为支撑点将会使径向基函数矩阵维数非常大,计算效率会非常低。因此,需要采用一定的算法寻找最佳的支撑点个数和支撑点的位置。Rendall 等采用贪心算法来寻找径向基函数的支撑点。

贪心算法的基本流程如下:

(1) 任意选取 I(一般可取 $I=3$) 个物面网格节点形成一个初始节点集合。$P^0 = \{p_1, p_2, \cdots, p_M\}$ 通过式(6.61)确定相应的权重系数 W^0。

(2) 使用权重系数 W^0 计算所有物面节点的变形,并计算该变形与真实变形之间的误差。

(3) 将误差绝对值最大的点加入原支撑点集合,构成新的支撑点集合 P^1。

(4) 重复(2)和(3),直到误差满足事先设定的范围。

经过贪心算法选择支撑点后,可以得到最优的支撑点集合,计算效率可以大大提高,从而可以使动网格插值的时间缩短。图 6.3 给出了采用径向基函数计算 GOLAND 机翼扭转变形时的流场网格。

3) 代数背景网格插值法

顾名思义,代数背景网格插值法是借助于背景网格的动网格方法。全部由三角形单元构成的简单非结构网格可以直接使用弹簧网络模型方法进行变形求解;但是在弹簧网络模型方法中,空间的每一个点都要参与方程的建立,计算量大,不适用于大规模工程问题。

假设存在一个代数背景网格(图 6.4),该网格也是由三角形单元组成的,同时三角形单元的每个顶点都在计算域的边界上。将背景网格和非结构网格叠加得到图 6.5,由图 6.5 可以看到非结构网格中除了边界节点之外的每一个网格节

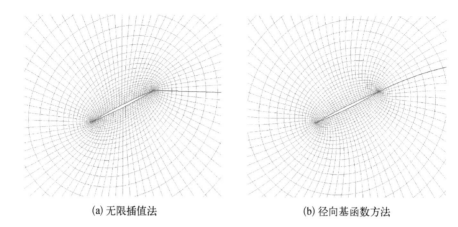

(a) 无限插值法　　　　　　　　　　　　(b) 径向基函数方法

图 6.3　无限插值法和径向基函数方法比较

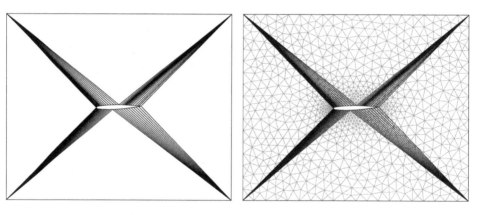

图 6.4　代数背景网格　　　　　　**图 6.5　背景网格和非结构网格重叠图**

点都在某一个背景网格单元内部,该内部点的位移可以由三角形三个顶点的位移进行代数插值得到。

4) 多套重叠非结构背景网格插值法

代数背景网格插值法虽然计算速度快,但由于本身所用到的背景网格过于简单,在处理复杂外形和较大空间问题时,该方法存在致命的缺陷,而弹簧网络模型方法变形能力更强、更容易模拟复杂外形。多套重叠非结构背景网格插值法综合运用了弹簧网络模型方法和代数背景网格插值法,是一种鲁棒性更好、速度更快的动网格方法。在该方法中,首先构建背景网格,然后对背景网格进行变形,再根据背景网格插值获得变形后的计算网格。背景网格部分采用弹簧网络模型,这样即使一个 1 000 万的计算网格,若背景网格只取 30 万,则计算弹簧方程时也只需要求解这 30 万网格,大大提高了计算效率。对于背景网格和计算网格之间的插值则采用与代数背景网格相同的插值方法。

进一步需要说明的是,若要求运动物面的计算网格点和背景网格点一一对应,则生成背景网格的规模相比于计算网格并没有减少很多,因此需要研究面网格不一一对应的处理方法,尽量减少背景网格的物面点数量。研究发现,对于图 6.6 所示的凸物面问题,当背景网格点少于计算网格点时不存在技术困难,仅存在适当的插值误差;但当物面是图 6.7 所示的凹物面时,部分物面点或者空间点将出现在背景网格所覆盖区域之外,基于体积法的插值存在困难,可能需要进行部分外插,同时对程序来说准确地寻找插值基准单元并不完全可控。针对该问题研究认为,可以在除计算域空间的一套非结构背景网格之外再生成一套物面内部的非结构背景网格。

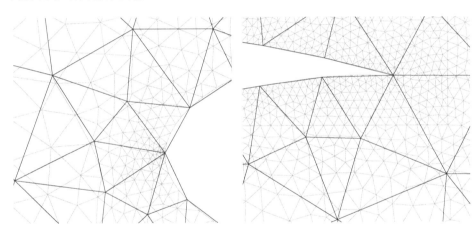

图 6.6 凸物面时背景网格覆盖情况   图 6.7 凹物面时背景网格覆盖情况

多套重叠非结构背景网格插值法不仅能够很好地处理基于四面体单元的非结构网格变形问题,而且适用于传统方法难以处理的非结构混合网格。无论混合网格的体单元是四面体单元、三棱柱单元、六面体单元,还是金字塔单元,该方法都将计算空间里的每一个计算节点看成离散的空间点,等同于基于四面体单元的非结构网格,在计算域内填充非结构背景网格,不考虑不同的体单元的存在,直接采用变形插值处理方法,能够快速、高效地得到变形后的混合网格。

6.4 气动弹性分析方法

气动弹性耦合策略可分为全耦合、紧耦合(改进的松耦合)和松耦合三种,如表 6.2 所示。全耦合方法意味着建立结构与气动统一模型或联立方程,进行频域或时域分析,其优点在于能够同步求解结构和气动变量,但复杂结构的全耦合气动弹性全阶模型的建立和求解很复杂。目前,基于 CSD 和 CFD 耦合的气动弹性时域分析主要采取紧耦合策略和松耦合策略。紧耦合策略的精度较高,但不能保证计算效率;松耦合策略计算效率较高,但结构与气动耦合界面仅具有一阶时间精度,限制了时间步长的选取。

表 6.2　气动弹性耦合策略分类

耦合策略	基 本 原 理	优　点	不　足
全耦合	输入 q_n、Q_n → 气动结构 → 输出 q_{n+1}、Q_{n+1}	结构和气动变量同步求解,耦合方法误差最小	复杂全阶模型建立/求解困难
紧耦合	气动 Q_n — 3 — Q_{n+1}；2；结构 q_n — 4、1、5 — q_{n+1} — 6	减少交错积分所致误差	计算效率较低
松耦合 串行	气动 Q_n — 2 — Q_{n+1}；1 q_n；3 P_{n+1} q_{n+1}；结构 q_n — 4 — q_{n+1}	算法简单	存在交错时间积分滞后
松耦合 并行	气动 Q_n — 2 — Q_{n+1}；1；P_n q_n　P_{n+1} q_{n+1}；结构 q_n — 2 — q_{n+1}		

不同精细程度的结构模型和气动模型之间的耦合如图 6.8 所示。耦合①和
②可建立全耦合气动弹性模型,开展气动弹性频域或时域分析。耦合③和④则
一般对应于紧耦合或松耦合的气动弹性模型,开展气动弹性时域分析。

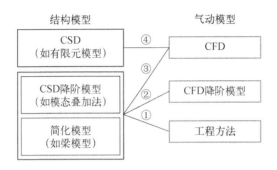

图 6.8　不同精细程度的结构和气动模型的耦合

当前在工程领域应用较为成熟的气动弹性分析方法主要有以下三类:

(1) 工程方法:基于结构模态和气动力近似模型的气动弹性分析方法。

(2) 降阶方法:基于结构模态、气动力近似模型和 CFD 的气动弹性分析
方法。

(3) 数值方法:基于结构模态或有限元和 CFD 的气动弹性分析方法。

6.4.1　工程方法

工程方法基于模态坐标系下的结构动力学模型和非定常气动力近似模型来
建立全耦合的频域或时域分析模型,根据马赫数、攻角和气动外形特点等选择有
效的气动力模型,方法流程如图 6.9 所示。工程方法适用于各设计阶段中各种
分析对象的绝大多数分析任务,分析效率高,适用于结构迭代设计和气动弹性闭
环控制率设计,满足工程需求,是 MSC Nastran 气动弹性模块和气弹分析专用软
件 ZAERO 等常采用的方法,也是行业内型号设计中使用的主要方法。

工程方法的技术重点是非定常气动力近似模型研究、气动力插值技术研究
和气动弹性动力学模型的建立。非定常气动力近似模型包括活塞理论、牛顿冲
击理论、ZONA51 和 ZONA7U 等(图 6.10),因采用一定假设条件,所以该模型不
适用于大攻角、翼身干扰二维效应等情况,但该模型计算效率高,在一些情况下
能够提供足够准确的计算结果。

偶极子格网法(doublet lattice method, DLM)是基于线性势流理论的亚声速
升力面气动力模型。DLM 是定常涡格法在非定常流中的扩展。DLM 假设未受

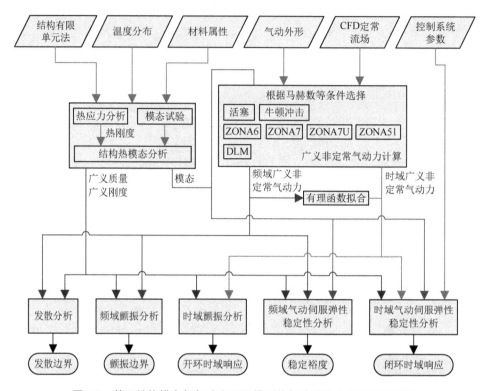

图 6.9 基于结构模态与气动力近似模型的气动弹性分析方法示意图

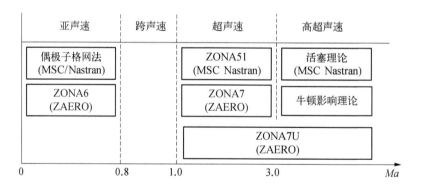

图 6.10 非定常气动力近似计算方法

扰动气流是均匀的,且为定常或做简谐运动;所有升力面几乎与来流平行。

　　DLM 将气动升力面划分为若干梯形气动单元,每个气动单元的边与自由流平行;以每个气动单元内 1/4 弦长处的升力压强来描述升力面的气动力;以每个气动单元内展向中心 3/4 弦长点作为控制点,即下洗速度满足物面边界条件。

DLM 仅适用于升力面,不考虑攻角和升力面厚度的影响。

6.4.2　降阶方法

降阶方法是在工程方法的基础上,利用 CFD 方法获得局部定常流场参数,进而利用气动力近似方法(如活塞理论)获得非定常气动载荷。该方法通过引入定常 CFD 结果来计算非定常气动力,不仅可以考虑到经典气动力近似模型不能捕捉的复杂现象,弥补了工程方法的局限性,而且其计算效率远高于时域非定常 CFD 方法。

1. 结构模态叠加法

对于结构动力学运动方程,无论是用平衡法导出,还是用能量法导出,它们都是在时间域写出的,是关于时间变量、空间变量的偏微分方程。工程上对于复杂结构动响应问题的求解,往往采用离散化模型将连续变量离散化,将偏微分方程转化为常微分方程,甚至代数方程,从而使求解大大简化,并且可以方便采用计算机来完成结构动力学响应的分析。

结构模型离散化手段通常采用有限差分法或有限元方法。有限差分法是将导数运算近地用差分运算代替,使差分方程变为离散变量方程,这是一种数学上的近似方法。有限元方法是将连续结构离散化为有限个元素,而原始的连续控制变量(如各点位移)改用各个元素交点处(称为节点)的离散控制变量近似地刻画。有限元节点为有限量,因此也使控制方程变为离散化方程,是通过物理模型实现离散化的。两种离散化方法都是在分割变得微小时逼近于原始连续结构,从而得到满足精度要求的解。一般认为,有限差分法精度要高一些,但它对边界条件的适应性较差,而有限元方法对边界条件的适应性要好得多。因此,有限元方法近年来得到了更多的重视,已经成为结构动力学数值计算的主流方法。

常用的结构有限元单元有杆元、梁元、壳元、板元以及质量单元等。飞行器各个部件根据其受力形式的不同选择合适的单元进行模拟。将结构模型离散化之后通过非保守系统的拉格朗日方程可以得到如下的结构动力学方程:

$$M\ddot{q} + C\dot{q} + Kq = Q^F \tag{6.62}$$

式中,M、C 和 K 分别为结构质量矩阵、阻尼矩阵和刚度矩阵;Q^F 为结构外力。

在进行时间积分之前可以采用模态叠加方法来简化结构动力学方程,引入模态广义坐标进行主坐标变换或正规坐标变换,使原来互相耦合的运动方程解耦,变成互相独立的几个运动方程,运用单自由度系统理论求解。

通过求解特征方程 $k\phi_i = \lambda_i M\phi_i$ 的最小 n 个特征值 λ_1, λ_2, $\cdots$, λ_n 和特征向量 ϕ_1, ϕ_2, $\cdots$, ϕ_n, 组成振型矩阵 $\Phi = [\phi_1, \phi_2, \cdots, \phi_n]$, 则式(6.62)可以近似为如下的 n 阶方程:

$$\bar{M}\ddot{\xi} + \bar{C}\dot{\xi} + \bar{K}\xi = \bar{Q}^F \tag{6.63}$$

式中, $\bar{M} = \Phi^T M \Phi$、$\bar{C} = \Phi^T C \Phi$、$\bar{K} = \Phi^T K \Phi$ 分别为广义质量、广义阻尼和广义刚度矩阵;广义位移 ξ 满足 $q = \Phi\xi$;广义外力 $\bar{Q}^F = \Phi^T Q^F$。

模态叠加法将结构运动视为固有振型的叠加,在一定程度上简化了计算,这在颤振和动力响应计算中起到了相当重要的作用。当然,需要指出的是这种方法不可避免地存在模态截断误差,因此需要根据模型选取适当的计算模态阶数。

实际计算中,一般将(6.63)转化为状态空间的形式计算,引入状态变量 $Y = [\xi \quad \dot{\xi}]^T$ 将(6.63)写成如下状态空间方程:

$$\dot{Y} = AY + B \tag{6.64}$$

式中,系数矩阵 A 和 B 分别为

$$A = \begin{bmatrix} 0 & I \\ -\bar{M}^{-1}\bar{K} & -\bar{M}^{-1}\bar{C} \end{bmatrix} \tag{6.65}$$

$$B = \begin{bmatrix} 0 \\ \bar{M}^{-1}\bar{Q}^F \end{bmatrix}$$

至此,将具有 n 个二阶微分方程的多自由度系统运动方程置换成具有 $2n$ 个一阶微分方程的方程组,可以方便地通过 Runge-Kutta 等方法来求解。

2. 基于结构模态坐标的气动力表达

设选取 N 阶结构模态,对应点 P 的第 m 阶振型以 $zx_m = a_m i + b_m j + c_m k$ 的形式给出,对应的广义坐标为 $\xi_m(t)$。当 $\xi_m(t) = 1$ 时可求出对应第 m 阶模态单位变形后的物面外法线单位矢量 n_m^0,同时注意到在微振幅假设下,$n_m^0 \approx n_0$,则物面变形前后外法线方向夹角矢量为 $\delta n_m = n_0 - n_m = \xi_m(t)(n_0 - n_m^0)$,从而得到

$$\delta n = \sum_{m=1}^{N} \delta n_m = \sum_{m=1}^{N} [\xi_m(t)(n_0 - n_m^0)] \tag{6.66}$$

因此,

$$V_l \cdot \delta_n = \sum_{m=1}^{N} [\xi_m(t) V_l \cdot (n_0 - n_m^0)] \tag{6.67}$$

对应第 m 阶模态的物面振动速度 $V_{bm} = \dot{\xi}_m(t)zx_m$，因此总振动速度为

$$V_b = \sum_{m=1}^{N} V_{bm} = \sum_{m=1}^{N} \left[\dot{\xi}_m(t)zx_m \right] \tag{6.68}$$

则有

$$P - P_l = \rho_l a_l W = \frac{2q_l}{Ma_l^2 a_l} \sum_{m=1}^{N} \left[\xi_m(t)V_l \cdot (n_0 - n_m^0) + \dot{\xi}_m(t)zx_m \cdot n_0 \right]$$

$$\tag{6.69}$$

令 $D_p = \dfrac{p_l}{p_\infty}$，$D_\rho = \dfrac{\rho_l}{\rho_\infty}$，整理得

$$P - P_l = \frac{2q_\infty}{Ma_\infty^2 a_\infty} \sqrt{D_\rho D_p} \sum_{m=1}^{N} \left[\xi_m(t)V_l \cdot (n_0 - n_m^0) + \dot{\xi}_m(t)zx_m \cdot n_0 \right]$$

$$\tag{6.70}$$

式中，q_l、q_∞ 分别为当地动压和来流动压。定常量 P_l 不影响颤振稳定性分析，因此将 P_l 项舍去，从而得到用模态坐标表示的广义气动力：

$$\{Q\} = \frac{2q_\infty}{Ma_\infty^2 a_\infty}[A]\{\xi\} + \frac{2q_\infty}{Ma_\infty^2 a_\infty}[B]\{\dot{\xi}\} \tag{6.71}$$

其中，

$$A_{ij} = \oiint_{\text{wing}} \left\{ \sqrt{D_\rho D_p} \left[V_l \cdot (n_0 - n_j^0) \right] \left[(-n_0) \cdot zx_i \right] \right\} \mathrm{d}s$$

$$\tag{6.72}$$

$$B_{ij} = \oiint_{\text{wing}} \left\{ \sqrt{D_\rho D_p} \left[zx_j \cdot n_0 \right] \left[(-n_0) \cdot zx_i \right] \right\} \mathrm{d}s$$

$$\tag{6.73}$$

进一步推导得

$$V_l = Ma_l a_l = Ma_\infty a_\infty \frac{Ma_l}{Ma_\infty} \frac{a_l}{a_\infty} \tag{6.73}$$

令 $D_a = \dfrac{a_l}{a_\infty}$，$D_M = \dfrac{Ma_l}{Ma_\infty}$，对 A_{ij} 整理得

$$A_{ij} = a_\infty Ma_\infty \oiint_{\text{wing}} \left\{ \sqrt{D_\rho D_p} \left[D_a D_M \cdot (n_0 - n_j^0) \right] \left[(-n_0) \cdot zx_i \right] \right\} \mathrm{d}s \tag{6.74}$$

$$= a_\infty Ma_\infty A'_{ij}$$

代入式(6.71)得

$$\{Q\} = \frac{\rho_\infty V_\infty^2}{Ma_\infty}[A']\{\xi\} + \frac{\rho_\infty V_\infty}{Ma_\infty}[B]\{\dot\xi\} \tag{6.75}$$

对于一个特定计算状态(马赫数、迎角),用欧拉方程得到定常流场后,$[A']$ 和 $[B]$ 是确定的。例如,式(6.75)的基于模态坐标的气动力系数矩阵就可以耦合结构运动方程,进行气动弹性分析。

3. 气弹动力学方程及求解方法

应用拉格朗日方程,翼面的运动方程可以写为

$$[M]\{\ddot\xi\} + [G]\{\dot\xi\} + [K]\{\xi\} = \{Q\} \tag{6.76}$$

式中,$[M]$ 为质量矩阵;$[G]$ 为结构阻尼矩阵;$[K]$ 为刚度矩阵;$\{Q\}$ 为广义气动力。试验测定 $[G]$ 很困难,这里令 $[G] = [0]$,可以预见所得结果会略偏保守。将式(6.75)代入式(6.76)得

$$[M]\{\ddot\xi\} + [K]\{\xi\} = \frac{\rho_\infty V_\infty^2}{Ma_\infty}[A']\{\xi\} + \frac{\rho_\infty V_\infty}{Ma_\infty}[B]\{\dot\xi\} \tag{6.77}$$

由式(6.77)得

$$\{\ddot\xi\} = \frac{\rho_\infty V_\infty}{Ma_\infty}[M]^{-1}[B]\{\dot\xi\} + [M]^{-1}\left(\frac{\rho_\infty V_\infty^2}{Ma_\infty}[A'] - [K]\right)\{\xi\} \tag{6.78}$$

引入结构状态变量 $\{x_s\} = [\xi_1, \xi_2, \cdots, \xi_N, \dot\xi_1, \dot\xi_2, \cdots, \dot\xi_N]^T$,则颤振方程可以写为

$$\{\dot x_s\} = [C]\{x_s\} \tag{6.79}$$

其中,

$$[C] = \begin{pmatrix} 0 & I \\ [M]^{-1}\left(\dfrac{\rho_\infty V_\infty^2}{Ma_\infty}[A'] - [K]\right) & \dfrac{\rho_\infty V_\infty}{Ma_\infty}[M]^{-1}[B] \end{pmatrix} \tag{6.80}$$

给定 Ma_∞、V_∞、ρ_∞,则 $[C]$ 为一实矩阵,这样气动弹性系统的稳定性分析就转化为求解状态方程中矩阵 $[C]$ 的特征值问题。当某一特征值的根轨迹穿越虚轴时,系统的稳定性发生变化,该根的虚部表示颤振的频率。

气动弹性分析的计算步骤如下:

（1）进行气动力建模,对表面进行网格划分并通过 CFD 方法得到给定 Ma_∞ 下的定常流场结果;

（2）由试验或有限元分析的振型插值得到流场计算表面网格点的振型分布;

（3）由定常流场和网格点振型分布得到非定常广义气动力系数矩阵;

（4）在给定 Ma_∞、ρ_∞ 下对一系列不同的 V_∞ 求解 $[C]$ 的特征值,寻找特征值实部为零时对应的 V_∞,即给定 Ma_∞、ρ_∞ 下的颤振临界速度。

4. 方法应用效果

1）气动力预测

针对翼型厚度、迎角、马赫数和翼型前缘形状等参数的影响,将当地流活塞理论与经典近似方法和非定常欧拉数值方法进行对比,部分结果如图 6.11 和图 6.12 所示。结果显示,当地流活塞理论能够考虑翼型形状、攻角等带来的非线性特性,计算精度接近欧拉方法,极大地放宽了经典活塞理论的使用局限。

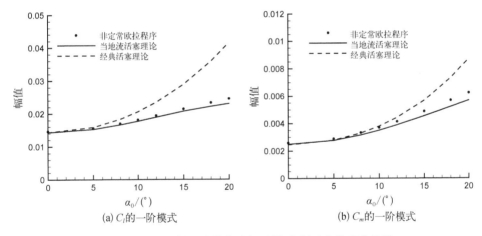

(a) C_l 的一阶模式　　　　　　　(b) C_m 的一阶模式

图 6.11　升力系数 C_l 和俯仰力矩系数 C_m 随攻角的变化特性

$Ma = 5$; $\delta a = 1°$; $k = 0.1$; 翼型相对厚度为 4%

2）颤振预测

以某水平舵为算例[图 6.13（a）],经分析结果（图 6.14）显示,攻角 α 大于 5°时经典活塞理论与非定常欧拉方法有较大出入,而当地流活塞理论在攻角 α 达到 20°时仍与非定常欧拉方法吻合很好。以某翼身组合布局为算例[图 6.13（b）],经分析结果（图 6.15 和图 6.16）显示,当地流活塞理论计算颤振特性与非定常 CFD 方法的结果较为接近。综合测试结果表明,该计算方法能够适用于 $Ma1.5\sim20$、攻角 $-15°\sim20°$ 的情况,计算结果和计算效率良好。

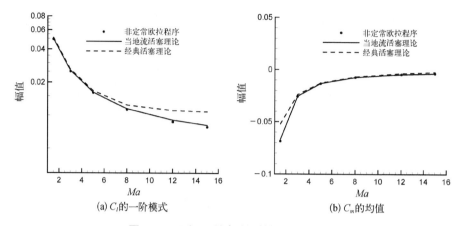

(a) C_l的一阶模式　　　　　　　　　(b) C_m的均值

图 6.12　C_l 和 C_m 随来流马赫数的变化特性

$\alpha_0 = 5°$；$\delta\alpha = 1°$；$k = 0.1$；翼型相对厚度为4%

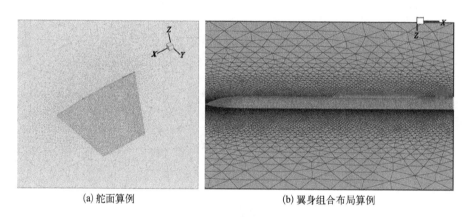

(a) 舵面算例　　　　　　　　　(b) 翼身组合布局算例

图 6.13　舵面及翼身组合布局算例模型

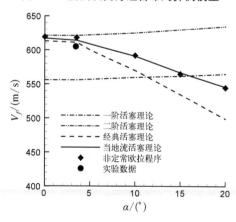

图 6.14　舵面算例的颤振边界随迎角的变化对比结果（$Ma = 3.01$）

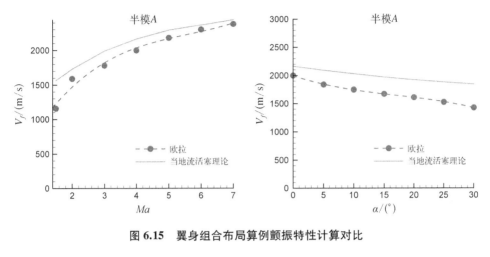

图 6.15　翼身组合布局算例颤振特性计算对比

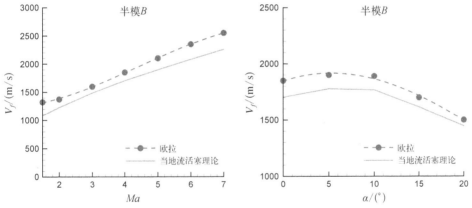

图 6.16　身部/翼面/舵面组合布局算例颤振特性计算对比

6.4.3　数值方法

数值方法的技术重点是流固耦合数值模型研究、非定常 CFD 技术研究、CFD 网格变形技术研究、流固界面插值技术研究以及相应时域积分求解技术研究等[4]。

高超声速飞行器气动弹性问题具有如下特点:

(1) 高超声速飞行器存在结构、气动、热等多学科的耦合,但是不同学科之间的耦合强弱不同,在实际处理中可以区别对待。

(2) 基于 CFD 技术的气动弹性分析虽然可以得到较高精度的结果,但是气动网格划分复杂,计算效率低,无法满足工程分析与设计的需要。

(3) 高超声速飞行器存在多种不确定性,颤振和气动伺服弹性分析涉及多个学科,若处理不当,则其他环节的误差可能损失掉 CFD 气动力结果的高精度。非定常气动力的近似工程方法在一般情况下能得到较好的精度,结合修正技术可以满足工程分析的精度要求。

(4) 在现有技术条件下,要实现高超声速飞行器实际工程项目的流/固/热/控制强耦合全时域仿真是不现实的,需要采用经过一定简化的高效工程分析方法。

根据以上特点,高超声速飞行器气动弹性工程分析的总体框架如图 6.17 所示。

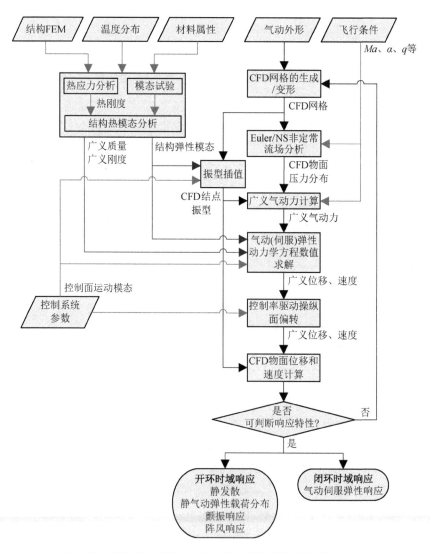

图 6.17　基于结构模态与 CFD 的气动弹性分析方法示意图

1. 流固界面数据交换技术

气动网格和结构网格之间位移和载荷的数据交换采用虚功原理,避免能量泄漏造成结果误差。设 f_s 为结构点上的力,δu_s 为引起的结构点位移,f_f 为气动网格点上的载荷,δu_f 为引起的气动网格点位移,根据虚位移原理:

$$\delta W = \delta u_s^{\mathrm{T}} \cdot f_s = \delta u_f^{\mathrm{T}} \cdot f_f \tag{6.81}$$

设气动网格点位移与结构网格点位移之间的插值矩阵为 H,则 $\delta u_f = H \cdot \delta u_s$,得

$$f_s = H^{\mathrm{T}} \cdot f_f \tag{6.82}$$

结构网格至气动网格的位移插值矩阵和气动载荷至结构载荷的力插值矩阵互为转置。

无限平板样条方法的原理是将已知数据视为由模拟函数 $w_i(x_i, y_i)$ 描述的平板,平板满足静态平衡方程 $D\nabla^4\omega = q$,D 为平板弹性系数,q 为平板载荷分布,假设该方程解为

$$\omega(x, y) = a_0 + a_1 x + a_2 y + \sum_{i=1}^{N} F_i r_i^2 \ln r_i^2 \tag{6.83}$$

式中,$r_i^2 = (x - x_i)^2 + (y - y_i)^2$。

以位移插值为例,只要确定式(6.83)中的 $N+3$ 个未知参数 $(a_0, a_1, a_2, F_1, F_2, \cdots, F_N)$,已知 N 个数据点,就可以构造 N 个方程,需附加力平衡和动量平衡三个方程:

$$\sum_{i=1}^{N} F_i = 0, \quad \sum_{i=1}^{N} x_i F_i = 0, \quad \sum_{i=1}^{N} y_i F_i = 0 \tag{6.84}$$

设参数向量 $p = (a_0, a_1, a_2, F_1, F_2, \cdots, F_N)^{\mathrm{T}}$,且:

$$C_{ss} = \begin{bmatrix} 0 & 0 & 0 & 1 & \cdots & 1 \\ 0 & 0 & 0 & x_{s_1} & \cdots & x_{s_{ns}} \\ 0 & 0 & 0 & y_{s_1} & \cdots & y_{s_{ns}} \\ 1 & x_{s_1} & y_{s_1} & r_{12}^2 \ln r_{12}^2 & \cdots & r_{1n}^2 \ln r_{1n}^2 \\ \vdots & \vdots & \vdots & \vdots & & \vdots \\ 1 & x_{s_{ns}} & y_{s_{ns}} & r_{1ns}^2 \ln r_{1ns}^2 & \cdots & r_{nsns}^2 \ln r_{nsns}^2 \end{bmatrix} \tag{6.85}$$

$$A_{fs} = \begin{bmatrix} 1 & x_{f_1} & y_{f_1} & r_{f_1 s_1}^2 \ln r_{f_1 s_1}^2 & \cdots & r_{f_1 s_{ns}}^2 \ln r_{f_1 s_{ns}}^2 \\ 1 & x_{f_2} & y_{f_2} & r_{f_2 s_1}^2 \ln r_{f_2 s_1}^2 & \cdots & r_{f_2 s_{ns}}^2 \ln r_{f_2 s_{ns}}^2 \\ \vdots & \vdots & \vdots & \vdots & & \vdots \\ 1 & x_{f_{nf}} & y_{f_{nf}} & r_{f_{nf} s_1}^2 \ln r_{f_{nf} s_1}^2 & \cdots & r_{f_{nf} s_{ns}}^2 \ln r_{f_{nf} s_{ns}}^2 \end{bmatrix} \tag{6.86}$$

则 $u_s = C_{ss} \cdot p$，$u_s = A_{fs} \cdot p$，$u_f = A_{fs} \cdot p = A_{fs} \cdot C_{ss}^{-1} \cdot u_s$，得出结构位移插值矩阵:

$$H = A_{fs} \cdot C_{ss}^{-1} \tag{6.87}$$

进而可得

$$u_f = H \cdot u_s, \quad F_s = H^{\mathrm{T}} \cdot F_a$$

式中，F_s、F_a 分别为结构点力矢量和气动力矢量。

径向基传函数方法是一类体样条函数插值方法，插值公式为

$$s_g(x) = \sum_{j=1}^{N} \alpha_j \phi(\parallel x - x_j \parallel) + p(x) \tag{6.88}$$

$$\parallel x \parallel = \sqrt{x^2 + y^2 + z^2}$$

式中，$p(x) = \alpha_{N+1} + \alpha_{N+2} \cdot x + \alpha_{N+3} \cdot y + \alpha_{N+4} \cdot z$。径向基函数选取 $\phi(\parallel x \parallel) = (1 - \parallel x \parallel)^2$。同时，需附加方程:

$$\sum_{i=1}^{N} F_i = 0, \quad \sum_{i=1}^{N} x_i F_i = 0, \quad \sum_{i=1}^{N} y_i F_i = 0, \quad \sum_{i=1}^{N} z_i F_i = 0 \tag{6.89}$$

求解得出待定参数 $(a_1, a_2, \cdots, a_N, a_{N+1}, a_{N+2}, a_{N+3}, a_{N+4})$，即可得到数据转换矩阵 $[G]$ 和 $[G]^{\mathrm{T}}$，式中:

$$C_{ss} = \begin{bmatrix} 0 & 0 & 0 & 0 & 1 & \cdots & 1 \\ 0 & 0 & 0 & 0 & x_{s_1} & \cdots & x_{s_{ns}} \\ 0 & 0 & 0 & 0 & y_{s_1} & \cdots & y_{s_{ns}} \\ 0 & 0 & 0 & 0 & z_{s_1} & \cdots & z_{s_{ns}} \\ 1 & x_{s_1} & y_{s_1} & z_{s_1} & \phi_{s_1 s_1} & \cdots & \phi_{s_1 s_{ns}} \\ \vdots & \vdots & \vdots & \vdots & \vdots & & \vdots \\ 1 & x_{s_{ns}} & y_{s_{ns}} & z_{s_{ns}} & \phi_{s_1 s_{ns}} & \cdots & \phi_{s_{ns} s_{ns}} \end{bmatrix} \tag{6.90}$$

$$A_{fs} = \begin{bmatrix} 1 & x_{f_1} & y_{f_1} & z_{f_1} & \phi_{f_1 s_1} & \cdots & \phi_{f_1 s_{ns}} \\ 1 & x_{f_2} & y_{f_2} & z_{f_2} & \phi_{f_2 s_1} & \cdots & \phi_{f_2 s_{ns}} \\ \vdots & \vdots & \vdots & \vdots & \vdots & & \vdots \\ 1 & x_{f_{nf}} & y_{f_{nf}} & z_{f_{nf}} & \phi_{f_{nf} s_1} & \cdots & \phi_{f_{nf} s_{ns}} \end{bmatrix} \tag{6.91}$$

$$H = A_{fs} \cdot C_{ss}^{-1}, \quad u_f = H \cdot u_s, \quad F_s = H^{\mathrm{T}} \cdot F_a \tag{6.92}$$

无限平板样条方法是一种二维方法,只能处理二维坐标对插值的影响,对于三维机翼如带翼尖小翼的机翼,在二维插值空间离得很近的点在三维空间数值差距较大,有时还会出现插值区域重合的现象,机翼弹性变形时物面气动网格易发生交错或者变形不真实误差较大;而径向基函数方法属于三维空间插值方法,插值时不仅可以考虑三维空间效应,而且计算量并无明显增加。对于含有多个控制面的机翼,主翼与控制面结构变形量不同,形成剪刀差,对此采用分区插值进行处理。

2. 时域积分求解技术

在 CFD 中,关于时间的一阶常微分方程的求解过程形象地称为时间推进或时间积分。从数学角度来看,时间推进格式可以分为显式推进格式和隐式推进格式两类。显式推进格式实现起来相对简单,单步时间迭代的计算量和内存使用量都比较少,虽然其满足稳定性要求的最大时间步长比隐式推进格式小很多,但其可以运用残值光顺、当地时间步长、多重网格和熵阻尼等加速收敛措施。因此,显式推进格式在定常流动问题求解中是一种较为实用的方法,目前使用较多的显式推动格式为多步 Runge – Kutta 方法。

隐式时间离散格式在理论上不存在 CFL 数限制,可以取较大的时间步长,从而可以显著地提高计算效率。目前比较成熟的一些隐式处理方法有交替方向隐式(alternative direction implicit, ADI)方法、广义最小残值(generalized minimal residual, GMRES)方法等。ADI 方法将一个三维问题分解为三个一维问题,通过求块对角矩阵获得解。该方法对于三维问题要三次扫过求解域,计算量较大,并且 ADI 方法在三维流动中是有条件稳定的。Yoon 等提出的 LU – SGS 方法对二维和三维问题都是无条件稳定的,其基本思想是将块对角矩阵分解为上、下两个三角矩阵,这种分解可以避免繁杂的矩阵求逆运算,极人地提高了计算效率。LU – SGS 方法本质上仍然是一种近似因式分解方法,它比较适用于结构网格,但在非结构(混合)网格下,由于网格存储的不规则性,该方法的计算效率较低。GMRES 方法总体上比较适用于非结构网格,但需要进行内迭代计算和处理大型矩阵。因此,该方法对计算机资源(内存)的要求很高,每一步迭代的计算时间较长。为了避免对大型矩阵的运算处理,Batina 采用 Roe 格式进行空间离散,运用通量线化假设和雅可比矩阵的正负特征值分裂的方法,构造了一种隐式高斯-赛德尔时间迭代格式,并将其运用到了全机复杂流场的欧拉方程计算。Tomaro 等发展了 Batina 的隐式处理方法,采用最大特征值方法进行雅可比矩阵分裂,提高了计算效率,同时将上述隐式算法推广到了非定常流动的计算。

1) 显式时间推进格式

进行空间离散后的 Euler/N-S 方程可以写成如下半离散形式:

$$\frac{\mathrm{d}Q_i}{\mathrm{d}t} = -\frac{1}{V_i}(R_i - R_i^V - D_i) \tag{6.93}$$

式中,Q_i 为状态变量;t 为时间。

式(6.93)是一种通用形式,欧拉方程黏性通量 $R_i^V = 0$,迎风型空间离散格式人工黏性通量 $D_i = 0$。 为了叙述方便,本节将半离散方程的残值表示为 $\bar{R}_i = -\frac{1}{V_i}(R_i - R_i^V - D_i)$,因此有

$$\frac{\mathrm{d}Q_i}{\mathrm{d}t} = \bar{R}_i \tag{6.94}$$

Runge-Kutta 方法求解方程(6.94)时一般都采用多步格式,式中最常用的是经典四步 Runge-Kutta 方法。这种时间推进格式在时间层上从第 n 步推进到第 $n+1$ 步的具体步骤为

$$\begin{aligned}
Q_i^0 &= Q_i^n \\
Q_i^{(1)} &= Q_i^{(0)} + \alpha_1 \Delta t R_i^{(0)} \\
Q_i^{(2)} &= Q_i^{(0)} + \alpha_2 \Delta t R_i^{(1)} \\
Q_i^{(3)} &= Q_i^{(0)} + \alpha_3 \Delta t R_i^{(2)} \\
Q_i^{(4)} &= Q_i^{(0)} + \alpha_4 \Delta t R_i^{(3)} \\
Q_i^{(n+1)} &= Q_i^{(4)}
\end{aligned} \tag{6.95}$$

式中,$\alpha_1 = \frac{1}{4}$;$\alpha_2 = \frac{1}{3}$;$\alpha_3 = \frac{1}{2}$;$\alpha_4 = 1$。 由于黏性项对格式稳定性影响较小,为了减小计算量,人工黏性通量和物理黏性通量仅在第一步进行一次计算,并进行

存储以便提供后面三步计算继续使用。

2）加速收敛措施

理论上讲，显式四步 Runge-Kutta 格式的最大 CFL 数为 $2\sqrt{2}$。在最大 CFL 数的限制下，若遇到网格尺度很小或者网格质量不佳的情况，则时间推进步长 Δt 的取值必须很小才能满足格式稳定性的要求，这样就会导致整个流场求解的收敛速度十分缓慢。因此，采用显式四步 Runge-Kutta 格式进行时间推进时，一般都需要采取一些措施加速收敛，提高计算效率。

若本节利用非定常 Euler/N-S 方程来求解定常流动问题，则在求解过程中时间推进和空间离散是彼此相对独立的，因此可以采用当地时间步长及隐式残值光顺技术等加速收敛技术。

当地时间步长的基本思想是：在各个网格单元上采用不同的时间步长，使流场计算在当地网格上以接近稳定性极限的时间步长向前推进，从而加快整个迭代计算的收敛过程。非结构（混合）网格中的当地时间步长一般按照式（6.96）来取定：

$$\Delta t_i = \frac{\text{CFL}}{n} \sum_{m \in N(i)} \frac{V_i}{\lambda_{i,m} \Delta S_{i,m}} \tag{6.96}$$

式中，V_i 为网格单元 i 的体积；CFL 代表 CFL 数；n 为网格单元 i 的表面数目，对于四面体网格单元，$n=4$，对于三棱柱和金字塔型网格单元，$n=5$；$\lambda_{i,m}$ 为面 $S_{i,m}$ 上通量雅可比矩阵的谱半径，即

$$\lambda_{i,m} = |V_{i,m} \cdot n_{i,m}| + c_{i,m} + \frac{M_\infty}{Re} \frac{2(\mu + \mu_t)_{i,m}}{\rho_{i,m} |n_{i,m} \cdot (r_m - r_i)|} \tag{6.97}$$

式中，$n_{i,m}$ 为 $S_{i,m}$ 的单位外法线方向向量；$V_{i,m}$ 为面 $S_{i,m}$ 上的速度；r_i 和 r_m 分别为网格单元 i 和 m 的格心位置矢量。

计算实践表明，按照式（6.96）所取定的当地时间步长进行时间推进时，网格质量对流场计算的稳定性和收敛速度有显著的影响。这是因为按照式（6.96）所取定的当地时间步长在质量较差的网格单元上过于偏大，而对于质量较好的网格，式（6.96）所取定的当地时间步长又显得过于保守。一般来讲，在所有网格单元中只有很小的一部分网格是质量较差的，为了减少质量较差的网格单元对流场计算稳定性和收敛速度的不利影响，本节在上述当地时间步长取定方法的基础上进行改进，提出以下新的当地时间步长取定方法：

$$\Delta t_i = \frac{\mathrm{CFL}}{n}(\alpha + \beta_i) \sum_{m \in N(i)} \frac{V_i}{\lambda_{i,m} \Delta S_{i,m}} \tag{6.98}$$

式中,α 为经验系数,一般取为 0.3 左右。对于四面体网格,β_i 为网格单元 i 的质量系数,β_i 的取值范围为 0~1.0,并且网格单元越接近正四面体,β_i 的取值就越接近 1.0;对于金字塔和三棱柱网格,β_i 为网格最短边长与最大边长的比值。

隐式残值光顺技术是另一种常用的加速收敛措施,它不仅能够抑制中心有限体积法具有的奇偶不相关性所引起的奇偶波动,而且可以增大格式的稳定区间,从而增大格式所允许的最大时间步长,致使收敛速度加快。

残值光顺分为显式和隐式两种,显式残值光顺对收敛的加速作用不大,因此实践中一般采用隐式残值光顺,具体做法如下:

$$\bar{R}\,'_i = \bar{R}_i + \varepsilon \nabla^2 \bar{R}\,'_i \tag{6.99}$$

式中,ε 为残值光顺系数;$\bar{R}\,'_i$ 为光顺以后的残值;∇^2 为 Laplacian 算子。这样方程(6.99)可以改写为

$$\bar{R}\,'_i = \frac{\bar{R}_i + \varepsilon \sum_{m \in N(i)} \bar{R}\,'_m}{1 + n\varepsilon} \tag{6.100}$$

当 ε 在 0.5 左右取值时,方程(6.100)的系数矩阵是严格对角线占优的,因此本节可以用雅可比迭代来对该方程进行求解,其迭代格式为

$$\bar{R}_i^{(k)} = \frac{\bar{R}_i^{(0)} + \varepsilon \sum_{m \in N(i)} \bar{R}_k^{(k-1)}}{1 + n\varepsilon} \tag{6.101}$$

式中,$R_i^{(0)}$ 为未光顺过的初始残值。

在实际计算中,可以只对四步 Runge‐Kutta 格式的第二步和第四步引入隐式残值光顺。实践表明,隐式残值光顺可以使时间步长增加 2~3 倍。

3)高效隐式时间格式

一般来讲,显式格式在定常无黏流动和较低雷诺数黏性流动计算中比较实用,但不太适用于非定常流动和高雷诺数黏性流动的数值模拟。这是因为在非定常流动计算中,残值光顺、当地时间步长和焓阻尼等加速手段不能使用,在高雷诺数黏性流动计算中,由于大伸展黏性网格的存在,上述加速收敛措施的效果会大大降低。在这些情况下,只有选用隐式时间推进格式才能够使流场计算的

效率满足实际计算的需要。目前许多成熟的隐式时间格式都是针对结构化网格发展的。对非结构(混合)网格而言,由于其特殊的数据存储结构,这些隐式格式要么难以实现,要么无法获得与结构化网格中相同的加速收敛效果。从文献结果来看,一些研究者认为 Batina 等发展的隐式高斯-赛德尔格式和 Yoon 等提出的 LU - SGS 方法对于非结构(混合)网格是比较理想的选择。

　　沿用 Batina 和 Tomaro 的思想,运用通量线化假设和最大特征值方法进行雅可比矩阵分裂来实现隐式高斯-赛德尔时间推进。这种隐式时间格式具有计算量小和内存消耗量少的优点,并可以利用当地时间步长和隐式残值光顺等措施加速收敛。下面具体介绍这种隐式高斯-赛德尔格式在非结构(混合)网格下的实现方法。

　　将式(6.93)所表示的 Euler/N - S 方程的半离散形式改写为以下隐式离散形式:

$$V_i \frac{\mathrm{d}Q_i}{\mathrm{d}t} = -R_i(Q^{n+1}) + R_i^V(Q^{n+1}) + D_i(Q^{n+1}) \tag{6.102}$$

其中,

$$R_i(Q^{n+1}) = \sum_{m \in N(i)} F(Q_{i,m}^{n+1}) \cdot n_{i,m} \Delta S_{i,m}, \quad R_i^V(Q^{n+1}) = \sum_{m \in N(i)} G(Q_{i,m}^{n+1}) \cdot n_{i,m} \Delta S_{i,m} \tag{6.103}$$

式中,上标 $n+1$ 代表新时间层上的值。

　　由于隐式算法的目的是增大时间步长,从当地时间步长的公式来看,人工黏性和物理黏性通量项对时间步长不具有决定作用,因此在隐式处理中可以将 $R_i^V(Q^{n+1})$ 和 $D_i(Q^{n+1})$ 近似取定为显式形式,即

$$R_i^V(Q^{n+1}) \approx R_i^V(Q^n) = \sum_{m \in N(i)} G(Q_{i,m}^n) \cdot n_{i,m} \Delta S_{i,m} \tag{6.104}$$

$$D_i(Q^{n+1}) \approx D_i(Q^n) \tag{6.105}$$

为了叙述方便,令

$$R^{n+1} = F(Q_{i,m}^{n+1}) \cdot n_{i,m} \Delta S_{i,m} \tag{6.106}$$

　　通过泰勒展开对无黏通量 R^{n+1} 进行线化处理,略去展开式中的二阶及更高阶项以后可得

$$R_{i,m}^{n+1} = R_{i,m}^{n} + \left(\frac{\partial R}{\partial Q}\right)_{i,m}^{n} (Q_{i,m}^{n+1} - Q_{i,m}^{n}) = F(Q_{i,m}^{n}) \cdot n_{i,m} \Delta S_{i,m} + A_{i,m}^{n} \Delta Q_{i,m}$$

$$(6.107)$$

这里,

$$\Delta Q_{i,m} = Q_{i,m}^{n+1} - Q_{i,m}^{n} \qquad (6.108)$$

$$A_{i,m}^{n} = \left(\frac{\partial R}{\partial Q}\right)_{i,m}^{n} \qquad (6.109)$$

即常说的无黏通量雅可比矩阵。将方程(6.107)代入方程(6.108),可得到

$$V_i \frac{dQ_i}{dt} + \sum_{m \in N(i)} A_{i,m}^{n} \Delta Q_{i,m} = - \sum_{m \in N(i)} F(Q_{i,m}^{n}) \cdot n_{i,m} \Delta S_{i,m} + R_i^{V}(Q^n) + D_i(Q^n)$$

$$(6.110)$$

由于

$$R_i(Q^n) = \sum_{m \in N(i)} F(Q_{i,m}^{n}) \cdot n_{i,m} \Delta S_{i,m} \qquad (6.111)$$

式(6.111)化简后可得

$$\frac{dQ_i}{dt} + \frac{1}{V_i} \sum_{m \in N(i)} A_{i,m}^{n} \Delta Q_{i,m} = -\frac{1}{V_i} [R_i(Q^n) - R_i^{V}(Q^n) - D_i(Q^n)] \quad (6.112)$$

式(6.112)右端项就是显式残值:

$$\hat{R}_i = -\frac{1}{V_i}(R_i - R_i^{V} - D_i) \qquad (6.113)$$

这样方程(6.112)可以简写为

$$\frac{dQ_i}{dt} + \frac{1}{V_i} \sum_{m \in N(i)} A_{i,m}^{n} \Delta Q_{i,m} = \hat{R}_i(Q^n) \qquad (6.114)$$

对雅可比矩阵 $A_{i,m}^{n}$ 进行最大特征值分裂可得

$$A_{i,m}^{+} = \frac{A_{i,m}^{n} + I\beta\lambda_{i,m}}{2}, \quad A_{i,m}^{-} = \frac{A_{i,m}^{n} - I\beta\lambda_{i,m}}{2} \qquad (6.115)$$

式中,I 为 5×5 的单位矩阵;β 为松弛因子,在本节其值取 1.0 左右; $\lambda_{i,m}$ 为 $A_{i,m}^{n}$

的最大特征值，即 $\lambda_{i,m} = \mid V^n_{i,m} \cdot n_{i,m} \Delta S_{i,m} \mid + c_{i,m} \Delta S_{i,m}$，$c_{i,m}$ 为面 $S_{i,m}$ 上的声速。根据扰动传播理论，$A^+_{i,m}$ 矩阵项代表由当前网格 i 向邻居网格 m 传出的物理信息，而 $A^-_{i,m}$ 矩阵项则代表由邻居网格 m 向当前网格 i 传入的物理信息，因此有下面的近似关系存在：

$$A^n_{i,m} \Delta Q_{i,m} = A^+_{i,m} \Delta Q_i + A^-_{i,m} \Delta Q_m \tag{6.116}$$

将式(6.116)代入方程(6.114)可得

$$\frac{\mathrm{d}Q_i}{\mathrm{d}t} + \frac{1}{V_i} \sum_{m \in N(i)} (A^+_{i,m} \Delta Q_i + A^-_{i,m} \Delta Q_m) = \hat{R}_i(Q^n) \tag{6.117}$$

对时间导数 $\dfrac{\mathrm{d}Q_i}{\mathrm{d}t}$ 采用一阶向后差分近似，即 $\dfrac{\mathrm{d}Q_i}{\mathrm{d}t} = \dfrac{\Delta Q_i}{\Delta t}$，则方程(6.117)可以转化为以下形式：

$$\left(\frac{1}{\Delta t}I + \frac{1}{V_i} \sum_{m \in N(i)} A^+_{i,m} \right) \Delta Q_i = \hat{R}_i(Q^n) - \frac{1}{V_i} \sum_{m \in N(i)} A^-_{i,m} \Delta Q_m \tag{6.118}$$

在采用高斯-赛德尔迭代依次扫描每一个计算网格求解方程(6.118)的过程中，ΔQ_m 通常被取定为当前所能获得的最新值，即

$$
\left(\frac{1}{\Delta t}I + \frac{1}{V_i} \sum_{m \in N(i)} A^+_{i,m} \right) \Delta Q_i^k
$$
$$
= \hat{R}_i(Q^n) - \frac{1}{V_i} \left(\sum_{m < i,\, m \in N(i)} A^-_{i,m} \Delta Q_m^k + \sum_{m > i,\, m \in N(i)} A^-_{i,m} \Delta Q_m^{k-1} \right) \tag{6.119}
$$

式中，上标 k 表示高斯-赛德尔迭代的扫描次数。这样对每个网格而言，方程组(6.119)是一个关于 ΔQ_i 的五维线性方程组，并且其系数矩阵是严格对角占优的，可采用选主元高斯消去法求解。事实上，对定常流动计算的时间推进而言，没有必要要求高斯-赛德尔迭代在求解方程组(6.119)时做到完全收敛。一般来说，只需要运用高斯-赛德尔迭代在全场网格上进行预估-校正两次扫描即可。

按照上面的方法求出每个网格上的 ΔQ_i，进而可以得到第 $n+1$ 个时间步上守恒变量 Q，即

$$Q_i^{n+1} = Q_i^n + \Delta Q_i \tag{6.120}$$

理论上隐式算法应该没有对 CFL 数限制，时间步长可以任意取定，但由于

隐式方法在多个环节采取近似处理,在实际计算中,CFL 数还是有一定限制的,时间步长不能取定得太大,否则会导致收敛困难。

在求解定常流动时,为了进一步加快收敛速度,隐式时间推进方法同样可以引入当地时间步长和隐式残值光顺等显式格式中常用的加速收敛措施。对于本节所发展的隐式格式,隐式残值光顺是针对方程(6.117)的右端项(显式方法中的残值项)进行的。对显式方法而言,残值光顺可以使 CFL 数提高 2 倍左右;但对隐式方法而言,残值光顺只能使 CFL 数增大 30%左右。

隐式算法的优点在于:每推进一个时间步只需要计算一次通量,而且没有大型线性方程组的系数矩阵需要存储和求逆。相比之下,Runge - Kutta 显式时间迭代虽然不需要计算 $A_{i,m}^n \Delta Q_{i,m}$ 和求解五维的线性方程组,但需要进行四次通量计算。因此,隐式算法的单步计算量和内存使用量与 Runge - Kutta 显式方法基本相当,但在黏性流动计算中的收敛速度要高出近一个量级。

3. 静气弹数值分析方法

结构分析采取有限元方法,气动分析采取 CFD 方法,结构与气动耦合分析采用松耦合算法实现 CFD 与 CSD 的耦合计算。松耦合算法是指先将结构动力学方程和计算流体力学方程分开求解,然后通过一定的耦合方法实现结构和流场的数据交换。松耦合算法的优点在于算法实现简单,由于结构和流场独立求解,可以最大限度地利用已有的结构和流场求解模块,求解效率高,结构和流场之间的数据传递只需要借助一些插值算法就能实现。松耦合算法是目前使用最广泛的耦合方法,但这种方法的结构和流场之间会产生时间滞后效应,并会降低解的精度,因此需要研究时间精度较高的松耦合算法。静气弹松耦合示意图如图 6.18 所示。

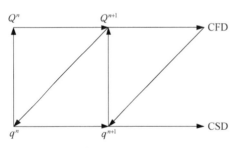

图 6.18 静气弹松耦合示意图

松耦合算法的计算过程可概括为以下几步:

(1)将 t 时刻的结构位移响应通过数据交换方法传递到流场中作为流场求解的边界条件。

(2)将流场推进求解一个时间步长,得到 $t + \Delta t$ 时刻的流场参数。

(3)将 $t + \Delta t$ 时刻的气动力传递到 t 时刻的结构上,作为结构求解的载荷条件。

（4）将结构系统推进求解同一个时间步长，得到 $t + \Delta t$ 时刻的结构参数。

（5）保存信息，重复（1）~（4），进行下一个时间步的求解。

对于静发散问题，一般关注焦点位于弹性轴之前的局部舵面；对于弹性气动特性，既关注飞行器整体，也关注局部升力面。高超气动特性尤为注意翼身干扰三维效应，气动建模大多针对飞行器整体开展。为提高计算效率，在关注局部升力面部件静气弹问题时，可将局部升力面部件建模为弹性体，对其他不关注部位建模为刚性体，流固界面数据交互分区处理。

6.4.4　方法对比

以 CFL3D 为基准研究若干高超声速气动力近似模型的准确性。尽管 CFL3D 本身的计算精度存在偏差，但认为 CFD 比气动力近似模型预测得更接近真实值，因此可依据 McNamara 对气动力近似模型的计算精度拥有一定程度的定量认识。

McNamara 使用图 6.19 所示的具有双楔形的典型高超声速翼型作为研究算例。图 6.19 中，变量 a 描述了刚心相对于弦向中点的位置。

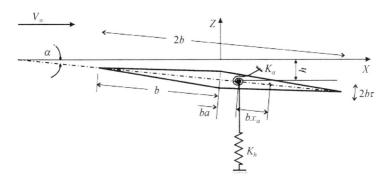

图 6.19　双楔形的典型高超声速翼型

图 6.20 将不同经典高超声速气动力近似模型的颤振结果和 CFL3D 的结果进行了比较。图 6.21 将当地流活塞方法的颤振结果和 CFL3D 的结果进行了比较。两图中的纵坐标为马赫数，横坐标为刚心位置。当前算例在 12.192 km（40 000 英尺）高度上颤振马赫数范围为 10~25，在 18.288 km 高度上颤振马赫数范围为 15~30。

一阶活塞的颤振结果相对于 CFD 结果的偏差很大，牛顿冲击方法的偏差也很大。表 6.3 列出了三阶活塞方法和当地流活塞方法相对于 CFL3D 的颤振结果偏差。

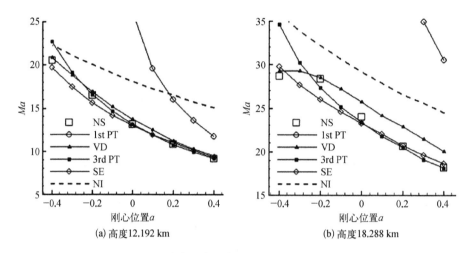

图 6.20 经典高超声速气动力近似模型的颤振结果

NS 表示 CLF3D;1 st PT 表示一阶活塞;VD 表示 Van Dyke 二阶理论;3rd PT 表示三阶活塞;SE 表示激波膨胀波;NI 表示牛顿冲击

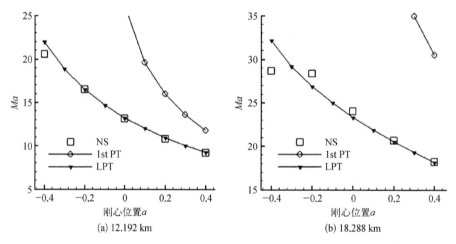

图 6.21 当地流活塞方法的颤振结果

LPT 表示当地流活塞

表 6.3 气动力近似模型相对于 CFL3D 的颤振结果偏差

参 数	方 法	
	三阶活塞	当地流活塞
平均偏差	10.5%	7.0%
最大偏差	30.6%	19.3%

通过上述比较,可以获得以下认识:

(1) 三阶活塞方法和当地流活塞方法相对于 CFD3D 的颤振结果最大偏差分别约为 30.6% 和 19.3%。当地流活塞方法计算 CFD 稳态流场能够捕获三维效应,因此三维算例的颤振结果与 CFL3D 的偏差应不会有较大改变。

(2) 当地流活塞方法尽管使用一阶活塞方程,但通过 CFD 稳态流场计算能够获得厚度和局部攻角等的影响。因此,对比一阶活塞方法和当地流活塞方法的结果,可以看到翼型厚度对颤振结果影响显著。半数值(CFD 稳态流场计算)半工程方法的计算效率和计算精度都较好,是很有潜力的计算方法。

6.5　气动伺服弹性分析方法

基于频域控制理论的 Nyquist 判据,建立高超声速飞行器气动伺服弹性稳定性分析方法,并形成可重复使用的计算程序。应用该程序可以完成对某飞行器纵向、横向和航向通道的稳定性分析,并针对某些状态点横向和航向通道裕度不足的情况提出改善稳定性的措施。

气动伺服弹性问题的形成一般描述为:作为自动控制对象的弹性飞行器,机体上的传感器不仅接收飞行器的刚体运动信号,同时也接收结构的弹性振动信号,该信号通过伺服控制系统转化为控制面的偏转信号构成气动控制力;相反,控制力又影响结构弹性振动。结构与控制互为反馈,构成气动伺服弹性闭环系统,如图 6.22 所示。这种结构、气动和控制系统三者之间的耦合,改变了飞行器在无控情况下的气动弹性特性和刚性结构假设下的飞行性能。不利的动力学耦合将导致闭环系统的性能变差,甚至失去稳定性。

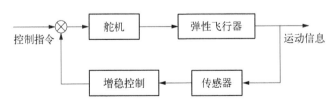

图 6.22　气动伺服弹性闭环系统示意图

气动伺服弹性稳定性分析工作是在结构有限元建模、振动与颤振分析工作的基础上进行的。首先,初步的气动伺服弹性分析可以为飞控系统设计提供一定的改进建议;然后利用结构模态耦合试验的结果,可以验证并修正弹性飞行器结构与伺服控制系统的计算模型;最后对于飞行包线范围内的计算状态点,应用稳定性分析方法对飞行器的纵向、横向和航向通道进行气动伺服弹性稳定性分析[5]。

弹性飞行器气动弹性运动方程一般可以写为

$$\begin{bmatrix} M_{qq} & M_{q\delta} \end{bmatrix} \begin{Bmatrix} \ddot{q} \\ \ddot{\delta} \end{Bmatrix} + \begin{bmatrix} C_{qq} & 0 \end{bmatrix} \begin{Bmatrix} \dot{q} \\ \dot{\delta} \end{Bmatrix} + \begin{bmatrix} K_{qq} & 0 \end{bmatrix} \begin{Bmatrix} q \\ \delta \end{Bmatrix} = \frac{1}{2}\rho V^2 \begin{bmatrix} Q_{qq} & Q_{q\delta} \end{bmatrix} \begin{Bmatrix} q \\ \delta \end{Bmatrix}$$

(6.121)

式中,q 为飞行器机体模态坐标向量;δ 为控制面刚体偏转坐标向量;ρ 为大气密度;V 为飞行速度;M_{qq} 和 $M_{q\delta}$ 均为广义质量矩阵;C_{qq} 为广义阻尼矩阵;K_{qq} 为广义刚度矩阵;Q_{qq} 和 $Q_{q\delta}$ 均为广义非定常气动系数矩阵。

引入谐振荡运动条件 $q = \bar{q}\exp(i\omega t)$ 和 $\delta = \bar{\delta}\exp(i\omega t)$,由方程(6.121)可得到频域气动弹性方程为

$$\left(-\omega^2 M_{qq} + i\omega C_{qq} + K_{qq} - \frac{1}{2}\rho V^2 Q_{qq}(\omega) \right) q = \left(\omega^2 M_{q\delta} + \frac{1}{2}\rho V^2 Q_{q\delta}(\omega) \right) \delta$$

(6.122)

式中,Q_{qq} 和 $Q_{q\delta}$ 分别为关于马赫数和减缩频率 k 的复数矩阵。解此方程得

$$q = A^{-1}B\delta$$ (6.123)

式中,

$$A = -\omega^2 M_{qq} + i\omega C_{qq} + K_{qq} - \frac{1}{2}\rho V^2 Q_{qq}(\omega)$$ (6.124)

$$B = \omega^2 M_{q\delta} + \frac{1}{2}\rho V^2 Q_{q\delta}(\omega)$$ (6.125)

对于高超声速飞行器,其飞控系统控制回路采用以下反馈信号:攻角 α、滚转角 γ 和侧滑角 β。根据模态叠加原理,弹性机体的运动可以表示为固有模态的线性叠加形式。在频域中,弹性机体运动输出向量则可以表示为

$$\begin{bmatrix} \alpha \\ \gamma \\ \beta \end{bmatrix} = \Phi F_s q$$ (6.126)

式中,

$$\Phi = \begin{bmatrix} \mathrm{i}\omega & 0 & 0 \\ 0 & \mathrm{i}\omega & 0 \\ 0 & 0 & \mathrm{i}\omega \end{bmatrix}, \quad F_s = \begin{bmatrix} 57.3f_1 \\ 57.3f_2 \\ 57.3f_3 \end{bmatrix} \tag{6.127}$$

式中,$f_i(i=1,2,3)$ 为第 i 个传感器的模态行阵;57.3 为单位转换系数,使得角度信号的单位为度。

将式(6.123)代入式(6.126)中,得到

$$\begin{bmatrix} \alpha \\ \gamma \\ \beta \end{bmatrix} = \Phi F_s A^{-1} B \delta = G\delta \tag{6.128}$$

式中,$G = \Phi F_s A^{-1} B$ 为弹性机体传递函数矩阵,它为 3×3 阶的矩阵,具体有以下关系式:

$$\begin{bmatrix} \alpha \\ \gamma \\ \beta \end{bmatrix} = G \begin{bmatrix} \delta_z \\ \delta_x \\ \delta_y \end{bmatrix} = \begin{bmatrix} g_{11} & g_{12} & g_{13} \\ g_{21} & g_{22} & g_{23} \\ g_{31} & g_{32} & g_{33} \end{bmatrix} \begin{bmatrix} \delta_z \\ \delta_x \\ \delta_y \end{bmatrix} \tag{6.129}$$

弹性飞行器机体与飞控系统控制律构成的闭环系统如图 6.23 所示。若不考虑飞控系统中各个不同通道之间的耦合,则整个气动伺服弹性系统可以看成是纵向、横向和航向三个分别独立的单输入/单输出系统。纵向通道、横向通道和航向通道的开环传递函数分别为

$$L_z = - T_\alpha \cdot g_{11} \tag{6.130}$$

$$L_x = - T_\gamma \cdot g_{22} \tag{6.131}$$

$$L_y = - T_\beta \cdot g_{33} \tag{6.132}$$

式中,T_α、T_γ、T_β 分别为纵向通道、横向通道、航向通道的控制增稳反馈传递函数。

当频率 ω 由 0 变到 $+\infty$ 时,开环传递函数在复平面上的轨迹称为开环 Nyquist 曲线。Nyquist 稳定性判据是根据开环奈氏曲线来判断闭环系统稳定性的一种准则。它可叙述为:反馈控制系统稳定的充分必要条件是开环 Nyquist 曲线顺时针包围临界点 $(-1,0)$ 的圈数 R 等于开环传递函数右半 s 平面的极点数 P,即 $R = P$,否则闭环系统不稳定。

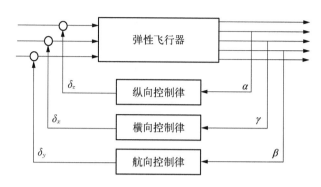

图 6.23　气动伺服弹性闭环系统

气动伺服弹性稳定性分析是在颤振速度范围内进行的,因此系统是开环稳定的,即开环传递函数在右半 s 平面的极点数 $P = 0$。所以气动伺服弹性系统稳定的充要条件是 $R = 0$。此外,也可以根据开环传递函数的频率特性曲线(伯德图)来判断系统的稳定性:在开环对数幅频特性曲线为正值的所有频率范围内,对数频率曲线与$-180°$线的正负穿越次数相等,则系统稳定,反之系统不稳定。

表征系统稳定程度的指标一般有两个,即幅值裕度 M 和相位裕度 ϕ。它们表示系统距临界点(等幅振荡)的远近程度,如图 6.24 所示。

相位裕度 ϕ,即开环 Nyquist 曲线上模值等于 1 的矢量与负实轴的夹角,在伯德图上相当于 $20\lg | L(\omega) | = 0$ 处的相位与$-\pi$的角差。幅值裕度 M,即开环 Nyquist 曲线与负实轴相交点模值的倒数,一般取分贝(dB)作为单位。在伯德图上,即相当于相位为$-\pi$时,幅值的绝对值为 $M = - 20\lg | L(\omega) |$。

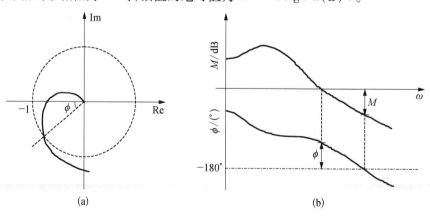

图 6.24　Nyquist 稳定裕度示意图

若飞行器存在气动伺服弹性失稳或稳定裕度不足的问题,则需要采取措施来改善稳定性。基本途径有两种,一种是尽量减少传感器所感受到的结构反馈信号;另一种是在反馈回路中增设滤波器,对信号进行陷幅或移相。

第一种途径是正确设置传感器的位置,使其尽量减少感受到有关固有振型的弹性振动。若飞行器发生气动伺服弹性失稳的主要因素是反馈了机身一阶弯曲振动模态,则为了减少耦合,应将加速度计尽量安排在该模态的节点附近,并将角位移或角速度传感器尽量安置在该模态的斜率接近于零的位置。事实上,这种方法经常受到总体布局设计的限制。

第二种途径是在反馈控制回路中增加结构陷幅滤波器,这是一种通用、可靠的方法。假如飞行器气动伺服弹性不稳定中有某个主要的危险频率,在这个频率附近,其响应幅值有急剧升高,相位又很不利,则结构陷幅滤波器的作用可以使系统在危险频率附近振幅迅速变小,呈陷落状态,并产生合适的相移。结构滤波器的设置,可以使原来不稳定的气动伺服弹性系统转变为稳定的,其一般的传递函数形式为

$$W_n = \frac{s^2 + 2\xi_1\omega_1 s + \omega_1^2}{s^2 + 2\xi_2\omega_2 s + \omega_2^2} \tag{6.133}$$

式中,s 为拉氏变量;ξ 为阻尼比;ω_1、ω_2 接近陷幅频率,其参数选择应保证系统开环传递函数的幅频响应在陷幅频率附近降低一定的程度。这种滤波器的优点是凹口的深度和宽度可以独立调节,且其相位特性较好。

6.6　热气弹结构动力学特性分析

热环境对结构动力学特性的影响主要有两方面,一方面是使结构的材料特性发生变化,另一方面是使结构内部产生热应力。

6.6.1　热环境下的结构刚度分析

热环境对结构振动特性和颤振特性的影响,是通过对结构刚度的影响来实现的。因此,为了进行热气动弹性分析,首先要解决热刚度的分析问题。热影响下结构的刚度分析流程如图 6.25 所示。

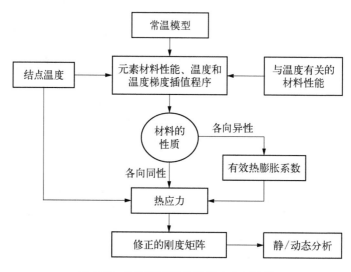

图 6.25 热环境下的结构刚度分析流程

6.6.2 热环境下的结构振动方程

忽略阻尼力影响,对于具有 n 个自由度的系统,将结构离散化为有限元素后,其无阻尼自由振动方程为

$$(K - \omega^2 M)\varphi = 0 \qquad (6.134)$$

式中,M 为结构总体质量矩阵;K 为结构总体刚度矩阵;ω 为结构的固有频率(特征值);φ 为结构的振型(特征向量)。

当结构未受载荷或忽略载荷影响时,定义结构单元线性刚度矩阵为 K_{le},则 K 由 K_{le} 组集而成

$$K_{le} = \int_{V_e} B^T D B \mathrm{d}V \qquad (6.135)$$

式中,V 表示积分域;V_e 表示单元积分域;B 为单元几何矩阵(对于特定的结构,B 只与选取的形状函数有关);D 为弹性系数矩阵。

定义单元一致质量矩阵为 M_e,则 M 由 M_e 组集而成:

$$M_e = \int_{V_e} \rho H^T H \mathrm{d}V \qquad (6.136)$$

式中,ρ 为材料密度;H 为单元形状函数矩阵。

　　当考虑热效应时,一方面结构的部分材料特性将发生明显变化,另一方面结构内部可能会产生较大的温度预应力。这两种效应都会影响结构的刚度。

　　在计算 K_{le}、M_e 时,不同的单元应该采用不同的材料特性数值,包括弹性模量 E、泊松比 μ,即式(6.135)中的弹性系数矩阵 D 应为如下形式:

$$D = \frac{E_t(1-\mu_t)}{(1+\mu_t)(1-2\mu_t)} \times \begin{bmatrix} 1 & & & & & \\ \dfrac{\mu_t}{1-\mu_t} & 1 & & & \text{对称} & \\ \dfrac{\mu_t}{1-\mu_t} & \dfrac{\mu_t}{1-\mu_t} & 1 & & & \\ 0 & 0 & 0 & \dfrac{1-2\mu_t}{2(1-\mu_t)} & & \\ 0 & 0 & 0 & 0 & \dfrac{1-2\mu_t}{2(1-\mu_t)} & \\ 0 & 0 & 0 & 0 & 0 & \dfrac{1-2\mu_t}{2(1-\mu_t)} \end{bmatrix}$$

$$\tag{6.137}$$

　　结构内部的预拉应力和预压应力可以分别使结构的刚度增大和减小,使结构"硬化"和"软化",影响结构的振动特性,如预应力,温度预应力对结构振动的影响可以通过在刚度矩阵中附加结构应力刚度矩阵 K_σ 的形式来模拟。

　　令单元应力刚度矩阵为 $K_{\sigma e}$,可以推出:

$$K_{\sigma e} = \frac{1}{2}\int_{V_e} G^{\mathrm{T}} S G \mathrm{d}V \tag{6.137}$$

式中,

$$S = \begin{bmatrix} g & 0 & 0 \\ 0 & g & 0 \\ 0 & 0 & g \end{bmatrix}, \quad g = \begin{bmatrix} \sigma_{x0} & \tau_{xy0} & \tau_{zx0} \\ \tau_{xy0} & \sigma_{y0} & \tau_{yz0} \\ \tau_{zx0} & \tau_{yz0} & \sigma_{z0} \end{bmatrix}$$

$$
G = \begin{bmatrix} \dfrac{\partial}{\partial x} & \dfrac{\partial}{\partial y} & \dfrac{\partial}{\partial z} & 0 & 0 & 0 & 0 & 0 & 0 \\ 0 & 0 & 0 & \dfrac{\partial}{\partial x} & \dfrac{\partial}{\partial y} & \dfrac{\partial}{\partial z} & 0 & 0 & 0 \\ 0 & 0 & 0 & 0 & 0 & 0 & \dfrac{\partial}{\partial x} & \dfrac{\partial}{\partial y} & \dfrac{\partial}{\partial z} \end{bmatrix} H \tag{6.138}
$$

式中,H 为单元形状函数矩阵;结构应力刚度矩阵 K_σ 由单元应力刚度矩阵 $K_{\sigma e}$ 组集而成。

因此,考虑温度影响的结构振动分析最终归结为求解如下特征值问题:

$$
(K_l + K_\sigma - \omega^2 M)\varphi = 0 \tag{6.139}
$$

式中,M 为温度场影响下的质量矩阵;K_l(通常称为线性刚度矩阵)由 K_{le} 组集而成。此时

$$
K_{le} = \int_{V_e} B^{\mathrm{T}} D_t B \mathrm{d}V \tag{6.140}
$$

式中,D_t 为温度场影响下的弹性系数矩阵。

6.6.3 热环境对结构动力学特性影响的定性分析

对于由各向同性、均匀密度材料组成的结构,当结构形式一定时,如板、梁等结构,可进行如下讨论:结构的振动特性与刚度矩阵 K 及质量矩阵 M 有关。当结构不变时,质量矩阵 M 仅与材料密度 ρ 有关,而刚度矩阵 K 由材料弹性模量 E 及泊松比 μ 以及温度场产生的热应力决定。因此,受热后结构振动特性主要与材料参数(包括弹性模量 E、泊松比 μ 及材料密度 ρ)和热应力有关。

刚度矩阵 K 由 K_{le} 按一定规则,通过算术加法组成。对于各向同性材料,刚度矩阵 K 的每一非零项均为弹性模量 E 的一次式;同理,对于均匀密度材料,质量矩阵 M 的每一非零项均为材料密度 ρ 的一次式。令 $K' = K/E$,$M' = M/\rho$,可得

$$
\left[K' - \left(\omega \sqrt{\dfrac{\rho}{E}} \right)^2 M' \right] \varphi = 0 \tag{6.141}
$$

当结构材料为各向同性、均匀密度,且泊松比 μ 一定或忽略其变化的影响时,$\omega \sqrt{E/\rho}$ 为定值,因此结构的固有频率 $\omega \propto \sqrt{E/\rho}$,振型不变。

对于温度分布均匀且由同种材料组成的结构,温度的影响主要表现在对其

材料参数的影响和对其几何参数的影响两个方面。对于材料热膨胀系数较小的结构(如小于 $1 \times 10^{-6}/℃$),在温度变化并非很大时,进行结构振动特性分析可以忽略温度对结构几何参数和材料密度 ρ 的影响,而只需考虑 $(E, \mu) \rightarrow (E_t, \mu_t)$ 变化的影响。

因此,若常温下结构的固有频率为 ω_0,某一温度下材料的弹性模量为 E_t,忽略泊松比 μ 的变化,该温度下结构的固有频率为 $\omega = \omega_0 \sqrt{E_t/E_0}$。

当结构由于非均匀受热存在较大温度梯度时,其内部会产生热应力,即使是处于均衡温度场中的结构,若其是由热膨胀系数不同的材料组合而成的,则其内部也会产生热应力 $\nabla\sigma$。热应力 $\nabla\sigma$ 会导致产生应力刚度 ∇K_σ,当应力刚度 ∇K_σ 较小时,可将其近似等效为对结构材料弹性模量的影响,即 $\nabla K_\sigma \Leftrightarrow \nabla E_\sigma$,这相当于认为应力刚度是线性刚度的一个小增量,热应力 $\nabla\sigma$ 对结构固有频率的影响为 $\nabla\omega = \omega_0 \cdot \sqrt{\nabla E_\sigma/E_0}$。

6.7 风洞颤振试验概述

本节对国内的风洞颤振试验和风洞设备进行调研分析,对试验设备和试验技术进行相应的介绍,为我国开展高速风洞颤振试验研究提供一定的参考。

近年来,随着计算机技术和 CFD 技术的飞速发展,数值计算在航空航天飞行器研制中扮演着越来越重要的角色。但在开发新型飞行器和新概念飞行器(无人作战飞行器、临近超声速平台、军用航天飞行器)时,风洞试验仍发挥着极其重要的作用。数值计算的精度取决于计算模型的仿真度和计算方法的准确性,在型号设计中,工程技术人员不能单纯地依靠理论计算结果,还必须依靠大量风洞试验结果。

颤振是飞行器结构弹性力、惯性力和气动力耦合引发的自激振动现象,它通常引发结构部件或整体的破坏,对飞行器的飞行安全危害极大。我国的高超声速飞行器研制刚刚起步,针对高超声速飞行器的气动弹性问题研究在某些方面尚缺乏成熟的技术手段,发展的高超声速非定常气动力计算、热颤振分析等方法有待于试验验证,因此非常有必要开展风洞颤振试验的研究。

开展高超声速风洞颤振试验研究,最重要的是高速风洞试验设备。下面简要介绍我国的高速风洞试验设备情况。近年来,我国的风洞建设发展迅速。1999 年,中国空气动力研究与发展中心(29 基地)建成具有世界规模的跨声速风洞,试验段口径为 2.4 m, $Ma0.6\sim1.2$。在航天空气动力技术研究院(701 所)、原沈阳空气动力研究院(626 所)等单位也都建立起了许多不同类型的风洞,能够完成多项吹风试验。图 6.26 显示了国内一些高速风洞设备,表 6.4 列出了这些风洞设备的性能参数。

(a) FD-07风洞

(b) FD-20风洞

(c) JF$_{4B}$风洞

(d) FD-14A风洞

(e) FL-1风洞

(f) FD-06风洞

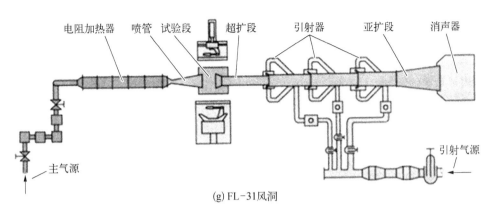

电阻加热器　喷管　试验段　超扩段　引射器　亚扩段　消声器

主气源

(g) FL-31风洞

引射气源

图 6.26　国内的一些高速风洞设备

表 6.4　国内一些高速风洞设备的性能参数

风洞类型	暂冲、下吹、自由射流式			平衡活塞炮风洞	激波风洞	直流暂冲式	半回流暂冲式	
风洞名称	FL-31	FD-07	FD-20	JF$_{4B}$	FD-14A	FL-2	FL-1	FD-06
所属单位	29 基地	701 所	701 所	中科院力学所	29 基地	626 所	626 所	701 所
马赫数	5~10	5~10	6~12	5~10	6~15	0.1~1.2	0.5~2.55	0.4~4.45
喷管出口直径/m	0.5	0.5	0.4	0.5	0.6	1.2	0.6	0.6
驱动段长度/m	—	—	5.0	10.0	7.5	—	—	—
被驱动段长度/m	—	—	10.0	12.0	12.5	—	—	—
试验段长度/m	—	—	2.0	1.5	1.5	3.8	—	—

在高超声速风洞颤振试验研究中,需要解决以下几个关键技术问题:

(1) 模型设计。高超声速颤振缩比模型不仅需要满足几何相似、质量相似和刚度相似,还需要特别注意模型的结构强度。

(2) 模型投放装置设计。在高速风洞试验中,需要设计一个模型投放装置,在流场平稳之后将模型送入风洞,避免模型被不平稳的气流吹坏。

(3) 亚临界颤振边界预测技术。高速风洞的吹气时间非常短,因此获得的结构响应数据很有限。如何利用有限的亚临界振动响应预测临界边界,是问题的关键。

6.8 气弹算例分析方法

6.8.1 复合材料壁板颤振分析方法研究

飞行器壁板和蒙皮是二维弹性系统的一种特殊形式,它的弹性力学特性可用板或壳来分析处理。只是壁板外表面暴露于气流中,而其内表面大多是处于静止空气的大气压条件下。壁板颤振一般是指飞行器薄板或壳形结构在超声速气流作用下诱发的一种自激振动。它通常发生在超声速或是高超声速飞行器上,一般在蒙皮或壁板上产生固定或移动的皱褶,这经常会导致突然性的结构疲劳破坏。

为了进行壁板颤振机理分析,本节采用一块两端简支的矩形板,如图 6.27所示。设在展开方向上的气流均匀,则板可近似看成一维问题。板厚度为 t,顺气流方向长度为 a,宽度为 b,板的密度为 μ,则单位长度的质量为 $m = \mu b t$。设弯曲刚度为 EI,这里 $I = b t^3/12$。

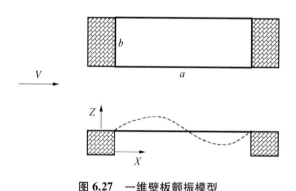

图 6.27 一维壁板颤振模型

板的横向变形可以采用模态表示:

$$w(x, t) = \sum_{i=1}^{n} \phi_i(x) q_i(t) \tag{6.142}$$

式中, q_i 为模态坐标; ϕ_i 为振型函数。各阶振型及其固有频率为

$$\phi_i = \sqrt{2} \sin\left(\frac{i\pi x}{a}\right), \quad \omega_i = (i\pi)^2 \sqrt{\frac{EI}{ma^4}} \tag{6.143}$$

采用活塞理论气动力,并应用能量法推导壁板颤振的运动方程,得到

$$ma\ddot{q}_i + \frac{\rho Vab}{Ma}\dot{q}_i + \frac{(\mathrm{i}\pi)^4 EI}{a^3}q_i + \frac{\rho V^2 b}{Ma}\sum_{j=1}^{n} A_{ij}q_j = 0 \qquad (6.144)$$

式中,

$$A_{ij} = \begin{cases} 0, & i = j \\ \dfrac{2ij\left[(-1)^{i+j}-1\right]}{j^2-i^2}, & i \neq j \end{cases} \qquad (6.145)$$

若只取前 2 阶模态,忽略气动阻尼的作用,则可得简化的壁板颤振运动方程为

$$\begin{bmatrix} ma & 0 \\ 0 & ma \end{bmatrix}\begin{bmatrix} \ddot{q}_1 \\ \ddot{q}_2 \end{bmatrix} + \begin{bmatrix} \dfrac{\pi^4 EI}{a^3} & -\dfrac{8\rho V^2 b}{3Ma} \\ \dfrac{8\rho V^2 b}{3Ma} & \dfrac{16\pi^4 EI}{a^3} \end{bmatrix}\begin{bmatrix} q_1 \\ q_2 \end{bmatrix} = \begin{bmatrix} 0 \\ 0 \end{bmatrix} \qquad (6.146)$$

由此可推导出临界稳定速度的解析表达式为

$$v_{\mathrm{cr}} = \sqrt{\frac{45\pi^4 MaEI}{16\rho a^3 b}} = \sqrt{\frac{30\pi^4 MaE}{128\rho}\left(\frac{t}{a}\right)^3} \qquad (6.147)$$

临界稳定时的振动频率为

$$\omega_{\mathrm{cr}} = \sqrt{\frac{17}{2}A} = \sqrt{\frac{17\pi^4 EI}{2ma^4}} = \sqrt{\frac{17\pi^4 Et^2}{24\mu a^4}} \qquad (6.148)$$

以上推导结果表明,在气流与结构的相互作用下,板的一弯模态和二弯模态发生耦合,在颤振临界点一弯模态和二弯模态的频率发生重合。对于实际结构,可能出现高阶模态耦合的情况。此外,式(6.147)表明,壁板颤振的临界动压与比厚度的立方成正比,厚度的增加可以显著地提高颤振边界。

以上分析虽然做了很多简化,但仍可反映壁板颤振的机理。对于实际飞行器的壁板结构,其颤振分析类似于飞行器部件颤振,但需要特殊考虑以下两方面:

(1) 单侧气流。壁板与飞行器的翼面不同,它的一侧是静压,另一侧是气流带来的压力,因此非定常气动力计算时仅计算单侧气压。

（2）对于曲面壁板，为了进行结构与气动的数据交互，需要采用适用于空间曲面的插值方法，这里采用有限平板插值（TPS）。

6.8.2 高超声速飞行器部件及飞行器颤振分析

通过热模态分析，得到飞行器结构在热环境下的频率和热模态数据；采用高超声速非定常气动力计算方法，得到频域形式的广义非定常气动力系数。在此基础上，写出模态坐标表示的飞行器颤振运动方程为

$$M\ddot{q} + Kq = \frac{1}{2}\rho V^2 Aq \tag{6.149}$$

式中，$q = \begin{bmatrix} q_1 & \cdots & q_m \end{bmatrix}^T$ 为广义坐标列阵；$M = \mathrm{diag}(m_{11}, \cdots, m_{mm})$ 为广义质量对角矩阵；$K = \mathrm{diag}(k_{11}, \cdots, k_{mm})$ 为广义刚度对角矩阵；ρ 为气流密度；V 为气流速度；A 为广义非定常气动力系数矩阵，它是关于马赫数与减缩频率 $k = \omega b/V$ 的复函数。

颤振方程的求解可以分为频域方法和时域方法。常用的频域方法有以下几种方法，如 $V-g$ 法、$p-k$ 法等。由于 $p-k$ 法可以反映一定的亚临界特性，目前工程上普遍采用 $p-k$ 法进行颤振求解。时域方法则是基于状态空间方程时域数值积分来求解系统的运动响应，从而判断系统的稳定性。

1）频域颤振求解：$p-k$ 法

设飞行器结构做任意运动（并不需要谐振荡运动），即设

$$q = \bar{q}\mathrm{e}^{pt} \tag{6.150}$$

式中，$p = \omega(\gamma + i)$，这里 γ 为衰减率，结构阻尼 $g = 2\gamma$。

假设非定常气动力仍然是谐振荡的，将颤振方程改写为

$$\left[p^2 M - \left(\frac{1}{2}\rho bV\mathrm{Im}[A]/k \right) p + K - \frac{1}{2}\rho V^2 \mathrm{Re}[A] \right] \bar{q} = 0 \tag{6.151}$$

式中，减缩频率 $k = \dfrac{\omega b}{V} = \dfrac{b}{V}\mathrm{Im}[p]$。

容易推得，p 即是实数矩阵 R 的特征值，式中

$$R = \begin{bmatrix} 0 & I \\ -M^{-1}\left(K - \frac{1}{2}\rho V^2\mathrm{Re}[A]\right) & \frac{1}{2}\rho bVM^{-1}\mathrm{Im}[A]/k \end{bmatrix} \tag{6.152}$$

因此,颤振求解转化为关于实数矩阵 R 的特征值问题。当特征值为实数时,对应静气动弹性发散;当特征值为共轭复数对时,对应于动气弹颤振。

在具体的特征值求解过程中,由于实数矩阵 R 中的元素与减缩频率 k 有关,需要采用反复的迭代来求解。给定一系列的飞行速度 V_i,对于每一个速度,迭代求得 m 组收敛的 g、f、k,绘制出 $V-g$ 曲线和 $V-f$ 曲线,如图 6.28 所示。从 $V-g$ 曲线可以确定 g 由负变正的临界点,即 $g=0$ 时,相应的 V 为颤振速度,相应的 f 为颤振频率。

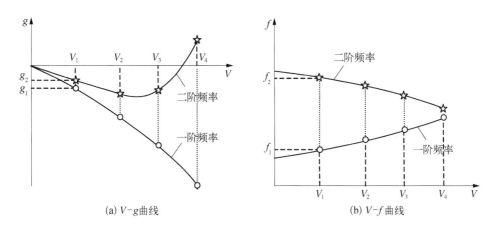

(a) $V-g$ 曲线　　　　　　　　　(b) $V-f$ 曲线

图 6.28　颤振频域求解 $V-g$ 和 $V-f$ 曲线示意图

2) 时域颤振求解:数值积分

为了进行时域颤振求解,需要建立气动弹性系统的状态空间模型,此时一个重要问题就是对非定常空气动力的描述。现有的非定常气动力工程计算一般均采用线性频域方法,得到的气动力系数矩阵是关于减缩频率的复值函数,因此需要将非定常气动力从频域空间转化到时域空间。通常的方法是以拉氏变量描述的有理函数来拟合非定常气动力,如常用的 MS 法。

应用 MS 法的非定常气动力有理函数拟合公式可表示为

$$A(s) = A_0 + \frac{b}{V_0} A_1 s + \left(\frac{b}{V_0}\right)^2 A_2 s^2 + S\left(SI - \frac{V_0}{b}R\right)^{-1} Ts \tag{6.153}$$

式中,$A(s)$ 为广义非定常气动力系数矩阵;s 为拉氏变量;b 为参考半弦长;V_0 为飞行速度;R 为气动力滞后项对角矩阵;I 为单位矩阵;A_i 和 S、T 为拟合多项式系数矩阵。

采用线性频域气动力计算理论已求得若干个减缩频率 $k_l (l=1, 2, \cdots, n)$

处的复值非定常气动力系数矩阵 $A(\mathrm{i}k_l)$，且表示为实部和虚部的形式

$$A(\mathrm{i}k_l) = A^R(k_l) + \mathrm{i}A^I(k_l) \tag{6.154}$$

对比式（6.153）和式（6.154），可以得到

$$A_0 - k_l^2 A_2 + k_l^2 S(k_l^2 I + R^2)^{-1} T = A^R(k_l) \tag{6.155}$$

$$k_l A_1 - k_l S(k_l^2 I + R^2)^{-1} RT = A^I(k_l) \tag{6.156}$$

式（6.155）和式（6.156）的求解可转化为 A_i 和 S、T 的最小二乘问题求解。值得一提的是，对于高超声速气动力，有理函数拟合通常可以采用如下的简化形式：

$$A(s) = A_0 + \frac{b}{V_0} A_1 s \tag{6.157}$$

将经过有理函数拟合的非定常气动力表达式（6.157）代入（6.150）中，经过变换可得到颤振的状态空间方程为

$$\begin{bmatrix} \dot{q} \\ \ddot{q} \end{bmatrix} = \begin{bmatrix} 0 & I \\ M^{-1}\left(\dfrac{1}{2}\rho V_0^2 A_0 - K\right) & \dfrac{1}{2}\rho V_0 b M^{-1} A_1 \end{bmatrix} \begin{bmatrix} q \\ \dot{q} \end{bmatrix} \tag{6.158}$$

在此方程的基础上，给定初始的微小扰动和飞行速度（或动压），通过数值积分来求得系统广义坐标的时间响应。若响应曲线随时间是收敛的，则需要增大速度（或动压），直至响应发散，此时对应的速度（动压）即为颤振边界。

6.9　小结

本章分析了高超声速飞行器热气动弹性设计面临的主要技术问题，给出了系统性的分析解决方案。为实现设计效率与精度的相互补充，将设计手段划分为工程方法、降阶方法和数值方法三种层次，从而能够实现高超声速非定常气动力分析、热环境下高超声速飞行器部件和飞行器颤振分析以及气动伺服弹性稳定性分析等。

目前已取得的技术效果表明，现有气动弹性理论可解决部分高超声速飞行器的实际问题。但是面对极高速环境、柔性大变形结构需求等难题，现有理论和方法尚不足以支撑未来飞行器的发展。因此，高超声速飞行器气动弹性分析理

论方法的发展完善,是高超声速飞行器结构系统研制不断推进的重要保障。

参考文献

[1] Dowell E H. 气动弹性力学现代教程[M].陈文俊,尹传家,译.北京: 宇航出版社,1991.

[2] Chen P C, Sarhaddi D, Liu D D. Development of the aerodynamic/aeroservoelastic modules in ASTROS[R]. Volume 2. ADA370434, 1998.

[3] 张伟伟,叶正寅.基于当地流活塞理论的气动弹性计算方法研究[J].力学学报,2005,37 (5): 632 – 639.

[4] Dowell E H, Tang D M. Nonlinear aeroelasticity and unsteady aerodynamics[R]. AIAA 2002 – 0003, 2002.

[5] 陈桂彬,邹丛青.气动伺服技术在飞机设计中的应用[J].航空学报,1996,17(7): 31 – 35.

第7章

高超声速飞行器防隔热设计技术

7.1 概述

如图 7.1 所示,典型的飞行器热防护系统方案可以分为三类,即被动式热防护方案、半被动式热防护方案,以及主动式热防护方案。在开展飞行器热防护设计时,需要根据实际使用需求,结合不同部位气动加热特点,选择适当的热防护方案。

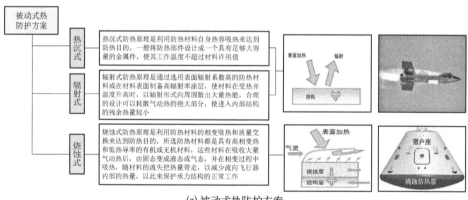

(a) 被动式热防护方案

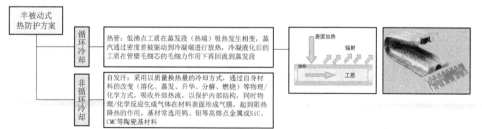

(b) 半被动式热防护方案

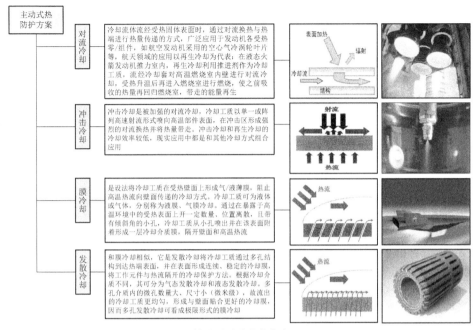

<table>
<tr><td rowspan="4">主动式热防护方案</td><td>对流冷却</td><td>冷却流体流经受热固体表面时,通过对流换热与热端进行热量传递的方式,广泛应用于发动机各受热零/组件,如航空发动机采用的空心气冷涡轮叶片等;航天领域的应用以再生冷却为代表:在液态火箭发动机推力室内,再生冷却利用推进剂作为冷却工质,流经冷却套对高温燃烧室内壁进行对流冷却,使之前吸收的热量推回归燃烧室,带走的能量再生</td></tr>
</table>

主动式热防护方案	对流冷却	冷却流体流经受热固体表面时,通过对流换热与热端进行热量传递的方式,广泛应用于发动机各受热零/组件,如航空发动机采用的空心气冷涡轮叶片等;航天领域的应用以再生冷却为代表:在液态火箭发动机推力室内,再生冷却利用推进剂作为冷却工质,流经冷却套对高温燃烧室内壁进行对流冷却,使之前吸收的热量推回归燃烧室,带走的能量再生
	冲击冷却	冲击冷却是被加强的对流冷却,冷却工质以单一或阵列高速射流形式喷向高温部件表面,在冲击区形成强烈的对流换热并将热量带走。冲击冷却和再生冷却的冷却效率较低,现实应用中都是和其他冷却方式组合应用
	膜冷却	是设法将冷却工质在受热壁面上形成气/液薄膜,阻止高温热流向壁面传递的冷却方式。冷却工质可为液体或气体,分别称为液膜、气膜冷却。通过在暴露于高温环境中的受热表面上开一定数量、位置离散,且带有倾斜角的小孔,冷却工质从小孔喷出并在该表面附着形成一层冷却介质膜,隔开壁面和高温热流
	发散冷却	和膜冷却相似,它是发散冷却将冷却工质通过多孔结构在表面形成达热端表面,并在表面形成连续、稳定的冷却膜,将工作元件与热流隔开的冷却保护方法。根据冷却介质不同,其可分为气态发散冷却和液态发散冷却。多孔介质内的微孔数量大、尺寸小(微米级),故流出的冷却工质更均匀,形成与壁面贴合更好的冷却膜,因而多孔发散冷却可看成极限形式的膜冷却

(c) 主动式热防护方案

图 7.1　典型的飞行器热防护系统方案分类

7.1.1　被动式热防护方案

在被动式热防护方案中,热量主要通过防热层表面辐射出去或被结构吸收,无须利用工质来排除热量,被动式热防护方案一般可分为三类,即热沉式、辐射式以及烧蚀式[1]。

1. 热沉式方案

热沉式方案的热防护原理是利用防热材料自身热容吸热来达到防热目的,一般将防热部件设计成一个具有足够大容量的金属件,使其工作温度不超过材料许用值。热沉式方案几乎吸收了全部入射热量,并将其储存在结构中,是一种最简单的吸收式热防护系统,工作机理是快速导热,并依靠自身的热容吸收热量,因此需要更多的热质量来提高存储热量的能力,该结构的特点是简单可靠,能保持气动外形不改变,但防热效率很低,其典型应用是 X - 15 的前缘(图 7.2)。

2. 辐射式方案

辐射式方案的热防护原理主要是依靠辐射方式散热,其外蒙皮用耐高温材料制成,表面涂有高辐射率的涂层,以提高防热层表面的辐射散热能力[2]。在受热的

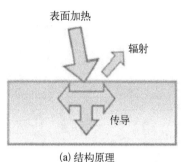

(a) 结构原理　　　　　　　　(b) 典型应用

图 7.2　热沉结构原理和典型应用

同时,它将以辐射的形式向周围发散出大量的热能。辐射式方案允许结构温度持续上升到由表面辐射出去的热量与入射热量相等的温度(辐射平衡温度)为止。该结构的特点是不受热脉冲持续时间的限制,但有一个可承受总热量的限制值。此外,该结构可保持气动外形不变,其典型应用是 X - 37 控制舵(图 7.3)。

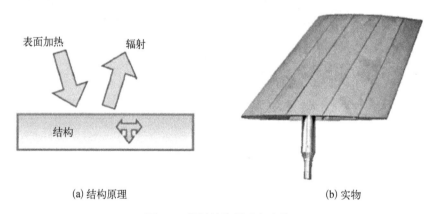

(a) 结构原理　　　　　　　　(b) 实物

图 7.3　辐射结构原理和实物

3. 烧蚀式方案

烧蚀式方案的热防护原理是利用防热材料的相变吸热和质量交换来达到防热目的,所选防热材料都是具有高相变热和低热导率的有机或无机材料,这些材料在吸收大量气动热后,由固态变成液态或气态,并在相变过程中吸热,随材料的流失把热量带走,以减少流向飞行器内部的热量,以此来保护承力结构的正常工作。烧蚀式方案通过烧蚀引起自身的质量损失,吸收并带走大量的热量,阻止热量的传递,起到保护内部结构在一定温度范围内正常工作的作用。但是,烧蚀体(材料)在这一过程会被消耗,因此只能一次使用或必须重新进行修复,进而限制了持续使用的时间[3]。该结构的特点是能通过质量交换和热量交换进行自身调节,但表面形状会发生改变,从而改变气动力特性。典型应用是猎户座太空舱的设计(图 7.4)。

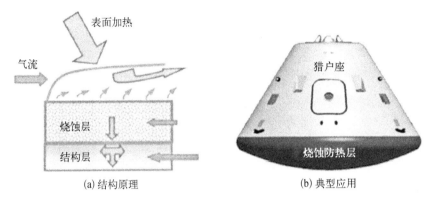

(a)结构原理　　　　　　　　　　(b)典型应用

图 7.4　烧蚀结构原理和典型应用

7.1.2　半被动式热防护方案

热管方案是一种半被动式热防护方案,最适用于局部加热程度严重而相邻区域加热程度较轻的部位[4-6]。热量在严重受热区被热管吸收,并汽化为工质,而所形成的蒸汽流向较冷端冷凝并排出热量,最后冷凝了的工质又依靠毛细作用渗过管壁,返回严重受热区循环使用,如图 7.5 所示。

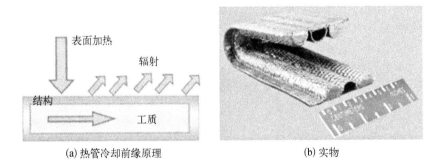

(a)热管冷却前缘原理　　　　　　　(b)实物

图 7.5　热管冷却前缘原理和实物

7.1.3　主动式热防护方案

在主动式热防护方案中,热量全部或绝大部分由工质或冷却流带走(可能有很小一部分被反射),所以不会传至次层结构。该方案可采用四种冷却方式,即薄膜冷却、发汗冷却、冲击冷却(冲击冷却效率较低,应用中往往和其他冷却方式组合应用)和对流冷却。

1. 薄膜冷却和发汗冷却方案

薄膜冷却和发汗冷却方案所依据的原理与烧蚀式方案类似,由表面喷出的冷却剂吸收大部分由严重气动加热产生的热量,使其不能传至次层结构。这两种冷却系统均利用泵压系统来吸收槽(箱)中存储的冷却剂,但表面喷出方式不同[7,8]。

在薄膜冷却方案中,冷却剂从不连续的缝隙中喷出,形成一个薄壁冷却隔热层,X-43A验证机就采用这种方案,如图7.6所示。在发汗冷却方案中,冷却剂通过多孔表面喷出,图7.7中示出了采用发汗冷却结构的碳/碳(C/C)燃烧室试验件。

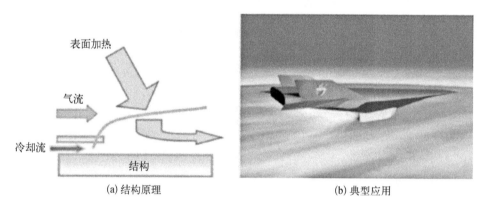

(a) 结构原理　　　　　　　　　　　　　(b) 典型应用

图7.6　薄膜冷却结构原理和典型应用

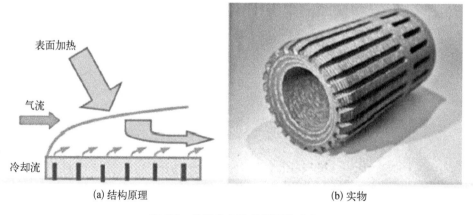

(a) 结构原理　　　　　　　　　　　　　(b) 实物

图7.7　发汗冷却结构原理和实物

薄膜冷却和发汗冷却方案的特点是可以保持多孔结构表面的完整性,对气动力特性基本没有影响,缺点是难以保证多孔壁一直畅通。

2. 对流冷却方案

对流冷却方案的原理是使冷却剂通过位于冷却结构中的通道或管路进行循环,将受热严重部位的热量吸收并带走,仅有极少部分热量被辐射,而几乎全部的入射热量都是通过外蒙皮传入结构中的冷却剂。此外,若冷却剂就是燃料本身,则吸收的热量将用于预热燃料,因此这种系统实质上是一种再生冷却系统。它可分为直接冷却系统和间接冷却系统两种[9]。

直接冷却系统由氢燃料直接流经冷却面板带走热量,然后进入发动机燃烧;间接冷却系统则由二级冷却剂依次通过冷却面板和热交换器循环使用,再由热交换器将热量传递给氢燃料。显然,这种对流冷却热防护系统非常适用于以低温氢燃料为推进剂的防热-推进一体化结构。图 7.8 示出了对流冷却结构的基本原理及其在航天飞机主发动机上的实际应用。

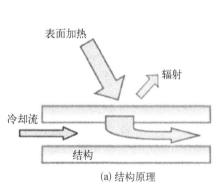

(a) 结构原理　　　　　　　　　　　　(b) 实际应用

图 7.8　对流冷却结构原理和典型应用

7.2　高超声速飞行器防热设计方法与设计流程

7.2.1　防热设计程序

高超声速飞行器防热设计的一般程序如图 7.9 所示,图中虚线框内为防隔热设计的输入条件。防热设计内容主要包括以下几个方面:

(1) 设计输入分析和指标分解;

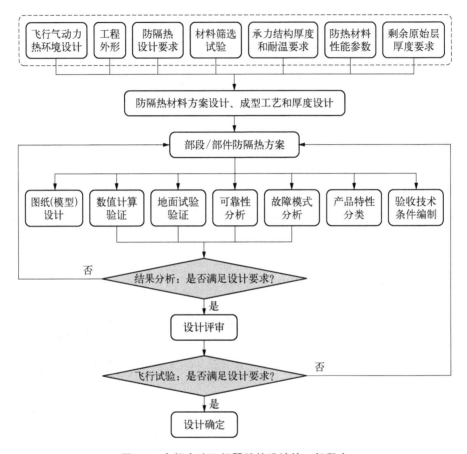

图 7.9 高超声速飞行器防热设计的一般程序

（2）材料及工艺方案选择；

（3）防热产品设计；

（4）防热材料性能测试与数据分析；

（5）防热产品图纸（模型）设计；

（6）防热产品验收技术条件编制；

（7）防热产品可靠性设计。

7.2.2 设计输入分析和指标分解

开展高超声速飞行器防热设计,首先需要对防热设计的输入条件进行全面综合分析,并将防隔热系统需要满足的总体设计指标进行进一步的分解与转化。

一般来说,防热设计的输入条件通常包括以下几部分内容:

（1）高超声速飞行器理论外形、尺寸参数，如端头及舵、翼、腹鳍、立尾前缘半径，后略角，半张角，锥度等。

（2）典型飞行剖面的弹道参数，如高度、速度、攻角、马赫数、舵偏角等；结合（1）中给出的外形与尺寸参数，可以开展准静态条件下的气动热环境计算分析（详见第 2 章气动热环境的计算方法）。

（3）高超声速飞行器结构与防隔热设计要求，具体包括各典型部位的烧蚀/非烧蚀指标、防隔热产品设计厚度、设计质量、力学性能指标等总体要求；高超声速飞行器若采用防热承力一体化热结构，应首先明确经各专业确认的飞行器（热）结构设计方案，明确典型防热产品与热结构产品的接口形式与连接方案。

（4）高超声速飞行器冷热连接部位、分离器件等局部使用温度要求。

（5）高超声速飞行器发射前环境温度，为防隔热计算分析提供初始温度。

7.2.3　防热试验设计

高超声速飞行器防热设计过程中需要开展的防热试验主要包括材料筛选试验、防热性能考核试验、烧蚀匹配试验、热结构/热匹配试验、材料性能和工艺稳定性试验、验收试验、飞行试验以及存储试验等各类试验，其试验的主要目的是提供防热设计所需数据、验证防热设计的正确性和考核材料生产的稳定性。

（1）材料筛选试验：根据防热设计的需要，对各种防热材料在特定的试验条件下进行试验，选择最优材料烧蚀匹配试验。

（2）防热性能考核试验：根据各方认可的典型飞行剖面，针对特征部位的气动加热特点，开展防热性能考核试验，考核全程/典型剖面下材料防热性能。

（3）烧蚀匹配试验：对于不同防热材料的过渡部位，应依据当地气动热环境，开展烧蚀匹配试验，确保低烧蚀/非烧蚀材料过渡部位不会因烧蚀后退量不同，形成前向台阶或不平滑过渡。

（4）热结构/热匹配试验：开展大尺寸舱段级热结构/热匹配试验，重点考核舱段自身、不同材料之间的热结构/热匹配设计合理性。

（5）材料性能和工艺稳定性试验：对于新型防热材料，应在相同的试验条件下，进行不同批次的试验，考核材料工艺稳定性。

（6）验收试验：按照验收技术条件规定的项目和试验条件开展验收试验，合格的交付，不合格的报废。

（7）飞行试验：全面考核防热设计的正确性和可靠性。

(8) 存储试验：按照验收技术条件中规定的项目，对经过存储后的防热、(热)结构材料进行试验，得到存储信息，确定存储期。

对于不同的防热材料，试验条件的确定应考虑：试验条件要充分覆盖高超声速飞行器各种飞行剖面下的气动热环境条件。对于碳基防热材料，试验条件应优先确保热流密度、压力对飞行条件的覆盖性。对于材料中含难熔金属组分，还应重点监测试验过程中氧化膜的剥落情况；对于陶瓷基复合材料（含陶瓷类涂层），风洞条件下参试样件热响应受风洞流场化学非平衡、材料壁面催化特性影响显著，试验前应充分开展流场数值仿真，根据数值仿真结果评估参试样件实际感受到的有效热流，依据有效热流对飞行条件的覆盖情况，对试验条件进行修正，并开展试验。

7.3 高超声速飞行器隔热设计方法与设计流程

7.3.1 设计依据

隔热产品的主要设计依据一般应包括：

（1）总体指标要求，包括温度控制指标、重量指标、可设计空间指标和可靠性指标等；

（2）飞行器结构模型以及连接形式等三维数字模型；

（3）飞行器内部产品装配形式、热源分布和发热量等；

（4）材料热特性参数，包括材料热物性参数（密度、导热系数、比热容等）、线膨胀系数、力学性能参数、表面发射率等及其随温度的变化情况；

（5）飞行器弹道参数和气动热环境参数；

（6）全寿命周期使用环境；

（7）存储条件、使用年限。

7.3.2 设计准则

1）简化准则

在满足功能设计要求的前提下，隔热产品外形设计应尽量简单，边缘轮廓简洁，减少隔热产品的种类和数量，同时减少隔热产品之间的缝隙数量。

2）轻量化准则

在满足总体指标要求和工艺要求的前提下，隔热产品设计应尽量做到厚度薄、重量轻。

3）可靠性准则

隔热设计需要满足以下可靠性准则：

（1）隔热产品设计应做到在满足总体指标要求的情况下具有轻质、高效、可靠等特点。

（2）应优先采用成熟设计方法和成熟产品，使用新方法、新技术、新材料和新工艺应经过充分论证和试验验证，并通过鉴定或评审。

（3）在满足总体指标要求的条件下应优先选取成本低、工艺和性能稳定的隔热材料。

（4）确保隔热产品的装配可靠性，一般采用表面封装以及支撑、紧箍和胶黏等方式，使用过程中避免产生多余物，安装方式均应考虑装配方式对温度的适应性，尽量减少多余气体的产生。

（5）若隔热产品以及相应的装配方案（粘接、支撑等）在使用过程中有气体逸出，应对飞行器结构和设备的影响进行评估。

（6）应全面考虑产品性能、尺寸、装配关系等不确定因素，保留适当的设计裕度。

（7）应考虑产品力学性能满足飞行剖面内的过载、振动、冲击环境要求。

（8）隔热材料在不影响性能的情况下应考虑防潮处理后的产品，同时应满足存储要求。

4）协调匹配准则

隔热设计需要满足以下协调匹配准则：

（1）在满足总体设计要求的条件下，应协调与隔热产品关联结构的关系，并应尽量减少热结构筋梁高度，降低热结构筋梁的热短路影响。

（2）应考虑防热、隔热与舱内仪器设备和设备安装结构的耦合设计。

7.3.3　设计程序

隔热产品设计程序如图 7.10 所示。

7.3.4　设计方法

1）隔热产品设计总体指标要求分解

隔热产品设计总体指标要求分解如下：

（1）分析并分解总体指标要求，主要包括各部位/部件温度控制指标、重量

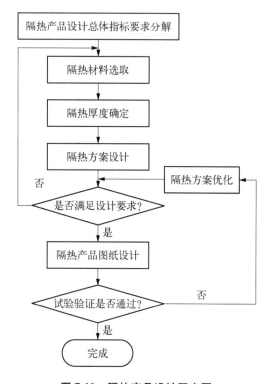

图 7.10 隔热产品设计程序图

指标、可设计空间指标和可靠性指标等。

（2）完成设计依据中提及的相关资料的收集和整理，根据总体指标分解情况，实现隔热产品设计思路的初步构建。

2）隔热材料选取

隔热材料选取步骤如下：

（1）根据飞行热环境参数初步确定隔热装配区域隔热产品的表面温度，进而确定隔热材料耐温需求上限。

（2）初步选取一种隔热材料，建立一维计算模型开展工程计算，分析温度分布，若一种材料无法满足指标要求，则考虑两种隔热材料分层组合，以此类推开展多层隔热设计。

（3）根据隔热材料的工作温度范围，选取隔热材料的种类。

3）隔热厚度确定

隔热厚度计算流程如图 7.11 所示。

在隔热厚度计算流程中主要注意以下几方面：

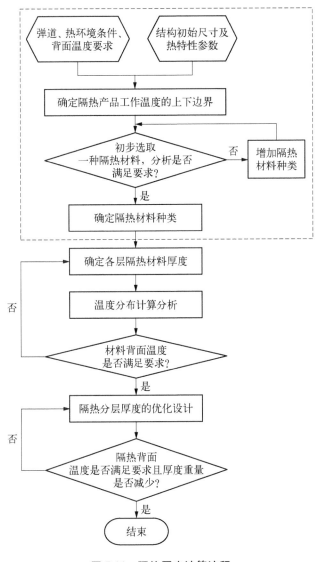

图 7.11　隔热厚度计算流程

（1）开展隔热工程计算，一般选用一维计算模型，通常以飞行器不同部位的气动热环境参数作为计算边界，分析热结构的温度分布。

（2）通过迭代方法完成隔热层厚度的确定，使得隔热层背面温度满足设计要求。

（3）完成隔热层内分层隔热材料的厚度优化设计，在满足隔热层背面温度满足设计要求的同时，隔热层整体厚度和重量最优。

（4）对于热结构筋梁处隔热厚度的确定，一般流程是核算结构的筋梁高度及面积，折算需要增补的隔热层厚度，在无筋梁隔热层理论厚度上增加折算的厚度得到筋梁结构处隔热层理论厚度。

4）隔热方案设计

隔热方案设计要求如下：

（1）在隔热厚度需求分析的基础上，确定各部位的隔热初步方案。

（2）根据飞行器防热结构、舱内设备及连接结构等三维数字模型，以及确定的隔热初步方案，建立隔热层的三维模型。

（3）根据隔热初步方案及三维数字模型建立三维计算模型，开展飞行器三维温度场计算分析，在满足总体提出的温度指标要求的情况下，通过多方案对比与优化，确定综合性能较优的方案。

（4）飞行器三维温度场计算分析中，应考虑热结构、隔热、设备和设备安装结构的耦合传热影响。

（5）隔热方案设计中应考虑计算模型中物性参数的偏差、产品性能的离散性等因素，留有适当的设计裕度。

5）隔热产品图纸设计

隔热产品图纸设计要求如下：

（1）根据隔热方案设计结果开展隔热产品图纸设计。

（2）隔热产品图纸设计中应考虑隔热产品的分块、搭接和装配形式。

（3）隔热产品图纸设计应考虑隔热产品与其他结构和设备之间应留有适宜的安全距离。

7.3.5 试验项目

1）性能验证试验

选取隔热产品的平板试验件，加载热流、温度、压力边界条件，在地面试验装置上验证产品隔热性能。

2）方案考核试验

以工程阶段隔热正式产品状态参加试验，加载模拟飞行试验热流、温度、压力、振动冲击等边界条件，在地面试验设备上考核飞行器隔热方案的有效性、隔热产品安装方案可靠性和隔热产品设计的正确性。方案考核试验应充分考虑试验边界条件的覆盖性、试验与飞行产品的差异性，以保证通过地面试验结果对飞行试验隔热性能覆盖的合理性。

3）产品验收试验

按照隔热产品的验收技术条件要求进行试验,隔热产品验收试验合格的交付,不合格的报废。

4）飞行试验

以工程阶段隔热产品状态参加试验,在飞行环境下获取相关遥测参数,全面考核飞行器隔热方案的可行性和隔热产品设计的正确性。

5）存储试验

按照隔热产品验收技术条件中规定的项目,对经过存储后的隔热产品进行试验,得到存储信息,确定存储期。存储试验可在自然环境下开展,也可以根据具体产品开展加速老化试验。

7.4　高超声速飞行器温控设计方法与设计流程

7.4.1　温控设计流程

温控设计基本流程是温控设计的核心,图 7.12 给出了仪器设备的温控设计基本流程。基本流程图中包含温控设计的输入条件、设计过程、指标判据、迭代关系以及输出文件等信息。

1. 整舱温控分析方法

飞行器温控问题主要集中在各型号舱内的各单机设备,如仪器单机、传感器、电线电缆以及接插件等。图 7.13 给出了基于整舱热分析的温控分析方法。

如图 7.13 所示,整舱温控分析方法的思路是: ① 获取温控专业需要分析的各单机设备与所处舱段的各项输入条件(如结构尺寸、材料热物性、表面材料光学特性、热载荷、工作状态等参数信息);② 逐一建立各单机设备与所在舱段的舱体详细热模型,并加载防隔热专业提供的单机设备所处舱段的热边界条件;③ 将单机设备与所处舱段进行导热、自然对流、辐射共同作用的温度场耦合求解,获得各仪器单机设备的温度场分布;④ 若计算得到的各单机设备的温度水平不满足总体温度设计要求,则采取增加温控措施,回到步骤②修改单机设备热模型后再进行步骤③的温度场耦合求解,若温度场计算结果仍然不满足温控要求,则调整温控措施,重新迭代计算,直至各单机仪器均能满足温度设计要求;⑤ 形成温控分析方案。

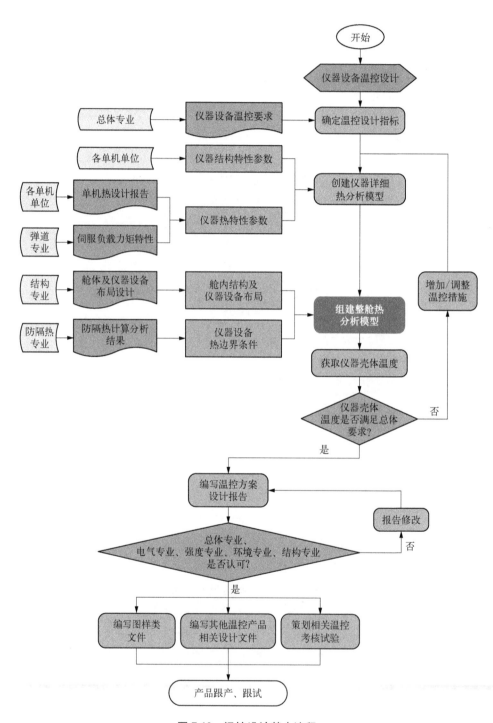

图 7.12 温控设计基本流程

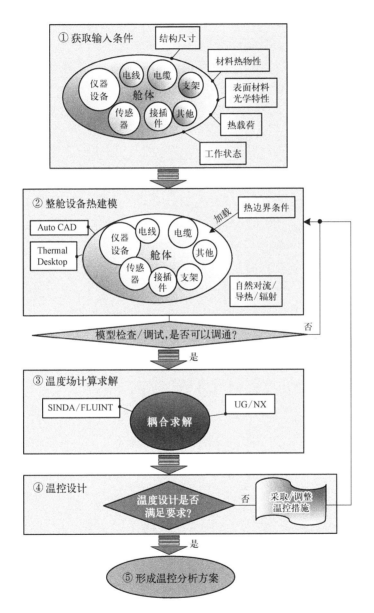

图 7.13 整舱温控分析方法

2. 基于"筛选法"的单机温控分析方法

整舱温控分析方法思路清晰,分析结果准确、直观。在进行简单结构单机设备温控分析时显得非常有效,但在处理复杂结构尤其是在进行整舱设备的温控分析时显得非常烦琐,主要表现在以下几点:

(1)包含各单机设备和整舱建模的工作量非常大,占据整个温控分析工作量的一半以上,且这种分析方法的建模量随着单机设备数量的增加呈线性增加,整舱模型的调试时间与计算时间随整舱模型复杂程度的加大呈指数增加。

(2)整舱模型系统庞大,模型调试异常困难,影响计算结果准确性的自由度非常多,整舱模型的质量得不到保证,往往一两个单机设备的局部问题会导致整舱温度场计算崩溃,且错误不易被发现。

(3)通过在整舱环境下调整模型、再耦合计算迭代求解的方式获取整舱设备的温度场,此类分析方法在统计学里属于枚举法,枚举法本身具有效率低且难以获得最优解等缺点,因此通过建立整舱热模型进行温控分析的方法在实际温控分析工作中显得相对笨重,且难以单独对某一单机设备进行最优化温控设计。

针对整舱温控分析方法存在的问题,经温控总结与改进,提出了一套基于"筛选法"的单机温控分析方法,该方法的核心思想为在对各仪器设备进行温控分析时,可先制定一套由严到宽的分级热考核工况。具体热考核计算工况如表7.1 所示。

表 7.1　热考核计算工况说明

热考核工况	工　况　描　述	工作量	结果评估	通过率
最恶劣工况（最先考核）	仪器直接安装在舱壁上,舱体按平面考虑	最小	最保守	较低
中间工况（其次考核）	仪器通过支架安装于舱壁,舱体按平面考虑	中等	偏保守	居中
最真实工况（最后考核）	基于中间工况,建立支架区域真实舱壁结构	最大	最真实	最高

结合表 7.1 给出的考核工况,对各单机设备按工况的考核顺序依次逐一进行考核,可采用"筛选法"评估各单机设备的热考核结果,若单机设备能够满足

温控设计要求,则完成此单机设备的热考核;若温度水平超出总体设计要求,则放宽考核条件,进入下一考核工况。若经历三轮工况的考核后,单机设备的温度水平仍没有满足总体设计要求,则对单机设备采取具体的温控措施,图 7.14 给出了基于"筛选法"的单机温控分析方法的考核流程。

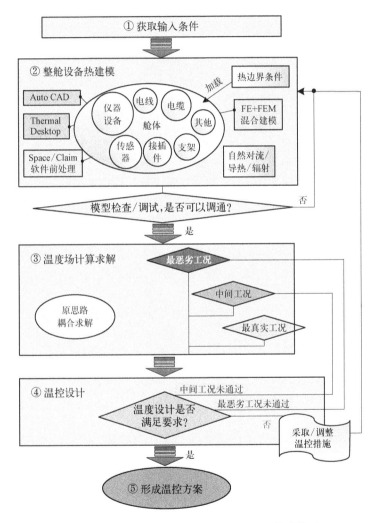

图 7.14　基于"筛选法"的单机温控分析方法的考核流程

表 7.2 给出了对仪器单机进行分级热考核的计算结果与整舱热分析模型下仪器设备计算结果的对比情况,表中给出的温度数据为对应设备壳体外表面温度最高值。

表 7.2 两种方法的计算结果偏差对比

单机名称	整舱模型计算温度/℃	分级考核计算温度/℃	考核等级	偏差/℃
电池 A	52	67	最恶劣工况	15
电池 B	51	68	最恶劣工况	17
仪器 A	76	78	中间工况	2
仪器 B	35	41	中间工况	6
仪器 C	42	44	最真实工况	2
组合 A	48	54	中间工况	6
组合 B	47	52	中间工况	5
机构 A	37	42	中间工况	5
机构 B	34	37	中间工况	3

根据表 7.2 给出两种方法计算结果的对比,表 7.3 中给出的两种方法耗时性对比:快速热评估方法与整舱热耦合计算结果给出的结论保持一致,计算精度能够满足工程分析的一般需求;快速热评估方法建模方便、工作量小,具有较高的优越性。

表 7.3 两种方法的耗时性对比

方　法	耗　时				
	单机建模	舱体建模	调试时间	计算时间	总耗时
传统热评估方法	15 天	15 天	15 天	5 天	50 天
快速热评估方法	15 天	—	3 天	2 天	20 天

7.4.2 温控指标确定

1) 温控指标制定原则

温控指标是温控设计的约束条件,温控指标过于严格,将大幅增加温控代价;反之,则造成仪器设备运行可靠性下降,仪器设备温控指标的通常制定原则为:

(1) 温控指标值应在仪器设备的正常工作温度范围内;

（2）温控指标制定时应满足产品可靠性设计要求；

（3）温控指标应尽可能得到验收试验、地面相关考核试验及摸底试验的验证。

2）温控指标确定方法

仪器设备温控指标的确定方法通常如下：

（1）总体专业根据环境专业提供给电气系统并下发给各单机的环境条件制定的温控指标。该类温控指标值通常较低，一般根据验收试验中仪器设备高温考核范围决定，通常选择《运载器、上面级和航天器试验要求》（GJB 1027A—2005）中要求的单机验收温循试验温度范围−25~60℃的上限值60℃作为基础值，考虑一定的总体余量后形成仪器设备的温控指标，通常数值在55~60℃，这种仪器设备温控指标的确定方式往往适用于发热量较低、温升较小的仪器设备。

（2）与单机单位通过协定方式确定温控指标。单机单位根据产品所选用元器件的耐温水平，考虑一定的仪器设备温度降额使用要求，并根据单机温度摸底试验结果，以及仪器设备的耐温水平制定出温控指标。该种方式确定的温控指标值通常较高，并且确立的温控指标适用于发热量较大、温升较快的仪器设备，为了降低温控代价，通常采用该种方式制定该类仪器设备的温控指标。

（3）根据仪器设备单机温循试验仪器设备表面温度测试值制定仪器设备温控指标。

7.4.3　温控设计内容

高超声速飞行器温控设计程序如图7.15所示。

1. 被动温控设计

1）热辐射设计

热辐射设计包括热辐射抑制设计和热辐射增强设计。其中，热辐射抑制设计一般是指在产品表面镀金、制备低辐射率涂层、镀铝膜，以及安装多层隔热组件温控罩、隔热温控罩等；而热辐射增强设计一般是指在产品表面制备黑色阳极氧化、高辐射率涂层等。在高超声速飞行器热待机（含热待发）阶段，一般仪器设备比舱体温度高，因此应强化仪器设备对舱体结构的辐射，采取热辐射增强设计；而在飞行阶段，一般舱体比仪器设备温度高，因此应设法抑制舱体结构对仪器设备的辐射，采取热辐射抑制设计。具体是采取热辐射抑制设计，还是采取热

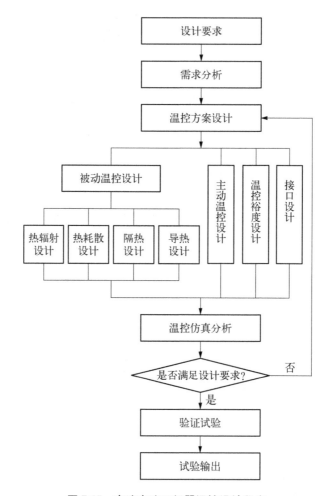

图 7.15　高速声速飞行器温控设计程序

辐射增强设计,应统筹评估热待机(含热待发)和飞行阶段设计工况综合温升情况,确保温控性能最优。

2）热耗散设计

热耗散设计方法一般采用封装的相变材料作为热沉吸热,并关注相变材料的导热系数在传热方向的热疏导作用。此外,热沉吸热设计还应提高接触面的平面度、安装面涂覆导热脂等减少接触热阻等。

3）导热设计

导热设计的目的主要是解决大功率、长期工作仪器设备以及局部高温部位散热需求。在设计上需要根据热流密度、载热量以及传热距离来选择高导石墨膜,均温板、铜板、铝板、热管、环路热管等导热设计方案,同时可以考虑采用增大接触面积、安装面涂覆导热脂等减少接触热阻的方法。

4) 隔热设计

对于冷热连接部位,一般可通过采取增加隔热垫片的方式进行隔热设计,以减少舱体结构温度变化对仪器设备、结构的影响。设计时应针对不同的温区范围,选择不同耐温特性、不同厚度的隔热垫片。

2. 主动温控设计

针对长期热待机温控需求,一般考虑采取技术成熟度相对较高的单相/两相流体回路循环冷却等方式设计温控,当单相/两相流体回路冷却能力不足以满足设备温控需求时,还可以采取工质射流、喷雾、回流冷却等方式设计控温。而针对仪器设备或结构低温工况,则需要考虑开展加热设计,如在仪器设备上安装电加热回路、在局部结构上外贴自发热材料等,电加热回路应采取双回路主备份设计。

3. 温控裕度设计

使用热耗散设计时,温控设计余量为蓄热能力余量,蓄热能力至少应有25%质量的余量;使用热传输设计时,其热设计余量为传热能力余量,在确保温差要求的条件下,传热能力至少应有25%功率的余量;使用电加热回路设计时,热设计余量应为加热器的功率或总发热余量,至少应有25%功率的余量作为热设计余量。

4. 接口设计

温控产品一般采用螺接固定,不作长期存储要求,也可采用胶带绑扎的方式固定。当受控对象有绝缘要求时,应分析温控产品的导通绝缘性能。受控对象避免与高温壁面直接贴壁安装。对于安装精度较高的惯导产品,应分析温控产品对受控对象性能的影响。温控产品与其他结构或设备之间应留有一定的安全距离。

5. 温控仿真分析

1) 仪器设备仿真分析

在开展仪器设备详细温控仿真计算时,一般优选整舱计算模型(局部改进分析可采用单机计算模型),而整舱模型中电连接器、电缆、连接螺钉、管路等在几何模型中可以适当忽略。仪器设备模型应保持几何外形和壁厚特征的真实性,若确需简化,则应保持总表面积基本一致,并模拟仪器设备的热容、发热特性等。

在开展温控计算时,通常以飞行器舱体内壁面的温度条件作为计算边界条件,在仪器设备自身发热及舱内辐射、对流和导热的耦合作用下,分析飞行器舱体内仪器设备的温度场。

仪器设备温控计算建模分析时一般要分析如下因素:

(1)舱体内壁和仪器设备类表面状态、舱内温度环境条件等对热辐射率的影响;

(2)计算模型中各接触面的接触类型、表面形貌和导热填料等对接触热阻的影响;

(3)不同温度、压力环境条件对舱体内自然对流换热系数的影响等,计算精度要求不高的情况下,飞行阶段一般可忽略对流换热作用。

2)局部高温部位温控仿真分析

在开展局部高温部位温控仿真计算时,一般选用整舱计算模型或包括高温部位典型结构的局部计算模型。

在开展温控计算时,一般以飞行器舱体外部气动加热等的热流条件或温度条件作为计算边界,在结构导热及舱内外耦合换热作用下,分析飞行器局部高温部位的温度场。局部高温部位温控计算模型中,一般应分析如下因素:

(1)飞行器舱体外壁和舱体内壁表面状态、温度环境条件等对热辐射率的影响;

(2)计算模型中各接触面的接触类型、表面形貌和导热填料等对接触热阻的影响。

7.4.4　温控验证方法

温控设计过程中主要开展两类试验,一类是仪器设备热特性试验,另一类是舱段级温控验证试验。

1. 仪器设备热特性试验

针对舱内温度较高、热耗较大的仪器设备,在方案阶段,可开展仪器设备热特性试验,要求如下:

(1)试验仪器设备一般采用典试品或者同类型产品;

(2)试验一般可在温控箱或隔热良好的密闭舱中,模拟设备外表面温度边界条件(或绝热边界条件)及安装边界条件;

(3)试验过程中,仪器设备飞行工作模式加电,测量仪器设备升温及降温特性,修正热仿真模型。

2. 舱段级温控验证试验

高超声速飞行器舱内长时强瞬态高热环境、仪器设备互相作用(舱内设备填装高)较为复杂,设备真实工作模式及热耗、电缆的实际安装状态与设计状态有差异,温控产品的效能与安装工艺相关等因素,一般需要开展舱段级温控验证试验,要求如下:

(1)舱段级温控验证试验一般在低气压舱进行。

(2)舱段级温控验证试验以工程阶段温控正式产品状态参加试验。仪器设备一般采取典试品或试样产品,按照飞行时序加电。舱段可用冷结构或模拟件,采取温度边界条件控制,若采取真实舱段产品,则采取热流边界条件控制。

(3)试验后,舱段余温较高、热容较大,舱内仪器设备继续升温,仪器设备存在超温的可能性,舱段级温控验证试验需要评估试验后仪器设备的温升影响。

图 7.16 给出了温控系统地面试验体系框架。该框架紧紧围绕温控设计为中心,以校准温控设计输入、指导温控指标制定、验证温控设计、考核温控方案为目的,给出了飞行器温控试验体系。该试验体系由单机散态加电测温试验、温循试验搭载测温试验、综合环境试验搭载测温试验、舱段级温控考核试验等试验组成。

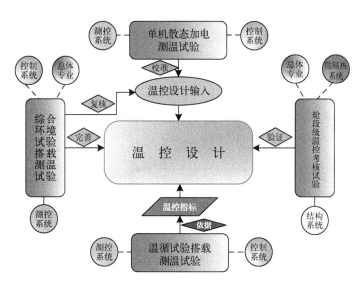

图 7.16　温控系统地面试验体系框架

表 7.4 从试验目的、试验模型、试验时间、控制参数、试验过程、责任单位、参试单位等方面给出了各类温控试验的特点。

表 7.4 各类温控试验特点比较

比较项目	单机散态加电测温试验	温循试验搭载测温试验	综合环境试验搭载测温试验	舱段级温控考核试验
试验目的	获取仪器设备在实验室条件下的散态温度数据;验证温控设计输入条件的正确性;修正单机温控分析数学模型	获取仪器设备在温循试验中的温度数据,制定仪器设备的温控指标	获取无外部高温舱壁加热条件下仪器设备的温度数据;修正温控分析数学模型	考核温控方案的有效性;验证温控设计
试验模型	单机真品	单机典试品	飞行器	飞行器舱段
控制参数	设备加电状态。仪器设备按模飞状态加电工作	设备加电状态、空气温度,参见 GJB 1027A—2005 中的温循试验要求	设备加电状态、空气温度。按综合环境试验要求,并在试验结束前补充一个模飞工况	外热流值、设备加电状态。控制舱体外表面吸收的热流等同于飞行过程中舱体外表面吸收的热流,仪器设备按模飞程序通电工作
试验过程	设备从常温冷透状态下开始加电工作,同时用点温仪或红外热像仪测出仪器设备表面各部位温度及红外热像数据	按温循试验工况,仪器设备按要求通、断电,温箱内空气按要求通冷空气、热空气,测出各仪器设备表面各部位温度	按综合环境试验工况,测出各仪器设备表面典型位置的温度;飞行器在常温下冷透后,仪器设备按模飞程序通电工作,测出设备表面典型位置的温度	仪器设备按进入发射流程及飞行过程剖面通电工作,外热流按飞行剖面进行加载,测出各仪器设备表面典型位置及其他关键部位的温度

7.5 小结

本章分别介绍了高超声速飞行器端头、前缘、大面积、气动控制面等防热部件常用的热防护设计方法,并结合我国高超声速飞行器热防护系统的研制经验,总结了高超声速飞行器防热、隔热及温控设计中的一般性设计方法、设计程序以及设计流程。

参考文献

[1] 吉庭武.先进飞行器半主动/主动冷却结构热力分析与优化设计[D].西安：西北工业大学,2016.

[2] 魏衍强.高超声速飞行器热防护及红外辐射特性分析[D].哈尔滨：哈尔滨工业大学,2016.

[3] 时胜波.高硅氧/酚醛复合材料的烧蚀机理及热-力学性能研究[D].哈尔滨：哈尔滨工业大学,2013.

[4] 彭稳根.高超声速飞行器金属结构热管热防护机制理论与模拟研究[D].哈尔滨：哈尔滨工业大学,2011.

[5] 陈思员,李鹏飞,薛志虎,等.航天十一院热管军民两用技术的最新进展[J].军民两用技术与产品,2014,5：56-58.

[6] 曲伟,王焕光,段彦军.高温及超高温热管的启动特性和传热极限[J].工程热物理学报,2011,32(8)：1345-1348.

[7] 乌日娜.高超声速进气道气膜冷却数值研究[D].哈尔滨：哈尔滨工程大学,2010.

[8] 张磊.主动冷却燃烧室热平衡特性研究[D].成都：西南交通大学,2014.

[9] 刘双.高超声速飞行器热防护系统主动冷却机制与效能评估[D].哈尔滨：哈尔滨工业大学,2010.

第8章

高超声速飞行器防隔热与热密封分析理论

8.1　概述

在高超声速飞行器热防护材料研发方面,世界主要国家都采用了相似的技术路线,即不再研发全新的热防护材料体系,而是在现有防热材料体系的基础上,通过工艺改性与优化,引入耐温等级更高的抗烧蚀组元,进一步提升材料的热防护性能。虽然传统热防护材料烧蚀机理明确,计算方法相对成熟,但在引入耐高温、抗烧蚀组元后,其烧蚀机理将会发生本质上的改变,因此迫切需要针对工艺改性后的热防护材料建立高温氧化反应模型与计算方法。对于没有工艺改性需求的经典热防护材料,其在应用于高超声速飞行器热防护设计时,也应注意经典防热理论在高超声速飞行气动加热条件下的适用性。例如,经典碳基防热理论是伴随着再入飞行器的研制发展起来,其烧蚀机理主要是在短时、高热流、低熔/高压气动加热条件下依靠碳的升华吸热进行热防护,而在长时间、中/低热流、高熔/低压为特征的气动加热条件下使用时,烧蚀则以氧化放热为主,且反应产物和烧蚀方程也与再入环境存在明显差异;再如,经典硅基防热理论,其烧蚀机理主要是通过酚醛树脂碳化吸热和玻璃纤维熔融流失带走热量,而在长时间、中/低热流、高熔/低压气动加热条件下,材料温度尚未达到玻璃纤维熔点,且经典树脂基材料防热理论中所规定的酚醛树脂碳化分解面、分解层模型也不再适用,需要以一个连续变化的分解度模型来描述酚醛树脂的碳化过程。

高超声速飞行器的飞行高度与速度剖面决定飞行器大面积(不含干扰区)热流显著低于再入飞行器,其表面温度峰值通常不会超过 1 500℃,但由于其飞行时间通常不会小于 1 000 s 量级,长时间气动加热造成飞行器大面积部位的总加热量接近甚至大幅超过再入飞行器,为了确保舱内仪器设备长时间稳定工作,需要选用隔热性能优异的隔热材料,因此纳米气凝胶类隔热材料以密度小、易成型、热导率极低[常温热导率$\leqslant 0.025$ W/(m·K)]等特点成为高超声速飞行器隔热设计中广泛使用的隔热材料,但此类材料内部含有大量的纳米孔隙,热量在材料内部的传递过程是一个导热、辐射、对流耦合作用的过程,且受材料内部水汽、环境压力等因素的影响,有必要结合材料纤维骨架与孔隙的微结构特征,建立材料内部热量传递的微细观模型,搭建材料热物性参数从微细观到宏观的桥梁,形成气凝胶类隔热材料工程计算分析方法,支撑大尺度舱段级、全尺寸飞行器防隔热结构的传热仿真分析。

高超声速飞行器舱段对接面、舵轴等连接缝隙处的热密封性能是高超声速飞行器舱内结构与仪器设备安全使用的关键因素。高超声速飞行器结构复杂、零部件多,设计上不可避免地会涉及多处密封结构,在各种恶劣环境下,密封结构能否可靠密封、能否可重复使用等问题,都需要进行严格的测试和理论分析。密封结构的主要失效模式是在恶劣工作环境下密封材料的失效,不能伴随结构之间位置的变化弹性伸缩,导致高温气体通过密封材料表面与结构表面缝隙侵入结构内部。因此,开展密封结构设计时首先应该确认密封结构的工作环境,然后根据工作环境温度、连接部位附近的来流流场、缝隙尺度、密封材料力、热性能、内部腔体尺寸等多种因素,选择适当的密封材料和密封结构形式。

8.2　碳/碳材料防热机理与性能评价方法

8.2.1　碳的燃烧反应机理

在阐明碳的烧蚀防热机理前,首先需要明确 Stefan 流的概念。以空间中液滴的蒸发过程为例,其驱动力不仅与浓度差有关,还与液滴周围介质的温差有关,蒸发过程不是简单的传质过程,而是传热与传质的综合过程[1]。

假设在蒸发面上蒸汽的相对浓度为 C_f,下标 w 表示物面,下标 0 表示远离物面处的参数,蒸发时在蒸发面处蒸汽浓度 $C_{f,w}$ 最高,沿物面外法线方向逐渐减少,其他气体 x(如氧气)在蒸发面处的分压力为 $p_{x,w}$,有

$$p = p_{f,w} + p_{x,w} = p_{f,0} + p_{x,0} \tag{8.1}$$

根据菲克定律,气体 x 必然向蒸发面扩散,由于这些气体既不穿透蒸发面,也不在蒸发面凝结,为使物质平衡必然有相等流量的 x 组分气体离开蒸发面向

外流动。这种由蒸发、凝结,以及因化学反应而增加或减少分子数所引起的物质源或汇等所引起的物质流就是 Stefan 流。

碳的燃烧属于多相燃烧反应,为简单起见,考虑碳与纯氧发生反应,且假定碳与氧的反应只有一个,即

$$C + O_2 \longrightarrow CO_2 \tag{8.2}$$

则混合气体由 O_2 与 CO_2 组成,因此有

$$J_{O_2,\,w} = - D_{O_2}\rho_{O_2}\left(\frac{\partial C_{O_2}}{\partial y}\right)_w \tag{8.3}$$

$$J_{CO_2,\,w} = - D_{CO_2}\rho_{CO_2}\left(\frac{\partial C_{CO_2}}{\partial y}\right)_w \tag{8.4}$$

式中,下标 w 表示物面;D 为扩散系数;C 为浓度;ρ 为密度,且有

$$C_{O_2} + C_{CO_2} = 1 \tag{8.5}$$

显然,碳表面附近 CO_2 的浓度梯度 $\left(\dfrac{\partial C_{CO_2}}{\partial y}\right)_w$ 为负值,碳表面附近 O_2 的浓度梯度 $\left(\dfrac{\partial C_{O_2}}{\partial y}\right)_w$ 为正值,两种分子扩散流大小相等,方向相反,即

$$J_{O_2,\,w} = - J_{CO_2,\,w} \tag{8.6}$$

另一方面,在表面上的化学反应要求两个组分的物质流之间的比例关系为

$$g_{O_2,\,w} = - \frac{32}{44} g_{CO_2,\,w} \tag{8.7}$$

显然,纯粹的分子扩散过程是无法满足上述要求的,因此在表面处就出现了 Stefan 流,氧和二氧化碳的物质流不再仅是扩散流,而是

$$g_{O_2,\,w} = - D_{O_2}\rho_{O_2}\left(\frac{\partial C_{O_2}}{\partial y}\right)_w + C_{O_2}\rho_{O_2}v_{O_2}$$

$$g_{CO_2,\,w} = - D_{CO_2}\rho_{CO_2}\left(\frac{\partial C_{CO_2}}{\partial y}\right)_w + C_{CO_2}\rho_{CO_2}v_{CO_2} \tag{8.8}$$

式中,v 为流速。

由于 $\left(\dfrac{\partial C_{O_2}}{\partial y}\right)_w = \left(\dfrac{\partial C_{CO_2}}{\partial y}\right)_w$，因此有

$$g_w = g_{O_2,\,w} + g_{CO_2,\,w} = \rho_w v_w$$

$$g_w = g_{O_2,\,w} - \frac{44}{32} g_{O_2,\,w} = -\frac{12}{32} g_{O_2,\,w} \tag{8.9}$$

在碳与氧反应时，任一气体组分的物质流都不等于零，也不等于 Stefan 流，而两个物质流 $g_{O_2,\,w}$、$g_{CO_2,\,w}$ 的总和是 Stefan 流 $\rho_w v_w$，Stefan 流就是碳烧掉的量，即碳的燃烧速率。

Hottel 归纳提出了碳燃烧机理的四种可能性。

（1）碳在表面完全氧化，碳氧反应的摩尔比为 1：

$$C + O_2 \longrightarrow CO_2 \tag{8.10}$$

（2）碳在表面仅氧化为 CO，碳氧反应的摩尔比为 2：

$$C + \frac{1}{2}O_2 \longrightarrow CO \tag{8.11}$$

（3）碳在表面仅氧化成 CO，然后在离表面很近的气膜中与扩散进来的氧反应生成 CO_2，称为滞后燃烧：

$$C + \frac{1}{2}O_2 \longrightarrow CO$$

$$CO + \frac{1}{2}O_2 \longrightarrow CO_2 \tag{8.12}$$

（4）氧气完全消耗于滞后燃烧，因此到不了固体表面。固体表面只有从气相扩散过来的二氧化碳，因此产生还原反应（Boudouard 反应）：

$$C + CO_2 \longrightarrow 2CO \tag{8.13}$$

CO 向外扩散，在颗粒四周的滞后燃烧层燃烧而变成 CO_2：

$$CO + \frac{1}{2}O_2 \longrightarrow CO_2 \tag{8.14}$$

碳的燃烧属于多相燃烧反应，其特征是物质的化学反应发生在分界表面上，

既可以在内表面进行,又可以在外表面进行,没有明显的界限。多相燃烧反应越急剧进行,反应温度越高,固体反应性能越强,反应很大程度上集中到物体外表面进行,因此外部反应表面可以理解为物体的极限反应表面。

令每单位质量为 1 的氧气完全燃烧消耗掉碳的质量为 B,即

$$B = \frac{单位质量氧气消耗掉碳的质量}{1} \tag{8.15}$$

对于反应 $C + O_2 \longrightarrow CO_2$,有 $B = \dfrac{M_C}{M_{O_2}} = \dfrac{12}{32} = 0.375$,当来流为空气时,单位质量空气中氧的质量分数为 23%,则有碳在单位质量 1 的空气来流中燃烧,消耗的质量为

$$B_{CO_2} = 1 \times 23\% \times 0.375 = 0.086\,25 \tag{8.16}$$

对于反应 $2C + O_2 \longrightarrow 2CO$,有 $B = \dfrac{2M_C}{M_{O_2}} = \dfrac{24}{32} = 0.75$,则

$$B_{CO} = 1 \times 23\% \times 0.75 = 0.172\,5 \tag{8.17}$$

对于反应 $4C + 3O_2 \longrightarrow 2CO + 2CO_2$,有 $B = \dfrac{4M_C}{3M_{O_2}} = \dfrac{48}{96} = 0.5$,则

$$B_{CO+CO_2} = 1 \times 23\% \times 0.5 = 0.115 \tag{8.18}$$

综上所述,当单位质量 1 的纯氧到达碳壁面并且完全耗尽时,碳的理论消耗质量为 $0.375 \sim 0.75$,当来流为单位质量 1 的空气时,碳的理论消耗质量为 $0.086\,25 \sim 0.172\,5$。

碳与氧的反应是固体燃料燃烧最基本的过程,在低温时碳表面上的主要化学反应是 $C + O_2 \longrightarrow CO_2$,同时也发生少量的 $C + \dfrac{1}{2}O_2 \longrightarrow CO$ 反应。但是,此处产生的 CO 在表面附近马上就被氧化成 CO_2。在高温情况下,碳表面化学反应为 $C + CO_2 \longrightarrow 2CO$,在气相中氧化成 CO_2 后,一方面向碳表面扩散,继续进行表面反应,另一反面向外扩散逸入周围环境。一般认为,碳与氧反应时,CO 和 CO_2 都是主要产物,而这两种产物的比值是随温度的上升而增加的,在 730 ~ 1 100 K,两种产物的比值为

$$\frac{CO}{CO_2} = 2\,500\exp(-6\,240/T) \tag{8.19}$$

在温度范围为 790~1 690 K 时,对两个不同的碳而言,Rossberg 得出了类似的结果,Day 指出 CO/CO_2 之比可能与碳的种类有关,但是在高温时,CO 是占优势的。

8.2.2　碳–氧反应的速率控制机理

以碳与纯氧气的反应为例,根据菲克定律,氧气从边界层向碳表面的对流-扩散传质的质量流率为

$$J_{O_2} = \beta(C_{O_2,\,\infty} - C_{O_2,\,w}) \tag{8.20}$$

式中,β 为传质系数;$C_{O_2,\,\infty}$ 为远端氧的扩散质量流率;$C_{O_2,\,w}$ 为物面处氧的扩散质量流率,$kg/(m^2 \cdot s)$。

碳表面燃烧反应的燃烧比速度服从 Arrhenius 定律:

$$J'_{O_2} = kC^n_{O_2,\,w} = k_0\exp\left(-\frac{E}{RT}\right) \tag{8.21}$$

式中,k_0 为频率因子;E 为活化能;n 为反应级数。

当燃烧达到稳定状态时,扩散来的氧与碳燃烧消耗掉氧的质量流率一致:

$$J_{O_2} = J'_{O_2} \tag{8.22}$$

当 $n = 1$ 时,可以得到:

$$C_{O_2,\,w} = \frac{1}{1 + \dfrac{k}{\beta}}C_{O_2,\,\infty} \tag{8.23}$$

则氧的消耗速率为

$$J'_{O_2} = kC^n_{O_2,\,w} = \frac{k}{1 + \dfrac{k}{\beta}}C_{O_2,\,\infty} = \frac{1}{\dfrac{1}{k} + \dfrac{1}{\beta}}C_{O_2,\,\infty} \tag{8.24}$$

记 $k_{sup} = \dfrac{1}{\dfrac{1}{k} + \dfrac{1}{\beta}}$,有 $J'_{O_2} = k_{sup}C_{O_2,\,\infty}$,此时碳的质量消耗速率为

$$J_C = k_{sup} C_{O_2} B, \begin{cases} B = 0.75, & \text{反应方程为}: 2C + O_2 \longrightarrow 2CO_2 \\ B = 0.375, & \text{反应方程为}: C + O_2 \longrightarrow CO_2 \\ B = 0.5, & \text{反应方程为}: 4C + 3O_2 \longrightarrow 2CO + 2CO_2 \end{cases}$$

$$(8.25)$$

若反应气体为空气,则有

$$J_C = k_{sup} C_{air, \infty} B, \begin{cases} B = 0.172\ 5, & \text{反应方程为}: 2C + O_2 \longrightarrow 2CO_2 \\ B = 0.086\ 25, & \text{反应方程为}: C + O_2 \longrightarrow CO_2 \\ B = 0.115, & \text{反应方程为}: 4C + 3O_2 \longrightarrow 2CO + 2CO_2 \end{cases}$$

$$(8.26)$$

根据 k_{sup} 的取值,可将碳氧反应分为速率控制、扩散控制和过渡区三种工况。在速率控制工况中,氧向碳表面对流扩散的传质速率远高于碳氧反应速率,即 $\beta \gg k$,此时 $k_{sup} \approx \beta$;在扩散控制工况中,氧向碳表面对流扩散的传质速率远小于碳氧反应速率,即 $\beta \ll k$,此时 $k_{sup} \approx k$;在过渡区工况中,k 与 β 在同一数量级。

8.2.3　碳-氧反应的扩散速率控制机理

基于再入飞行器气动加热环境发展起来的碳基材料烧蚀机理[2~4]认为,当碳基材料表面温度低于 1 000 K 时,氧化过程由反应速率控制,线烧蚀速率由表面反应动力学决定,而与氧气向材料表面扩散的速度无关;随着温度升高,氧化反应加快,氧化速度与扩散速度具有可比的量级,烧蚀过程受化学动力学和扩散同时控制(过渡区氧化);在材料表面温度超过 1 700 K 后,氧化反应急剧增加,而边界层内输送氧气的过程要慢得多,烧蚀过程发展为完全受氧化扩散控制,其相当于氧气完全燃尽的情况;当温度超过 3 300 K 时,碳表面发生升华吸热,而在温度达到碳的升华点之前,所有反应均为放热反应。

再入飞行过程中碳基材料在表面温度低于 1 700 K 以下的时间历程极短,并且与扩散控制区、升华控制区相比,表面温度低于 1 700 K 时烧蚀量相对很小,因此研究者基于再入飞行器气动热环境开展的烧蚀理论模型、计算方法与相关试验均主要针对 1 700 K 以上的温区,致使碳基材料在 1 700 K 以下的烧蚀机理并不明确[5,6]。在临近空间长时间飞行条件下,防热层表面温度长时间低于 2 000 K,迫切需要有针对性地开展地面风洞试验与理论分析工作,明确碳基材料在 2 000 K 以下的烧蚀防热机理。

近年来,针对中/低热流、高焓/低压条件开展的多项地面防热试验结果表明,采用传统碳基烧蚀模型对地面试验开展的仿真计算,与试验结果偏差较大,经过大量文献调研,初步将其原因归结为碳基材料在低温条件下的烧蚀机理不明。相比之下,美国对碳基材料在低温条件下的烧蚀机理研究相对成熟。例如,Ziering 与 Dicristina 指出,在低温条件下,除了 CO,还必须考虑生成物为 CO_2 的化学反应对烧蚀计算的影响。自 20 世纪 50 年代至今,美国逐步建成并完善了碳基材料的热化学烧蚀数据库(如 NASA Ames 研究中心建立的 CEA 数据库、AeroTherm 数据库等)。众多文献表明,NASA 开展的大量高超声速飞行器烧蚀热响应计算中,所采用的碳基材料低温烧蚀模型均考虑了生成物为 CO_2 的化学反应对烧蚀计算的影响[7]。

如图 8.1 所示,对于碳基材料的低温氧化烧蚀问题,若在考虑 $2C + O_2 \longrightarrow 2CO$ 的基础上加入 $C + O_2 \longrightarrow CO_2$ 反应,则在相同压力条件下,大致可将碳基材料的烧蚀分为以下几个阶段:

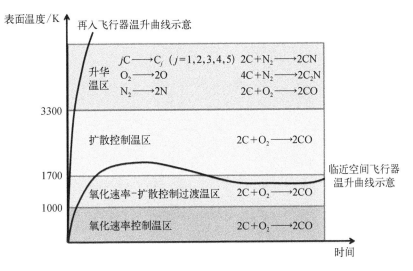

图 8.1　基于再入飞行发展的碳基材料烧蚀防热机理示意图

(1) 在低温条件下,$C + O_2 \longrightarrow CO_2$ 反应的平衡常数远大于 $2C + O_2 \longrightarrow 2CO$ 反应的平衡常数[5],产物以 CO_2 为主,反应受氧化速率控制;

(2) 随着温度的升高,$2C + O_2 \longrightarrow 2CO$ 氧化反应速率增加,产物中 CO 和 CO_2 共存;

（3）温度继续升高，$2C + O_2 \longrightarrow 2CO$ 反应速率继续增大，直至其平衡常数远高于 $C + O_2 \longrightarrow CO_2$ 反应，此时，产物以 CO 为主；

（4）当温度升高至 $2C + O_2 \longrightarrow 2CO$ 反应速率高于边界层内输送氧气的速率时，碳-氧反应转变为扩散控制，直至达到碳的升华点；

（5）在温度超过升华点以后，材料的烧蚀机理与经典碳基烧蚀机理相同。

1）当温度低于升华点时的扩散速率控制方程

碳基材料表面温度在升华点以下的化学反应主要包括：

$$C + O_2 \longrightarrow CO_2 \tag{8.27}$$

$$2C + O_2 \longrightarrow 2CO \tag{8.28}$$

由式(8.27)和式(8.28)可建立元素质量浓度与组元质量浓度的关系：

$$\begin{cases} \tilde{C}_C = \dfrac{C_{CO}M_C}{M_{CO}} + \dfrac{C_{CO_2}M_C}{M_{CO_2}} \\[3mm] \tilde{C}_O = C_{O_2} + \dfrac{C_{CO}M_O}{M_{CO}} + \dfrac{C_{CO_2}M_O}{M_{CO_2}} \\[3mm] \tilde{C}_N = C_{N_2} \end{cases} \tag{8.29}$$

在传热系数与传质系数相等的条件（$Le = Pr$）下，有以下表面质量守恒条件（相容性条件）：

$$\begin{cases} \dfrac{\tilde{C}_{CO,w}}{M_{CO}} + \dfrac{\tilde{C}_{CO_2,w}}{M_{CO_2}} = \dfrac{B_w\left(1 - \dfrac{f_p}{2}\right)}{(1 + B_w)M_C} \\[5mm] \tilde{C}_{O,w} = \dfrac{\tilde{C}_{O,e}}{1 + B_w} - \dfrac{\tilde{C}_{CO,w}M_O}{M_{CO}} - \dfrac{2\tilde{C}_{CO_2,w}M_O}{M_{CO_2}} \\[5mm] \tilde{C}_{N,w} = \dfrac{\tilde{C}_{N,e}}{1 + B_w} \\[5mm] \tilde{C}_{x,w} = \dfrac{\dfrac{f_p}{2}B_w}{1 + B_w} \end{cases} \tag{8.30}$$

并且满足：

$$\tilde{C}_{\mathrm{CO},\,w} + \tilde{C}_{\mathrm{CO_2},\,w} + \tilde{C}_{\mathrm{O},\,w} + \tilde{C}_{\mathrm{N},\,w} + \tilde{C}_{x,\,w} = 1 \tag{8.31}$$

由式(8.29)和式(8.30)可得碳的无量纲质量烧蚀率为

$$B_w = \frac{\tilde{C}_{\mathrm{C},\,w}}{\left(1 - \dfrac{f_p}{2}\right) - \tilde{C}_{\mathrm{C},\,w}}$$

$$= \frac{\dfrac{\tilde{C}_{\mathrm{CO},\,w} M_{\mathrm{C}}}{M_{\mathrm{CO}}} + \dfrac{\tilde{C}_{\mathrm{CO_2},\,w} M_{\mathrm{C}}}{M_{\mathrm{CO_2}}}}{\left(1 - \dfrac{f_p}{2}\right) - \dfrac{\tilde{C}_{\mathrm{CO},\,w} M_{\mathrm{C}}}{M_{\mathrm{CO}}} - \dfrac{\tilde{C}_{\mathrm{CO_2},\,w} M_{\mathrm{C}}}{M_{\mathrm{CO_2}}}} \tag{8.32}$$

式(8.27)和式(8.28)对应的平衡常数为

$$\begin{cases} K_{p,\,\mathrm{CO}} = \dfrac{p_{\mathrm{CO}}^2}{p_{\mathrm{O_2}}} \\[4mm] K_{p,\,\mathrm{CO_2}} = \dfrac{p_{\mathrm{CO_2}}}{p_{\mathrm{O_2}}} \end{cases} \tag{8.33}$$

由道尔顿分压定律,可建立元素质量浓度与组元质量浓度之间的关系:

$$C_i = \frac{p_i}{p_e} \frac{M_i}{\bar{M}} \tag{8.34}$$

式中,C_i 为 i 组元质量浓度;p_i 为 i 组元分压;M_i 为 i 组元分子量;p_e 为边界层外缘压力;$\bar{M}$ 为空气的平均分子量。

将式(8.34)代入式(8.33)可得

$$\begin{cases} K_{p,\,\mathrm{CO},\,w} = \left[\dfrac{\tilde{C}_{\mathrm{O},\,w} p_e \bar{M}}{M_{\mathrm{CO}}}\right]^2 \Big/ \left[\dfrac{\tilde{C}_{\mathrm{O},\,w} p_e \bar{M}}{M_{\mathrm{O}}}\right] \\[5mm] K_{p,\,\mathrm{CO_2},\,w} = \left[\dfrac{\tilde{C}_{\mathrm{CO_2},\,w} p_e \bar{M}}{M_{\mathrm{CO_2}}}\right] \Big/ \left[\dfrac{\tilde{C}_{\mathrm{O},\,w} p_e \bar{M}}{M_{\mathrm{O}}}\right] \end{cases} \tag{8.35}$$

式中,$K_{p,\,\mathrm{CO},\,w}$、$K_{p,\,\mathrm{CO_2},\,w}$ 遵循 Arrhenius 定律:

$$K_{p,\,i,\,w} = 10^{\left(a_i - \frac{b_i}{T_w}\right)} \tag{8.36}$$

相关的 a_i、b_i 可由 JANAF 化学手册中获得。

式(8.35)和式(8.30)中包含 $\tilde{C}_{CO, w}$、$\tilde{C}_{CO_2, w}$、$\tilde{C}_{O, w}$、$\tilde{C}_{N, w}$、$\tilde{C}_{x, w}$、B_w 共六个未知量,待求解方程为六个,且六个方程构成的方程组是完备的;当表面温度 T_w 与边界层外缘压力 p_e 已知时,即可解得以上六个未知量。

2)当温度高于升华点时的扩散速率控制方程

碳基材料在升华点以上的模型与计算方法同经典碳基烧蚀理论,其反应主要包括:

$$\begin{cases} jC \longrightarrow C_j(g), \quad j = 1, 2, 3, 4, 5 \\ O_2 \longrightarrow 2O \\ N_2 \longrightarrow 2N \\ 2C + N_2 \longrightarrow 2CN \\ 4C + N_2 \longrightarrow 2C_2N \\ 2C + O_2 \longrightarrow 2CO \end{cases} \qquad (8.37)$$

考虑升华与碳氮反应的表面热化学烧蚀模型与计算方法参见文献[3]~文献[5]。

3)表面能量平衡方程

由于碳的无量纲质量烧蚀率 B_w 是表面温度 T_w 与边界层外缘压力 p_e 的函数,在型号设计中,边界层外缘压力 p_e、恢复焓 h_{re} 与冷壁热流 q_c 为热环境专业提供的输入条件(可视为已知量),表面温度 T_w 则通过求解热传导方程获得。由材料表面能量平衡条件可得

$$\begin{aligned} q_n &= q_w - q_{rad} + q_{ch} \\ &= q_c\left(1 - \frac{h_w}{h_{re}}\right) - \varepsilon\sigma T_w^4 + \dot{m}_{ch}h_{ch} \end{aligned} \qquad (8.38)$$

式中,q_n 为进入材料内部的净热流;q_w 为热壁热流;q_{ch} 为烧蚀过程中的化学反应热;$\dot{m}_{ch}$ 为质量烧蚀率;h_w 为壁焓;h_{re} 为恢复焓;h_{ch} 为反应热,且满足

$$h_{ch} = \sum_{i=1}^{n} \tilde{C}_{i, w} h_{i, w} \qquad (8.39)$$

式中,$h_{i, w}$ 为反应 i 的反应热。将表面能量平衡方程作为边界条件,即可将气动热环境、烧蚀与温度场耦合求解。

8.3　低烧蚀碳/碳材料防热机理与性能评价方法

8.3.1　氧化膜生成机制及生成条件

1. 氧化膜生成机制

为了提升碳/碳材料的抗烧蚀性能,国内外研究者尝试在碳/碳材料中引入各种耐高温元素(如 Si、Zr、Hr、W、Ti、Ta 等)的碳化物或氧化物,使材料表面生成耐温水平更高的抗氧化膜,以实现碳/碳材料的烧蚀速率大幅降低[8]。假定材料中抗氧化组元为元素 M,以碳化物 MC 的形式引入碳/碳基材,假设 C 和 MC 在材料表面按组成比例均匀分布,并按摩尔比例记为 $C_xMC_y(x+y=1)$,则材料表面可能发生的主要化学反应有

$$C_xMC_y + (0.5x + y)O_2 \longleftrightarrow (x + y)CO + yMO \tag{8.40}$$

$$C_xMC_y + (0.5x + 1.5y)O_2 \longleftrightarrow (x + y)CO + yMO_2 \tag{8.41}$$

式中,MO、MO_2 分别为元素 M 的一氧化物和二氧化物。

根据材料表面主控化学反应的不同,可以类似地将反应(8.40)控制条件下的氧化机制称为低烧碳/碳材料的主动氧化状态,将反应(8.41)控制条件下的氧化机制称为低烧碳/碳材料的被动氧化状态,如图 8.2 所示。

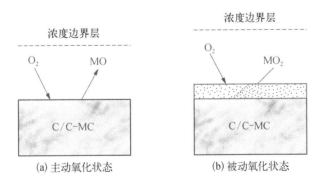

(a) 主动氧化状态　　　　　(b) 被动氧化状态

图 8.2　C/C–MC 材料表面氧化机制示意图

2. 氧化膜生成条件计算式

假设所有化学反应均在材料表面进行,且在表面浓度边界层内不发生任何化学反应,遵循一维稳态扩散规律。来流中的 O_2 通过浓度边界层扩散至材料表面,生成 MO 气体或固态的 MO_2 氧化膜,如图 8.3 所示。

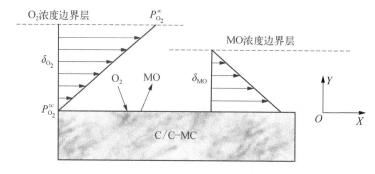

图 8.3　低烧蚀碳/碳材料氧化转换过程分析模型示意图

当来流氧分压从低到高变化时,材料表面的氧化机制将从主动氧化向被动氧化转变,发生这个转变的临界点即材料表面氧化膜的生成条件。

在该临界状态点,材料表面仅发生化学反应(8.40)生成 MO 气体,材料表面刚好达到反应(8.41)生成 MO_2 的临界条件。因此,材料表面氧化膜的生成条件应满足以下关系式[反应(8.40)和反应(8.41)的平衡关系式]:

$$K_1 = \frac{(P_{MO}^w)^y (P_{CO}^w)^{x+y}}{(P_{O_2}^w)^{(x+2y)/2}} \tag{8.42}$$

$$\left[(P_{O_2})^{0.5} (P_{MO}) \right]_{max} = K_3^{-1} \tag{8.43}$$

根据气体扩散过程的菲克(Fick)第一定律,理想气体一维稳态扩散通量的表达式可写为

$$J_i = - D_i \frac{P_i^\infty - P_i^w}{\delta RT} P^\theta \tag{8.44}$$

式中,J_i 为气体扩散通量;D_i 为气体扩散系数;P^θ 为标准大气压,$P^\theta = 10^5\,\text{Pa}$;$\delta$ 为边界层厚度;R 为通用气体常数;T 为表面温度;上标 ∞ 表示边界层外缘;上标 w 表示材料表面。

在该临界状态,材料表面仅发生化学反应(8.40),且浓度边界层内没有氧化反应发生,即没有 O_2 消耗,因此由反应(8.40)可知该状态下 O_2、MO、CO 等气体的扩散通量对应关系为

$$\begin{cases} \dfrac{J_{O_2}}{J_{MO}} = \dfrac{0.5x + y}{y} \\[4mm] \dfrac{J_{O_2}}{J_{CO}} = \dfrac{0.5x + y}{x + y} \end{cases} \tag{8.45}$$

考虑到反应(8.40)的平衡常数较大,因此可近似取 $P_{O_2}^w \ll P_{O_2}^\infty$, $P_{CO}^w \gg P_{CO}^\infty$, $P_{MO}^w \gg P_{MO}^\infty$。另外,浓度边界层厚度与气体扩散系数存在以下近似关系:

$$\delta_1/\delta_2 = (D_1/D_2)^{0.5} \tag{8.46}$$

整理可得

$$P_{O_2}^\infty = (0.5x + y)\left[y^{x+3y}(x+y)^{x+y}\right]^{-\frac{1}{2x+4y}}\left[\frac{D_{MO}^{0.5(x+3y)}D_{CO}^{0.5(x+y)}}{D_{O_2}^{x+2y}}\frac{K_1}{K_3^{x+2y}}\right]^{\frac{1}{2x+4y}} \tag{8.47}$$

3. 氧化膜生成条件计算

使用式(8.47)可以实现对不同压力、温度状态下 C/C - MC 材料表面是否可能形成 MO_2 氧化膜进行判断。表 8.1 给出了 C/C - MC 材料表面形成氧化膜的最小氧分压条件计算结果。

表 8.1　C/C - MC 材料表面氧化膜形成所需最小氧分压条件

MC 质量分数	不同温度下最小氧分压/Pa					
	2 000 K	2 200 K	2 400 K	2 600 K	2 800 K	3 000 K
10%	11.1	176.3	1 760.0	1.2×10^4	6.5×10^4	2.7×10^5
20%	5.6	91.3	925.4	6.5×10^3	3.5×10^4	1.5×10^5
30%	3.5	58.3	600.9	4.3×10^3	2.3×10^4	9.9×10^4
100%(纯 MC)	8.4×10^{-3}	0.2	3.3	32.4	229.9	1.3×10^3

图 8.4 给出了不同温度条件下,材料表面形成氧化膜的最低氧分压计算结果。

由氧化膜形成机理可以判断,该临界压力对应的是材料表面直接生成 MO_2 氧化层的状态,当来流压力小于该临界压力时,材料表面会直接生成 MO 气体,并向边界层外缘扩散,但在扩散过程中,随着氧浓度的增高,MO 气体会进一步氧化为 MO_2 粉尘并沉积至材料表面,使得材料表面出现固态氧化膜。从前期的试验结果也可以看出,这种影响确实存在,即某些低压环境下,材料表面仍有明显的氧化物出现。因此,采用表 8.1 提供的来流压力数据和试验测得的最高温度进行材料防热性能进行评估是偏保守的。

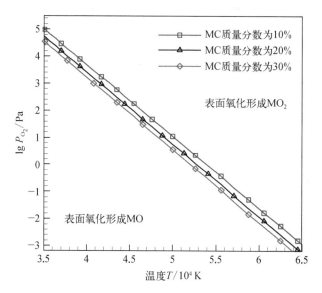

图 8.4 材料表面氧化膜形成条件计算结果

8.3.2 氧化膜气体扩散机制及模拟方法

1. 氧化膜基本模型及演化机理

根据已有试验观测结果及材料组分的氧化烧蚀分析,低烧蚀碳/碳材料表面氧化膜的形成过程属于原位生成,即材料表面氧化产物 MO_2 只在材料中含有 MC 的部位进行,而其余部分的碳会因氧化生成气体而被"掏空",最终形成材料表面的疏松氧化膜结构,如图 8.5 所示。

基于不同尺度下低烧蚀碳/碳材料表面典型氧化形貌及物理模型,以氧在氧化膜中的扩散过程为分析对象,在准定常扩散假设条件下采用一维稳态扩散分析模型形成氧化膜厚度的工程计算式,得到与试验测量值基本符合的预测结果。

为了更清晰地描述材料表面氧化膜的形成、演化及失效机理,以及获得具有较好工程适用性的氧化膜演化计算方法,从扩散过程基本理论出发,对氧化膜形成及演化过程进行工程模拟方法分析研究,并结合材料表面氧化膜的细观结构特征,完善材料表面的氧化膜演化计算模型。

2. 氧化膜、纤维束孔内气体扩散过程的工程模拟

1) 氧化膜气体扩散基本方程

描述不可压气体扩散过程的质量守恒微分方程的一般形式为

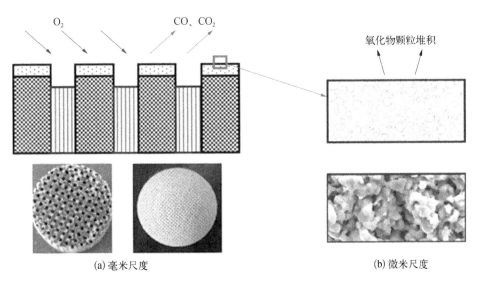

(a) 毫米尺度 　　　　　　　　　　　　　　(b) 微米尺度

图 8.5　不同尺度下低烧蚀碳/碳材料表面典型氧化形貌及物理模型

$$\rho\left(\frac{\partial u}{\partial x} + \frac{\partial v}{\partial y} + \frac{\partial w}{\partial z}\right) + \frac{\partial j_x}{\partial x} + \frac{\partial j_y}{\partial y} + \frac{\partial j_z}{\partial z} + \frac{\partial \rho}{\partial \tau} - r = 0 \qquad (8.48)$$

式中，u、v、w 为流速；j_x、j_y、j_z 为扩散质量通量。

对于低烧蚀碳/碳材料表面氧化膜内氧气的扩散过程，采用气体扩散方程的一维形式进行分析：

$$\rho\frac{\partial u}{\partial x} + \frac{\partial j_x}{\partial x} + \frac{\partial \rho}{\partial \tau} - r = 0 \qquad (8.49)$$

其次，氧化膜内的缝隙或孔洞属于单向封闭的结构，且孔隙尺寸较小，因此可近似忽略孔隙内部气体流动。因此，式(8.49)可简化为

$$\frac{\partial j_x}{\partial x} + \frac{\partial \rho}{\partial \tau} - r = 0 \qquad (8.50)$$

取空间特征尺度为 1 mm，分别对氧化膜氧化以及气体扩散达到该特征尺度所需的特征时间进行比较。一方面，对于氧化膜底部 C 元素的氧化过程，由传统宏观热化学烧蚀理论可知，其在高温下的氧化速率为 0.05~0.5 mm/s，因此可得氧化后退量达到 1 mm 所需的特征时间为 2~20 s，在温度更低的情况下该氧化特征时间会更长；另一方面，对于孔隙内的气体扩散过程，高温下的扩散系数近似取为 1.0×10^{-3} m²/s，按 1 atm(1 atm = 1.013 25×10^5 Pa)环境下外缘氧分压、底

部氧分压取 0,可得 2 000 K 温度下 2 mm 深度孔隙内的氧浓度梯度为 631 mol/m⁴,按一维稳态计算可得氧扩散通量约为 0.631 mol/(m² · s),取气体摩尔体积为 $22.4×10^{-3}$ m³/mol,计算可得气体扩散的特征速度为 $14.1×10^{-3}$ m/s,因此推导得到扩散通过 1 mm 空间的特征时间为 0.071 s。由以上定性分析可以看出,氧化膜的动态演变过程相对于气体扩散过程要缓慢得多,即气体在氧化膜内的扩散过程几乎不受氧化膜动态演化(移动边界)的影响,可认为在计算动态演化的各个时刻,氧化膜内的气体扩散过程是稳态的。因此,扩散方程式可进一步简化为

$$\frac{\partial j_x}{\partial x} - r = 0 \tag{8.51}$$

将菲克定律 $j_x = - D_{AB}\dfrac{\mathrm{d}c}{\mathrm{d}x}$ 代入式(8.51),可得以摩尔浓度形式表示的氧化膜内部气体扩散方程:

$$D_{AB}\frac{\partial^2 C}{\partial x^2} + R = 0 \tag{8.52}$$

在扩散通道两侧没有持续化学反应进行的条件下,实际上就得到了一维稳态无源的气体扩散方程:

$$D_{AB}\frac{\partial^2 C}{\partial x^2} = 0 \tag{8.53}$$

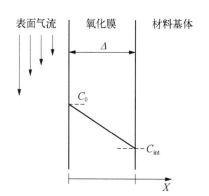

图 8.6 氧化膜内气体扩散过程示意图

2)考虑底部化学反应速率的氧化膜、纤维束孔深模拟计算方法

图 8.6 给出了材料表面氧化膜(疏松氧化膜、深孔)的气体扩散过程示意图,在一维稳态扩散条件下,氧化膜内氧浓度为线性分布。

使用扩散方程结合边界条件可以推导得到扩散方程的通解为

$$C(y) = C_0\left(1 - \frac{k_{O_x}}{D + k_{O_x}\Delta}y\right) \tag{8.54}$$

可得氧化膜底部($x = \Delta$)的氧消耗速率为

$$J_{O_2} = k_{Ox} C_{\text{int}} = C_0 k_{Ox}\left(1 - \frac{k_{Ox}\Delta}{D + k_{Ox}\Delta}\right) = \frac{C_0 D k_{Ox}}{D + k_{Ox}\Delta} \tag{8.55}$$

氧化膜厚度的增长速率即 C 组元的氧化后退速率,即

$$\frac{\mathrm{d}\Delta}{\mathrm{d}t} = \alpha \frac{M_C}{\rho_C} J_{O_2} \tag{8.56}$$

式中,α 为在材料表面消耗 1 mol 氧气所能消耗的 C 组元的摩尔数。

对于氧化反应 $2C + O_2 \Longrightarrow 2CO$,有 $\alpha = 2$,因此氧化膜增长速率的计算式为

$$\frac{\mathrm{d}\Delta}{\mathrm{d}t} = \alpha \frac{M_C}{\rho_C} J_{O_2} = \frac{2M_C}{\rho_C} \frac{C_0 D k_{Ox}}{D + k_{Ox}\Delta} \tag{8.57}$$

若进一步考虑氧化膜剥蚀的影响,则式(8.57)可改写为

$$\frac{\mathrm{d}\Delta}{\mathrm{d}t} = \frac{2M_C}{\rho_C} \frac{C_0 D_{Ox}}{D + k_{Ox}\Delta} - v_{\text{erosion}} \tag{8.58}$$

式中,v_{erosion} 为剥蚀速率。

3. 氧化膜、纤维束孔深计算分析

使用前面所述方法对已有试验的氧化膜厚度进行重新计算和对比,如图 8.7 所示。

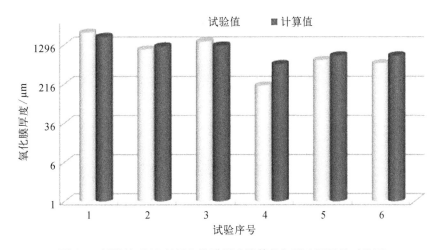

图 8.7　低烧蚀 C/C 材料氧化膜厚度计算值与试验测量值对比图

由图 8.7 可以看出,模拟计算(以试验实测压力和温度作为输入参数)得到的氧化膜厚度与实测膜厚大小相当,规律相符。当然,由于实测压力,特别是温

度的偏差、氧化膜测量方法偏差,以及可能未计及气流冲刷对氧化膜剥蚀的影响,模拟计算得到的氧化膜厚度普遍略高于实测氧化膜厚度。

8.3.3　氧化膜传热规律及工程等效方法

1. 多孔氧化膜传热特性工程等效方法

低烧蚀碳/碳材料氧化膜在其熔点之下属于典型的多孔疏松结构,多孔介质内部传热过程一般包括固体骨架(颗粒)之间相互接触及孔隙中的流体导热、孔隙中流体对流换热、固体骨架(颗粒)或气体间的辐射换热。

目前有多种针对多孔介质传热性能的等效导热模拟模型。而针对低烧蚀碳/碳材料表面多孔氧化膜传热特性的计算,应用何种模型及探讨其与多孔氧化膜细观结构的关系都是需要进一步研究和探讨的内容。

为了比较针对多孔介质的现有等效传热计算模型的计算差异,表 8.2 给出了分别采用不同模型计算得到的低烧蚀碳/碳材料表面多孔氧化膜等效导热系数的计算结果对比。其中,氧化膜中的氧化物颗粒导热系数取 2.09 W/(m·K)(1 300 K),孔隙介质导热系数取 1 500 K 空气对应的导热系数 0.093 W/(m·K)。

表 8.2　低烧蚀碳/碳材料表面多孔氧化膜等效导热系数计算结果

孔隙率	并联模型	串联模型	串-并联模型 ($A = 0.75$)
0.1	1.89	0.66	1.58
0.3	1.49	0.28	1.18
0.5	1.09	0.18	0.86
0.7	0.69	0.13	0.55
0.9	0.29	0.10	0.25

注: A 为权重系数,根据试验结果取经验值(针对某一特定材料)。

由表 8.2 可以看出,不同计算模型得到的氧化膜等效导热系数相差较大。

2. 多孔氧化膜随机氧化膜模型建立

图 8.8 采用随机生成的多孔介质模型,结合稳态传热数值计算方法对其等效导热率进行计算分析。低烧蚀碳/碳材料表面多孔氧化膜由大量 1~4 μm 的不规则外形氧化物颗粒堆积而成,且其孔隙大小、分布规律具有很大的随机性。

采用随机方法建立低烧蚀碳/碳材料表面多孔氧化膜典型细观形貌相应的物理模型,即按照颗粒平均尺寸划分模型网格单元,将孔隙率作为孔隙出现概

图 8.8　低烧蚀碳/碳材料表面多孔氧化膜典型细观形貌

率。图 8.9 分别给出了不同孔隙率(ϕ)输入条件下,取颗粒平均大小为 2 μm(网格尺寸),在 60 μm×60 μm×60 μm 的立方体上对所有网格进行随机赋予材料属性得到的物理模型情况。

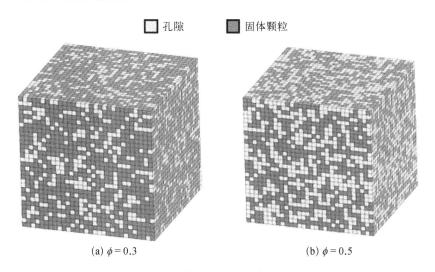

图 8.9　低烧蚀碳/碳材料表面多孔氧化膜传热特性随机计算模型

3. 多孔氧化膜随机模型统计等效导热率方法

为了获得氧化膜的等效导热系数,针对随机方法建立的多孔氧化膜物理模型,赋予以下边界条件进行数值求解。

(1) 立方体上下表面:温度边界条件。

（2）立方体四周表面：绝热边界条件。

首先，使用以上边界条件，通过对氧化膜立方体随机模型进行稳态温度场求解，获得各个网格单元和节点的温度、热流密度等信息；其次，统计上下表面所有节点的平均热流密度；最后，结合模型尺寸和上下表面温差，反算出该随机模型的等效热导率，选取 30 倍颗粒尺寸作为计算模型边长生成立方体随机模型。以此来分析颗粒大小、孔隙率等因素对多孔氧化膜等效导热系数的影响规律。

1）孔隙率对氧化膜导热性能的影响

图 8.10 给出了采用随机模型计算得到的等效导热率与工程计算模型计算得到的等效导热率的比较。

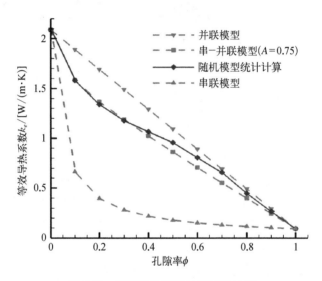

图 8.10　等效导热系数计算结果比较

由计算结果可以看出，在当前算例计算条件下，采用随机模型统计计算得到的多孔氧化膜的等效导热系数介于串联模型和并联模型之间，在孔隙率较低的情况下与串-并联模型（$A = 0.75$）接近，而在孔隙率较高的情况下与并联模型接近。

2）氧化物颗粒大小对氧化膜导热性能的影响

表 8.3 为采用以上统计算法计算得到的不同颗粒大小的多孔氧化膜等效导热系数的计算结果。其中，计算模型孔隙率取 0.3，模型尺寸均取 30 倍颗粒尺寸。

由计算结果可以看出，颗粒尺寸对氧化膜导热性能影响较小，氧化膜等效导热率在不同颗粒尺寸情况下几乎保持不变（以氧化膜厚度方向尺寸远大于颗粒尺寸为前提）。

表 8.3　多孔氧化膜随机模型等效热导系数统计计算结果

颗粒尺寸/μm	1.0	2.0	3.0	5.0
$k_e/[\text{W}/(\text{m}\cdot\text{K})]$	1.180	1.176	1.183	1.180

8.3.4　氧化膜失效机理及工程预测方法

1. 氧化膜失效机理及失效分析模型

在已有的试验研究中发现,低烧蚀碳/碳材料表面氧化膜在高压状态下无法存留,即存在高压剥蚀现象。为了分析氧化膜的这种剥蚀行为,首先要明确其剥蚀机理。针对低烧蚀碳/碳材料表面多孔氧化膜的形貌特征,尝试将立方体模型用于探索材料表面氧化膜的剥蚀机理,为材料表面氧化膜剥蚀行为和剥蚀规律的计算分析提供一种手段。如图 8.11 所示,假设氧化膜颗粒完全暴露在氧化膜表面,模型三边尺寸分别为 L_x、L_y、L_z。

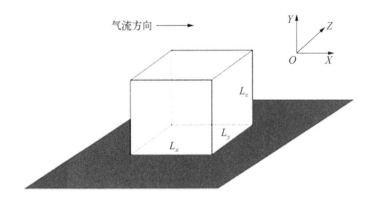

图 8.11　低烧蚀碳/碳材料多孔氧化膜剥蚀分析立方体模型

2. 氧化膜失效模拟及预测方法

如图 8.12 所示,在流场力的作用下,颗粒底部会产生一个反向力和反向力矩。作用于颗粒表面和 X、Y 向两个侧面的气体压力相对于颗粒中心点完全对称,不产生力矩,因此在力矩分析时将其忽略。

其中,颗粒两侧压差(压力梯度引起)可看成作用于氧化膜左侧的均布力,力的大小为 $P'L_xL_y$;剪切力在颗粒表面的分布很不确定,因此参考相关文献的方法将其等效为作用于颗粒 2/3 高度处的一个集中力,力的大小为 Q;位于颗粒底

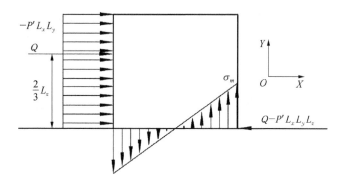

图 8.12　氧化膜颗粒受力分析

部由两侧压差和剪切力引起的平行向反作用力大小为 $Q-P'L_xL_yL_z$；位于颗粒底部由外力作用产生的法向拉、压应力大小设为 σ_m（忽略气体压力 P）。

整理可求得由于气流作用在氧化膜颗粒底部产生的最大拉应力和最大压应力分别为

$$(\sigma_M)_t = \frac{L_z}{L_x}(2\,c_f\rho_e\,u_e^2 - 3\,P'L_z) - P \tag{8.59}$$

$$(\sigma_M)_c = \frac{L_z}{L_x}(2\,c_f\rho_e\,u_e^2 - 3\,P'L_z) + P \tag{8.60}$$

式中，ρ_e 为边界层外缘密度；u_e 为边界层外缘速度。

使用式（8.59）和式（8.60），可对不同来流参数条件下，以及不同尺寸颗粒的抗剥蚀性能进行比较分析，在获得材料表面氧化膜底部连接强度参数的条件下，可对一定来流条件下氧化膜是否发生剥蚀进行判断。

3. 氧化膜失效影响因素分析

使用氧化膜表面氧化物颗粒底部所受最大拉应力计算式对氧化膜剥蚀影响因素进行计算分析，图 8.13 为变化外形尺寸 L_z、L_x 的计算结果。

图 8.14 为变化剪切力和气流压力的计算结果。

图 8.15 为变化压力梯度和气流压力的计算结果。

8.3.5　典型地面试验工况的仿真分析

1. 氧化膜剥蚀对其演化规律的影响

图 8.16 给出了给定不同的剥蚀速率条件下，采用式（8.58）计算得到的同样来流状态下氧化膜厚度随时间的变化规律。

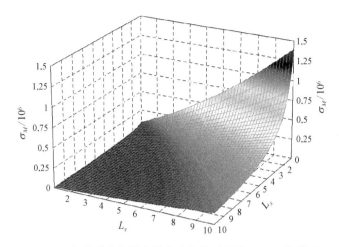

图 8.13　氧化膜底部最大拉应力与外形尺寸 L_z、L_x 的关系

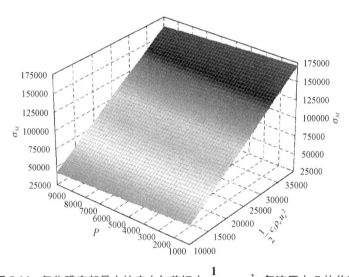

图 8.14　氧化膜底部最大拉应力与剪切力 $\frac{1}{2}c_f\rho_e u_e^2$、气流压力 P 的关系

2. 材料氧化对其传热过程的影响

为了分析氧化膜的生成、演化对材料传热的影响,采用(忽略辐射、对流的影响)等效导热系数对同一加热条件下的材料表面及内部热响应进行计算对比。图 8.17 给出了两个对比计算模型。

选用的计算来流状态为某风洞试验的状态,状态参数如表 8.4 所示。

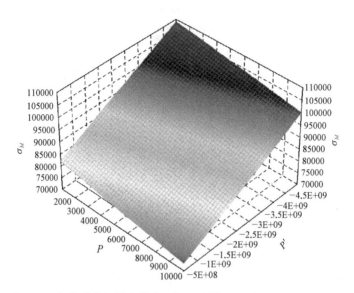

图 8.15　氧化膜底部最大拉应力与压力梯度 P'、气流压力 P 的关系

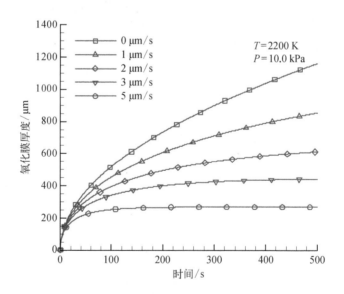

图 8.16　氧化膜剥蚀速率对其演化过程的影响

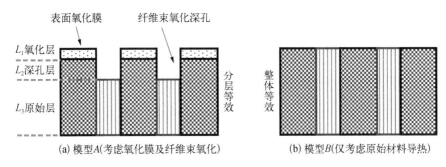

图 8.17　材料氧化对传热过程影响对比计算模型

表 8.4　来流状态参数取值

加热参数	冷壁热流 /(MW/m²)	总焓 /(MJ/kg)	压力 /kPa	加热时间 /s
数值	3±1.0	11.5	10±2.0	200

计算对象为初始厚度为 30 mm 的防热结构,材料背面取辐射边界条件。图 8.18 给出了不同部位两种模型温度响应的对比曲线。

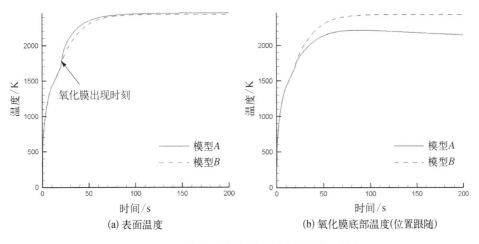

图 8.18　材料氧化对传热过程影响对比计算结果

由计算结果可以看出,由于氧化膜的隔热效果,在氧化膜出现以后,材料表面温度出现了略微升高,而氧化膜底部、材料内部及背面温度均比无氧化膜情况明显降低。

3. 无氧化膜条件下的材料烧蚀计算方法

在表面温度较低或者主动氧化条件下,材料表面会处于无氧化膜保护的状态,材料的质量损失也会相对有膜状态更为明显。

1) 低温无膜生成的情况

研究表明,若材料表面温度较低,则由于化学反应速率的影响,氧化物无法快速生成,材料将发生明显的烧蚀后退。本节采用传统宏观热化学烧蚀理论和计算方法,考虑材料中的 C 组元的氧化,忽略材料中的抗氧化组元的氧化,认为其随 C 的氧化直接剥离材料表面,进而实现对材料的整体烧蚀速率进行模拟计算。

C 元素在化学反应速率控制条件下的材料质量损失率按式(8.61)进行计算:

$$\dot{m} = k\left(P_{O_2}\right)^{\frac{1}{2}}, \quad k = k_0 T^{-1} \mathrm{e}^{\frac{E(T-T_0)}{\hat{R}T_0^2}} \tag{8.61}$$

式中,$T_0 = 1\,000$ K;$k_0 = 1.049 \times 10^{-2}$ kg·K/(m²·s·atm⁰·⁵);$E = 184$ kJ/mol。

C 元素在边界层氧扩散控制条件下的材料质量损失率按式(8.62)进行计算:

$$\dot{m} = 0.172\,5 \frac{q_{or}}{h_r} \tag{8.62}$$

式中,q_{or} 为来流冷壁热流;h_r 为来流总焓。

2) 主动氧化的情况

在主动氧化条件下,材料会剧烈氧化烧蚀直接产生 MO 气体离开材料表面,材料质量损失将明显增加。对于主动氧化条件下的材料质量损失计算,可以采用传统热化学平衡烧蚀理论。

4. 有氧化膜条件下的材料烧蚀计算方法

1) 氧化膜不剥蚀情况

对于氧化膜不发生剥蚀的情况,其增长速率受其内部气体扩散速率和氧化膜底部化学反应速率共同控制,采用式(8.63)进行计算:

$$\frac{\mathrm{d}\Delta}{\mathrm{d}t} = \frac{2M_C}{\rho_C} \frac{C_0 D k_{Ox}}{D + k_{Ox}\Delta} \tag{8.63}$$

2）氧化膜整体剥蚀情况

在来流状态偏高的情况下,氧化膜可能在外力作用下发生剥蚀,采用氧化膜表面颗粒所受最大拉压应力的计算式,结合氧化膜自身强度参数,可以实现对氧化膜是否发生剥蚀进行判断。

3）氧化膜表面轻微剥蚀的情况

在已有的试验中发现,在大部分长时间恒定状态试验条件下,材料表面虽然保持了一层完整的氧化膜,但出现了一定量整体的烧蚀后退。这种试验现象表明,在材料表面氧化膜未失效的条件下,其表面仍然存在一定程度的轻微剥蚀/后退,且这种剥蚀/后退十分微小,一般在 $0.5 \sim 5\ \mu m/s$。

采用试验数据,材料表面整体烧蚀后退速率的拟合计算结果如图 8.19 所示。

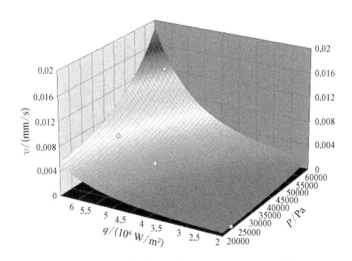

图 8.19　低烧蚀碳/碳材料表面轻微剥蚀拟合计算结果

4）氧化膜液化流失的情况

来流状态较高,使得材料表面温度超过氧化膜的熔点,氧化膜将会发生熔融流失,此状态下的材料质量损失主要受表面液态氧化物的流失速率与氧化物的生成速率共同控制,其相互影响机制相对复杂。

本书暂不考虑氧化膜熔融流失,采用针对该材料的主动氧化烧蚀计算方法对该条件下的材料质量损失进行估算(表 8.5)。

表 8.5　低烧蚀碳/碳材料高状态计算结果与试验比较

状态	压力 /kPa	热流 /(MW/m²)	焓 /(MJ/kg)	时间 /s	温度 /K	烧蚀后退速率/(μm/s) 试验	烧蚀后退速率/(μm/s) 计算
1	200±50	12±1.0	9.0	20	3 373	149	151
2	200±50	12±1.0	9.0	50	3 403	170	151

5. 材料防热性能综合计算方法与程序开发

1) 计算模型

为了实现对材料防热性能的综合分析,建立"多层氧化计算模型"用于材料防热性能的计算分析。如图 8.20 所示,该计算模型将材料分为三层。其中,氧化层指由材料基体中的碳基体氧化原位生成的 MO_2 多孔疏松固态氧化层;深孔层是指由材料中碳纤维束氧化烧蚀在材料表面形成的毫米尺度的孔洞;原始层是指未发生任何氧化反应的原始材料。

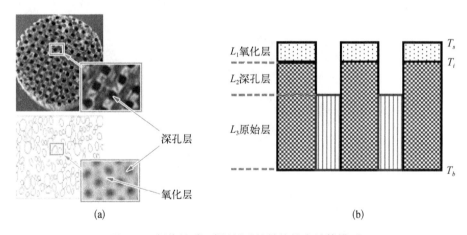

图 8.20　低烧蚀碳/碳材料防热性能综合计算模型

图 8.21 给出了综合计算模型主要计算参数与材料氧化行为之间的相互关联关系。

2) 材料基本氧化类型

图 8.22 中同时给出了在各个氧化状态下的基体特征氧化速率(量级)。

3) 计算流程及计算方法

图 8.23 给出了针对低烧蚀碳/碳防热性能综合计算方法基本计算流程。

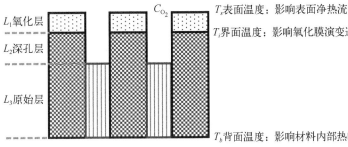

氧化层厚度L_1：影响氧化膜演化、影响材料表层热响应
深孔层厚度L_2：影响材料表层热响应
表面氧浓度C_{O_2}：影响氧化膜和深孔演化

T_s表面温度：影响表面净热流
T_i界面温度：影响氧化膜演变速率

L_1氧化层
L_2深孔层
L_3原始层

T_b背面温度：影响材料内部热响应

图 8.21 综合计算模型主要计算参数与材料氧化行为的关联关系

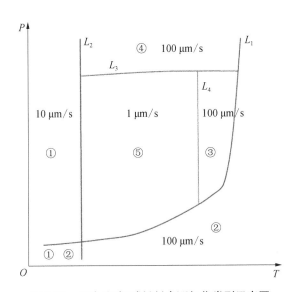

图 8.22 低烧蚀碳/碳材料表面氧化类型示意图

L_1 表示主被动转换线；L_2 表示低温动力学分界线；L_3 表示剥蚀失效分界线；L_4 表示熔融失效分界线；①表示低温动力学无膜状态；②表示主动氧化无膜状态；③表示熔融失效无膜状态；④表示剥蚀失效无膜状态；⑤表示膜完整存留状态

6. 材料防热性能综合计算对比验证

采用计算程序，针对材料在电弧风洞试验中获得的试验结果，对低烧蚀碳/碳材料防热性能综合计算方法进行验证计算。按照模型几何外形可分为两类模型，即球头模型和平头圆柱模型，如图 8.24 所示。

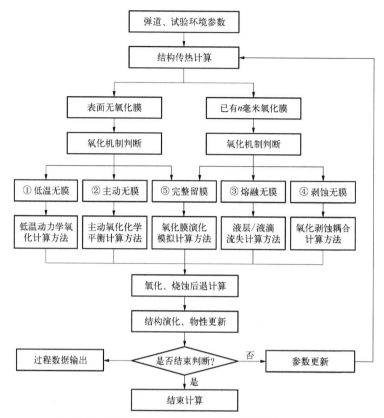

图 8.23　低烧蚀碳/碳材料综合计算方法基本计算流程

n 为氧化膜厚度,根据氧化膜的生成与失效机理模型计算式(8.76)得到(见 8.4 节)

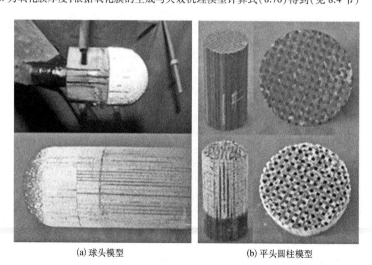

(a) 球头模型　　　　　　　(b) 平头圆柱模型

图 8.24　电弧风洞试验模型类型

图 8.25 给出了各试验状态下材料基体后退量计算值与试验值的比较。

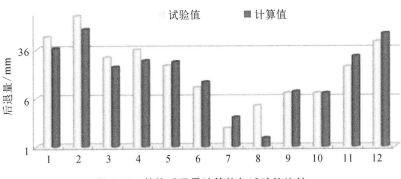

图 8.25　基体后退量计算值与试验值比较

由图 8.25 可以看出,在氧化膜厚度和烧蚀量方面,目前的计算结果与试验数据规律相符,个别试验点存在一定偏差。

7. 材料防热性能计算方法修正与对比验证

为进一步验证低烧蚀碳/碳材料在气动加热环境下的综合防热特性计算方法,基于烧蚀试验结果,从氧化层生成演化规律、力学失效判据等多个方面对前期模型及算法进行补充和修正,形成考虑材料表面氧化、氧化层演化及剥蚀等综合效应的烧蚀计算方法,并与风洞试验条件下的烧蚀数据进行比对,验证目前计算方法的准确性。

在力学失效判据方面,考虑到真实条件下低烧蚀碳/碳材料表面氧化层多孔疏松的特性,可能存在氧化物颗粒与基体或其他颗粒接触不充分的情况,因此通过引入接触因子,对氧化层失效判据中的压力项进行修正:

$$(\sigma_M)_{t,c} = \frac{L_z}{L_x}(2\,c_f\rho_e u_e^2 - 3\,P'L_z)\ \pm \epsilon P \geqslant \sigma_{M,\,\mathrm{cr}}$$

式中,$0 < \epsilon < 1$,为考虑氧化物颗粒与底部接触情况的接触因子,$\epsilon = 0$ 表示颗粒与基体完全脱离,$\epsilon = 1$ 表示氧化物颗粒与底部接触良好。

以下给出修正前后,目前计算方法和计算程序得到的材料表面温度响应/氧化层厚度以及基体烧蚀后退量的计算结果对比,如图 8.26 所示。

计算状态采用某风洞模拟试验状态,如表 8.6 所示,试验模型为端头模型,模型总长为 105 mm,试验测试驻点烧蚀量约为 41 mm。

按假定马赫数条件,结合其余来流状态参数对驻点压力进行估算。

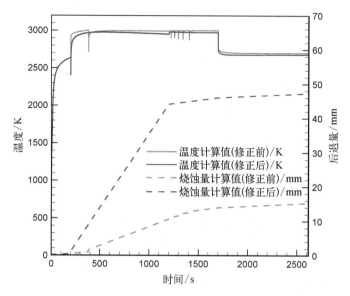

图 8.26　基体后退量计算值与试验值比较

表 8.6　试验测试状态

状态编号	冷壁热流/(MW/m²)	恢复焓/(MJ/kg)	压力/Pa
Ⅰ	7±1.0	11	—
Ⅱ	6±1.0	17.3	—
Ⅲ	4±1.0	11	—

注：加热次序：200 s(Ⅲ)→1 000 s(Ⅰ)→500 s(Ⅱ)→918 s(Ⅲ)。

由表 8.7 可以看出,采用修正算法后,模型表面温度略微下降,但表面烧蚀量发生了明显的变化,由修正前的 15.3 mm 增加至 47.3 mm,材料烧蚀计算结果明显改善,烧蚀量计算与试验偏差为 15.37%。

表 8.7　计算与试验偏差

试验测试烧蚀量 /mm	计算烧蚀量(修正前) /mm	计算烧蚀量(修正后) /mm	计算偏差/%
41	15.3	47.3	15.37

　　另外,对比修正前后材料烧蚀量变化曲线可以看出,材料是在 200~1 200 s 时间区间的烧蚀速率发生了明显变化,对应状态 I。由分析可知,在此状态区间内,材料表面氧化层应出现了明显的剥蚀情况。从材料表面温度和氧化层底部温度的比较,以及氧化层厚度的计算结果也可以得出以上结论,如图 8.27 所示。材料氧化层厚度计算结果(局部放大)如图 8.28 所示。

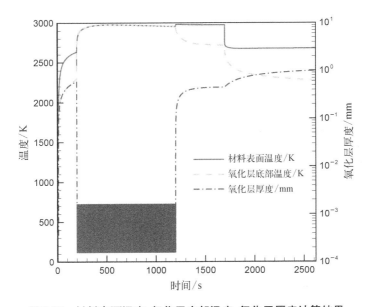

图 8.27　材料表面温度、氧化层底部温度、氧化层厚度计算结果

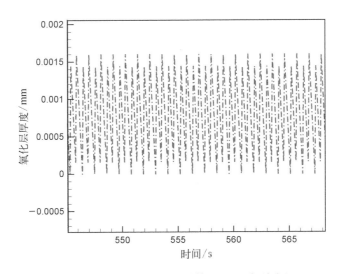

图 8.28　材料氧化层厚度计算结果(局部放大)

由图 8.27 可以看出,在 200~1 200 s 时间区间,材料表面温度与氧化层底部温度基本重合,氧化层厚度计算结果在 0.2~2 μm 附近跳跃,表明在此状态下,材料表面氧化膜处于生成—剥落—生成—剥落的剥蚀状态,与前面分析结论相同。

8.4　陶瓷基复合材料防热机理与性能评价方法

陶瓷材料具有强度高、硬度大、耐高温、抗氧化、热膨胀系数小等特点,是一种理想的结构与热防护材料,但由于陶瓷材料为脆性材料,抗热振性较差,严重制约了其在飞行器结构与热防护设计中的应用,陶瓷基复合材料就是通过相变增韧、颗粒弥散增韧和纤维及晶须增韧来改善陶瓷材料的力学性能,因此能够在高超声速飞行器结构与热防护设计中广泛应用,以比较有代表性的 C/SiC 材料为例,结合其烧蚀防热机理与性能评价方法。

8.4.1　C/SiC 烧蚀机理及计算方法

根据 C/SiC 复合材料的氧化机理,考虑表面氧化物的高温熔融流失现象,可以将其氧化机制分为四个区域(图 8.29),分别为被动氧化非烧蚀区、超熔点氧

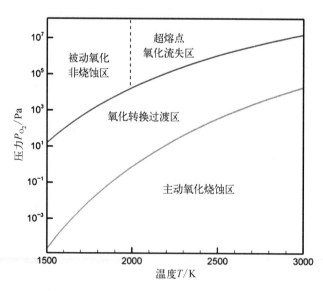

图 8.29　C/SiC 复合材料氧化机制分区示意图

化流失区、氧化转换过渡区及主动氧化烧蚀区[9]。

1. 被动氧化、被动氧化向主动氧化转换模拟与分析

1）被动氧化模型

在被动氧化条件下,材料表面会氧化形成一层致密的二氧化硅薄膜,阻滞来流中的氧与材料基体直接接触,从而抑制材料基体的进一步氧化。在工程应用中,飞行器表面一般会经历温度由低到高的温升过程,即一般会首先进入被动氧化状态并在材料表面形成一层薄氧化膜,因此被动氧化阶段材料表面形成氧化膜的厚度是影响其氧化转换的重要因素之一。

根据 C/SiC 材料中 C 组元和 SiC 组元含量的不同,其氧消耗量和 CO 生成量的比例也不同,等摩尔扩散假设可能不成立。为便于推导,将任意组元比例的 C/SiC 材料等效化学式定义为 $C_x(SiC)_{1-x}$,其中 x 为 C 组元的摩尔比例,在被动氧化状态,材料表面发生的反应为

$$C_x(SiC)_{1-x} + (1.5 - x)O_2 \longrightarrow CO + (1 - x)SiO_2 \qquad (8.64)$$

材料表面氧消耗量和 CO 生成量的比例为

$$\frac{N_{O_2}}{N_{CO}} = \frac{1.5 - x}{1} \qquad (8.65)$$

由式(8.65)可知,当且仅当 $x = 0.5$ 时,$\dfrac{N_{O_2}}{N_{CO}} = 1$ 成立,即等摩尔扩散假设成立。

根据气体传质学的基本原理,在非等摩尔扩散条件下,材料表面的气体浓度分布更倾向于指数分布规律,而其具体值与各气体组分的边界条件及气流整体的摩尔通量密切相关,如图 8.30 所示。因此,材料表面 SiO_2 氧化膜内气体非线性分布规律会使得早期模型分析得到的氧扩散通量、氧化膜增长速率等计算式发生变化,从而对氧化膜演化规律及计算准确性产生影响。

为了更准确地描述材料被动氧化状态下氧化膜的增长规律,对氧化膜内氧扩散通量、氧化膜增长速率等计算式进行推导。

由材料表面氧化反应各个反应物、产物的化学计量系数可知,氧化膜内气体摩尔扩散通量满足以下关系式:

$$\frac{N_{O_2}}{N_{CO}} = -\frac{1.5 - x}{1} \qquad (8.66)$$

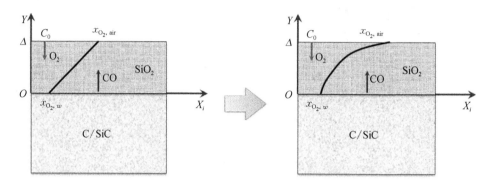

图 8.30 氧化膜内氧浓度分布示意图

$$N_{N_2} = 0 \tag{8.67}$$

据此可写出 O_2 的摩尔通量的表达式为

$$N_{O_2} = J_{O_2} + N_{x_{O_2}} = -D_{O_2} C \frac{dx_{O_2}}{dy} + x_{O_2}(N_{O_2} + N_{CO} + N_{N_2}) \tag{8.68}$$

式中，J 为气体扩散通量；N 为氧化膜内所有气体的总摩尔通量；N 带下标表示某种气体的摩尔通量；x_{O_2} 为 O_2 在氧化膜内某法向高度位置的摩尔分数；C 表示氧化膜内某位置所有气体的总摩尔量，mol/m^3。

将各气体的摩尔通量关系式代入式(8.68)整理可得氧摩尔通量的计算式：

$$N_{O_2} = -\frac{D_{O_2} C}{1 - ax_{O_2}} \frac{dx_{O_2}}{dy} \tag{8.69}$$

式中，

$$a = \frac{0.5 - x}{1.5 - x}$$

对于氧化膜内的氧浓度分布，满足以下边界条件。

当 $y = 0$ 时，有

$$x_{O_2} = x_{O_2, w} \tag{8.70}$$

当 $y = \Delta$ 时，有

$$x_{O_2} = x_{O_2, air} \tag{8.71}$$

采用上述边界条件,将氧摩尔通量的计算式两端沿 $y = 0 \to \Delta$ 积分可得

$$N_{O_2}\Delta = -\frac{D_{O_2}C}{a}\ln\left(\frac{1 - ax_{O_2,\,air}}{1 - ax_{O_2,\,w}}\right) \tag{8.72}$$

在氧化膜与材料基体界面 $y = 0$ 位置,$x_{O_2,\,w}$ 一般很小,因此可将 $\ln(1 - ax_{O_2,\,w})$ 进行泰勒展开,并略去高阶项,即

$$\ln(1 - ax_{O_2,\,w}) = -ax_{O_2,\,w} - \frac{1}{2}(ax_{O_2,\,w})^2 - \frac{1}{3}(ax_{O_2,\,w})^3 - \cdots \approx -ax_{O_2,\,w} \tag{8.73}$$

另外,定义 C/SiC 材料被动氧化反应的反应速率常数为 k_{Ox},并将反应消耗的氧通量写成以下形式:

$$N_{O_2} = -k_{Ox}C_{x_{O_2,\,w}} \tag{8.74}$$

将式(8.73)和式(8.74)代入关于氧摩尔通量的积分式(8.72),消去 $x_{O_2,\,w}$,可得

$$N_{O_2} = -\frac{D_{O_2}}{\Delta + \dfrac{D_{O_2}}{k_{Ox}}}\frac{C}{a}\ln(1 - ax_{O_2,\,air}) \tag{8.75}$$

根据 C/SiC 材料被动氧化反应中 SiO_2 生成量与氧消耗量的对应关系,得到二氧化硅氧化膜增长速率的计算式为

$$\frac{d\Delta}{dt} = -\frac{\beta D_{O_2}}{\Delta + \dfrac{D_{O_2}}{k_{Ox}}} \tag{8.76}$$

式中,$\beta = \dfrac{1 - x}{0.5 - x}\dfrac{CM_{SiO_2}}{\rho_{SiO_2}}\ln(1 - ax_{O_2,\,air})$；$a = \dfrac{0.5 - x}{1.5 - x}$；$M_{SiO_2}$ 和 ρ_{SiO_2} 分别为 SiO_2 氧化膜的摩尔质量和密度。

对于固定的材料组分以及温度、压力状态,β、a 和 k_{Ox} 均为常数。因此,由 C/SiC 材料表面二氧化硅氧化膜增长速率的计算式可以看出,当 $\Delta \to 0$ 时,有

$$\frac{d\Delta}{dt} = -k_{Ox}\beta \tag{8.77}$$

令 $k_l = -k_{0x}\beta$，则

$$\Delta = k_l t \tag{8.78}$$

式中，k_l 为氧化膜的线性段系数。

氧化膜增长满足线性增长规律，且增长速率受其氧化动力学特性参数 k 控制。

当 $\Delta \gg \dfrac{D_{O_2}}{k}$ 时，有

$$\frac{\mathrm{d}\Delta}{\mathrm{d}t} = -\frac{\beta D_{O_2}}{\Delta} \tag{8.79}$$

令 $k_p = -2\beta D_{O_2}$，且忽略线性增长段，则

$$\Delta = \sqrt{k_p t} \tag{8.80}$$

式中，k_p 为氧化膜增长的抛物段系数。

氧化膜增长满足抛物增长规律，且增长速率受其内氧扩散特性参数 D_{O_2} 及氧化膜当前厚度 Δ 共同控制。当 $\Delta \gg \dfrac{D_{O_2}}{K_{0x}}$，且 $D \gg -\beta D_{O_2}$ 时，有

$$\frac{\mathrm{d}\Delta}{\mathrm{d}t} \approx 0 \tag{8.81}$$

氧化膜厚度增长速率趋于 0，近似处于稳定状态。

综上所述，在考虑了材料表面氧化膜内非等摩尔扩散特性的影响后，材料表面氧化膜增长规律仍遵循线性—抛物增长规律，但对于线性段系数 k_l 和抛物段系数 k_p 的具体定义相比之前模型发生了变化。其中，线性段系数 k_l 与材料被动氧化动力学特性、材料成分、来流组分、氧化膜密度等因素相关；而抛物段系数 k_p 与材料表面氧化膜内气体扩散特性、材料成分、来流组分、氧化膜密度等因素相关。而材料的氧化动力学特性及氧化膜内气体扩散特性通常又与材料组分、杂质以及所处的温度、压力、气体环境等因素密切相关。因此，结合试验获得材料相关特性参数及变化规律，是准确预测其被动氧化行为规律的关键问题之一。

2）被动氧化试验研究与影响规律

根据本章所述模型，k_l、k_p 定义式的具体形式为

$$k_l = - k_{Ox}\beta \tag{8.82}$$

$$k_l = - k_{Ox}\beta\rho_{SiO_2} \tag{8.83}$$

$$k_p = - 2\beta D_{O_2} \tag{8.84}$$

式中，$\beta = \dfrac{1-x}{0.5-x}\dfrac{CM_{SiO_2}}{\rho_{SiO_2}}\ln(1-\alpha x_{O_2,\,air})$；$a = \dfrac{0.5-x}{1.5-x}$。

对于纯 SiC 材料以及空气来流，有 $x = 0$，$x_{O_2,\,air} \approx 0.21$，则有

$$\beta \approx - 0.145\dfrac{CM_{SiO_2}}{\rho_{SiO_2}} \tag{8.85}$$

近似取 $\rho_{SiO_2} \approx 2\,300\ kg/m^3$，$M_{SiO_2} = 60\ g/mol$，则有 $\beta \approx - 3.782\,6 \times 10^{-6}\ C \cdot m^3/mol$

对于线性段，暂选取 Narushima 等的试验数据，即 $k_l = 6.3 \times 10^{-6}\ kg/(m^2 \cdot s)$，整理可得

$$k_{Ox} = \dfrac{-k_l}{\beta\rho_{SiO_2}} = 1.206 \times 10^{-4}\ m/s \tag{8.86}$$

对于抛物段，假设扩散系数 D_{O_2} 与温度满足关系式：

$$D_{O_2} = D_0\exp\left(-\dfrac{E}{RT}\right) \tag{8.87}$$

选用 Sibieude 等的试验数据，即 $k_{p,\,1\,583\,K} = 5.3 \times 10^{-15}\ m^2/s$，$k_{p,\,1\,748\,K} = 3.9 \times 10^{-17}\ m^2/s$，推导可得 $D_0 = 4.010\,5 \times 10^{-6}\ m^2/s$，$E = 292.101\ kJ/mol$。

采用以上动力学参数及氧化膜内气体扩散参数，可进行已知温度、压力状态下的氧化膜厚度及演变规律计算分析。表 8.8 给出了早期风洞试验测得的氧化膜厚度计算结果对比。

表 8.8　碳化硅材料被动氧化风洞试验结果计算对比（修正前）

编号	总焓 /(MJ/kg)	热流 /(MW/m²)	压力 /kPa	时间 /s	温度 /K	氧化膜厚度 测试值/μm	氧化膜厚度 计算值/μm
1	3.0±1	4.0±1	230	100	1 858	59	0.016
2	5.0±1	3.0±1	910	20	1 913	60	0.019
3	5.0±1	3.0±1	910	20	1 984	40	0.025

由表 8.8 可以看出,采用文献测试数据计算得到的氧化膜厚度偏小,这可能是由材料工艺、组分、测试方式等引起的。因此,针对以上试验数据,对材料动力学参数 k_{Ox} 和氧化膜内扩散系数 D_0 进行修正,修正后的取值为

$$k_{Ox} = \frac{-k_l}{\beta\rho_{SiO_2}} = 1.206 \times 10^{-2} \text{ m/s} \tag{8.88}$$

$$D_{O_2} = 1.2 \times 10^2 \exp\left(-\frac{292.1 \times 10^3}{RT}\right) \tag{8.89}$$

修正后的计算与试验测试对比结果如表 8.9 所示。由表可以看出,试验测量值和理论预测值基本一致。在误差方面,认为误差主要是由测量方式及氧化膜厚度取值标准不同引起的。

表 8.9 碳化硅材料被动氧化风洞试验结果计算对比(修正后)

编号	焓 /(MJ/kg)	热流 /(MW/m²)	压力 /kPa	时间 /s	温度 /K	氧化膜厚度 测试值/μm	氧化膜厚度 计算值/μm
1	3.0±1	4.0±1	230	100	1 858	59	49
2	5.0±1	3.0±1	910	20	1 913	60	43
3	5.0±1	3.0±1	910	20	1 984	40	45

图 8.31 和图 8.32 给出了采用修正后的 C/SiC 材料被动氧化模型及计算参数,计算得到的不同压力、不同温度状态下材料表面氧化膜厚度的增长规律。由

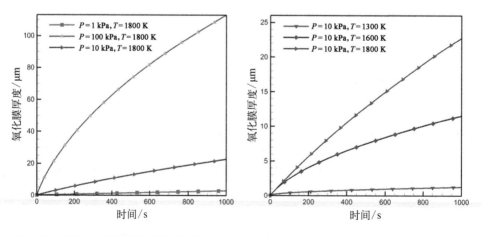

图 8.31 不同压力下的氧化膜厚度增长规律　　图 8.32 不同温度下的氧化膜厚度增长规律

图可以看出,对于确定的材料对象,温度和压力是影响其被动氧化形成的氧化膜厚度增长规律的重要因素。材料表面温度越高,氧化膜增长速率越快,氧化膜厚度越大;表面压力越高,表面氧含量越高,对应的氧化膜增长速率越快,氧化膜厚度越大;另外,随着氧化膜厚度的不断增加,其增长速率对应不断下降。

3) 氧化膜消耗机制分析

在被动氧化条件下,材料表面会氧化形成一层致密的二氧化硅薄膜,随着来流参数、材料表面温度等因素的变化,材料表面形成的二氧化硅薄膜可能出现流失、蒸发、分解甚至剥蚀等现象。材料表面形成的二氧化硅薄膜完全消耗之后,材料基体将直接与来流气体中的氧直接接触,可能引起进一步的氧化烧蚀。

在高温、低压状态下,二氧化硅薄膜可能会出现不同程度的分解或蒸发/升华现象,若温度足够高,则可能出现二氧化硅薄膜的流失。此时仅考虑二氧化硅薄膜的蒸发和分解,即氧化膜表面可能出现的反应有

$$SiO_2(s, l) \longleftrightarrow SiO(g) + O_2(g) \tag{8.90}$$

$$SiO_2(s, l) \longleftrightarrow SiO_2(g) \tag{8.91}$$

$$SiO_2(s, l) \longleftrightarrow Si(g) + O_2(g) \tag{8.92}$$

上面的式子中,s、g、l 分别代表固体、气体、液体。

采用的计算方法为经典的热化学平衡烧蚀计算方法,忽略以上反应的动力学过程,考虑材料表面的总压方程:

$$\sum_i P_i = P_0 \tag{8.93}$$

材料表面的化学平衡方程:

$$K_p = \prod_i P_i^{n_{bi} - n_{fi}} \tag{8.94}$$

材料表面的元素质量守恒方程:

$$\frac{Y_{ke} + B_c Y_{kc}}{1 + B_c} = \frac{M_k}{P_0 \overline{M}} \sum_i c_{ki} P_i \tag{8.95}$$

式(8.93)~式(8.95)中,P_i 为气体分压;P_0 为材料表面压力;K_p 为反应平衡常数;n_{bi}、n_{fi} 分别为生成物和反应物化学计量系数;Y_{ke}、Y_{kc} 分别为来流和材料表面

元素质量分数;M_k 为元素摩尔质量;c_{ki} 为组分 i 中元素 k 的原子数;B_c 为材料表面二氧化硅氧化膜无因次质量消耗速率,其定义式为

$$B_c = \frac{\dot{m}_l}{\rho_e u_e C_M} \tag{8.96}$$

式中,$\dot{m}_l$ 为二氧化硅氧化膜的质量流失速率。

采用牛顿迭代法,对以上方程组进行迭代求解,可获得不同温度、压力条件下的 $\mathrm{SiO_2}$ 氧化膜无因次质量消耗速率。

再结合来流气体向材料壁面的扩散质量流率 $\rho_e u_e C_M$,可换算氧化膜的质量损失率:

$$\dot{m}_l = B_c \rho_e u_e C_M \tag{8.97}$$

在经典烧蚀算法中,在传热传质等效假设下,根据经典边界层传热传质相似理论,$\rho_e u_e C_M$ 可近似取为 0 K 壁温热流与恢复焓的比值,式(8.97)可等效为

$$\dot{m}_l = B_c \frac{q_{\mathrm{or}}}{h_r} \tag{8.98}$$

式中,q_{or} 为 0 K 壁温对应的来流热流密度;h_r 为恢复焓。

换算为氧化膜消耗速率,即

$$v_l = B_c \frac{q_{\mathrm{or}}}{\rho_{\mathrm{SiO_2}} h_r} \tag{8.99}$$

4) 被动氧化向主动氧化转换机制及工程预测分析

根据分析可知,在被动氧化状态下,材料表面氧化膜增长速率满足线性—抛物增长规律,且氧化膜增长速率随着氧化膜厚度的增加而减小。

根据二氧化硅氧化膜增长速率的计算式(8.76)

$$\frac{\mathrm{d}\Delta}{\mathrm{d}t} = -\frac{\beta D_{\mathrm{O_2}}}{\Delta + \dfrac{D_{\mathrm{O_2}}}{k_{\mathrm{Ox}}}}$$

可知,当 $\Delta = 0$ 时,$\dfrac{\mathrm{d}\Delta}{\mathrm{d}t}$ 有最大值,即

$$v_{\Delta,\,\mathrm{max}} = \left(\frac{\mathrm{d}\Delta}{\mathrm{d}t} \right)_{\mathrm{max}} = -\beta k_{Ox}, \quad \Delta = 0 \tag{8.100}$$

因此,若氧化膜消耗速率小于其最大增长速率,即 $v_l < v_{\Delta,\,\mathrm{max}}$,氧化膜厚度存在一稳定值,对应着氧化膜增长速率与消耗速率相等的临界状态。当且仅当氧化膜的消耗速率大于其最大增长速率时,即 $v_l > v_{\Delta,\,\mathrm{max}}$,材料表面将失去二氧化硅氧化膜的保护,从而进入主动氧化烧蚀状态。

基于以上分析,结合前面所述材料被动氧化计算方法及氧化膜消耗计算方法,可计算得到一条被动氧化向主动氧化转变的转换线,其实际为二氧化硅薄膜的失效线。该失效线对应材料表面二氧化硅氧化膜最大增长速率与其消耗速率相等的临界状态,即

$$-\beta k_{Ox} = B_c \rho_e u_e C_M \tag{8.101}$$

式中,

$$\beta = \frac{1-x}{0.5-x} \frac{CM_{\mathrm{SiO_2}}}{\rho_{\mathrm{SiO_2}}} \ln(1 - ax_{O_2,\,\mathrm{air}}), \quad a = \frac{0.5-x}{1.5-x}$$

由式(8.101)可以看出,此转换条件与温度、压力、来流气体质量扩散率、材料成分、材料氧化动力学特性等因素密切相关,且通过试算表明,βk_{Ox} 随着温度增加或压力减小而单调减小,而 B_c 随温度增加或压力减小而单调增加,因此令

$$F(T,\,P) = \beta k_{Ox} + B_c \rho_e u_e C_M \tag{8.102}$$

采用二分法,可求得满足 $F(T,\,P) = 0$ 的温度或压力,即对应材料表面的二氧化硅薄膜失效温度或失效压力,或被动氧化向主动氧化转换温度、转换压力。

对于低于该转变点的压力状态或高于该转变点的温度状态,有 $v_l > v_{\Delta,\,\mathrm{max}}$,材料表面将失去氧化膜的保护;相反,若高于该转变点的压力状态或低于该转变点的温度状态,则 $v_l < v_{\Delta,\,\mathrm{max}}$,材料表面将有一定厚度的二氧化硅薄膜持续存在,氧化膜厚度可由关系式 $v_l = v_\Delta$ 进行确定。

图 8.33 给出了纯 SiC 材料被动氧化向主动氧化转变的典型计算结果,其中,$\rho_e u_e C_M$ 取 0.05。由图可以看出,材料表面温度越低或压力越高,其氧化膜越不容易被完全消耗,仅当材料表面温度足够高、压力足够低时,氧化膜才会出现挥发分解消耗致使材料失去氧化膜的保护。

需指出的是,碳/碳化硅材料表面氧化膜是否能够维持取决于其最大增长速

率与消耗速率的大小关系。目前的模型方法中,氧化膜最大增长速率受其氧化动力学特性、来流气体质量扩散流率等因素影响;而氧化膜消耗速率则受温度、压力等因素影响。

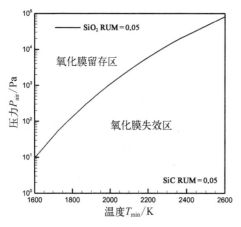

图 8.33 被动氧化向主动氧化转变的
典型计算结果

RUM 为 $\rho_e u_e C_M$ 取值大小

来流质量流率对被动氧化向主动氧化转换线的影响图（图 8.34）

图 8.34 来流质量流率对被动氧化向主动
氧化转换线的影响

RUM 为 $\rho_e u_e C_M$ 取值大小

图 8.34~图 8.36 分别给出了来流质量流率、材料被动氧化动力学特性以及材料中碳组元的摩尔含量对被动氧化向主动氧化转换线的影响规律。由图可以

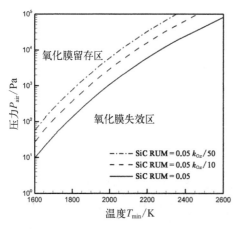

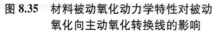

图 8.35 材料被动氧化动力学特性对被动
氧化向主动氧化转换线的影响

RUM 为 $\rho_e u_e C_M$ 取值大小

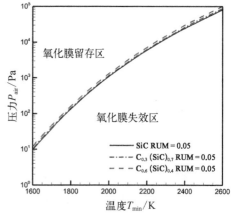

图 8.36 材料组分含量对被动氧化向
主动氧化转换线的影响

RUM 为 $\rho_e u_e C_M$ 取值大小

看出,来流质量流率变化、材料被动氧化动力学特性均为影响材料被动氧化转换线的重要因素。相对而言,材料中碳组元的摩尔含量对被动氧化转换线的影响相对较小。

2. 无氧化膜状态材料表面氧化转换机制与转换条件分析

现有模型与基本假设:将任意组元比例的 C/SiC 材料等效化学式定义为 $C_x(SiC)_y$,其中 x、y 分别为 $C_x(SiC)_y$ 中单质 C 和 SiC 组元的摩尔比例 ($x + y = 1$),其主动氧化和被动氧化的控制方程分别为

$$C_x(SiC)_y + (0.5x + y)O_2 \longleftrightarrow (x + y)CO + ySiO \qquad (8.103)$$

$$C_x(SiC)_y + (0.5x + 1.5y)O_2 \longleftrightarrow (x + y)CO + ySiO_2 \qquad (8.104)$$

采用化学平衡条件判断材料表面浓度边界层内化学反应的反应方向:

$$SiO(g) + 0.5O_2(g) \longleftrightarrow SiO_2(g), \quad 反应热 \Delta G^\Theta = -RT\ln K \quad (8.105)$$

考虑来流氧分压逐渐增加的情况,当来流氧分压较低时,材料表面优先发生反应生成 SiO 气体,并向边界层外缘扩散,离开材料表面。由于 O_2 和 SiO 气体分压较低,不满足生成 SiO_2 的发生条件,此时材料处于主动氧化状态。当来流氧分压增加时,材料表面仍发生反应生成 SiO 气体,但在浓度边界层内的某位置,O_2 和 SiO 气体分压足够高,使反应往生成 SiO_2 的方向进行,边界层内则会形成 SiO_2 粉尘(dust)。SiO_2 粉尘在重力和气流的作用下部分停留在材料表面,并对材料表面的氧化过程产生影响,材料处于主动氧化到被动氧化的转换阶段。当来流氧分压进一步增加时,材料表面达到生成 SiO_2 的平衡条件,材料表面直接生成凝聚相(固态或液态)SiO_2 并附着于材料表面,所形成的 SiO_2 薄膜可阻滞氧化反应的进一步进行,此时材料处于被动氧化状态。

随着来流氧分压的改变,C/SiC 材料表面氧化机制会经历两次变化,分别对应两个临界来流氧分压。主被动氧化转换区下限为材料表面浓度边界层开始出现 SiO_2 粉尘时,对应来流氧分压;主被动氧化转换区上限为材料表面直接生成 SiO_2 时,对应来流氧分压。以上两个临界分压可用于判断不同来流氧分压和温度条件下材料表面的氧化状态。图 8.37 给出了 C/SiC 材料在不同氧化机制下边界层构成示意图。

由于 C 组元的加入,会使边界层内的 SiO、CO 和 O_2 等气体分压之间的相对关系发生变化,即

$$CO(g) + 0.5O_2(g) \longleftrightarrow CO_2(g) \qquad (8.106)$$

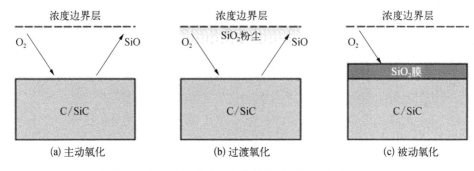

图 8.37　C/SiC 材料表面氧化机制下边界层构成示意图

　　为了获得材料主被动氧化转换过程的工程计算式,进行如下假设: 忽略边界层内化学反应对边界层 O_2 分压的影响;忽略边界层温度梯度对平衡常数的影响;所研究范围内的温度足够高,忽略化学反应速率对材料表面及浓度边界层内气体分压的影响;材料表面浓度边界层内气体扩散遵循理想气体一维稳态扩散规律。

　　C/SiC 材料主被动氧化转换区下限氧分压,对应材料表面浓度边界层开始出现 SiO_2 粉尘的临界状态,如图 8.38 所示。在浓度边界层某个位置 $y \in [0, \delta_{SiO}]$ 处,气体 SiO 分压和 O_2 分压刚好达到生成 SiO_2 的条件。若来流 O_2 分压进一步提高,则边界层内将会有 SiO_2 生成。主被动氧化转换区下限氧分压对应关系式为

$$\left(P_{O_2}^{1/2} P_{SiO} \right)_{max} = K_3^{-1} \tag{8.107}$$

式中,K_3 为 SiO_2 生成反应的标准平衡常数;P_i 为气体分压,单位为标准大气压。

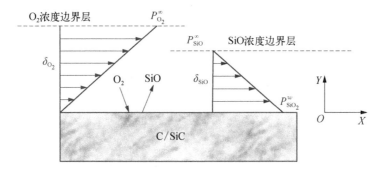

图 8.38　C/SiC 材料氧化转换过程分析模型示意图

　　根据气体扩散过程的菲克(Fick)第一定律,理想气体一维稳态扩散通量的表达式可写为

$$J_i = - D_i \frac{P_i^\infty - P_i^w}{\delta RT} P^\theta \tag{8.108}$$

式中，J_i 为气体扩散通量；D_i 为气体扩散系数；$P^\theta = 105\ \text{Pa}$，为标准大气压；$\delta$ 为边界层厚度；R 为通用气体常数；T 为表面温度；上标 ∞ 表示边界层外缘；上标 w 表示材料表面。

在该临界状态，材料表面仅发生 SiO 生成反应，且浓度边界层内没有氧化反应发生，即没有 O_2 消耗。因此，该状态下 O_2、SiO、CO 等气体的扩散通量对应关系为

$$\frac{J_{O_2}}{J_{SiO}} = \frac{J_{O_2}}{J_{CO}} = \frac{0.5x + y}{y} \tag{8.109}$$

SiO_2 生成反应的平衡常数一般在 $10^9 \sim 10^{15}$ 量级，因此可近似取 $P_{O_2}^w \ll P_{O_2}^\infty$，$P_{CO}^w \gg P_{CO}^\infty$，$P_{SiO}^w \gg P_{SiO}^\infty$。另外，根据 Wagner 的分析，浓度边界层厚度与气体扩散系数存在对应关系：

$$\delta_1/\delta_2 = (D_1/D_2)^{0.5} \tag{8.110}$$

综合可得

$$P_{SiO}^w = \left(\frac{D_{O_2}}{D_{SiO}}\right)^{0.5} \frac{y}{0.5x + y} P_{O_2}^\infty \tag{8.111}$$

$$P_{CO}^w = \left(\frac{D_{O_2}}{D_{CO}}\right)^{0.5} \frac{x + y}{0.5x + y} P_{O_2}^\infty \tag{8.112}$$

另外，在忽略整体流动且一维稳态扩散条件下，边界层内组元气体分压遵循线性分布规律，即

$$P_{O_2} = P_{O_2}^w + \frac{P_{O_2}^\infty - P_{O_2}^w}{\delta_{O_2}} y \tag{8.113}$$

$$P_{SiO} = P_{SiO}^\infty + \frac{P_{SiO}^w - P_{SiO}^\infty}{\delta_{SiO}} (\delta_{SiO} - y) \tag{8.114}$$

在材料表面高温化学平衡假设条件下，可近似取 $P_{O_2}^w = P_{SiO}^\infty = 0$。令 $F(y) = (P_{O_2})^{0.5} P_{SiO}$，综合式 (8.113) 和式 (8.114) 可得

$$F(y) = \frac{P_{SiO}^w}{\delta_{SiO}} \left(\frac{P_{O_2}^\infty}{\delta_{O_2}} y \right)^{0.5} (\delta_{SiO} - y) \tag{8.115}$$

当 $y = \delta_{SiO}/3$ 时，$F(y)$ 取得最大值为

$$F(y)_{max} = \frac{2}{3} P_{SiO}^w \left(\frac{\delta_{SiO} P_{O_2}^\infty}{3\delta_{O_2}} \right)^{0.5} \tag{8.116}$$

进一步整理可得

$$K_3^{-1} = \frac{0.384\,9y}{0.5x + y} \left(\frac{D_{O_2}}{D_{SiO}} \right)^{0.25} (P_{O_2}^\infty)^{1.5} \tag{8.117}$$

式 (8.117) 中的扩散系数 D 可采用查普曼-恩斯科格 (Chapman - Enskog) 关系式求得。根据 Balat 的研究结果，取 $D_{SiO}/D_{O_2} = 0.44$。整理可得 C/SiC 材料主被动氧化转换区下限氧分压计算式：

$$(P_{O_2}^\infty)_{min} = \left(\frac{0.5x + y}{0.472\,6yK_3} \right)^{\frac{2}{3}} \tag{8.118}$$

可以看出，C/SiC 材料主被动氧化转换区下限氧分压仅与材料的组成比例及化学平衡常数相关。

特别当 $x = 0$，$y = 1$ 时，可得到纯 SiC 材料氧化转换区下限氧分压计算式：

$$(P_{O_2}^\infty)_{SiC, min} = (0.472\,6K_3)^{-\frac{2}{3}} \tag{8.119}$$

在氧化机制研究中，更受关注的是 SiC 材料完全进入被动氧化的条件。该条件与 C/SiC 材料的主被动氧化转换区上限氧分压相对应，即材料表面直接生成 SiO_2 的临界状态。考虑到 C/SiC 与纯 SiC 组成的差异，对转换条件进行工程计算时，需要进一步考虑 C 组元的影响。

采用与 Balat 等类似的分析方法，忽略材料边界层内发生反应对边界层内氧分压的影响，仍采用一维稳态扩散假设描述材料表面气体扩散通量间的对应关系。

在该临界状态，材料表面氧化反应仅生成 SiO 气体，材料表面刚好达到反应生成 SiO_2 的临界条件，但并未有 SiO_2 生成。若来流氧分压进一步提高，则材料表面将直接生成 SiO_2。

为了推导方便，采用化学平衡条件替代 SiO 生成反应，因此 C/SiC 材料转换

区间上限氧分压对应以下化学平衡关系式:

$$K_1 = \frac{(P_{SiO}^w)^y (P_{CO}^w)^{x+y}}{(P_{O_2}^w)^{(x+2y)/2}} \tag{8.120}$$

$$K_3^{-1} = (P_{O_2}^w)^{0.5} P_{SiO}^w \tag{8.121}$$

整理可得

$$K_1 = K_3^{x+2y} (P_{SiO}^w)^{x+3y} (P_{CO}^w)^{x+y} \tag{8.122}$$

进一步整理可得

$$P_{O_2}^\infty = (0.5x + y)(y^{x+3y})^{-\frac{1}{2x+4y}} \left[\frac{D_{SiO}^{0.5(x+3y)} D_{CO}^{0.5(x+y)}}{D_{O_2}^{x+2y}} \frac{K_1}{K_3^{x+2y}} \right]^{\frac{1}{2x+4y}} \tag{8.123}$$

考虑到扩散系数 D 随温度的变化,由计算扩散系数的查普曼-恩斯科格关系式可知:

$$D = D_0 \frac{p_0 \Omega_{D_0}}{p \Omega_D} \left(\frac{T}{T_0} \right)^{1.5} \tag{8.124}$$

式中,Ω_D 为无因次碰撞积分;D_0、p_0、Ω_{D_0} 中的下标 0 表示周围环境处的状态量。

因此,在不同温度和压力条件下,始终有

$$\frac{D_{SiO}^{0.5(x+3y)} D_{CO}^{0.5(x+y)}}{D_{O_2}^{x+2y}} = \text{const} \tag{8.125}$$

用标准状态扩散系数数值将转换分压计算式改写为

$$(P_{O_2}^\infty)_{max} = \left[0.44^{0.5(x+3y)} \times 0.946\,1^{0.5} \right]^{\frac{1}{2x+4y}} \left[\frac{(0.5x+y)^{2x+4y}}{y^{x+3y}} \frac{K_1}{K_3^{x+2y}} \right]^{\frac{1}{2x+4y}} \tag{8.126}$$

特别当 $x = 0$, $y = 1$ 时,可得到纯 SiC 材料的氧化转换区上限氧分压计算表达式:

$$P_{O_2}^\infty = 0.73 K_1^{0.25} K_3^{-0.5} \tag{8.127}$$

式(8.127)与 Balat 等给出的纯 SiC 材料主被动氧化转换条件计算式是等效的。

表 8.10 给出了典型地面电弧风洞模拟高温空气来流条件下获得的 SiC 材料烧蚀速率及氧化机制判断情况。由试验结果可以看出,模型 1、2 线烧蚀速率大于 100 μm/s,处于主动氧化剧烈烧蚀状态;模型 6~9 线烧蚀速率小于 0,处于被动氧化非烧蚀状态;而模型 3~5 线烧蚀速率小于 0.20 μm/s,介于烧蚀与非烧蚀之间,按主动氧化计算线烧蚀速率应为 28~35 μm/s,因此这三个模型的烧蚀状态既不具有被动氧化负烧蚀速率的特征,也不具有主动氧化剧烈烧蚀的特征,应处于主被动氧化转换状态。

表 8.10 SiC 材料地面风洞模拟试验数据统计

编　号	压力/kPa	温度/ K	烧蚀速率/(μm/s)	氧化机制
1	230	3 453	162	主动氧化
2	230	3 353	145	
3	11	2 413	−0.31	主被动转换
4	8	2 173	−0.32	
5	7	2 023	0.20	
6	910	1 984	−3.0	被动氧化
7	910	1 913	−2.0	
8	230	1 828	−0.04	
9	230	1 858	−0.59	

图 8.39 为计算得到的 C/SiC 材料转换区下限氧分压和上限氧分压随温度和组分的变化规律。其中,氧分压取对数坐标,图中同时给出了上述 9 个纯 SiC (对应 $x = 0.0$) 试验模型的分布情况。

由图 8.39 可以看出,C/SiC 材料氧化机制转换区间覆盖范围较广,上下限氧分压相差多个数量级。因此,在进行材料氧化烧蚀特性分析时应重视氧化机制转换区间对材料氧化烧蚀性能的影响。

综上所述,之前发展的 C/SiC 材料氧化机制转换预测方法能够基本覆盖目前风洞试验状态下材料氧化烧蚀规律,但在材料氧化机制转变的定量模拟和分析方面存在不足。总结现有模型采用的主要基本假设可概括为:

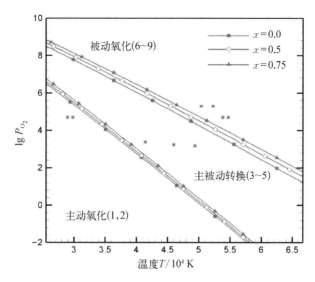

图 8.39　C/SiC 材料氧化转换氧分压随温度和组分的变化

（1）边界层内气体等摩尔扩散线性分布假设；

（2）材料表面氧浓度近似为 0 假设。

以上各因素可能会对材料表面气体分压,以及表面边界层内气体浓度分布等产生影响,为了更准确地对 C/SiC 材料氧化机制转换条件进行定量计算,首先对边界层气体法向流动的影响进行分析。

1）边界层气体流动对转换条件的影响

材料表面氧化机制转换区上下限氧分压的物理含义分别对应材料表面和材料表面边界层内满足 SiO_2 生成反应的最小氧分压需求,以此为依据可推导得到材料主动氧化、被动氧化、过渡氧化区的划分界限,如图 8.40 所示。

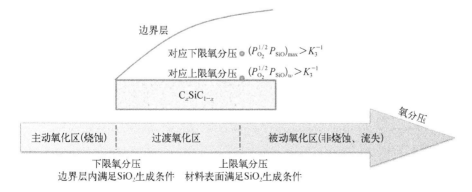

图 8.40　C/SiC 材料表面氧化机制转换关系示意图

　　本节采用反应热力学条件来判断 SiO_2 生成反应是否会发生,因此准确获得材料表面及边界层内的 O_2 气体浓度和 SiO 气体浓度分布尤为重要。为便于推导,将任意组元比例的 C/SiC 材料等效化学式定义为 $C_x(SiC)_{1-x}$,其中 x 为 C 组元的摩尔比例,即

$$C_x(SiC)_{1-x} + (1 - 0.5x)O_2 \longleftrightarrow CO + (1 - x)SiO \tag{8.128}$$

即

$$\frac{N_{O_2}}{N_{CO} + N_{SiO}} = \frac{1 - 0.5x}{1 + (1 - x)} \neq 1 \tag{8.129}$$

式中, N_{O_2}、N_{SiO} 分别表示 O_2 和 SiO 气体在材料表面边界层内的摩尔通量。

　　根据气体传质学的基本原理,在非等摩尔扩散条件下,材料表面的气体浓度分布更倾向于指数分布规律,而其具体值与各气体组分的边界条件及气流整体的摩尔通量密切相关,如图 8.41 所示。因此,在气动加热环境下,材料表面氧化机制转换的上下限氧分压将随气体浓度分布规律及数值改变而发生变化,且下限氧分压对应的 $(P_{O_2})^{0.5}P_{SiO}$ 最大值的出现位置将不再固定为边界层内 $\delta_{SiO}/3$ 法向高度处,其可能出现于边界层内的其他位置,甚至出现在材料表面(下限氧分压与上限氧分压重合)。

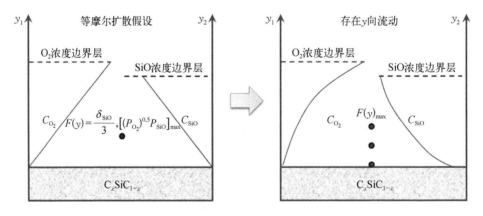

图 8.41　材料表面边界层内气体浓度分布规律变化示意图

　　为了分析边界层内气体法向流动对材料主被动氧化转换条件的影响,进行材料表面气体浓度分布的推导分析。

　　考虑材料表面出现的主要氧化反应为 SiO 生成反应,由其反应物与生成物

的化学计量系数可知各气体在材料表面的摩尔通量满足以下关系:

$$\frac{N_{O_2}}{N_{SiO}} = \frac{1 - 0.5x}{1 - x} \tag{8.130}$$

$$\frac{N_{O_2}}{N_{CO}} = -(1 - 0.5x) \tag{8.131}$$

$$N_{N_2} = 0 \tag{8.132}$$

因此,可写出 O_2 的摩尔通量表达式为

$$N_{O_2} = J_{O_2} + N_{x_{O_2}} = -D_{O_2}C\frac{dx_{O_2}}{dy} + x_{O_2}(N_{O_2} + N_{SiO} + N_{CO} + N_{N_2}) \tag{8.133}$$

式中, J 为气体扩散通量; N 为边界层内所有气体的总摩尔通量, N 带下标表示某种气体的摩尔通量; x_{O_2} 为 O_2 在边界层内某法向高度位置的摩尔分数; C 为边界层内所有气体的总摩尔量。

将各气体的摩尔通量关系式代入式(8.133)整理可得

$$N_{O_2} = \frac{-D_{O_2}C}{1 + x_{O_2}}\frac{dx_{O_2}}{dy} \tag{8.134}$$

忽略边界层内的压力变化和气体反应,则有 $\dfrac{dN_{O_2}}{dy} = 0$, 且所有气体的总摩尔量 C 保持为常数;另假设边界层内的 D_{O_2} 为常数,式(8.134)两端求导可得

$$\frac{d}{dy}\left(\frac{-D_{O_2}C}{1 + x_{O_2}}\frac{dx_{O_2}}{dy}\right) = 0 \tag{8.135}$$

式(8.135)两端进行二次积分可得

$$\ln(1 + x_{O_2}) = c_1 y + c_2 \tag{8.136}$$

式中, c_1 和 c_2 为待定常数。

结合边界条件,可由式(8.136)计算出边界层内的 O_2 摩尔浓度分布。

具体来讲,在空气来流且材料表面出现主动氧化烧蚀的条件下,可近似取边界条件:

$$\begin{cases} x_{O_2} \approx 0, & y = 0 & (8.137) \\ x_{O_2} \approx x_{O_2,\,air}, & y = \delta_{O_2} & (8.138) \end{cases}$$

求得

$$c_1 = \frac{\ln(1 + x_{O_2,\,air})}{\delta_{O_2}}, \quad c_2 = 0 \qquad (8.139)$$

整理可得,O_2 在边界层内的摩尔浓度分布式为

$$x_{O_2} = (1 + x_{O_2,\,air})^{y/\delta_{O_2}} - 1 \qquad (8.140)$$

同理,在空气来流且材料表面出现主动氧化烧蚀的条件下,可近似取 SiO 气体边界条件:

$$\begin{cases} x_{SiO} \approx x_{SiO,\,w}, & y = 0 & (8.141) \\ x_{SiO} \approx 0, & y = \delta_{SiO} & (8.142) \end{cases}$$

整理推导可得 SiO 气体在材料表面边界层内的摩尔浓度分布式为

$$x_{SiO} = \alpha \left[1 - \left(1 - \frac{x_{SiO,\,w}}{\alpha} \right)^{1 - y/\delta_{SiO}} \right] \qquad (8.143)$$

式中, $\alpha = \dfrac{1 - x}{1 + 0.5x}$; x 为 C/SiC[写为 $C_x(SiC)_{1-x}$]材料中 C 组元的摩尔分数。

另外,根据 Balat 给出的 $D_{SiO}/D_{O_2} = 0.44$,以及 Wagner 给出的浓度边界层厚度与气体扩散系数存在对应关系:

$$\delta_1/\delta_2 = (D_1/D_2)^{0.5}$$

可得

$$\delta_{SiO}/\delta_{O_2} \approx 0.663 \qquad (8.144)$$

即

$$y/\delta_{O_2} \approx 0.663 y/\delta_{SiO} \qquad (8.145)$$

因此,在材料表面边界层内,有

$$\begin{aligned} F(y/\delta_{SiO}) &= (P_{O_2})^{0.5} P_{SiO} \\ &= P_0 (x_{O_2})^{0.5} x_{SiO} \end{aligned}$$

$$= \alpha P_0 \left[(1 + x_{O_2, \text{air}})^{0.663 y/\delta_{SiO}} - 1 \right]^{0.5} \left[1 - \left(1 - \frac{x_{SiO, w}}{\alpha} \right)^{1 - y/\delta_{SiO}} \right]$$

$$(8.146)$$

式中，P_0 为材料表面压力，单位为大气压；$x_{SiO, w}$ 为材料表面 SiO 气体的摩尔浓度，可由材料主动氧化烧蚀计算方法给出。编程时可将无量纲高度 y/δ_{SiO} 从 0~1 进行区间扫描，得到 $(P_{O_2})^{0.5} P_{SiO}$ 的最大值及其对应的无量纲高度。

图 8.42 给出了 $C_{0.5}(SiC)_{0.5}$、$x_{O_2, \text{air}} = 0.21$、$x_{SiO, w} = 0.3$、$10^5$ Pa 条件下采用上述方法计算得到的典型 $C_x(SiC)_{1-x}$ 材料表面边界层内 O_2 和 SiO 气体浓度(摩尔分数)的分布情况，图中同时给出了线性假设下的气体浓度分布线。由图可以看出，考虑边界层内气体非等摩尔扩散特性的影响后，O_2 相比于线性分布假设差别不大，仍近似保持为线性分布规律，而 SiO 气体浓度分布规律呈现出明显的非线性特征，进一步从 $F(y/\delta_{SiO})$ 值的分布规律可以看出，其最大值不再出现在 $\delta_{SiO}/3$ 位置，改变为 $0.45\delta_{SiO}$ 附近。

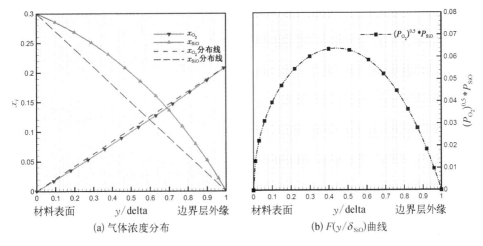

(a) 气体浓度分布　　　(b) $F(y/\delta_{SiO})$ 曲线

图 8.42　$C_x(SiC)_{1-x}$ 材料表面边界层内 O_2 和 SiO 摩尔分数及 $F(y/\delta_{SiO})$ 值分布

针对不同组分比例组成的 $C_x(SiC)_{1-x}$ 材料，采用经典热化学平衡烧蚀计算方法计算得到不同温度、来流压力下材料表面的气体浓度，即 $x_{SiO, w}$ 和 $x_{O_2, w}$。一方面，采用材料表面气体浓度直接判断是否满足 SiO_2 热力学生成条件，获得材料表面生成 SiO_2 的临界氧分压(上限氧分压)；另一方面，将表面气体浓度计算结果及来流氧分压作为边界条件，采用前面所述方法计算边界层内气体浓度分布值并统计得到 $F(y/\delta_{SiO})$ 最大值，与 SiO_2 热力学生成条件进行比较，获得边界层内满足 SiO_2 生成条件的临界氧分压(下限氧分压)。分别固定压力或温度，从低温到高温或从高压到低压进行试算,即可获得材料表面氧化机制转换的两条临界转换线,即上限氧分压线、下限氧分压线,如图 8.43 所示。

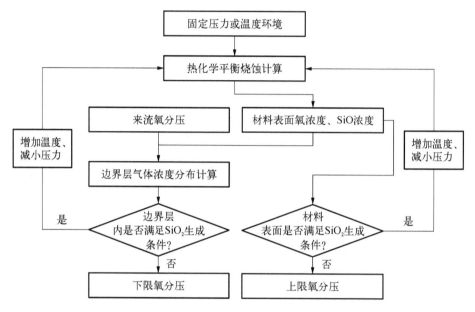

图 8.43 材料主被动氧化转换分压分析流程示意图

图 8.44 给出了针对 SiC 材料,计算得到的空气来流条件下材料主被动氧化转换分压与早期方法计算 SiC 与 $O_2[C_x(SiC)_{(1-x)}$ in O_2 $x=0.0]$ 反应的对比。由图可以看出,从固定压力的角度来看,考虑了边界层内气体整体流动的影响后,材料的主被动氧化转换温度有一定程度的降低,且下限氧分压对应的转换温度降低幅值更大。但整体来看,边界层内气体流动对材料主被动氧化转换温度(固定压力)的影响并不是特别明显,特别是在当前计算区域内,对于主被动氧化转换上限氧分压(材料表面直接生成 SiO_2),一定压力下的氧化转换温度变化值小于 50 K。

2) 材料表面多反应动力学因素对转换条件的影响

材料主被动氧化转换条件与材料表面和边界层内的气体分压密切相关,早期工程模型和本节在推导计算过程中,均用到了材料表面氧分压近似为零的假设,该假设对于温度较高,材料表面化学反应速率很快的情况是适用的。但对于温度为 1 000 ~ 2 000 K,甚至更高的温区,其材料化学成分中的 C 和 SiC,可能均存在动力学反应过程,即材料表面的化学反应速率不足以完全消耗来流扩散至材料表面的氧,使得材料表面氧分压近似为零的假设不再成立,进而对材料主被动氧化转换条件(温度条件或压力条件)计算分析结果产生明显的影响。

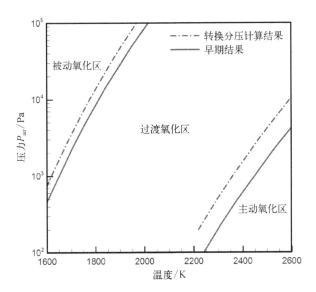

图 8.44　SiC 材料主被动氧化转换分压计算结果与早期结果对比

图 8.45 给出了材料表面 O_2 和 SiO 气体分压占比随温度变化的典型计算结果。由图可以看出,考虑了主要氧化反应的动力学特性之后,在相对低温段,材料表面还存在相当含量的氧,因此早期模型对于表面氧分压取零的简化假设在相对低温段不成立。

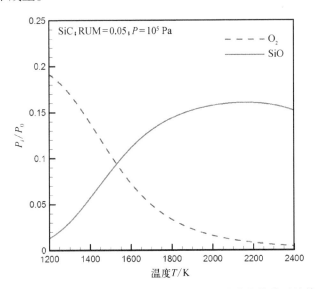

图 8.45　材料表面 O_2 和 SiO 气体分压占比随温度变化的典型计算结果

P_i 为组元 i(分别指 O_2、SiO)的分压;P_0 为总压

对于材料表面氧分压不为零的情况,在求解材料表面边界层氧浓度分布时,改变相应的边界条件,即

$$x_{O_2} \approx x_{O_2, w}, \; y = 0$$

$$x_{O_2} \approx x_{O_2, air}, \; y = \delta_{O_2}$$

$$(8.147)$$

整理可得,O_2 在边界层内的摩尔浓度分布式为

$$x_{O_2} = (1 + x_{O_2, air})^{\frac{y}{\delta_{O_2}}}(1 + x_{O_2, w})^{1 - \frac{y}{\delta_{O_2}}} - 1 \qquad (8.148)$$

针对不同组分比例组成的 $C_x(SiC)_{1-x}$ 材料,采用热化学平衡/动力学烧蚀通用计算程序计算得到不同温度、来流压力下材料表面的气体浓度,即 $x_{SiO, w}$ 和 $x_{O_2, w}$。一方面,采用材料表面气体浓度直接判断是否满足 SiO_2 热力学生成条件,获得材料表面生成 SiO_2 的临界氧分压(上限氧分压);另一方面,将表面气体浓度计算结果及来流氧分压作为边界条件,采用前面所述方法计算边界层内气体浓度分布值并统计得到 $F(y/\delta_{SiO})$ 最大值,与 SiO_2 热力学生成条件进行比较,获得边界层内满足 SiO_2 生成条件的临界氧分压(下限氧分压)。分别固定压力或温度,从低温到高温或从高压到低压进行试算,即可获得材料表面氧化机制转换的两条临界转换线,即上限氧分压线、下限氧分压线。

图 8.46 给出了针对 SiC 材料计算得到的空气来流条件下材料主被动氧化转

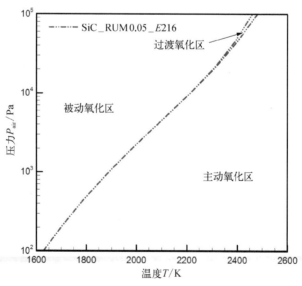

图 8.46　多反应动力学、边界层流动的 SiC 材料主被动氧化转换分压曲线

换分压(SiC_RUM0.05_E260)的计算结果,RUM 表示质量扩散流率,E 表示活化能。由图可以看出,考虑了材料表面的动力学氧化特性后,主被动氧化转换上限氧分压和下限氧分压几乎完全重合,即表面边界层内 $F(y/\delta_{SiO})$ 最大值出现在了材料表面上。受其影响,材料的过渡氧化区在大部分温区范围内不再出现。

图 8.47 给出了考虑多反应动力学、边界层流动的 SiC 材料主被动氧化转换分压计算结果与早期方法计算 SiC 与 $O_2[C_x(SiC)_{1-x}\ in\ O_2\ x=0]$ 反应的对比。由图可以看出,材料主被动氧化转换的上限氧分压和下限氧分压均发生了较大变化。

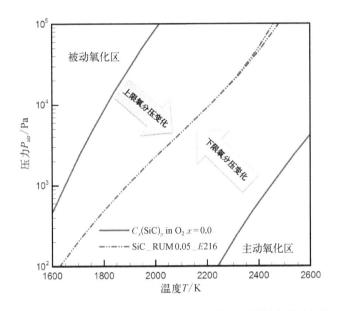

图 8.47　考虑多反应动力学、边界层流动的 **SiC** 材料主被动氧化
转换分压计算结果与早期模型计算结果比较

其中,对于材料表面氧化转换上限氧分压,其值相比早期结果大幅下降,即在同样温度条件下,材料表面生成 SiO_2 所需最小压力更低或在同样压力条件下,材料表面能够生成 SiO_2 的温区范围更大,即更不容易出现主动氧化;而对于材料表面氧化转换下限氧分压,$F(y/\delta_{SiO})$ 最大值出现的位置不再位于边界层内,而变更为材料表面,其对应的"边界层内满足 SiO_2 生成条件"已失去实际物理意义,因此可在工程应用分析中不再考虑。

整体来看,考虑了多反应动力学、边界层流动的 SiC 材料主被动氧化转换分压的影响之后,材料表面的"主被动氧化转换过渡区"改变为一条"主被动氧化转换线"。对于固定温度状态,存在主被动氧化转换临界分压,低于该氧分压时,材料表面和边界层内均不满足 SiO_2 生成条件,材料处于烧蚀状态,高于该氧分压时,材料表面和边界层内均满足 SiO_2 生成条件,材料处于非烧蚀或氧化物流失状态;而对于固定压力状态,存在主被动氧化转换临界温度,高于该温度时,材料表面和边界层内均不满足 SiO_2 生成条件,材料处于烧蚀状态,低于该温度时,材料表面和边界层内均满足 SiO_2 生成条件,材料处于非烧蚀或氧化物流失状态(图 8.48)。

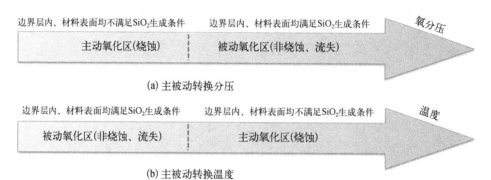

图 8.48　考虑了多反应动力学、边界层流动后的材料表面氧化机制变化

　　需要指出的是,由于考虑了材料表面多反应动力学氧化特性的影响,除了材料成分、温度和压力,来流质量流率、反应动力学参数等都会对材料主被动氧化转换条件产生影响。而目前不同研究者给出的反应动力学参数差异较大,如何获得满足备选材料的氧化动力学参数,仍需要进一步研究确认。

　　3) 氧化转换条件影响因素分析

　　采用前面所述模型和计算方法,分析来流状态变化、来流质量扩散流率、反应动力学特性等参数变化对材料氧化转换条件的影响规律。

　　(1) 材料成分的影响。

　　针对不同组分比例组成的 $C_x(SiC)_{1-x}$ 材料,分别取 $x = 0$、$x = 0.5$、$x = 0.75$,计算得到材料组分含量对其转换条件的影响规律,如图 8.49 所示(高温段包含上限氧分压和下限氧分压)。由图可以看出,在当前计算参数设定下,材料组分变化在相对低温段对材料转换条件的影响不明显,基本可以忽略。

　　(2) 来流质量扩散流率的影响。

　　针对不同来流质量扩散流率($\rho_e u_e C_M$),计算得到 SiC 材料氧化转换条件的影响规律(图 8.50)。由图可以看出,来流质量扩散流率从 0.05 ~ 0.1 变化,固定压力条件下的材料氧化转换温度变化小于 50 K;而来流质量扩散流率从 0.1 ~

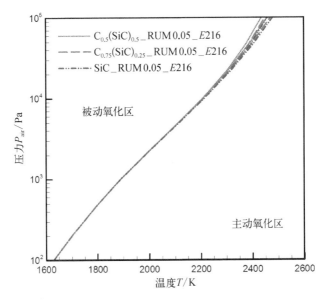

图 8.49 材料成分对其主被动氧化转换条件的影响规律

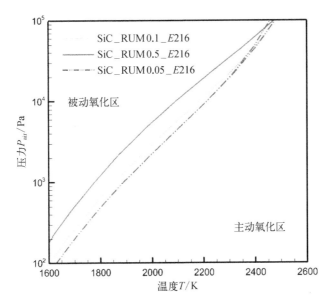

图 8.50 来流质量流率对材料主被动氧化转换条件的影响规律

0.5 变化,固定压力条件下的材料氧化转换温度变化约 100 K。根据经典边界层

传热传质相似理论,$\rho_e u_e C_M$ 可近似取为 0 K 壁温热流与恢复焓的比值,即 $\dfrac{q_{0r}}{h_r}$。因

此,在工程应用中可根据弹道参数实际变化决定是否需要考虑 $\rho_e u_e C_M$ 变化对材料转换条件的影响。

（3）反应动力学特性的影响。

根据以往的工程研究经验,不同研究者给出的材料动力学参数往往存在差异。例如,对于碳组分的高温氧化,目前查阅到的动力学计算式得到的材料氧化速率可产生数量级的差别,而对于碳化硅等其他组分的动力学特性更为缺乏。本节暂根据以往的工程研究经验选定碳组分的动力学参数,根据文献初步获取碳化硅组分动力学参数的变化范围,针对反应动力学特性对材料氧化转换条件的影响规律进行试算。

图 8.51 给出了针对碳化硅组分选用不同的活化能计算得到的材料氧化转换条件变化。由图可以看出,活化能对材料氧化转换条件的影响较大。当活化能从 128 kJ/(mol·K) 到 190 kJ/(mol·K) 变化,或从 190 kJ/(mol·K) 到 260 kJ/(mol·K) 变化时,固定压力条件下的材料氧化转换温度变化约 200 K。因此,如何准确获取材料的氧化动力学参数,对分析材料氧化转换行为规律尤为重要。

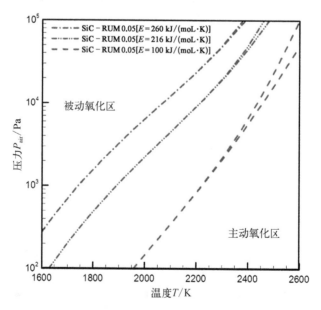

图 8.51 反应动力学特性对材料主被动氧化转换条件的影响规律

（4）与文献试验结果初步对比。

根据前面的分析结果,材料组分的氧化反应动力学特性、来流质量流率是影响其主被动氧化转换条件的主要因素,而材料组分的影响相对较小。图 8.52 给出了文献试验获得的材料转换点的分布情况。由图可以看出,文献给出的试验结果大部分位于理论影响区域的左上部,但也有部分试验点落在理论影响区域的右下部,这应该是由各研究者采用的研究对象、试验方案、测试方法以及判断标准差异引起的,而本节建立的模型已经基本能够覆盖所有试验点的出现区域,表明该模型方法已基本掌握影响材料主被动氧化转换条件的主要因素。

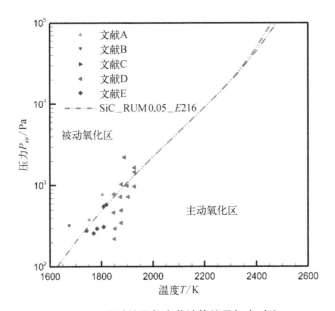

图 8.52　文献结果与本节计算结果初步对比

图 8.53 给出了典型计算点 ($\rho_e u_e C_M \approx 0.05$) 的分布情况。由图可以看出,目前的计算点全部位于理论影响区域的左侧,即处于被动氧化状态,且计算点温度不足以引起 SiO_2 氧化的明显熔融流失,初步判断材料应处于被动氧化非烧蚀状态。

(5) 小结。

在气动加热环境下,对于以碳和碳化硅为主要化学成分的防热材料,表面氧化机制可分为主动氧化烧蚀状态和被动氧化非烧蚀/流失状态;主被动氧化之间存在氧化机制转换区或转换线,其转换条件与温度、氧分压、来流参数、材料成分以及工艺密切相关。

3. 表面氧化、流失耦合影响及烧蚀性能分析

C/SiC 材料被动氧化生成 SiO_2 固体薄膜覆盖在材料基体表面,在相对低温

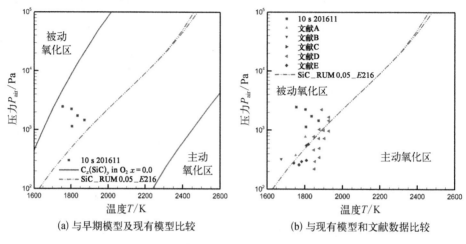

(a) 与早期模型及现有模型比较   (b) 与现有模型和文献数据比较

图 8.53   典型计算点氧化状态初步判断

环境可以保持良好的非烧蚀性能,但随着材料表面温度进一步提高,SiO_2 薄膜可能由于高温作用出现熔化、流失、蒸发现象,引起材料质量损失。在这种状态下,材料表面的质量损失过程由其氧化速率、流失蒸发速率共同决定。

1）考虑流失影响的材料表面质量损失分析模型

经典热化学平衡烧蚀模型遵循的基本原理为材料表面元素的质量守恒原理以及热化学反应系统的平衡原理。在材料表面存在烧蚀产物流失的情况下,材料表面各元素的质量约束关系将受到影响,同时引起材料表面气体组成及成分含量的变化,进而改变材料的烧蚀质量损失。图 8.54 给出了存在固相剥蚀或液

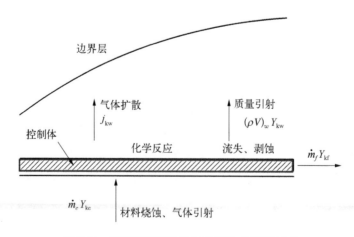

图 8.54   材料表面烧蚀控制体质量交换示意图

相流失的情况下,材料表面烧蚀控制体质量交换示意图。其基本物理含义为:
在材料烧蚀表面取一控制体,在给定温度和压力的某一时刻,控制体处于热化学
平衡状态,且控制体内应保持有恒定的物质的量和质量。

因此,材料表面控制体内元素质量守恒方程可写为

$$\dot{m}_c Y_{kc} + \dot{m}_p Y_{kp} = J_{kw} + (\rho v)_w Y_{kw} + \dot{m}_f Y_{kf} \tag{8.149}$$

式中,Y_{kc}、Y_{kp}、Y_{kw}、Y_{kf}分别为烧蚀、热解、控制体内、剥蚀流失中的元素质量分
数;等号左端为烧蚀$\dot{m}_c$、热解$\dot{m}_p$进入控制体的元素质量之和;等号右端为扩散
J_{kw}、质量引射$(\rho v)_w$、流失$\dot{m}_f$带离控制体的元素质量。

式(8.149)相比于经典的热化学烧蚀计算,仅在等号右端多出了一项
"$\dot{m}_f Y_{kf}$",因此仍可按热化学烧蚀计算的推理过程进行推导整理,即对式(8.149)
两端求和,由于扩散总通量为零,可得

$$\dot{m}_c + \dot{m}_p = (\rho v)_w + \dot{m}_f \tag{8.150}$$

即

$$(\rho v)_w = \dot{m}_c + \dot{m}_p - \dot{m}_f \tag{8.151}$$

另外,在所有组元等传质系数(C_M相等)假设下,$J_{kw} = \rho_e u_e C_M (Y_{kw} - Y_{ke})$,联立式
(8.151)代入元素质量守恒方程,可得

$$\dot{m}_c Y_{kc} + \dot{m}_p Y_{kp} = \rho_e u_e C_M (Y_{kw} - Y_{ke}) + (\dot{m}_c + \dot{m}_p - \dot{m}_f) Y_{kw} + \dot{m}_f Y_{kf} \tag{8.152}$$

令无因次质量烧蚀/热解/流失率为$B = \dfrac{\dot{m}}{\rho_e u_e C_M}$,并将$Y_{kw} = \dfrac{M_k}{P_0 \bar{M}} \sum_i c_{ki} P_i$代入
(8.152),整理可得

$$\frac{Y_{ke} + B_c Y_{kc} - B_f Y_{kf} + B_p Y_{kp}}{1 + B_c + B_p - B_f} = \frac{M_k}{P_0 \bar{M}} \sum_i c_{ki} P_i \tag{8.153}$$

式中,B_p、Y_{kp}为已知参数,由材料热响应计算给出,不存在内部热解的情况下取
零即可;B_f由现有工程流失算法计算给出;$\rho_e u_e C_M$由流场解算给出,用于B值
换算。

结合总压方程:

$$\sum_i P_i = P_0 \tag{8.154}$$

考虑多组元共同占据材料表面影响的等效处理方程：

$$\sum_l A_l = 1 \tag{8.155}$$

考虑多组元共同占据材料表面的化学平衡方程：

$$k_p = \prod_l A_l^{n_{bl} - n_{fl}} \prod_i P_i^{n_{bi} - n_{fi}} \tag{8.156}$$

求解统计可得到材料无因次质量烧蚀率 B_c、材料表面气体组分 P_i 等烧蚀性能参数。

暂不考虑各化学反应的动力学特性，所有可能发生的化学反应均简化处理，认为其处于热化学平衡状态。为了分析材料表面氧化、流失过程的综合影响，在考虑化学反应时包括所有主动氧化烧蚀计算涉及的反应类型，另外增加了 SiO_2 的生成方程，即

$$
\begin{cases}
SiC(s) + O_2(g) \longleftrightarrow SiO(g) + CO(g) \\
SiC(s) + O_2(g) \longleftrightarrow SiO(l) + CO(g) \\
SiC(s) + O_2(g) \longleftrightarrow SiO_2(l) + CO(g) \\
C(s) + O_2(g) \longleftrightarrow CO(g) \\
SiC(s) \longleftrightarrow Si(g) + C(s) \\
SiC(s) \longleftrightarrow SiC_2(g) + Si(g) \\
SiC(s) \longleftrightarrow Si_2C(g) + C(s) \\
C(s) + N_2(g) \longleftrightarrow C_2N(g) \\
C(s) + N_2(g) \longleftrightarrow CN(g) \\
C(s) + N_2(g) \longleftrightarrow C_2N_2(g) \\
Si(g) + N_2(g) \longleftrightarrow SiN(g) \\
Si(g) + N_2(g) \longleftrightarrow Si_2N(g) \\
SiC(s) \longleftrightarrow SiC(g) \\
C(s) \longleftrightarrow C_{1,2,3}(g)
\end{cases}
\tag{8.157}
$$

2) 质量损失影响规律分析

对于空气来流情况，采用式(8.149)~式(8.156)所述模型，首先分析温度、压力对材料无因次质量烧蚀率 B_c(材料总质量损失率)的影响。考虑到 SiO_2 固体薄膜出现明显熔融流失的温度一般在 2 000 K 以上，而温度较高时材料又会进

入主动氧化状态,因此将计算温度区间暂设定为 2 000~2 500 K;根据飞行器热环境特征,将计算压力范围设定为 1.5 ~100 kPa。

图 8.55 给出了不同温度、压力环境下,取恒定来流无因次流失速率 B_f 为 0.05,计算得到的材料表面 $SiO_2(l)$ 组分的面积因子计算结果。由图可以看出,在相对高压情况下,材料烧蚀速率随温度变化不明显,而在相对低压状态下,材料烧蚀速率随温度的增加而增加。表明对于当前流失速率取值 B_f = 0.05,在相对高温低压状态下,材料表面质量损失率同时受流失和其他化学反应共同影响;而在相对低温高压状态下,材料表面质量损失率主要与其表面流失速率相关。

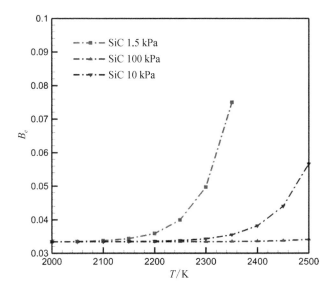

图 8.55　温度、压力对材料质量损失率的影响规律

为了进一步分析流失速率对材料无因次质量烧蚀率 B_c 的影响,取压力为 10 kPa 典型环境,计算得到了不同无因次流失速率 B_f 对应的 2 000~2 500 K 温度区间 B_c 的变化规律,如图 8.56 所示。由图可以看出,随着材料表面质量流失速率 B_f 的增加,材料总质量损失率 B_c 也逐渐增加,且在相对低温段(如 10 kPa,2 000~ 2 300 K)B_c 与 B_f 近似呈线性增长关系。

通过试算发现,随着 B_f 取值的不断增加,当 $B_f \approx 0.28$ 或更高时,方程组会出现无解的情况,即无法求得材料总质量损失率 B_c。分析表明,在当前计算条件下,当 $B_f \approx 0.28$ 或更高时,已超出当前模型方法可描述的物理问题范围,即材料总质量损失率 B_c 或无因次流失速率 B_f 存在最大极限。

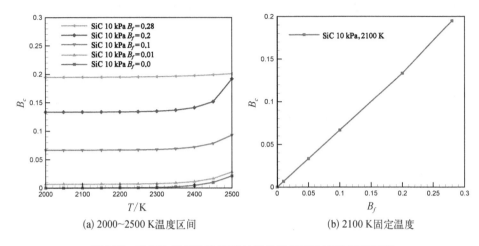

(a) 2000~2500 K温度区间　　　　　　　　(b) 2100 K固定温度

图 8.56　无因次质量流失率对材料总质量损失率的影响规律

3) 烧蚀极限速率与快速工程预测

对于无因次流失速率 B_f 和总质量损失率 B_c 存在极大值的问题,其物理含义为: C/SiC 材料表面的 SiO_2 氧化物,是由材料中的 SiC 组分与来流中的氧发生氧化反应产生,二氧化硅由于气动加热产生的材料表面高温作用出现熔化、流失以及蒸发现象。在极限状态下,来流气体通过边界层扩散至材料表面的氧会被材料氧化反应完全消耗,而反应产生的 SiO_2 氧化物在高温作用下全部流失,在不考虑碳氮反应、碳升华等其他化学反应的情况下,即对应材料总质量损失率 B_c 或无因次流失速率 B_f 的最大值。

为便于推导,将任意组元比例的 C/SiC 材料等效化学式定义为 $C_x(SiC)_{1-x}$,其中 x 为 C 组元的摩尔比例。根据以上分析,仅考虑材料表面出现的主要氧化反应进行总质量损失率 B_c 或无因次流失速率 B_f 最大值的推导计算,即

$$C_x(SiC)_{1-x} + (1.5 - x)O_2 \longleftrightarrow CO + (1 - x)SiO_2 \tag{8.158}$$

在极限条件下,来流对流扩散至材料表面的氧被反应完全消耗,用于生成 SiO_2 和 CO,根据上述反应方程式中,各反应物及生成物的计量系数关系,可得

$$\frac{\rho_e u_e C_M C_{O,e}}{(1.5 - x)M_{O_2}} = \frac{\dot{m}_{c,\,max}}{xM_C + (1 - x)M_{SiC}} \tag{8.159}$$

在极限条件下,材料表面反应产生的 SiO_2 氧化物在高温作用下全部流失,

可得

$$\frac{\rho_e u_e C_M C_{O,e}}{(1.5 - x) M_{O_2}} = \frac{\dot{m}_{f,\max}}{(1 - x) M_{SiO_2}} \tag{8.160}$$

根据无因次质量损失率的定义,即

$$B = \frac{\dot{m}}{\rho_e u_e C_M} \tag{8.161}$$

可整理得到

$$B_{c,\max} = \frac{C_{O,e}[x M_C + (1 - x) M_{SiC}]}{(1.5 - x) M_{O_2}} \tag{8.162}$$

$$B_{f,\max} = \frac{C_{O,e}[(1 - x) M_{SiO_2}]}{(1.5 - x) M_{O_2}} \tag{8.163}$$

图 8.57 给出了 $B_{c,\max}$ 和 $B_{f,\max}$ 随材料中 C 组分摩尔比例 x 值的变化规律。由图可以看出,x 值越大,$B_{f,\max}$ 越小,表明 C 组分摩尔比例越高,被用于生成 CO 气体的氧越多,而生成的 SiO_2 越少;而 $B_{c,\max}$ 随 C 组分摩尔比例的增加有少量的下降。

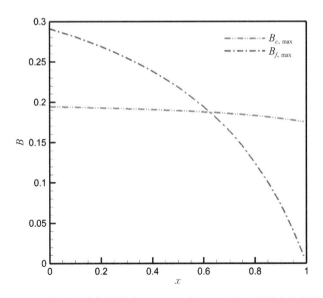

图 8.57　高温流失烧蚀状态下 $B_{c,\max}$ 和 $B_{f,\max}$ 随 x 值的变化规律

特别的,对于 SiC 材料($x = 0$),可得

$$B_{c,\,\text{max},\,\text{SiC}} = \frac{C_{\text{O},\,e}M_{\text{SiC}}}{1.5M_{\text{O}_2}} \qquad (8.164)$$

$$B_{f,\,\text{max},\,\text{SiC}} = \frac{C_{\text{O},\,e}M_{\text{SiO}_2}}{1.5M_{\text{O}_2}} \qquad (8.165)$$

对于 SiC 材料 ($x = 0$) 和空气来流, $C_{\text{O},\,e} \approx 0.23$,则

$$B_{c,\,\text{max},\,\text{SiC}} \approx 0.192 \qquad (8.166)$$

$$B_{f,\,\text{max},\,\text{SiC}} \approx 0.288 \qquad (8.167)$$

材料最大无因次流失速率 B_f 约为 0.288,验证了前面所述"当 $B_f \approx 0.28$ 或更高时,方程组会出现无解的情况",即 B_f 取值过大时,其已超出了本节物理模型描述的研究范围。

计算分析表明,在相对低温段(如 10 kPa,2 000~2 300 K),材料在氧化流失质量损失主要受其表面 SiO_2 氧化物的流失速率控制,即材料表面反应产生的 SiO_2 氧化物在高温作用下全部流失,可得

$$\frac{\dot{m}_c}{xM_\text{C} + (1 - x)M_{\text{SiC}}} = \frac{\dot{m}_f}{(1 - x)M_{\text{SiO}_2}} \qquad (8.168)$$

即

$$\frac{B_c}{B_f} = \frac{\dot{m}_c}{\dot{m}_f} = \frac{xM_\text{C} + (1 - x)M_{\text{SiC}}}{(1 - x)M_{\text{SiO}_2}} \qquad (8.169)$$

对于 SiC 材料($x = 0$),可得

$$\frac{B_{c,\,\text{SiC}}}{B_{f,\,\text{SiC}}} = \frac{M_{\text{SiC}}}{M_{\text{SiO}_2}} \approx 0.666\,7 \qquad (8.170)$$

该结论也进一步验证了计算得到的"在相对低温段(10 kPa,2 000~2 300 K), B_c 与 B_f 近似呈线性增长关系",且计算得到的 $B_{c,\,\text{SiC}}$ 随 $B_{f,\,\text{SiC}}$ 变化斜率也与计算结果相符。

需要指出,以上分析均基于表面生成 SiO_2 反应为主要控制反应的情况,对于在低压或高温条件下材料表面存在其他氧化、分解以及升华反应的情况,还应采用"考虑流失影响的材料表面质量损失分析模型"进行计算分析。

4）被动氧化状态氧化流失质量损失工程预测方法

综上所述,对于 C/SiC 材料处于高温被动氧化流失状态的质量损失预测,首先,需要根据材料表面温度、相关来流参数,采用经典树脂基防热材料烧蚀工程算法估算材料表面液态产物质量流失速率;其次,将计算得到的流失速率 B_f 与材料理论最大流失速率 $B_{f,\max}$ 进行比较,若 $B_f > B_{f,\max}$,表明材料表面总质量损失率由流失过程控制,反之由材料表面氧化速率控制,在氧化速率控制情况下需要将计算得到的 B_f 修正为 $B_{f,\max}$;最后,根据计算所处的温度压力状态或分析需求,可选用快速工程估算方法或调用"氧化流失"模型,进行材料总质量损失速率的计算,计算流程示意图如图 8.58 所示。

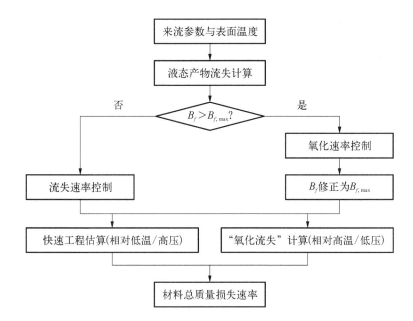

图 8.58　材料被动氧化、流失总质量损失分析流程示意图

材料最大流失速率工程估算:

$$B_{f,\max} = \frac{C_{O,e}\left[(1-x)M_{SiO_2}\right]}{(1.5-x)M_{O_2}} \tag{8.171}$$

根据流失质量流率快速估算材料总质量损失流率:

$$\dot{m}_c = \frac{xM_C + (1-x)M_{SiC}}{(1-x)M_{SiO_2}}\dot{m}_f \tag{8.172}$$

对于纯 SiC 材料,有

$$\dot{m}_{c,\,\mathrm{SiC}} \approx 0.666\,7\dot{m}_{f,\,\mathrm{SiC}} \qquad\qquad (8.173)$$

图 8.59 给出了来流焓值为 15 MJ/kg 情况下,采用驻点流失工程计算模型,得到的不同热流、压力(暂不考虑热流、压力、焓值的匹配性)条件下的 SiO_2 无因次流失速率的计算结果。由图可以看出,在当前计算条件下,在热流大于 400 kW/m² 的范围内,其无因次流失速率 B_f 均大于其最大值,即 $B_f > B_{f,\,\mathrm{max}} \geqslant 0.288$;而热流小于 400 kW/m² 的来流状态,材料表面温度一般难以达到 SiO_2 出现流失所需温度。

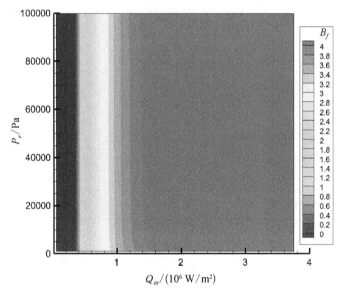

图 8.59　不同热流、压力状态下的无因次流失率工程估算(15 MJ/kg)

综上所述,对于 C/SiC 材料的被动氧化高温流失问题,在工程上一般可认为其质量损失主要受其表面二氧化硅氧化生成速率控制,即生成的二氧化硅会迅速流失。

若需要进行快速评估,则可采用本节所述快速工程预测方法进行估算;但对于相对高温低压的状态,则需要考虑其他化学反应可能对材料质量损失产生的影响,需要采用本节所述考虑氧化、流失的计算模型进行估算。

由于本节研究对象仅限于材料处于被动氧化且出现氧化物高温流失的状态,对于其他温度/压力区间,应选用相应的模型方法进行材料烧蚀特性的判断和工程预测分析。

5）典型状态下被动氧化状态质量损失工程预测

假设材料表面质量损失主要受其表面 SiO_2 氧化生成速率的控制，图 8.60 给出了本节所述考虑氧化、流失的计算模型，计算得到空气来流条件下，碳化硅材料被动氧化高温流失产生的无因次质量损失率的计算结果。由图可以看出，在大部分温度区间和压力区间范围内，材料无因次质量损失率均在 0.19 左右；仅在温度相对较高和压力相对较小的区域，材料无因次质量损失率有所增加。

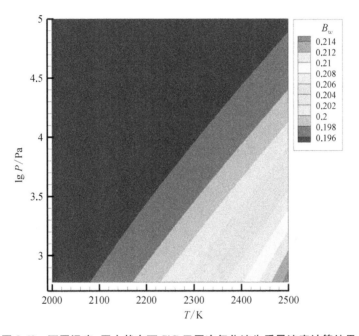

图 8.60　不同温度、压力状态下 SiC 无因次氧化流失质量流率计算结果

4. 主动氧化烧蚀模型改进及烧蚀性能分析

1）模型与方法建立

C/SiC 材料表面主动氧化是指 C/SiC 材料在其表面温度高于转换温度时，与空气中的氧发生剧烈氧化反应的过程，生成的 SiO 气体直接离开烧蚀表面，使材料基体质量减小。早期建立的 C/SiC 材料主动氧化烧蚀计算模型在经典热化学平衡烧蚀理论的基础上，考虑 C 组分和 SiC 组分的主要氧化反应的相互影响，可用于评估较高温度下材料的烧蚀性能。但面向相对较低表面温度的情况，受材料表面化学反应速率的影响，来流中的氧不能被化学反应完全消耗，材料的质量损失过程由化学反应速率控制。

针对较低表面温度状态下,考虑反应动力学过程影响的 C/SiC 材料主动氧化烧蚀计算方法。首先,采用经典的热化学平衡烧蚀分析方法,对材料表面的主要反应和次要反应进行分析,考虑的化学反应如下:

$$\begin{cases} SiC(s) + O_2(g) \longleftrightarrow SiO(g) + CO(g) \\ C(s) + O_2(g) \longleftrightarrow CO(g) \\ SiC(s) \longleftrightarrow Si(g) + C(s) \\ SiC(s) \longleftrightarrow SiC_2(g) + Si(g) \\ SiC(s) \longleftrightarrow Si_2C(g) + C(s) \\ C(s) + N_2(g) \longleftrightarrow C_2N(g) \\ C(s) + N_2(g) \longleftrightarrow CN(g) \\ C(s) + N_2(g) \longleftrightarrow C_2N_2(g) \\ Si(g) + N_2(g) \longleftrightarrow SiN(g) \\ Si(g) + N_2(g) \longleftrightarrow Si_2N(g) \\ SiC(s) \longleftrightarrow SiC(g) \\ C(s) \longleftrightarrow C_{1,2,3}(g) \end{cases} \qquad (8.174)$$

图 8.61 为计算得到的典型 C/SiC 材料主动氧化烧蚀情况下,材料表面气体产物分压的计算结果,计算压力状态为 10 kPa。

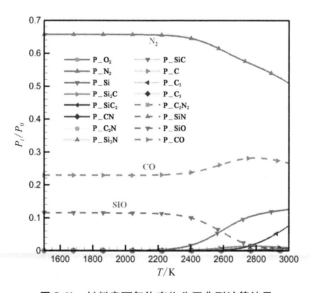

图 8.61 材料表面气体产物分压典型计算结果

由图 8.61 可以看出,在相对低温段,特别是 2 000 K 以下的温区,材料表面的主要烧蚀气体产物为 CO 和 SiO,以及未参与反应的 N_2。材料表面的主要反应为 SiC 的主动氧化反应以及 C 的氧化反应,即

$$SiC(s) + O_2(g) \longleftrightarrow SiO(g) + CO(g) \tag{8.175}$$

$$C(s) + O_2(g) \longleftrightarrow CO(g) \tag{8.176}$$

基于以上分析,并考虑到短期内要获取所有可能反应的动力学参数的困难性。本节在建模分析时,仅考虑 SiC、C 组分的氧化反应动力学特性影响,其余反应按平衡假设进行考虑。

按动力学反应分析:

$$SiC(s) + O_2(g) \longleftrightarrow SiO(g) + CO(g)$$

$$C(S) + O_2(g) \longleftrightarrow CO(g)$$

按化学平衡反应分析:

$$SiC(s) \longleftrightarrow Si(g) + C(s)$$

$$SiC(s) \longleftrightarrow SiC_2(g) + Si(g)$$

$$SiC(s) \longleftrightarrow Si_2C(g) + C(s)$$

$$C(s) + N_2(g) \longleftrightarrow C_2N(g)$$

$$C(s) + N_2(g) \longleftrightarrow CN(g)$$

$$C(s) + N_2(g) \longleftrightarrow C_2N_2(g)$$

$$Si(g) + N_2(g) \longleftrightarrow SiN(g)$$

$$Si(g) + N_2(g) \longleftrightarrow Si_2N(g)$$

$$SiC(s) \longleftrightarrow SiC(g)$$

$$C(s) \longleftrightarrow C_{1,2,3}(g)$$

分析对象仍为材料表面选取的虚拟烧蚀控制体,即在给定温度和压力的某一时刻,控制体内应保持有恒定的物质的量和质量。

定义无因次质量流率 B 为

$$B = \frac{\dot{m}}{\rho_e u_e C_M} \tag{8.177}$$

式中, $\rho_e u_e C_M$ 为气体来流质量扩散流率。

无论材料表面发生任何的化学反应,材料烧蚀表面都需要满足元素质量守恒关系,即

$$\dot{m}_c Y_{kc} + \dot{m}_p Y_{kp} = J_{kw} + (\rho v)_w Y_{kw} + \dot{m}_f Y_{kf} \tag{8.178}$$

采用经典的热化学烧蚀理论进行推导整理,可得

$$\frac{Y_{ke} + B_c Y_{kc} + B_p Y_{kp}}{1 + B_c + B_p} = \frac{M_k}{P_0 \bar{M}} \sum_i c_{ki} P_i \tag{8.179}$$

式中, Y_{ke}、Y_{kc}、Y_{kp} 分别为元素 k 在边界层外缘、材料表面以及热解气体(若存在)中的质量分数; M_k 为元素 k 的摩尔质量; c_{ki} 为元素 k 在组元 i 中的原子数; P_i 为控制体内组元分压; B_c、B_p 分别为无因次质量烧蚀率和无因次热解气体质量流率; $\bar{M}$ 为材料表面控制体混合气体的平均摩尔质量; P_0 为控制体混合气体的总压。

气体分压定律:

$$\sum_i P_i = P_0 \tag{8.180}$$

化学平衡条件:

$$\prod_i \left(\frac{P_i}{P^\theta} \right)^{v_i} = K_p^\theta \tag{8.181}$$

式中, K_p^θ 为化学反应标准平衡常数; v_i 为反应物和生成物的计量数; P^θ 为标准大气压。

在温度相对较低的情况下,材料表面的氧化反应不足以完全消耗来流中的氧,防热材料的烧蚀速率由化学反应速率、来流气体向材料壁面的扩散质量流率以及来流气体组分等因素共同决定。

化学反应的一般形式为

$$aA + bB \longleftrightarrow gG + hH \tag{8.182}$$

式中, a、b、g、h 为化学反应的计量系数。

根据化学动力学基本原理,化学反应的速率公式可写为

$$\dot{m} = k[A]^a [B]^b \tag{8.183}$$

式中, k 为化学反应速率常数, 其一般形式为 $k = A\exp\left(\dfrac{E_a}{RT}\right)$; $[A]$ 和 $[B]$ 为化学反应物的摩尔浓度。

因此, 可逆反应的净反应速率可写为正向反应速率与逆向反应速率的差值:

$$\dot{m} = k_+ [A]^a [B]^b - k_- [G]^g [H]^h \tag{8.184}$$

式中, k_+ 、 k_- 分别为正向和逆向反应速率常数。

在化学平衡状态下, 正向和逆向反应速率相等, 则有

$$\frac{k_+}{k_-} = \frac{[G]^g [H]^h}{[A]^a [B]^b} = K_p \tag{8.185}$$

整理上述各式, 并将其写为通用表达形式为

$$\dot{m}_j = k_j \Big(\prod_i P_i^{n_{\mathrm{fij}}} - K_p^{-1} \prod_i P_i^{n_{\mathrm{bij}}} \Big) \tag{8.186}$$

式中, $\dot{m}_j$ 为反应 j 的净反应速率; k_j 为反应 j 的正向反应速率常数; n_{fij} 、 n_{bij} 分别为反应物和生成物的反应计量系数。

进一步可将质量反应速率换算为摩尔反应速率的形式:

$$\dot{r}_j = \frac{\dot{m}_j}{n_{\mathrm{jc}} M_c} \tag{8.187}$$

式中, n_{jc} 、 M_c 分别为与反应速率常数 k_j 定义相关的组元计量系数和摩尔质量。

根据材料表面气体组元的质量守恒原理, 由化学动力学产生的组元质量与热解进入控制体的组元质量之和, 与扩散和引射离开控制体的组元质量之和相等。因此, 组元 i 的质量守恒方程为

$$\rho_e u_e C_M (Y_{\mathrm{iw}} - Y_{\mathrm{ie}}) + (\rho v)_w Y_{\mathrm{iw}} = \sum_j n_{\mathrm{ji}} M_i \dot{r}_j + \dot{m}_p Y_{\mathrm{ip}} \tag{8.188}$$

式中, $(\rho v)_w$ 为壁面向边界层引射气体质量流率; $\dot{m}_p$ 为热解气体质量流率; Y_{iw} 、 Y_{ie} 、 Y_{ip} 分别为组元 i 在材料表面、边界层外缘及热解气体中的质量分数; n_{ji} 为反应 j 中组元 i 的计量系数, 若组元 i 为产物取正值, 若组元 i 为反应物则取负值; M_i 为组元 i 的摩尔质量。

根据质量守恒原理, 壁面向边界层引射气体质量流率等于材料质量烧蚀率与热解气体质量流率之和, 即

$$(\rho v)_w = \dot{m}_c + \dot{m}_p \tag{8.189}$$

合并整理可得

$$\sum_j \left[\frac{k_j}{\rho_e u_e C_M} \frac{n_{ji} M_i}{n_{jc} M_c} \left(\prod_i P_i^{n_{fij}} - K_p^{-1} \prod_i P_i^{n_{bij}} \right) \right] = Y_{iw}(1 + B_c + B_p) - Y_{ie} - B_p Y_{ip} \tag{8.190}$$

式中,材料表面气体组元质量 Y_{iw} 分数可由气体分压的换算关系得到。

使用式(8.190)替换与组元 i 相关的平衡方程,联立求解相关方程,可以得到材料的无因次质量烧蚀率 B_c、材料表面气体分压 P_i 以及烧蚀热效应等烧蚀特性参数。采用该方法在理论上可以实现动力学过程和化学平衡过程的统一求解,即当计算温度足够高时,动力学方程与化学平衡方程在数学上存在等效关系。

基于以上模型方法,采用自研热化学平衡/动力学烧蚀计算程序,可实现考虑压力、温度、来流状态、材料组分等多因素影响的材料烧蚀特性计算,包括对不同化学成分组成的 C/SiC 材料烧蚀性能计算。

2) 动力学特性分析

受材料工艺、密度、纯度、成分、试验测试状态等因素的影响,不同研究者得到的材料氧化动力学参数一般存在差异。对于碳组分的氧化动力学特性,按传统碳/碳复合材料的工程计算经验选取,即

$$C(s) + \frac{1}{2}O_2(g) \longleftrightarrow CO(g), \quad \dot{m} = k\exp\left(-\frac{E_0}{RT}\right) P_{O_2}^{0.5} \tag{8.191}$$

式中,$k = 3.28 \times 10^4$ kg/(m$^2 \cdot$ s $\cdot$ atm$^{0.5}$);$E_0 = 184 \times 10^3$ J/(mol $\cdot$ K)。

对于 SiC 组分的氧化动力学特性,根据文献给出的材料主动氧化测试数据进行反推,如表 8.11 所示。

表 8.11 碳化硅材料主动氧化试验测试结果(文献)

SiC 工艺	氧分压/Pa	温度/K	氧化速率/[kg/(m$^2 \cdot$ s)]
Single crystal (a,6H)	1.2	1 523	9.4×10^{-6}
	13	1 673	4.7×10^{-4}

推算得到 SiC 组分主动氧化动力学计算式为

$$SiC(s) + O_2(g) \longleftrightarrow SiO(g) + CO(g), \quad \dot{m} = k\exp\left(-\frac{E_0}{RT}\right)P_{O_2} \quad (8.192)$$

式中，$k = 2.0{\times}10^7 \text{ kg}/(\text{m}^2 \cdot \text{s} \cdot \text{atm})$；$E_0 = 216{\times}10^3 \text{ J}/(\text{mol} \cdot \text{K})$。

为了验证以上动力学参数的合理性，采用材料烧蚀特性计算方法，对已有的典型电弧加热地面试验数据进行验算，发现计算得到的材料主动氧化速率偏大，但与不同状态下的变化规律相符，因此根据现有风洞试验结果，将 SiC 组分主动氧化动力学计算式中的反应速率常数项 k 修改为 $1.0{\times}10^2 \text{ kg}/(\text{m}^2 \cdot \text{s} \cdot \text{atm})$，活化能 E_0 则保持为原值，即 $E_0 = 216{\times}10^3 \text{ J}/(\text{mol} \cdot \text{K})$。

表 8.13 给出了采用修改后的 SiC 组分主动氧化动力学数据及前面给出的 C 组分的氧化动力学数据，计算得到的典型电弧加热地面试验状态下，材料主动氧化烧蚀速率与试验测试结果的对比。

表 8.12　碳化硅材料主动氧化电弧加热试验结果计算对比

冷壁热流 /(MW/m²)	总焓 /(MJ/kg)	热流焓比 /[kg/(m²·s)]	压力 /kPa	温度 /K	质量烧蚀率/[kg/(m²·s)]	
					实测	计算
12±2	10±2	1.389	230	约 3 400	0.29~0.33	0.35
10±2	5±2	2.0	370	约 2 700	0.40~0.45	0.48
3±2	10±2	0.278	11.0	约 2 400	0.040	0.047 8

由表 8.12 可以看出，计算得到的材料主动氧化烧蚀速率与试验测试结果基本符合，并略大于试验实测值，考虑到材料表面烧蚀后退可能引起的来流状态降低，认为该偏差符合客观规律。

3）典型点烧蚀性能计算及影响因素分析

根据前面所述，影响 C/SiC 材料主动氧化烧蚀速率的参数包括材料组分、来流组分、温度、压力以及 $\rho_e u_e C_M$。在材料组分和来流组分确定的情况下，只需要考虑温度、压力和 $\rho_e u_e C_M$ 的影响。

图 8.62 给出了 1 500~2 500 K 温度区间、10 kPa 压力及 $\rho_e u_e C_M$ 取 0.05 状态下材料组分对材料无因次烧蚀速率 B_c 的影响规律。由图可以看出，在出现烧蚀的情况下，碳组分含量越高，材料无因次烧蚀速率越小，且组分对烧蚀速率的影

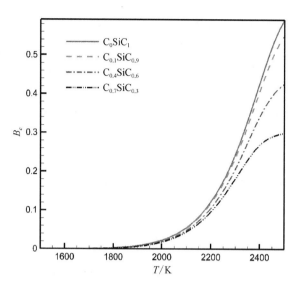

图 8.62 材料组分对主动氧化烧蚀速率影响规律

响在高温段更为明显。

为了分析材料主动氧化烧蚀速率的影响因素,图 8.63 给出了 $1\,500 \sim 2\,500\,\mathrm{K}$ 温度区间、$500\,\mathrm{Pa} \sim 500\,\mathrm{kPa}$ 压力及 $\rho_e u_e C_M$ 取 0.05 状态下纯 SiC 材料无因次烧蚀速率 B_c 的变化情况。由图可以看出,随着温度的增加,材料无因次烧蚀速率 B_c 也增大;而 B_c 随压力的变化趋势不明显,在高温段有随压力增加先减小后增大的趋势。

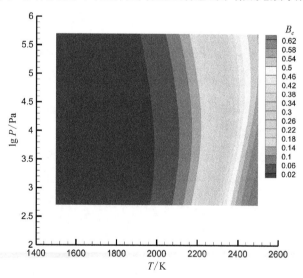

图 8.63 材料主动氧化烧蚀速率典型计算结果

图 8.64 给出了纯 SiC 材料无因次主动氧化烧蚀速率随 $\rho_e u_e C_M$ 的变化规律,计算压力状态为 10 kPa。由图可以看出,随着 $\rho_e u_e C_M$ 的增加,材料无因次烧蚀速率 B_c 有下降趋势。但是,由 B_c 的定义式可知,材料质量烧蚀速率等于 B_c 与 $\rho_e u_e C_M$ 的乘积,从目前不同 $\rho_e u_e C_M$ 对应的 B_c 计算结果来看,随着 $\rho_e u_e C_M$ 的增加,材料质量烧蚀速率增加,即来流流率越大,材料烧蚀速率越大,如图 8.65 所示。

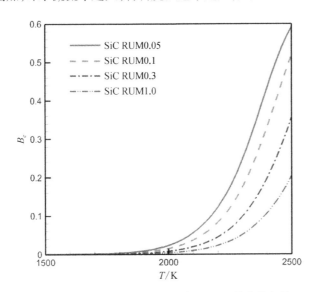

图 8.64 材料无因次烧蚀速率随 $\rho_e u_e C_M$ 的变化规律

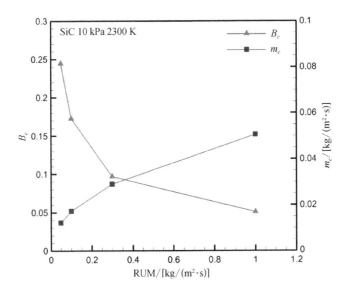

图 8.65 材料质量烧蚀速率随 $\rho_e u_e C_M$ 的变化规律

    另外,将计算得到的材料无因次烧蚀速率 B_c 分布云图与早期研究得到的材料氧化转换线进行合并,得到过渡区及主动氧化区内的材料无因次烧蚀速率 B_c 的分布情况如图 8.66 所示,图中同时给出了 5 个计算点的分布情况。

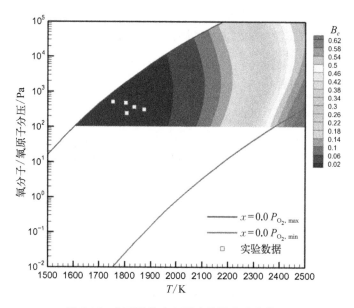

图 8.66   典型计算点无因次烧蚀率分布情况

    表 8.13 给出了以上计算点无因次质量烧蚀率的具体计算结果,以及换算 1 000 s 烧蚀量的计算结果。

表 8.13   典型计算点烧蚀量计算结果

状态	q_{or} /(kW/m²)	h_r /(MJ/kg)	q_{or}/h_r /[kg/(m²·s)]	温度 /K	氧分压 /Pa	压力 /Pa	B_c	主动氧化估算 mm/1 000 s
1	854	20.3	0.042 1	1 806	240	1 143	0.003	0.06
2	922	20.0	0.046 1	1 873	307	1 462	0.006	0.14
3	703	17.7	0.039 7	1 835	362	1 724	0.005	0.10
4	623	14.0	0.044 5	1 803	473	2 252	0.003	0.07
5	560	12.0	0.046 7	1 755	520	2 476	0.002	0.05

    5. C/SiC 材料综合防热性能初步分析

    如图 8.67 所示,C/SiC 材料表面的氧化状态分为三种情况,分别如下。

（1）主动氧化：表面直接生成 SiO 气体，表面边界层无 SiO$_2$ 生成，材料处于图 8.67（a）所示状态。

（2）被动氧化：表面直接生成凝相 SiO$_2$，温度相对低的材料处于非烧蚀状态，温度较高的材料处于氧化流失状态。

（3）过渡氧化：存在主被动氧化之间，表面直接生成 SiO 气体，但表面边界层内有 SiO$_2$ 生成。

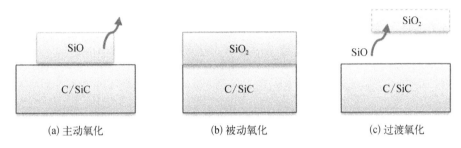

（a）主动氧化　　　　　　　（b）被动氧化　　　　　　　（c）过渡氧化

图 8.67　C/SiC 材料氧化状态示意图

在大部分温度、压力条件下，材料表面的过渡氧化会消失，即表面边界层内 SiO$_2$ 生成的临界压力或临界温度与表面直接生成凝相 SiO$_2$ 的临界压力或临界温度相等。对应地，材料主被动氧化转换线由两条线变为一条线，如图 8.68 所示。

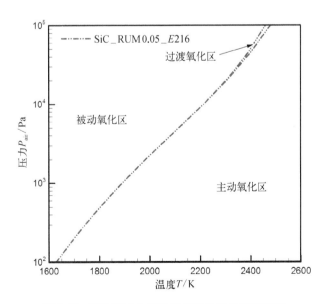

图 8.68　SiC 材料主被动氧化转换条件计算结果

综上,如图 8.69 所示,C/SiC 材料在气动加热环境下可能出现的防热现象包括:

(1)被动氧化非烧蚀状态;

(2)被动氧化流失状态;

(3)主动氧化烧蚀状态;

(4)被动氧化向主动氧化转换(材料表面温度升高或压力下降);

(5)主动氧化向被动氧化转换(材料表面温度下降或压力升高);

(6)被动氧化非烧蚀状态与氧化流失状态相互转换(材料表面温度变化);

(7)被动氧化流失状态与主动氧化相互转换(温度、压力变化)。

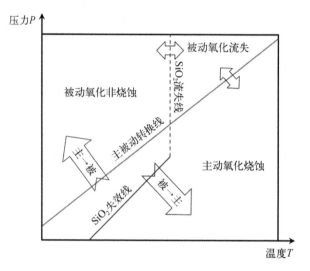

图 8.69　C/SiC 材料防热性能示意图

对于典型弹道飞行产生的变化气动加热环境,C/SiC 材料防热性能可能会由于材料来流参数、表面温度、压力等改变而发生变化。如图 8.70 所示,对于材料表面的温升过程,根据所处压力环境的不同,材料表面可能由于氧化膜失效从被动氧化流失状态进入主动氧化烧蚀状态,也可能由于氧化膜出现高温流失而从被动氧化流失状态进入氧化流失状态,更高温度条件下材料还会进入主动氧化状态;反之,对于材料表面的温度下降过程,根据所处压力环境的不同,材料表面可能由主动氧化状态转变为被动氧化状态,也可能由于主动氧化状态进入氧化流失状态,进而进入被动氧化非烧蚀状态。在实际飞行过程中,需要结合材料表面温度、压力、来流参数等环境参数进行综合判断。

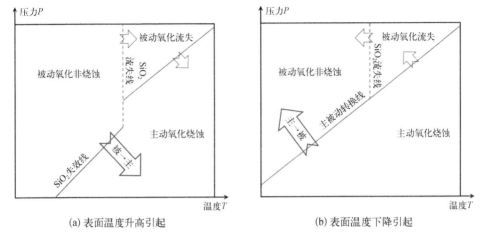

(a) 表面温度升高引起　　　　　　　　　(b) 表面温度下降引起

图 8.70　温度变化引起的 SiC 材料防热性能转变示意图

　　为了给工程分析提供直接参考依据,将各转换曲线、各氧化状态下的烧蚀特性进行汇总,如图 8.71 所示(1 000 Pa 以下数据未给出)。图中针对的材料为纯 SiC 材料,来流冷壁热流恢复焓比值取 0.05。由图可以看出,根据目前的分析结果,材料表面在 1~100 kPa 压力范围,温度小于 1 900 K 时,基本处于被动氧化非烧蚀状态;而材料表面温升至 1 900~2 000 K 时,才会出现主动氧化或被动氧化

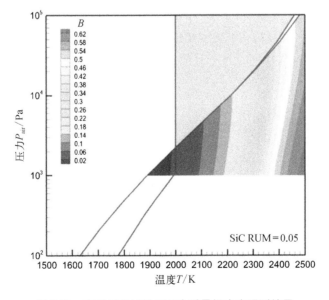

图 8.71　典型 SiC 材料无因次质量损失率预测结果

流失现象产生质量损失,其中在主动氧化区内,材料烧蚀速率随温度的升高而升高,在氧化流失区域内,材料无因次质量损失率维持在 0.19 左右,随温度压力变化不敏感。

图 8.72 给出了图 8.13 所述典型计算点在材料无因次质量损失率计算云图上的分布情况,根据目前的计算分析,目前的典型计算点均位于被动氧化非烧蚀区域。

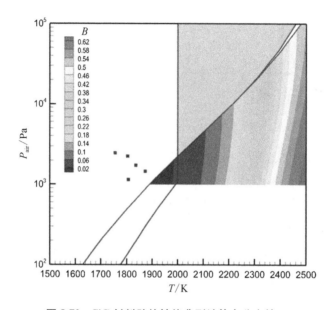

图 8.72　SiC 材料防热性能典型计算点分布情况

图 8.73　平头圆柱试验模型实物

8.4.2　典型地面试验工况的仿真分析

为了尽可能获得充分有效的试验数据,同时开展驻点、平板两类模型的地面模拟加热试验研究。试验模型为 $\phi 15$ mm×30 mm 的平头圆柱模型。试验模型为改性 C/C 复合材料,模型实物图如图 8.73 所示。

试验状态设计原则主要考虑主动、被动及主被动氧化转换点附近的试验考核。试验设计状态参数如表 8.14 所示。

典型模型试验后的实物如图 8.74 所示。

表 8.14　试验设计状态参数

编号	热流 /（MW/m²）	焓值 /（MJ/kg）	总压 /kPa	加热时间 /s	考核对象
I	10±2	5±1	≤500	50	高状态主动氧化
II	4±1	3±1	≥100	300	长时间被动氧化
III	8±2	3±1	≥200	50	过渡区质量损失

(a) GF-1　　　　　(b) GF-5　　　　　(c) GF-7

图 8.74　试验后的部分模型实物

可以看出,获得的试验数据与材料的试验预期氧化规律相符,即主动氧化剧烈烧蚀,被动氧化基本不烧蚀,过渡区间介于两者之间。为了验证现有计算模型和进一步揭示试验现象的出现原因,使用现有已发展的模拟方法对试验模型进行比对验证,如表 8.15 所示。

表 8.15　试验模型表面最高温度和烧蚀量与试验数据对比

状态	加热时间/s	模型	最高温度 试验/℃	最高温度 计算/℃	烧蚀量 试验/mm	烧蚀量 计算/mm	烧蚀预测 偏差/mm
I	50	GF-1	2 500	2 677	11.69	10.16	0.12~-1.53
I	50	GF-2	2 450	2 677	11.16	10.16	-1.00~-2.31
II	300	GF-3	1 800	1 843	0.14	0.0	-0.14
II	100	GF-4	1 800	1 823	0.02	0.0	-0.02
II	100	GF-5	1 800	1 823	-0.07	0.0	0.07
III	50	GF-6	2 150	2 416	5.62	6.56	0.94
III	50	GF-7	2 050	2 416	6.29	6.56	0.27

对比以上结果可以看出,在大部分试验条件下,计算得到的材料表面氧化烧蚀规律均与试验规律相符,计算得到的材料表面最高温度与试验实测相比也基本相近。

为了进一步比较本节计算模型与试验数据的情况,进一步比较历史试验数据,试验状态参数如表 8.16 所示。

表 8.16　改性 C/C 复合材料历史试验状态参数

状态编号	总焓 /(MJ/kg)	冷壁热流 /(MW/m²)	总压 /kPa	加热时间 /s
I	3.5	4±1	230	100
II	5.0	3±1	910	20
III	9.0	12±1	230	20~50
IV	11.5	3±1	11	100
V	11.6	3±1	8.1	96
VI	11.7	2±1	7	90

表 8.17 给出了历史试验模型热响应数据与试验数据相比,所有模型表面温度的计算偏差,以及烧蚀状态下,材料表面烧蚀量的计算偏差。

表 8.17　历史试验模型热响应数据与试验数据比对汇总

模型编号	状态	加热时间/s	驻点温度/K	烧蚀量/mm 试验	烧蚀量/mm 计算	最高温度/K 试验	最高温度/K 计算	计算氧化类型
SG-1	I	100	2 266	-0.059	-0.083	1 873	2 147	被动
SG-2	II	20	2 352	-0.060	-0.027	1 913	1 879	被动
SG-3	II	20	2 352	-0.040	-0.027	1 984	1 879	被动
SG-4	III	50	3 352	8.123	8.66	3 453	3 149	被动→过渡→主动
SG-5	III	20	3 352	2.897	3.26	3 353	3 118	被动→过渡→主动
SG-6	IV	100	2 650	1.998	2.32	2 413	2 509	被动→过渡
SG-7	V	96	2 578	-0.031	1.71	2 173	2 421	被动→过渡
SG-8	VI	90	2 539	0.018	1.30	2 056	2 365	被动→过渡

由表 8.17 可以看出,现有计算模型在计算材料表面最高温度方面与试验数

据符合得较好,最小计算偏差约 2%,最大计算偏差约 15%。试验模型(烧蚀状态)烧蚀量数据计算偏差汇总如表 8.18 所示。

表 8.18　试验模型(烧蚀状态)烧蚀量数据计算偏差汇总

模　型　编　号		SG-4	SG-5	SG-6	GF-1	GF-2	GF-7
烧蚀量 /mm	试验	8.123	2.897	1.998	11.69	11.16	6.29
	计算	8.66	3.26	2.32	10.16	10.16	6.76
计算偏差/%		6.6	12.5	16.1	-13.1	-9.0	7.5

在烧蚀量计算比对方面,研究建立的计算模型对于大部分试验模型计算偏差均不大于 16%。另外,还对典型台阶加热状态环境条件下的平板模型试验进行计算验证,名义热流与实际热流对比如表 8.19 所示。

表 8.19　名义热流与实际热流对比

序号	热流密度/(kW/m²)		恢复焓/(MJ/kg)		试验时间/s	
	名义状态	实际试验	名义状态	实际试验	名义状态	实际试验
I	500±100	528	20±1	19.5	500.0	500.0
II	1 000±200	1 032		19.3	300.0	300.0
III	500±100	528		19.5	2 200.0	2 200.0

三个模型同一状态试验,模型试验前后的状态如图 8.75 所示。气动加热 3 000 s 后的材料表面未发生显著烧蚀,仅存在较薄的白色氧化层。

图 8.76~图 8.78 分别给出了计算 C/SiC 面板表面温度、背面温度以及氧化层厚度与实测的比较。计算过程表明,在该台阶状态下,材料一直处于被动氧化状态,不发生主动烧蚀,仅发生表层氧化。计算表面温度响应规律与试验结果吻合良好,计算背面温度略高于实测结果,响应趋势一致。计算氧化层厚度位于实测平均值附近,氧化层厚度的捕捉准确度较好。试验状态焓值较高,计算过程中未考虑氧化层生成后对材料表面催化性能的影响,这可能是造成计算背面温度响应偏差较大的原因之一。

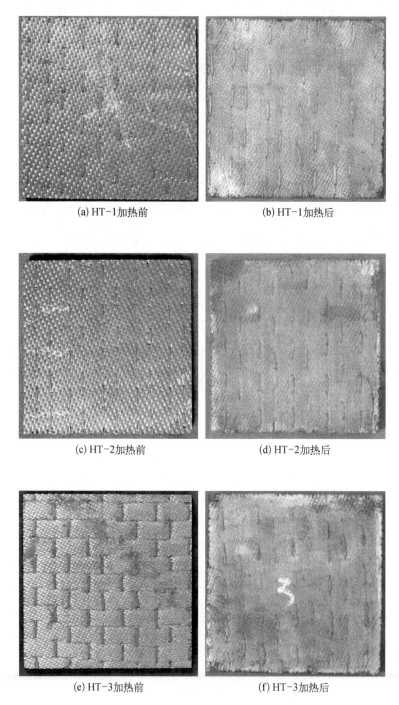

(a) HT-1加热前   (b) HT-1加热后

(c) HT-2加热前   (d) HT-2加热后

(e) HT-3加热前   (f) HT-3加热后

图 8.75 平板试验模型试验前后的表面宏观形貌

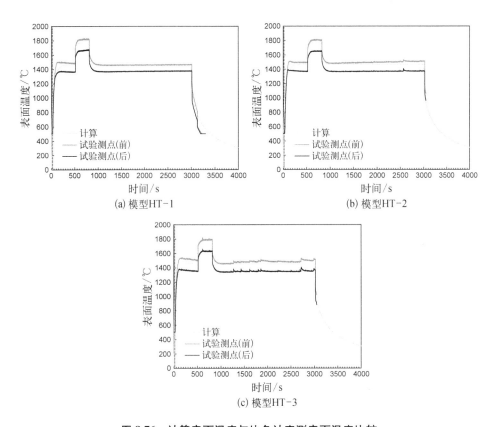

图 8.76　计算表面温度与比色计实测表面温度比较

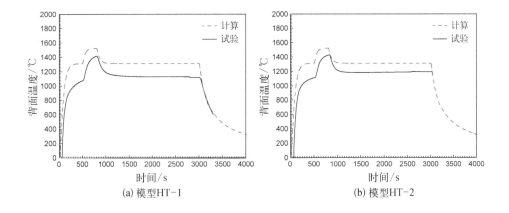

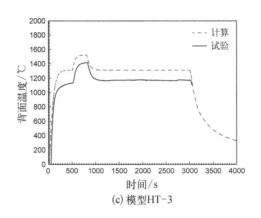

(c) 模型 HT-3

图 8.77　计算材料背面温度与热电偶实测表面温度比较

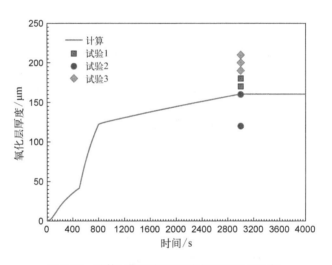

图 8.78　计算材料氧化层厚度与实测结果比较

综上,本节建立的 C/SiC 材料烧蚀计算模型和计算方法已能实现对材料在风洞加热条件下的综合烧蚀特性的模拟和预测,并且具备了一定的计算精度。

8.5　树脂基复合材料防热机理与性能评价方法

8.5.1　树脂基材料分解机理及计算方法

树脂基防热材料是目前国内比较成熟、综合性能较好的烧蚀型热防护材料之一。其烧蚀防热机理为：防热层在气动加热的作用下,首先依靠本身的热容量吸收热量使温度升高,同时热量不断向内部传导。当温度达到酚醛树脂的热解温度时,材料中的高分子聚合物开始发生热分解。一般地,热分解是吸热反应。随着热分解的不断发生,分解残碳与纤维形成多孔的碳化层,来自边界层内的氧气与表面的碳发生燃烧反应。热解气体在流经高温的碳化层时,会与固体发生热交换。在温度进一步升高后,纤维开始熔化,在碳化层表面形成一层熔融的液态层。当温度达到二氧化硅的蒸发温度时,液态层表面的二氧化硅开始蒸发。液态层的另一部分在气动剪切力和压力梯度的作用下自表面流失。随着烧蚀过程的连续进行,在材料内形成了烧蚀层、液态层、碳化层、热解层和原始层,如图 8.79 所示[10]。另外,热解产生的气体以及二氧化硅蒸发气体从表面逸出进入边界层时,会阻塞部分气动加热的热量。在整个烧蚀过程中始终伴有表面的热辐射效应。

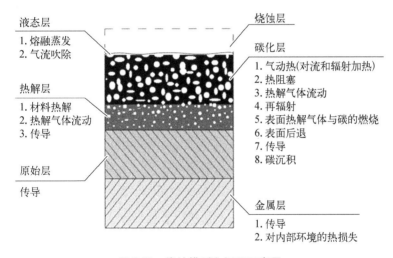

图 8.79　烧蚀模型和机理示意图

高超声速飞行器气动加热具有长时间、中/低热流、高焓等特征,当树脂基材料作为此类飞行器的防热层时,材料的表面温度大部分时间低于二氧化硅的熔化温度,主要发生酚醛树脂的热分解反应,因此在材料内部主要形成碳化层、热解层以及原始层[11]。

1. 控制方程及边界条件

假定热分解过程严格遵循 Arrhenius 定律,热解问题中的三维热传导方程的一般形式为

$$\frac{\partial \rho_c c_p T}{\partial t} = \frac{\partial}{\partial x}\left(K_x \frac{\partial T}{\partial x}\right) + \frac{\partial}{\partial y}\left(K_y \frac{\partial T}{\partial y}\right) + \frac{\partial}{\partial z}\left(K_z \frac{\partial T}{\partial z}\right) + \rho_c V_r \dot{H} + \dot{H}_g \quad (8.193)$$

式中，$\rho_c(\alpha)$、$[K_x(\alpha,\ T)$、$K_y(\alpha,\ T)$、$K_z(\alpha,\ T)]$、$[c_{p,x}(\alpha,\ T)$、$c_{p,y}(\alpha,\ T)$、$c_{p,z}(\alpha,\ T)]$ 分别为材料密度、三向导热系数、三向比热容；V_r 为酚醛的体积含量；$\dot{H}$ 为单位体积树脂基材料分解热；$\dot{H}_g$ 为热解气体渗流过程中与材料交换的热量。将树脂基防热材料受热分解的过程视为分解度 α 从 0 变为 1 的过程，则以上各类热物性参数均可视为 α 的函数，三维热传导方程可写为

$$\begin{aligned}\rho_c(\alpha)c_p(\alpha,\ T)\frac{\partial T}{\partial t} &= K_x(\alpha,\ T)\frac{\partial^2 T}{\partial x^2} + K_y(\alpha,\ T)\frac{\partial^2 T}{\partial y^2} \\ &\quad + K_z(\alpha,\ T)\frac{\partial^2 T}{\partial z^2} + \rho_c(\alpha)V_r \dot{H} + \dot{H}_g\end{aligned} \quad (8.194)$$

根据 Arrhenius 热分解理论，体积发热率可写为

$$\dot{H} = \frac{\mathrm{d}s}{\mathrm{d}t}h_p = \sum_{i}^{N} \frac{A_i}{\beta}\exp\left(-\frac{E_i}{RT}\right)(1-\alpha)^{n_i} h_{p,i} \quad (8.195)$$

式中，N 为存在的分解反应数目；下标 i 为第 i 个分解反应；A 为指前因子；E 为活化能；h_p 为分解热。若不考虑热解气体在材料内部的流动吸热，则碳化层与热解层的传热机理基本一致，区别仅在于碳化层中材料已完全炭化，密度应为恒值，导热系数与比热均为温度的函数；而热解层密度为分解度的函数，导热系数和比热应均为温度和分解度的函数，若指前因子、活化能、反应级数、分解热等参数均已确定，则导热方程中的源项 $\rho_c V_r \dot{H}$ 可以确定。

考虑到树脂基防热材料的导热系数较小，沿平面方向温度梯度小，一般可视为沿厚度方向的一维传热问题。因此，根据材料的烧蚀机理，在不考虑表面熔融烧蚀的条件下建立如图 8.80 所示的分层模型。坐标系为固定坐标系，原点取在防热层外表面，向防热层内部为正方向。热解气体流速取反方向为正。

1）能量方程

忽略热解气体之间以及热解气体与固体之间的反应，假设热解气体与固体之间是热平衡。同时，热解气体的导热系数远小于固体，因此忽略热解气体的热传导效应。令 $\dot{\omega}_p = \dfrac{\mathrm{d}s}{\mathrm{d}t}$，对于一维传热问题，有 $\dot{H}_g = \varphi \rho_g u c_{pg} \dfrac{\partial T}{\partial x}$，则由此建立热解层能量守恒方程如下：

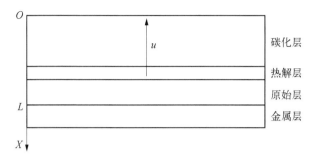

图 8.80 沿厚度方向分层传热模型及坐标系

L 为材料厚度;u 为热解气体溢出速度;箭头方向为热解气体溢出方向

$$\rho_s c_{ps} \frac{\partial T}{\partial t} = \frac{\partial}{\partial x}\left(k_s \frac{\partial T}{\partial x}\right) + \varphi \rho_g u c_{pg} \frac{\partial T}{\partial x} - h_p \dot{\omega}_p \tag{8.196}$$

式中,ρ_s 为固体等效密度;c_{ps} 为固体热容;k_s 为固体导热系数;ρ_g 为热解气体密度;c_{pg} 为混合热解气体热容;h_p 为分解热;$\dot{\omega}_p$ 为热解速率;u 为热解气体流动速度;φ 为材料孔隙率;T 为热力学温度;t 为时间;x 为到表面的距离。

对于碳化层,$\dot{\omega}_p = 0$;对于原始层及金属层,$\rho_g u = 0$ 且 $\dot{\omega}_p = 0$。

2)气体连续方程

防热材料热解形成多孔介质,假设孔隙是互相联通的,热分解气体充满孔隙。基于这种假设,建立气体的连续方程如下:

$$\frac{\partial(\varphi \rho_g)}{\partial t} - \frac{\partial(\varphi \rho_g u)}{\partial x} = R_g \tag{8.197}$$

式中,R_g 为热解气体生成率($R_g = \dot{\omega}_p$)。

3)边界条件

碳化层、热解层以及原始层随时间的增加而发生改变,其中防热层的外边界条件、金属层的内边界条件、防热层与金属层的交界面条件和初始条件确定如下。

(1)外边界条件。

外边界条件分为热流边界条件和温度边界条件。

对于热流边界条件,进入材料内部的净热流密度为

$$q = q_w - \varepsilon_w \sigma T_w^4 \tag{8.198}$$

式中,q_w 为热壁热流;ε_w 为表面发射率;σ 为玻尔兹曼常数;T_w 为表面温度。

若表面热流是冷壁热流 q_0，则有

$$q_w = \Psi q_0 \left(1 - \frac{h_w}{h_r} \right) \qquad (8.199)$$

式中，Ψ 为热阻塞因子；h_w 为壁面气体比焓；h_r 为气体的滞止恢复比焓。确定 Ψ 的量属于有质量引射的气体边界层分析专门研究的问题，本节直接引用经验关系式[6]：

$$\Psi = 1 - \xi \left(\frac{M_a}{M_j} \right)^{\eta} \dot{m}_v \frac{h_r}{q_0} \qquad (8.200)$$

式中，M_a 为空气分子量；M_j 为引射气体分子量；$\dot{m}_v$ 为引射气体质量流率；ξ 和 η 为经验系数，对于层流，$\xi = 0.62$，$\eta = 0.26$，对于湍流，$\xi = 0.2$，$\eta = 0.33$。

对于温度边界条件，有

$$T(0, t) = T_w(t) \qquad (8.201)$$

（2）内边界条件。

内边界条件分为绝热边界条件、温度边界条件和辐射边界条件。

对于绝热边界条件，流出材料的热流密度为零，即

$$q' = -k \frac{\partial T}{\partial x} \bigg|_{x=L} = 0 \qquad (8.202)$$

对于温度边界条件，有

$$T(L, t) = T_n(t) \qquad (8.203)$$

对于辐射边界条件，流出材料的热流密度为

$$q' = \varepsilon \sigma (T^4 - T_a^4) \qquad (8.204)$$

式中，T_a 为周围环境温度。

（3）交界面条件。

假设交界面完全重合，忽略接触热阻，则交界面条件为

$$q_- = q_+ \qquad (8.205)$$

（4）初始条件。

初始时刻的温度分布为给定的关于位置的函数（或者常值）：

$$T(x, 0) = T_0(x) \qquad (8.206)$$

2. 热分解模型

1）多反应动力学模型

为了求解由式（8.196）~式（8.206）组成的树脂基材料热分解方程组，首先需要确定 $\dot{\omega}_p = \dfrac{\mathrm{d}s}{\mathrm{d}t}$ 随温度变化的函数关系。由于酚醛树脂是一种使用广泛的烧蚀热防护材料基体，在一定条件的气动加热下，会发生复杂的分解碳化反应，在防热层内部形成分解区、碳化区。一般地，酚醛树脂分解是吸热过程，且分解产生的气体在引射进入边界层前会与固体进行换热，从而影响防热层温度场分布。因此，准确描述酚醛树脂的热分解过程，对整个防热层温度场的准确计算很重要。

研究表明，酚醛树脂的热分解过程包含几个彼此交叉重叠的反应。基于这种认识，为了计算每个反应的动力学参数，需要将彼此重叠的反应分离，通常采用分峰拟合方法。然而，对于同一条热分解曲线，若采用的分峰条件不同，则会获得截然不同的分峰结果，从而得到不同的热分解动力学参数。可见，合理正确地划分酚醛树脂热分解反应过程是准确获得各个反应过程热分解动力学参数的前提。进一步研究发现，酚醛树脂的热分解过程受升温速率的影响。在实际飞行过程中，防热层温度的变化速率在很大范围内变化，这会对热分解过程造成影响，因此建立考虑升温速率影响的酚醛树脂热分解动力学模型十分必要。

（1）热分解试验结果。

试验材料为已固化酚醛树脂，将其研磨成粉末。每次称取约 10 mg 用于热分析试验，试验设备为德国耐驰综合热分析仪（NETZSCH STA 449 F3）。试验由室温线性升温至 1 000℃，升温速率依次为 5 K/min、10 K/min、20 K/min、30 K/min 和 40 K/min。试验过程中通氮气作为保护气，流量为 100 mL/min。

图 8.81~图 8.83 是酚醛树脂在五种升温速率下的热重试验结果曲线。其中，图 8.81 为酚醛树脂在五种升温速率下的转化率变化曲线。由图 8.81 知，随着升温速率的增加，转化率曲线整体向高温偏移，说明升温速率影响酚醛树脂的热分解过程；但曲线的趋势基本一致，表明在此升温速率范围下，热分解机制基本一样，可以建立统一的计算模型。

图 8.82 为酚醛树脂在五种升温速率下的微分热重（derivative thermogravimetry，

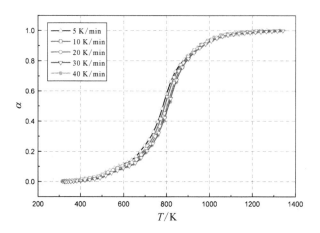

图 8.81　酚醛树脂转化率随温度变化曲线

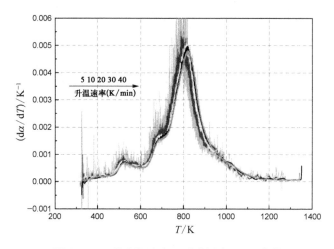

图 8.82　五种升温速率下酚醛树脂 DTG 曲线

DTG)曲线。由图 8.82 可以发现,在 520 K 和 800 K 附近存在两个明显的失重峰,且高温下的失重峰两侧各有一个"凸肩"。假设每一个失重峰代表一种反应过程,显然需要采用多个反应方程才能描述该过程。各个失重峰并不是独立的,表明各个反应过程是相互重叠的,因此为了准确描述该过程,需要确定酚醛树脂热解时的反应数量并将其分离,采用高斯分峰方法。

值得注意的是,由图 8.82 可知,对于不同的升温速率,当达到相同温度时,$d\alpha/dT$ 差别很小;同时,由图 8.83 可以发现,在相同温度下,不同升温速率对应

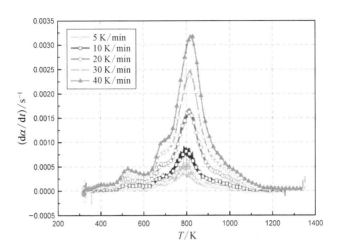

图 8.83 酚醛树脂热解速率随温度变化曲线

的热分解速率 $\mathrm{d}\alpha/\mathrm{d}t$ 差别非常大,且升温速率 β 越大,热分解速率越大。因此,对于不同的升温速率 β,有

$$\frac{(\mathrm{d}\alpha/\mathrm{d}t)\mid_{T=T_i}}{\beta} = (\mathrm{d}\alpha/\mathrm{d}T)\mid_{T=T_i} \approx C_i \qquad (8.207)$$

即在试验升温速率范围下,热分解速率与升温速率近似成正比关系。此时,若采用经典分解动力学方程来建立模型,则无法与不同升温速率下的热重试验数据吻合。因此,有必要引入升温速率对热分解速率的影响因子 $\phi(\beta)$,简称速率因子。$\phi(\beta)$ 应该满足如下条件:

a. 当 $\beta > 0$ 时,$\phi(\beta)$ 为 β 的单调递增函数,且在试验升温速率范围内,$\phi(\beta)$ 与 β 近似成正比关系;

b. 当 $\beta \to +\infty$ 时,$\phi(\beta) \to 1$,即当 β 增加到一定程度时,对热分解速率的影响应逐渐减小。

为满足上述条件,假设速率因子 $\phi(\beta)$ 为

$$\phi(\beta) = 1 - e^{-\beta}, \quad \beta > 0 \qquad (8.208)$$

速率因子 $\phi(\beta)$ 随着升温速率 β 的变化曲线如图 8.84 所示。

由图 8.84 可知,当升温速率 $\beta > 0$ 时,随着升温速率的增大,速率因子不断增大;在升温速率增大至 5 K/s(300 K/min)以后,速率因子趋近于 1,说明此时升温速率对热分解速率 $\mathrm{d}\alpha/\mathrm{d}t$ 已经几乎没有影响,这与文献中指出的热分解机

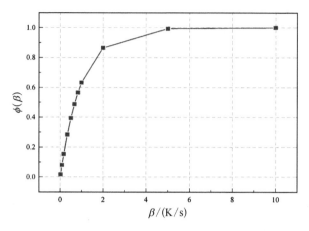

图 8.84   速率因子 $\phi(\beta)$ 随升温速率 β 变化曲线

制在 300 K/min 以后发生改变相一致。将速率因子引入 Arrhenius 方程,可得

$$\frac{\mathrm{d}\alpha}{\mathrm{d}t} = \phi A\exp\left(-\frac{E}{RT}\right)(1-\alpha)^n \tag{8.209}$$

$$\frac{\mathrm{d}\alpha}{\mathrm{d}T} = \frac{\phi}{\beta}A\exp\left(-\frac{E}{RT}\right)(1-\alpha)^n \tag{8.210}$$

(2) 高斯分峰拟合。

高斯分峰是用若干个高斯函数来拟合热分析试验获得的 DTG 曲线,其中采用的高斯函数为

$$y = \frac{A_0}{W\sqrt{\pi/2}}\exp\left[-2\left(\frac{x-x_c}{W}\right)^2\right] \tag{8.211}$$

式中,A_0、W 和 x_c 分别为高斯峰的面积、半峰宽和峰值位置。尽管很多软件都具有高斯函数拟合功能,但拟合时输入的条件(高斯函数的个数及高斯函数参数)不同,最终得到的拟合结果不同。因此,确定合理的高斯分峰拟合条件十分关键,尤其是确定合理的高斯峰数量。一种合理的假设是每一个反应过程用一个高斯峰表达,因此首先需要确定酚醛树脂热解时发生的反应数量。

酚醛树脂热分解过程中会产生气体,假设热分解损失的质量全部转化为气体,且每个反应产生特定组分的气体,则根据酚醛树脂热分解气体的分布情况可以推测发生的反应。Sykes 等测量了酚醛树脂在不同温度下热分解产物的种类及含量,测量结果如图 8.85 所示。

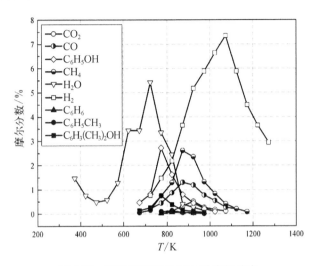

图 8.85　酚醛树脂热分解九种产物分布

由图 8.85 可以看出,热分解产物中苯(C_6H_6)、甲苯和二甲苯酚的含量较小,可以忽略,因此假设热分解只产生水(H_2O)、苯酚(C_6H_5OH)、一氧化碳(CO)、二氧化碳(CO_2)、甲烷(CH_4)以及氢气(H_2)六种气体。只考虑这六种气体时,各气体在不同温度下产生的摩尔分数如图 8.86 所示。

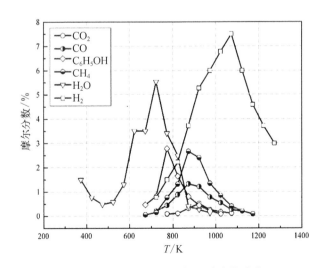

图 8.86　酚醛树脂热分解六种产物分布

由图 8.86 可以看出,每种气体的产生量都存在一个峰值,并且峰值对应的温度不同。其中,水、苯酚以及氢气的峰值温度依次为 723 K、773 K 以及 1 073 K,而一氧化碳、二氧化碳以及甲烷的峰值温度均近似为 873 K。假设热分解损失的质量全部转化为上述六种气体,则根据气体的峰值温度可以将热分解过程划分为四个反应过程,其中三个反应分别只生成水、苯酚和氢气,最后一个反应同时生成一氧化碳、二氧化碳和甲烷三种气体。然而,在图 8.82 的酚醛树脂 DTG 曲线中,在温度高于 900 K 之后并没有明显的失重峰。这可能是因为氢气的摩尔质量很小,在该温度下虽然产生的氢气摩尔数量很大,但质量较小,从而没有出现明显的质量变化峰。本节为了简化计算,不单独考虑生成氢气的反应,而假设存在一个反应同时生成一氧化碳、二氧化碳、甲烷和氢气,则酚醛树脂的热分解过程包含如下三个反应:

$$PMR_1 \longrightarrow H_2O_2 \tag{8.212}$$

$$PMR_2 \longrightarrow C_6H_5OH \tag{8.213}$$

$$PMR_3 \longrightarrow \nu_1 CO + \nu_2 CO_2 + \nu_3 CH_4 + \nu_4 H_2 \tag{8.214}$$

式中,$PMR_i(i=1, 2, 3)$ 为假设的反应物。

对于最后一个反应,根据一氧化碳、二氧化碳、甲烷以及氢气产生的质量比,可以确定反应中各个气体的质量系数依次为 $\nu_1 = 0.33$, $\nu_2 = 0.14$, $\nu_3 = 0.33$, $\nu_4 = 0.20$。另外,Sykes 等研究认为,尽管酚醛树脂经过相当充分的固化反应,但在热分解开始之前还是会发生进一步的聚合固化反应,释放出一定量的水,在酚醛树脂的 DTG 曲线上表现为在 600 K 之前存在一个失重峰,如图 8.82 所示。因此,本节为了准确描述酚醛树脂受热后的质量变化规律,将该反应与上述三个热分解反应同时考虑,最终假设酚醛树脂热解时发生四个反应,如表 8.20 所示。

表 8.20　酚醛树脂受热的反应方程

峰	反　　　应	过　　程
1	$PMR_1 \longrightarrow H_2O$（固化/聚合）	非热分解过程
2	$PMR_2 \longrightarrow H_2O$	热分解过程
3	$PMR_3 \longrightarrow C_6H_5OH$	
4	$PMR_4 \longrightarrow 0.33CO + 0.14CO_2 + 0.33CH_4 + 0.20H_2$	

根据试验已经确定酚醛树脂热解时发生四个反应,因此采用四个高斯函数进行拟合是合理的。进一步需要确定每个高斯函数的参数。本节根据每个反应产生的气体质量与总质量之比确定每个高斯峰的面积 A_0,根据每个反应气体生成量的峰值温度确定高斯峰的峰值位置 x_c。为此,首先将每个反应在不同温度下产生的气体质量与总质量的百分比绘制成温度的曲线如图 8.87 所示。

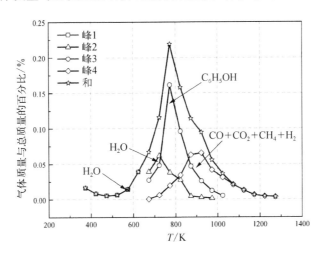

图 8.87　酚醛树脂不同反应过程产物分布

由图 8.87 可以发现,酚醛树脂热分解的三个反应分别发生在 $600 \sim 800$ K、$700 \sim 900$ K 和 $700 \sim 1\,100$ K,峰值位置依次在 700 K、800 K 和 900 K 附近。考虑到实际峰值位置应该在某一个温度区间内波动,因此本节选取 ± 50 K 的偏差。将图 8.87 中每个反应曲线在各个温度下的值求和,获得各个反应产生的气体质量与总质量之比,依次为 0.175、0.423 和 0.311。对于非热分解反应,不同的工艺条件下,材料的固化程度有所差异,从而该反应也有所不同,即该反应与材料的工艺条件相关。本节根据酚醛树脂热分析试验的 DTG 曲线,假设其峰值位置为 523 K,高斯峰面积为 $1 - 0.175 - 0.423 - 0.311 = 0.091$。据此得到高斯分峰拟合条件,如表 8.21 所示。

表 8.21　高斯分峰拟合条件

峰	峰 1	峰 2	峰 3	峰 4
A_0	0.091	0.175	0.423	0.311
x_c	523 K	(700 ± 50) K	(800 ± 50) K	(900 ± 50) K
W	>0	>0	>0	>0

根据表 8.21 中的高斯分峰拟合条件,采用 Origin8.5 进行高斯分峰。对于 10 K/min 升温速率下的酚醛树脂 DTG 曲线,其高斯分峰拟合结果如图 8.88 所示。

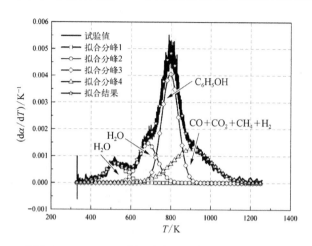

图 8.88　10 K/min 升温速率下的高斯分峰拟合结果

由图 8.88 可见,高斯分峰拟合结果与试验结果吻合较好,且热分解的三个反应曲线与图 8.87 中热分解气体质量变化曲线相一致,说明高斯分峰结果较为合理。试验所用材料与 Sykes 所用材料的固化程度不同,因此非热分解反应与图 8.87 存在一定差异。

采用上述方法获得其余升温速率下酚醛树脂 DTG 曲线的高斯分峰拟合结果,如图 8.89~图 8.92 所示。

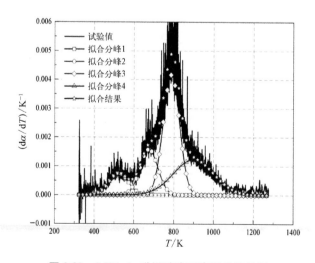

图 8.89　5 K/min 升温速率下高斯分峰结果

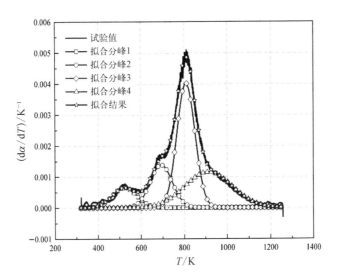

图 8.90　20 K/min 升温速率下高斯分峰结果

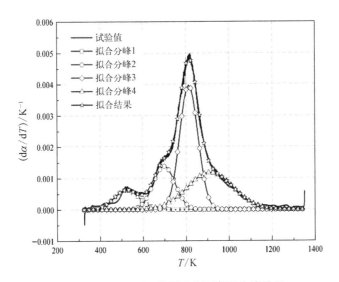

图 8.91　30 K/min 升温速率下高斯分峰结果

　　显然,不同升温速率下的酚醛树脂 DTG 曲线的高斯分峰拟合结果是一致的(包括非热分解反应),并且均与试验结果吻合较好,变化趋势与热分解产物分布相似,表明本节所采用的高斯分峰方法是合理的。

　　2) 动力学参数确定

　　确定了酚醛树脂热分解的反应过程后,需要求解描述每个反应过程的动力

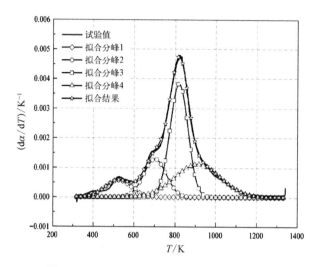

图 8.92　40 K/min 升温速率下高斯分峰结果

学方程"三因子",即 E、A 和 n。

（1）求解方法。

图 8.93 为典型热谱曲线示意图,横坐标为温度,纵坐标为转化率对温度的导数。T_p 代表峰值温度,α_p 代表 T_p 温度下的转化率,T_l 和 T_r 分别代表曲线左、右两侧半峰高温度,α_l 和 α_r 分别为对应温度下的转化率。

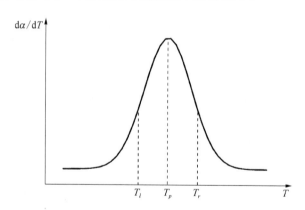

图 8.93　典型热谱曲线示意图

当 $T = T_p$ 和 $T = T_r$ 时,有

$$\left(\frac{\mathrm{d}\alpha}{\mathrm{d}T}\right)_p = 2\left(\frac{\mathrm{d}\alpha}{\mathrm{d}T}\right)_r$$

当 $T = T_l$ 和 $T = T_r$ 时,有

$$\left(\frac{\mathrm{d}\alpha}{\mathrm{d}T}\right)_l = \left(\frac{\mathrm{d}\alpha}{\mathrm{d}T}\right)_r$$

分别代入式(8.210)得

$$\frac{\phi}{\beta}A\mathrm{e}^{-\frac{E}{RT_p}}(1 - \alpha_p)^n = 2\frac{\phi}{\beta}A\mathrm{e}^{-\frac{E}{RT_r}}(1 - \alpha_r)^n \tag{8.215}$$

$$\frac{\phi}{\beta}A\mathrm{e}^{-\frac{E}{RT_l}}(1 - \alpha_l)^n = \frac{\phi}{\beta}A\mathrm{e}^{-\frac{E}{RT_r}}(1 - \alpha_r)^n \tag{8.216}$$

两边取对数后得

$$\ln\left(\frac{1 - \alpha_p}{1 - \alpha_r}\right)n + \left(\frac{1}{T_r} - \frac{1}{T_p}\right)\frac{E}{R} = \ln 2 \tag{8.217}$$

$$\ln\left(\frac{1 - \alpha_l}{1 - \alpha_r}\right)n + \left(\frac{1}{T_r} - \frac{1}{T_l}\right)\frac{E}{R} = 0 \tag{8.218}$$

记

$$F = \begin{pmatrix} \ln\left(\dfrac{1 - \alpha_p}{1 - \alpha_r}\right) & \dfrac{1}{T_r} - \dfrac{1}{T_p} \\ \ln\left(\dfrac{1 - \alpha_l}{1 - \alpha_r}\right) & \dfrac{1}{T_r} - \dfrac{1}{T_l} \end{pmatrix}, \quad X = \left(n, \frac{E}{R}\right)^{\mathrm{T}}, \quad G = (\ln 2, 0)^{\mathrm{T}}$$

则有

$$FX = G, \quad X = F^{-1}G$$

从而

$$\begin{cases} n = X(1) \\ E = X(2) \times R \end{cases} \tag{8.219}$$

当 $T = T_p$ 时,$\left(\dfrac{\mathrm{d}\alpha}{\mathrm{d}T}\right)_p = \dfrac{\phi}{\beta}A\mathrm{e}^{-\frac{E}{RT_p}}(1 - \alpha_p)^n$,则

$$A = \frac{\beta}{\phi}\left(\frac{\mathrm{d}\alpha}{\mathrm{d}T}\right)_p \mathrm{e}^{\frac{E}{RT_p}}(1 - \alpha_p)^{-n} \tag{8.220}$$

利用热谱峰上三个特征点的数据即可求解出完整的动力学三因子,进而可得描述热分解过程的动力学方程。相比传统的热分析方法,该方法无须进行大量的线性拟合即可得到完整的动力学三因子。

（2）动力学参数。

活化能和反应级数取算术平均值,指前因子取对数平均值,即

$$A = \exp\left[\frac{\sum_{i=1}^{n} \ln(A_i)}{n}\right] \tag{8.221}$$

最终结果如表 8.22~表 8.24 所示。

表 8.22　树脂热分解活化能　　　　　　　　　　（单位: kJ/mol）

$\beta/(\mathrm{K/min})$	峰 1	峰 2	峰 3	峰 4
5	50.47	98.58	151.05	68.47
10	48.17	93.13	150.37	71.10
20	41.59	89.17	154.03	64.39
30	40.11	90.28	153.13	66.63
40	36.67	84.56	149.72	62.32
平均	43.40	91.14	151.66	66.58

表 8.23　树脂热分解反应级数

$\beta/(\mathrm{K/min})$	峰 1	峰 2	峰 3	峰 4
5	1.28	1.36	1.41	1.23
10	1.27	1.35	1.40	1.24
20	1.24	1.34	1.40	1.21
30	1.23	1.34	1.40	1.22
40	1.21	1.33	1.40	1.20
平均	1.25	1.34	1.40	1.22

表 8.24　树脂热分解指前因子　　　　　　（单位：s^{-1}）

$\beta/(K/min)$	峰 1	峰 2	峰 3	峰 4
5	2.30×10^{3}	1.00×10^{6}	2.86×10^{8}	9.16×10^{1}
10	1.35×10^{3}	2.92×10^{5}	2.09×10^{8}	1.30×10^{2}
20	2.79×10^{2}	1.22×10^{5}	2.58×10^{8}	4.86×10^{1}
30	2.08×10^{2}	1.45×10^{5}	2.16×10^{8}	7.34×10^{1}
40	9.32×10^{1}	4.96×10^{4}	1.19×10^{8}	4.24×10^{1}
平均	4.41×10^{2}	1.91×10^{5}	2.09×10^{8}	7.10×10^{1}

由表 8.22~表 8.24 可以看出，对于同一个反应过程，不同升温速率下计算所得的动力学三因子一致性较好，表明所引入的速率因子能够较好地诠释升温速率对热分解速率的影响。

根据上述计算结果最终建立酚醛树脂热分解动力学模型为

$$\frac{d\alpha}{dt} = \sum_{i=1}^{4} w_i \frac{d\alpha_i}{dt} = \sum_{i=1}^{4} w_i \phi(\beta) A_i \exp\left(-\frac{E_i}{RT}\right)(1-\alpha_i)^{n_i} \qquad (8.222)$$

$$\frac{d\alpha}{dT} = \sum_{i=1}^{4} w_i \frac{d\alpha_i}{dT} = \sum_{i=1}^{4} w_i \frac{\phi(\beta)}{\beta} A_i \exp\left(-\frac{E_i}{RT}\right)(1-\alpha_i)^{n_i} \qquad (8.223)$$

$$\alpha = \sum_{i=1}^{4} w_i \alpha_i \qquad (8.224)$$

式中，w_i 为每个反应在总反应中的权重，其值等于每个反应峰的面积 A_0。热分解动力学参数如表 8.25 所示。

表 8.25　热分解动力学参数

反应分段	$E_i/(kJ/mol)$	A_i/s^{-1}	n_i	w_i
反应 1	43.40	4.41×10^{2}	1.25	0.091
反应 2	91.14	1.91×10^{5}	1.34	0.175
反应 3	151.66	2.09×10^{8}	1.40	0.423
反应 4	66.58	7.10×10^{1}	1.22	0.311

　　利用该模型计算升温速率为 10 K/min 下酚醛树脂热分解过程,计算结果与
试验结果比较如图 8.94 所示。

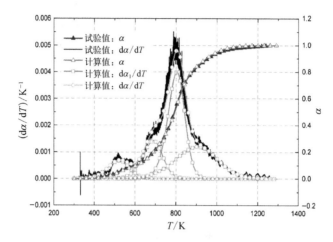

图 8.94　酚醛树脂在 10 K/min 升温速率下热解试验与计算曲线

　　由图 8.94 可知,模型计算的酚醛树脂转化率曲线与试验曲线吻合,且微分
热重曲线也较为一致。利用该模型计算其余四种升温速率下酚醛树脂热分解过
程,计算结果与试验结果比较如图 8.95~图 8.98 所示。

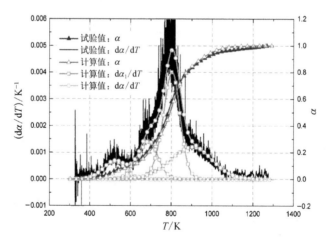

图 8.95　酚醛树脂在 5 K/min 升温速率下热解试验与计算曲线

　　由此可以看出,在五种升温速率下,无论是酚醛树脂的 $\alpha - T$ 曲线还是 $d\alpha/dT - T$ 曲线,计算结果均与试验结果吻合,表明在该升温速率范围下,所建立的
计算模型是合理的。

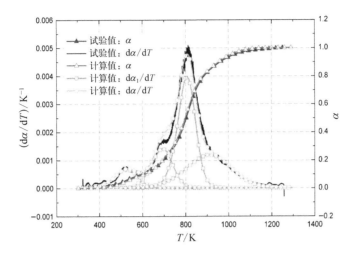

图 8.96　酚醛树脂在 20 K/min 升温速率下热解试验与计算曲线

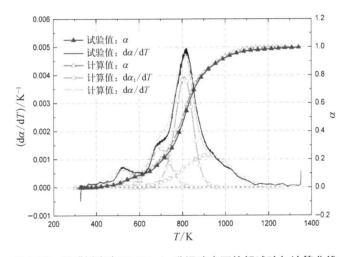

图 8.97　酚醛树脂在 30 K/min 升温速率下热解试验与计算曲线

实际飞行条件下,防热层的升温速率在很大范围内变动,可能远大于试验条件下的升温速率,也可能出现恒温或者降温的情况。由于热分析试验能力的限制,目前无法对大升温速率、高温、恒温以及降温等条件下酚醛树脂的热分解情况进行试验研究,唯一能采取的办法是将试验升温速率范围下的结果外推到其他条件下。因此,将上述计算模型中的升温速率修改为升温速率的绝对值,并假设在大升温速率、恒温以及降温等条件下修改后的计算模型均适用。由于恒温或者降温情况存在的时间较短,两者的影响较小,上述假设是可以接受的。

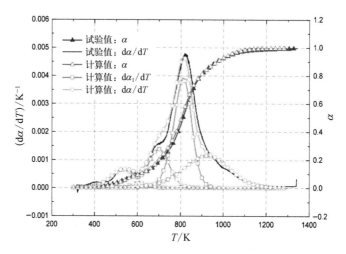

图 8.98 酚醛树脂在 40 K/min 升温速率下热解试验与计算曲线

3. 热解气体流动模型

1) 瞬间逸出模型

若热分解气体从产生到进入气体边界层所经历的时间远小于计算时间步长,则可以假设热解气体产生后瞬间完成热交换并进入边界层。基于这种假设,建立气体瞬间逸出模型,因此气体的连续方程可以简化为

$$\frac{\partial(\varphi\rho_g u)}{\partial x} = -R_g \tag{8.225}$$

定义热解气体质量流率 $\dot{m}_p = \varphi\rho_g u$, 则

$$\dot{m}_p = -\int_L^x R_g \mathrm{d}x \tag{8.226}$$

因此,热解气体流动满足瞬间逸出模型的一维分解热响应模型的控制方程为

$$\rho_s c_{ps}\frac{\partial T}{\partial t} = \frac{\partial}{\partial x}\left(k_s\frac{\partial T}{\partial x}\right) + \varphi\rho_g u c_{pg}\frac{\partial T}{\partial x} - h_p\dot{\omega}_p \tag{8.227}$$

$$\dot{m}_p = \varphi\rho_g u = -\int_L^x R_g \mathrm{d}x \tag{8.228}$$

2) 达西流动模型

假设热解气体流动满足达西定律,且为理想气体,则有

$$u - \frac{K}{\mu}\frac{\partial p}{\partial x} = 0 \tag{8.229}$$

$$\rho_g = \frac{pM_w}{RT} \tag{8.230}$$

式中, K 为材料渗透率; μ 为热解气体黏性系数; p 为热解气体压强; M_w 为热解气体摩尔质量; R 为通用气体常数。

将式(8.229)和式(8.230)代入气体连续方程(8.225)得到关于气体压强的方程:

$$\frac{\partial}{\partial t}\left(\frac{M_w\varphi}{RT}p\right) = \frac{\partial}{\partial x}\left(\frac{\varphi KM_w}{RT\mu}p\frac{\partial p}{\partial x}\right) + R_g \tag{8.231}$$

因此,热解气体流动满足达西流动规律的一维分解热响应模型的控制方程为

$$\rho_s c_{ps}\frac{\partial T}{\partial t} = \frac{\partial}{\partial x}\left(k_s\frac{\partial T}{\partial x}\right) + \varphi\rho_g uc_{pg}\frac{\partial T}{\partial x} - h_p\dot{\omega}_p \tag{8.232}$$

$$\frac{\partial}{\partial t}\left(\frac{M_w\varphi}{RT}p\right) = \frac{\partial}{\partial x}\left(\frac{\varphi KM_w}{RT\mu}\rho\frac{\partial p}{\partial x}\right) + R_g \tag{8.233}$$

式(8.232)中, $\dot{\omega}_p$ 为反应权重系数。

达西定律有一定的适用范围,一般认为雷诺数在 $1\sim 10$。满足达西定律的流动称为达西流。达西流最大的特点是雷诺数较小,属于小雷诺数的层流。这时,在多孔介质中的流动阻力主要是由流体黏性力产生的,而惯性力的作用相对很小。因此,达西定律只考虑黏性力的作用,而忽视惯性力的影响,这在小雷诺数的情况下是合理的。

8.5.2　典型地面试验工况的仿真分析

1. Abaqus-三维热分解模块

基于上述热分解模型,研制 Abaqus 的热分解程序模块,具体研制流程如下:

(1)针对不同加热速率开展热重分析试验,辨识热分解动力学参数,将辨识出的热分解动力学参数用于模拟不同加热速率下热重分析试验的分解度与密度曲线,修正分解动力学参数直至分解度曲线和密度曲线的计算结果与试验结果保持一致;

(2)根据地面风洞试验结果辨识分解吸热功率,将辨识出的分解吸热功率与

通过步骤(1)辨识得到的分解动力学参数作为输入条件,对其他试验状态下的风洞试验进行模拟,修正材料分解潜热直至背温曲线计算结果与试验结果保持一致。

烧蚀、热分解模块程序设计流程图见图 8.99。

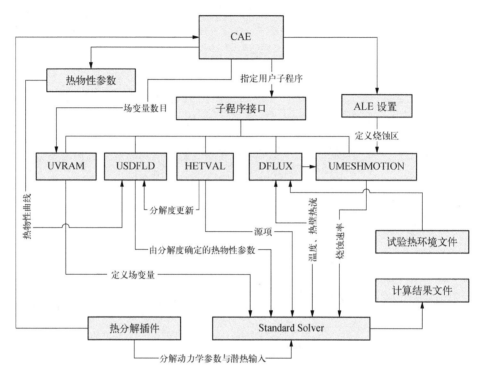

图 8.99 烧蚀、热分解模块程序设计流程图

基于以上流程,对 DFLUX、USDFLD、UVARM、UMESHMOTION、HETVAL 等 Abaqus 子程序接口进行二次开发,研制出碳化类防热材料通用烧蚀、热分解模块(图 8.100),各输入变量的物理意义如表 8.26 所示,实现了三维外形防热件的烧蚀、热分解模拟功能,程序编制流程如图 8.101 所示。

表 8.26 热分解模块输入变量说明

输入变量	说　明	备　　注
Model Name	模型名称	Abaqus 目录树中的计算模型名称
Pyrolyze Material	第 i 种热解材料	目前计算模型中最多支持三种热解材料
Pyrolyze Equations	热解方程数目	热分解过程中包含的热分解方程数目

续 表

输入变量	说　明	备　注
User Name	用户名称	用户名称,计算权限按照组员分配
Work Number	用户计算目录	作业目录
T_{p1}、T_{p2}、T_{p3}	热解温度	第 i 个热分解反应的起始分解温度
A_1、A_2、A_3	指前因子	以三分解方程模型为例
E_1、E_2、E_3	活化能	以三分解方程模型为例
n_1、n_2、n_3	分解反应级数	以三分解方程模型为例
h_{p1}、h_{p2}、h_{p3}	热解焓	以三分解方程模型为例
ω_1、ω_2、ω_3	反应权重系数	以三分解方程模型为例

图 8.100　热分解模块界面

2. 模型关键参数的试验测试

以某硅基复合材料的热分解为例,介绍本节所建立的热分解模型与算法在碳化类防热材料热解分析中的应用(计算时关闭烧蚀模块,主要对材料热分解

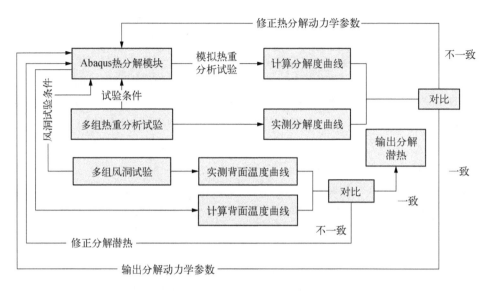

图 8.101 三维热分解模块程序流程图

进行验证)。

1) 热失重试验辨识分解动力学参数

开展多轮热重分析试验,得到材料转化率随温度的变化曲线(TGA 曲线)以及转化率对温度的微分曲线(DTG 曲线),图 8.102 为单次热重分析试验中 DTG 曲线(其他各轮试验中 DTG 曲线规律基本相同),尝试用两个分解方程模拟整个热分解过程,热解反应的起始温度分别为 250℃、400℃。通过大量试算得到不同加热速率下的 TGA 曲线试验值与计算值的对比如图 8.103 所示,据此辨识得到的两个热分解反应中相关动力学参数如表 8.27 所示。

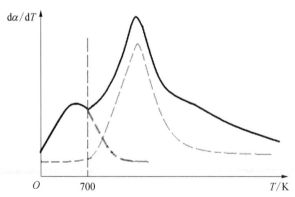

图 8.102 转化率微分曲线(DTG 曲线)示意图

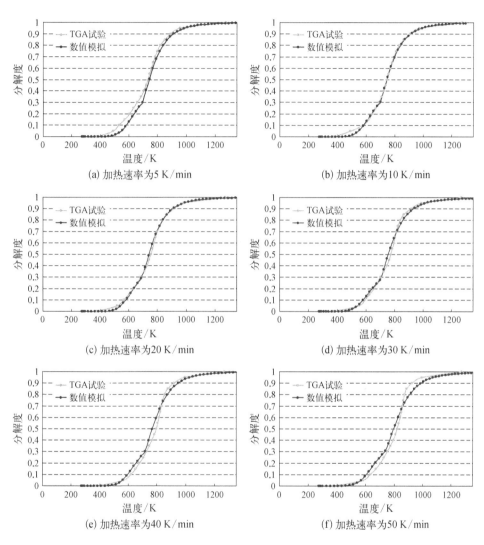

图 8.103　不同加热速率下的 TGA 曲线

表 8.27　计算选用的热分解动力学参数

分解反应	A_i	$E_i/(\text{kJ/mol})$	n_i	热分解起始温度/℃
I	240	58.0	10.0	250
II	81	60.0	2.0	400

2）通过分解动力学参数确定热物性参数

（1）密度。

热重分析试验结果表明,粉末级材料试样与毫克级材料试样的热失重试验后材料的残炭率均在60%以上(粉末试样为62.58%,块体试样为64.91%),据此假定该种防热材料的残炭率约为65%,则根据辨识出的热分解动力学参数模拟热失重试验,得到材料密度在整个分解过程中的变化,将其与热失重试验结果进行对比(图8.104),计算结果与试验结果比较一致,说明所辨识出的热分解动力

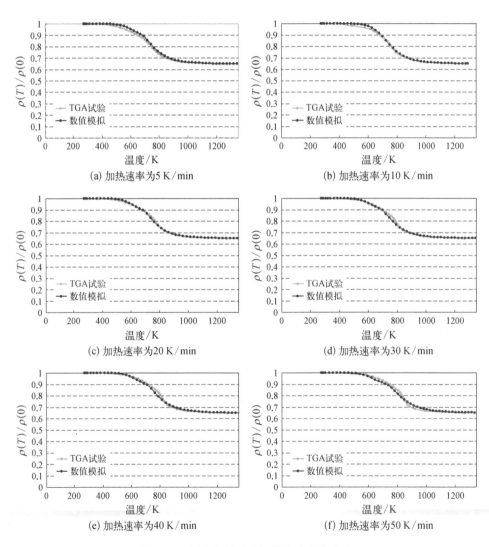

图 8.104　不同加热速率下的密度变化曲线

学参数比较准确。

（2）导热系数与比热。

由于目前对导热系数的测量仅限于 500℃（773 K）以下，根据测试点来看，热导率的测试结果与温度大致呈线性关系。根据图 8.103 中的 TGA 测试曲线，可知材料在 1 200 K 以后基本结束分解（完全碳化），假定 1 200 K 以前材料的热导率大致与温度保持线性关系，温度高于 1 200 K 以后假定材料（碳化层）热导率保持不变，则热导率取值如图 8.105 所示。材料比热测量结果如图 8.106 所示，由于对比热的测量也仅限于 500℃（773 K）以下，且测试结果波动范围不大，计算中假定比热在 773 K 以上区均值为 1.304 kJ/kg。

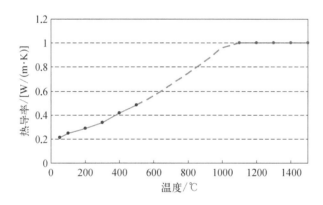

图 8.105　材料热导率取值

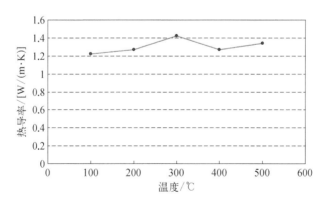

图 8.106　材料比热测量结果

（3）表面辐射系数。

斜缠改性硅基材料表面辐射系数的测试结果表明，随着碳化过程的发展，材料表面逐渐由原始材料的表面辐射率 0.35 过渡到碳化层的表面发射率，因此计算中在材料表面分解度 $\alpha>0.9$ 以后,均以碳的表面辐射率取值。在 Abaqus 中,表面辐射因子的设置仅可设置为取恒定值或者按几何坐标分布取值,因此本节在 CAE 前处理过程中对表面辐射不进行设置,而是在 DFLUX 子程序中建立表面能量平衡方程,在能量平衡方程中减去辐射热流,结果表明,该处理不仅更加符合物理现象,计算结果与试验测试结果也更加一致(图 8.107)。

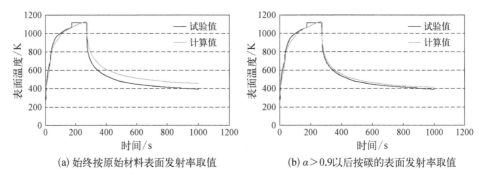

(a) 始终按原始材料表面发射率取值   (b) $\alpha>0.9$ 以后按碳的表面发射率取值

图 8.107　表面发射率对计算结果的影响

3) 单位体积发热功率

采用两个热分解反应方程模拟材料热分解过程,通过模拟热重分析试验,辨识出两个热分解反应的动力学参数,热分解潜热可通过风洞试验结果来获得,通过风洞试验辨识出的单位体积发热功率如表 8.28 所示,单位体积发热功率换算为等效分解潜热为 1.21 MJ/kg。对于三维问题(不管采用何种软件),均无法定义每个材料点产生热解气体后,热解气体的流动方向。因此,三维热分解问题最简单有效的方法就是将热解气体与热分解反应总合为当量分解潜热。根据碳化类材料的分解潜热测试结果可知,通常碳化类防热材料的分解潜热为200~500 kJ/kg,而本节所换算的等效分解潜热包含热解气体吸热的影响,由此大致可以看出,热解气体吸热带走的热量大致为分解反应吸收热量的 2~3 倍。

表 8.28　通过风洞试验辨识的单位体积发热功率

热分解反应	单位体积发热功率/ $[10^6 \text{ kJ}/(\text{s}\cdot\text{m}^3)]$	等效分解潜热 /(MJ/kg)
I	2.0	1.21
II	2.1	1.27

3. 仿真分析模型与风洞试验条件

如图 8.108 所示,仿真分析模型为石英/酚醛平板(100 mm×100 mm),平板自上而下依次为 13 mm 编织改性石英/酚醛、2 mm 耐高温硅橡胶以及 1.5 mm 不锈钢。

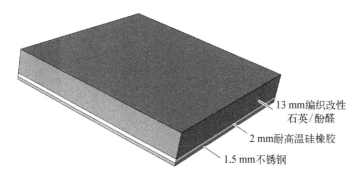

13 mm编织改性
石英/酚醛

2 mm耐高温硅橡胶

1.5 mm不锈钢

图 8.108　仿真分析模型

热环境选用在电弧风洞中调试的真实地面风洞试验环境(表 8.29),本例采用低状态热环境(模拟飞行器背风大面积防热层材料热分解),计算中压力近似取 10 kPa。

表 8.29　电弧风洞试验状态

状态	轨道台阶序号	恢复焓/(MJ/kg)	热流密度/(kW/m²)	试验时间/s
低状态	1	16±3	50±10	30
	2	17±3	90±10	240
高状态	1	17±3	160±10	30
	2	17±3	600±10	80
	3	17±3	160±10	160

1)算例 1

图 8.109 为表面温度的计算结果与试验测试结果对比,图 8.110 为不考虑热分解吸热、考虑热分解吸热与试验过程中背面温度的实测温度曲线对比。显然,若不考虑材料的分解吸热,背面温度的计算结果与试验测试结果最多相差

148 K,而考虑了热分解吸热的背面温度曲线与试验测试曲线则比较一致,最大偏差仅 18 K。图 8.111 为热解过程中材料内部的分层情况,可见,热分解层的厚度较大(甚至远大于碳化层),因此经典热解面模型难以应用于模拟材料在该种气动加热环境下的分解过程。

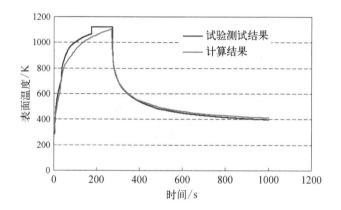

图 8.109　表面温度的计算结果与试验测试结果对比

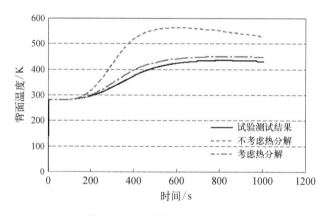

图 8.110　背面温度的计算结果与试验测试结果对比

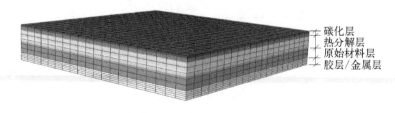

图 8.111　热解过程中材料内部的分层情况($t = 1\ 000\ s$)

2）算例 2

保持以上所有计算参数不变,将计算模型厚度改为 18 mm、2 mm 耐高温硅橡胶,1.5 mm 不锈钢,气动热环境选用表 8.29 中高状态热环境(模拟飞行器迎风大面积防热层材料热分解),计算中压力近似取 10 kPa。图 8.112、图 8.113 分别为高状态下材料表面温度和背面温度的计算结果与试验测试结果对比;在气动加热阶段与自然冷却阶段,背面温度计算值始终与试验值吻合度很好,而不考虑热分解计算得到的背面温度在自然冷却阶段与试验结果仍然相差甚远。

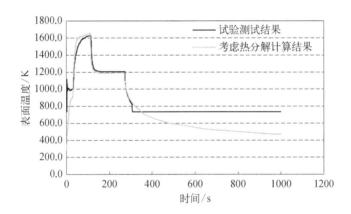

图 8.112　表面温度计算结果与试验测试结果对比

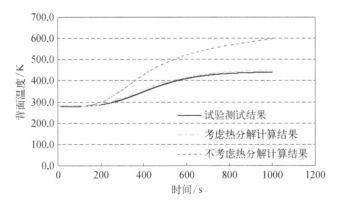

图 8.113　背面温度计算结果与试验测试结果对比

为了进一步验证计算结果的准确性,分别将不考虑热分解、考虑热分解情况下的距离气动加热表面 2 mm、8 mm、12 mm 处的温度提取出来,与试验模型中分层传感器温度测试结果进行对比(图 8.114~图 8.116),热解过程中材料内部分层情况如图 8.117 所示。结果表明,距离表面 2 mm 处温度计算值高于试验测试

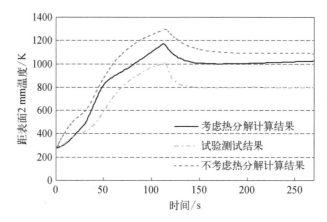

图 8.114　距离表面 2 mm 处温度的计算结果与试验结果对比

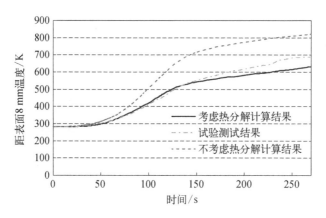

图 8.115　距离表面 8 mm 处温度的计算结果与试验结果对比

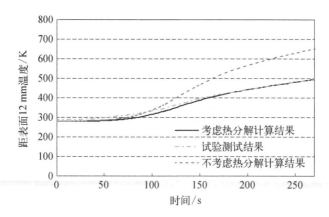

图 8.116　距离表面 12 mm 处温度的计算结果与试验结果对比

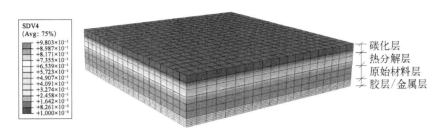

图 8.117　材料热解分层情况

结果,其原因在于距离表面 2 mm 处为碳化层,碳化层的分解速率为零,对应单位体积的发热功率也为零,因此计算结果会高于测试结果,而距离气动加热表面 8 mm、12 mm 处,由于材料分解速率非零,材料热分解吸热现象比较明显,温度计算值与试验值则吻合得非常好。

8.6　纳米隔热材料微细观结构特点与传热机理

纳米隔热材料具有较高的孔隙率(>90%),其中含有从纳米尺度到微米尺度范围的不同尺度的组分,如纳米尺度的固体颗粒、微米尺度的纤维增韧剂颗粒、微米尺度遮光剂颗粒等。

纳米尺度固体颗粒形成开放性纳米多孔结构和连续空间网络结构如图 8.118 所示。微观上由 1~10 nm 的固体颗粒黏结形成链,典型颗粒尺寸为 2~5 nm,这些链互相连接构成稳定的空间三维网络结构,链与链之间的距离即孔隙通道直径,典型值为 10~100 nm。纳米尺度的孔隙结构包括微观孔、介观孔和宏观孔,微观孔直径小于 2 nm,介观孔直径在 2~50 nm,宏观孔直径大于 50 nm,大多数孔属于介观孔,闭孔数量可以忽略不计,纳米尺度的固体构架容积份额一般低于 5%。

纳米隔热材料在纯气凝胶的基础上加入遮光剂、增韧剂以削弱热辐射的传输,并提高其强度。图 8.119 给出了掺杂纤维和遮光剂的纳米隔热材料透射电子显微镜照片,纤维材料贯穿整个基体,纤维直径为 1~5 μm。隔热材料出有序排列的纤维支撑 SiO_2 气凝胶基体构成,SiO_2 气凝胶中含有遮光剂颗粒。

纳米隔热材料内传热包括导热和辐射。纳米隔热材料导热包括纳米尺度固体导热、纳米尺度孔隙气体导热、微米尺度遮光剂和增韧剂固体颗粒导热。纳米

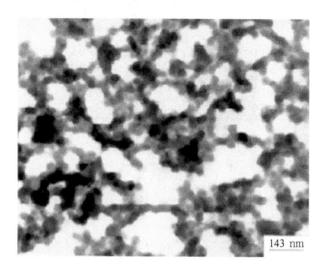

图 8.118　气凝胶的透射电子显微镜（TEM）照片

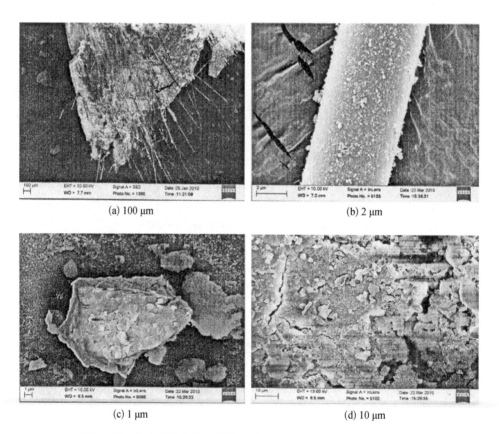

(a) 100 μm

(b) 2 μm

(c) 1 μm

(d) 10 μm

图 8.119　掺杂纤维和遮光剂的纳米隔热材料透射电子显微镜照片

隔热材料辐射特性取决于两个方面：① 纳米尺度固体颗粒的辐射特性；② 微米尺度遮光粒子和增韧粒子的辐射特性。

纳米尺度固体颗粒和气体的导热具有尺寸效应，其导热系数与颗粒尺度和孔隙尺寸有关，采用声子辐射传输方程、Lattice – Boltzmann 方法、声子动力学方法分别研究纳米尺度固体颗粒导热系数与颗粒直径的关系；采用分子运动论、分子动力学模拟方法研究纳米隔热材料内气体的导热系数与孔隙直径的关系。在此基础上分别采用结构模型和有效介质理论，从纳米和微米尺度建立纳米隔热材料的导热模型。

纳米隔热材料内的辐射传输计算采用蒙特卡罗法，该方法对大光学厚度材料具有很好的适应性，结合谱带模型，建立了纳米隔热材料内辐射传输计算方法。

纳米隔热材料内的辐射导热耦合传热计算采用数值传热学中经典的有限体积法建模。

8.6.1　纳米隔热材料导热计算方法

1. 纳米固体颗粒导热系数计算方法

1）基于声子辐射传输方程的计算方法

不考虑外力的情况下，经弛豫时间近似的玻尔兹曼方程最一般的表达形式为

$$\frac{\partial f}{\partial t} + v \cdot \nabla f = \frac{f_0 - f}{\tau} \tag{8.234}$$

式中，f 为粒子分布函数；f_0 为平衡态分布函数；v 为粒子群速度；τ 为声子弛豫时间。

为了计算纳米固体颗粒导热系数，考虑稳态下的声子输运过程，则以声子辐射强度表示的玻尔兹曼方程为

$$\Omega \cdot \nabla I_\omega = \frac{I_\omega^0 - I_\omega}{\Lambda} \tag{8.235}$$

式（8.235）称为声子辐射传输方程。式中，Λ 为考虑了边界散射后纳米固体内的声子平均自由程。若空间坐标以声学坐标 τ 来表示，则有

$$\Omega \cdot \nabla_\tau I_\omega = I_\omega^0 - I_\omega \tag{8.236}$$

式中，$\tau = \dfrac{x}{\Lambda}$；$\nabla_\tau$ 表示在声学坐标空间中的 Hamilton 算子。

采用给定边界温度的声子热激发边界,即

$$T \mid _{\tau = 0} = T_H \tag{8.237}$$

$$T \mid _{\tau = \tau_\delta} = T_L \tag{8.238}$$

在声子热激发方面,可以认为该边界是黑体边界。通过求解声子辐射传输方程获得声子辐射强度,即可计算出导热热流密度为

$$q = \int_0^\infty \int_{\Omega = 4\pi} I_\omega \mathrm{d}\Omega \mathrm{d}\omega \tag{8.239}$$

式中,$\mathrm{d}\Omega$ 为微元立体角,rad。

根据傅里叶定律,纳米固体颗粒导热系数为

$$\lambda_s = \frac{q}{\nabla T} \tag{8.240}$$

式中,∇T 为温度梯度。

考虑纳米固体边界对声子自由程的影响时,根据 Matthiessen 定律有

$$\frac{1}{\Lambda} = \frac{1}{\Lambda_{\text{bulk}}} + \frac{1}{\Lambda_b} \tag{8.241}$$

式中,Λ_{bulk} 为大尺寸块体的声子平均自由程,m;Λ_b 为边界散射的声子平均自由程,m。

对薄膜内声子输运,Callaway 和 Holland 采用式(8.242)考虑边界散射:

$$\Lambda_b = Bd \tag{8.242}$$

式中,d 为薄膜厚度,m;

对于黑体边界,$B = 3/4$,此时,考虑了边界散射的声子总平均自由程为

$$\Lambda = \Lambda_{\text{bulk}} \bigg/ \left(1 + \frac{4}{3} Kn \right) \tag{8.243}$$

其中,克努森数为

$$Kn = \frac{\Lambda_{\text{bulk}}}{d} \tag{8.244}$$

对于二维矩形固体,漫反射边界散射引起的声子平均自由程为

$$\frac{1}{\Lambda_b} = \frac{1}{B}\left(\frac{1}{w} + \frac{1}{b}\right) \tag{8.245}$$

式中,w、b 分别为矩形截面的长度和宽度,m。

纳米隔热材料内固体颗粒直径为 $2\sim4$ nm,孔隙直径几十纳米,可见,若将固体颗粒看成二维纳米链,则其长宽比远大于 5,可以认为纳米隔热材料中的固体颗粒均为二维长纳米链。由于横向导热系数与纵向导热系数相差很小,将横向导热系数与纵向导热系数进行平均,并加以拟合,得到如下二维长纳米链导热系数随 Kn 的关系:

$$\frac{\lambda_s}{\lambda_{bulk}} = \frac{1.02}{1 + 2.18Kn^{1.02}} \tag{8.246}$$

式中,下标 s 代表颗粒;下标 bulk 代表块体;λ 为导热系数。

2) Lattice – Boltzmann 方法

根据德拜模型假设,薄膜内声子能量密度可表示为

$$e = \int_{\Delta\omega} \eta \cdot \omega \cdot f \cdot D(\omega) = \frac{9 \cdot \eta \cdot \sigma \cdot T^4}{T_D^3} \int_0^{\frac{T_D}{T}} \frac{x^3}{e^x - 1} dx \tag{8.247}$$

式中,ω 为声子振动频率;η 为普朗克数与 2π 的比值,为波矢的数密度;σ 为玻尔兹曼常数;T_D 为德拜温度;$D(\omega)$ 为态密度;$x = \dfrac{\eta\omega}{\sigma T}$ 为无量纲频率。高温下,声子能量密度的德拜模型可简化为

$$e = c_V T \tag{8.248}$$

式中,c_V 为声子比热;T 为温度。

采用 Lattice – Boltzmann 方法、二维九速(D2Q9)模型(图 8.120)对声子热输运进行模拟,以声子能量密度 e 表示的玻尔兹曼输运方程的离散形式为:

$$e_i(r + c_i\Delta t,\ t + \Delta t) - e_i(r,\ t)$$
$$= -\frac{1}{\tau}[e_i(r,\ t) - e_i^0(r,\ t)] \tag{8.249}$$

式中,用 e_i 和 c_i^0 分别表示声子能量密度分布函数;c_i 为离散速度,表达式为

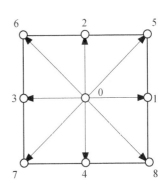

图 8.120　D2Q9 模型

$$c_i = \begin{cases} 0, & i = 0 \\ (\cos[(i-1)\pi/2],\ \sin[(i-1)\pi/2]), & i = 1, 2, 3, 4 \\ \sqrt{2}(\cos[(2i-1)\pi/4],\ \sin[(2i-1)\pi/4]), & i = 5, 6, 7, 8 \end{cases} \tag{8.250}$$

某一格点总的声子能量密度等于同一格点所有传播方向的离散声子能量密度之和:

$$e(x,\ t) = \sum_{i=1}^{Q} e_i(x,\ t) \tag{8.251}$$

式中,Q 为格点总的方向数。

假定各向同性,则平衡态声子能量密度可表示为

$$e_i^0(x,\ t) = \frac{e(x,\ t)}{Q} \tag{8.252}$$

格点热流可表示为

$$q = v \cdot \sum_{i=1}^{Q/2} [e_{2i-1}(x,\ t) - e_{2i}(x,\ t)] \cdot \cos\theta \tag{8.253}$$

式中,θ 为计算热流方向与格点速度方向的夹角;v 为声速。

3) 基于声子动力学方法的计算方法

在研究晶格热传导问题时,可将晶体看成是由众多声子组成的体系,即声子气体。声子之间存在相互碰撞,因此可将普通气体的热传导系数公式直接用到声子气体上,即晶格振动的热导系数 K 为

$$K = \frac{1}{3} c_V \bar{v} l \tag{8.254}$$

式中,c_V 为晶格的比定容热容;$\bar{v}$ 为声子的平均速度;l 为声子的平均自由程。

影响声子平均自由程的因素很多,而其中只有边界散射是与晶体尺寸和形状有关的。因此,在计算纳米颗粒内声子平均自由程时,只需要求得边界散射引起的声子自由程,然后与块材的声子平均自由程叠加即可,公式如下:

$$\frac{1}{l_m} = \frac{1}{l_V} + \frac{1}{l_s} \tag{8.255}$$

式中,l_m 为声子平均自由程;l_V 为二氧化硅块材的声子平均自由程;l_s 为边界散

射引起的声子自由程。

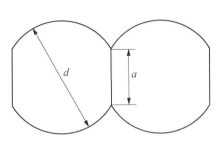

图 8.121　固相结构单元模型示意图

假设二氧化硅气凝胶的固体骨架是由球形颗粒串联而成的,其大小均一,连接处的界面大小也相同。设球形颗粒直径为 d,界面直径为 a,其比值为 $\beta = \dfrac{a}{d}$ (图 8.121)。对于纵向热流,声子在颗粒边界及颗粒与颗粒接触的界面上均发生散射,并且这两种散射均对该方向热量的传递产生影响。假设声子在边界和界面上均是漫反射,声子界面透射率 T_d 由式 (8.256) 得到

$$T_{\text{dij}} = \frac{c_{V,j} v_j}{c_{V,j} v_j + c_{V,i} v_i} \tag{8.256}$$

式中,$c_{V,i}$、$c_{V,j}$ 和 v_i、v_j 分别为接触界面两边材料的声子比热和声子群速度。对于以上模型,由于固相结构单元界面两边是同一物质,因此 $T_d = 0.5$。

对于以上模型,声子自由运动的体积 V 和可发生碰撞的表面积 S 为

$$V = \frac{\pi}{6} \sqrt{d^2 - a^2} \left(d^2 + \frac{1}{2} a^2 \right) \tag{8.257}$$

$$S = \pi d \sqrt{d^2 - a^2} \tag{8.258}$$

则声子与固相结构单元边界发生碰撞的频率为

$$f = 0.25 v \cdot S \cdot V^{-1} = \frac{3v \cdot d}{2d^2 + a^2} \tag{8.259}$$

而对于颗粒与颗粒接触的界面处,由于声子存在透射,并且其透射率 $T_d = 0.5$,则声子发生散射的频率为

$$f = \frac{3v \cdot a^2}{4(2d^2 + a^2) \sqrt{d^2 - a^2}} \tag{8.260}$$

纵向热流时声子在颗粒边界及颗粒与颗粒接触的界面发生散射所引起的声子自由程为

$$l = \frac{4}{3} \cdot \frac{(2d^2 + a^2)\sqrt{d^2 - a^2}}{4d\sqrt{d^2 - a^2} + a^2} \tag{8.261}$$

对于横向热流,声子在颗粒与颗粒界面处的散射并不影响其在该方向上的热量传输,因此在求解声子自由程时只需要考虑边界散射,可得横向热流时声子自由程为

$$l = \frac{2d^2 + a^2}{3d} \tag{8.262}$$

将式(8.261)和式(8.262)代入式(8.255)可求得纳米颗粒内纵向和横向热流时的声子平均自由程:

$$l_{e,\,l} = 1 \bigg/ \left[\frac{1}{l_b} + \frac{12d\sqrt{d^2 - a^2} + 3a^2}{4(2d^2 + a^2)\sqrt{d^2 - a^2}} \right] \tag{8.263}$$

$$l_{e,\,t} = 1 \bigg/ \left[\frac{1}{l_b} + \frac{3d}{2d^2 + a^2} \right] \tag{8.264}$$

因此,横向导热系数为

$$k = \frac{1}{l} \left\{ \frac{1}{3} \cdot l \cdot (1 - \cos^3 \alpha) \left[l + \mathrm{e}^{-\frac{d}{2}/l}\left(-\frac{d}{2} - l \right) \right] \right. \\ \left. + \int_\alpha^{\pi/2} \cos^2\theta\sin\theta \mathrm{d}\theta \int_0^{\frac{\sqrt{d^2-a^2}}{2\cos(\pi/2-\theta)}} r\mathrm{e}^{-r/l}\mathrm{d}r \right\} \bar{v}c_V \tag{8.265}$$

纵向导热系数为

$$k = \frac{1}{l} \left(\int_\beta^{\pi/2} \cos^2\theta\sin\theta\mathrm{d}\theta\int_0^{r_1(\theta)} r\mathrm{e}^{-r/l}\mathrm{d}r + \int_0^\beta \cos^2\theta\sin\theta\mathrm{d}\theta\int_0^{r_2(\theta)} r\mathrm{e}^{-r/l}\mathrm{d}r \right) \bar{v}c_V \tag{8.266}$$

2. 纳米孔隙内气相导热系数的计算方法

1) 基于分子运动论的计算方法

1995 年,Zeng 基于分子运动论提出了纳米多孔介质内气体导热系数计算方法。纳米多孔介质内气体分子的碰撞包括气体分子间碰撞和气体分子与固体构架间的碰撞,因此分子平均自由程不但与气体分子本身有关,还与固体构架的比

表面积等因素有关,Zeng 的研究中给出气体分子平均自由程为

$$l_m = (0.25\rho S_s \prod{}^{-1} + \sqrt{2}\pi d_g^2 N_g^0)^{-1} \tag{8.267}$$

式中,ρ 为密度;$\prod$ 为孔隙率;S_s 为比表面积,即 1 kg 颗粒总表面积;N_g^0 为气体分子数密度,根据阿伏伽德罗定律有

$$N_g^0 = \frac{p}{\sigma T} \tag{8.268}$$

式中,σ 为玻尔兹曼常数;p 为压力;T 为热力学温度。根据分子运动论,气体的导热系数为

$$\lambda_g^{AG} = (2.25\gamma - 1.25)0.461\left(\frac{8\sigma T}{\pi m_g}\right)^{1/2}\frac{N_g^0 c_V}{N_A}l_m \tag{8.269}$$

式中,c_V 为体积比热;N_A 为阿伏伽德罗常数;m_g 为气体分子质量;γ 为比热比。因此,纳米多孔介质内气体的导热系数为

$$\lambda_g^{AG} = \left(\frac{8\sigma T}{\pi m_g}\right)^{1/2}\frac{0.461(2.25\gamma - 1.25)N_g^0 \dfrac{c_V}{N_A}}{\sqrt{2}N_g^0\pi d_g^2 + \dfrac{\rho S_s}{4\prod}} \tag{8.270}$$

对于空气,分子直径 $d_g = 3.53\times10^{-10}$ m,分子质量 $m_g = 4.648\times10^{-26}$ kg,纳米孔隙内空气的导热系数为

$$\lambda_g^{AG} = \frac{60.22 \times 10^5 p T^{-0.5}}{0.25 S\rho_{bulk}\left(\dfrac{1}{\prod} - 1\right) + 4.01 \times 10^9 p T^{-1}} \tag{8.271}$$

式中,ρ_{bulk} 为纳米固体颗粒材料的密度。

2) 纳米隔热材料内气体导热的分子动力学模拟

对于各向同性的材料,导热系数的 Green－Kubo 表达式为

$$\lambda = \frac{1}{\sigma V T^2}\int_0^\infty \frac{\langle q(t) \cdot q(0)\rangle}{3}\mathrm{d}t \tag{8.272}$$

式中,σ 为玻尔兹曼常数;T 为温度;V 为模拟区域的体积;t 为时间;q 为有效热流,表达式为

$$q(t) = \frac{\mathrm{d}}{\mathrm{d}t} \sum_i r_i(t) e_i(t) \tag{8.273}$$

式中,r_i 为粒子 i 的空间位置矢量;e_i 为粒子 i 的总能量(势能与动能之和)。对于两体作用势,其热流表达式为

$$q(t) = \sum_i e_i v_i + \frac{1}{2} \sum_{i \neq j} (f_{ij} \cdot v_i) r_{ij} \tag{8.274}$$

式中,v_i 为粒子 i 的速度;r_{ij} 为粒子 i 与 j 之间的距离 $(r_{ij} = r_i - r_j)$;f_{ij} 为粒子 j 对 i 的作用力,且有

$$e_i = \frac{1}{2} m v_i^2 + \frac{1}{2} \sum \phi(r_{ij}) \tag{8.275}$$

3. 纳米隔热材料有效导热系数计算方法

对于八棱柱结构单元,如图 8.122 所示,取正八边形外接圆直径为 $D' = \sqrt{2}D$,D 为原立方体边长,则正六面体的边长为 $D_{eight} = \frac{D}{1+\sqrt{2}}$,而八棱柱棱长仍为 D。

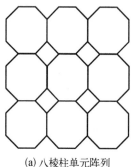
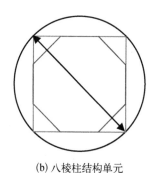

(a) 八棱柱单元阵列　　　　　　　　(b) 八棱柱结构单元

图 8.122　八棱柱模型示意图

则原方程变为

$$Q_{1gap} = \int_{a/2}^{d/2} \frac{(\Delta T/n) 2\pi x \mathrm{d}x}{2\sqrt{(d/2)^2 - x^2/k_L} + [D/n - 2\sqrt{(d/2)^2 - x^2}]/k_g} \tag{8.276}$$

$$Q_{1\text{cont}} = \pi \left(\frac{a}{2} \right)^2 \frac{\Delta T}{D} k_L \tag{8.277}$$

$$Q_1 = 4 \cdot (Q_{1\text{gap}} + Q_{1\text{cont}}) \tag{8.278}$$

$$Q_2 = \left(D^2 - \frac{1}{2} d \, \frac{D_{\text{eight}} - 2 \cdot \frac{1}{2} d \cot 67.5° + D_{\text{eight}}}{2} \times 4 \right) \frac{\Delta T}{D} k_g \tag{8.279}$$

$$Q_3 = 3 \int_0^{\sqrt{(d/2)^2 - (a/2)^2}} \frac{2(n_{\text{eight}} - 1)\Delta T 2\pi x \mathrm{d}x}{2\sqrt{(d/2)^2 - x^2/k_T} + [D - 2\sqrt{(d/2)^2 - x^2}]/k_g} \tag{8.280}$$

其中,

$$n_{\text{eight}} = \frac{D_{\text{eight}}}{\sqrt{d^2 - a^2}}$$

$$k_c = \frac{Q_1 + Q_2 + Q_3}{D^2} \cdot \frac{D}{\Delta T} \tag{8.281}$$

采用 Hasselman 等提出的有效介质理论计算具有微米尺度颗粒增强的纳米隔热材料的有效导热系数:

$$\lambda_{\text{eff}} = \lambda_{\text{eff}}^{\text{AG}} \frac{2\left(\frac{\lambda_P}{\lambda_{\text{eff}}^{\text{AG}}} - 1 \right) f_{v, P} + \frac{\lambda_P}{\lambda_{\text{eff}}^{\text{AG}}} + 2}{\left(1 - \frac{\lambda_P}{\lambda_{\text{eff}}^{\text{AG}}} \right) f_{v, P} + \frac{\lambda_P}{\lambda_{\text{eff}}^{\text{AG}}} + 2} \tag{8.282}$$

式中,λ_P、$f_{v, P}$ 分别为遮光剂和增韧剂粒子的导热系数和体积份额;$\lambda_{\text{eff}}^{\text{AG}}$ 为气凝胶的有效导热系数。

8.6.2　纳米隔热材料辐射特性

纳米尺度固体粒子对热辐射的衰减以吸收为主,因此纳米隔热材料的光谱衰减系数为

$$k_{e\lambda} = k_{s\lambda, \text{op}} + k_{s\lambda, \text{re}} + k_{a\lambda, \text{op}} + k_{a\lambda, \text{re}} + k_{a\lambda, m} \tag{8.283}$$

式中,$k_{s\lambda,\,\text{op}}$、$k_{s\lambda,\,\text{re}}$ 分别为遮光剂和增韧剂粒子的光谱散射系数;$k_{a\lambda,\,\text{op}}$、$k_{a\lambda,\,\text{re}}$ 分别为遮光剂和增韧剂粒子的光谱吸收系数;$k_{a\lambda,\,m}$ 为纳米尺度固体颗粒的光谱吸收系数。

纳米隔热材料的光谱散射反照率为

$$\omega_\lambda = \frac{k_{s\lambda,\,\text{op}} + k_{s\lambda,\,\text{re}}}{k_{e\lambda}} \tag{8.284}$$

纳米尺度的固体颗粒以吸收为主,因此纳米隔热材料的光谱散射相函数取决于微米尺度的遮光剂和增韧剂,纳米隔热材料的光谱散射相函数为

$$P_\lambda = \frac{k_{s\lambda,\,\text{op}}P_{\lambda,\,\text{op}} + k_{s\lambda,\,\text{re}}P_{\lambda,\,\text{re}}}{k_{s\lambda,\,\text{op}} + k_{s\lambda,\,\text{re}}} \tag{8.285}$$

式中,$P_{\lambda,\,\text{op}}$、$P_{\lambda,\,\text{re}}$ 分别为遮光剂粒子和纤维增韧剂粒子的光谱散射相函数。

由于纳米尺度颗粒对热辐射的衰减表现为吸收,纳米隔热材料中具有微米尺度的遮光剂或增韧剂粒子辐射特性的计算涉及吸收性介质内粒子的散射特性。Bohren 与 Huffman 指出,通常采用的计算粒子系辐射特性的经典 Mie 散射理论是建立在粒子处于非吸收介质基础上的,即粒子所在的介质为透明介质,其吸收指数为 0,但粒子具有吸收性,其吸收指数不为 0。对于纳米隔热材料这类含粒子系的高温隔热材料,粒子所在的基体介质具有吸收性,经典 Mie 散射理论原则上不适用,需要采用吸收性介质内的 Mie 散射理论。考虑到实现的难易程度,对于纳米隔热材料内的纤维,其辐射特性采用经典的圆柱体电磁散射 Mie 理论计算;对于微米尺度遮光剂粒子,其辐射特性采用吸收性介质内粒子散射 Mie 理论计算。

1. 纳米尺度固体颗粒热辐射特性计算方法

纳米隔热材料中纳米尺度固体颗粒直径在 10 nm 以下,其直径远小于具有微米尺度的热辐射波长,可以使用 Rayleigh 散射理论计算其热辐射特性,认为在纳米尺度下纳米材料是由很多球体颗粒组成的粒子系,对于单个球体,Rayleigh 散射的光谱散射因子、光谱衰减因子、光谱吸收因子分别为

$$Q_{s\lambda} = \frac{8}{3}x^4 \left\{ \frac{[(n_\lambda^2 - \kappa_\lambda^2 - 1)(n_\lambda^2 - \kappa_\lambda^2 + 2) + 4n_\lambda^2\kappa_\lambda^2]^2 + 36n_\lambda^2\kappa_\lambda^2}{[(n_\lambda^2 - \kappa_\lambda^2 + 2)^2 + 4n_\lambda^2\kappa_\lambda^2]^2} \right\}$$

$$\tag{8.286}$$

$$Q_{e\lambda} = x \frac{24n_\lambda \kappa_\lambda}{(n_\lambda^2 - \kappa_\lambda^2 + 2)^2 + 4n_\lambda^2 \kappa_\lambda^2} \tag{8.287}$$

$$Q_{a\lambda} = Q_{e\lambda} - Q_{s\lambda} \tag{8.288}$$

式中，$Q_{s\lambda}$、$Q_{e\lambda}$、$Q_{a\lambda}$ 分别为光谱散射因子、光谱衰减因子、光谱吸收因子；$n_\lambda - j\kappa_\lambda$ 为纳米颗粒材料的光谱复折射率；n_λ 为纳米颗粒的光谱折射率；κ_λ 为纳米颗粒的光谱吸收指数。尺寸参数为

$$x = \frac{\pi d}{\lambda} \tag{8.289}$$

式中，d 为纳米颗粒直径。

纳米颗粒尺寸变化较小，而且更为重要的是在 Rayleigh 散射理论下，光谱散射系数和光谱衰减系数与颗粒直径无关，因此假设纳米颗粒是均匀的。根据独立散射理论，纳米粒子系的光谱散射系数和光谱衰减系数分别为

$$k_{s\lambda} = 3Q_{s\lambda} f_{V,\,\text{nano}}/2d \tag{8.290}$$

$$k_{e\lambda} = 3Q_{e\lambda} f_{V,\,\text{nano}}/2d \tag{8.291}$$

式中，$f_{V,\,\text{nano}}$ 为纳米颗粒的体积份额。

2. 纤维增韧剂的热辐射特性计算方法

增韧剂纤维直径为几微米，长为几毫米，因此长径比通常大于 100，可以将其看成无限长圆柱体。根据无限长圆柱体 Mie 散射理论，单根无限长圆柱体对非极化入射辐射的光谱衰减因子 $Q_{\lambda,\,\text{ext}}$、光谱散射因子 $Q_{\lambda,\,\text{sca}}$ 分别为

$$Q_{\lambda,\,\text{ext}} = \frac{1}{x} \text{Re} \left\{ b_0^{\mathrm{I}} + a_0^{\mathrm{II}} + 2 \sum_{n=1}^{\infty} (b_n^{\mathrm{I}} + a_n^{\mathrm{II}}) \right\} \tag{8.292}$$

$$Q_{\lambda,\,\text{sca}} = \frac{1}{x} \left[|b_0^{\mathrm{I}}|^2 + |a_0^{\mathrm{II}}|^2 + 2 \sum_{n=1}^{\infty} (|b_n^{\mathrm{I}}|^2 + |a_n^{\mathrm{II}}|^2 + 2|a_n^{\mathrm{I}}|^2) \right] \tag{8.293}$$

式中，λ 为入射光谱波长；x 为纤维的尺寸参数；上角标 I 代表极化方向平行于入射面的极化辐射情况；上角标 II 代表极化方向垂直于入射面的极化辐射情况；a_n^{I}、b_n^{I}、a_n^{II}、b_n^{II} 为 Mie 散射系数，取决于纤维材料的复折射率、尺度参数与入射方向，可由 Bessel 函数、第一类 Hankel 函数构成的复杂函数形式表示。

纳米隔热材料中添加的纤维增韧剂的体积份额较小，纤维间的平均距离比

纤维直径和波长大很多,满足独立散射条件。纤维增韧剂的光谱衰减系数、光谱散射系数根据单个纤维的光谱衰减因子和光谱散射因子对直径分布、取向分布积分获得。对于多弥散纤维增韧剂,光谱衰减系数与光谱散射系数分别为

$$k_{e\lambda}(\xi_i,\,\omega_i) = \int_0^{2\pi}\int_0^{\pi/2}\int_{r_1}^{r_2} d\cdot Q_{\lambda,\,\text{ext}}(\phi)N[\,r(\xi_f,\,\omega_f)\,]F(\xi_f,\,\omega_f)\mathrm{d}\xi\mathrm{d}\omega\mathrm{d}r$$

$$(8.294)$$

$$k_{s\lambda}(\xi_i,\,\omega_i) = \int_0^{2\pi}\int_0^{\pi/2}\int_{r_1}^{r_2} d\cdot Q_{\lambda,\,\text{sca}}(\phi)N[\,r(\xi_f,\,\omega_f)\,]F(\xi_f,\,\omega_f)\mathrm{d}\xi\mathrm{d}\omega\mathrm{d}r$$

$$(8.295)$$

式中,$N(r)$ 为纤维粒径分布函数;$F(\xi_f,\,\omega_f)$ 为方向分布函数;d 为纤维直径;ξ($\xi \leqslant 90°$)为入射方向与纤维轴向夹角。

对于多弥散平面随机分布的纤维介质层,光谱衰减系数与光谱散射系数可进一步表示为

$$k_{e\lambda}(\xi_i,\,\omega_i) = \sum_{j=1}^{M} \frac{f_{v,\,\text{re},\,j}}{\pi^2 r_j}\int_0^{\pi}\int_0^{2\pi} Q_{\lambda,\,\text{ext},\,\text{re},\,j}(\phi)\delta\left(\xi_f - \frac{\pi}{2}\right)\mathrm{d}\xi_f\delta\omega_f \quad (8.296)$$

$$k_{s\lambda}(\xi_i,\,\omega_i) = \sum_{j=1}^{M} \frac{f_{v,\,\text{re},\,j}}{\pi^2 r_j}\int_0^{\pi}\int_0^{2\pi} Q_{\lambda,\,\text{sca},\,\text{re},\,j}(\phi)\delta\left(\xi_f - \frac{\pi}{2}\right)\mathrm{d}\xi_f\delta\omega_f \quad (8.297)$$

式中,$f_{v,\,\text{re},\,j}$ 为直径为 r_j 的纤维体容积份额;ξ_f、ω_f 分别为天顶角与方位角;r_j 为多弥散纤维中第 j 组纤维的平均半径;M 为对多弥散纤维按照直径进行的分组数目;δ 为 Dirac 函数:

$$\delta\left(\xi_f - \frac{\pi}{2}\right) = \begin{cases} \infty, & \xi_f = \dfrac{\pi}{2} \\ 0, & \xi_f \neq \dfrac{\pi}{2} \end{cases}$$

$$(8.298)$$

根据衰减系数与散射系数,可得出纤维介质的光谱吸收系数为

$$k_{a\lambda}(\xi_i,\,\omega_i) = k_{e\lambda}(\xi_i,\,\omega_i) - \sigma_{s\lambda}(\xi_i,\,\omega_i) \qquad (8.299)$$

采用具有前向散射特征的 Legendre 多项式来逼近纤维介质的相函数。

$$P_{\lambda,\,\text{re}}(\Theta,\,r) = \sum_{i=0}^{N} P_n(\cos\theta) \qquad (8.300)$$

式中,P_n 为 Legendre 多项式;θ 为散射角。

3. 遮光剂粒子的热辐射特性计算方法

遮光剂粒子具有微米尺度,其热辐射特性采用粒子对电磁波散射理论进行计算。遮光剂处于纳米尺度气凝胶基体中,研究表明纳米尺度气凝胶的辐射特性接近纯吸收,因此遮光剂颗粒的辐射特性计算采用吸收性介质内粒子散射 Mie 理论。由于遮光剂粒子分布的随机性计算中假设遮光剂粒子为球形粒子,建模中考虑粒子直径的分布,认为遮光剂是处于吸收性介质内的多弥散球形粒子系。

以光谱散射系数计算为例介绍多弥散粒子系的独立散射特性计算方法,光谱吸收系数的计算与此相同。

根据独立散射理论,多弥散粒子系的光谱散射系数为

$$k_{s\lambda} = n_T \int_0^\infty \tilde{\sigma}_{s\lambda}(r) F(r) \mathrm{d}r \tag{8.301}$$

式中,n_T 为遮光剂和增韧剂粒子数密度;$F(r)$ 为遮光剂和增韧剂粒子的粒径分布函数。

根据独立散射理论,多弥散球体粒子系的平均散射相函数为

$$\bar{P}_\lambda(\theta) = \frac{\displaystyle\int_0^\infty P_\lambda(\theta, r) \tilde{\sigma}_{s\lambda}(r) F(r) \mathrm{d}r}{\displaystyle\int_0^\infty \tilde{\sigma}_{s\lambda}(r) F(r) \mathrm{d}r} \tag{8.302}$$

散射相函数非对称因子为

$$g_\lambda = \frac{1}{2} \int_0^\pi \bar{P}_\lambda(\theta) \cos\theta \sin\theta \mathrm{d}\theta \tag{8.303}$$

4. 辐射传递方程及边界条件

根据纳米隔热材料的介观形态可以预见,纳米隔热材料的热辐射特性具有强烈的各向异性散射特征,在高温下,纳米隔热材料内将同时存在热辐射的发射、吸收和各向异性散射现象,吸收、发射、各向异性散射非灰介质内热辐射传递方程为

$$\frac{\mathrm{d}I_\lambda(s, \Omega)}{\mathrm{d}s} = k_{e\lambda}(1 - \omega) I_{b\lambda}(s) - k_{e\lambda} I_\lambda(s, \Omega) + \frac{\omega_\lambda k_{e\lambda}}{4\pi} \int_{4\pi} I_\lambda(s, \Omega') \phi_\lambda(\Omega, \Omega') \mathrm{d}\Omega'$$

$$\tag{8.304}$$

式中,s 为隔热材料内某点的坐标位置,m;$I_b(s)$ 为 s 点温度对应的黑体辐射强度,根据该处的折射率 n,由介质内黑体辐射的普朗克定律确定;$I(s,\Omega')$ 为沿 Ω' 方向到达 s 点的辐射强度;$\phi_\lambda(\Omega,\Omega')$ 为隔热材料的光谱散射相函数;ω_λ 为材料的光谱散射反照率,无量纲;$k_{e\lambda}$ 为材料的光谱衰减系数,m^{-2};$I_\lambda(\Omega)$ 为沿 Ω 方向传播的辐射强度,$W/(m^3 \cdot sr)$;$d\Omega$ 为微元立体角,sr。

辐射边界条件采用不透明漫射灰体边界条件:

$$I_{\lambda,BD} = \varepsilon_{\lambda,BD}I_{b\lambda,BD} + \frac{1-\varepsilon_{BD}}{\pi}\int_{s'gn_{BD}<0} I_{\lambda,BD}(s') \mid s'gn_{BD} \mid d\Omega' \quad (8.305)$$

式中,$I_{b\lambda,BD}$ 为壁面的黑体光谱辐射强度;ε_{BD} 为壁面的发射率;s' 为沿 Ω' 方向的单位矢量;n_{BD} 为壁面法线方向的单位矢量。

通过在给定边界条件下求解辐射传递方程,可以获得在给定温度场下的光谱辐射强度场,进而可以计算出任意位置的辐射热流密度散度为

$$\nabla \cdot q_R = -\int_0^\infty (1-\omega_\lambda)k_{e\lambda} \cdot \left[\int_{4\pi} I_\lambda(\Omega)d\Omega - 4\sigma n_\lambda^2 T^4\right]d\lambda \quad (8.306)$$

式中,$\sigma = 5.67 \times 10^{-8}$ 为玻尔兹曼常数,$W/m^2 \cdot K^4$;n 为隔热材料折射率。

采用蒙特卡罗法求解热辐射传递与辐射换热。蒙特卡罗法的基本思想是将热辐射的传输过程分解为发射、反射、吸收、散射等一系列独立的子过程,并建立每个过程的概率模型。对每个单元(面元和体元)进行一定数目的能束抽样,跟踪、统计每束能束的归宿(被介质和界面吸收或从系统中逸出),从而得到该单元辐射能量的统计结果,也就是计算获得辐射传递因子。通过引入各离散单元之间的辐射传递系数,将辐射传递过程求解与温度场求解分离,从而大大降低辐射换热的求解复杂性,提高辐射导热耦合换热数值计算效率。

1) 光束随机发射点的概率模拟

直角坐标系下光束发射点的坐标可用均匀投点的方法产生。令 $[x_{i,min}, x_{i,max}]$ 为 x 方向第 i 个控制体单元的取值范围;R_x 为 $[0,1]$ 均匀分布的随机数,则发射点的坐标 x_{rad} 为

$$x_{rad} = R_x(x_{i,max} - x_{i,min}) + x_{i,min} \quad (8.307)$$

2) 光束发射方向的概率模拟

对于漫发射面元控制体,在发射坐标系内,光束发射方向的天顶角 θ(发射点处面法向与发射方向的夹角)及周向角 ψ 由式(8.308)确定:

$$\theta = \arccos(\sqrt{1 - R_\theta}), \quad \psi = 2\pi R_\psi \qquad (8.308)$$

式中,R_θ、R_ψ 是[0,1]均匀分布的随机数。计算中,通常需要将具体方向转化为系统坐标系下的方向。对于各向同性发射体元,系统坐标系下光束发射方向的天顶角及周向角分别为

$$\theta = \arccos(1 - 2R_\theta), \quad \psi = 2\pi R_\psi \qquad (8.309)$$

3) 光束在介质内传输长度的概率模拟

当辐射能量在隔热材料内传输时,散射和吸收的作用会衰减。在蒙特卡罗法中,利用光束的可能传输长度 S 来模拟这种衰减作用:

$$S = (1/k_e)\ln R_s \qquad (8.310)$$

式中,k_e 为衰减系数;R_s 为[0,1]均匀分布的随机数。

4) 界面的反射、吸收

由发射点、发射方向及可能传输长度即可确定一条线段,但需要计算该线段的终点。若该终点仍在介质系统内,则该光束将会与介质作用(吸收或散射)。若该点在系统外,则需要判断该线段与界面是否有交点;若无交点,则该光束由系统逸出;否则该光束与界面作用(吸收或反射)。

所有的界面是不透明界面,设界面交点处的光谱吸收率和光谱反射率分别为 α 和 ρ,光束到达界面后,调用伪随机数计算程序产生的伪随机数为 R_α。若 $R_\alpha \leqslant \alpha$,则光束被吸收,记录并且停止跟踪;若 $R_\alpha > \alpha$,光束被反射,则继续跟踪。

若光束被界面反射,则需要确定反射方向。对于漫反射界面,反射方向的模拟与漫发射体的发射方向模拟方法相同,可根据式(8.311)确定其反射方向 θ_r 和 ψ_r:

$$\theta_r = \arccos(\sqrt{1 - R_{\theta_r}}), \quad \psi_r = 2\pi R_{\psi_r} \qquad (8.311)$$

对于镜反射界面,反射方向与入射方向满足菲涅耳(Fresnel)反射定律:入射角等于反射角。在反射坐标系内,若入射方向为 θ_i 和 ψ_i,则反射方向 θ_r 和 ψ_r 可以分别表示为

$$\begin{cases} \theta_r = \pi - \theta_i \\ \psi_r = \pi + \psi_i, \quad 0 < \psi_i \leqslant \pi \\ \psi_r = \psi_i - \pi, \quad \pi < \psi_i \leqslant 2\pi \end{cases} \qquad (8.312)$$

同样,反射方向也需要转化为系统坐标系下的方向。

5) 散射及散射方向的模拟

当光束与隔热材料粒子作用时,存在两种可能,即散射和吸收。ω 为反照率,取随机数 R_ω,若 $R_\omega > \omega$,则该光束被粒子吸收,记录且停止跟踪;若 $R_\omega \leqslant \omega$,则光束被粒子散射。

散射方向的天顶角根据相函数归一化条件确定,首先建立天顶角的累积概率分布表,建立 0~1 数据与散射角度间的关系数据库;然后,任取一随机数 R_{θ_p} 利用累积概率分布表中的数据进行线性插值,将该随机数对应的散射角度 θ_p 求出。

$$R_{\theta_p} = 0.5 \int_0^{\theta_p} \phi(\theta_p') \sin\theta_p' \mathrm{d}\theta_p' \tag{8.313}$$

散射在周向是均匀的,因此散射周向角 $\psi_p = 2\pi R_{\psi_p}$。 散射方向 θ_p 和 ψ_p 是相对入射方向而言的,因此还要转化为系统坐标系下的方向,变换关系如下:

$$\begin{aligned} \cos\theta_p &= \cos\theta_s \cos\theta_s' + \sin\theta_s \sin\theta_s'\cos(\psi_s - \psi_s') \\ \cos\theta_s &= \cos\psi_p\sin\theta_s'\sin\theta_p + \cos\theta_s'\cos\theta_p \end{aligned} \tag{8.314}$$

式中,θ_p、ψ_p 分别为粒子坐标系下散射方向的天顶角、圆周角;θ_s'、ψ_s'分别为系统坐标系下入射方向的天顶角、圆周角;θ_s、ψ_s 分别为系统坐标系下散射方向的天顶角、圆周角。当 θ_p、ψ_p 和 θ_s'、ψ_s'已知时,由式(8.314)可解得 θ_s 和 ψ_s。

若散射是各向同性散射,则散射方向是随机的,此时散射方向与介质发射方向相同。

6) 辐射热源项计算

通过蒙特卡罗法对光子进行追踪与统计,可以得到控制体 i 对控制体 j 的辐射传递系数 RD_{ji},即控制体单元 ΔV_j(或 ΔA_j)发射的光子个数经介质及界面的传递最终被单元 ΔV_i 吸收的百分数。据此可以计算出控制体 i 的辐射换热源项为

$$(\nabla \cdot q_R)_i = \frac{1}{\Delta V_i} \sum_j \mathrm{RD}_{ji}^* \cdot \sigma(T_j^4 - T_i^4) \tag{8.315}$$

式中,σ 为黑体辐射常数;RD_{ji}^* 为归一化辐射传递系数,它与辐射传递系数 RD_{ji} 间的关系如下:

$$\mathrm{RD}_{ji}^* = 4k_{a,j} \cdot \Delta V_j \cdot \mathrm{RD}_{ji} \ (\text{对体元}) \tag{8.316}$$

$$\mathrm{RD}_{ji}^{*} = \varepsilon_{j} \cdot \Delta A_{j} \cdot \mathrm{RD}_{0}（对面元）\tag{8.317}$$

式中，ΔV_{j} 为体元控制体 j 的体积；ΔA_{j}、ε_{j} 分别为面元控制体 j 的面积和表面发射率。

8.6.3　耦合传热模型及计算方法

纳米隔热材料内存在气体导热、固体导热、辐射换热，耦合换热控制方程为

$$\rho c \frac{\partial T}{\partial t} = \nabla \cdot (\lambda \nabla T) - \nabla \cdot q_{r}\tag{8.318}$$

式中，ρ 为纳米隔热材料密度，$\mathrm{kg/m^3}$；c 为比热容，$\mathrm{J/(kg \cdot K)}$；T 为温度，K；t 为时间，s；导热项中 λ 为纳米隔热材料的有效导热系数，$\mathrm{W/(m \cdot K)}$；辐射热流密度散度 $\nabla \cdot q_{r}$ 通过辐射传输过程进行计算。

该方程描述了辐射与导热瞬态耦合换热中，材料内温度分布及其瞬态变化与导热效应、辐射传递效应的内在规律。其中，方程左端项为瞬态项，反映单位体积材料温升与吸收热量的关系；方程右端第一项（微分项）为导热项，反映在温度梯度作用下，单位体积材料通过导热方式获得的热量；方程右端第二项（积分项）为辐射换热项，反映单位体积材料通过辐射换热获得的热量。

在纳米隔热材料热性能的研究中，能量方程边界条件采用第一类边界条件，给定两个表面温度：

$$T \mid_{x=0} = T_{w1}, \quad t > 0\tag{8.319}$$

$$T \mid_{x=L} = T_{w2}, \quad t > 0\tag{8.320}$$

初始条件为

$$T(x, 0) = T_{0}\tag{8.321}$$

耦合传热数值求解分为温度场迭代求解和辐射换热场的计算求解两方面。将能量方程中的辐射换热处理为源项，使辐射-导热耦合传热能量方程具有导热微分方程的形式，从而将辐射-导热耦合传热计算分解为辐射换热源项计算、含源项的导热微分方程求解两个子过程，通过这两个子过程迭代，实现耦合传热计算。

在时间间隔 $[t, t+\Delta t]$，对控制体 i 进行积分，假定控制体界面上的热流密度是均匀的。采用全隐格式的能量微分方程离散形式为

$$\rho c \Delta x \frac{T_i^{m+1} - T_i^m}{\Delta t} = \frac{\lambda_{ie}(T_{i+1}^{m+1} - T_i^{m+1})}{(\delta x)_{ie}} - \frac{\lambda_{iw}(T_i^{m+1} - T_{i-1}^{m+1})}{(\delta x)_{iw}} + \phi_i^{r, m+1} \quad (8.322)$$

$$(\delta x)_{ie} = (\Delta x_i + \Delta x_{i+1})/2, \quad \lambda_{iw} = \frac{\Delta x_{i-1} + \Delta x_i}{\Delta x_{i-1}/\lambda_{i-1} + \Delta x_i/\lambda_i}$$

$$(\delta x)_{iw} = (\Delta x_i + \Delta x_{i-1})/2, \quad \lambda_{ie} = \frac{\Delta x_i + \Delta x_{i+1}}{\Delta x_i/\lambda_i + \Delta x_{i+1}/\lambda_{i+1}}$$

式中,上标代表时域的离散节点序号,下标代表节点的空间离散序号;λ_{ie}、λ_{iw} 分别为界面 ie、iw 的导热系数;$(\delta x)_{ie}$、$(\delta x)_{iw}$ 分别为节点 i 和 $i+1$、i 和 $i-1$ 的间距;Δt 为时间步长;λ_i 为单元 i 的材料导热系数,其与该处的材料结构和温度有关。具体的计算域的空间离散图见图 8.123。

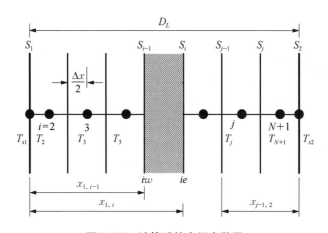

图 8.123 计算域的空间离散图

边界条件的处理采用补充边界节点离散代数方程的方法,由于辐射源项的非线性,采用 Patanka 线性化技术及欠松弛迭代,以保证数值计算的稳定。

8.7 纳米隔热材料宏观传热特性与热物性参数辨识算法

基于以传导和辐射模拟为主的材料传热过程模拟原则,建立反映材料内部的固体和气体传导特性、材料内部及表面热辐射的透射、吸收、反射机制的传热物理数学模型和计算方法。其中,气体和固体导热的耦合采用并联模型,辐射传热过程采用两热流模型,边界条件考虑了自然对流(两类平板自然对流)的影响。

8.7.1　纳米隔热材料传热的模拟方法

考虑固-气二相传热,在空隙极小的条件下,自然对流可以忽略,则在气-固二相体系中,考虑辐射的一维热传导方程为

$$\rho c_p \frac{\partial T}{\partial t} = \frac{\partial}{\partial x}\left(k\frac{\partial T}{\partial x}\right) - \frac{\partial q_r''}{\partial x} \tag{8.323}$$

式中,ρ 为材料的密度,c_p 为材料的比热容;k 为材料的等效导热系数;q_r 为材料内部的辐射热流。

边界条件根据结构组成及空间轨道环境选取,如等温边界条件和辐射散热条件如下:

$$T(0, t) = T_1 \tag{8.324}$$

$$q_L = \varepsilon \sigma T^4 \tag{8.325}$$

式中,T_0 为材料的初始温度;T_1 为上边界疏导层的温度;q_L 为材料背面的辐射热流;ε 为材料的辐射系数;σ 为玻尔兹曼常数。

辐射热流梯度由式(8.326)给出:

$$\frac{\partial q_r''}{\partial x} = \beta(1 - w)(G - 4\sigma T^4) \tag{8.326}$$

式中,β 为衰减系数;w 为散射的反射率;G 为入射辐射能。假设散射是各向同性、灰体及漫反射表面,则应用两热流的近似方法,辐射热流与入射辐射能的关系式为

$$q_r'' = -\frac{1}{3\beta}\frac{\partial G}{\partial x} \tag{8.327}$$

入射辐射能 G 由以下二阶微分方程得到

$$-\frac{1}{3\beta^2(1-\omega)}\frac{\partial^2 G}{\partial x^2} + G = 4\sigma T^4 \tag{8.328}$$

在材料的边界处满足如下边界条件:

$$-\frac{2}{3\beta\left(\dfrac{\varepsilon_i}{2-\varepsilon_i}\right)}\frac{\partial G}{\partial x} + G = 4\sigma T_i^4 \tag{8.329}$$

$$\frac{2}{3\beta\left(\dfrac{\varepsilon_{i+1}}{2-\varepsilon_{i+1}}\right)}\frac{\partial G}{\partial x} + G = 4\sigma T_{i+1}^4 \qquad (8.330)$$

气体的热传导是不随着压力而变化的,但在稀薄区及转捩区,气体分子与固体壁面的热交换受压力的影响,气体分子的等效热传导可表示为

$$k_g = \frac{k_g^*}{1 + 2\dfrac{2-\alpha}{\alpha}\left(\dfrac{2\gamma}{\gamma+1}\right)\dfrac{1}{Pr}\dfrac{\lambda_m}{L_c}} \qquad (8.331)$$

式中,k_g^* 为大气压力下的气体导热系数;α 为热适应系数;λ_m 为分子平均自由程;L_c 为特征尺度。

分子平均自由程 λ_m 可表示为

$$\lambda_m = \frac{\sigma T}{\sqrt{2}\pi d_g^2 P} \qquad (8.332)$$

式中,σ 为玻尔兹曼常数;d_g 为分子的碰撞直径;P 为气体压力。

纤维直径为 D_f 的材料的特征尺度为

$$L_c = (\pi/4)(D_f/f) \qquad (8.333)$$

式中,f 为固体材料的比率。

固体热传导采用经验公式:

$$k_s = f^2 k_s^* \qquad (8.334)$$

式中,k_s^* 为纤维母体材料的导热系数。材料的等效导热系数采用并联模型:

$$k = fk_s + (1-f)k_g \qquad (8.335)$$

式中,k_g 为有效气体导热系数;k_s 为有效固体导热系数。

8.7.2　导热系数参数辨识求解

基本假设:原始材料导热系数随温度变化,满足二次函数的形式,且已知其某一常温下导热系数,则材料导热系数可表示为以下形式:

$$K = K_0 + b\left[(T - T_0)/T_0\right] + c\left[(T - T_0)/T_0\right]^2 \tag{8.336}$$

式中，K_0 为对应某常温 T_0 的材料导热系数；K_0、T_0 以及任意的 b、c 两个系数对应的是材料导热系数随温度变化的某一曲线或规律。

若试验获得的各时刻 t_1，t_2，$\cdots$，t_i，$\cdots$，t_n 处的温度为 T_{e1}，T_{e2}，$\cdots$，T_{ei}，$\cdots$，T_{en}，计算获得的各时刻 t_1，t_2，$\cdots$，t_i，$\cdots$，t_n 处的温度为 T_{c1}，T_{c2}，$\cdots$，T_{ci}，$\cdots$，T_{cn}，则建立误差准则函数为

$$F(b, c) = \sum (T_{ci} - T_{ei})^2 \tag{8.337}$$

利用最优化方法对目标函数进行最优化计算，寻求某一 b、c 下的准则函数 F 达到最小值，即各位置的 T_{ci} 和 T_{ei} 最接近，此时对应的 b、c 即为辨识参数结果。

采用改进的 Powell 算法和乘子法相结合的方法，利用乘子法将约束最优化问题转化为无约束最优化问题，然后利用改进的 Powell 算法求解无约束最优化问题。

Powell 算法是由 Powell 于 1964 年首先提出的一种直接搜索方法。其基本思想是在迭代过程的每个阶段都进行 $n+1$ 次一维搜索。Powell 算法的关键是求出通过最优点的方向，原始的 Powell 方向加速法（n 维情况）的做法是在迭代过程的每个阶段都进行 $n+1$ 次一维搜索。首先依次沿给定的 n 个线性无关的方向 p^0，p^1，$\cdots$，p^{n-1} 进行一维搜索；再沿由这一阶段的起点到第 n 次搜索所得到的点的连线方向 p 进行一次一维搜索，并将这次所得到的点作为下一阶段的起点，下一阶段的 n 个搜索方向为 p^0，p^1，$\cdots$，p^{n-1}，p。原始 Powell 算法每一阶段都固定地用新产生的搜索方 $x^n - x^0$ 替换原向量组中的第一个向量 p^0，这容易导致 n 个向量线性相关或近似线性相关，难以张成 n 维空间，可能得不到真正的极小点。因此，在改进的 Powell 算法中，放弃逐个替换搜索方向的原则，而是设法使替换后的 n 个方向越来越接近共轭方向，即要在 $x^n - x^0$，p^0，p^1，$\cdots$，p^{n-1} 这 $n+1$ 个方向中选出 n 个最接近共轭的方向。

乘子法是由 Powell 和 Hestenes 于 1969 年各自独立提出的。乘子法将拉格朗日函数与罚函数结合起来称为增广拉格朗日函数，通过求解增广拉格朗日函数的序列无约束问题来获得原约束问题的解。

对于一般约束优化问题：

$$\min f(x), \quad x \in R^n$$
$$\text{s.t.} \ c_i(x) = 0, \quad i = 1, \cdots, l$$
$$c_i(x) \geqslant 0, \quad i = l + 1, \cdots, m$$

此时有增广目标函数为

$$M(x, \lambda, \sigma) = f(x) + \frac{1}{2\sigma} \sum_{i=l+1}^{m} (\{\max[0, \lambda_i - \sigma c_i(x)]\}^2 - \lambda_i^2)$$

$$- \sum_{i=1}^{l} \lambda_i c_i(x) + \frac{\sigma}{2} \sum_{i=1}^{l} c_i^2(x) \tag{8.338}$$

乘子的修正公式为

$$(\lambda_{k+1})_i = (\lambda_k)_i - \sigma c_i(x_k), \quad i = 1, \cdots, l$$

$$(\lambda_{k+1})_i = \max[0, (\lambda_k)_i - \sigma c_i(x_k)], \quad i = l+1, \cdots, m \tag{8.339}$$

令

$$\phi_k = \left(\sum_{i=1}^{l} c_i^2(x_k) + \sum_{j=l+1}^{m} \left\{ \max\left[c_j(x_k), \frac{(\lambda_k)_i}{\sigma} \right] \right\}^2 \right)^{1/2}$$

则终止准则为

$$\phi_k \leq \varepsilon$$

8.7.3 辐射参数辨识方法

对传热计算中常用的衰减系数、散射反射率及材料内部孔隙的特征尺度进行参数辨识。

定义材料的背面温度对辨识参数的偏导数为灵敏度参数：

$$c = \frac{\partial T_b}{\partial \beta}, \quad d = \frac{\partial T_b}{\partial w}, \quad e = \frac{\partial T_b}{\partial Lc} \tag{8.340}$$

式中,T_b 为材料的背面温度；函数 c、d、e 所满足的数学守恒方程称为灵敏度方程,其值可由以下参数求得,定义：

$$\frac{\partial T}{\partial \beta} = U_1, \quad \frac{\partial T}{\partial \omega} = V_1, \quad \frac{\partial T}{\partial Lc} = W_1, \quad \frac{\partial G}{\partial \beta} = U_2, \quad \frac{\partial G}{\partial \omega} = V_2, \quad \frac{\partial G}{\partial Lc} = W_2 \tag{8.341}$$

热传导方程对 β、ω 及 L_c 分别求偏导,可得 U_1、V_1 及 W_1 满足的方程分别为

$$\rho c_p \frac{\partial U_1}{\partial t} = \frac{\partial}{\partial x}\left(k \frac{\partial U_1}{\partial x}\right) + \frac{1}{3\beta} \frac{\partial^2 U_2}{\partial x^2} - \frac{1}{3\beta^2} \frac{\partial^2 G}{\partial x^2} \tag{8.342}$$

$$\rho c_p \frac{\partial V_1}{\partial t} = \frac{\partial}{\partial x}\left(k \frac{\partial V_1}{\partial x}\right) + \frac{1}{3\beta} \frac{\partial^2 V_2}{\partial x^2} \tag{8.343}$$

$$\rho c_p \frac{\partial W_1}{\partial t} = \frac{\partial}{\partial x}\left(k \frac{\partial W_1}{\partial x} + \frac{\partial T}{\partial x} \frac{\partial k}{\partial L_c}\right) + \frac{\partial}{\partial L_c}\left(\frac{1}{3\beta} \frac{\partial^2 G}{\partial x^2}\right) \tag{8.344}$$

由热传导方程的初始条件及边界条件可知,初始条件为

$$U_1(x, 0) = 0, \quad V_1(x, 0) = 0, \quad W_1(x, 0) = 0 \tag{8.345}$$

边界条件根据具体模拟条件给出。

同理根据辐射传热方程及边界条件,可得 U_2、V_2 及 W_2 的偏微分方程:

$$\frac{2}{3\beta^3(1-\omega)} \frac{\partial^2 G}{\partial x^2} - \frac{1}{3\beta^2(1-\omega)} \frac{\partial^2 U_2}{\partial x^2} + U_2 = 16\sigma T^3 U_1 \tag{8.346}$$

$$-\frac{1}{3\beta^2(1-\omega)^2} \frac{\partial^2 G}{\partial x^2} - \frac{1}{3\beta^2(1-\omega)} \frac{\partial^2 V_2}{\partial x^2} + V_2 = 16\sigma T^3 V_1 \tag{8.347}$$

$$-\frac{1}{3\beta^2(1-\omega)} \frac{\partial^2 W_2}{\partial x^2} + W_2 = 16\sigma T^3 W_1 \tag{8.348}$$

初始条件:

$$U_2(x, 0) = 0, \quad V_2(x, 0) = 0, \quad W_2(x, 0) = 0 \tag{8.349}$$

边界条件 $(x = 0)$:

$$\frac{2}{3\beta^2\left(\dfrac{\varepsilon_i}{2-\varepsilon_i}\right)} \frac{\partial G}{\partial x} - \frac{2}{3\beta\left(\dfrac{\varepsilon_i}{2-\varepsilon_i}\right)} \frac{\partial U_2}{\partial x} + U_2 = 16\sigma T^3 U_1 \tag{8.350}$$

$$-\frac{2}{3\beta\left(\dfrac{\varepsilon_i}{2-\varepsilon_i}\right)} \frac{\partial V_2}{\partial x} + V_2 = 16\sigma T^3 V_1 \tag{8.351}$$

$$-\frac{2}{3\beta\left(\dfrac{\varepsilon_i}{2-\varepsilon_i}\right)}\frac{\partial W_2}{\partial x}+W_2=16\sigma T^3 W_1 \tag{8.352}$$

边界条件 $(x=L)$:

$$-\frac{2}{3\beta^2\left(\dfrac{\varepsilon_{i+1}}{2-\varepsilon_{i+1}}\right)}\frac{\partial G}{\partial x}+\frac{2}{3\beta\left(\dfrac{\varepsilon_{i+1}}{2-\varepsilon_{i+1}}\right)}\frac{\partial U_2}{\partial x}+U_2=16\sigma T^3 U_1 \tag{8.353}$$

$$\frac{2}{3\beta\left(\dfrac{\varepsilon_{i+1}}{2-\varepsilon_{i+1}}\right)}\frac{\partial V_2}{\partial x}+V_2=16\sigma T^3 V_1 \tag{8.354}$$

$$\frac{2}{3\beta\left(\dfrac{\varepsilon_{i+1}}{2-\varepsilon_{i+1}}\right)}\frac{\partial W_2}{\partial x}+W_2=16\sigma T^3 W_1 \tag{8.355}$$

应用最大似然法来确定辨识准则函数。最大似然法的含义为若系统模拟是正确的,则有关系统中未知参数的信息全部包含于似然函数之中,对于给定的观察量 X,参数估计的最大似然法,就是选取参数 $\hat{\lambda}$ 使似然函数 L 达到最大值。

$$\hat{\lambda}=\max_{\lambda\in\theta}L(\lambda/X) \tag{8.356}$$

引进辨识准则函数:

$$J=\sum_i \mid T_b^i(\omega,\beta,L_c,t)-Z^i(t)\mid^2 \tag{8.357}$$

式中, i 指不同加热状态; $T_b^i(\omega,\beta,L_c,t)$ 为满足状态方程的解; $Z^i(t)$ 为观察值。

对式(8.357)进行泰勒展开,有

$$J_{n+1}=J_n+\frac{\partial J}{\partial\beta}\Delta\beta+\frac{\partial J}{\partial\omega}\Delta\omega+\frac{\partial J}{\partial L_c}\Delta L_c+o(\Delta\beta^2,\Delta\omega^2,\Delta L_c^2) \tag{8.358}$$

J 取最小值的必要条件为

$$\frac{\partial J_{n+1}}{\partial\beta}=0 \tag{8.359}$$

$$\frac{\partial J_{n+1}}{\partial \omega} = 0 \tag{8.360}$$

$$\frac{\partial J_{n+1}}{\partial L_c} = 0 \tag{8.361}$$

利用式(8.359)~式(8.361),可建立确定 $\Delta\beta$、$\Delta\omega$、ΔL_c 的三个代数方程：

$$\frac{\partial^2 J}{\partial \beta^2}\Delta\beta + \frac{\partial^2 J}{\partial \beta \partial \omega}\Delta\omega + \frac{\partial^2 J}{\partial \beta \partial L_c}\Delta L_c = -\frac{\partial J}{\partial \beta} \tag{8.362}$$

$$\frac{\partial^2 J}{\partial \beta \partial \omega}\Delta\beta + \frac{\partial^2 J}{\partial \omega^2}\Delta\omega + \frac{\partial^2 J}{\partial L_c \partial \omega}\Delta L_c = -\frac{\partial J}{\partial \omega} \tag{8.363}$$

$$\frac{\partial^2 J}{\partial \beta \partial L_c}\Delta\beta + \frac{\partial^2 J}{\partial \omega \partial L_c}\Delta\omega + \frac{\partial^2 J}{\partial L_c^2}\Delta L_c = -\frac{\partial J}{\partial L_c} \tag{8.364}$$

分别对 $\Delta\beta$、$\Delta\omega$、ΔL_c 求偏导,可得

$$\frac{\partial J}{\partial \beta} = 2\sum_i \left[T_b^i(\beta,\ \omega,\ t)^i - Z^i(t) \right] \frac{\partial T_b^i}{\partial \beta} \tag{8.365}$$

$$\frac{\partial J}{\partial \omega} = 2\sum_i \left[T_b^i(\beta,\ \omega,\ t) - Z^i(t) \right] \frac{\partial T_b^i}{\partial \omega} \tag{8.366}$$

$$\frac{\partial J}{\partial L_c} = 2\sum_i \left[T_b^i(\beta,\ \omega,\ t) - Z^i(t) \right] \frac{\partial T_b^i}{\partial L_c} \tag{8.367}$$

对 J 求二阶偏导,则有

$$\frac{\partial^2 J}{\partial \beta^2} = 2\sum_i \left[T_b^i(\beta,\ \omega,\ t) - Z^i(t) \right] \frac{\partial T_b^i}{\partial \beta^2} - 2\sum \frac{\partial T_b^i}{\partial \beta}\frac{\partial T_b^i}{\partial \beta} \tag{8.368}$$

对于收敛解,式(8.368)中第一项很快趋于零,可略去,这样 J 对 β 和 ω 的二阶偏导数可分别写为

$$\frac{\partial^2 J}{\partial \beta^2} = 2\sum_i c_i^2 \tag{8.369}$$

$$\frac{\partial^2 J}{\partial \beta \partial \omega} = 2\sum_i{}' c_i d_i \tag{8.370}$$

$$\frac{\partial^2 J}{\partial \omega^2} = 2 \sum_i d_i^2 \qquad (8.371)$$

$$\frac{\partial^2 J}{\partial \beta \partial L_c} = 2 \sum_i c_i e_i \qquad (8.372)$$

$$\frac{\partial^2 J}{\partial w \partial L_c} = 2 \sum_i d_i e_i \qquad (8.373)$$

$$\frac{\partial^2 J}{\partial L_c^2} = 2 \sum_i e_i^2 \qquad (8.374)$$

这样可由式(8.365)~式(8.367)与式(8.368)、式(8.374)联立,可求出 $\Delta\beta$、$\Delta\omega$ 和 ΔL_c。

8.8 热密封结构作用机理及分析方法

8.8.1 热密封及多孔隔热材料传热特性分析

密封就是采用紧密接触的手段,最大限度阻止内部气体的泄漏或外部气体的渗入,密封是相对的,泄漏是绝对的。密封机理是利用密封材料的高弹性特性利用螺栓、法兰系统所施加的压力使其变形后将两种材料之间的不平和微小间隙塞满,以使两个接触面通过超弹性材料完全处于紧密接触状态(图 8.124 和图 8.125)。

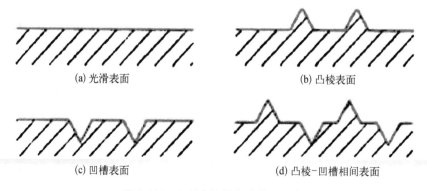

(a) 光滑表面　　　　　　　　　(b) 凸棱表面

(c) 凹槽表面　　　　　　　　　(d) 凸棱-凹槽相间表面

图 8.124　密封表面的各种微观形态

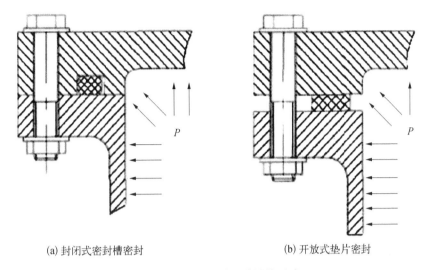

(a) 封闭式密封槽密封　　　　　　　　　(b) 开放式垫片密封

图 8.125　静密封的两种结构形式

热密封效果与接触面变形和密封件材料密切相关,热密封垫和热密封条中常用的耐高温隔热毡及有机胶分解残留物均为多孔结构,内部存在多种形式的热传导,但目前在地面试验中难以对此进行模拟。在微细观尺度下,开展热量沿热密封结构的传热机理和内部热量扩散传递模型研究十分必要。

在热密封隔热材料的选择方面,多孔隔热材料具有导热系数低、密度小等优越特征,研究其隔热机理,建立相关传热模型,并对材料隔热性能评估具有重要意义。

相比于固体材料,空气具有较小的导热系数,因此在多孔隔热材料中引入高体积含量的孔隙,同时降低材料内空气所占有的结构尺寸,降低对流效应可以有效地提高材料的隔热性能。另外,空气是透明体,辐射传热量在总体热传导中占有一定的比重。因此,在目前的多孔隔热材料隔热性能的理论分析与预测中,主要集中在材料内部传导与辐射的分析与模拟上。

低密度多孔陶瓷纤维隔热材料,是众多隔热材料中性能较出众的一种,传统的陶瓷纤维隔热材料一般用三种热量传递方式在内部发挥一定的作用。传递和对流的热量传递介质为疏松多孔的固体骨架及填充于内部的气体分子。辐射传热不需要介质,隔热材料固有的固体骨架及填充于内部的气体分子对辐射具有一定的削弱作用。

陶瓷纤维隔热材料内部的气体通道尺寸较小,气流阻力很大,气体对流传热能够起到的作用极其有限,可以忽略不计。另外,其一般在空气中使用,而干燥空气是热辐射的透明体,因此气体对辐射传热的削弱作用也可以忽略不计。在隔热材料内部发生热量传递的途径主要包括固体热传导、气体热传导和辐射传热。对不同的隔热材料而言,即使是同一材料的不同加热阶段,发挥的作用都不相同。

材料的导热模拟主要集中在气体导热和固体导热的耦合模拟上,目前已报道发展了多种的计算模型,如 Williams 等在计算中应用的并联模型、Daryabeigi等在计算中应用的并-串联结合的网络模型、Hager 等建立的串联的热网络模型以及 Bhattachrya 等建立的模型等。辐射传热研究中根据其特点,应用较广泛的模型包括光学厚极限模型、两热流模型、修正的两热流模型以及 Marschall 等应用的近似计算模型等。

结合隔热材料的结构特点,掌握不同传热途径的工作原理,这不仅对材料组成设计和制备工艺具有指导意义,还有利于理解工作状态下材料和结构的实际隔热机理,在隔热材料内部实现对传热的有效抑制,也就等于实现高效隔热。

在多孔隔热材料传热途径方面,三种传热机制均起到了一定的作用。

1)固体热传导

多孔低密度隔热材料内部的固体传热可以表达为

$$Q = \lambda_g \frac{A_1}{L_1} \Delta T \tag{8.375}$$

式中,λ 为材料固有的热导率;A_1 为内部颗粒的接触面积;L_1 为传热路径长度;ΔT 为温度差;下标 g 表示固体。

通过隔热材料的热流密度 q 可以表达为

$$q = \frac{Q}{A} = \lambda \frac{A_1}{L_1 A} \Delta T = \lambda \frac{A_1}{A} \frac{L}{L_1} \Delta T / L \tag{8.376}$$

式中,A 为材料横截面积;L 为材料厚度,令

$$\lambda_1 = \lambda \frac{A_1}{A} \frac{L}{L_1}$$

可以将式(8.376)转换为经典傅里叶传热公式书写形式:

$$q = \lambda_1 \Delta T / L \tag{8.377}$$

从式(8.377)可知,低密度多孔隔热材料的热导率与相同化学组成的密实固

体的热导率成正比关系,即材料固有的热导率对形成低密度隔热材料的热导率有重要影响,但是密实材料本体热导率的高低不是关键影响因素。以金属铝为例,铝本身是优良的热导体,但是低密度的泡沫铝是优良的隔热材料,式(8.377)中后两项的影响因子更为显著。隔热材料的组成粒子接触热阻大和热传导路径长是其热导率比密实固体显著降低的主要原因。

密实固体代表了固体热传导的极限情况,其传热面积最大,为垂直于热量传递方向的横截面积,而热量传递路径最短,为热面到冷面的直线距离。随着空洞体积的逐渐增大,以及组成粒子的细密化,不仅传热面积由连续的平面变成非连续的小平面,甚至是点对点接触;同时传热路径也变得曲折迂回。事实上,由于多孔材料的晶相结构多为无定型体,其本身的热导率比理想的晶相体结构也较低,更进一步降低了多孔低密度隔热材料的有效热传导。

对纤维类的隔热材料来讲,固体热传导的通道是纤维本身及纤维与纤维接触的部位,由于不可能无限制地降低纤维类隔热材料的密度,也就不可能无限制地减小纤维的热传导,但是可设法减小纤维的接触面积,延长通过纤维的传热路径是一个有效的技术途径。

一般纤维类隔热材料中纤维的取向多为平面方向,垂直于平面方向的纤维数量较少,因此垂直于平面方向的纤维对隔热材料固体导热率的贡献应该也较少。

2) 气体热传导

气体分子由于热运动,相互之间碰撞发生能量传递,尽管从宏观上来看没有发生气体流动,但是热量不断地从热端向冷端传递。在隔热材料内部,气体热传导是主要的传热途径之一,以静止空气为例,其热导率数值如表 8.30 所示。

表 8.30　静止空气在不同温度下的热导率

温度/℃	−50	0	100	200	500	800	1 000
密度/(kg/m³)	1.584	1.293	0.946	0.746	0.456	0.329	0.277
热导率/[W/(m·K)]	0.020 4	0.024 4	0.032 1	0.039 3	0.057 4	0.071 8	0.080 7

在 20℃时,静止空气的热导率达到 0.025 9 W/(m·K),比一般纤维类隔热材料 0.03~0.04 W/(m·K)的导热率略有下降,这说明空气导热在隔热材料的热量传递中占有重要地位,其将主导隔热材料的隔热性能。

3）辐射传热

辐射传热是多孔隔热材料另外一条重要传热途径,且随着温度升高,辐射传热占的比重增大,热辐射波长范围主要分布在 $0.38\sim100~\mu m$。例如,500℃下,波长分布在 $2\sim20~\mu m$ 的辐射累积强度达到 90%,随温度升高热辐射波长向短波方向移动,在 2 700℃以上时,可见光(波长 $0.38\sim0.76~\mu m$)的辐射强度达到了 10% 以上。

由上述分析可以看出,多孔隔热材料组成和微观结构对三条主要传热途径的影响规律是不同的,为准确预测多孔隔热材料传热特性,需要详细了解材料的微结构特征。

8.8.2 典型缝隙-空腔复杂气体流动和传热模式分析

1）典型热密封结构内复杂气体流动和传热模式

随着高速、远程飞行器研发进程的不断推进,对飞行器热密封结构形式和隔热方法的研究变得越发迫切。从飞行器的全轨道气动加热和环境变化的情况来看,在长时间飞行过程中,飞行器外表面高温有氧气动加热环境参数不断变化,这对缝隙-空腔结构来说,通过缝隙的气体流动和热量传递都十分复杂,主要表现在腔体内外的压力差、温度差不断动态变化,缝隙内的流动与传热的驱动力很可能是随机脉动的,需要采用考虑温度变化的非定常求解。

当前热密封构型下,流动和传热机理示意图如图 8.126 所示,初步将缝隙-空腔流动和传热模式归纳为三种模式:① 空腔内高压气体通过缝隙流入边界层

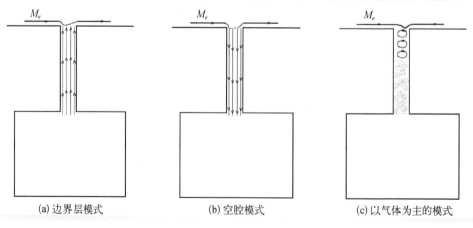

(a) 边界层模式   (b) 空腔模式   (c) 以气体为主的模式

图 8.126 缝隙-空腔热密封结构流动示意图

模式;② 边界层高压气体通过缝隙流入空腔模式;③ 缝隙内部是以气体传热为主的模式。

2) 飞行高度、速度变化引起的压力差变化对传热模式的影响

研究表明,当前热密封结构外形下,热量传递主要是受压差驱动的气体流动控制,可忽略流动的温度差驱动,压力差对流动模式影响分析主要表现如下:

(1) 当缝隙-空腔在腔体内外为正压差时,空腔内气体向外部泄漏,空腔内没有热气体流入;

(2) 当缝隙-空腔在腔体内外为负压差时,外部气体流入空腔内,热量同时进入空腔;

(3) 当缝隙-空腔在腔体内外压差处于零值附近时,没有宏观流动,热量通过缝隙内气体的扩散,以气体传热为主的模式向空腔内部传热。

3) 典型热密封构件(缝隙-空腔)内全轨道压差与流动及传热的相互影响规律

典型热密封构件(缝隙-空腔)内全轨道压差与流动及传热的相互影响规律如下:

(1) 轨道初始段,表现为正压差,随着腔内气体向外部泄漏,直至内外压差逐渐趋于平衡,这期间可看成没有热量通过缝隙进入内腔;

(2) 在高空轨道飞行中,随着缝隙-空腔的腔体内外压差的脉动变化,出现部分外部气体流入空腔内,热量伴随气体一同进入空腔,另外,高温差导致气体以传导的形式向内传热,使空腔内温度升高;

(3) 在飞行轨道的再入段,缝隙-空腔腔体内负外压差逐渐加大,气体向内腔流动成为主要模式,热量伴随气体通过缝隙进入空腔内部。

8.8.3　缝隙流场与腔体固体传热的耦合计算分析

基于热密封外形流动与传热机理,给出热环境与内部传热耦合计算一般性问题数学描述,建立耦合模型,通过耦合性的影响分析,确定工程气动热环境与内部传热计算的相关参数选取原则,给出一个可行的气动热/热结构/热响应的耦合计算方法。

在笛卡儿坐标系下,采用三维非定常可压缩雷诺平均 NS 方程:

$$\frac{\partial Q}{\partial t} + \frac{\partial F}{\partial x} + \frac{\partial G}{\partial y} + \frac{\partial H}{\partial z} = \frac{\partial F_v}{\partial x} + \frac{\partial G_v}{\partial y} + \frac{\partial H_v}{\partial z} \tag{8.378}$$

式中,Q 为守恒变量;F、G、H 分别为三个方向的无黏矢通量;F_v、G_v、H_v 分别为三

个方向的黏性矢通量。

空间离散格式对流场的计算精度和稳定性均有较大影响,本文采用 Roe 的 FDS 格式进行界面无黏数值通量的计算。

按照 Roe 格式的构造方法,有

$$\tilde{F}_{ij} = \frac{1}{2} \left[F(Q_R) + F(Q_L) - | \bar{A} | (Q_R - Q_L) \right] \tag{8.379}$$

定义 $A = \partial F / \partial Q$, 则 $\bar{A} = A(\bar{Q})$。

$\bar{Q}$ 表示对 Q_L、Q_R 采用 Roe 平均方法进行计算得到的守恒变量,即定义 $R = \sqrt{\rho_R / \rho_L}$,则有

$$\bar{\rho} = \sqrt{\rho_L \rho_R} \tag{8.380}$$

$$\bar{u} = u_L \left(\frac{1}{1 + R} \right) + u_R \left(\frac{R}{1 + R} \right) \tag{8.381}$$

$$\bar{v} = v_L \left(\frac{1}{1 + R} \right) + v_R \left(\frac{R}{1 + R} \right) \tag{8.382}$$

$$\bar{w} = w_L \left(\frac{1}{1 + R} \right) + w_R \left(\frac{R}{1 + R} \right) \tag{8.383}$$

$$\bar{h} = h_L \left(\frac{1}{1 + R} \right) + h_R \left(\frac{R}{1 + R} \right) \tag{8.384}$$

$$\bar{c} = \left\{ (\gamma - 1) \left[\bar{h} - \frac{1}{2} (\bar{u}^2 + \bar{v}^2 + \bar{w}^2) \right] \right\}^{\frac{1}{2}} \tag{8.385}$$

根据雅可比矩阵 $\bar{A}$ 的三个不同特征值,可以将人工耗散项分裂为三组向量之和,即

$$| \bar{A} | (Q_R - Q_L) = | \Delta F_1 | + | \Delta F_2 | + | \Delta F_3 | \tag{8.386}$$

其中,

$$| \Delta F_1 | = S_{ij} | \bar{U} - \bar{c} | \left(\frac{\Delta p - \bar{\rho} \bar{c} \Delta U}{2 \bar{c}^2} \right) \begin{bmatrix} 1 \\ \bar{u} - \bar{c} n_x \\ \bar{v} - \bar{c} n_y \\ \bar{w} - \bar{c} n_z \\ \bar{h} - \bar{c} \bar{U} \end{bmatrix} \tag{8.387}$$

$$| \Delta F_2 | = S_{ij} | \bar{U} | \left\{ \left(\Delta \rho - \frac{\Delta p}{\bar{c}^2} \right) \begin{bmatrix} 1 \\ \bar{u} \\ \bar{v} \\ \bar{w} \\ \dfrac{\bar{u}^2 + \bar{v}^2 + \bar{w}^2}{2} \end{bmatrix} + \bar{\rho} \begin{bmatrix} 0 \\ \Delta u - n_x \Delta U \\ \Delta v - n_y \Delta U \\ \Delta w - n_z \Delta U \\ \bar{u} \Delta u + \bar{v} \Delta v + \bar{w} \Delta w - \bar{U} \Delta U \end{bmatrix} \right\}$$

$$(8.388)$$

$$| \Delta F_3 | = S_{ij} | \bar{U} + \bar{c} | \left(\frac{\Delta p + \bar{\rho} \bar{c} \Delta U}{2 \bar{c}^2} \right) \begin{bmatrix} 1 \\ \bar{u} + \bar{c} n_x \\ \bar{v} + \bar{c} n_y \\ \bar{w} + \bar{c} n_z \\ \bar{h} + \bar{c} \bar{U} \end{bmatrix} \qquad (8.389)$$

$$\bar{U} = \bar{u} n_x + \bar{v} n_y + \bar{w} n_z \qquad (8.390)$$

$$\Delta (\cdot) = (\cdot)_R - (\cdot)_L \qquad (8.391)$$

Roe 的 FDS 格式是一种近似黎曼求解方法，其对间断问题有天然的高分辨率，因此非常适用于求解边界层内黏性流体的类剪切运动。但由于 Roe 格式本质上是一种将非线性问题转化为对线性黎曼问题的近似拟合，其很难完整而准确地描述出非线性问题的所有特征，有时甚至会产生错误的物理描述。例如，在过声速膨胀时，Roe 格式会计算出膨胀激波，产生这种非物理现象是由于缺少熵条件的限制，在特征值趋于零的情况下，Roe 格式难以正确判断出波的传播方向。为此，本节人为地引入熵修正，将非物理的膨胀激波耗散为膨胀扇区，使其满足熵条件。这里采用各向异性的 Muller 型熵修正格式：

$$\lambda = \begin{cases} \dfrac{\lambda^2 + \delta^2}{2\delta}, & | \lambda | < \delta \\[3mm] \delta = \bar{\delta} \cdot \sigma_n \left\{ 1 + \left[\dfrac{\max(\sigma_{\tau 1}, \sigma_{\tau 2})}{\sigma_n} \right]^{2/3} \right\} \end{cases} \qquad (8.392)$$

式中，σ_n 为法向谱半径；$\sigma_{\tau 1}$、$\sigma_{\tau 2}$ 为切向谱半径；$\bar{\delta}$ 为经验常数，一般取为 0.1 ~ 0.4。

对于有限体积半离散格式，无黏通量采用隐式格式处理，黏性通量采用显式处理，则可写为

$$\Omega \frac{\Delta Q}{\Delta t} + \left[(E_{i+1} - E_i)_{J,K} + (F_{j+1} - F_j)_{I,K} + (G_{k+1} - G_k)_{I,J} \right]^{n+1}$$

$$= \left[(E_{v,i+1} - E_{v,i})_{J,K} + (F_{v,j+1} - F_{v,j})_{I,K} + (G_{v,k+1} - G_{v,k})_{I,J} \right]^n$$

$$(8.393)$$

式中,Ω 为单元体积,定义无黏通量的雅可比矩阵:

$$A = \frac{\partial E}{\partial Q}, \quad B = \frac{\partial F}{\partial Q}, \quad C = \frac{\partial G}{\partial Q} \qquad (8.394)$$

则有

$$E(Q^{n+1}) = E(Q^n) + A\Delta Q^n + O(\|\Delta Q^n\|^2) = E^n + A\Delta Q^n + O(\Delta t^2)$$

$$F(Q^{n+1}) = E(Q^n) + B\Delta Q^n + O(\|\Delta Q^n\|^2) = F^n + B\Delta Q^n + O(\Delta t^2)$$

$$G(Q^{n+1}) = G(Q^n) + C\Delta Q^n + O(\|\Delta Q^n\|^2) = G^n + C\Delta Q^n + O(\Delta t^2)$$

代入方程(8.393)等号左端,整理得

$$\Omega \frac{\Delta Q}{\Delta t} + \left[(A\Delta Q)_{i+1,J,K} - (A\Delta Q)_{i,J,K} + (B\Delta Q)_{I,j+1,K} \right.$$

$$\left. - (B\Delta Q)_{I,j,K} + (C\Delta Q)_{I,J,k+1} - (C\Delta Q)_{I,J,k} \right] = \text{RHS} \qquad (8.395)$$

式中,

$$\text{RHS} = \left[(E_{v,i+1} - E_{v,i})_{J,K} + (F_{v,j+1} - F_{v,j})_{I,K} + (G_{v,k+1} - G_{v,k})_{I,J} \right]^n$$

$$- \left[(E_{i+1} - E_i)_{J,K} + (F_{j+1} - F_j)_{I,K} - (G_{k+1} - G_k)_{I,J} \right]^n$$

$$(8.396)$$

根据迎风原则,将无黏通量雅可比矩阵按其正、负特征值进行分裂:

$$(A\Delta Q)_{i+1,J,K} = (A^+\Delta Q)_{I,J,K} + (A^-\Delta Q)_{I+1,J,K}$$

$$(A\Delta Q)_{i,J,K} = (A^+\Delta Q)_{I-1,J,K} + (A^-\Delta Q)_{I,J,K}$$

$$(B\Delta Q)_{I,j+1,K} = (B^+\Delta Q)_{I,J,K} + (B^-\Delta Q)_{I,J+1,K}$$

$$(B\Delta Q)_{I,j,K} = (B^+\Delta Q)_{I,J-1,K} + (B^-\Delta Q)_{I,J,K}$$

$$(C\Delta Q)_{I,J,k+1} = (C^+\Delta Q)_{I,J,K} + (C^-\Delta Q)_{I,J,K+1}$$

$$(C\Delta Q)_{I,J,k} = (C^+\Delta Q)_{I,J,K-1} + (C^-\Delta Q)_{I,J,K}$$

定义

$$A^+ = \frac{1}{2}(A + r_A I) \quad A^- = \frac{1}{2}(A - r_A I)$$

$$B^+ = \frac{1}{2}(B + r_B I) \quad B^- = \frac{1}{2}(B - r_B I)$$

$$C^+ = \frac{1}{2}(C + r_C I) \quad C^- = \frac{1}{2}(C - r_C I)$$

式中，$r_A = \chi \lambda_{\max}^A$；$r_B = \chi \lambda_{\max}^B$；$r_C = \chi \lambda_{\max}^C$；$\lambda_{\max}^A$、$\lambda_{\max}^B$、$\lambda_{\max}^C$ 分别为矩阵 A、B、C 的特征值绝对值的最大值，即谱半径。本节取 $\lambda = 1.01$，这样方程可以进一步整理为

$$\left[\frac{\Omega}{\Delta t} + (A_{I,J,K}^+ - A_{I,J,K}^- + B_{I,J,K}^+ - B_{I,J,K}^- + C_{I,J,K}^+ - C_{I,J,K}^-) \right] \Delta Q_{I,J,K}$$

$$+ (-A_{I-1,J,K}^+ \Delta Q_{I-1,J,K} - B_{I,J-1,K}^+ \Delta Q_{I-1,J,K} - C_{I,J,K-1}^+ \Delta Q_{I,J,K-1})$$

$$+ (A_{I+1,J,K}^- \Delta Q_{I+1,J,K} + B_{I,J+1,K}^- \Delta Q_{I,J+1,K} + C_{I,J,K+1}^- \Delta Q_{I,J,K+1}) = \text{RHS}$$

$$(8.397)$$

又有

$$A^+ - A^- = r_A I \quad B^+ - B^- = r_B I \quad C^+ - C^- = r_C I$$

记

$$N = \frac{\Omega}{\Delta t} + (r_A + r_B + r_C) \tag{8.398}$$

$$L = -(A_{I-1,J,K}^+ + B_{I,J-1,K}^+ + C_{I,J,K-1}^+) \tag{8.399}$$

$$U = (A_{I+1,J,K}^- + B_{I,J+1,K}^- + C_{I,J,K+1}^-) \tag{8.400}$$

则有

$$(N + U + L)\Delta Q^n = \text{RHS} \tag{8.401}$$

由近似 LU 分解得

$$(N + L)N^{-1}(N + U)\Delta Q^n = \text{RHS} \tag{8.402}$$

这样原方程即可由下述两步格式进行求解：

$$\begin{cases} \Delta Q^* = -N^{-1}L\Delta Q^* + N^{-1}\text{RHS} \\ \Delta Q^n = -N^{-1}U\Delta Q^n + \Delta Q^* \end{cases} \tag{8.403}$$

在上述计算方法中,时间项的差分格式、对流项的近似线性化、黏性项的显式处理、近似 LU 分解以及显式边界条件的处理都会降低求解过程的时间精度。为提高最终的时间精度,本节采用双时间步方法通过引入亚迭代来弥补由近似处理造成的时间精度损失,具体如下。

在时间方向上引入虚拟时间项:

$$
\Omega \frac{\Delta Q^p}{\Delta \tau} + \Omega \frac{3Q^{p+1} - 4Q^n + Q^{n-1}}{2\Delta t}
$$
$$
+ \left[(E_{i+1} - E_i)_{J,K} + (F_{j+1} - F_j)_{I,K} + (G_{k+1} - G_k)_{I,J} \right]^{p+1}
$$
$$
= \left[(E_{v,i+1} - E_{v,i})_{J,K} + (F_{v,j+1} - F_{v,j})_{I,K} + (G_{v,k+1} - G_{v,k})_{I,J} \right]^n \quad (8.404)
$$

在虚拟时间方向上实现收敛后,即可得到真实时间方向上的二阶时间精度。

在湍流模型方面,在高雷诺数情况下,湍流模型对高超声速湍流气动加热具有较为重要的影响,本节选择得到普遍认可的 Spalart - Allmaras 一方程模型。

Spalart - Allmaras 模型为求解一个有关涡黏性变量 $\hat{\nu}$ 的一方程模型,其控制方程为

$$
\frac{\partial \hat{\nu}}{\partial t} + u_j \frac{\partial \hat{\nu}}{\partial x_j} = C_{b1}\hat{S}\hat{\nu} - C_{w1}f_w \left(\frac{\hat{\nu}}{d}\right)^2 + \frac{1}{\sigma}\frac{\partial}{\partial x_j}\left\{\left[\nu + (1 + C_{b2})\hat{\nu}\right]\frac{\partial \hat{\nu}}{\partial x_j}\right\} - \frac{C_{b2}}{\sigma}\hat{\nu}\frac{\partial^2 \hat{\nu}}{\partial x_j^2}
$$
$$
(8.405)
$$

式中, d 为到物面的最近距离。

湍流黏性系数定义为

$$
\mu_T = \rho\hat{\nu}f_{\nu1} \quad (8.406)
$$

$$
f_{\nu1} = \frac{\chi^3}{\chi^3 + C_{\nu1}^3} \quad (8.407)
$$

$$
\chi \equiv \frac{\hat{\nu}}{\nu} \quad (8.408)
$$

$$
f_w = g\left(\frac{1 + C_{w3}^3}{g^6 + C_{w3}^6}\right)^{\frac{1}{6}} = \left(\frac{g^{-6} + C_{w3}^{-6}}{1 + C_{w3}^{-6}}\right)^{-\frac{1}{6}} \quad (8.409)
$$

$$
g = r + C_{w2}(r^6 - r) \quad (8.410)
$$

$$r = \frac{\hat{\nu}}{\hat{S}\kappa^2 d^2} \tag{8.411}$$

$$\hat{S} = \Omega + \frac{\hat{\nu}f_{\nu2}}{\kappa^2 d^2} \tag{8.412}$$

$$f_{\nu2} = 1 - \frac{\chi}{1 + \chi f_{\nu1}} \tag{8.413}$$

各个常数为

$$C_{\nu1} = 7.1, \quad \sigma = \frac{2}{3}, \quad \kappa = 0.41$$

$$C_{b1} = 0.135\,5, \quad C_{b2} = 0.622$$

$$C_{w1} = \frac{C_{b1}}{\kappa^2} + \frac{1 + C_{b2}}{\sigma}, \quad C_{w2} = 0.3, \quad C_{w3} = 2.0$$

在笛卡儿坐标系下,三维非定常热传导控制方程为

$$\rho c_p \frac{\partial T}{\partial t} = \frac{\partial}{\partial x}\left(K\frac{\partial T}{\partial x}\right) + \frac{\partial}{\partial y}\left(K\frac{\partial T}{\partial y}\right) + \frac{\partial}{\partial z}\left(K\frac{\partial T}{\partial z}\right) \tag{8.414}$$

式中,ρ 为材料密度;c_p 为材料比热;K 为材料热传导系数。

控制方程的数学特性为抛物方程,因此空间离散可采用中心格式。对于有限体积方法,将控制方程在控制体上进行积分并采用高斯散度定理,有

$$\iiint_{\Omega} \rho \cdot c_p \cdot \frac{\partial T}{\partial t} \cdot \mathrm{d}V = \iiint_{\Omega} \nabla \cdot (k \cdot \nabla T) \cdot \mathrm{d}\Omega = \oiint_{\Gamma} (k \cdot \nabla T) \cdot n \cdot \mathrm{d}S = \oiint_{\Gamma} k \cdot \frac{\partial T}{\partial n} \cdot \mathrm{d}S$$
$$\tag{8.415}$$

对于单元(I, J, K),写为半离散格式:

$$\rho c_p \Omega \frac{\partial T}{\partial t} =$$

$$K \cdot \frac{\partial T}{\partial n} \cdot S \mid_{i, J, K} - K \cdot \frac{\partial T}{\partial n} \cdot S \mid_{i-1, J, K}$$

$$+ K \cdot \frac{\partial T}{\partial n} \cdot S \mid_{I, j, K} - K \cdot \frac{\partial T}{\partial n} \cdot S \mid_{I, j-1, K} \tag{8.416}$$

$$+ K \cdot \frac{\partial T}{\partial n} \cdot S \mid_{I, J, k} - K \cdot \frac{\partial T}{\partial n} \cdot S \mid_{I, J, k-1}$$

以 (i, J, K) 界面为例,界面处热流 $K \cdot \dfrac{\partial T}{\partial N}$ 采用二阶精度中心差分进行离散:

$$K \cdot \frac{\partial T}{\partial n}\bigg|_{i, J, K} = K_{i, J, K} \cdot \frac{T_{I+1, J, K} - T_{I, J, K}}{\Delta n_{i, J, K}} \tag{8.417}$$

式中, $K_{i, J, K} = 2 \cdot \dfrac{K_{I, J, K} \cdot K_{I+1, J, K}}{K_{I, J, K} + K_{I+1, J, K}}$。

对于物性参数间断面,采用上述等效方式可以保证。

界面处温度连续,即

$$T_{i, J, K} = \underset{\substack{(x, y, z) \in (I, J, K) \\ (x, y, z) \to (i, J, K)}}{T(x, y, z)} = \underset{\substack{(x, y, z) \in (I+1, J, K) \\ (x, y, z) \to (i, J, K)}}{T(x, y, z)} \tag{8.418}$$

界面处热流值连续,即

$$K_{i, J, K} \cdot \frac{T_{I+1, J, K} - T_{I, J, K}}{\Delta n_{i, J, K}} = K_{I, J, K} \cdot \frac{T_{i, J, K} - T_{I, J, K}}{0.5 \cdot \Delta n_{i, J, K}} = K_{I+1, J, K} \cdot \frac{T_{I+1, J, K} - T_{i, J, K}}{0.5 \cdot \Delta n_{i, J, K}} \tag{8.419}$$

整理离散方程,可得

$$\rho \cdot c_p \cdot \Omega \frac{\partial T}{\partial t}\bigg|_{I, J, K} =$$

$$\frac{K_{i-1, J, K} \cdot S_{i-1, J, K}}{\Delta n_{i-1, J, K}} \cdot T_{I-1, J, K} - \left(\frac{K_{i-1, J, K} \cdot S_{i-1, J, K}}{\Delta n_{i-1, J, K}} + \frac{K_{i, J, K} \cdot S_{i, J, K}}{\Delta n_{i, J, K}} \right)$$

$$\cdot T_{I, J, K} + \frac{K_{i, J, K} \cdot S_{i, J, K}}{\Delta n_{i, J, K}} \cdot T_{I+1, J, K} + \frac{K_{I, j-1, K} \cdot S_{I, j-1, K}}{\Delta n_{I, j-1, K}} \cdot T_{I, J-1, K}$$

$$- \left(\frac{K_{I, j-1, K} \cdot S_{I, j-1, K}}{\Delta n_{I, j-1, K}} + \frac{K_{I, j, K} \cdot S_{I, j, K}}{\Delta n_{I, j, K}} \right) \cdot T_{I, J, K} + \frac{K_{I, j, K} \cdot S_{I, j, K}}{\Delta n_{I, j, K}}$$

$$\cdot T_{I, J+1, K} + \frac{K_{I, J, k-1} \cdot S_{I, J, k-1}}{\Delta n_{I, J, k-1}} \cdot T_{I, J, K-1} - \left(\frac{K_{I, J, k-1} \cdot S_{I, J, k-1}}{\Delta n_{I, J, k-1}} + \frac{K_{I, J, k} \cdot S_{I, J, k}}{\Delta n_{I, J, k}} \right)$$

$$\cdot T_{I, J, K} + \frac{K_{I, J, K} \cdot S_{I, J, K}}{\Delta n_{I, J, K}} \cdot T_{I, J, K+1} \tag{8.420}$$

令 $D = \rho \cdot c_p \cdot \Omega$, $\mathrm{coe} = \dfrac{K \cdot S}{\Delta n}$ 则有

$$D \cdot \frac{\partial T}{\partial t} = \mathrm{RHS} =$$

$$\mathrm{coe}_{i-1,\,J,\,K} \cdot T_{I-1,\,J,\,K} + \mathrm{coe}_{I,\,j-1,\,K} \cdot T_{I,\,J-1,\,K} + \mathrm{coe}_{I,\,J,\,k-1} \cdot T_{I,\,J,\,K-1}$$

$$+ \mathrm{coe}_{i,\,J,\,K} \cdot T_{I+1,\,J,\,K} + \mathrm{coe}_{I,\,j,\,K} \cdot T_{I,\,J+1,\,K} + \mathrm{coe}_{I,\,J,\,k} \cdot T_{I,\,J,\,K+1}$$

$$- \left(\mathrm{coe}_{i-1,\,J,\,K} \cdot \mathrm{coe}_{i,\,J,\,K} + \mathrm{coe}_{I,\,j-1,\,K} \cdot \mathrm{coe}_{I,\,j,\,K} + \mathrm{coe}_{I,\,J,\,k-1} \cdot \mathrm{coe}_{I,\,J,\,K} \right) \cdot T_{I,\,J,\,K}$$

$$(8.421)$$

采用双时间步亚迭代方法对方程进行求解,即

$$D \frac{\Delta T^p}{\Delta \tau} + D_{I,\,J,\,K} \frac{3 T^{p+1} - 4 T^n + T^{n-1}}{2 \Delta t} = \mathrm{RHS}^{p+1} \qquad (8.422)$$

对右端项进行线化处理并将主对角归一化,整理可得

$$\left[I + \Delta_I + \Delta_J + \Delta_K \right] \cdot \Delta T = \mathrm{RHS}^p / D \qquad (8.423)$$

式中,Δ_I、Δ_J、Δ_K 分别为三个坐标方向上的中心差分算子。式(8.423)为典型的 7 对角矩阵,本节采用近似因子分解方法进行求解,即

$$\left[I + \Delta_I + \Delta_J + \Delta_K \right] \cdot \Delta T \approx \left[I + \Delta_I \right] \cdot \left[I + \Delta_J \right] \cdot \left[I + \Delta_K \right] \cdot \Delta T = \mathrm{RHS}^p / D$$

$$(8.424)$$

这样原方程可由以下三步格式进行求解:

$$\begin{cases} \left[I + \Delta_I \right] \cdot \Delta T^{**} = \mathrm{RHS}^p / D \\ \left[I + \Delta_I \right] \cdot \Delta T^{*} = \Delta T^{**} \\ \left[I + \Delta_I \right] \cdot \Delta T = \Delta T^{*} \end{cases} \qquad (8.425)$$

每一步格式只需要求解一次三对角矩阵,因此计算效率较高。在虚拟时间方向上实现收敛后,即可得到真实时间方向上的二阶时间精度。

8.8.4　陶瓷纤维毡类多孔材料中的热量传递模型和计算方法

从传热传质学的特性来看,陶瓷纤维毡类热密封材料属于多孔介质类材料。多孔介质中的热量传递问题十分复杂,精确描述和揭示多孔介质中的能量、动量和质量的传输机理和规律十分困难。多孔介质自身只是多种物质状态的集合

体,可以发挥完全不同的作用,因此理论研究应与具体问题相结合,当所研究的问题在精确的理论建模和准确的试验模拟都比较困难时,需要在研究方法上对传输过程中各种物理机制进行深刻的分析,从而抓住矛盾的主要因素,忽略矛盾的次要因素,将过程的主要规律和内在联系抽象进行分析和研究,进而深入认识并揭示各种实际现象的物理本质。

在模拟多孔介质换热的研究中,目前得到承认的主流方法是利用有效导热系数来描述换热,已有研究中对有效导热系数的计算大致有三种方法:第一种方法是根据国际上比较认可的经验公式来求得有效导热系数;第二种方法是根据具体条件简化模型利用热阻来求得有效导热系数;第三种方法基于分形理论利用热阻来求得有效导热系数。

这三种方法各有利弊:第一种方法计算简单,但是其缺点是不能反映某些参数改变时的差别,即使是已被广泛使用的 Eucken、Loeb 和 Russell 等算式仍然具有此缺点;第二种方法先通过具体的问题将模型简化,再根据对流、导热及辐射换热的基本公式分析模型的换热情况,相比于第一种方法,第二种方法可以更具体地对某些参数进行控制分析,但是它的缺点是模型简化失真会影响模拟结果的正确性;第三种方法虽然不会简化几何模型,但是需要结合试验,用电子显微镜扫描多孔介质的内部结构,根据扫描图像求出分型维数,再根据热阻分析各部分换热进而求出有效导热系数,模拟比较烦琐,成本也相对较高。

根据以上分析,本节采用第二种方法,其相对于第一种方法可以控制更多的参数,相对于第三种方法计算效率更高。

1. 理论建模

能量微分方程的一般表达式:

$$\frac{\partial(\rho T)}{\partial \tau} + \text{div}(\rho UT) = \text{div}\left(\frac{\lambda}{c_p}\text{grad } T\right) + S_T \tag{8.426}$$

式中,第一项为非稳态项;第二项为流动项;第三项为扩散项;第四项为广义源项;ρ 为密度,kg/m^3;T 为温度,K;τ 为时间,s;U 为速度矢量,m/s;λ 为导热系数,$W/(m \cdot K)$;c_p 为比热容,$J/(kg \cdot K)$。

传热的四种形式导热、对流、辐射和相变在多孔介质热密封材料的传热过程中均有表现,大量的试验研究和理论分析结果表明,对于孔隙直径不超过 6 mm 的多孔介质,在 $G_r P_r < 10^3$ 时,其孔隙中流体的对流换热贡献很小;而对于辐射换热的贡献,只有在固体颗粒之间温差较大,孔隙中为真空或者由气体占据时才

比较明显。

由于需要热密封的狭缝宽度为 1~3 mm,且上表面的热流密度较大,根据以上分析可以认为,在多孔介质热密封材料的传热模型中导热占有主要的地位,其次是辐射,对流和相变作用的影响较小。考虑对流和相变求解的复杂性,且其在换热过程中占据次要地位,因此本节不直接求解对流和相变,而将对流和相变按照一定的关系转化为能量方程中的一个附加源项,从而在不失精度的前提下提高求解效率。

多孔介质中的固体骨架具有吸收作用,辐射只能在一个狭小的范围内存在影响,因此多孔换热模型只考虑单元内的辐射,而忽略远处的辐射。这样对于辐射问题的处理就可以用热阻的概念将其与导热合并形成一个有效导热系数。

经过以上一系列的分析假设简化,对于多孔介质传热模型的能量微分方程可以化为一个导热微分方程:

$$\frac{\partial T}{\partial \tau} = \mathrm{div}\left(\frac{\lambda_{\mathrm{eff}}}{\rho c_p}\mathrm{grad}\ T\right) + S_{\mathrm{tot}} \qquad (8.427)$$

式中,λ_{eff} 为考虑了辐射作用的有效导热系数;S_{tot} 为化学反应、流动和相变等作用引起的总源项。

2. 数值模拟

通过以上分析,本研究将多孔介质内的热传递过程等效为导热问题,通过求解导热微分方程,得到多孔介质内温度场。具体求解步骤包括:① 根据多孔介质密封材料的几何形状模拟出它的内部结构;② 模拟出有效导热系数 λ_{eff}、多孔介质密度 ρ、比热容 c_p 以及总源项 S_{tot} 等参数;③ 建立数值模型、代入等效参数、模拟温度场和下边界的热流分布。

1) 密封材料内部结构的模拟

假设多孔介质密封材料的截面形状为一个狭长的跑道,其上、下部分分别为两个半圆,中间部分是一个长方形。孔的定义与网格单元相关,因此有必要首先将被研究物体划分为若干单元,如选择三角形的非结构网格单元,如图 8.127 所示。

在确定几何形状及单元后,建立计算模型模拟密

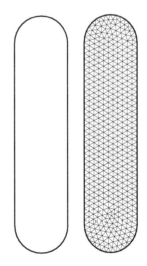

图 8.127　密封材料的几何外形和网格划分

封材料内部孔的形状、位置、大小的分布,本节假设孔的形状均为椭圆或者部分椭圆,以网格单元的中心位置为基点,设置每个单元椭圆孔的长短半轴比的范围,给出孔的中心 x 方向偏心距 e_x 的变化范围和 y 方向偏心距 e_y 的变化范围以及倾斜角 θ 的变化范围,根据平均孔隙率产生孔参数,程序产生孔的流程如图 8.128 所示。

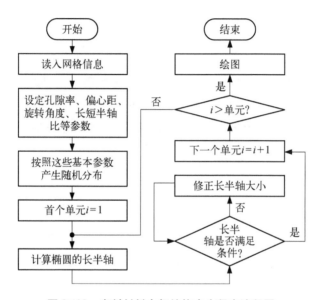

图 8.128　密封材料内部结构产生程序流程图

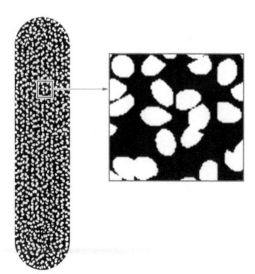

图 8.129　密封材料内部结构模拟图

图 8.129 显示的是由程序产生的密封材料内部结构,它的平均孔隙率为 40%,变化范围为 ±10%,长短半轴比的范围为 (1, 1.8), x 方向偏心距 e_x 为以网格单元中心为基准向左或向右偏移 (-40%, 40%), y 方向偏心距 e_y 为以网格单元中心为基准向上或向下偏移 (-40%, 40%),角度的旋转范围为 (-90°, 90°),以上参数均为在给定范围内随机产生。

2）有效导热系数的模拟

根据以上的分析,有效导热系数包含导热和辐射两部分。导热系数是一个物性参数,不因网格划分的不同而不同,而且针对三角形单元的方向有效导热系数无法求出,因此本研究中对于单元有效导热系数的模拟脱离了网格的划分,都采用矩形单元等效模拟有效导热系数,矩形是由三角形网格的三个顶点确定的,三角形和矩形的关系如图 8.130 所示。其中,矩形的两个边分别与 X 轴和 Y 轴方向平行,三角形单元三个顶点坐标的 x 最大值和 y 最大值作为矩形的右上角顶点,而坐标的 x 最小值和 y 最小值作为矩形的左下角顶点。

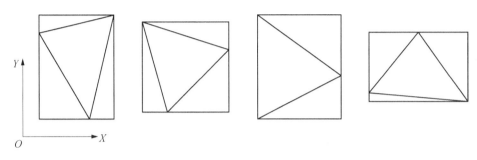

图 8.130　三角形单元所确定的矩形单元

因为从三角形单元等效到矩形单元,单元的面积变大,而孔隙率并没有变化,所以孔的绝对面积变大,需要再次计算椭圆长半轴的大小,这样从三角形单元 XY 方向的有效导热系数就完成了等效成矩形单元 XY 方向的有效导热系数。其等效前后的变化如图 8.131 所示。

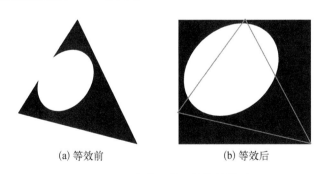

(a) 等效前　　　　　　　　(b) 等效后

图 8.131　有效导热系数等效模型

在确定了等效单元后,采用热阻先并联后串联的方式求解方向导热系数。如果需要求出 Y 方向的有效导热系数,首先将单元沿 $y = 0$ 到 $y = b$ 切成很多条,对每一条分别计算,将每条中的热阻按照是否为固体划分,计算出 Y 方向的总热阻,进而求得 Y 方向的有效导热系数,过程示意如图 8.132 所示,X 方向的有效

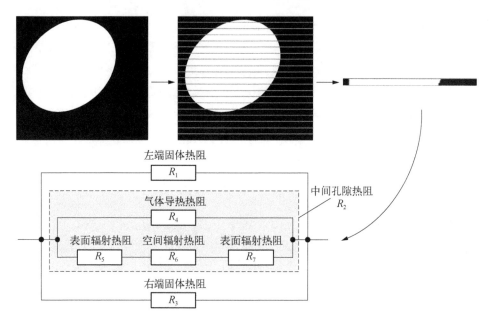

图 8.132 方向导热系数计算过程示意图

导热系数按照 x 方向切条也是如此计算。

计算出每条的并联热阻后,再将各条串联起来,从而得出方向总热阻,进而求得单元的方向有效导热系数。窄条的几何尺寸示意图见图 8.133。

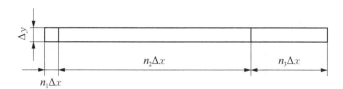

图 8.133 窄条的几何尺寸示意图

根据图 8.132 的串并联关系得出每一窄条的总热阻为

$$R_{\text{tot}}^i = \frac{R_1 R_3 R_4 (R_5 + R_6 + R_7)}{R_1 R_3 (R_5 + R_6 + R_7) + R_1 R_4 (R_5 + R_6 + R_7) + R_3 R_4 (R_5 + R_6 + R_7) + R_1 R_3 R_4}$$

$$(8.428)$$

而整个单元的总有效热阻为

$$R_{\text{tot}} = \sum_{i=1}^{N} R_{\text{tot}}^i \qquad (8.429)$$

根据傅里叶导热定律有

$$\phi_y = -\lambda A_y \cdot \frac{\partial T}{\partial y} = \frac{T_1 - T_2}{\dfrac{\delta_y}{\lambda A_y}} \tag{8.430}$$

类似欧姆定律,将温差看成电压,热流看成电流,则 $\dfrac{\delta_y}{\lambda A_y}$ 看成电阻,这里定义为导热热阻,这样根据热阻的定义有

$$R = \frac{\delta_y}{\lambda A_y} \tag{8.431}$$

将总热阻和有效导热系数代入式(8.431),可求得有效导热系数的关系为

$$R_{\text{tot}} = \frac{\delta_y}{\lambda_{\text{eff}} A_y} \tag{8.432}$$

进而有

$$\lambda_{\text{eff}} = \frac{\delta_y}{R_{\text{tot}} A_y} = \frac{n_y \Delta y}{R_{\text{tot}} n_x \Delta x} \tag{8.433}$$

根据式(8.431)同理得出左端固体导热热阻 R_1,右端固体导热热阻 R_3,中间气体导热热阻 R_4,它们的表达式分别为

$$R_1 = \frac{\Delta y}{\lambda_s n_1 \Delta x} \tag{8.434}$$

$$R_3 = \frac{\Delta y}{\lambda_s n_3 \Delta x} \tag{8.435}$$

$$R_4 = \frac{\Delta y}{\lambda_g n_2 \Delta x} \tag{8.436}$$

式中,λ_s 为固体的导热系数;λ_g 为气体的导热系数。

对于辐射热阻的确定,可以根据有效辐射的计算式;对于表面辐射热阻和空间辐射热阻,分别由式(8.437)和式(8.438)得出:

$$\phi_b = \frac{E_b - J}{\dfrac{1 - \varepsilon}{\varepsilon n_2 \Delta x}} \tag{8.437}$$

$$\phi_k = n_2 \Delta x X_{1,2}(J_1 - J_2) = \frac{J_1 - J_2}{\dfrac{1}{n_2 \Delta x X_{1,2}}} \tag{8.438}$$

式中, E_b 为黑体辐射力; J 为表面的有效辐射; ε 为表面的发射率; $X_{1,2}$ 为表面 1 到表面 2 的角系数。

为了与导热的热阻相匹配,需要对辐射的计算式进行转换,辐射力和温度的关系为

$$E = \sigma T^4 \tag{8.439}$$

则

$$\Delta E = \Delta(\sigma T^4) = 4\sigma T_m^3 \Delta T \tag{8.440}$$

式中, σ 为玻尔兹曼常数, 5.67×10^{-8} W/$(m^2 \cdot K^4)$; T_m 为单元的平均温度。

因此,式(8.437)和式(8.438)可以写为

$$\phi_b = \frac{E_b - J}{\dfrac{1 - \varepsilon}{\varepsilon n_2 \Delta x}} = \frac{4\sigma T_m^3(T_1 - T_2)}{\dfrac{1 - \varepsilon}{\varepsilon n_2 \Delta x}} = \frac{T_1 - T_2}{\dfrac{1 - \varepsilon}{4\sigma T_m^3 \varepsilon n_2 \Delta x}} \tag{8.441}$$

$$\phi_k = \frac{J_1 - J_2}{\dfrac{1}{n_2 \Delta x X_{1,2}}} = \frac{4\sigma T_m^3(T_1 - T_2)}{\dfrac{1}{n_2 \Delta x X_{1,2}}} = \frac{T_1 - T_2}{\dfrac{1}{4\sigma T_m^3 n_2 \Delta x X_{1,2}}} \tag{8.442}$$

辐射的表面热阻和空间热阻都可以写成导热热阻的形式:

$$R_5 = R_7 = \frac{1 - \varepsilon}{4\sigma T_m^3 \varepsilon n_2 \Delta x} \tag{8.443}$$

$$R_6 = \frac{1}{4\sigma T_m^3 n_2 \Delta x X_{1,2}} \tag{8.444}$$

通过以上分析,将辐射换热等效为导热过程,将等效导热热阻以串并联形式加入热网络系统。由于多孔材料固体骨架的吸收率很高,且不是每段窄条都有壁面,这里假设每段窄条上下表面都有黑度 $\varepsilon = 1$ 的没有厚度的假想壁面,这样表面辐射热阻就为 0,只需要计算空间辐射热阻。

矩形角系数的计算公式为

$$X_{1,2} = \frac{\sqrt{(n_2 \Delta x)^2 + (\Delta y)^2} - \Delta y}{n_2 \Delta x} \tag{8.445}$$

则

$$R_5 = \frac{1}{4\sigma T_m^3 \left[\sqrt{(n_2 \Delta x)^2 + (\Delta y)^2} - \Delta y \right]} \tag{8.446}$$

将式(8.434)~式(8.435)和式(8.446)代入式(8.433)即可求得单元的有效导热系数,在有效导热系数的有关计算中,国内外的学者都做了很多的研究,其中比较有代表性的有 Eucken、Russel、Loeb 以及陈则韶提出的经验公式。

$$\lambda_e = \lambda_s \frac{1 + 2\phi\left(\dfrac{1 - \lambda_s/\lambda_g}{2\lambda_s/\lambda_g + 1}\right)}{1 - \phi\left(\dfrac{1 - \lambda_s/\lambda_g}{2\lambda_s/\lambda_g + 1}\right)} \tag{8.447}$$

$$\lambda_e = \lambda_s \frac{\phi^{2/3} + \lambda_s/\lambda_g \cdot (1 - \phi^{2/3})}{\phi^{2/3} - \phi + \lambda_s/\lambda_g \cdot (1 - \phi^{2/3} + \phi)} \tag{8.448}$$

$$\lambda_e = \lambda_s \left[(1 - \phi_c) + \frac{\phi_c}{\phi_c \lambda_s / (4\sigma \varepsilon r d T_m^3) + (1 - \phi_L)} \right] \tag{8.449}$$

$$\begin{cases} P_\lambda = \dfrac{\lambda_g + 4X\sigma\varepsilon T_m^3 L_r}{\lambda_s}, \quad 0 < P_\lambda < \infty \\[3mm] \lambda_{\mathrm{et}} = \lambda_s \left[(1 - \phi_c) + \dfrac{\phi_c}{(1 - \phi_L) + \dfrac{\phi_L \lambda_s}{\lambda_g + 4r\sigma\varepsilon T_m^3 L_r}} \right] \\[5mm] \lambda_{\mathrm{eb}} = \lambda_s \left[(1 - \phi_L) + \dfrac{\phi_L}{(1 - \phi_c) + \phi_c P_\lambda} \right] \\[3mm] \lambda_e = \lambda_{\mathrm{et}} + (\lambda_{\mathrm{eb}} - \lambda_{\mathrm{et}}) \mathrm{e}^{-P_\lambda} \end{cases} \tag{8.450}$$

式中,λ_e 为多孔材料的有效导热系数;λ_s 为多孔材料固相的导热系数;λ_g 为气相的导热系数;ϕ 为孔隙率;ϕ_c 为横截面孔隙率;ϕ_L 为径向孔隙率;r 为气孔的几何因子;T_m 为计算平均温度;L_r 为气孔在热流向的平均长度;ε 为孔内壁发射率;σ 为玻尔兹曼常数;X 为等效角系数,$X = (0.35 + 0.65X_{eb})$,X_{eb} 为气孔顶面与底面的角系数。

为了不失一般性,在大孔隙率的多孔介质中考虑固相不连续的影响,固相是否连续对有效导热系数的影响较大,为此本研究分别计算出固相连续和不连续时的多孔介质有效导热系数,将两者的结果根据孔隙率的变化按式(8.451)的关系进行加权平均,计算出的有效导热系数结果如表 8.31 和图 8.134 所示。

$$\lambda_{eff} = \lambda_{eff,s} \times f + \lambda_{eff,g} \times (1 - f) \qquad (8.451)$$

式中,λ_{eff}、$\lambda_{eff,s}$、$\lambda_{eff,g}$ 分别表示平均、固相连续、固相不连续的有效导热系数;
$f = 1.07 - 9.79 \times \phi + 38.15 \times \phi^2 - 71.62 \times \phi^3 + 63.65 \times \phi^4 - 21.47 \times \phi^5$。

表 8.31   三种不同温度下有效导热系数随孔隙率的变化

ϕ	400 K			700 K			1 200 K		
	连续	分离	平均	连续	分离	平均	连续	分离	平均
0%	26.271	—	26.271	12.006	—	12.006	7.000	—	7.000
5%	24.709	0.785	16.796	11.299	0.759	7.814	6.594	0.728	4.654
10%	22.958	0.398	9.628	10.501	0.392	4.528	6.130	0.384	2.735
15%	21.153	0.267	5.508	9.679	0.264	2.627	5.653	0.262	1.614
20%	19.417	0.201	3.320	8.888	0.200	1.610	5.193	0.199	1.010
25%	17.631	0.161	2.220	8.074	0.161	1.093	4.721	0.162	0.699
30%	15.886	0.134	1.688	7.279	0.134	0.839	4.259	0.137	0.544
35%	14.205	0.115	1.400	6.513	0.116	0.699	3.815	0.120	0.456
40%	12.604	0.101	1.184	5.783	0.102	0.594	3.391	0.107	0.391
45%	11.004	0.090	0.965	5.054	0.091	0.489	2.968	0.098	0.328
50%	9.497	0.081	0.741	4.368	0.083	0.383	2.570	0.090	0.264
55%	8.064	0.074	0.529	3.715	0.076	0.283	2.191	0.085	0.204
60%	6.642	0.068	0.349	3.068	0.070	0.198	1.816	0.080	0.154
65%	5.267	0.063	0.220	2.443	0.065	0.137	1.455	0.077	0.118
70%	3.833	0.058	0.141	1.793	0.061	0.099	1.080	0.074	0.096

续　表

ϕ	400 K			700 K			1 200 K		
	连续	分离	平均	连续	分离	平均	连续	分离	平均
75%	2.101	0.055	0.095	1.020	0.057	0.076	0.645	0.071	0.083
80%	0.232	0.051	0.056	0.217	0.054	0.058	0.208	0.069	0.073
85%	0.135	0.048	0.051	0.132	0.052	0.054	0.134	0.068	0.070
90%	0.095	0.046	0.048	0.095	0.049	0.051	0.098	0.066	0.067
95%	0.073	0.043	0.044	0.074	0.047	0.048	0.077	0.065	0.066
100%	0.051	0.041	0.041	0.052	0.045	0.045	0.055	0.064	0.064

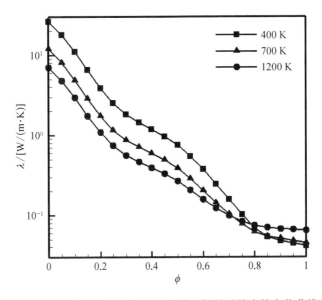

图 8.134　三种不同温度下有效导热系数随孔隙率的变化曲线

由图 8.134 可以看出,当温度为 400 K 时,孔隙率超过 65%以后,有效导热系数减小到 0.23 W/(m·K)以下,达到了保温材料的要求;而温度为 700 K 时,孔隙率超过 60%,有效导热系数减小到 0.23 W/(m·K)以下;当温度为 1 200 K 时,孔隙率超过 55%以后,有效导热系数减小到 0.23 W/(m·K)以下,且在高温时,随着孔隙率的增大,有效导热系数变化曲线有上升的趋势,这是由辐射作用逐渐增大造成的。

为了更好地显示辐射在有效导热系数中占有的比重,本节分析三种不同温度下,有效导热系数中辐射所占的比重随孔隙率的变化规律,如图 8.135 所示。由图可以看出,当温度超过 700 K 时,辐射的作用不可忽视,在有效导热系数中占有的比重越来越大,并随着孔隙率的增加,辐射作用逐渐超过导热作用,在有效导热系数部分而占据主要地位。

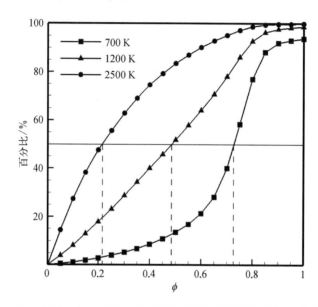

图 8.135 不同温度下辐射部分占有效导热系数的百分比随孔隙率的变化曲线

3) 密度、比热容、总源项的模拟

密度和比热容的模拟比较容易,就是固体骨架和空气的加权平均,可以表示为

$$\rho = \rho_g \cdot \varphi + \rho_s \cdot (1 - \varphi) \tag{8.452}$$

$$c_p = c_{p,g} \cdot \varphi + c_{p,s} \cdot (1 - \varphi) \tag{8.453}$$

总源项的模拟比较复杂,有流动产生的源项、化学反应的源项以及骨架升华导致的源项。三个源项的来源之间存在一定关系,温度上升导致化学反应加剧,并且升温带来骨架陶瓷部分的升华,升华导致了孔隙率的增大和源项的减少,化学反应会导致源项的增加,孔隙率的增加又会导致流动源项的增加,三者的变化引起的源项改变最后都可以转化为温度的关系。

温度上升导致的化学反应而带来的源项增加、升华导致的源项减少,以及流动带来的源项增加之间的关系都不明确,因此本节进行一些合理的假设,大量的试验证明,反应温度对化学反应速率的影响很大,到目前为止,已知反应速率随温度的关系大致有五种情形,如图 8.136 所示。

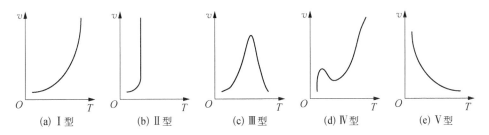

(a) Ⅰ型　　(b) Ⅱ型　　(c) Ⅲ型　　(d) Ⅳ型　　(e) Ⅴ型

图 8.136　温度对反应速率的影响

最常见的反应属于Ⅰ型,因此本节假设反应速率与温度是按Ⅰ型指数关系,按照 Arrhenius 定律,也可以假设化学反应速率和温度的关系为

$$v = C_0 \cdot e^{-C_1/T} \tag{8.454}$$

化学反应生成的热源项为

$$S_{cr} = C_2 \cdot v \cdot d\tau = C_c \cdot e^{-C_1/T} \tag{8.455}$$

对于升华吸热所带来的热源项为

$$S_{sl} = - C_s \cdot T \tag{8.456}$$

由升华和化学反应带来孔隙率的变化为

$$\Delta\varphi = C_s' \cdot T + C_c' \cdot e^{-C_1/T} \tag{8.457}$$

对于流动项所带来的源项,应与孔隙率相关联:

$$S_{fl} = C_f \cdot (\phi + \Delta\phi) \tag{8.458}$$

这样总源项的表达式为

$$
\begin{aligned}
S_{tot} &= S_{cr} + S_{sl} + S_{fl} \\
&= C_c \cdot e^{-C_1/T} - C_s \cdot T + C_f \cdot (\phi + \Delta\phi)
\end{aligned}
\tag{8.459}
$$

式中,C_c、C_s、C_f 分别为与化学反应、物理升华及流动相关的系数;C_1 为化学反应速率系数;T 为温度;ϕ 为孔隙率。

根据以上的公式关系,假设相应的系数,得出内热源的具体函数关系,绘出内热源 S_{nr} 随温度 T 变化的曲线,如图 8.137 所示。

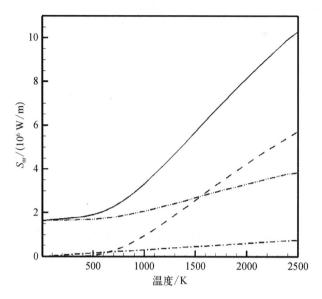

图 8.137　内热源项随温度的变化关系曲线

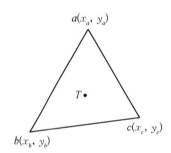

图 8.138　三角形单元示意

4）有限单元法求解温度场和热流

本研究采用有限元方法计算多孔密封材料内温度场和边界热流,考虑二维多孔密封材料的模型,采用三角形单元,如图 8.138 所示。

假设单元 i 上温度 T 的试探函数为

$$\tilde{T} = a_1 + a_2 x + a_3 y \tag{8.460}$$

则相应有

$$\begin{cases} T_a = a_1 + a_2 x_a + a_3 y_a \\ T_b = a_1 + a_2 x_b + a_3 y_b \\ T_c = a_1 + a_2 x_c + a_3 y_c \end{cases} \tag{8.461}$$

写成矩阵形式:

$$\begin{bmatrix} T_a \\ T_b \\ T_c \end{bmatrix} = \begin{bmatrix} 1 & x_a & y_a \\ 1 & x_b & y_b \\ 1 & x_c & y_c \end{bmatrix} \begin{bmatrix} a_1 \\ a_2 \\ a_3 \end{bmatrix} \tag{8.462}$$

则

$$\begin{bmatrix} a_1 \\ a_2 \\ a_3 \end{bmatrix} = \begin{bmatrix} 1 & x_a & y_a \\ 1 & x_b & y_b \\ 1 & x_c & y_c \end{bmatrix}^{-1} \begin{bmatrix} T_a \\ T_b \\ T_c \end{bmatrix} \tag{8.463}$$

因为：

$$\begin{bmatrix} 1 & x_a & y_a \\ 1 & x_b & y_b \\ 1 & x_c & y_c \end{bmatrix}^{-1} = \frac{1}{\begin{vmatrix} 1 & x_a & y_a \\ 1 & x_b & y_b \\ 1 & x_c & y_c \end{vmatrix}} \begin{bmatrix} \begin{vmatrix} x_b & y_b \\ x_c & y_c \end{vmatrix} & -\begin{vmatrix} x_a & y_a \\ x_c & y_c \end{vmatrix} & \begin{vmatrix} x_a & y_a \\ x_b & y_b \end{vmatrix} \\ -\begin{vmatrix} 1 & y_b \\ 1 & y_c \end{vmatrix} & \begin{vmatrix} 1 & y_a \\ 1 & y_c \end{vmatrix} & -\begin{vmatrix} 1 & y_a \\ 1 & y_b \end{vmatrix} \\ \begin{vmatrix} 1 & x_b \\ 1 & x_c \end{vmatrix} & -\begin{vmatrix} 1 & x_a \\ 1 & x_c \end{vmatrix} & \begin{vmatrix} 1 & x_a \\ 1 & x_b \end{vmatrix} \end{bmatrix} \tag{8.464}$$

令

$$\begin{cases} \varepsilon_a = \begin{vmatrix} x_b & y_b \\ x_c & y_c \end{vmatrix}, & \varepsilon_b = -\begin{vmatrix} x_a & y_a \\ x_c & y_c \end{vmatrix}, & \varepsilon_c = \begin{vmatrix} x_a & y_a \\ x_b & y_b \end{vmatrix} \\ \eta_a = -\begin{vmatrix} 1 & y_b \\ 1 & y_c \end{vmatrix}, & \eta_b = \begin{vmatrix} 1 & y_a \\ 1 & y_c \end{vmatrix}, & \eta_c = -\begin{vmatrix} 1 & y_a \\ 1 & y_b \end{vmatrix} \\ \xi_a = \begin{vmatrix} 1 & x_b \\ 1 & x_c \end{vmatrix}, & \xi_b = -\begin{vmatrix} 1 & x_a \\ 1 & x_c \end{vmatrix}, & \xi_c = \begin{vmatrix} 1 & x_a \\ 1 & x_b \end{vmatrix} \end{cases} \tag{8.465}$$

将式(8.465)和式(8.464)代入式(8.463)可得

$$\begin{bmatrix} a_1 \\ a_2 \\ a_3 \end{bmatrix} = \frac{1}{\eta_a \xi_b - \xi_a \eta_b} \begin{bmatrix} \varepsilon_a & \varepsilon_b & \varepsilon_c \\ \eta_a & \eta_b & \eta_c \\ \xi_a & \xi_b & \xi_c \end{bmatrix} \begin{bmatrix} T_a \\ T_b \\ T_c \end{bmatrix} \tag{8.466}$$

因为：

$$\begin{cases} c_a = (x_a - x_c)i + (y_a - y_c)j + 0k \\ c_b = (x_b - x_c)i + (y_b - y_c)j + 0k \end{cases} \tag{8.467}$$

$$| c_a \times c_b | = | c_a | | c_b | \cdot \sin\theta = 2A \tag{8.468}$$

$$| c_a \times c_b | = \begin{vmatrix} i & j & k \\ x_a - x_c & y_a - y_c & 0 \\ x_b - x_c & y_b - y_c & 0 \end{vmatrix}$$

$$= [(y_b - y_c)(x_a - x_c) - (y_a - y_c)(x_b - x_c)]$$

$$= \eta_a \xi_b - \xi_a \eta_b = 2A$$

(8.469)

将式(8.469)代入式(8.468)可化为

$$\begin{bmatrix} a_1 \\ a_2 \\ a_3 \end{bmatrix} = \frac{1}{2A} \begin{bmatrix} \varepsilon_a & \varepsilon_b & \varepsilon_c \\ \eta_a & \eta_b & \eta_c \\ \xi_a & \xi_b & \xi_c \end{bmatrix} \begin{bmatrix} T_a \\ T_b \\ T_c \end{bmatrix}$$

(8.470)

所以:

$$\begin{cases} a_1 = \dfrac{1}{2A}(\varepsilon_a T_a + \varepsilon_b T_b + \varepsilon_c T_c) \\[2mm] a_2 = \dfrac{1}{2A}(\eta_a T_a + \eta_b T_b + \eta_c T_c) \\[2mm] a_3 = \dfrac{1}{2A}(\xi_a T_a + \xi_b T_b + \xi_c T_c) \end{cases}$$

(8.471)

因此可得

$$T = a_1 + a_2 x + a_3 y$$

$$= \frac{1}{2A} [(\varepsilon_a T_a + \varepsilon_b T_b + \varepsilon_c T_c) + (\eta_a T_a + \eta_b T_b + \eta_c T_c) x + (\xi_a T_a + \xi_b T_b + \xi_c T_c) y]$$

$$= \frac{1}{2A} [(\varepsilon_a + \eta_a x + \xi_a y) T_a + (\varepsilon_b + \eta_b x + \xi_b y) T_b + (\varepsilon_c + \eta_c x + \xi_c y) T_c]$$

(8.472)

令

$$\begin{cases} N_a = \dfrac{1}{2A}(\varepsilon_a + \eta_a x + \xi_a y) \\[2mm] N_b = \dfrac{1}{2A}(\varepsilon_b + \eta_b x + \xi_b y) \\[2mm] N_c = \dfrac{1}{2A}(\varepsilon_c + \eta_c x + \xi_c y) \end{cases}$$

(8.473)

则式(8.472)可化为

$$T = N_a T_a + N_b T_b + N_c T_c = (N_a,\ N_b,\ N_c) \begin{bmatrix} T_a \\ T_b \\ T_c \end{bmatrix} \tag{8.474}$$

因为:

$$\begin{cases} x = N_a x_a + N_b x_b + N_c x_c = N_a x_a + N_b x_b + (1 - N_a - N_b) x_c \\ y = N_a y_a + N_b y_b + N_c y_c = N_a y_a + N_b y_b + (1 - N_a - N_b) y_c \end{cases} \tag{8.475}$$

根据坐标转换公式有

$$\mathrm{d}x\mathrm{d}y = \left| \frac{\partial(x,\ y)}{\partial(N_a,\ N_b)} \right| \mathrm{d}N_a \mathrm{d}N_b = \begin{vmatrix} \dfrac{\partial x}{\partial N_a} & \dfrac{\partial x}{\partial N_b} \\ \dfrac{\partial y}{\partial N_a} & \dfrac{\partial y}{\partial N_b} \end{vmatrix} \mathrm{d}N_a \mathrm{d}N_b \tag{8.476}$$

$$= \begin{vmatrix} x_a - x_c & x_b - x_c \\ y_a - y_c & y_b - y_c \end{vmatrix} \mathrm{d}N_a \mathrm{d}N_b = 2A\mathrm{d}N_a \mathrm{d}N_b$$

因此有

$$\iint_\Omega N_a \mathrm{d}x\mathrm{d}y = \iint_{\Omega'} 2A N_a \mathrm{d}N_a \mathrm{d}N_b = 2A \int_0^1 N_a \int_0^{1-N_a} \mathrm{d}N_b \mathrm{d}N_a = \frac{A}{3} \tag{8.477}$$

同理有

$$\iint_\Omega N_i \mathrm{d}x\mathrm{d}y = \frac{A}{3},\quad i = a,\ b,\ c \tag{8.478}$$

$$\iint_\Omega N_a N_b \mathrm{d}x\mathrm{d}y = \iint_{\Omega'} 2A N_a N_b \mathrm{d}N_a \mathrm{d}N_b = 2A \int_0^1 N_a \int_0^{1-N_a} N_b \mathrm{d}N_b \mathrm{d}N_a = \frac{A}{12} \tag{8.479}$$

同理有

$$\iint_\Omega N_i N_j \mathrm{d}x\mathrm{d}y = \frac{A}{3},\quad i,\ j = a,\ b,\ c \text{ 且 } i \neq j \tag{8.480}$$

$$\iint_\Omega N_a^2 \mathrm{d}x\mathrm{d}y = \iint_{\Omega'} 2A N_a^2 \mathrm{d}N_a \mathrm{d}N_b = 2A \int_0^1 N_a^2 \int_0^{1-N_a} \mathrm{d}N_b \mathrm{d}N_a = \frac{A}{6} \tag{8.481}$$

同理有

$$\iint_{\Omega} N_i^2 \mathrm{d}x\mathrm{d}y = \frac{A}{6}, \quad i = a, b, c \tag{8.482}$$

在有了以上的预备知识以后,可以从导热微分方程出发推导出三角形单元的二维非稳态有内热源的导热微分方程的有限元形式。

二维非稳态有内热源的导热微分方程为

$$\rho c_p \frac{\mathrm{d}T}{\mathrm{d}\tau} + \nabla \cdot (-\lambda \nabla T) = \dot{\Phi} \tag{8.483}$$

对式(8.452)进行伽略金弱解形式:

$$\sum_{e=1}^{m} \frac{\partial J^e}{\partial T_i} = \int_{\Omega} \left[\rho c_p \frac{\mathrm{d}}{\mathrm{d}\tau} + \nabla \cdot (-\lambda \nabla T) - \dot{\Phi} \right] w_i \mathrm{d}\Omega = 0, \quad i = 1, 2, \cdots, n \tag{8.484}$$

式中,n 为节点总数;m 为单元总数。

$$\frac{\partial J^e}{\partial T_i} = \int_{\Omega} \rho c_p \frac{\mathrm{d}T}{\mathrm{d}\tau} w_i \mathrm{d}\Omega + \int_{\Omega} \nabla \cdot (-\lambda \nabla T) w_i \mathrm{d}\Omega - \int_{\Omega} \dot{\Phi} w_i \mathrm{d}\Omega, \quad i = a, b, c \tag{8.485}$$

因为:

$$(\nabla \cdot u)v = \nabla \cdot (vu) - (\nabla v) \cdot u \tag{8.486}$$

所以式(8.485)可化为

$$\frac{\partial J^e}{\partial T_i} = \int_{\Omega} \rho c_p \frac{\mathrm{d}T}{\mathrm{d}\tau} w_i \mathrm{d}\Omega + \int_{\Omega} [\nabla \cdot (-\lambda w_i \nabla T) + \lambda \nabla w_i \cdot \nabla T] \mathrm{d}\Omega - \int_{\Omega} u w_i \mathrm{d}\Omega \tag{8.487}$$

根据高斯公式有

$$\int_{\Omega} \nabla \cdot u \mathrm{d}\Omega = \oint_{\Gamma} u \cdot n \mathrm{d}s \tag{8.488}$$

则式(8.456)可化为

$$\frac{\partial J^e}{\partial T_i} = \int_\Omega \rho c_p \frac{\mathrm{d}T}{\mathrm{d}\tau} w_i \mathrm{d}\Omega + \oint_\Gamma - \lambda w_i \nabla T \mathrm{d}s + \int_\Omega \lambda \nabla w_i \cdot \nabla T \mathrm{d}\Omega - \int_\Omega \dot{\Phi} w_i \mathrm{d}\Omega$$

$$(8.489)$$

令

$$- \lambda \nabla T = Q_k \qquad (8.490)$$

当边界为第一类边界条件时，$Q_k = 0$；当边界为第二类边界条件时，$Q_k = Q_b$；当边界为第三类边界条件时，$Q_k = h_f(T - T_f)$。

则式(8.489)可简写为

$$\int_\Omega \rho c_p \frac{\mathrm{d}T}{\mathrm{d}\tau} w_i \mathrm{d}\Omega + \oint_\Gamma Q_k w_i \mathrm{d}s + \int_\Omega \lambda \nabla w_i \cdot \nabla T \mathrm{d}\Omega - \int_\Omega \dot{\Phi} w_i \mathrm{d}\Omega = 0 \quad (8.491)$$

对于内部单元，令

$$w_i = N_i = \frac{1}{2A}(\varepsilon_i + \eta_i x + \xi_i y) \qquad (8.492)$$

则

$$\begin{cases} \dfrac{\partial w_i}{\partial x} = \dfrac{\eta_i}{2A}, \quad \dfrac{\partial w_i}{\partial y} = \dfrac{\xi_i}{2A} \\[2mm] \dfrac{\partial T}{\partial x} = \dfrac{1}{2A}(\eta_a T_a + \eta_b T_b + \eta_c T) \\[2mm] \dfrac{\partial T}{\partial y} = \dfrac{1}{2A}(\xi_a T_a + \xi_b T_b + \xi_c T) \end{cases} \qquad (8.493)$$

在边界单元上，如图 8.139 所示，温度的差值关系不再跟三个节点有关，若 bc 为边界，则 bc 边上的温度与 a 点无关，可令插值函数为

$$T = (1 - g)T_b + gT_c \qquad (8.494)$$

其中，

$$0 \leqslant g \leqslant 1,$$

$$S_a = \sqrt{(x_b - x_c)^2 + (y_b - y_c)^2} = \sqrt{\eta_a^2 + \xi_a^2}$$

$$(8.495)$$

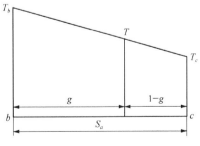

图 8.139　边界单元温度差值示意图

积分中的弧长变量 S 可用 S_a 和 g 来关联。

$$S = S_a g, \quad \mathrm{d}s = S_a \mathrm{d}g \tag{8.496}$$

边界上温度的插值函数改变,因此权函数也改变,若 bc 边在边界上,则可令

$$\begin{cases} w_a = \dfrac{\partial T}{\partial T_a} = 0 \\[2mm] w_b = \dfrac{\partial T}{\partial T_b} = 1 - g \\[2mm] w_c = \dfrac{\partial T}{\partial T_c} = g \end{cases} \tag{8.497}$$

若边界为第一类边界条件,则式(8.491)中的线积分项为 0;若边界为第二类边界条件,则式(8.491)中的线积分项可化为

$$\begin{cases} \displaystyle\int_{bc} Q_b w_a \mathrm{d}s = 0 \\[3mm] \displaystyle\int_{bc} Q_b w_b \mathrm{d}s = Q_b \int_0^1 (1 - g) S_a \mathrm{d}g = \dfrac{Q_b S_a}{2} \\[3mm] \displaystyle\int_{bc} Q_b w_c \mathrm{d}s = Q_b \int_0^1 g S_a \mathrm{d}g = \dfrac{Q_b S_a}{2} \end{cases} \tag{8.498}$$

若边界为第三类边界条件,则式(8.491)中的线积分项可化为

$$\begin{cases} \displaystyle\int_{bc} h_f (T - T_f) w_a \mathrm{d}s = 0 \\[3mm] \displaystyle\int_{bc} h_f (T - T_f) w_b \mathrm{d}s = \int_0^1 h_f [(1 - g) T_b + g T_c - T_f](1 - g) S_a \mathrm{d}g \\[3mm] \qquad\qquad\qquad\qquad = \dfrac{h_f S_a}{3} T_b + \dfrac{h_f S_a}{6} T_c - \dfrac{h_f S_a}{2} T_f \\[3mm] \displaystyle\int_{bc} h_f (T - T_f) w_c \mathrm{d}s = \int_0^1 h_f [(1 - g) T_b + g T_c - T_f] g S_a \mathrm{d}g \\[3mm] \qquad\qquad\qquad\qquad = \dfrac{h_f S_a}{6} T_b + \dfrac{h_f S_a}{3} T_c - \dfrac{h_f S_a}{2} T_f \end{cases} \tag{8.499}$$

将式(8.493)和式(8.499)代入式(8.491)中,可得

$$\frac{\partial J^e}{\partial T_i} = \int_\Omega \rho c_p \frac{dT}{d\tau} w_i d\Omega + \oint_\Gamma Q_k w_i ds + \int_\Omega \lambda \nabla w_i \cdot \nabla T d\Omega - \int_\Omega \dot{\Phi} w_i d\Omega$$

$$= \frac{A}{6}\rho c_p \frac{dT_i}{d\tau} + \frac{A}{12}\rho c_p \frac{dT_j}{d\tau} - \frac{A}{3}\dot{\Phi}$$

$$+ \frac{\lambda}{4A}(\eta_i \eta_a T_a + \eta_i \eta_b T_b + \eta_i \eta_c T_c + \xi_i \xi_a T_a + \xi_i \xi_b T_b + \xi_i \xi_c T_c)$$

$$+ \frac{1}{2}\,|\,\delta_{ik} - 1\,|\,Q_b\sqrt{\eta_k^2 + \xi_k^2} + \frac{1}{3}h_f\sqrt{\eta_k^2 + \xi_k^2}\,|\,\delta_{ik} - 1\,|\,T_i$$

$$+ \frac{1}{6}h_f\sqrt{\eta_k^2 + \xi_k^2}\,|\,\delta_{ik} - 1\,|\,T_j - \frac{1}{2}h_f\sqrt{\eta_k^2 + \xi_k^2}\,|\,\delta_{ik} - 1\,|\,T_f$$

$$(8.500)$$

式中，$i, j, k = a, b, c$ 且 $i \neq j$；k 为边界标记；i 为偏导标记。

其中，

$$\delta_{ik} = \begin{cases} 1, & k = i \\ 0, & k \neq i \end{cases}$$

　　求出每个单元的有限元系数以后，当求整个场的温度时，需要将这些表达式联立，式(8.484)和式(8.500)是方程组合成的基础，式(8.484)中含有 n 个线性代数方程，除去第一类边界条件中已知的 L 个温度点，一共有 $n-L$ 个方程。对每个节点来说，不是所有单元都包含该节点，因此对于不包含该节点的单元对该节点温度的偏导数为 0，这样方程组的每个公式中只包含部分节点，进而大大节省计算量。对于每个方程组的系数与所划分的网格有关，不能给出具体的系数。

　　经过算例验证，本节所编制的二维有限元导热程序对第一类、第二类、第三类边界条件的处理都是正确的，对于非稳态的问题处理也是恰当的。

8.8.5　填充密封材料的热密封结构的热量传递模型与计算方法

　　针对连接部位狭缝中填充密封材料的热密封结构，在狭缝-空腔流固耦合传热模型和热密封材料热量扩散机理的研究基础上，考虑热密封材料对高速气流侵入狭缝的阻隔作用和孔隙骨架与扩散气流的换热，建立此类热密封结构的耦合传热模型和计算方法。

　　对于密封结构 1 单缝结构，将缝隙 1 中填充隔热毡，考虑热密封材料对高速气流侵入狭缝的阻隔作用和孔隙骨架与扩散气流的换热，将两种作用分别以源项的形式加入流场的动量源项和能量源项中,具体计算模型如图 8.140 所示。

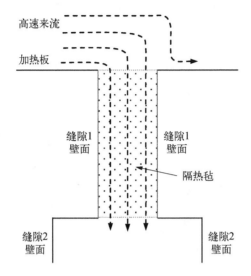

高速来流

加热板

缝隙1
壁面

缝隙1
壁面

隔热毡

缝隙2
壁面

缝隙2
壁面

图 8.140　隔热毡(多孔材料)计算模型示意图

气流流经多孔材料,固体骨架对气流产生阻碍作用,将这种阻碍作用等效处理成动量方程中的源项。加入多孔材料阻碍源项的动量方程如下:

$$\frac{\partial(\rho u_i)}{\partial t} + \frac{\partial(\rho u_j u_i)}{\partial x_j} = -\frac{\partial p}{\partial x_i} + \frac{\partial \tau_{ji}}{\partial x_j} + S_i^M \quad (8.501)$$

式中, $S_i^M = -Cu_i$

动量方程中存在 $-\dfrac{\partial p}{\partial x_i}$ 项,根据达西定律 $-\dfrac{\partial p}{\partial x_i} = \dfrac{\mu}{K}u_i$,可推得阻力源项中:

$$C = \frac{\mu}{\phi K} \quad (8.502)$$

式中,渗透率 K 通常是根据 Vafai 总结的经验公式确定的:

$$K = d_f^2 \phi^3 / [150(1 - \phi)^2] \quad (8.503)$$

式中, d_f 为当量尺寸。

缝隙 1 中单向流动明显,因此只考虑多孔材料对于气流沿其轴线方向的阻碍源项。

气流流经多孔材料过程中,与多孔材料固体骨架间存在对流换热,将这部分

换热等效成能量方程的源项加入能量方程中:

$$S = \dot{\Phi} = \phi/V = -a_v g \Delta T = -a_v(T - T_e) \tag{8.504}$$

式中,$\dot{\Phi}$ 为单位源项单位体积发热率;T_e 为固体骨架温度。对于能量方程,S 为负值,并且由于缝隙 1 宽度较小,认为其左右两端温差不大,将固体骨架温度 T_e 处理成缝隙 1 两侧壁面温度的平均值。

多孔材料内部对流换热系数,由牛顿冷却公式得

$$a_v = \phi/V \cdot \Delta T \tag{8.505}$$

式中,V 为体积,m^3;ΔT 为固体骨架与气流的温度差值。

同时,依据习惯能体积努塞尔数可以表示为

$$Nu_v = \frac{a_v d_f^2}{\lambda} \tag{8.506}$$

式中,d_f 为依据结构不同而选取的当量直径。

平均努塞尔数流量等参数的关系用 Poluaev 提出的公式计算。该公式是目前研究多孔材料对流传热问题被广泛应用的半经验关联式,其基本形式为

$$Nu_v = 2A[\phi(1 - \phi)]^{1.5} \frac{d_f}{d_k} Pe_\phi \tag{8.507}$$

式中,$Nu_v = \dfrac{a_v d_f^2}{\lambda}$;$Pe = \dfrac{c_0 \dot{m} d_f}{\lambda_0}$;质量流量 $\dot{m} = \rho |v|$;a_v 为体积平均换热系数;ϕ 为孔隙率;d_f 为多孔材料计算尺寸;$d_k = \sqrt{32K/\phi}$,是一个与孔隙率和渗透率有关的量,具有长度量纲;K 为材料的渗透率;A 为该公式中的一个可变参数,对应具体不同的多孔结构,其值可以取在 0.088~0.114,它的单位是长度的倒数。

8.9 小结

本章主要分为三部分内容对防热、隔热以及热密封材料的热防护机理模型与计算分析方法进行论述。其中,防热部分重点围绕碳基防热材料、陶瓷基防热材料、树脂基防热材料在高超声速飞行器气动热环境条件下的防热机理进行论述,并对以低烧蚀碳/碳等材料为代表的经过难熔抗烧蚀组元工艺优化

后材料的热防护机理与计算方法进行介绍;隔热部分主要针对纳米气凝胶隔热材料,从宏观、微细观层面建立气凝胶隔热材料传热模型,并结合地面试验结果对材料的宏观等效热导率进行辨识,最终形成满足工程设计需求的纳米气凝胶隔热材料仿真分析方法;热密封部分主要针对热量在几类典型密封结构中传递模型与计算方法、密封材料基本性能指标等进行介绍。

参考文献

[1] 岑可法,姚强,骆仲泱,等.高等燃烧学[M].杭州:浙江大学出版社,2022.

[2] 姜贵庆,刘连元.高速气流传热与烧蚀热防护[M].北京:国防工业出版社,2003.

[3] 王国雄,马鹏飞.弹头技术[M].北京:中国宇航出版社,2009.

[4] 范绪箕.气动加热与热防护系统[M].北京:科学出版社,2004.

[5] 黄志澄,程永鑫.航天空气动力学[M].北京:中国宇航出版社,2008.

[6] David W H, Joseph H K, Ofodike A E. Kinetics and Thermophysical Properties of Polymer Nanocomposites for Solid Rocket Motor Insulation[J]. Journal of Spacecraft and Rockets, 2009, 46(3): 526 – 544.

[7] 国义军,周述光,曾磊,等.碳基材料氧化烧蚀的快/慢反应动力学问题[J].实验流体力学,2019, 33(2): 17 – 22.

[8] 国义军,桂业伟,童福林,等.碳/碳化锆复合材料烧蚀机理和计算方法研究[J].空气动力学学报,2013,31(1): 22 – 26.

[9] 邓代英,罗晓光,陈思员.C/SiC 材料主被动氧化转换机理及工程预测方法[J].中国科学:技术科学,2013,43(6): 801 – 806.

[10] 姜贵庆,李仲平,俞继军.硅基复合材料粘性系数的参数辨识[J].空气动力学学报,2008,26(4): 452 – 455.

[11] 马伟,王苏,崔季平,等.酚醛树脂的热解动力学模型[J].物理化学学报,2008,24(6): 1090 – 1094.

第 9 章

试 验 技 术

9.1 概述

高超声速飞行器面临严峻的气动加热,为了保证飞行器的安全和内部设备正常工作,需要准确确定气动热环境,进行有效的热防护和结构设计并通过地面试验考核,因此气动热环境试验、结构热试验是高超声速飞行器的关键技术难题。

9.2 高超声速飞行器地面试验面临的难点与需求

高超声速飞行器的结构热防护设计一直是飞行器设计中的关键技术,设计中的主要挑战是结构设计和材料选择要在经受住高速飞行条件下气动加热载荷的同时,满足结构表面非/低烧蚀、热密封、热匹配以及隔热(舱内环境)等要求,这些要求给地面试验带来了巨大和复杂的挑战。

9.2.1 热防护试验

热防护设计的流程主要包括以下几个方面: ① 通过计算准确给出飞行弹道经历的气动加热环境;② 选取较小热载荷的气动外形;③ 选取有效的热防护材料和结构方案,并开展烧蚀量及防热层的温度计算;④ 进行有效的试验验证,包括地面试验与飞行试验。高超声速飞行器长时间工作在气动加热环境下,这对结构热防护系统的设计提出了更高的要求,除了要求提高材料的性能,还要求有更小的设计余量和更好的综合性能。

地面试验是研究气动加热、结构和防热问题的重要手段之一,其不仅是检验和修正理论计算的重要依据,同时也是确定材料性能、筛选材料、确定方案和检验产品的重要手段,是检验气动加热、结构和防热设计可靠性、合理性的重要途径。

在结构和防热的地面热试验中,按照加热方式,主要分为对流加热和非对流加热两类。其中,对流加热以高焓风洞为代表,依靠电弧、电磁感应等方式,产生高温高速气流,模拟高温、高焓、高速环境,实现强迫对流换热,研究试件材料的防隔热性能、烧蚀特性、抗冲刷性能及热匹配性能等。风洞试验主要应用于飞行器方案设计阶段,其优点在于可以真实地模拟气动载荷状态及气流对表面的剪切效应,但风洞对流加热对试件尺寸有较大的限制,并且运行时间短,成本高昂,因此对于大尺寸的舱段部件、长时间飞行的结构热试验,还无法应用高温风洞来模拟实现。非对流加热采用地面石英灯、石墨加热器等设备加热,主要应用于舱段级和全尺寸飞行器的力、热等大型试验。

长时间飞行的高超声速飞行器对试验能力提出了很高的要求,需要围绕如何复现真实的高超声速飞行环境条件开展试验进行设备能力的改进和试验设计。高超声速飞行器相对于传统再入飞行器,气动外形和热环境都复杂得多,为了更精确地进行地面试验模拟,一方面需要不断提升试验设备的能力,另一方面还需要关注地面试验的天地差异性和有效性,具体内容包括以下几方面:

(1) 地面风洞流场组分及结构的天地差异问题,如地面电弧风洞、燃气流风洞流场组分及结构的天地差异(焓值、热流、压力、组分等参数)等均会直接影响地面试验考核的有效性及结果评价;随着飞行器的长时间飞行,天地差异的积累会对飞行器方案的设计和考核评价带来较大的影响,有必要开展深入的研究,指导风洞试验条件的设计、校正,以及结果分析和评价。

(2) 试验的天地差异性及影响,地面高焓风洞试验流场环境与真实飞行环境的天地差异作为一种客观存在的现象,可以视为飞行器外部环境的一种"输入",而飞行器表面材料的催化效应,可视为飞行器对外部环境热响应的一个传递因子,即催化效应会直接影响不同流场环境在飞行器上的热响应,从而带来试验的天地差异。

(3) 辐射加热的作用机理及其对热试验的适用问题,辐射加热设备与飞行状态下对流换热在作用机理上存在差异,直接影响试验考核条件的设计和热试验的有效性。

（4）热结构材料的热响应机理问题,材料的氧化、烧蚀、温升等热响应现象,它们均与流场结构、组分等环境参数密切相关。结构设计通常采用复合材料,上述问题研究积累不足,有必要开展深入的研究,为方案的设计、试验的分析和评价提供支撑。

9.2.2　力学试验

传统型号的地面力学试验技术历经多年研究与工程应用,目前已比较成熟。但以先进复合材料大型主承力结构为代表的高超声速结构地面力学试验,尤其是力热耦合试验还具有相当大的难度和挑战,防热承力一体化结构属于世界前沿的科学和工程难题。材料表现出极为复杂的力学特性化,地面试验需要考虑的因素复杂多样,对于试验力、热载荷的协调性和同步性等都有极高的要求,因此结构设计和地面试验考核的合理性,是结构研制成功的关键所在。

力热耦合试验包括全尺寸结构的静热联合试验、高温振动试验、高温模态试验以及典型部段的热噪声试验等。这些试验是验证结构,尤其是作为热结构的设计合理性和强度分析正确性的最主要手段,对保证结构设计和产品可靠性等方面起着重要作用。据资料显示,美国、俄罗斯等国家经过多年的发展,已建立了以先进复合材料全尺寸结构热静/动强度试验为核心的完整试验体系。在我国航天工程领域,先进复合材料结构的力热耦合试验刚刚起步,距离世界先进水平还有很大的差距,在试验的规范化和系统化方面的相关积累也非常薄弱。

飞行器结构经历的气动热环境具有热流密度大且随时间快速变化的特点,结构形成非均匀的温度分布,且随时间变化,其产生的热应力和变形是时间和空间的函数,使结构的静热联合试验技术具备以下特点。

（1）必须模拟飞行时序过程。静热联合试验过程中需要模拟的是飞行过程的热环境和载荷环境,这是因为决定每一时刻结构热应力的瞬态温度场取决于此时刻之前热输入的累积效应,只有真实地按照飞行时序模拟气动加热整个时间历程,才能复现各个时刻结构中的温度、应力和变形状态。此外,结构中的最终应力是外载荷引起的应力和热应力叠加的结果,载荷也应按飞行时序与加热时间协调一致同步地进行过程模拟。因此,对试验提出了严格按照真实的飞行时间历程、实现多种环境组合、多参量同步协调控制以及高度自动化等技术要求。

（2）采用全尺寸结构进行试验。结构静热联合试验一般不采用缩比模型作为试验对象,由于温度和时间因素的引入,大大增加了模型设计和相似试验条件制定的难度,模型试验须同时满足温度、应变、时间以及其他因素的相似关系。采用全尺寸结构进行试验,可直接获得有效的试验结果,指导结构设计。但由于采用全尺寸结构,往往使得试验设施的规模较大,试验所需动力大到数千瓦至数万千瓦,用于试验控制和测量的输入、输出通道多至几百到几千个。同时要求系统工作高度可靠,在不发生危及人身及设备安全的情况下,试验过程一般不能中断也不能重复,应确保试验一次成功。

(3) 必须实现组合环境模拟。飞行器飞行中结构同时承受热载和外力载荷的作用,结构响应是热环境和力学环境组合作用下的耦合效应。为了获得尽可能真实的结构响应,力、热环境因素的作用须同时加于试验对象,多环境因素在同一试验中实现时间和空间上的耦合,使得试验技术更加复杂。试验设计必须妥善处理其兼容性和同步性要求、而非接触式试验加热和测量技术的采用,为实现组合环境试验提供了可能。

(4) 多采用瞬态控制和测量技术。静热联合试验所涉及的参数是时变参数,力、热环境随时间的变化梯度大,要求试验中对这些参数的控制和测量适应这一特点,试验的控制和测量手段应具有良好的动态特性。试验系统的综合集成以及试验质量的评定也都要在动态理论的基础上进行,这些都增加了力热试验技术的难度和复杂性。

从以上特点可以看出,高超声速飞行器结构的静热联合试验是一项规模大、涉及面广、能源消耗多,以及对加载、控制与测量技术有较高要求的地面模拟试验。

考虑到复合材料结构及临近空间环境的特点,试验环境模拟一是要考虑长航时,要有能冷却石英灯管壁的模块化灯组,实现长航时试验;二是具有更高加热率,如电弧灯、石墨加热元件与聚焦灯加热技术,形成对高加热率的驻点线气动热模拟能力。试验实施过程中热、力同时出现在结构表面,在空间上出现重叠,因此要保证加力设备与加热设备的空间协调性,并考虑热防护及热影响的时间历程特性。

静热联合试验是在静力强度试验研究的基础上,引入热环境发展出来的。因此,静热联合试验的实施就需要重视试验的加热方法、如何测量温区干扰、加热器末端效应以及对流影响,保证试验热流测量方法和高温应变测试方法的有效性,进而保证边界条件的合理性。由于试验条件下形成的热载条件并不能完全真实地模拟飞行热载条件,试验件上安装的传感器上的响应并不一定真实地反映飞行热载荷条件下结构的响应,需要在试验设计时提出试验补偿措施及试验结果的修正方法,以保证试验的可信度。需要强调的是,试验前一般要对飞行器结构进行无损检测,并将其作为工作内容之一进行约束。

9.3　试验分类及其技术

为了准确模拟高超声速飞行器在飞行状态下的气动热环境、烧蚀、热载荷、热响应等过程,地面试验应模拟实际飞行关键来流参数,保证加热历程、受热分布以及材料响应一致。然而,地面试验设备能力的限制,使得地面试验条件与真实飞行状态存在一定的差异,如来流条件、尺度效应、复杂效应作用机制、流动干扰情况等差异,从而导致地面试验无法完全复现飞行器真实飞行状态下的热环境和响应,因此需要对由现有地面试验设备能力不足引起的参数覆盖性不足,以及试验规划与设计不充分的问题进行研究,通过试验设备、测量、试验技术三个方面开展工作,进一步提升地面设备的模拟能力,采用新的试验测量技术,利用不同地面设备的特点"取长补短",确定试验需要模拟的关键参数和地面试验的模拟方法,进而确定热环境试验需要模拟的关键参数和地面试验的模拟方法,统筹开展典型状态条件下的关键试验项目,在此基础上依靠理论计算对试验数据进行关联和外推,最终实现对飞行器气动热、热结构、热响应的模拟(图 9.1)。

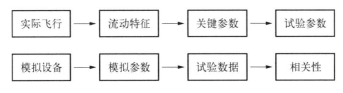

图 9.1　地面试验模拟方法思路图

高超声速飞行器结构和防热设计的主要内容包括:

(1)热环境设计,指结合工程计算、地面试验、数值模拟和飞行校验方式给定某飞行剖面下飞行器的热环境参数是否存在重大偏差的问题。

(2)防热,指在飞行器承受外部加热的条件下,所采取的使飞行器不被烧毁的热防护措施是否失效的问题,或所采取的维持飞行所需外形的热防护措施是否满足要求的问题。

(3)隔热,指为防止外部加热通过导热形式进入飞行器内部、保证承力壳体或仪器设备正常工作温度而采取的热防护措施是否满足要求的问题。

（4）温控，指在飞行器内部仪器设备存在工作放热的情况下，为保证仪器设备正常工作温度而采取的热输导热耗散等措施是否满足要求的问题。

（5）材料热应力，指在承受外部加热的条件下，同时具有防热、承力功能构件材料的内部是否存在热应力破坏的问题。

（6）热匹配，指零部件在受热条件下，是否因变形不协调而存在热应力破坏的问题。

（7）热密封，指为防止外部热量以气体定向流动形式在部件连接部位进入飞行器内部造成承力壳体或仪器设备附加温升而采取的热防护措施是否失效的问题。

（8）热承载，指在受材料性能演化（高温材料强度和模量变化、氧化损伤）、应力动态再分布等影响时，部/组件在噪声、外载等力学环境下，是否存在承载失效的问题。

高超声速飞行器研制过程中通常采用地面试验与飞行试验相结合的方式，对结构与防隔热系统方案的正确性进行考核验证。热试验考核要考虑上述因素按飞行时序出现单一或多种因素的耦合影响，在地面试验中有效考核，尽可能充分覆盖。从飞行器的特点来看，部分热试验考核内容对"时间积分"敏感（或与过程相关）、与热环境分布相关，目前地面任何一种试验设备均难以完全覆盖长时间飞行全程的环境条件。为此，需要对热考核内容逐一分析，从而针对性地提出热考核策略。考核内容与表征物理量的对应关系如表 9.1 所示。

表 9.1　考核内容与表征量梳理

序号	考核内容	主要表征物理量	主 要 关 联 量
1	热环境设计	热流 q、焓值 h	速度 V、高度 H、攻角 α、外形
2	防热	烧蚀量 L	抗烧蚀组分、时间 t、热流 q、焓值 h
3	隔热、温控	温度 T	总加热量 $\sum q$、时间 t、热扩散率 a、尺寸
4	材料热应力	热应力 σ	材料内部温度梯度 $\partial T/\partial l$、模量、线胀
5	热匹配	热应力 σ、热变形	部件温度 T、模量、线胀、部件尺寸
6	热密封	热泄漏量	热变形、受力变形、密封件回弹率、压差
7	热承载	应力、变形	载荷、力学性能、氧化损伤、应力分配、尺寸

表 9.1 中,序号 1(热环境设计)为"状态量"性能;序号 4(材料热应力)和 6(热密封)为"准状态量"性能;其余为"过程量"性能。

地面试验作为工程型号力、热性能验证的最常用手段,受其设备运行条件与载荷施加原理所限,往往不能完全与飞行条件直接等效,因此需要结合不同的设备,对飞行器不同部位的力、热性能有针对性地进行考核验证,一般来说,按试验方法与试验目的进行分类,结构与防隔热系统所开展的试验可以分为气动热试验、防热(烧蚀)试验、高温氧化损伤试验、结构热匹配试验、热密封试验、隔热温控试验、热/静力试验、热/振动试验、热/噪声试验和舵系统系列试验等;按参试产品的尺度分类,结构与防隔热系统所开展的试验可以分为材料级试验、零/部/组件级试验、舱段级试验以及全尺寸级试验。

9.3.1　气动热试验

气动热环境地面试验主要理论依据来源于流动相似、几何相似、动力相似这三大相似规律。但气动热试验不强调受力状态和飞行状态的相似,因此主要遵从前两个准则。由于高超声速试验中流动现象非常复杂,要完全相似模拟真实飞行往往是不可能的,也是不必要的。因此,对于模拟试验应当善于抓住主要矛盾,采用局部模拟进行风洞试验。通过对所模拟的现象进行深入的分析,区分主要因素和次要因素,在模拟时抓住主要因素进行风洞试验模拟[1-3]。

除了几何参数,按照相似准则高超声速地面设备需要模拟的气流参数很多,包括自由流马赫数、雷诺数、总焓、密度、壁温与总温比以及流场的热化学性质。只用一个设备同时模拟上述全部参数是不可能的,目前高超声速地面模拟只能是一种部分模拟技术,不同的地面设备满足不同的需求,如激波风洞/炮风洞主要模拟高马赫数和高雷诺数、常规高超声速风洞主要模拟低马赫数和低雷诺数、低密度风洞主要模拟高度和克努森数、电弧加热设备模拟焓值和催化条件等。另外,模型表面边界层流态不同,热流值相差很大,因此对重要部位应模拟边界层流态。表 9.2 对一些高超声速局部模拟试验项目列出了主要模拟参数和次要模拟参数[4]。

表 9.2　不同测试要求条件下的模拟参数表

试 验 内 容	主要模拟参数	次要模拟参数
稳定性和操纵性	Ma、Re	—
压力分布、力和力矩	Ma、Re	h_0

试 验 内 容	主要模拟参数	次要模拟参数
传热	Re、h_0、P_r	—
边界层研究	Ma、Re	—
真实气体效应(平衡流)	h_0、P_0、气体成分	Ma
材料及冷却方式	h_0、时间	P_0、形状
结构及空气热弹性	h_0、P_0、时间	Ma、尺寸
钝头体气动力(高超声速)	u_∞、ρ_∞	—
钝头体驻点热流	h_0、P_0、头部形状	—
高空稀薄气体效应	$K_n = \dfrac{\lambda}{L}$	Ma

对于复杂外形高超声速飞行器气动热试验,目前可行的地面模拟方案如下。

1) 飞行器端头热环境试验

飞行器端头热环境试验主要研究驻点区和翼身融合部位的热环境特性。高超声速飞行器端头相对于其他部位,存在曲率半径小、热流高、压力高、翼身融合干扰等特点,热环境非常严酷,并且端头烧蚀变形对飞行器的气动力、热性能影响较大,因此需要重点研究。飞行器端头热环境试验主要在激波风洞、常规高超声速风洞、高超声速低密度风洞、高频等离子体风洞、高超声速电弧风洞上开展。

2) 飞行器大面积区热环境试验

高超声速飞行器大面积区指机身、机翼等部件曲率变化不大的区域,表面积占整个飞行器表面积的大部分,这些部位精确的热环境预测对于飞行器防隔热优化设计、提高有效载荷等方面具有重要意义。

研究表明,飞行器的大面积热流分区规律比较复杂,可首先通过红外热图等大面积测热试验获得不同状态下热流分布的总体规律,然后有针对性地进行精细热流测量。飞行器大面积区热环境试验主要在激波风洞、常规高超声速风洞和高超声速低密度风洞进行,常规高超声速风洞和高超声速低密度风洞主要采用大面积测热技术研究不同高度条件下飞行器大面积区的热环境总体规律,激波风洞主要采用点测量的方法详细研究不同马赫数、雷诺数、攻角、尺度等条件下飞行器大面积区热流分布规律。

3）飞行器表面局部复杂区域热环境试验

高超声速飞行器表面局部复杂区指舵缝隙、舵轴、沟槽等外形复杂、难以精细测量的区域。这些区域尺度较小，采用整体缩比模型尺度就更小、更加难以测量，往往需要进行局部模拟。首先，需要对局部复杂区域的流场条件进行分析计算，然后设计合理的局部试验模型和试验状态，另外，还需要进行专用热流传感器研制。考虑到精细的局部热环境测量需要尽量增加局部复杂区域的尺度，因此这类试验主要在大尺度激波风洞上进行。激波风洞局部复杂区域测热试验主要采用小型化热流传感器、型面热流传感器、磷光热图技术进行测量，常规高超声速风洞局部复杂区域测热试验主要采用红外测热技术进行测量[5-7]。

9.3.2 防热（烧蚀）试验

与传统的轴对称旋成体外形再入飞行器相比，高超声速飞行器采用面对称体外形，其主要防热部件主要由端头、翼前缘、大面积、空气舵、腹鳍、立尾等控制部件构成。对于这些直接与高温热流接触的部件，一方面，需要结合其气动热环境特点，对各部件的烧蚀性能进行考核验证；另一方面，由于高超声速飞行器服役时间较长，其长时间飞行段与下压段气动热环境特点也存在显著的不同，其中长时间飞行段气动加热一般以中低热流、高焓、低压为特点，而下压段一般呈现出高热流、低焓、高压的加热特点，需要结合不同的设备对其防热性能进行考核。

对于端头、前缘、大面积防热性能的考核，其长时间飞行段热环境特点主要为高焓、低压条件，可基于 20 MW 碟片式电弧风洞、1 MW 高频等离子体风洞，模拟参数为典型部位的热流、焓值及压力；下压段热环境特点主要为低焓、高压条件，可基于 20 MW 管式电弧风洞，模拟参数为典型部位的热流、压力。参试产品无须采用全尺寸模型，能够满足典型部位的几何特征即可，如端头半径、前缘半径及后略角等（图 9.2）。

图 9.2 电弧风洞烧蚀试验

9.3.3 高温氧化损伤试验

与传统飞行器相比,高超声速飞行器设计中复合材料的占比大幅提高。对复合材料来说,内部缺陷普遍存在且无法避免,因此长时间力、热载荷联合作用下,材料内部的氧化损伤问题不容忽视。而对于材料内部氧化损伤问题的模拟,其本质是模拟氧元素在材料内部通道(如缝隙、裂纹、缺陷等)中的传质扩散,以及高温条件下氧与基体、纤维之间的化学反应。由于下压段时间较短,通常无法引起材料力学性能的迅速衰退,对材料氧化损伤性能的模拟,主要针对长时间飞行段。

对氧化损伤试验特征参数进行模拟时,温度的模拟可以通过高温静态加热设备、风洞设备实现,难点在于到达材料表面氧元素的模拟,通常可通过 CFD 计算结果得到飞行条件下到达指定深度的氧元素总量,然后结合地面试验设备对流/扩散传质的输运特点,通过调整试验时间或增加氧元素供应量进行模拟,图 9.3 给出了电弧风洞中试验件在流场、载荷共同作用下对防热材料氧化损伤性能的模拟范例。

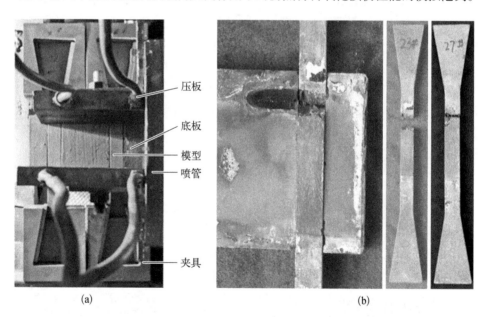

(a)　　　　　　　　　　　　　　(b)

图 9.3　电弧风洞氧化损伤试验

9.3.4 热结构热匹配试验

在进行高超声速飞行器结构与防隔热设计时,为了满足不同部位防热与承载需求,通常会选择不同的结构与热防护材料,选用不同的连接与承载结构形式。因此,高温热结构自身的匹配特性,以及不同材料、不同结构之间的匹配特性均应引起设计者的足够重视,需要有针对性地开展飞行器热结构热匹配试验。一般来说,飞行器热结构热匹配性能的考核主要分为以下两类:

(1) 针对局部连接部位热结构及烧蚀匹配特性的考核试验(如端头、前缘、腹鳍与舱体连接部位热结构热匹配试验)。此类试验通常以考核局部高热流部位的连接与烧蚀匹配特性为目标,重点模拟流场对流冲刷条件下典型连接部位的热流、压力及焓值。试验通常在电弧风洞、燃气流风洞中开展,长时间飞行段与下压段的考核则可以视热应力/热变形的数值模拟情况选择碟片或管式电弧加热器,受地面风洞设备能力所限,参试产品多为局部构件,无法实现全尺寸舱段级的模拟。

(2) 针对舱段/全尺寸飞行器结构的高温匹配考核试验。高超声速飞行器一般采用碳基复合材料作为防热承载结构,在飞行过程中其表面温度极高。在高温力热载荷作用下,一旦结构表面的抗氧化涂层发生开裂,将使得碳基结构发生氧化损伤,进而导致结构的承载力学性能发生变化。地面试验环境相较于高空飞行环境,氧分压偏高,这将加速碳基结构氧化过程的进行。因此,在考核高超声速结构高温承载性能时,需要考虑高空较低氧分压的影响,在能够模拟高空氧分压的低氧环境试验舱中开展相关试验。热匹配性能涉及结构承载问题,因此试验也需要在地面模拟低氧环境下进行。试验主要模拟参数为迎风面大面积热壁热流、背风面大面积热壁热流,以及环境氧分压条件,而辐照系统加热试验的加热方式主要为石英灯/石墨灯辐照,在局部热流梯度的模拟程度不及风洞。另外,在低氧环境下,还可以有效降低石墨辐射加热元件的氧化损耗,提升石墨加热器的使用寿命和可靠性。

热匹配性能试验的系统组成如图 9.4 所示,主要包括加热系统、低氧环境模拟系统、氮气供给系统、控制系统、测量系统、功率系统、冷却系统等。低氧环境模拟系统利用氮气设备将液氮气化后产生的大量氮气对舱内空气进行置换,实现舱内可持续的低氧环境。热匹配性能试验中需要测试的参数主要包括热流、温度、位移、应变、转角、损伤状态等,通过这些参数综合评估结构的高温热匹配性。

9.3.5 动/静态热密封试验

高超声速飞行器热密封一般分为飞行器固定部件之间的静密封和活动部件的动密封。静密封包括端头与舱体之间、舱段与舱段之间、前缘与舱体之间、口盖等典型部位;动密封包括各类空气舵的安装部位。原则上热密封措施应

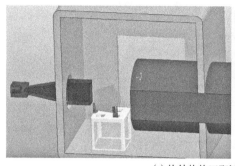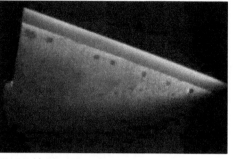

(a) 热结构热匹配试验系统(电弧风洞)

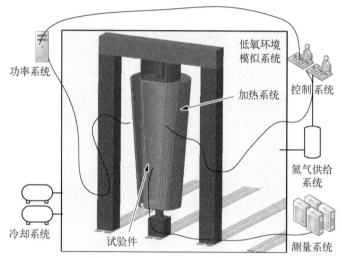

功率系统

低氧环境
模拟系统

加热系统

控制系统

氮气供给
系统

冷却系统

试验件

测量系统

(b) 热结构热匹配试验系统(辐照加热)

图 9.4　舱段热结构热匹配试验

在连接部位实施,防止热量经由连接缝隙进入舱内部,以保护内部隔热层及舱体设备,动密封需要同时保证热密封效果和舵轴的自由转动。

热密封评估分析的内容应包括结构匹配性分析及热密封性能分析。结构匹配性分析面向热密封结构,特别是包含基于弹性补偿原理的热密封件的热密封结构,其目的是评估在设计的冷态安装状态和高温使用条件下,热密封件能否达到设计的预压缩量,以及评估热密封件给安装结构带来的附加应力水平。热密封性能分析面向热密封结构、飞行器内外流以及舱内环境条件,其目的是评估流经热密封结构的缝隙渗流对飞行器舱内温度、压力的影响。

热密封结构匹配性试验,尽可能真实模拟飞行条件及 1∶1 产品结构尺寸,根据结构大小可以在石英灯/石墨灯辐照加热设备或者电弧风洞设备中开展。

热密封性能试验,用于在真实全面的安装结构和使用环境下对热密封方案进行考核以确定热密封方案。热密封性能试验一般在真实飞行器结构上开展;若受试验设备尺度限制需要采用局部飞行器结构,则试验件应当至少模拟热密封件安装部位、位于热密封件流场上游的局部结构以及位于热密封件背面的密封腔等。热密封性能应当在流动条件下充分模拟热密封件安装部位的热环境和压差环境,首先应当模拟热环境,建议采用电弧风洞进行试验;测量热密封件背面结构温度和空腔气体温度,用于评价热密封方案是否满足设计要求。另外,对于动密封试验,其要求空气舵等活动部件在电弧风洞高温气流环境中按照实际工作转动角度进行自由转动,考虑空气舵在高温条件下是否出现卡滞、漏气等问题。

对于以舵系统为代表的转动部件,在飞行条件下通常会出现各种不同形式的流动干扰,干扰区附近热流与热流梯度均显著增加,这除了会引发高热流部位局部热应力增大、局部温度升高甚至逼近材料非烧蚀耐温极限等问题,还会带来空气舵舵轴变形过大、舵系统卡滞、局部漏气等风险。在试验技术相对落后的年代,这些风险均为通过地面试验无法验证的风险,只能通过组织飞行试验进行考核验证,而伴随着大功率电弧风洞技术的迅猛发展,基于地面试验设备开展活动部件的转动与热密封综合性能考核试验成为现实,高超声速飞行器热防护系统研制过程中通常可视情组织此类试验,对材料的局部烧蚀性能、结构热密封性能以及舵系统转动特性进行综合考核验证。

舵系统转动特性与热密封性能试验通常由结构与防隔热系统、伺服系统、测量控制系统等多系统联合实施,其各系统组成与试验布置如图 9.5(b)所示。其

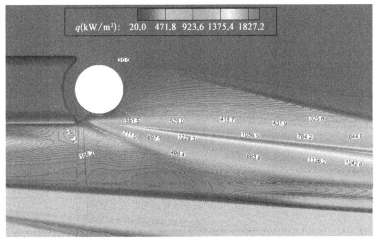

(a) 舵干扰区热流分布图

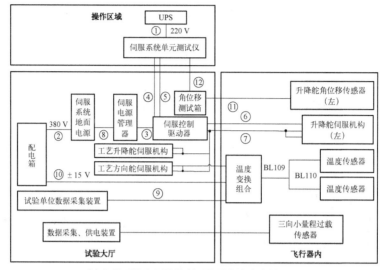

(b) 伺服系统与测量控制系统联合试验布置图

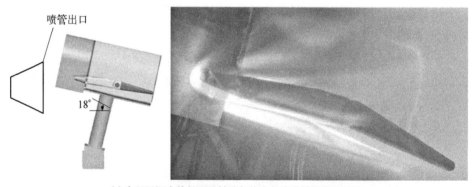

(c) 电弧风洞中的舵系统转动与热密封综合性能考核试验

图 9.5 空气舵在电弧风洞环境中考核热密封

中,试验产品以固支的形式安装在试验舱内,并与来流流场保持一定的攻角,试验产品前方安装水冷导流装置,以确保气流经过导流装置后在考核部位的流态与飞行条件保持一致,同时模拟舵轴孔附近的热流、压力满足设计要求。

9.3.6 隔热温控试验

高超声速飞行器在飞行过程中,不仅外部承受严酷的气动加热,内部仪器设备的工作也会产生一定的加热效应。为了考核飞行器热防护系统及内部温控系统的有效性,保护结构和仪器设备的正常工作,需要开展防隔热及隔热温控试验。

防隔热及隔热温控试验的试验对象通常为真实的舱段和全尺寸飞行器系统。当独立考核内部温控方案时,也可采用舱段模拟件来进行外部气动加热的传热模拟。

为了满足轻质热防护设计的要求,高超声速飞行器大量使用多孔介质高效轻质热防护材料。在地面常压环境下,多孔的热防护系统及内部仪器设备之间的导热主要有传导、辐射和对流三种方式;而在高空低气压环境下,多孔材料内部的气体溢出,对流效应明显减弱,并在渗流过程中与材料进行换热,因此为了准确掌握飞行器结构的传热过程,需要在地面模拟高空低气压环境开展相应试验。

防隔热及隔热温控试验的系统组成如图 9.6 所示,主要包括加热系统、低气压环境模拟系统、试验控制系统、试验测量系统、电功率系统、冷却系统等。加热系统用于对参试产品施加热载荷,优先采用辐射加热装置,在满足低气压环境使用条件下,也可采用传导式加热装置、感应式加热装置、激光加热装置等。低气压环境模拟系统用于高空低气压环境的模拟,一般包括舱体分系统、真空系统、测控分系统、冷却水分系统、复压分系统等。试验控制系统用于实现热载荷与环境压力的控制和试验控制数据的实时记录,一般包括人机交互模块、控制器模

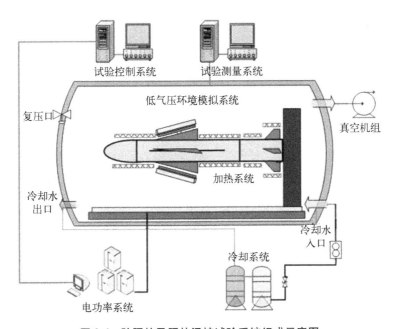

图 9.6 防隔热及隔热温控试验系统组成示意图

块、信号输入输出模块等。试验测量系统用于试验各类参数的测量与多媒体记录,测量参数一般包括热流、温度、压力等。电功率系统用于为加热系统提供可控的电能,常用设备包括变压器、功率调节装置等。冷却系统用于对设备组件的主动冷却,一般有水冷却、气体冷却等方式。

在低气压环境下开展防隔热及隔热温控试验,需要注意试验系统的耐低压设计问题,包括加热器的承压加固、加热元件和测试设备的低压放电等。

9.3.7 热-静力复合试验

热-静力复合试验以真实的高超声速飞行器结构件为试验对象,充分考虑影响结构强度的各种环境因素,采用辐射加热的手段模拟结构气动热载荷,采用各类加载设备模拟结构各个部位所承受的力载荷,考核产品在力热载荷联合作用下的强度、刚度等性能是否满足设计要求,为结构的设计和优化提供参考。

热-静力复合试验系统如图 9.7 所示,主要由加热系统、加载系统、低氧环境模拟系统、测控系统等组成。加热系统由多组水冷石英灯/石墨辐射加热器组成,通过辐射加热模拟飞行器结构的热载荷;加载系统由伺服油缸和耐高温加载工装组成,通过施加集中力或分布力的方式,模拟各处的力载荷;低氧环境模拟系统由氮气环境试验舱及相关配套设备组成,形成试验要求的低氧状态,模拟真

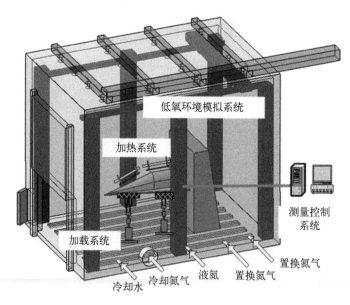

图 9.7 热-静力复合试验系统组成示意图

实飞行状态下的大气环境;测控系统由控制计算机、采集传输设备以及各类温度、热流、应变、位移、损伤检测等传感器组成,以实现试验各类参数的测量和载荷系统的控制。

　　针对高超声速飞行器高温条件下气动力载荷的模拟与常温加载基本相同,通过过渡机构将力传感器和加载装置引出热场之外,或者采取有效的防热措施,使力传感器和加载装置处于常温条件下工作。对于分布静力的加载,通常有两种方式,一种是通过离散化方法和杠杆级联的方式,将分布力等效为多个集中力;另一种是采用气压或液压的方法,通过包带或气囊施加均匀的外压。高超声速飞行器采用碳基防热承载一体化结构,传统打孔连接加载杆的方式施加静力载荷会破坏复合材料结构的表面氧化层和内部编织结构,降低材料的整体强度性能,因此通常采用高温下不破坏结构的水冷顶压式静力加载方法。

　　气动力载荷施加的有效性,一方面取决于设计部门给出的载荷计算准确性,另一方面也取决于加载过程中对关键结构部位载荷模拟的等效性。其中,在载荷等效上,需要根据受力分析,考虑实际试验空间等因素,进行载荷分配,同时避免局部应力集中;在试验边界上,尽量采用与被试对象真实连接的舱段进行边界刚度、强度以及导热、热容的模拟。

9.3.8　热-振动复合试验

　　高超声速飞行器结构除了承受恶劣的气动加热环境,一般还伴随着强烈的随机振动环境。热与振动环境相互作用、相互影响,使得飞行器结构面临更加严酷的挑战。首先,高超声速飞行器承载和防热结构在剧烈的振动环境下可能发生松动和错位,若叠加高温引起热膨胀及热变形,则可能发生防热层分离、脱落等风险,最终导致防隔热失效,这将直接影响飞行成败;其次,热振综合作用可能导致舱段之间的连接结构(如连接螺钉等)发生松动和脱落,进而发生承载下降、连接失效、端面热密封失效等事故,从而威胁飞行安全;最后,高温会引起材料力学性能的变化,改变材料的弹性模量,进而影响结构的强度、刚度及振动特性,降低结构的承载能力和强度极限。因此,通过热-振动复合试验,可以获取结构在热振动联合载荷下的结构热强度性能、传递特性和环境适应性,暴露结构设计和工艺制造缺陷和薄弱环节,这对于飞行器结构的设计研制至关重要。

　　热-振动复合试验通过石英灯/石墨等辐射加热或高温空气对流加热模拟结构所承受的热载荷,通过振动台模拟结构所承受的振动载荷,将结构在飞行过程中受到的振动载荷及热载荷复合,从而达到综合考核的目的。试验的对象通常为真实状态、全尺寸的元件、部件、舱段及全尺寸飞行器结构,并且试验件与工装的连接状态需要尽量模拟真实的结构特征。

热-振动复合试验系统一般包括试验环境系统、加热系统、振动控制系统、测量控制系统、电功率系统以及冷却系统等(图 9.8)。试验环境系统主要模拟高超声速飞行器飞行过程中的高空环境。对于碳基复合材料等容易在高温环境下发生氧化的结构,采用试验环境系统模拟高空低氧环境是十分必要的;而对于试验温度较低或材料抗氧化性能较好的结构,可以直接在大气环境中开展试验。加热系统的作用是模拟高超声速飞行器飞行过程中的气动热环境,一般采用石英灯、石墨等辐射加热设备。振动控制系统的作用是模拟高超声速飞行器飞行过程中的振动环境,其主要设备为振动台,可实现一维振动和多维振动。测量控制系统的作用是实现试验全过程热载荷和振动载荷的联合施加控制及结构响应参数的测量采集监控。试验中需要采集的参数主要包括温度、热流、位移、速度、加速度、应变等,在满足使用温度的条件下,可采用接触式传感器进行相关参数测量;而对于温度较高的情况,通常采用红外测温仪、激光测振仪等非接触式测试手段。此外,电功率系统主要负责为加热系统提供电功率输入,冷却系统为加热系统和振动控制系统提供冷却防护。

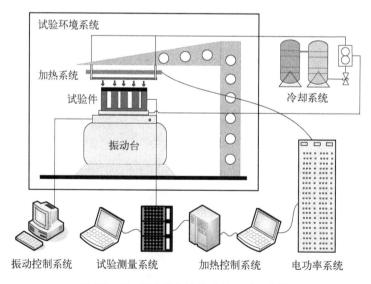

图 9.8　热-振动复合试验系统组成示意图

热-振动复合试验中,热载荷与振动载荷需要按照统一时序或载荷量级同步施加,独立进行控制;振动设备及连接工装应进行隔热防护设计,必要时需要采取主动冷却设计;加热设备与振动台进行隔离,保证加热设备的使用可靠性。

9.3.9　热-噪声复合试验

高超声速飞行器在飞行过程中经历严酷的热-噪声复合环境,大面积防热结构温度超过 1 000℃,声压级超过 160 dB,局部由推进系统/激波产生的高声强噪声超过 170 dB,由边界层和局部激波作用产生的气动加热可使温度达 2 000℃以上。严酷的气动热环境一方面影响飞行器结构的静力学性能,另一方面导致结构的固有特性改变,强噪声载荷下结构的动态响应也呈现非线性。热-噪声复合环境给飞行器鼻锥、翼结构、方向舵、大面积防热等结构设计和热防护系统方案都带来了新的技术难题,需要开展相关试验系统研制和验证试验。

热-噪声复合试验是模拟飞行器结构在上升段和再入段所受到的热载荷和噪声载荷的地面试验。试验主要是为了获取飞行器在热-噪声复合环境下的声振传递特性,检验飞行器结构在热噪声环境下的适应性。

热-噪声复合环境试验一般采用石英灯、石墨等加热器模拟飞行器在飞行过程中经受的热环境,采用均匀或异型行波管装置模拟飞行器在飞行过程中经受的高量级噪声环境,通过测试手段得到噪声、加速度、温度、热流、应变等数据。试验过程中通过监视器对试验系统及参试产品进行观测,分析获得结构的传热特性和动态响应特性,综合验证结构耐受热-噪声复合作用的能力,典型热-噪声复合环境试验系统示意如图 9.9 所示。

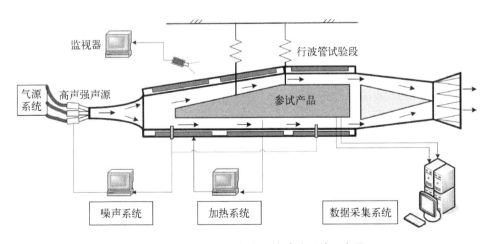

图 9.9　典型热-噪声复合环境试验系统示意图

热-噪声复合试验是一个涉及热、噪声、结构相互耦合的地面综合试验技术,载荷谱选取、试验件形式、试验件支撑方式、噪声声压级、热环境等都会对试验结果产生影响。其中,热、声载荷的相互耦合影响规律,即噪声气流对温度场分布的影响、辐射加热对噪声场特性的影响是热-噪声复合环境试验系统研制的重要内容。此外,从试验设计方面来看,加热元件的耐噪声性能和噪声装置的耐温性能是设计过程中需要重点考虑的因素。

近年来,国内研究机构结合高超声速飞行器、可重复使用运载器等的结构和载荷特点,开展了热-噪声复合环境试验系统研制,验证了热与噪声的联合施加能力,分析热环境与噪声环境之间的相关耦合关系,针对典型复合材料壁板、翼面盒型件(图 9.10),开展常温噪声激励和热-噪声复合环境下的动态响应和失效试验,这对于高超声速飞行器热防护结构设计、热结构优化设计、验证试验实施等方面具有重要的借鉴和指导意义。

图 9.10 典型复合材料翼面盒型件热-噪声复合试验

9.3.10 舵结构系列试验

高超声速飞行器在飞行过程中需要通过不断改变方向舵、升降舵、副翼等飞行操纵面的偏转角度来调整和控制自身飞行姿态。舵结构作为高超声速飞行器中的活动部件,除了需要进行与静态结构相同的热-静力、热匹配、热振动、热噪声等试验,还需要重点开展舵轴转动系统的热摩擦,以及舵系统的伺服弹性等系列试验,综合保障舵结构的力热承载和功能特性。

舵轴转动系统通过舵面与支座间的滑动摩擦和滚动摩擦来实现操纵面的偏转,其中摩擦系数是衡量结构工作性能的重要指标。热摩擦试验主要目的是考核高温力热载荷下舵轴转动系统的承载能力、摩擦性能和耐磨损性能。

舵轴转动系统热摩擦试验系统如图 9.11 所示。舵机作动筒与转动摇臂相连控制舵轴的转动角速度;外侧轴承通过连杆与油缸作动器相连,施加径向力,热载荷通过辐射加热器加热舵轴来实现。试验过程中通过测量温度、位移、应变、舵机作动力等参数,评价转动系统的强度、摩擦以及耐磨损性能,为方案优化设计提供依据。

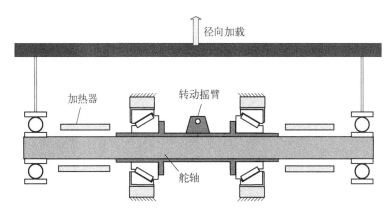

图 9.11 舵轴转动系统热摩擦试验系统示意图

高超声速飞行器在飞行过程中,控制传感器在接收刚体运动信号的同时也会接收弹性结构的振动信号。由于飞控系统的频带较宽,传感器测量到的弹性振动信号也会进入控制网络,控制系统会将此弹性信号通过伺服系统转换为舵面的控制力,控制力反过来又会影响结构弹性,结构与控制两大系统相互耦合,是典型的舵结构伺服弹性问题。

舵结构的伺服弹性地面试验系统如图 9.12 所示,在整个飞行器控制系统闭环工作下,对舵机指令测试输入端综合加入脉冲激励信号,并作用到伺服控制驱动器上,控制舵机产生偏转,同时采集舵面和惯组响应,并监测飞行器结构的振动情况。试验中,若系统稳定,则逐级加大控制律增益,直到出现不稳定或增加到试验规定的设计增益上限一定倍数,从而验证飞行器伺服弹性系统的稳定性和稳定裕度。试验中通过测量控制指令、伺服机构输出、操纵机构转角输出、敏感装置安装处弹体姿态角、敏感装置姿态角和振动信号等数据,对伺服弹性系统的优化等提供依据。

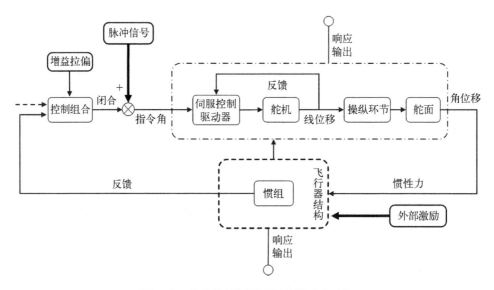

图 9.12 舵结构的伺服弹性地面试验系统

9.4 试验设施

高超声速风洞试验设施包括激波风洞、低密度风洞等设备,主要用于气动力热流动规律的研究。针对高超声速流动的研究,国内外学者主要采用理论分析、数值模拟和试验研究的方法开展相关的研究工作。理论分析和数值模拟的研究方法具有系统性和通用性,也具有较为省时的优势,通常对所研究的对象进行必要的简化,建立数学模型和求解方程,得到结论、公式和数据等。但是更为复杂的高焓流动使得理论研究难以准确给出流动特征分布规律,同时,理论分析和数值模拟所得到结果的近似性和可靠性必须借助于试验结果进行验证,因此地面试验模拟仍是高焓非平衡流动研究中必需的手段和方法。作为一种最重要的地面试验装置,风洞可以提供在控制条件下流动的空气流,以满足某些特定设计参量的试验模拟需求。

9.4.1 高超声速风洞

高超声速风洞试验设备主要用于气动力热环境研究,包括激波管、激波风洞、轻气体炮、低密度风洞、常规高超声速风洞等。国内主力激波风洞设备主要分布于中国空气动力研究与发展中心、中国科学院力学研究所、中国航天空气动力技术研究院(China Academy of Aerospace Aerodynamics，CAAA)等单位，其优势是喷管口径大、马赫数和高焓流动的模拟能力强、热流测量技术比较成熟等，是目前开展气动热研究的主力风洞。高超声速低密度风洞对于研究高超声速飞行器气动热环境的优势是马赫数高、高空模拟能力强，特别是在高度为 40~90 km 的情况；不足是模型尺度小、热流定量精细测量难度大。电弧风洞/高频等离子体风洞对于研究高超声速飞行器气动热环境的优势是焓值模拟能力强，适用于开展表面催化效应对气动热的影响研究和高温气体效应对气动热的影响研究；不足是模拟马赫数低、温度高以及测热难度大等。气动热风洞大体分类图谱如图 9.13 所示。

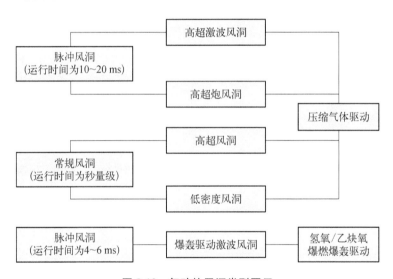

图 9.13　气动热风洞类型图示

1. 激波风洞

激波风洞是气动热环境研究涉及的主要风洞类型，其主要通过模拟真实飞行的马赫数和雷诺数来达到部分模拟真实飞行状态的目的，试验模型一般要进行等比缩比以适应风洞流场尺寸的约束，这种风洞主要模拟流场流动结构，满足几何相似和部分的流动相似，其获得试验模型的气动热环境分布规律往往可以一定程度上反映真实飞行环境下气动加热的特征。

高超声速激波风洞是以激波管为基础发展的，通常由高压的驱动段和低压的被驱动段组成，两段管体之间以主膜片隔开。一般来讲，高超声速飞行器预期的飞行高度范围是 30~100 km，飞行马赫数范围为 $Ma5~30$，模拟这样极限的飞行条件是极具挑战性的,会给地面模拟试验设备研制带来很多问题。为了开展高超声速流动研究,几十年来高超声速地面试验设备的研制获得了高度重视,成功地发展出各种不同类型的试验装备。激波风洞作为模拟高马赫数流动条件的有效设备,在世界范围内得到了很大的发展。

随着航空航天技术的飞速发展,飞行速度不断提高,飞行的绕流、气动热等逐渐成为研究热点,极大地促进了高超声速激波风洞的发展。高超声速激波风洞作为中高焓运行的直通型风洞,其试验时间短,数据采集困难并且总温、总压较低。针对直通型激波风洞所存在的试验时间短等问题,最初根据激波管理论通过加长低压段长度来延长有效试验时间,但是由于较长的低压段存在占用空间大、效费比低且入射激波衰减较为严重等问题,因此反射型激波风洞应运而生。

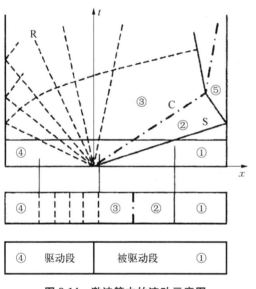

图 9.14　激波管内的流动示意图

R 为中心稀疏波;C 为接解面;S 为入射激波

试验过程中主膜片破裂后,高压段气体压缩被驱动段气体做功,在被驱动段内形成入射激波并伴随接触面向下游传播,低压段气体被压缩后成为②区气体。主膜片破裂形成的稀疏波向驱动段上游传播,波头声速为 a_4,激波管内的流动示意图如图 9.14 所示。

反射型激波风洞是通过在激波管低压被驱动段末端连接一个收缩扩张喷管,其喉道面积极小,约为低压段管体的 1/20,当入射激波到达低压被驱动段末端时,在喉道处发生近似全反射,反射激波向上游运动进一步压缩②区气体成为高温、高压的驻室气体,即⑤区气体。在低压驱动段末端连接喷管、试验段和真空罐等设备,即构成完整的"反射型"激波风洞。其将经过两道激波压缩后的⑤区气体作为风洞的气源,通过喷管加速获得满足试验条件的气流,通过调整高低压段初始条件即可获得满足试验条件的自由来流气体。

为了模拟高超声速飞行,要求风洞能够提供总温总压的试验气体,这就需要激波管中能够产生高强度的入射激波,由理想激波管理论可知,为了获得强入射激波,需要尽可能地提高驱动压力和驱动气体的声速。

激波风洞的发展趋势主要体现在两个方面: ① 喷管口径越来越大,这主要是为了解决模型缩比带来的尺度效应、复杂外形局部流动模拟等问题;② 马赫数和高焓流动的模拟能力越来越高。激波风洞研究气动热环境的优势是马赫数高、高雷诺数模拟能力强,特别是 $Ma6 \sim 16$ 范围,热流测量技术比较成熟,但是对于研究高超声速飞行器面临的高马赫数、低雷诺数状态模拟能力有待进一步加强。

2. 高焓激波风洞

高焓激波风洞是一种产生高焓气流(同时具有高滞止压力)的重要地面设备,目前著名的高焓激波风洞有澳大利亚的 T3、T4,法国的 TCM2,美国的 T5、LENS,德国的 HEG,日本的 HIEST 等。高焓激波风洞的运行原理如图 9.15 所示,而高焓激波风洞的关键是需要强驱动方式,目前三种主要的驱动方式如下:

(1) 压缩轻气体驱动(LENS 系列);

(2) 自由活塞驱动(T4、T5、HIEST、HEG、T3);

(3) 爆轰驱动(JF – 10、TH2、Hypulse)。

图 9.15　高焓激波风洞原理示意图

1) 自由活塞激波风洞

自由活塞激波风洞(free piston shock tunnel)是采用活塞压缩器作为驱动段的激波风洞。此类设备在高超声速/超高声速空气动力学研究中,可以产生高能量的试验气流,其量级和近地轨道飞行器的焓值相当(试验气流的滞止焓在 10 000 K 以上),能够使得试验气体分子发生离解和电离,产生真实气体效应,因此自由活塞激波风洞可以复现高超声速飞行中所出现的真实气体效应。

自由活塞激波风洞被人所知源于"Stalker 管",这是 Stalker 在 20 世纪 60 年代尝试着从激波风洞技术上去理解真实气体效应而获得的产物。澳大利亚昆士兰大学的 T4 自由活塞激波风洞是世界上第一座大型的自由活塞激波风洞。日本国家航天实验中心的 HIEST 是目前世界上最大尺度的自由活塞驱动高焓激波风洞。

自由活塞激波风洞主要分为高压储气室、压缩管、激波管、喷管、试验段和尾气收集罐等部分。图 9.16 展示的是 T4 自由活塞激波风洞的结构。在各个组成部分中,最为核心的是活塞压缩器(压缩管、活塞),活塞压缩器的性能直接决定自由活塞激波风洞的模拟能力。为了降低活塞突然强制停止可能给试验装备带来的损伤,有效抵消中活塞的巨大冲击力,风洞采用浮动设置,并利用调谐操作理论(tuned operation theory),实现重活塞的软着陆。

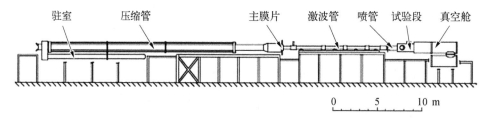

图 9.16　T4 自由活塞风洞的结构

在压缩管中,重活塞的右侧为被驱动气体(氦气),其压力很低;重活塞的左侧是高压气体贮存室,其内贮存中等高压空气。当放开活塞时,由于活塞两侧压力存在巨大差别,活塞向低压气体的方向加速运动,低压气体从膨胀的高压气体获得能量,当活塞抵达压缩管的末端时,绝大部分能量将传递给氦气,使得氦气的压力和温度很高(一般不低于 900 atm 和 4 600 K)。此时膜片破裂,激波管处于启动状态。可以看到,当第一道膜片破裂时,活塞仍然向前运动,速度继续减小;在激波到达激波管末端反射之后,第二道膜片破裂,喷管开始启动过程,这就是反射型激波风洞。若风洞采用缝合接触面操作,则接触面将对于反射激波保持"透明",以致激波的运动对于试验气体不再产生扰动,从而延长试验时间。

自由活塞激波风洞的不足,归纳起来主要有如下几点:① 自由活塞激波风洞技术能够产生的高超声速流动的试验时间短且定常性不高,例如,HIEST 的压缩段和激波管总共有 60 m,能提供的试验时间仅多于 2 ms,而且在这个时间段内喷管驻室压力变化高达 20%;② 作为反射型激波风洞,喷管驻室的试验气体经过反射激波的压缩,温度升高过快,使得试验气体的离解度和组分与真实飞行状态有所差别;③ 大型自由活塞激波风洞的自由活塞质量可达 1 000 kg 以上,精准控制其运行比较困难。

已经发展的这些自由活塞驱动激波风洞为高超声速研究提供了一系列重要的试验数据。例如,Eitelberg 等应用 HEG 对欧洲各风洞常用细长 ELECTRE 锥部的测量结果显示,热流律纵向衰减速率与计算结果不同。Olivior 采用 CO_2 作为试验气体验证驻点区激波脱体距离的双标定律,发现 5°尖锥表面边界层转捩雷诺数随总焓线性增加；Hornung 等在研究激波与激波相互作用时也发现了真实气体效应使得热流增强的激波投射区域加宽的物理现象。这些研究结果从具体问题上体现了高超声速流动研究的重要性。日本 HIEST 自由活塞激波风洞承担多种尺寸再入航天器气动力、气动热研究，以及超燃冲压发动机相关燃烧试验。在 2009 年以后，HIEST 进行了以下代表性试验：

(1) 基于应力波技术阻力测量技术(对于模型的响应时间可达 100 μm)；

(2) Apollo 返回舱的热通量测量；

(3) 基于尖锥的高超声速转捩边界层的测量研究。

T4 自由活塞激波风洞一直是澳大利亚高超声速研究的主力风洞。T4 自由活塞激波风洞自建成之日起，承担大量的试验研究工作，主要包括以下三类：

(1) 高超声速飞行器再入返回研究；

(2) 各类的超声速燃烧试验(超声速燃烧试验自 20 世纪 90 年代起一直持续，积累了大量经验)；

(3) 基础的高超声速流动现象研究。

2) 高焓爆轰激波风洞

高焓爆轰激波风洞的核心是激波强驱动技术，即在激波管产生强激波提供高焓试验所需的高总温、高总压气源状态。通常激波管中的激波强度依赖于驱动段与被驱动段气体的压力比和声速比，在强激波状态下声速比起主要作用。获得高声速比的手段是驱动段采用高温气体或轻气体(主要是 H_2 和 He)，国际上发展了重自由活塞压缩轻气体产生高温的方法，中国科学院力学研究所基于多年的工作积累，发展了氢氧爆轰驱动即利用化学能产生高温驱动气源的方式，获得了成功。其主要方法是在驱动段中均匀混入富氢的氢氧混合气体，采用可靠的引爆方式快速起爆后，当量的氢氧迅速反应释放的热量对富余的氢气进行加温，通常在 3 500 K 左右，依此获得的驱动气体具有较高的声速比和产生强激波的能力，且重复性好、气流品质高。风洞于 1998 年建成，可产生总温 8 000 K、总压 80 MPa 的风洞气源。JF10 爆轰驱动高焓激波风洞结构示意图见图 9.17，设备总长约 40 m，可根据试验需求调整运行方式。其具有正向和反向两种驱动方式，正向驱动方式主要用于高焓状态，反向驱动方式主要用于高雷诺数状态。

JF12 激波风洞是采用爆轰驱动方式结合变截面驱动方式研制的可复现高超声速飞行条件的大型地面气动试验设备，可复现 30～60 km 的高空，满足 Ma5～8 的高超声速飞行条件，也满足 20 km 下 Ma6 的飞行条件。JF12 激波风洞总长 265 m，其中驱动段长为 99 m，内径为 420 mm，被驱动段长度为 89 m，内径

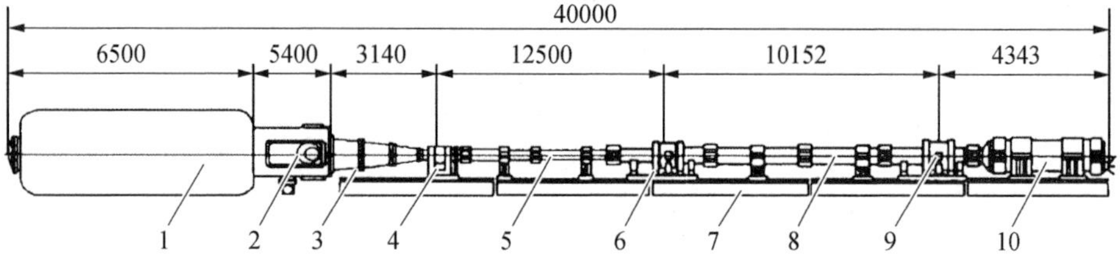

图 9.17　JF10 爆轰驱动高焓激波风洞结构示意图(单位: mm)

1. 真空罐;2. 试验段;3. 喷管;4. 夹膜机;5. 被驱动段;6. 夹膜机;7. 支架;8. 驱动段;9. 夹膜机;10. 卸爆段

为 720 mm,采用反向爆轰驱动的方式。该风洞具有国际领先的性能指标,测试结果优异。

3. 高超声速低密度风洞

高超声速低密度风洞主要由大功率石墨电阻加热器、前室、喷管、试验段、扩压器、冷却器、主气源系统、真空系统、测控系统等构成,此外还有水冷却系统、风洞操纵平台以及给石墨电阻加热器供电的直流电源系统[8]。石墨电阻加热器用于加热气流,使前室气流总温达到防止试验段气流冷凝所需要的温度,给石墨电阻加热器供电的大功率直流电源系统由感应调压器、整流变压器、硅整流器组成;扩压器的作用是使超声速气流通过它时减速,以减少对真空系统抽气速率的要求;主气源系统由中压气罐及有关阀门管路组成;真空系统主要由真空泵、真空罐和真空球组成。

高超声速低密度风洞气动热环境测量技术主要采用红外热图和薄壁量热计两种测量手段。高超声速低密度风洞对于研究高超声速飞行器气动热环境的优势是马赫数高、高空模拟能力强,特别是在高度为 40~90 km 的情况;其不足之处是模型尺度小、热流定量精细测量难度大。

4. 关键参数对气动热的影响

1) 尺度效应对气动热特性的影响

地面试验一般都保证几何相似,但是由于存在尺度效应,即使在完全相同的试验条件下,不同几何缩比模型的测热试验结果也是不同的。研究表明,飞行器表面不存在凸起物的大面积区域,气动热的尺度效应主要针对湍流边界层流动。通常情况下,边界层的转捩条件与当地雷诺数 Re 密切相关,即与模型的几何尺度有关,相同的来流条件下,大模型表面边界层转捩得较早,而小模型表面边界层将会转捩较晚甚至不发生转捩。因此,研究气动热的尺度效应必须注意不同缩比模型表面的边界层流态,只有在边界层流动同为层流或同为湍流的情况下才能进行气动热尺度效应分析。

2) 马赫数对气动热特性的影响

马赫数对气动热的影响是非常复杂的,通常情况下马赫数变化就会引起雷诺数变化,在马赫数比较高的飞行条件下,马赫数的变化还会引起高温真实气体效应,使得气体的比热比 γ 发生变化。因此,研究马赫数对气动热的影响规律是非常困难的。本节仅对层流情况下无干扰区域的气动热问题分析研究马赫数的影响。基于钝锥体简单外形,采用理论分析与计算结果相结合的方法分析研究马赫数对气动热的影响。计算结果表明,在马赫数小于 9 的情况下,马赫数对热流分布的影响还是比较明显的。在美国航天飞机气动热环境的试验数据外推应用研究中认为,当 $Ma \geqslant 8$ 时,若不考虑高马赫数情况下比热比的影响,则对于气动热环境地面试验与飞行条件的相关,可以不考虑自由流马赫数的影响。这一思想与本节的分析结论较为吻合。但进一步的计算分析表明,应当在马赫数大于 9 以后,才可以不考虑马赫数对无量纲热流分布的影响。另外,马赫数决定模型头激波形状和激波角,从而影响头激波与空气舵激波的相交干扰特性。

3) 雷诺数对气动热特性的影响

在高超声速气动热的研究中,雷诺数是一个极为重要的相似参数和气动热关联参数,许多热流计算公式都是以雷诺数比拟为基础的。在马赫数、模型外形等条件一定的情况下,雷诺数是影响模型表面附面层转捩的主要因素。附面层的流态对热流的影响很大,因此雷诺数对气动加热率和各种气动热系数都有较大的影响。即使附面层转捩为紊流,当雷诺数增加时,热流也相应会有增加的趋势。由于雷诺数与马赫数、大气(或试验气体)的密度和温度、飞行器(或模型)的几何尺寸、飞行攻角等诸多因素密切相关,开展雷诺数对气动热的影响及修正方法研究是非常困难的,很难从理论上单独对雷诺数的影响进行研究[9]。

9.4.2　长时间射流风洞

长时间射流风洞主要包括电弧风洞、高频等离子体风洞、燃气流风洞等设备,主要应用于防热材料筛选、烧蚀、结构热响应等防热材料/结构的热特性试验。

飞行过程中,空气受到强烈的压缩和剧烈的摩擦,使飞行器的大部分动能转化为热能,其过程伴随着空气的离解、防热材料与空气的高温热化学反应、高速流场对防热层的冲刷和侵蚀等复杂的物理、化学现象,热防护系统的力、热、化学响应及性能演化过程很难完全通过数值仿真进行复现。为了确保热防护系统设计的可靠性,通常需要依靠各类加热设备,设计地面试验,对热防护系统的防隔热性能进行综合考核验证,而等离子风洞作为一种重要的热试验模拟设备,在工程型号设计中起到了不可或缺的作用,能够用于长时间防热性能考核的等离子风洞设备有电弧风洞、高频感应等离子体风洞以及燃气流风洞。

　　采用等离子风洞对飞行条件下气动加热环境进行模拟,其本质是要制造一个与飞行条件加热能力等效的来流。对于含有 n_s 个组元的混合气体,内能 e 与静焓 h 由式(9.1)给出:

$$e = \sum_{i=1}^{n_s} Y_i \cdot e_i \tag{9.1}$$

$$h = \sum_{i=1}^{n_s} Y_i \cdot h_i \tag{9.2}$$

式中,e_i、h_i 分别为 i 组元的内能和静焓;Y_i 为 i 组元质量分数。i 组元静焓 h_i 可表示为

$$h_i = \int_{T_{\text{ref}}}^{T} c_{pi} \mathrm{d}T + h_i^0 \tag{9.3}$$

式中,T_{ref} 为参考温度;h_i^0 为化学焓(或生成焓),其表达式为

$$h_i^0 = (\Delta h_i^f)_{T_{\text{ref}}} = e_i^0 + \frac{\hat{R}}{M_i} T_{\text{ref}} \tag{9.4}$$

式中,e_i^0 为 i 组元的生成能;$\hat{R}$ 为通用气体常数;M_i 为 i 组元的分子量。则混合气体的静焓 h 表示为

$$h = \sum_{i=1}^{n_s} Y_i \cdot \int_{T_{\text{ref}}}^{T} c_{pi} \mathrm{d}T + \sum_{i=1}^{n_s} Y_i \cdot h_i^0 \tag{9.5}$$

定义式(9.5)等号右端第一项为热焓,第二项为化学焓。

　　对于混合气体的总能和总焓,有

$$E = e + \frac{1}{2}(u^2 + v^2 + w^2) \tag{9.6}$$

$$H = h + \frac{1}{2}(u^2 + v^2 + w^2) = E + \frac{p}{\rho} \tag{9.7}$$

混合气体的总焓可表达为

$$H = \sum_{i=1}^{n_s} Y_i \cdot \int_{T_{ref}}^{T} c_{pi} \mathrm{d}T + \sum_{i=1}^{n_s} Y_i \cdot h_i^0 + \frac{1}{2}(u^2 + v^2 + w^2) \tag{9.8}$$

式(9.8)等号右端第一项为热焓,第二项为化学焓,第三项可称为动焓。

用于材料防热性能考核的等离子风洞,所采用的拉瓦尔喷管对气流的加速能力有限,因此其对第三项动焓的模拟远不及飞行条件,为了实现总焓的模拟,通常需要增加对前两项,即热焓与化学焓的模拟。

1) 电弧风洞

电弧加热器利用电弧的自持放电将空气加热到高温状态。20 世纪初,电弧加热器主要作为热源在人工化学合成、加工耐熔材料和高温研究等方面加以应用。目前电弧加热器在人工化学合成、加工耐熔材料、高温研究、再入大气层模拟、宇宙推进和磁流体发电等领域都具有广泛的应用。

目前,国内外使用的电弧加热器系统从结构用途上分为普通电弧加热器、组合式电弧加热器、磁扩散式电弧加热器、漩涡式电弧加热器、西屋式(westing house)电弧加热器、三相交流电弧加热器等;从电源系统供电方式上又可分为直流电弧加热器和交流电弧加热器,由于交流电弧加热器不易于较高焓值电弧的实现,目前在大功率场合基本采用直流电弧加热器。

电弧风洞主要由电弧加热器、喷管、试验段、扩压器、冷却器和真空系统组成。电弧风洞的运行原理为:经电弧加热器加热的高温气流首先进入混合稳压室,在混合稳压室的入口采用径向注入的方式注入一定量的冷空气,与热气流充分混合,以消除气流脉动并调节气流的温度与压力。混合后的气流再经过高超声速喷管膨胀加速,对固定在喷管出口的模型进行气动加热试验。试验后的气流直接进入扩压器,在恢复压力的同时,也使高超声速气流变为亚声速气流。然后进入冷却器冷却到常温,最后流经管道和阀门进入预先抽空的真空罐组,再由真空泵抽出排入大气。

电弧风洞结构示意图如图 9.18 所示,主要包括电弧加热器、电源系统、空气加压系统、加速段、试验段、扩散段、供水系统、冷却器和循环系统等。电弧风洞的优点为总焓较高、能量较大,以及可以开展部件级热结构试验;缺点为存在铜离子污染以及功率还无法满足大型构件级热结构试验要求,代表性设备有

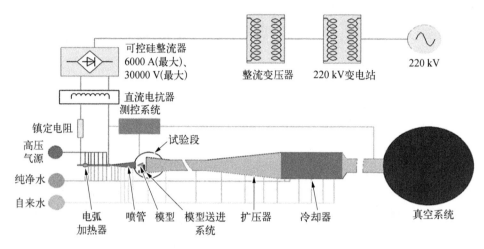

图 9.18 电弧风洞结构组成

Scirocco PWT、IHF、AEDC H2(H3)、y-15、FD-15 等。

国外在电弧风洞和电弧加热器方面研制比较先进的国家主要包括美国、俄罗斯和意大利等。其中,美国于 1969 年在 Wright-Patterson 空军基地建成的电源功率 50 000 kW 的电弧风洞是当时世界上最大的电弧风洞;其后,1996 年由欧洲航天局和意大利科学研究院合作研制的 Scirocco 等离子电弧风洞(图 9.19)最大电源功率可以达到 70 MW;目前世界上最大的电弧加热器为位于 NASA Ames,该飞行器干扰试验设备功率达到上百兆瓦。

图 9.19 Scirocco 等离子电弧风洞

我国在 1954 年后电弧加热器和风洞的研究得到了迅速的发展,主要研制单位包括中国航天空气动力技术研究院、中国空气动力研究与发展中心、中国科学技术大学和中国科学院物理研究所等,目前我国在北京和四川绵阳等地区都建有大型的风洞。

2）高频等离子体风洞

高频等离子体风洞是一种利用高频感应加热原理产生高温气流的风洞试验设备(图 9.20),其组成包括:高频电源等离子体发生器、供气系统、试验段、扩压段、测控系统、供水系统、真空系统以及冷却器等,代表性的设备有 VKI(1.2 MW)、IGP4（375 kW）、TsMINISH （1 MW）、CARDC（1 MW）等。

图 9.20 高频等离子体加热器

高频等离子体风洞能够提供长时间(大于 3 500 s)、高焓(约 62 MJ/kg)、纯净、多介质(空气、CO_2、CH_4、N_2 等)热/化学非平衡流场,可以开展多介质高温试验,但其缺点为功率小、总压低、马赫数低,因此多用于开展材料级烧蚀试验。

3）燃气流风洞

传统的结构热环境地面模拟试验系统,如石英灯加热、石墨加热、电弧加热等试验方法存在最高模拟温度受限、在超高温度范围内工作系统安全可靠性低、试件尺寸受限以及系统工作时间短等不足。因此,发展高加热温度、高热流密度、大尺寸、长时间及高可靠性稳定工作的热环境地面模拟试验系统对高超声速飞行器热防护技术的进步具有重大意义,燃气流风洞采用燃气发生器,其具有功率大、气流温度高、工作时间长等特点,尤其适用于大尺寸结构产品开展热结构、热匹配试验的需求。

燃气流风洞主要由能源系统、管路系统、配套冷却水系统、燃气主试验台、喷淋冷凝抽真空系统、配套测控系统、预试验系统、燃气流场环境测试分析和热结构试验分析系统等子系统组成,燃气流风洞工艺设备构成原理如图 9.21 所示。氧和煤油在主加热器内燃烧,通过拉伐尔喷管,产生高温超声速气流,在试验舱内对模型进行热考核,气流收集后通过扩压器增压至 30 kPa 左右后进入喷水降温装置,通过喷水降低燃气温度至 400℃,然后进入喷淋冷凝装置喷入大量冷却水将水蒸气析出,燃气温度进一步降至 40℃,最后由内燃动力抽真空装置增压至环境压力后排出。

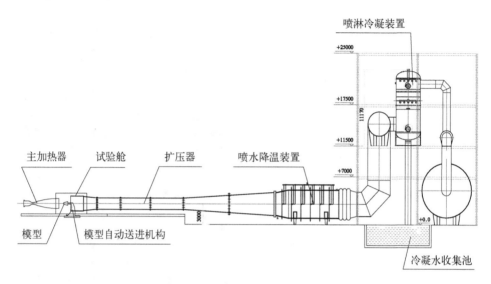

图 9.21 燃气流风洞系统原理图

9.4.3 静态试验设备

高超声速飞行器面临低氧、低气压、长时间、力热多场耦合复杂服役环境,对大尺寸舱段或全尺寸飞行器开展热/力/氧/压复杂环境的试验模拟,是确保飞行器结构与防隔热设计的有效考核验证手段。

1. 低氧环境模拟试验设备

高超声速飞行器普遍采用碳基复合材料作为主承载结构。力热试验中,低氧环境能够避免高温条件下由高空氧含量差异而引起的碳基复合材料强度考核差异的问题,因此国内外相关试验室均建设有地面低氧环境模拟试验设备。

美国 NASA Dryden 试验室在进行 X-37B 舵/翼类结构地面热考核试验的过程中,建设了低氧环境热强度试验系统,如图 9.22 所示。其主要包括三个部分:一套大型低氧氛围模拟试验舱(长 7.3 m、宽 6 m、高 7.3 m)、一套气动热/力耦合试验模拟系统以及一套水/气冷却系统。试验过程中通过喷入氮气、置换出氧气的方式,实现氧分压的调整,进而实现高空低氧环境的地面模拟,并完成相应的热强度试验。加热系统包括 128 个模块化石英灯加热装置。水/气冷却装置用于冷却石英灯加热器、净化试验箱环境,包括冷却水系统和氮气净化/冷却系统。净化/气体冷却系统利用一个高流量的鼓风机净化试验箱,并冷却辐射加热器。

图 9.22　NASA Dryden 建立的低氧环境热强度试验系统

2000 年起,美国 NASA 进行了大量的 C/C、C/SiC 热结构力热联合试验项目,包括 C/C 升降副翼操纵面试验、C/SiC 机身襟翼操纵面试验、C/SiC 和 C/C 襟副翼子部件试验、C/C 方向升降舵子部件试验、C/C 襟副翼鉴定子部件试验、C/SiC 方向升降舵子部件试验等。国内近年来也建设了大型氮气环境试验舱系统,具备了低氧环境下开展高超声速飞行器全尺寸飞行器力热、热振动、热模态等多类型综合热考核试验的能力。

2. 低气压环境模拟试验设备

低气压环境模拟试验设备用于模拟飞行时的压力环境,以辐射加热方式模拟飞行时结构承受的气动热载荷,实现对飞行器隔热性能的考核。

以俄罗斯为例,俄罗斯具有低气压试验能力的热强度综合试验舱,配备具有辐射加热器和加载系统的圆柱形舱室,试验件可以水平或垂直放置,试验舱容积达 2 000 m³。分发电站的功率达到 100 MW。试验舱包括一组工艺流体、气体和真空系统,以及中央控制和测量系统,试验中可以模拟多种载荷联合加载状态。试验舱及其工作平台如图 9.23 所示。

在国内,建设有多个尺寸级别的低气压环境模拟试验设备,系统组成主要包

图 9.23 俄罗斯低气压试验舱

括试验舱体、真空环境获得系统等,辅助配套加热控制系统、电功率系统、数据采集系统、冷却水系统,即可形成对高超声速飞行器进行低气压环境热试验的能力。

3. 热-噪声复合试验设备

表 9.3 为国外主要热-噪声复合试验系统能力指标对比情况。噪声装置有混响室和行波管,加热装置有火焰加热、石英灯组、模块化石英灯,声压级最高可达 170 dB 以上,试验件温度可超过 1 000℃,满足了当时飞行器结构研制热-噪声复合试验的考核需求。

表 9.3 国外热-噪声复合试验系统

研究机构	建造年代	噪声装置	加热装置	声压级/dB	加热能力		试验区间/m³
					热流/(kW/m²)	最大温度/℃	
IABG	20 世纪70 年代	混响室	火焰加热	最高 155	1 000	1 300	206
		行波管	火焰加热	最高 160	1 000	800~1 200	0.5×0.7
NASA兰利研究中心	20 世纪80 年代	行波管	石英灯组	135~165(30~200 Hz)	45	565	1.9×0.33
	1995~2000 年	行波管	模块化石英灯	126~172(30~500 Hz)	540	1 093	0.66×0.33
美国空军	1993 年	行波管	石英灯组	初期 159,后来 172	568	1 648	1.2×1.8

德国工业设备公司（Industrieanlagen-Betriebsgesellschaft MBH，IABG）为模拟航天飞机再入过程的热-噪声复合环境,建造了热-噪声复合试验系统,噪声装置分别采用行波管和混响室,加热方式采用火焰燃烧加热。他们认为石英灯加热和火焰加热方式各有优劣,其中石英灯加热方式易于控制,但加热能力和耐噪声性能弱,火焰加热方式具有加热温度高、疲劳寿命好、运行费用低等特点,但控制性能不好。为验证轻质结构的热防护系统,德国 IABG 选取火焰加热方式方案,设计和建造了火焰燃烧系统,分别应用于行波管和混响室噪声试验系统,如图 9.24 所示。

(a) 行波管　　　　　　　　　　　　　　　　(b) 混响室

图 9.24　火焰加热方式的热噪声试验系统

20 世纪 80 年代,在 NASA 兰利研究中心的噪声测试中(图 9.25),采用行波管噪声装置,通过一个锥形扬声器,将噪声施加到测试舱段,声压等级最大可达 168 dB,输出功率为 30 kW。石英灯加热器加热的热流密度 45 kW/m^2,加热温度可达 560℃。后来为提高热-噪声复合试验系统的加热能力,对石英灯辐射加热器进行了重新设计,采用模块化石英灯,加热能力提升到 540 kW/m^2。

20 世纪 90 年代,美国空军怀特试验室也搭建了热-噪声试验室,如图 9.26 所示。配备了一大一小两套热-噪声设备,声强分别可达 172 dB 和 174 dB,热流密度分别可达 567 kW/m^2 和 829 kW/m^2。设计最初选用二种加热方式,即电弧等离子体加热、石墨加热以及石英灯加热。虽然等离子体加热可以获得极大的热流密度,但其设备价格昂贵,因此很少采用。

在国内,结合高超声速飞行器对热-噪声复合环境的试验需求,开展了噪声

(a)   (b)

图 9.25　NASA 兰利研究中心的热噪声试验设备

图 9.26　美国空军怀特试验室热-噪声设备

环境下的加热技术与高温测试技术研究,搭建了以石英灯或石墨与行波管组合的热-噪声复合环境试验系统,具备了开展典型部件和舱段结构热噪声试验的能力。

4. 热-振动复合试验设备

20 世纪 90 年代,美国空军怀特试验室的高温热-振试验中,配备了 Unholtz - Dickie 的 5.443 t(12 000 lb)和 9.07 t(20 000 lb)的振动台,加热元件采用石英灯,并且配备了环境试验舱用于模拟试验环境(真空或充氮气)。

为了支撑空天飞机的研制,美国 Dryden 飞行研究中心开展了一系列的热-振动复合环境试验,研究对象为铝合金壁板结构、钛合金壁板结构和复合材料壁板结构,分别采用均匀温度场、非均匀温度场和瞬态加热剖面三种加热环境,最高温度为 371℃。

从目前掌握的欧美热-振动试验设备的技术资料来看,情况基本与国内一致。从加热模拟手段来看,国外加热模拟手段主要包括石英灯、石墨加热器等多种辐射加热方式,为了进一步挖掘石英灯加热装置的加热能力,实现高温长时间加热,美国 NASA Dryden、NASA Langley、美国空军研究实验室(Air Force Research Laboratory, AFRL)以及德国 IABG 采用模块化石英灯加热装置进行气动加热环境模拟。从振动载荷的模拟手段上来看,国外模拟手段主要采用各类激振器,国内对于小量级的振动载荷通常使用各类激振器,而较大载荷使用振动台进行激励。

我国在 20 世纪 80 年代,针对导弹发动机喷管、运载火箭管路系统的热-振动复合环境开展了相关的试验技术研究,当时的试验条件相对较差,只能简单地将振动试验系统和加热试验设备临时搭建在一起开展试验件的联合试验,获得的试验数据较少,对热-振动复合环境试验技术中的环境效应、试验控制、参数测量等还没有全面研究。

近年来,随着型号研制的新需求,针对带防热结构的仪器舱段、翼舵结构、天线罩等开展了大量热-振动试验研究,以考核部段抗热振动性能和环境适应性能力,形成了较为系统的试验设备和试验技术。

北京航空航天大学根据试验的需要,建立了高温热-振动试验环境模拟系统,如图 9.27 所示,对高速巡航导弹防热部件进行隔热与抗振效果联合试验,为巡航导弹在高速、高温与振动条件下的安全设计提供了地面试验验证手段和可靠的试验依据。

中国飞机强度研究所针对工作在高温叠加振动环境中的飞行器结构进行热-振动联合环境试验的需要,研究了一种基于激光测量的非接触式热-振动联合环境试验技术,并基于该技术搭建了一套高温热-振动联合环境试验系统,如图 9.28 所示,该系统包括振动试验系统和加热试验系统两个独立并行的子系统。

北京强度环境研究所依托已有在辐射加热和大量级振动施加上的优势,以石英灯/石墨作为辐射加热元件模拟结构所承受的热载荷,通过大吨位振动台施加振动载荷,采用激光测振仪等测量结构的动态响应,构建了最高加热温度达

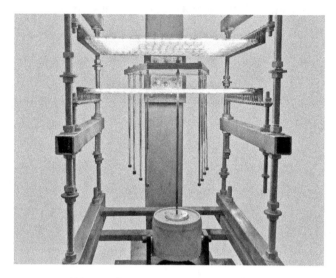

图 9.27　高温热-振动试验环境模拟系统

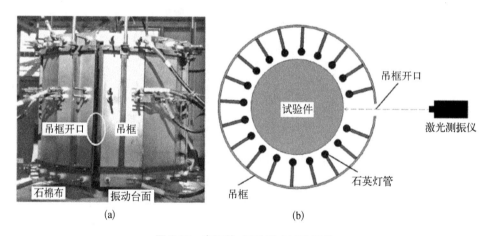

(a)　　　　　　　　　　　　　　　(b)

图 9.28　高温热-振动联合试验系统

1 700℃,振动量级达 32 g 的高温热-振动试验系统。

9.5　测量技术

　　高超声速飞行器外形复杂,飞行速度、高度范围广,由于气动加热不仅是高超声速流动的问题,还是伴随有复杂的物理化学过程,理论分析和预测十分困难,尤其是对于这类外形复杂的飞行器,风洞测热试验是地面热环境预测的基础和关键,准确全面的热环境数据为飞行器研制决策提供可靠的科学依据。

9.5.1　气动热测量测试技术

1. 点式热流测量技术

1) 同轴热电偶传感器

驻点热流是气动热环境地面测热中重要的参数,也是进行热流无量纲比拟的常用基准参数,但是驻点区域速度梯度大、温升明显、表面剪切力和冲刷较为严重,使得驻点热流测量的离散度较大,经常会因为传感器受损而测不到驻点的热流。同轴热电偶材质一般为强刚度较好、导热较快的金属,而且结构设计和薄膜温度传感器不同,有很大的轴向尺度,因此基本不会出现受流场的冲刷从而导致热流测量的偏差,但是同轴热电偶传感器灵敏度较低,适合在高热流区域测量使用,而驻点热流一般较高,具有较明显的温升,可保证驻点热流的准确测量。同轴热电偶工作原理设计了相关结构,如图 9.29 所示。

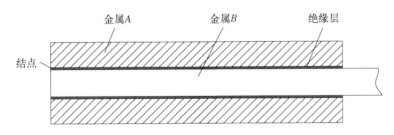

图 9.29　同轴热电偶结构示意图

同轴热电偶工作原理为:两种不同成分的均质导体(A、B)形成回路,当两端存在温差时($t-t_0$),回路中就会产生电流,两端之间就会存在 Seebeck 热电势,即塞贝克效应。热电势的大小只与热电偶导体材质及两端温差有关,与热电偶导体的长度、直径无关,热电偶工作原理如图 9.30 所示。

由导体 A、B 组成的热电偶回路,当引入第三种导体 C 时,只要保持第三种导体 C 两端的温度相同,引入导体 C 就对回路总电势无影响,即回路中总的热

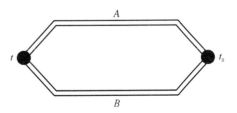

图 9.30　热电偶回路示意图

电势与引入第三导体无关。基于这种特性,采用热电偶进行测量时,无须担心测量导线的接线问题,只需要保证热电偶的两极同信号线连接的端点温度相同即可。

由一种均匀介质导体组成的闭合回路,无论导体的截面、长度以及各处的温度分布如何,均不产生热电势。该定律说明,若热电偶的两根热电极是由两种均质导体组成的,则热电偶的热电势仅与两接点温度有关,而与沿热电极的温度分布无关。若热电极为非均质导体,当处于具有温度阶梯的情况时,则会产生附加电势,引起测量误差。因此,热电极材料的均匀性是衡量热电偶质量的主要指标之一。

根据产生热电势的金属材料不同,热电偶可分为各种规格,其中常见规格的分度号及其所对应的正负极材料如表 9.4 所示。

表 9.4 热电偶的分度规格

热电偶分度号	热 电 极 材 料	
	正 极	负 极
S	铂铑 10	纯铂
R	铂铑 13	纯铂
B	铂铑 30	铂铑 6
K	镍铬	镍硅
T	纯铜	铜镍
J	铁	铜镍
N	镍铬硅	镍硅
E	镍铬	铜镍

热电偶在其工作温度范围内,热电势同温度基本呈线性关系。中国科学院力学研究所自主研发的同轴热电偶传感器采用康铜和镍铬作为两极材料,由于两者 ρck(ρ 为密度;c 为比热容;k 为热传导系数)差别不大,从而节点落在不同基底上导致的温升变化差异不大,测量精度得以提高;目前制造的传感器外径最小为 $\phi 1.4 \text{ mm}$,材料为镍铬-康铜(绝缘层小于 10 μm)(图 9.31)。

2)耐冲刷高精度薄膜电阻温度计

薄膜电阻温度计是一种利用金属薄膜电阻温度变化的特性测量物面瞬时温

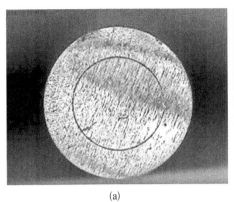

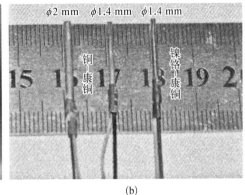

(a)　　　　　　　　　　　　　　　(b)

图 9.31　同轴热电偶产品尺寸

度的传感器,再通过温度-时间曲线积分得到热流变化(目前由热-电模拟网络实现)。这种传感器的灵敏度高,响应时间快(微秒量级),尺寸小,是激波管、激波风洞试验技术中主要敏感测量元件之一,其外形如图 9.32 所示。薄膜电阻温度计的最大缺点是 Pt 薄膜不耐冲刷,容易产生较大的测量误差。目前,国内广泛使用的柱状薄膜电阻温度计的直径为 2 mm,美国 Calspan – UB 研究中心所用的传感器最小直径为 1 mm。

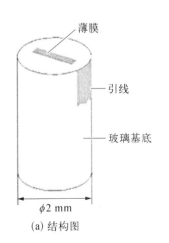

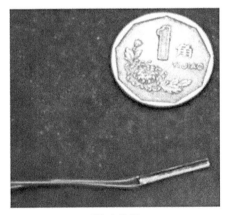

(a) 结构图　　　　　　　　　　　(b) 实物图

图 9.32　薄膜电阻温度计示意图

薄膜电阻温度计具体参数如下:

(1) 薄膜电阻温度计温度系数>$2.5 \times 10^{-3} \, °C^{-1}$,铂电阻阻值$\geqslant 30 \, \Omega$;

(2) 薄膜电阻温度计电阻温度系数标定误差$\leqslant 0.5\%$;

（3）薄膜电阻温度计热物性参数重复性标定误差≤3%。

2. 分布式热流测量技术

目前,风洞开展分布式热流测量技术实现手段主要是在试验模型上喷涂磷光材料,利用其在不同温升条件下光强的不同反映加热水平的差异。

1）磷光材料及其喷涂技术

发光材料需要喷涂在模型表面上,所以其必须和作为载体的涂料一起使用。当发光材料的粒径较大时,其容易在涂料中沉降,从而影响涂料的均匀度,不利于喷涂。因此,制备了粒径仅为 $1 \sim 2\ \mu m$ 的细粉（磷光材料）,其局部细节电镜照片如图 9.33（a）所示,图 9.33（b）是磷光材料的大尺度电镜照片。

(a) 磷光材料局部细节电镜照片　　　　　　(b) 磷光材料大尺度电镜照片

图 9.33　磷光材料电镜照片

经过喷涂测试,该粒径材料在涂料中悬浮时间长达 1 h,分散性好,喷涂后形成的涂层附着力强,且发光明亮。

使用 200℃ 的有机硅涂料作为发光涂层的基质涂料。图 9.34 为有机硅基质涂料的吸收光谱。由图可看出,该胶黏剂在 365 nm 激发光波段内基本无吸收,不会影响激发光对图层中发光材料的激发效率。同时,有机硅基质涂料在可见光区间无吸收,不会影响发光材料发出的可见光强度。

将磷光涂层均匀地附着在模型表面是有效测量的前提。目前使用的方法是将磷光体悬浮在胶黏剂中,用喷笔喷涂在模型表面。这种方法使得涂层较为坚固,从而在多次运行过程中不需要重复喷涂,增强了磷光热图技术的效率。为了形成均匀的薄膜,需要保持喷笔较大的流量,以一定的移动速度走过模型表面,在被喷涂表面一次性形成所需厚度的磷光体湿膜。

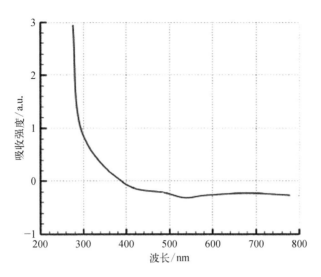

图 9.34　有机硅基质涂料的吸收光谱

2）定量化数据处理技术

试验数据的处理分为三个阶段：① 图像预处理；② 由光强分布计算温升分布；③ 由温升分布计算模型表面热流分布。

对某一图像的温度分布计算过程如下。

首先，确定流动初始帧的光强分布 I_0，在确定用于温度场计算的某一帧光强分布 I_i 后，利用式（9.9）得出第 i 帧图片的光强变化率分布：

$$\frac{\Delta I}{I_0} = \frac{I_i - I_0}{I_0} \tag{9.9}$$

将此光强变化率分布代入标定曲线内，即可算得对应像素点的温度分布。

图 9.35 给出了电荷耦合器件（charge-coupled device，CCD）相机拍摄的平板-尖楔模型试验前和试验中的原始光强图像。

分析软件可将 CCD 相机得到的光强图像转化为灰度值文件。其中每一点的光强灰度范围为 0~4 095，涂层发光范围为 1 000±200，根据磷光材料的性能可知，光强变暗表明该区域温度有所上升，变暗幅度的不同代表温升幅度的不同。

在将光强变化率分布转变为温升分布的过程中，需要调用标定曲线的数据。标定数据为单点数据，所以在具体的计算过程中，需要对标定数据进行拟合或插值，从而求出相应的温升分布。根据光强变化率-温升的标定数据，具体由光强

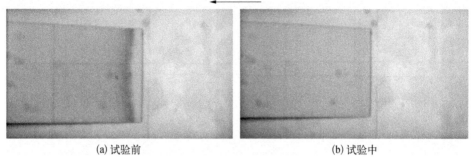

(a) 试验前   (b) 试验中

图 9.35   原始光强图像

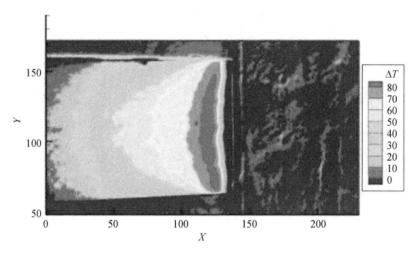

图 9.36   由光强变化率计算得到的温升云图

变化率计算得到的温升云图如图 9.36 所示。

脉冲风洞运行时间较短(20~30 ms)且磷光涂层厚度较薄(小于 20 μm),因此在磷光测热技术研究过程中,应采用一维半无限体假设进行热流计算。

假设磷光粉涂层无限薄,又假设模型表面曲率无限大,其对流换热是沿模型表面法向传导的,则一维热传导方程能被大大简化。这种一维方法虽然具有其局限性,然而对于测试时间为 1 s 的绝热材料,这个方法能够得到一个很好的结果。

激波风洞试验持续时间只有几十毫秒,陶瓷的绝热性能很好,陶瓷可以看成半无限体。对于一个半无限体,在非定常传热的情况下,其表面温度 $T(t)$ 与热流 q 的关系可以用式(9.10)描述:

$$q(t) = \frac{\sqrt{k\rho c}}{\sqrt{\pi}} \left[\frac{T(t)}{\sqrt{t}} + \frac{1}{2} \int_0^t \frac{T(t) - T(\tau)}{(t - \tau)^{\frac{3}{2}}} \mathrm{d}\tau \right] \tag{9.10}$$

式中,$q(t)$ 为表面热流率;k、ρ、c 分别为热传导系数、座体材料的密度和比热。

根据图 9.36,可得到其热流云图,如图 9.37 所示。

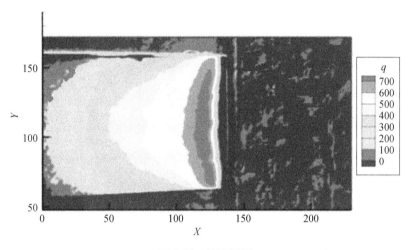

图 **9.37**　热流云图

3)模型加工工艺研究

在磷光热图技术研究中,模型材料应具备低热扩散性、均匀、能承受重复性试验以及热循环过程中变形小等特点。磷光材料的基底模型材料一般选用工程陶瓷和工程塑料。国外进行磷光热图及 TSP 测热试验一般也使用工程陶瓷,并取得了较好的效果。

由于在相同加热条件下,聚四氟乙烯的温升也较金属大很多,且加工简单,本节采用聚四氟乙烯制作了一块边条翼模型及一个圆锥模型。在试验过程中发现,聚四氟乙烯模型的强度较差,易变形,不能承受重复性试验。实践证明,在磷测热试验研究中,陶瓷是最为理想的模型材料。

本节采用微晶云母陶瓷材料制作了一套简易平板-尖楔模型(图 9.38),衬底为不锈钢的陶瓷平板上加装具有一定角度的楔,采用此模型进行磷光热图试验,结果证明,陶瓷材料可承受炮风洞重复试验,无开裂和破损现象,试验过程中无明显变形,可以作为磷光热图技术的模型材料使用。

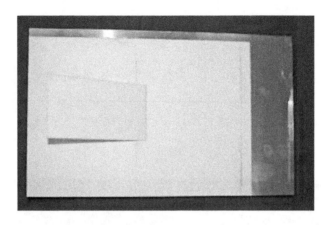

图 9.38 微晶云母陶瓷模型

3. 局部热环境测试技术

1）尖翼前缘热流传感器

传统的 $\phi 2$ mm 热流传感器呈端面为平面的圆柱状,其敏感元件感应面为"S"形,而尖翼前缘最小的曲率半径为 1 mm,安装在复杂外形模型表面时会在一定程度上改变模型外形,其影响范围为传感器端面面积,改变局部流场,从而影响热流测量结果。

敏感元件感应面采用"S"形,其感应区不再是同样大小热流的区域。由于尖翼前缘模型理论驻点热流测量值仅存在于前缘驻点线上,且沿着径向的表面热流值快速下降,对于前缘曲率半径为 1 mm 的圆柱,作为一个以驻点线为中心线,宽度为 0.2 mm 的敏感元件面积上的热流值为理论驻点线上热流值的 95%左右,而传感器测得的热流结果为敏感元件感应面积上热流密度的积分平均值。随着尖翼前缘曲率半径的增大,其敏感元件感应面积相对于球头半径越来越小,热流测量结果下降的幅度开始减小。最后测到的热流是较大范围的热流,而不是翼前缘的热流,因此只能采用"—"形。另外,为了避免破坏翼前缘局部外形,并能够精确捕捉前缘热流峰值,因此必须采用型面热流传感器,将基体材料直接制作成型,其敏感元件感应面为"—"形,尺寸为 0.2 mm×3 mm。

本节设计和制作了曲率半径为 1 mm、1.5 mm、3 mm 和 4.5 mm 尖翼前缘热流传感器,每个传感器上布置 4 个测点。尖翼前缘整体式热流传感器如图 9.39 所示。其采用 GG－17 玻璃基底作为衬底材料,直接制作成一体化式热流传感器,以减少传感器安装带来的影响。

图 9.40 为研制的等曲率半径、不同尺寸的前缘热流传感器,其敏感元件的

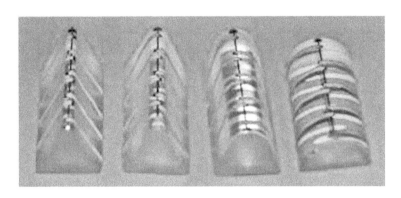

图 9.39 尖翼前缘整体式热流传感器

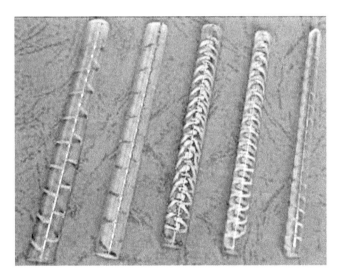

图 9.40 等曲率半径、不同尺寸的前缘热流传感器

感应面为"—"形,尺寸为 0.2 mm×3 mm。

图 9.41 为研制的变曲率半径、弯曲前缘热流传感器,其主要用于测量模型复杂外形的前缘局部热环境。由于前缘的形状是不规则的三维数模,其前缘曲率半径变化大,导致玻璃基底加工的难度提升,经过反复研究,基底采用压模和仿形磨等工艺加工。

2)表面缝隙一体化热流传感器

将传感器镶嵌到缝隙迎风侧壁面,则正好形成宽度合适的缝隙,而传感器的侧边缘需要与当地模型表面平齐。考虑到缝隙内迎风侧壁面上缘附近为热流峰

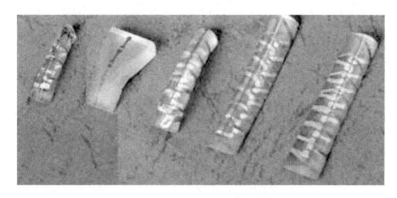

图 9.41 变曲率半径、弯曲前缘热流传感器

值区,且沿缝隙深度方向具有较大的热流分布梯度,因此型面热流传感器上测点的分布必须在缝隙上缘附近,且具有足够的分布密度才能获得详细可靠的热环境数据。研制的缝隙型面热流传感器,测点较为密集,最多的在 52 mm×5 mm 内布置了 20 个测点,沿缝隙深度方向五个传感器距离边界分别为 0.2 mm、0.86 mm、1.66 mm、2.66 mm、4.06 mm,沿缝隙走向每相隔 12 mm 布一列传感器。将传感器安装在缝隙内以后,最上缘测点距当地模型表面 0.2 mm,沿深度方向,测点间隙逐渐增大。表面缝隙一体化热流传感器如图 9.42 所示。

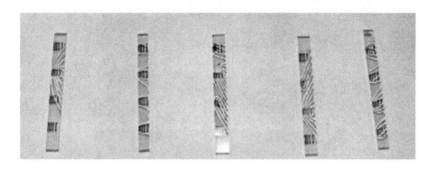

图 9.42 表面缝隙一体化热流传感器

3) 球头一体化热流传感器

球头一体化热流传感器采用“S”薄膜,其掩膜的设计可以保证掩膜与基底贴合紧密,使得敏感元件位于基底的顶点。图 9.43 为设计和制作的两种不同大小的球头一体化热流传感器。

4) 凹面局部一体化热流传感器

对于凹面局部,采用以上方法非常困难,首先是玻璃材料加工凹面基体很困

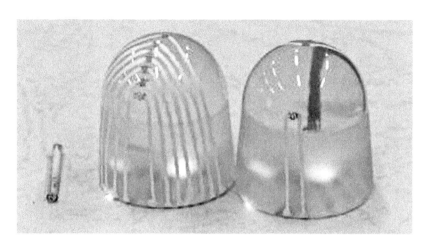

图 9.43　球头一体化热流传感器

难,其次是凹面掩膜加工、贴合、引线等难度都较大,凹面局部一体化热流传感器(图 9.44)采用可加工陶瓷材料加工出一体化传感器外形,进行整体镀膜后,通过激光直写机进行刻写。

图 9.44　空气船整流帽一体化传感器

5) 柔性基底热流传感器

聚酰亚胺是非常合适的基底材料,具有优良的机械性能,未填充塑料的抗张强度都在 100 MPa 以上。聚酰亚胺的热膨胀系数在 $2 \times 10^{-5} \sim 3 \times 10^{-5}$℃。它具有良好的介电性能,介电常数为 3.4 左右,引入氟,可以降到 2.5 左右,介电强度为 $100 \sim 300$ kV/mm。

根据风洞试验测试需求,制作了如图 9.45 所示的柔性基底热流传感器,每个测点的尺度为 0.1 mm×1 mm,测点间距为 0.5 mm,在 10.5 mm×26 mm 的面积上有 10 个测点,包括引出线,连线通过小尺寸的连接头卡在引脚上,选用厚度为 0.18 mm 的聚酰亚胺薄膜,在 20 ms 准定常的试验时间内可以满足一维半无限体传热的理论模型。

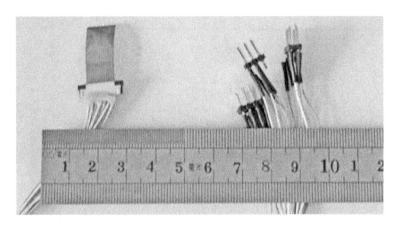

图 9.45　柔性基底热流传感器

4. 冷点效应热流影响机制简介[10]

长时间气动加热条件下的热流测量会出现由壁面温度不连续带来的冷点效应,从而影响测试结果。冷点效应的本质是热流传感器与周围防热材料之间的材料物性差异导致的壁面边界条件骤变现象,属于典型的材料匹配性问题。热导率差异引起的热流不连续现象说明图如图 9.46 所示。

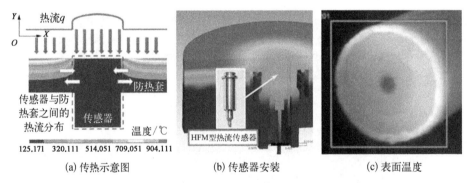

图 9.46　热导率差异引起的热流不连续现象说明图

冷点效应的物理学描述包含两个层面。第一个层面是材料学层面,其表现为传感器材料与防热材料热导率不同导致飞行器壁面瞬态热响应存在局部差异,形成温差。高超声速飞行器外表面采用的是复合型防热材料,这种类型的材料热导率较低,在气动加热情形下,材料内外会形成较大的温度梯度,表面材料温度上升的速度较快、幅度较大。而飞行试验中常采用的同轴型铜-康铜热电偶传感器,其使用的是金属材料,具有导热快、热沉大、温升慢等特点。因此,在遭遇气动加热时,传感器表面和当地防热材料之间会出现较大的温度差。

第二个层面是流体力学层面,其表现为局部温度差异将原来的可压缩起始加热问题转变为可压缩非起始加热问题,此时温度边界层构型发生显著变化,热流传感器附近的热流分布受到显著影响,导致传感器测量得到的热流分布与实际值之间存在一定的差异。

当存在冷点效应时,冷点区域附近典型的表面热流分布曲线如图 9.47 所示。图中,C 表示壁面条件为低温 300 K 等温壁,H 表示壁面条件为高温 500 K 等温壁,$H-C-H$ 表示冷点区域为 300 K,其余均为 500 K 等温壁。来流条件为 $Ma8$,计算高度为 50 km,冷点位置的当地雷诺数 ReL 为 15 900。当存在温度间断时,冷点区域内的热流值要明显高于全冷壁时的情况,这表明采用冷点情形下测量得到的热流值作为热防护设计的参考热流,将造成较大的热防护冗余量。这不但浪费了飞行器的有效载荷,还降低了飞行任务的工作效率,由此可知,研究冷点效应的热流偏差机制对于预测真实的气动热环境具有十分重要的工程意义[11]。

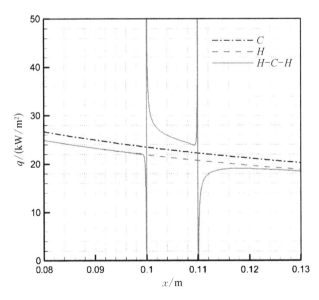

图 9.47　存在表面温度差异时,冷点附近的表面热流分布

9.5.2 防隔热测量测试技术

温度的测量方法大致可分为接触测温法和非接触测温法两种。在接触测温法中,热电偶和热电阻温度计应用最为广泛,该方法的优点是设备和操作简单、测得的是物体的真实温度等,其缺点是动态特性差,而且由于测量过程中要接触被测物体,故对被测物体的温度分布有影响,且不能应用于高温测量。

1. 接触式测温技术

接触式测温仪器在测温过程中敏感元件和被测体直接接触,测温方法简单可靠,精度高,但由于受到材料耐温及抗氧化能力的限制,通常接触式温度传感器难以在很高的温度下进行长时间贴壁测温。常见的接触式温度传感器有金属热电阻传感器、正温度系数(positive temperature coefficient, PTC)热敏电阻、负温度系数(negative temperature coefficient, NTC)热敏电阻以及热电偶等。

1)金属热电阻传感器

金属热电阻传感器是利用金属导体的电阻随温度的变化而变化的原理进行测温的,热电阻广泛应用于测量 220~850℃范围的温度,金属热电阻的主要材料是铂和铜。热电阻传感器的基本结构十分简单,其敏感部分由玻璃、云母、陶瓷等绝缘材料支撑并与导线相连,外部包覆保护性外套。热电阻传感器的引线结构有 2 线、3 线和 4 线三种。当直接与接收信号的仪器端连接以防止导线长度引入的误差时,可以采用 2 线;若传感器与接收信号的仪器之间距离较长,互连的导线长度必须予以考虑时,则应采用 3 线,这种方法的精度对于许多工业应用已经足够;若需要更高的精度,则可以采用 4 线,这两对引线中,一对用于提供激励电流,另一对则用于测量其两端电压,这种方法可显著减小导线的电压降,从而保证高精度。

2)半导体热敏电阻

热敏电阻是由一些金属氧化物,如锰、镍、钴等氧化物,采用不同的配比,经高温烧结而成,然后采用不同的封装形式制成珠状、片状、杆状等各种形状。它主要由热敏、引线、壳体组成。按半导体电阻随温度变化的典型性,热敏电阻可分为三种类型,即 NTC 热敏电阻、PTC 热敏电阻以及在某特定温度下电阻会发生突变的临界温度电阻器(critical temperature resistor, CTR)。

在温度测量中主要采用 NTC 热敏电阻和 PTC 热敏电阻,使用最多的是 NTC 热敏电阻,半导体热敏电阻具有很高的负温度系数,其灵敏度(温度每变化一度时电阻的变化)较之上述的电阻丝热电阻高得多,尤其是其体积可做得很小,因此动态特性很好,特别适合在 -100~300℃测温。与金属热电阻相比,半导体热敏电阻的温度系数小于零,但绝对值比金属热电阻大 4~9 倍,因此半导体热敏电阻灵敏度高、电阻率高、体积小,可测点温和固体表面温度,并且机械性能好,结构简单,寿命长。半导体热敏电阻的缺点是作为半导体元件,它的复现性和互换性较差。热敏电阻典型结构有圆片型、薄膜型、杆型、管型、平板型、珠型、扁圆型等。最常见的热敏电阻是用金属氧化半导体材料制成的,将各种氧化物在不同条件下烧成半导体陶瓷以获得热敏特性,以 CuO、NiO、Fe_2O_3、TiO_2、MgO、V_2O_5、ZnO 等两种或两种以上的材料进行混合、成型、烧结,还可制成具有负温度系数的热敏电阻,其电阻率和材料常数随制备材料的成分比例、烧结温度、烧结程度和结构状态不同而变化。热敏电阻的类型及参数使用选择如表 9.5 所示。

表 9.5 热敏电阻的类型及参数使用选择

使用目的	适用类型	常温电阻率	B 或 α	阻值稳定性	误差范围	结　　构
温度测量与控制	NTC	0.1~1	各种	0.5%	±2%~10%	珠状
流速流量、真空、液位	NTC	1~100	各种	0.5%	±2%~10%	珠状、薄膜状
温度补偿	NTC; PTC	1~100; 0.1~100	各种	5%	±10%	珠状、杆状、片状; 珠状、片状
继电器等动作延时; 直接加热延时	NTC; CTR	1~100; 0.1~100	越大越好; 常温下较小、高温下较大	5%	±10%	ϕ10 mm 以上盘状; ϕ0.3~0.6 mm 珠状
电泳抑制; 过载保护; 自动增益控制	CTR; PTC; NTC	1~100; 1~100; 0.1~100	越大越好; 越大越好; 较大	5%; 10%; 2%	±10%; ±20%; ±10%	ϕ10 mm 以上,盘状; ϕ0.3~0.6 mm,珠状 —

3)热电偶

两种不同材料的导体组成一个闭合回路,若两端结点温度不同,则在回路中会产生一定大小的电流,这个电流的大小与导体材料的性质及结点温度有关。一般常把上述现象称为热电效应,利用热电效应制成的测温传感器称为热电偶。热电偶是目前接触式测温中应用最广泛的温度传感器,其产生的电压很小,通常只有几毫伏。热电偶传感器的主要优点有：① 测温范围广,可用于 -180 ~ 2 800℃ 的温度测量;② 结构简单,可应用的材料广泛,制造容易;③ 可制成各种形状,适应不同对象,体积小,热惯性小,可测点温;④ 便于远距离测量,自动记录及多点测量,直接输出电动势,可在无外加电源的条件下测量。热电偶种类及特点如表 9.6 所示。

表 9.6　热电偶种类及特点

种　类		分度号	正极	负极	测温范围/℃	特　点
标准型热电偶	铂铑 30 - 铂铑 6	B	铂 70%、铑 30%	铂 94%	0 ~ 1 700	测温上限高,性能稳定,常用于冶金钢水测量
	铂铑 10 - 铂	S	铂 90%、铑 10%	纯铂丝	0 ~ 1 600	热电性能稳定,抗氧化性强,常用于标准热电偶或高温测量
	镍铬 - 镍硅	K	镍 90.5%、铬 8.5%	镍 97.5%、铬 2.5%	-200 ~ 1 200	测温范围广,$E-T$ 线性好,价格低,但稳定性差,且负极有导磁性
	镍铬 - 康铜	E	镍铬合金	铜 55%、镍 45%	-200 ~ 900	热电势大,但易氧化
	铁 - 康铜	J	铁	镍铬合金	-200 ~ 750	便宜热电势大,但易氧化
	铜 - 康铜	T	铜	镍铬合金	-200 ~ 350	精度高,但易氧化
	铂铑 13 - 铂	R	铂 87%、铑 13%	纯铂	0 ~ 1 600	—
非标准型热电偶	铂铑系：铂铑 20 - 铂铑 5;铂铑 40 - 铂铑 20				高温	性能稳定用于高温测量
	铱铑系：铱铑 40 - 铱;铱铑 60 - 铱				2 000 以下	$E-T$ 性能好
	钨铼系：钨铼 3 - 钨铼 25;钨铼 5 - 钨铼 20				2 500 以下	用于钢水连续测温或反应堆测温

注：国际电工委员会(International Electrotechnical Commission, IEC)已对七种热电偶制定了国际标准(B、S、K、E、J、T、R),我国已投入生产的有 S、B、K 三种;$E-T$ 曲线为电势-温度曲线。

2. 非接触式测温技术

目前,非接触测温法仍以辐射测温法为主,辐射测温仪具有无测量上限、响应速度快、不接触被测对象,以及不影响被测温场等优点,因此得到了广泛应用。辐射测温仪从仪器的工作方式上可分为亮度(单色)温度计、比色(双色)温度计、宽带(全波长或红外)温度计和多波长高温计等[12]。

红外辐射测温可以快速方便地进行模型表面温度及分布测量,但对于电弧风洞试验,红外辐射测温主要受到电弧加热流场干扰光谱、本底辐射和材料高温发射率不确定等因素的影响,难以得到满意的结果。因此,本节研究拟采用以下技术方案,以期提高试验精度,增强试验能力。

(1)通过建立基于光纤传输的多光谱多目标在线诊断测量系统,测量高温电弧自由射流的发射光谱,以水冷铜圆柱试验件(以消除试件高温热辐射对等离子体气流发射光谱诊断分析的影响)和烧蚀材料为对象,开展高温电弧试验环境下的低温试验件和烧蚀材料的发射光谱测量诊断分析,包括试件前缘激波区和试件中部区域光谱诊断分析,评估典型试验状态(温度、压力、密度、化学非平衡态等)流场条件下的气体辐射光谱,获取高温流场红外辐射特性。

(2)通过合理选择红外测温仪的测试光谱,避免气体辐射对红外测温造成影响,将流场引起的测量误差降低到可接受的范围。

(3)静态条件下利用高温黑体炉或光谱仪,动态条件下结合可靠的测温手段(如热电偶)或光谱仪测量材料高温下的红外辐射特性,获取材料的光谱发射率。

(4)以典型具有半透明涂层的试验件(C/SiC)为对象,开展具有半透明涂层的高温试验件的辐射特性研究。

(5)在获取电弧加热流场和模型的辐射特性后,利用基于光纤传输的多光谱多目标在线测试系统和工业用红外高温计或红外热像仪测量模型表面温度分布随时间的变化,并互相校验。

(6)基于光纤光谱测量系统,开展适用于高温电弧试验环境下的高温材料辐射测温方法与技术优化方案的研究。

1)系统构成及标定

建立适用于高温电弧风洞测试环境的发射光谱试验测量系统——基于光纤传输的多光谱多点目标在线测量系统。系统由光谱仪单元、光学成像组件、光纤传输单元、支架、数据分析单元等构成。

　　红外测温系统包括进行大面积温度分布测量的红外热像仪和进行模型局部高精度单点测量的双色光纤红外高温计,以及安装于风洞试验段的红外窗口、数据采集及分析处理单元等组成,其系统示意图如图 9.48 所示,实拍图见图 9.49。

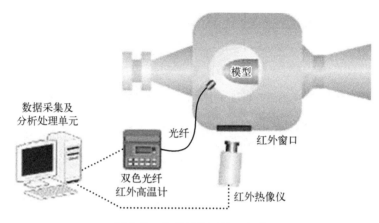

图 9.48　红外测温系统示意图

图 9.49　红外测试系统实拍

　　模型表面温度采用单点红外高温计(型号为 Raytek® MR1SC、MR2SC、ISR12 - LOMB33)测量,表面温度分布采用红外热像仪(型号为 InfraTec VarioCAM® Inspect170、SAT G90 等)测量。通过研究,本节建立了一套能够满足多种材料、复杂结构、电弧风洞试验条件下的模型表面温度测试技术和测试方法。多次试验表明,使用红外测温仪进行温度测量,其最大的不确定因素是被测物体的发射率,很大原因是该发射率是由操作者自行确定再输入测温仪表的。确定物体发射率的难度在于影响发射率的因素很多,主要包括材料的种类、材料表面状况和物体的表面温度等。研究主要通过对不同材料在加热试验过程中的背面温度进行热电偶直接测量及红外测温仪间接测量比较,调节测温仪的发射率,直至其显示出目标的真实温度,此时的发射率即被测物体的发射率。

红外测试系统由工业用高温计和热像仪组成,它们在出厂前均经过了严格的静态标定,在试验过程中,需要结合光谱仪或可靠的测温手段(如 K 型、B 型热电偶)进行动态标定。

在电弧加热等离子体射流中,气体在高温高压条件下不断发生电离及复合,在原子或离子中的电子由高位能级跃迁到低位能级的过程中,会发射出特定的谱线;防热材料在气动加热试验过程中,材料表面在高温条件下发生烧蚀、热解并生成新物质,在这个过程中也会发射出特征光谱,与等离子体流场本身发射出的光谱混合。开展高温电弧自由射流的发射光谱测量试验研究,分析电弧射流的发射光谱辐射强度特征规律,了解试验状态下的电弧射流的组分特征,为高温电弧风洞环境下的辐射测温的校正、边界层烧蚀产物的诊断提供基础数据。

2) 材料发射率测量与校正

物体表面的发射率不仅与物质组分有关,还与物体的表面条件(如粗糙度)、物体的温度和考察的波长等因素有关。另外,材料的热辐射特性在不同波长及不同方向上是不相同的,因此一般按波长范围可分为光谱(或单色)发射率及全波长发射率,按发射方向可分为方向发射率、法向发射率及半球发射率。根据不同的测试原理,通常将发射率测量方法分为量热法、反射法、能量法和多波长法等,其具体分类如图 9.50 所示。

基于上述的能量法,可以在温度可控的真空加热炉中直接测量样品的辐射功率,根据普朗克定律和发射率定义计算出样品表面发射率。除此之外,在电弧风洞试验实际使用过程中,由于传输路径中大气介质、光学窗口等的影响,需要进行材料发射率校正,即先用接触法(热电偶)测出被测物体的真实温度,再用此温度校准红外测温仪,调节测温仪的发射率,直至其显示出目标的真实温度,此时的发射率即被测物体的校正发射率。

利用高温光谱发射率测量试验台(图 9.51)测试半透明涂层的 SiC/C 材料,通过试验发现,在相同波长下,光谱发射率会随着温度的增加而产生变化。

使用石英灯辐射加热器对 C/C 材料进行加热试验,试验过程中分别用 K 型热电偶及单色红外测温仪测量材料同一点的背面温度变化,通过材料背面温度曲线得到材料的 $\varepsilon\lambda - T$ 图。研究结果表明,在 1 123~1 273 K 情况下,$\varepsilon\lambda(\lambda = 1.6\ \mu m)$ 为 0.93~0.87,随着温度的升高,材料的光谱发射率 $\varepsilon\lambda$ 呈下降趋势。在

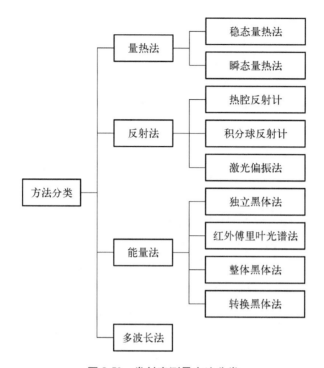

图 9.50　发射率测量方法分类

图 9.51　高温光谱发射率测量试验台

电弧加热射流中利用 K 型热电偶测量厚度为 0.8 mm 的镍基合金的背面温度,并与 MA2SC 红外高温计进行比较,试验结果表明,在模型表面发黑处理后,测得其表面发射率约为 0.7。

　　在横向试验基础上,测量大面积平板模型,局部突起/缝隙模型的表面温度分布(图 9.52),并与单点红外高温计和热电偶测温进行校核(图 9.53),相对误差小于 5%。

(a) (b) (c)

图 9.52　试验模型红外图像

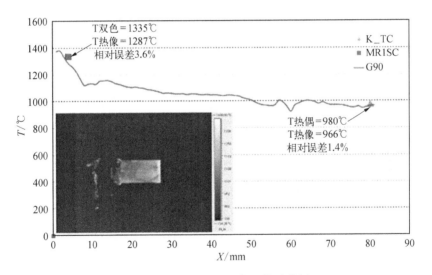

图 9.53　试验红外测温相互校验数据

9.5.3　应变测量技术

高速飞行器的研制面临高温复合材料热结构的大量使用,复合材料具有高温力学特性复杂、分散等特点,从而在各类试验中获取热承载结构在高温下的应变参数是优化结构设计、计算模型验证、结构强度评估面临的基础共性问题。

高温下的应变测试技术从测试方法上主要分为以电阻应变计、光纤传感器为代表的接触式测试和以数字图像相关(digital image correlation,DIC)为代表的非接触式测试两大类,根据测试目的和数据处理分为高温动态应变和高温静态应变,对象主要包括金属结构和非金属结构两类,不同的测试工艺和方法有很大差别。热强度、热匹配等试验中的热应力测量以高温静应变为主,热振、热噪声等试验中的热应力测量以高温动应变为主。

在飞行过程中,热结构产生的应力是热应力和机械应力的复合,因此航天飞行器热结构高温应变测试需要解决的是温度变化过程中应变测试问题,而非工业领域常见的稳态高温下的机械应力测试,其中温度变化引起的热膨胀变形需要从测试中剥离。高速飞行器的热结构多采用复合材料,较低量级的工作应变和材料自身的分散性加大了高温应变测试的难度。

热结构的工作温度大都在 800℃ 以上,具有低膨胀系数和高弹性模量的特性,这使得结构应变测试除了需要适应极高的温度环境,还需要具有更高的应变测试精度。高温应变测试的主要难题可以归结为三点:① 传感器及测试方法的耐高温适用性;② 传感器安装工艺的耐高温适用性以及高温下的应变传递特性;③ 高温应变测试方法的温度补偿以及力热解耦方法。特别需要强调的是,温度补偿以及力热解耦方法是最终影响测试数据是否可用的关键问题,而这一点常被技术人员忽视。

1. 接触式应变测量技术

对于复合材料结构,早期多采用基于铁铬铝合金栅丝的高温电阻应变计对碳基复合材料的高温应变进行测量,市场上可购买到相应的应变计商品。应变计应用时采用粘贴或喷涂的方式安装在结构表面,同时在应变计附近安装热电偶,用于提供热输出修正和灵敏度系数修正的温度数据,其中高温热输出是接触式测试方法中由传感器、测试基体以及安装层(粘贴层或喷涂层)变温产生的热膨胀及其差异以及传感器自身由温度变化等在传感器输出端引起的输出信号,这部分信号与结构的应力无关,在高温应变数据处理中必须消除和修正;高温灵敏度则是由高温引起的传感器自身灵敏度变化和安装层传递应变特性变化造成的,会直接影响测试数据的精度。在各种碳基复合材料上的应用研究中发现,多个型号的高温应变计在热结构上的高温热输出量级比较高,通常在 500℃ 时热输出在 $2\,000\,\mu\varepsilon \sim 5\,000\,\mu\varepsilon$ 量级,且分散度较差,在更高温度时如 800℃ 左右分散度常达到 $1\,000\,\mu\varepsilon$,相对于热结构 $3\,000\,\mu\varepsilon$ 以下的工作应变导致的测试误差过大。与此同时,安装的电阻高温应变计常发生脱落和损坏,测试成功率不高。从机理上,电阻式高温应变计的栅丝结构均为金属结构(铁铬铝合金、镍基合金等),具有较大的热膨胀系数,碳基复合材料结构具有较小的热膨胀系数。高温电阻应变计与碳基材料之间热膨胀性差异较大,一方面会使得高温下应变计热输出值较大,另一方面会使得高温电阻应变计和各种安装层由于材料之间热不匹配而脱落损坏。与此同时,数值较大且分散度大的热输出值与较小的真实应变,使得结构真实应变的辨识更加困难。考虑到多个高温电阻应变计之间存在的较大分散度,在工程中对碳基复合材料结构采用高温电阻应变计实现准确的、具有较好重复性的、一致性的高温应变测量仍存在诸多需要解决的问题[13]。

为了实现对热结构高温应变测试,基于光纤传感的高温应变测试技术成为一条途径。美国 NASA 的研究指出(图 1.14),焊接式应变计可以应用在 600℃以下的环境,线绕式应变计和石英光纤应变计可以应用在 1 000℃以下的环境,1 000℃以上需要采用蓝宝石光纤应变计。

在 2000 年以前,高温应变测试以电阻应变计为主,采用喷涂安装方式。为了优化热结构设计和验证分析模型,NASA Dryden 在面临热结构的试验测试需求的背景下,遇到了没有可用的超过 1 000℃ 电阻应变计的情况,加上电阻应变计在温度较高时安装和使用困难,因此开始发展新的应变测试技术。在 2000 年以后,其重点发展光纤高温应变测试技术,包括石英光纤应变计和蓝宝石光纤应变计(图 1.15)。

光纤应变传感器按照测量原理分类,目前主要有三种,即基于光纤布拉格光栅(fiber Bragg grating, FBG)的应变传感器、基于法布里-珀罗(Fabry - Perot, F - P)腔的应变传感器以及基于 Rayleigh 等散射光的应变传感器。

三类应变传感器各有优缺点,其中 FBG 应变传感器技术最成熟,应用也最广,但 FBG 应变传感器存在温度和应变强交叉敏感,高温环境下不易分离温度和应变效应。事实上,FBG 应变传感器在高温时更多的是应用于温度测量,由于其具有非常高的温度敏感效应,目前的 FBG 应变传感器最高使用温度大多在300℃以下。

F - P 应变传感器的优点是温度交叉敏感性低,非本征型 F - P 干涉(extrinsic Fabry - Perot interferometer, EFPI)应变传感器获得了广泛的研究,其主要研究目标就是高温下的应变测试。NASA Amstrong 飞行研究中心就是使用EFPI 应变传感器使高温应变测试能力达到 1 300℃。

基于散射光的分布式光纤传感器通过对光纤内的微细反射光,即散射频移量进行应变和温度的传感。对于结构应变测试领域,比较适合的是 Rayleigh 散射传感器,空间分辨率可以达到 1 mm,响应时间在秒级,该技术同样存在较大的温度应变交叉敏感效应,且该传感器安装困难,在高温测试中不易准确分离出应力和应变。

各类光纤应变传感器适用温度范围与使用的光纤材质以及封装制作工艺相关,常规使用的聚酰亚胺光纤价格低廉,但使用温度最高不超过500℃。镀金石英光纤使用温度在850℃附近,力学性能会发生变化,从传感器工程使用角度来看(制作、标定、一致性、重复性、工作时长等),这一特性使得其应用温度被限定于常温~800℃。在更高的温度环境下,目前可用的光纤材料只有蓝宝石光纤。

从机理上可以看出,使用耐高温光纤研制 EFPI 高温应变传感器解决热结构高温应变测量优势明显。在热结构上基于 EFPI 光纤应变传感器与其他使用比较广泛的电阻应变和 FBG 光纤光栅等接触式应变测试方法相比,基于 EFPI 光纤应变传感器热输出效应小、应变信息易准确提取。

电阻应变计在结构表面的热输出原理式为式(9.11)。式中,ε_{app} 为热输出应变,其与应变计敏感丝栅的电阻温度系数、灵敏度系数、丝栅的热膨胀系数、测试基体的热膨胀系数以及温度变化量等相关。由于光纤自身的线膨胀系数小于 10^{-6} 量级,与热结构较小的热膨胀性能相匹配,而电阻应变计使用的铁铬铝合金等金属敏感丝栅,线膨胀系数在 10^{-5} 量级,加上热电效应综合作用,容易造成过大的热输出。实际测试中还存在瞬态热引起的温差、安装层(喷涂层、胶黏层等)膨胀系数等的影响。

$$\varepsilon_{app} = \frac{\alpha_R}{K} \cdot \Delta T_S + (\alpha_s - \alpha_g) \cdot \Delta T_S \qquad (9.11)$$

使用非常广泛的 FBG 传感器与电阻应变计有相类似的现象,即在温度发生变化时,FBG 传感器的敏感信号中包含热光效应和热膨胀变形的因素,因此其安装在结构上后热输出原理式为式(9.12),热输出除了与光纤和测试基体的热膨胀相关,还与热光系数相关,一般石英光纤的热光系数为 8.3×10^{-6},其热膨胀系数为 0.55×10^{-6},陶瓷材料热结构的热膨胀系数约为 2×10^{-6},其热输出量级与温度高度相关。

$$\varepsilon_{app} = \zeta \cdot \Delta T_S + (\alpha_s - \alpha_f) \cdot \Delta T_S \qquad (9.12)$$

虽然研究人员采用了自带温度补偿的电阻应变计,以及双光栅、参考光栅等光纤温度应变解耦方案来降低电阻应变计和 FBG 的热输出效应,但是工程上由于温度的一致性、自由膨胀实现的有效性等,虽然降低了热输出数值,但常由于非理想的解耦过程而引入了更大的测试误差。

EFPI 光纤应变传感器安装在结构表面后,热输出原理式为式(9.13)。其热输出原理上仅与测试基体的热膨胀系数、光纤材料的热膨胀系数以及温度变化量相关,实际测试中的其他影响因素与应变计和 FBGI 传感器类似,但由于 EFPI 传感器一般使用两点式安装,安装层引起的误差因素要比应变计影响小很多,这也是其一个优点。

$$\varepsilon_{\mathrm{app}} = (\alpha_s - \alpha_f) \cdot \Delta T_S \tag{9.13}$$

总的来看,EFPI 光纤应变传感器在陶瓷基热结构上表现出了更好的特性。

1)800℃镀金石英光纤 EFPI/fsFBG 高温应变复合传感器

基于 800℃镀金石英光纤 EFPI/fsFBG 高温应变复合传感器如图 9.54 所示,其由镀金石英光纤、光纤光栅、毛细石英管等组成。传感器组装完成后,形成 EFPI 和 fsFBG 两种传感介质。EFPI 用于感知结构的变形,FBG 用于感知结构温度。

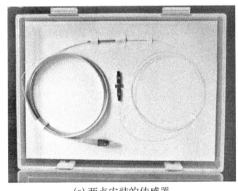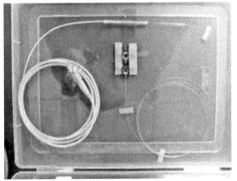

(a) 两点安装的传感器　　　　　　　(b) 三点安装的传感器

图 9.54　800℃镀金石英光纤 EFPI/fsFBG 高温应变复合传感器

高温应变测试具有难度,热结构试验中数据获取除了要关注获取率,更要关注的是数据准确性,传感器的质量稳定性非常重要。传感器封装制作装置(图9.55)由五维调谐的光纤夹持座、掩模版支承座、两组电子显微镜和液晶显示屏组成。光纤夹持在五维调谐座上,可调谐光纤位置和角度,以便于光纤插入毛细管中,在制作过程中,在液晶屏上观察光纤与毛细管的对准情况。

2)1 000℃蓝宝石光纤-镀金石英光纤 EFPI/fsFBG 高温应变复合传感器

在蓝宝石光纤端面与镀金石英光纤端面之间形成的多光束干涉光谱中引入

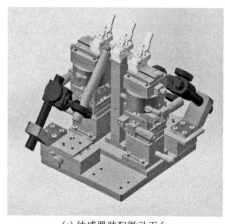
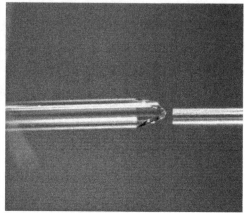

(a) 传感器装配微动平台   (b) 传感器装配微观放大图

图 9.55 传感器封装制作装置示意图

FBG 光谱,形成 EFPI/FBG 复合光谱,复合光谱试验系统如图 9.56 所示。宽带光源发出的光经过环形器后,由耦合器分为两路光束,其中一路光束进入镀金石英光纤,光束在镀金石英光纤端面与蓝宝石光纤端面之间发生多光束干涉,形成 F－P 腔。F－P 腔多光束干涉后的返回光进入耦合器;另一路光束进入 FBG,FBG 的返回光进入耦合器。EFPI 干涉光谱与 FBG 光谱在耦合器内复合成一个光谱后进入光电转换及采集系统,呈现干涉光谱并用于 F－P 腔长及应变计算,呈现的 FBG 峰值用于温度计算。

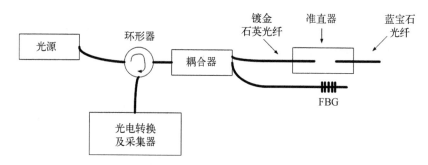

图 9.56 蓝宝石光纤-镀金石英光纤 EFPI/FBG 复合光谱试验系统

1 000℃蓝宝石光纤-镀金石英光纤 EFPI/FBG 高温应变复合传感器如图 9.57 所示。F－P 腔干涉光谱清晰,信噪比极高,通过解调算法可以获得当前 F－P 腔的腔长,可应用于计算应变。FBG 峰值信号特征显著,可应用于计算温度。

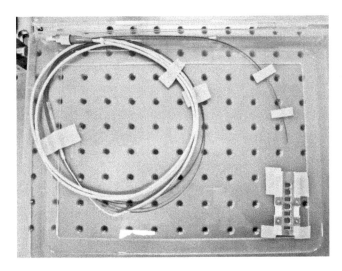

图 9.57 1 000℃蓝宝石光纤-镀金石英光纤 EFPI/FBG 高温应变复合传感器

3）1 300℃纯蓝宝石光纤 EFPI/fsFBG 高温应变复合传感器

普通石英光纤的软化温度为 837℃,受到其软化温度的影响,纯二氧化硅制成的光纤应变类传感器使用温度被限制在 1 000℃以下,稳定工作的温度范围在 830℃以下。为了实现更高温度的测量,必须寻求一种新型耐高温材料制成光纤,其软化温度要比普通石英光纤高,且要有较好的光学传输性质。

蓝宝石单晶(Al_2O_3)熔化转变温度为 2 053℃,其具有高强度、高硬度(为石英的 7 倍)、高抗磨损性、高耐热性、高抗腐蚀性、高化学惰性、高热传导性等特点,透射窗口为 0.5 ~ 3.5 μm,拥有较好的光学传输特性和传递高能激光（>1 J/pulse）的潜质。

与普通石英光纤不同,蓝宝石光纤是以空气作为包层,整根蓝宝石光纤都作为芯层的特殊结构。这一结构导致蓝宝石光纤的性质与普通光纤有很大的不同。蓝宝石光纤的特殊结构使得光纤中存在大量的模式。这些不同的导波模式将会如何影响蓝宝石光纤 F－P 传感器的传感性能,以及在蓝宝石光纤 F－P 传感器的制作过程中需要采用哪些措施来提高传感器的传感性能,这两个问题是蓝宝石光纤 F－P 传感器研制过程中的关键。

采用飞秒激光扫描直写制备技术在蓝宝石光纤上刻制 FBG,制备的蓝宝石光纤光栅放置于高温炉内验证至 1 600℃,具有稳定的输出信号(图 9.58)。通过切割—粗磨—细磨—精磨—抛光一系列工艺加工蓝宝石光纤端面,可制作出蓝宝石光纤 F－P 干涉腔,结合蓝宝石光纤模式控制和滤波手段,具有稳定的干涉信号并验证至 1 300℃,从原理上证明可用于解决 1 300℃以上的高温应变测试问题(图 9.59)。

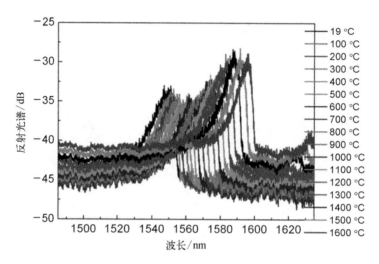

图 9.58　蓝宝石光纤光栅常温~1 600℃光谱变化

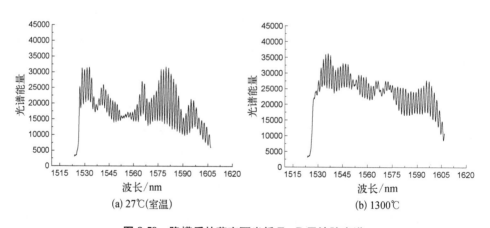

图 9.59　降模后的蓝宝石光纤 F－P 干涉腔光谱

目前,蓝宝石光纤应变传感器距离工程实用仍有很大差距,其易损坏、信号差、解调复杂、成本高等不足仍是制约其进入工程应用的障碍。

4）接触式应变测量实例

（1）钛合金结构件测量结果。

采用 EFPI/FBG 复合传感器对钛合金结构件(TC4)进行应变测量,EFPI/

FBG 复合传感器、K 型热电偶的安装形式如图 9.60 所示,加热方式分为传感器安装面加热和传感器非安装面加热两种,如图 9.61 所示。

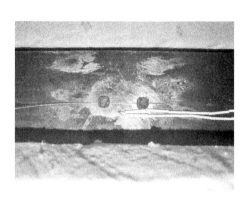

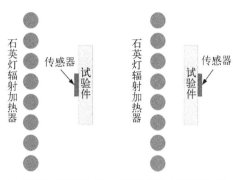

(a) 传感器安装面加热　　(b) 传感器非安装面加热

图 9.60　EFPI/FBG 复合传感器、
K 型热电偶的安装形式

图 9.61　加热方式示意图

　　试验获得的结构温度-应变关系如图 9.62 所示。图中,三次试验数据十分一致,在 850℃时,最大应变达到 10 050 $\mu\varepsilon$。在 650℃时,三次试验测量获得的应变重复性误差小于 0.51%;第 2 次试验和第 3 次试验在 850℃时,应变差为 220 $\mu\varepsilon$,重复性误差小于 1.14%。

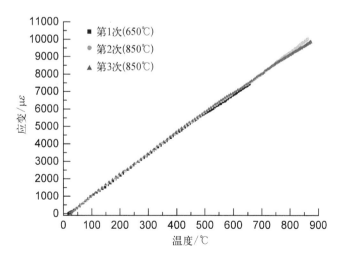

图 9.62　结构温度-应变关系

　　通过钛合金结构件在石英灯辐射瞬态快速加热状态下的试验,可以得出以下结论:

　　a. 在石英灯辐射瞬态快速加热状态下,复合传感器实现了钛合金结构件最高 850℃、10 000 με 的测试。

　　b. 石英灯加热状态下,复合传感器测温与焊接热电偶测温误差小于 1.8%（850℃时）。

　　c. 复合传感器及测试工艺在金属结构件上获得的温度-应变关系具有非常好的重复性。在 650℃时,应变重复性误差小于 0.6%；在 850℃时,重复性误差小于 1.2%。

　　d. 由于钛合金材料高温特性稳定,通过该试验也证明了传感器的稳定性和测试的正确性,并间接验证了传感器的部分特性即瞬态热响应、大量程以及温度-应变一体化带来的热输出稳定性。

　　（2）C/SiC 结构件测量结果[14]。

　　采用 C/SiC 试验件,在试件的一侧安装光纤高温应变复合传感器。万能试验机夹具夹持 C/SiC 试验件,引伸计与试验件侧壁紧密接触,用于测量应变,采用高温炉施加高温环境。

　　在试验实施过程中,首先达到试验所需要的温度环境；其次,在温度环境稳定后,采用计算机控制施加拉力载荷。在施加拉力载荷的同时,采用计算机记录拉力载荷、引伸计输出数值以及光纤应变传感器数值。光纤高温应变复合传感器测试精准度评估试验示意图见图 9.63。

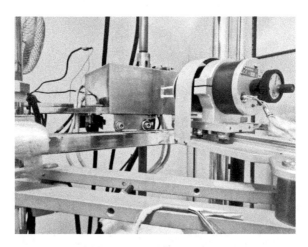

图 9.63　光纤高温应变复合传感器测试精准度评估试验示意图

　　图 9.64 为 800℃状态下载荷-应变的对应关系。由图可知,高温光纤应变复合传感器的测量值与引伸计的测量值具有较好的一致性。

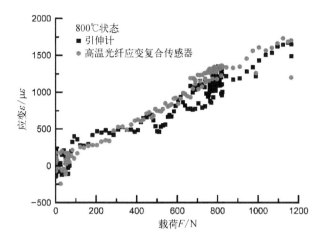

图 9.64 改性 C/C 试验件 800℃状态下载荷-应变结果

根据试验可以得出以下结论：

a. 常温至高温环境下（800℃以内），在 C/SiC 试验件上，引伸计、光纤高温应变传感器之间的测试数值具有较好的一致性。

b. 在高温环境下平滑加载时，光纤高温应变传感器测试数值相比于引伸计，其测试结果更为平滑。

c. 针对 C/SiC 材料，光纤高温应变复合传感器能够准确获得 800℃以内的结构应变。

（3）弯曲应变测试精度评价方法及试验。

高温应变标定装置由等应变标定梁和加载装置组成，标定梁以简支形式置于炉内，如图 9.65 所示。

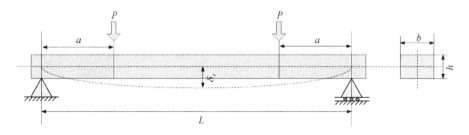

图 9.65 高温应变标定装置原理

标定梁在加载点之间为等应变段。在该区间内，应变为

$$\varepsilon = \frac{12h/\delta_c}{3L^2 - 4a^2} \tag{9.14}$$

式中,h 为标定梁的厚度;δ_c 为标定梁中间位置产生的挠度;L 为标定梁的有效段长度;a 为力加载位置到同侧支撑点的距离。

挠度试验机高温应变标定试验系统如图 9.66 所示[15],在 C/SiC 材料标定梁的等应变段上安装有光纤高温应变复合传感器。

图 9.66　挠度试验机高温应变标定试验系统

改性 C/C 试验件上两个光纤高温应变复合传感器的试验结果与挠度计算应变的相对误差如图 9.67 所示。

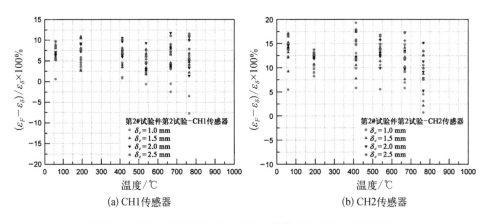

(a) CH1传感器　　　　　　　　　　　　(b) CH2传感器

图 9.67　改性 C/C 试验件上两个光纤高温应变复合传感器的
试验结果与挠度计算应变的相对误差

由试验结果可以看出:

a. 在常温~800℃环境下,通过四点弯曲加载改性 C/C 梁试验件,光纤高温应变复合传感器测量的应变数值与挠度对应的应变数值之间的相对误差平均值均在 10% 以内。

　　b. 通过理论分析可知,在测量弯曲应变时,光纤应变传感器的测量结果会大于实际应变。实际测量结果验证了这一分析结论。

　　(4) 热结构高温应变数据分散性试验研究。

　　通过开展百余次数据分散性研究试验,在不断的试验中改进优化传感器形式、安装工艺、测试工艺、数据采集算法、软件以及硬件。图 9.68 列举了 2018 ~ 2019 年的 19 次 C/SiC 试验件的热输出实测数据,数据的分散度在 100 $\mu\varepsilon$ 以内。

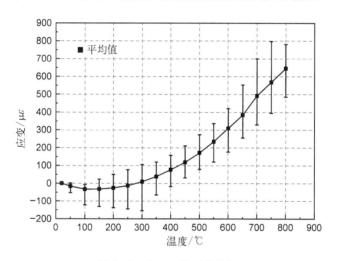

图 9.68　C/SiC 热输出数据

　　2. 非接触式应变测量技术

　　光学测量具有非接触、高精度、高灵敏度、全场测量、数据易采集等优点,尤其是以数字图像相关方法为代表的白光非干涉测量技术,由于其克服了干涉光学方法测量环境要求苛刻的不足而成为目前工程上主流的光学测量手段。数字图像相关(DIC)方法是现代数字图像处理技术与光测力学结合的产物,它是以物体表面自然纹理和人工形成的随机标记点作为信息的载体,量测出物体变形信息的测试方法。其具有光路简单、可使用白光光源、不易受外界影响、对隔振条件要求较低、测量范围和精度可根据测量的需要进行调整、数据处理自动化程度较高以及可全自动化处理等优点。DIC 方法在应用于复杂的超高温物理环境中时仍面临许多技术问题,尤其是在超过 1 000℃的高温及超高温环境中,表面随机散斑制备、高温红外辐射影响、空气热扰动影响是高温环境中影响光学测量精度的三大关键问题。同时,DIC 方法测量得到的变形通常是综合变形,包含热膨胀变形,而对于整结构级热试验,除了需要解决环境适用性问题,还需要解决石英灯加热器的包围遮挡等问题。光学测量与接触式点测量相比,其具有非接触、全场测量和容易突破温度限制的优势,两种方法互相补充,共同提供了一个可行的高温应变测试问题解决途径。

经过近几年国内外研究人员的不断研究,高温载体制作和高温热辐射干扰问题在高温热结构测量中已经有了较成熟的处理方法,能够应对以辐射加热和风洞试验为基础的地面热结构试验需求。

工程上常用耐高温的商业化成品喷漆和涂层,制作适用于 1 200℃的耐高温涂层散斑;采用等离子喷涂的方法将氧化铝陶瓷喷涂在热结构试件表面,制成可

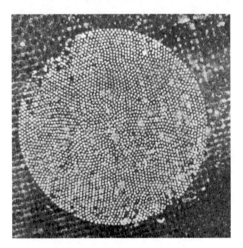

耐温 1 600℃的高温散斑;制作更高使用温度的散斑,可选的材料有氧化锆、钨金属等,具体制作方法均有相关的研究。传统上使用人工喷涂的方法制作随机散斑,工程上不容易控制散斑质量。研究人员发明了散斑生成程序,通过调整散斑大小、散斑占空比、散斑空心度、散斑随机度、图像尺寸等参数,可获得标准化模拟散斑图,从而制作出标准散斑,如图 9.69 所示,应用于高温热结构试验测试,降低了人员操作水平差异带来的测试误差。

图 9.69   高质量的高温随机散斑

对于高温红外辐射引起的图像"退相关"问题,一般通过窄带滤波和相应带宽的光源主动照明解决,试验件表面温度在 1 500℃及以下,利用蓝光照明和窄带蓝光滤波(450 nm 左右中心波长滤波片)的方法减弱热辐射的影响,在试验件表面更高温度下,采用紫光照明和紫外线相机采集图像,以避免图像灰度在不同温度下出现剧烈变化。对于热气流扰动问题,采用空气刀或者充保护气的方法,获得畸变较小的图像,也可通过在拍摄过程中增加不变形标记物,校正热空气引起的误差。在图像后处理过程中,还可以利用多幅图像平均的方法减少热气流所引起的计算误差。结合 DIC 测试技术在高温环境下适用性研究工作和加热能力等因素,DIC 测试技术可用于最高温度为 2 600℃的材料级热试验中,也可用于最高温度为 1 800℃的样件级试验中。对于整结构级热试验,除了需要解决环

境适用性问题,还需要解决石英灯加热器的包围遮挡等问题,这对 DIC 测试技术的发展提出了新的需求,一方面应发展能够透过石英灯缝隙的耐高温传像系统,使得 DIC 技术能够应用于飞行器外表面局部区域的测量;另一方面应发展防隔热一体化小型化的 DIC 测试设备,采用从结构内部进行表面蒙皮局部区域测量的方案,进行飞行器内表面或内部复杂应力区的测量。

1) 高温辐射引起退相关的消除

任何物体在任何温度下都在发射各种波长的电磁波,即热辐射。热辐射具有连续辐射能谱,但每个波长的辐射能量由温度决定。在物体表面温度小于 500℃时,物体表面的热辐射主要以波长较长的红外光进行辐射。普通相机感光芯片对波长较长的红外光波不敏感,因此对所采集图像的亮度基本无影响。但随着被测物体表面温度的升高,相应的热辐射波长向可见的短波方向移动并进入相机感光芯片的敏感波长区域,使得采集的物体表面图像亮度显著增强并可能出现严重的饱和。更关键的是,这些额外的亮度与物体表面散斑特征无关,将极大减小图像中反映物体表面散斑特征的信息,从而导致参考图像和变形后图像出现严重的退相关效应,并最终造成数字图像相关分析失效。

由普朗克公式:

$$I(\lambda, T) = 2hc^2\lambda^{-5}(e^{hc/\lambda kT} - 1)^{-1} \tag{9.15}$$

可获得热辐射中波长与温度的关系,当试件温度低于 1 000℃时,热辐射影响的波长范围主要在 500 nm 以上,其中波长低于 800 nm 的辐射会引起 CCD 相机的感应,形成图像噪声,降低图像表面信息,而波长低于 500 nm 的辐射影响比较微小。

为减小高温热辐射对相机采集图像的影响,将中心波长为 450 nm,半高宽为 40 nm 的窄带带通滤波透镜放置在相机成像透镜前方。此时,相机仅能感应到波长窄带内的光波,因此有效地消除了高温热辐射造成的影响。配备窄带带通滤波透镜后成像结果如图 9.70 所示,结果表明,带通滤波在 1 500℃下对

图 9.70　配备窄带带通滤波透镜后在 1 500℃下获取的散斑图像

消除高温辐射引起的退相关现象具有非常明显的作用。

2）在强背光下获取图像的降噪方法[16]

在石英灯加热的高温环境下,石英灯本身会发出强烈的包含整个可见光范围的光波,此时带通滤波并不能完全消除这些强杂光对相机成像带来的影响,一般通过设置四个分别从不同方向射向相机镜头的光源,人为加入强背光的因素（适用而不仅限于石英灯发光）。

在实际测量中,设置大功率光源对试件进行主动照明。考虑到高温环境下所需的带通滤波透镜性质,可选取蓝光 LED(light emission diode,发光二极管)光源,并用光度计筛选出波长为 450~460 nm 的部分。分别增大主动光源功率和降低相机感光度,使得强背光贡献部分灰度接近 CCD 相机的噪声水平且满足整体图像灰度没有过饱和,有效地消除强杂光造成的影响。配备窄带滤波片和蓝光源的数字图像相关测试系统如图 9.71 所示。

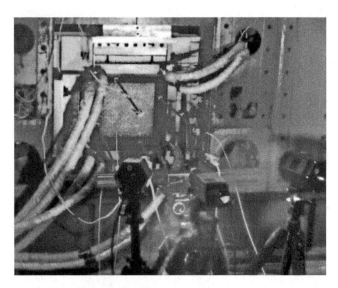

图 9.71　配备窄带滤波片和蓝光源的数字图像相关测试系统

3）变形场与温度场的解耦问题[17]

高温环境下热结构的变形往往包含热变形和机械变形,DIC 测量方法得到的变形场为总变形 ε_α,包含温升引起的热膨胀、温度梯度引起的热应力以及力载作用下的机械应力,如果是为了测试结构高温下的匹配性和结构烧蚀的情况,则可以直接使用 DIC 变形场测试结果,但如果是为了强度评估,则需要提取出热结构的应力-应变场 ε_σ,即热应力和机械应力引起的应变,

为此,需要将温度场变化 ΔT 引起的热膨胀进行解耦。基本的函数关系如式(9.16)所示:

$$\varepsilon_{\sigma} = \varepsilon_{\alpha} - \alpha \cdot \Delta T \tag{9.16}$$

对于高速飞行器,结构变温的同时多体现为非均匀温度场,应变-温度的解耦需要统一坐标且相对准确的温度场,因此研究人员发展出了基于红外热像仪与数字图像相关方法相结合(Thermal Digital Image Correlation, TDIC)的方法,能够实现非均温度场和应变场的同步耦合测试,应用于典型结构热强度特性的研究。由解耦关系可以看出,温度场测试的准确性将直接关系到应变-温度解耦的准确性,试验应用中背景红外(加热装置等造成)反射、结构表面红外反射以及结构表面发射率变化等会造成温度测试偏差,因此对可与DIC 方法紧密耦合的温度/应变场测试方法进行更深入的研究,仍然非常有必要。

4) 单相机小型化 3D‑DIC 测试技术

为了实现舱内狭小空间的非接触应变场测试,发展出了单相机小型化 3D‑DIC 测试技术,测量原理为采用光学镜片搭建分光路与单镜头结合的方式,实现单相机三维测量,光学设计的中心波段为 450 nm,满足高温测试需要,集成设备后体积比双目 3D‑DIC 体积小,方便调节和标定,该测试技术已经在高温试验中得以应用,扩大了 DIC 方法在整结构级试验中的应用范围,获取了更多的有效试验数据。

5) 非接触式应变测量实例

设备采用小型化三维 DIC 测量设备,相机分辨率为 1 280×1 920,镜头为 8 mm 的定焦镜头,视场大小为 50 mm×50 mm(图 9.72)。照明采用蓝光 LED 点阵光源。试验试样为合金一体四点弯梁,背面中间位置贴纵向应变片。经与应变片数值进行对比,最大误差小于 50 $\mu\varepsilon$。精度验证试验件形式如图 9.73 所示。精度验证试验现场图如图 9.74 所示。DIC 测量设备测得的四点弯应变场分布如图 9.75 所示,数值范围为 −1 500~1 500 $\mu\varepsilon$。

图 9.72　50 mm×50 mm 规格 3D‑DIC 测量设备

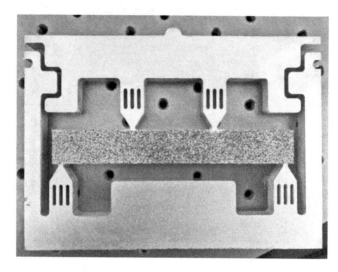

图 9.73　精度验证试验件形式

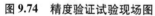

图 9.74　精度验证试验现场图　　图 9.75　DIC 测量设备测得的四点弯应变场分布

　　图 9.76 为采用小型化三维 DIC 设备测试的 C/SiC 板在不同温度下热膨胀引起的虚应变。在 1 300℃时,热膨胀引起的虚应变约为 2 100 $\mu\varepsilon$,整个高温测试过程中的每个温度段的测量离散度在 100 $\mu\varepsilon$ 以内。

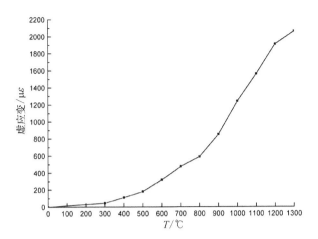

图 9.76 小型化三维 DIC 设备测量的热膨胀虚应变随温度的变化

9.6 小结

本章结合高超声速飞行器工程研制经验,分类介绍了高超声速飞行器热防护和结构需要重点开展的地面力、热试验和相关的试验技术,介绍了典型地面风洞和加热设备的工作原理,还介绍了典型地面风洞和加热设备的工作原理,给出了开展不同类别试验需要的试验设施和测量技术,这对于指导后续开展地面力热试验具有重要意义。

参考文献

[1] 葛如飞.高超声速飞行器气动热计算及地面等效试验方案设计[D].哈尔滨:哈尔滨工业大学,2020.
[2] 卢明.热防护材料气动热环境的试验模拟研究[D].大连:大连理工大学,2019.
[3] 葛如飞.高超声速飞行器气动热计算及地面等效试验方案设计[D].哈尔滨:哈尔滨工业大学,2020.
[4] 陈星.尖化前缘热环境实验技术研究[D].长沙:国防科学技术大学,2012.
[5] 王兴虎.同轴热电偶的响应特性分析与实验研究[D].北京:中国科学院力学研究所,2018.
[6] 张扣立,周嘉穗,孔荣宗,等.CARDC 激波风洞 TSP 技术研究进展[J].空气动力学学报,2016(6):738-743.
[7] 张扣立,常雨,孔荣宗,等.温敏漆技术及其在边界层转捩测量中的应用[J].宇航学报,2013(6):860-865.
[8] 李明,祝智伟,李志辉.红外热图在高超声速低密度风洞测热试验中的应用概述[J].实

验流体力学,2013(3):108-112.

[9] 国义军,周宇,肖涵山,等.飞行试验热流辨识和边界层转捩滞后现象[J].航空学报,2017(10):85-95.

[10] 丁小恒.高超声速飞行试验热流密度测量方法与装置研究[D].哈尔滨:哈尔滨工业大学,2017.

[11] Kandula M, Reinarts T. Corrections for convective heat flux gauges subjected to a surface temperature discontinuity[R]. AIAA-2002-3087, 2002.

[12] 曾学军,李明,刘太奎,等.用红外热图技术进行升力体模型气动热特性试验研究[J].空气动力学学报,2004(4):494-498, 503.

[13] 王智勇,王则力,宫文然,等.热结构高温应变光测量技术发展探讨[J].强度与环境,2019,46(6):1-6.

[14] 王则力,乔通,宫文然,等.碳基复合材料结构800℃光纤高温应变测量[J].强度与环境,2019,46(3):1-6.

[15] 乔通,王则力,宫文然,等.改性 C/C 材料梁结构四点弯高温应变光纤传感测量[J].强度与环境,2019,46(5):1-6.

[16] 刘函,宫文然,王智勇,等.基于石英灯辐射正面加热的高温数字图像相关方法研究[J].强度与环境,2019,46(2):56-62.

[17] 宫文然,王淑玉,刘函,等.基于温度/应变场耦合测试的热屈曲行为研究[J].强度与环境,2019,46(4):1-10.

第10章

结 束 语

1. 高超声速技术发展是空天一体化融合需求牵引的历史必然

（1）高超声速技术的发展理念源于航天发射进入太空、利用太空的愿景驱动。

进入太空、开展航天飞行、探索浩瀚宇宙一直是人类的梦想，也是航天科技发展、应用的愿景目标。在最早的有科学根据的（不是空想的）航天飞行设想中，航天先驱康斯坦丁·齐奥尔科夫斯基和罗伯特·戈达德，率先提出发展运载火箭进入太空的方案。火箭爱好者马克斯·瓦利埃，则构想出通过有翼火箭动力飞行器穿过大气层进入太空，然后返回地球的方案。这两种方案（"弹道式"与"有翼式"上升和再入）最终成为天地往返领域的主要技术方案。在这些方案中，高速进出太空必须经历高超声速飞行状态。

在对航天运载器和返回方案的持续探索、研究和实践中，为实现类似飞机的航天飞行，美国、俄罗斯、欧洲等针对高升阻比构型开展大量的设计比较、试验验证和飞行探索，完成了对组合体、融合体、乘波体等高升阻比外形的技术储备；为实现快速响应进入太空的目标，各国持续发展，提升火箭发动机技术和超燃冲压发动机技术，并研发验证组合循环发动机技术，直接牵引高超声速推进技术的发展；而在对弹道导弹再入弹头/机动弹头、航天飞船、航天飞机等高速再入飞行的研究实践中，先进的结构和热防护技术完成了从热沉、烧蚀、防隔热到热结构、半主动冷却方案、主动冷却方案的技术积累。

因此，高超声速技术的实质是航天科技的重要组成部分。正是在航天科技蓬勃发展的大背景下，高超声速技术相关的气动问题、热防护问题、结构材料问题和推进问题等得到了不断的认识和理解，推动高超声速技术学科体系的逐步形成和完善。

（2）临近空间的开发利用，是牵引高超声速技术发展的现实需求。

进入21世纪后，航天、航空技术的快速发展，推动人类不断去探索空天领域未被开发、利用的新区域。兼具航空、航天领域的一些能力特性的临近空间的开发利用,成为人类空天探索史上的又一重要里程碑。临近空间的开发利用,也成为推进空天融合、一体化发展的重要契机。

临近空间又称近空间,是指高于普通航空器飞行空间而低于航天器运行空间的区域,同现有的航空、航天飞行器相比,临近空间飞行器在对局部地区观测分辨率、驻留能力和使用成本等方面优于卫星;在覆盖范围、响应能力、成本等方面则优于飞机,并能提供远程快速投送/精确打击功能,形成新的战略威慑力量。

从技术特点来看,临近空间具有稀薄的大气效应,既能提供一定的气动效应,又能降低稠密大气的严重气动加热影响,是最适合高超声速飞行器发挥技术特点和持续运行的区域。我国学术界最早提出临近空间高超声速飞行器的概念,准确地界定了高超声速飞行器的运行空域,并且得到了美国等国家学术界的认可。

从空天科技发展的历史站位来看,空天融合的大趋势和临近空间的开发利用,成为牵引高超声速飞行器发展的现实需求。

2. 先进的结构和热防护技术是支撑高超声速飞行器设计实现的关键要素,承载、防热一体化是重要趋势

为推动高超声速飞行器的发展,能否搭建先进的材料、结构和热防护系统是一个关键要素。

(1) 新材料的发展应用持续推动高超声速飞行器的发展。

从 SR-71 到 X-15,再到航天飞机和 HTV-2,历史发展的经验表明,新材料的应用使得新型飞行器的设计成为可能。未来,为了满足高超声速助推滑翔飞行器和高超声速巡航飞行器的设计要求,发展先进的结构复合材料和金属结构材料,研制性能更好的热结构和热防护系统是重要基础。

高超声速飞行器的热防护系统必须同时具备耐高温(1 100~2 200℃)、高强度、高韧性、轻质和环境稳定性等特点。最终的目标是研制一种在高温下具有高比强度的材料,满足以上要求的金属材料包括金属基复合材料(MMCs)、高温合金和钛合金。这些材料均具有高的比强度,但随着温度的升高,在大约 1 093℃时,其比强度均大大降低。而 C/SiC 材料、先进 C/C 复合材料、SiC/SiC 材料等陶瓷基复合材料(CMC)在高温下均具有高的比强度,能够满足未来高超声速飞行器的性能需求。

陶瓷基复合材料适用于高温区的热防护和制造多种热结构构件,如前缘、机体大面积区域、气动控制面等。HTV-2 采用陶瓷基复合材料的承载式气动外

壳(由碳/碳材料制成),具有外形更为稳定的头锥、适宜的飞行烧蚀率以及尽可能小的热导率;X-37B 的热结构控制面也采用陶瓷基复合材料制成。有效应用陶瓷基复合材料使 HTV-2 和 X-37B 的设计和研制成为可能,陶瓷基复合材料有望成为未来高超声速飞行器材料技术领域的发展重点。

(2) 承载、防热一体化是未来防热系统的主要发展趋势。

随着各种新型防热材料和防热技术的发展,高超声速飞行器的热防护系统正从早期的"防热与承载分置研究"方案向"热防护与结构一体化"方向发展。这种一体化的设计方案具有明显优势:新的结构兼有承力、承热双重功能;可充分发挥材料高温强度潜力;减少各部件由温差引起的热应力;减轻结构重量;与内层结构连接牢固,增加安全性;可重复使用,降低成本。

目前,在机身大面积区域的防热结构设计方面,国外已经提出金属或 CMC 支架式热防护系统,以及结构化集成的热防护系统(structually integrated thermal protection system, SITPS)等新方案;在控制面的设计上,CMC 材料制成的热结构控制面已经在 X-37B 等新一代高超声速飞行器上得到重点应用。承载、防热结构的一体化设计为新一代高超声速飞行器热防护系统的研发开辟了一条新思路。